河南省南水北调年鉴2022

《河南省南水北调年鉴》编纂委员会 编著

黄河水利出版社

图书在版编目（CIP）数据

河南省南水北调年鉴. 2022 / 《河南省南水北调年鉴》
编纂委员会编著. —郑州：黄河水利出版社，2022. 12
ISBN 978 - 7 - 5509 - 3501 -3

Ⅰ.①河… Ⅱ.①河… Ⅲ.①南水北调-水利工程-河
南-2022-年鉴 Ⅳ.①TV68-54

中国版本图书馆CIP数据核字（2022）第250104号

出 版 社:黄河水利出版社
　　　　　　地址:河南省郑州市顺河路黄委会综合楼14层　邮政编码:450003
发行单位:黄河水利出版社
　　　　　　发行部电话:0371-66026940、66020550、66028024、66022620（传真）
　　　　　　E-mail:hhslcbs@126.com
承印单位:河南瑞之光印刷股份有限公司
开本:787 mm×1092 mm　1/16
印张:30.5　　　　　　　　　　插页:10
字数:789千字
版次:2022年12月第1版　　　印次:2022年12月第1次印刷

定价:180.00元

《河南省南水北调年鉴2022》
编 辑 部

主　编：耿新建

编　辑：（按姓氏笔画排序）

马玉凤	王　冲	王业涛	王庆庆	王志国
王铁周	王道明	王蒙蒙	田　昊	冯　飞
司占录	朱子奇	庄春意	刘　斐	刘俊玲
刘素娟	刘晓英	李万明	李沛炜	李君炜
李晓辉	李强胜	李新梅	杨守涛	余培松
宋　迪	张　洋	张永兴	张茜茜	张轶钦
范毅君	岳玉民	周　健	周郎中	郑　军
孟志军	赵　南	赵艳霞	徐　霖	徐庆河
高　翔	郭小娟	龚莉丽	崔　堃	崔杨馨
彭　潜	董世玉	董志刚	董珊珊	董保军
程晓亚	路　博	樊桦楠		

2021年5月12日，水利部党组书记、部长李国英考察陶岔渠首枢纽工程，河南省水利厅党组书记刘正才陪同考察　　　　　　　　　　　　　　　　　　　　　　（许凯炳　摄）

2021年7月6日，中国南水北调集团有限公司党组书记、董事长蒋旭光，河南省委常委、常务副省长周霁，河南省副省长武国定出席南水北调中线穿黄工程防汛抢险综合应急演练
　　　　　　　　　　　　　　　　　　　　　　　　　　　　　　（杨媛　摄）

2021年9月，全国政协常委、河南省政协副主席高体健带队，部分驻豫全国政协委员到平顶山市视察调研南水北调工程运行保障情况 （王永安 摄）

2021年6月4日，河南省水利厅厅长孙运锋到南水北调干线辉县管理处梁家园渡槽检查防汛工作 （朱昊哲 摄）

2021年4月20日，水利部南水北调司副司长袁其田到渠首分局检查防汛备汛工作

（李强胜　摄）

2021年12月17日，中国南水北调集团有限公司党组副书记、副总经理、中线建管局局长于合群到干线郑州管理处检查工作

（赵鑫海　摄）

2021年7月21日，河南省水利厅党组副书记、副厅长王国栋冒雨现场检查南水北调石门河倒虹吸工程

（李申亭 摄）

2021年6月，河南省南水北调建管局郑州建管处处长、党支部书记余洋主持党史学习教育并就七一专题讲党课

（崔堃 提供）

2021年9月1日，河南省南水北调建管局南阳建管处处长秦鸿飞到新野二水厂现地管理房调研
（杨　科　摄）

2021年7月28日，河南省南水北调建管局安阳建管处处长胡国领到鹤壁市浚县卫河东岸杨庄桥实地查看卫河水情
（万广政　摄）

2021年9月2日，河南省南水北调建管局平顶山建管处处长徐庆河查看滑县配套工程水毁情况

（庞宗杰 摄）

2021年7月19日，河南省南水北调建管局新乡建管处党支部副书记赵南主持开展"第一议题"制度学习活动

（马玉凤 摄）

2021年4月15日，河南省2021年南水北调工作会议在郑州召开　　　（孙向鹏　摄）

2021年3月，南阳南水北调中心召开党史学习教育动员大会　　　（宋迪摄）

2021年7月22日，鹤壁市淇县抢险突击队在南水北调干渠淇县段袁庄生产桥西抢险

（冯飞 摄）

2021年10月28日，许昌市中级人民法院和禹州市人民法院在南水北调中线干线禹州管理处举行"水资源司法保护示范基地"和"水环境保护巡回审判基地"揭牌仪式　（张茜茜 摄）

2021年7月，北京挂职团队在河南省栾川县南水北调对口协作项目"北京昌平旅游小镇"回访

（崔杨馨　摄）

2021年3月31日，水利部南水北调规划设计管理局局长鞠连义、南水北调中线建管局总工程师程德虎在干线辉县管理处峪河暗渠进口观摩装备集成示范

（张茜茜　摄）

2021年6月10日，渠首分局承办中国南水北调集团中线建管局"传承百年红色基因 谱写中线辉煌篇章"党史知识竞赛活动　　　　　　　　　　　　　　　　　（李强胜　摄）

2021年12月，平顶山南水北调中心开展迎接南水北调中线工程通水7周年纪念活动

（田　昊　摄）

2021年4月，许昌南水北调中心开展主题党日活动 　　　　　　　　　　　（程晓亚　摄）

2021年12月，平顶山市南水北调配套工程巡线员对雨后积水的阀井抽水

（王培源　摄）

2021年12月，平顶山市南水北调配套工程巡线员下阀井检查　　　　　　　　（常烁烁　摄）

2021年7月6日，南水北调配套工程新乡项目部向配套工程维护人员刘有林等人赠送见义勇为锦旗和慰问金
　　　　　　　　　　　　　　　　　　　　　　　　　　　　　　　　　（刘俊玲　摄）

2021年5月，漯河南水北调中心龙舟队取得机关事业男子组200米直道竞速赛第三名　　（董志刚　摄）

2021年5月，南水北调中线焦作市修武县七贤镇丁村渠段　　（董保军　提供）

2021年5月，南水北调中线焦作市北石涧泵站 　　　　　　　　（董保军　提供）

2021年5月，南水北调中线焦作市山门河暗渠入口 　　　　　　　（董保军　提供）

2021年5月，南水北调中线焦作市修武县七贤镇小官庄村渠段 　　　　　（董保军　提供）

2021年6月，焦作市南水北调城区段"水袖流云"节点公园 　　　　　（赵耀东　摄）

2021年7月，焦作市南水北调城区段绿化带　　　　　　　　　　　　　　　（赵耀东　摄）

2021年7月1日，焦作市国家方志馆南水北调分馆试开馆　　　　　　　　　（赵耀东　摄）

编 辑 说 明

一、《河南省南水北调年鉴》以习近平新时代中国特色社会主义思想为指导，以习近平总书记对南水北调后续工程高质量发展重要讲话精神为选题主要依据，全面记述河南省南水北调年度工作的重要内容，是中国调水文化的组成部分。

二、《河南省南水北调年鉴》既是面向社会公开出版发行的连续性工具书，也是展示河南南水北调工作的窗口；河南省南水北调运行保障中心主办，年鉴编纂委员会承办，河南南水北调有关单位供稿。

三、年鉴以南水北调供水、运行管理、生态带建设、配套工程建设和组织机构建设的信息以及社会关注事项为主要内容，以现实意义和存史价值为基本标准。

四、年鉴2022卷力求全面、客观、翔实反映2021年工作。记述政务和业务工作重要事项、重要节点和成效；记述党务工作重要信息；描述年度工作特点和特色。

五、年鉴设置篇目、栏目、类目、条目，根据每一卷内容的主题和信息量划分。

六、年鉴供稿单位设2022卷组稿负责人和撰稿联系人，负责本单位年鉴供稿工作。年鉴内容全部经供稿单位审核。

七、年鉴规范遵循国家出版有关规定和约定俗成。

八、年鉴从2007卷编辑出版，2016卷开始公开出版发行。

《河南省南水北调年鉴2022》
供稿单位名单

　　水利厅南水北调处、移民安置处，省南水北调建管局综合处、投资计划处、经济与财务处、环境与移民处、建设管理处、监督处、审计监察室、机关党委、质量监督站、南阳建管处、平顶山建管处、郑州建管处、新乡建管处、安阳建管处，中国南水北调集团中线建管局河南分局、渠首分局，省文物局南水北调办，南阳南水北调中心，平顶山南水北调中心，漯河南水北调中心，周口市南水北调办，许昌南水北调中心，郑州南水北调中心，焦作南水北调中心、焦作市南水北调城区办，新乡南水北调中心，濮阳市南水北调办，鹤壁市南水北调办，安阳南水北调中心，邓州南水北调中心，滑县南水北调办，栾川县南水北调办，卢氏县南水北调办。

目 录

壹 要事纪实

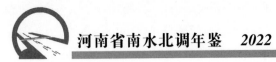

贰 规 章 制 度·重 要 文 件

叁 干线工程（上篇）

肆 干线工程（下篇）

伍 配套工程（上篇）

陆　配套工程（下篇）

柒　水源区保护

捌　组 织 机 构

玖 统 计 资 料

拾　传　媒　信　息

拾壹 大 事 记

习近平总书记考察南水北调中线工程
主持召开推进南水北调后续工程
高质量发展座谈会并发表重要讲话

2021年5月15日

新华社河南南阳5月14日电　中共中央总书记、国家主席、中央军委主席习近平14日上午在河南省南阳市主持召开推进南水北调后续工程高质量发展座谈会并发表重要讲话。他强调，南水北调工程事关战略全局、事关长远发展、事关人民福祉。进入新发展阶段、贯彻新发展理念、构建新发展格局，形成全国统一大市场和畅通的国内大循环，促进南北方协调发展，需要水资源的有力支撑。要深入分析南水北调工程面临的新形势新任务，完整、准确、全面贯彻新发展理念，按照高质量发展要求，统筹发展和安全，坚持节水优先、空间均衡、系统治理、两手发力的治水思路，遵循确有需要、生态安全、可以持续的重大水利工程论证原则，立足流域整体和水资源空间均衡配置，科学推进工程规划建设，提高水资源集约节约利用水平。

中共中央政治局常委、国务院副总理韩正出席座谈会并讲话。

座谈会上，水利部部长李国英、国家发展改革委主任何立峰、江苏省委书记娄勤俭、河南省委书记王国生、天津市委书记李鸿忠、北京市委书记蔡奇、国务院副总理胡春华先后发言。

听取大家发言后，习近平发表了重要讲话。他强调，水是生存之本、文明之源。自古以来，我国基本水情一直是夏汛冬枯、北缺南丰，水资源时空分布极不均衡。新中国成立后，我们党领导开展了大规模水利工程建设。党的十八大以来，党中央统筹推进水灾害防治、水资源节约、水生态保护修复、水环境治理，建成了一批跨流域跨区域重大引调水工程。南水北调是跨流域跨区域配置水资源的骨干工程。南水北调东线、中线一期主体工程建成通水以来，已累计调水400多亿立方米，直接受益人口达1.2亿人，在经济社会发展和生态环境保护方面发挥了重要作用。实践证明，党中央关于南水北调工程的决策是完全正确的。

习近平指出，南水北调等重大工程的实施，使我们积累了实施重大跨流域调水工程的宝贵经验。一是坚持全国一盘棋，局部服从全局，地方服从中央，从中央层面通盘优化资源配置。二是集中力量办大事，从中央层面统一推动，集中保障资金、用地等建设要素，统筹做好移民安置等工作。三是尊重客观规律，科学审慎论证方案，重视生态环境保护，既讲人定胜天，也讲人水和谐。四是规划统筹引领，统筹长江、淮河、黄河、海河四大流域水资源情势，兼顾各有关地区和行业需求。五是重视节水治污，坚持先节水后调水、先治污后通水、先环保后用水。六是精确精准调水，细化制定水量分配方案，加强从水源到用户的精准调度。这些经验，要在后续工程规划建设过程中运用好。

习近平强调，继续科学推进实施调水工程，要在全面加强节水、强化水资源刚性约束的前提下，统筹加强需求和供给管理。一要坚持系统观念，用系统论的思想方法分析问题，处理好开源和节流、存量和增量、时间和空间的关系，做到工程综合效益最大化。二要坚持遵循规律，研判把握水资源长远供求趋势、区域分布、结构特征，科学确定工程规模和总体布局，处理好发展和保护、利用和修复的关系，决不能逾越生态安全的底线。三要坚持节水优先，把节水作为受水区的根本出路，长期深入做好节水工作，根据水资源承载能力优化城市空间布局、产业结构、人口规模。四要坚持经济合理，统筹工程投资和效益，加强多方案比选论证，尽可能减少征地移民数量。五要加强生态环境保护，坚持山水林田湖草沙一体化保护和系统治理，加强长江、黄河等大江大河的水源涵养，加大生态保护力度，加强南水北调工程沿线水资源保护，持续抓好输水沿线区和受水区的污染防治和生态环境保护工作。六要加快构建国家水网，"十四五"时期以全面提升水安全保障能力为目标，以优化水资源配置体系、完善流域防洪减灾体系为重点，统筹存量和增量，加强互联互通，加快构建国家水网主骨架和大动脉，为全面建设社会主义现代化国家提供有力的水安全保障。

习近平指出，《南水北调工程总体规划》已颁布近20年，凝聚了几代人的心血和智慧。同时，这些年我国经济总量、产业结构、城镇化水平等显著提升，我国社会主要矛盾转化为人民日益增长的美好生活需要和不平衡不充分的发展之间的矛盾，京津冀协同发展、长江经济带发展、长三角一体化发展、黄河流域生态保护和高质量发展等区域重大战略相继实施，我国北方主要江河特别是黄河来沙量锐减，地下水超采等水生态环境问题动态演变。这些都对加强和优化水资源供给提出了新的要求。要审时度势、科学布局，准确把握东线、中线、西线三条线路的各自特点，加强顶层设计，优化战略安排，统筹指导和推进后续工程建设。要加强组织领导，抓紧做好后续工程规划设计，协调部门、地方和专家意见，开展重大问题研究，创新工程体制机制，以高度的政治责任感和历史使命感做好各项工作，确保拿出来的规划设计方案经得起历史和实践检验。

韩正在讲话中表示，要认真学习贯彻习近平总书记重要讲话和指示批示精神，深刻认识南水北调工程的重大意义，扎实推进南水北调后续工程高质量发展。要加强生态环境保护，在工程规划、建设和运行全过程都充分体现人与自然和谐共生的理念。要坚持和落实节水优先方针，采取更严格的措施抓好节水工作，坚决避免敞口用水、过度调水。要认真评估《南水北调工程总体规划》实施情况，继续深化后续工程规划和建设方案的比选论证，进一步优化和完善规划。要坚持科学态度，遵循客观规律，扎实做好各项工作。要继续加强东线、中线一期工程的安全管理和调度管理，强化水质监测保护，充分发挥调水能力，着力提升工程效益。

为开好这次座谈会，13日下午，习近平在河南省委书记王国生和代省长王凯陪同下，深入南阳市淅川县的水利设施、移民新村等，实地了解南水北调中线工程建设管理运行和库区移民安置等情况。

习近平首先来到陶岔渠首枢纽工程，实地察看引水闸运行情况，随后乘船考察丹江口水库，听取有关情况汇报，并察看现场取水水样。习近平强调，南水北调工程是重大战略性基础设施，功在当代，利在千秋。要从守护生命线的政治高度，切实维护南水北调工程安全、供水安全、水质安全。吃水不忘挖井人，要继续加大对库区的支持帮扶。要建立水资源刚性约束制度，严格用水总量控制，统筹生产、生活、生态用水，大力推进农业、工业、城镇等领域节水。要把水源区的生态环境保护工作作为重中之重，划出硬杠杠，坚定不移做好各项工作，守好这一库碧水。

位于渠首附近的九重镇邹庄村共有175户750人，2011年6月因南水北调中线工程建设搬迁到这里。习近平走进利用南水北调移民村产业发展资金建立起来的丹江绿色果蔬园基地，实地察看猕猴桃长势，详细了解移民就业、增收情况。听说全村300余人从事果蔬产业，人均月收入2000元以上，习近平十分高兴。他强调，要继续做好移民安置后续帮扶工作，全面推进乡村振兴，种田务农、外出务工、发展新业态一起抓，多措并举畅通增收渠道，确保搬迁群众稳得住、能发展、可致富。随后，习近平步行察看村容村貌，并到移民户邹新曾家中看望，同一家三代围坐在一起聊家常。邹新曾告诉总书记，搬到这里后，除了种庄稼，还在村镇就近打工，住房、医疗、小孩上学也都有保障。习近平指出，人民就是江山，共产党打江山、守江山，守的是人民的心，为的是让人民过上好日子。我们党的百年奋斗史就是为人民谋幸福的历史。要发挥好基层党组织的作用和党员干部的作用，落实好"四议两公开"，完善村级治理，团结带领群众向着共同富裕目标稳步前行。离开村子时，村民们来到路旁同总书记道别。习近平向为南水北调工程付出心血和汗水的建设者和运行管理人员，向为"一泓清水北上"作出无私奉献的移民群众表示衷心的感谢和诚挚的问候。他祝愿乡亲们日子越来越兴旺，芝麻开花节节高。

习近平十分关心夏粮生产情况，在赴渠首考察途中临时下车，走进一处麦田察看小麦长势。看到丰收在望，习近平指出，夏粮丰收了，全年经济就托底了。保证粮食安全必须把种子牢牢攥在自己手中。要坚持农业科技自立自强，从培育好种子做起，加强良种技术攻关，靠中国种子来保障中国粮食安全。

12日，习近平还在南阳市就经济社会发展进行了调研。他首先来到东汉医学家张仲景的墓祠纪念地医圣祠，了解张仲景生平和对中医药发展的贡献，了解中医药在防治新冠肺炎疫情中发挥的作用，以及中医药传承创新情况。他强调，中医药学包含着中华民族几千年的健康养生理念及其实践经验，是中华民族的伟大创造和中国古代科学的瑰宝。要做好守正创新、传承发展工作，积极推进中医药科研和创新，注重用现代科学解读中医药学原理，推动传统中医药和现代科学相结合、相促进，推动中西医药相互补充、协调发展，为人民群众提供更加优质的健康服务。

离开医圣祠，习近平来到南阳月季博览园，听取当地月季产业发展和带动群众增收情况介绍，乘车察看博览园风貌。游客们纷纷向总书记问好。习近平指出，地方特色产业发展潜力巨大，要善于挖掘和利用本地优势资源，加强地方优质品种保护，推进产学研有机结合，统筹做好产业、科技、文化这篇大文章。

随后，习近平来到南阳药益宝艾草制品有限公司，察看生产车间和产品展示，同企业经营者和员工亲切交流。习近平强调，艾草是宝贵的中药材，发展艾草制品既能就地取材，又能就近解决就业。我们一方面要发展技术密集型产业，另一方面也要发展就业容量大的劳动密集型产业，把就业岗位和增值收益更多留给农民。

丁薛祥、胡春华、何立峰等陪同考察并出席座谈会，中央和国家机关有关部门负责同志、有关省市负责同志参加座谈会。

（节选自河南政府网）

壹 要事纪实

重 要 文 章

推进南水北调后续工程高质量发展

水利部部长　李国英
《人民日报》2021年7月29日

习近平总书记在推进南水北调后续工程高质量发展座谈会上的重要讲话中，充分肯定南水北调工程的重大意义，系统总结实施重大跨流域调水工程的宝贵经验，明确提出继续科学推进实施调水工程的总体要求，对做好南水北调后续工程的重点任务作出全面部署，为推进南水北调后续工程高质量发展指明了方向、提供了根本遵循。推进南水北调后续工程高质量发展，必须认真学习贯彻习近平总书记重要讲话、重要指示批示精神，科学推进实施调水工程，加强和优化水资源供给，为全面建设社会主义现代化国家提供有力水安全保障。

深刻认识南水北调工程的重大意义

水是生存之本、文明之源。为全面建设社会主义现代化国家提供有力水安全保障，必须心怀"国之大者"，从讲政治、谋全局、顾长远的战略高度深刻认识南水北调工程的重大意义，进一步强化推进南水北调后续工程高质量发展的责任担当。

习近平总书记强调："南水北调工程事关战略全局、事关长远发展、事关人民福祉。"南水北调工程是党中央决策建设的重大战略性基础设施，是优化水资源配置、保障群众饮水安全、复苏河湖生态环境、畅通南北经济循环的生命线和大动脉，功在当代、利在千秋。南水北调东线、中线一期主体工程建成通水以来，已累计调水400多亿立方米，直接受益人口达1.2亿，在经济社会发展和生态

环境保护方面发挥了重要作用。推进南水北调后续工程高质量发展，需要深入分析南水北调工程面临的新形势新任务，完整、准确、全面贯彻新发展理念，按照高质量发展要求，统筹发展和安全，坚持节水优先、空间均衡、系统治理、两手发力的治水思路，遵循确有需要、生态安全、可以持续的重大水利工程论证原则，立足流域整体和水资源空间均衡配置，科学推进工程规划建设，提高水资源集约节约利用水平。

进入新发展阶段、贯彻新发展理念、构建新发展格局，形成全国统一大市场和畅通的国内大循环，促进南北方协调发展，需要水资源有力支撑。要立足全面建设社会主义现代化国家新征程，锚定全面提升水安全保障能力的目标，加强前瞻性思考、全局性谋划、战略性布局、整体性推进，在全面加强节水、强化水资源刚性约束的前提下，统筹加强需求和供给管理，坚持系统观念，坚持遵循规律，坚持节水优先，坚持经济合理，加强生态环境保护，加快构建国家水网，全面促进水资源利用和国土空间布局、自然生态系统相协调，不断增强我国水资源统筹调配能力、供水保障能力和战略储备能力。

传承发扬实施重大跨流域调水工程的宝贵经验

习近平总书记指出："南水北调等重大工程的实施，使我们积累了实施重大跨流域调水工程的宝贵经验。"新中国成立后，我们党领导开展了大规模水利工程建设。党的十八大以来，以习近平同志为核心的党中央统筹推进水灾害防治、水资源节约、水生态保护修复、水环境治理，建成了一批跨流域跨区域重大引调水工程，积累了丰富而宝贵的经验，对于更好推进南水北调后续工程规划建设具有重要意义。

坚持全国一盘棋。习近平总书记强调："要合理安排生产力布局，对关系国民经济命脉、规模经济效益显著的重大项目，必须坚持全国一盘棋，统筹规划，科学布局。"重大跨流域调水工程涉及多流域、多省市、多领域、多目标，规模宏大、系统复杂、任务艰巨。在南水北调工程实践中，党中央统一指挥、统一协调、统一调度。从中央层面优化资源配置，鲜明体现我国国家制度和国家治理体系的显著优势。实践证明，必须坚持局部服从全局、地方服从中央，实现各个方面良性互动、各项政策衔接配套、各项举措相互耦合，有序推进南水北调后续工程各级各项各环节工作，在统筹协调中提升整体效能。

集中力量办大事。习近平总书记指出："正是因为始终在党的领导下，集中力量办大事，国家统一有效组织各项事业、开展各项工作，才能成功应对一系列重大风险挑战、克服无数艰难险阻，始终沿着正确方向稳步前进。"在南水北调工程实施过程中，党中央统一推动，把方向、谋大局、定政策、促改革，集中保障资金、用地等建设要素，举全国之力规划论证和组织实施，广泛调动经济资源、人才资源、技术资源，统筹做好移民安置等工作；各地区各部门和衷共济，43.5万移民群众顾全大局，数十万建设者矢志奋斗，一大批科研单位攻坚克难，形成了实施重大跨流域调水工程的强大合力。实践证明，只要充分发挥社会主义集中力量办大事的制度优势，必定能战胜一切艰难险阻，推动治水事业不断取得新成效。

尊重客观规律。习近平总书记强调："要处理好尊重客观规律和发挥主观能动性的关系。"南水北调工程从规划论证到建设实施，始终坚持科学比选、周密计划，始终坚持生态优先、绿色发展，先后组织上百次国家层面会议，6000多人次专家参加论证，合理确定工程规模、总体布局和实施方案，最终实现经济、社会、生态效益相统一。实践证

明，重大跨流域调水工程关系经济社会发展全局，必须遵循经济规律、自然规律、社会规律，科学审慎论证方案，重视生态环境保护，既讲人定胜天，也讲人水和谐。

规划统筹引领。从提出设想到实施建设，多年来南水北调工程始终把规划作为推进工作的重中之重。经过几代人广泛深入的勘测、研究、论证、比选，最终形成《南水北调工程总体规划》，统筹长江、淮河、黄河、海河四大流域水资源情势，兼顾各有关地区和行业需求，确定了"四横三纵、南北调配、东西互济"的总体格局。实践证明，实施重大跨流域调水工程，必须加强顶层设计，优化战略安排，充分发挥规划的先导作用、主导作用和统筹作用。

重视节水治污。南水北调工程始终把节水、治污放在突出位置。一方面，加强节水管理，倒逼产业结构调整和转型升级，受水区节水达到全国先进水平；另一方面，探索形成"政府主导、企业参与、社会监督、多方配合"的治污工作模式，强化东线治污和中线水源地保护。实践证明，调水工程是生态工程、绿色工程，必须坚持先节水后调水、先治污后通水、先环保后用水，促进人与自然和谐共生。

精准调度水量。水量调度是重大调水工程运行管理的重点内容。南水北调东线、中线一期工程通水后，通过多种措施全面掌握调水区来水情况和受水区用水需求，统筹经济社会发展和生态环境保护需要，科学编制年度水量调度计划，根据实时水情精准调度，确保优质水资源安全送达千家万户、江河湖泊。实践证明，面对工程沿线不同地域、不同受众、不同水情、不同需求，必须细化制定水量分配方案，加强从水源到用户的精准调度，不断增强人民群众的获得感、幸福感、安全感。

高质量推进调水工程，努力提升水安全保障能力

习近平总书记强调："继续科学推进实施调水工程，要在全面加强节水、强化水资源刚性约束的前提下，统筹加强需求和供给管理。"高质量推进调水工程，努力提升水安全保障能力，事关保持经济社会持续健康发展。必须从守护生命线的政治高度，扎实推进南水北调后续工程高质量发展，抓紧做好后续工程规划设计，继续加强东线、中线一期工程的安全管理和调度管理。

科学统筹指导和推进后续工程建设。深入分析南水北调工程面临的新形势新任务，准确把握东线、中线、西线三条线路的各自特点，审时度势、科学布局。认真评估《南水北调工程总体规划》实施情况，分析其依据的基础条件变化，研判这些变化对加强和优化水资源供给提出的新要求。处理好发展和保护、利用和修复的关系，继续深化后续工程规划和建设方案比选论证，科学确定工程规模和总体布局。准确研判受水区经济社会发展形势和水资源动态演变趋势，深入开展重大问题研究，创新工程体制机制，摸清底数、厘清问题、优化对策，确保拿出来的规划设计方案经得起历史和实践检验。

坚持和落实节水优先方针。从观念、意识、措施等各方面把节水放在优先位置，把节水作为受水区的根本出路，长期深入做好节水工作。加快建立水资源刚性约束制度，严格用水总量控制，根据水资源承载能力优化城市空间布局、产业结构、人口规模。大力实施国家节水行动，统筹生产、生活、生态用水，大力推进农业节水增效、工业节水减排、城镇节水降损，提高水资源集约节约利用水平。处理好开源和节流、存量和增量、时间和空间的关系，坚决避免敞口用水、过度调水。依托南水北调工程等水利枢纽设施及各类水情教育基地，积极开展国情水情教育，增强全社会节水洁水意识。

确保南水北调工程安全、供水安全、水质安全。优化南水北调东线、中线一期工程运用方案，实现工程综合效益最大化。建立完善的安全风险防控体系和应急管理体系，加强对工程设施的监测、检查、巡查、维修、养护，确保工程安全。精确精准调水，科学制定落实水量调度计划，优化水量省际配置，最大程度满足受水区合理用水需求，确保供水安全。加大生态保护力度，加强水源区和工程沿线水资源保护，抓好输水沿线区和受水区污染防治和生态环境保护工作，完善水质监测体系和应急处置预案，确保水质安全。结合巩固拓展水利扶贫成果、推进乡村振兴，继续做好移民安置后续帮扶工作，确保搬迁群众稳得住、能发展、可致富。

加快构建国家水网。以全面提升水安全保障能力为目标，以优化水资源配置体系、完善流域防洪减灾体系为重点，统筹存量和增量，加强互联互通，加快构建国家水网主骨架和大动脉，加快形成"系统完备、安全可靠、集约高效、绿色智能、循环通畅、调控有序"的国家水网。立足流域整体和水资源空间均衡配置，遵循确有需要、生态安全、可以持续的重大水利工程论证原则，实施重大引调水、供水灌溉、防洪减灾等骨干工程建设。坚持科技引领和数字赋能，综合运用大数据、云计算、仿真模拟、数字孪生等科技手段，提升国家水网的数字化、网络化、智能化水平，更高质量保障国家水安全。

讲 党 课

牢记嘱托，扎实推进南水北调后续工程高质量发展

水利厅党组书记　刘正才

2021年6月8日

中共中央总书记、国家主席、中央军委主席习近平2021年5月14日上午在南阳主持召开推进南水北调后续工程高质量发展座谈会并发表重要讲话。他强调，南水北调工程事关战略全局、事关长远发展、事关人民福祉。进入新发展阶段、贯彻新发展理念、构建新发展格局，形成全国统一大市场和畅通的国内大循环，促进南北方协调发展，需要水资源的有力支撑。要深入分析南水北调工程面临的新形势新任务，完整、准确、全面贯彻新发展理念，按照高质量发展要求，统筹发展和安全，坚持节水优先、空间均衡、系统治理、两手发力的治水思路，遵循确有需要、生态安全、可以持续的重大水利工程论证原则，立足流域整体和水资源空间均衡配置，科学推进工程规划建设，提高水资源集约节约利用水平。

习近平总书记的重要讲话，站在党和国家事业战略全局和长远发展的高度，充分肯定了南水北调工程的重大意义，科学分析了南水北调工程面临的新形势新任务，深刻总结了实施重大跨流域调水工程的宝贵经验，系统阐释了继续科学推进实施调水工程的一系列重大理论和实践问题，为推进南水北调后续工程高质量发展指明了方向、提供了根本遵循，为新时代治水擘画了宏伟蓝图。全省水利系统要把深入学习贯彻习近平总书记重要讲话精神作为当前和今后一个时期的首要政治任务，深刻领会讲话蕴含的战略思维、问题导向、科学方法、实践要求，学深悟透讲话的丰富内涵和精神实质，切实把思想和行动统一到习近平总书记重要讲话精神上来，把智慧和力量凝聚到习近平总书记作出的战略部署上来。

今天，结合党史学习教育，与大家一起共同学习总书记重要讲话和指示批示精神，推动学习贯彻往深里走、往心里走、往实里走。下面，我就南水北调工程概况、取得的经验和成效，以及获得的启示等方面与同志们分享。

一、南水北调工程概况

1952年10月30日，毛泽东主席视察黄河时提出了"南方水多，北方水少，如有可能，借一点来也是可以的"南水北调伟大构想。通过长达半个世纪的调研、论证，召开中央级别会议20余次；仅总体规划阶段，参与的科技人员超过2000人；举办了95次专家座谈会、咨询会和审查会；中国科学院、中国工程院院士30人110多人次参会；对50多个规划方案进行充分论证，2002年12月23日，国务院正式批复《南水北调总体规划》。

南水北调总体规划，选定了南水北调工程东线、中线、西线的调水水源、调水路线和供水范围，与长江、黄河、淮河、海河四大江河相互联接，构成"四横三纵"的工程总体布局。规划到2050年南水北调东、中、西线多年平均调水规模分别为148亿立方米、130亿立方米和170亿立方米，合计为448亿立方米。南水北调工程是迄今为止世界上最大规模的调水工程。

（一）东线工程

东线工程从长江下游扬州江都水利枢纽抽引长江水，逐级提水北送。出东平湖后分两路输水：一路穿过黄河向北送至天津，输

水主干渠全长1156公里；另一路向东经济南、淄博、潍坊输水到烟台、威海，全长701公里。东线工程分3期实施，年调水量148亿立方米，其中已经完成的一期工程年均调水量87.66亿立方米，主要解决黄淮海流域津浦铁路沿线和胶东地区严重缺水问题。经过13级提水，扬程65米。一期工程于2002年12月27日开工，2013年11月15日建成通水。

（二）中线工程

中线工程规划项目包括水源工程、输水工程、调蓄工程和汉江中下游治理工程。

水源工程。丹江口水库大坝加高14.6米，坝顶高程为176.6米，蓄水位从157米提高至170米，新增库容116亿立方米，正常蓄水位库容290.5亿立方米。大坝加高工程于2005年9月26日开工，2013年完工。

输水工程。从南阳淅川县陶岔渠首引水，经唐白河流域西部，过长江流域与淮河流域的分水岭方城垭口，沿黄淮海平原西部边缘，在郑州以西孤柏嘴处穿过黄河，沿京广铁路西侧北上，至河北省徐水县分水两路，一路向北进入北京团城湖，另一路向东为天津供水，中线干线工程全长1432公里。其中：从陶岔渠首到北京市团城湖，高差99米，全线自流，以明渠为主，北京段采用管涵输水，全长1277公里；天津干渠自河北省徐水县总干渠上分水向东至天津外环河，采用管涵输水，全长155公里。中线干线工程于2003年12月30日开工，2014年12月12日全线通水。

工程规划分两期实施，目前已建成通水的一期工程年调水量95.0亿立方米，其中向河南省调水37.69亿立方米、河北省34.7亿立方米、北京市12.4亿立方米、天津市10.2亿立方米。二期工程建成后调水量增加至130亿立方米（目前的方案是通过引江补汉工程和提高总干渠输水能力实现调水量）。中线工程主要解决京、津、冀、豫四省（市）的严重缺水问题。此外，一旦黄河出现枯水年份，还可以通过穿黄工程退水洞向黄河中下游补水。

调蓄工程。一是充分发挥丹江口水库调蓄作用；二是受水区向城市供水的大中型水库参与调节；三是向沿线水库、洼淀直接充蓄，作为附近城市调节水库；四是增加在线调节水库，提高供水保证率。目前正在实施的有河北雄安和我省观音寺调蓄工程。

汉江中下游治理工程。兴建兴隆水利枢纽、引江补汉工程、整治局部航道，减小工程建成通水后对汉江中下游的影响。

（三）西线工程

西线工程在长江上游通天河、雅砻江、大渡河及其支流筑坝建库，开凿穿越长江与黄河分水岭的巴颜喀拉山输水隧洞，调长江水入黄河上游。规划西线工程调水规模为170亿立方米，分三期实施。第一期工程：达（曲）—贾（曲）线，年调水40亿立方米；第二期工程：阿（达）—贾（曲）线，年调水50亿立方米；第三期工程：侧（坊）—雅（砻江）—贾（曲）线，年调水80亿立方米。

西线工程主要解决黄河上游的青海、甘肃、宁夏、内蒙古、陕西、山西六省（自治区）的严重缺水问题，必要时向黄河下游补水。西线工程位于青藏高原东南部，属高寒缺氧地区，自然环境恶劣，交通不便，地质条件复杂，技术难点多，工程投资大，目前正在加快前期工作。

（四）河南省南水北调工程

河南省南水北调工程主要表现为"一长、二多、三大、四个工程"。"一长"即渠道长，河南段长度731公里，占南水北调中线工程全长的51%。"二多"即征地多、文物点多，共征地62万亩，库区及沿线分布文物点264处。"三大"即投资大、用水量大、移民任务大。南水北调中线工程总投资2528亿元，其中干线投资1586亿元，我省境内投资950亿元，占干线投资的60%以上。年分配我省水量37.69亿立方米，占输水总量的40%。

我省搬迁安置丹江口库区（16.54万人）及干线征迁安置（4.73万人）共计21.27万人。"四个工程"是指我省既有渠道工程，又有水源工程，还有移民工程和配套工程。

干线工程河南段。长731公里，途经我省南阳、平顶山、许昌、郑州、焦作、新乡、鹤壁、安阳等8个省辖市，穿越长江、淮河、黄河、海河等四大流域，沿途设置各类交叉建筑物1254座，其中，河渠交叉建筑物106座、左岸排水建筑物271座、渠渠交叉建筑物83座、公路交叉767座、铁路交叉27座。陶岔渠首设计引水流量350立方米每秒，穿黄工程设计流量265立方米每秒，穿漳工程出口设计流量235立方米每秒。

河南段共分36个设计单元工程。委托河南建管项目共有南阳膨胀土试验段、白河倒虹吸、南阳市段、方城段、宝郏段、禹长段、新郑南段、潮河段、郑州2段、郑州1段、焦作2段、石门河倒虹吸、辉县段、新乡潞王坟试验段、新卫段、安阳段等16个设计单元工程，全长429公里。河南段于2005年9月27日开工建设，2013年底主体工程建成，2014年12月12日正式通水。

受水区供水配套工程。主要通过输水管道连接总干渠和各地受水水厂。配套工程输水线路总长1048公里，工程概算总投资150亿元。目前，受水范围已覆盖11个省辖市市区、40个县市城区和64个乡镇，受水水厂共计87座。配套工程于2011年4月29日开工，2014年底初步实现与干线工程"同步通水"的目标，2016年12月实现了规划受水区通水全覆盖。

丹江口库区移民安置情况。河南省丹江口库区移民16.54万人，分别搬迁安置到南阳、平顶山、漯河、许昌、郑州、新乡6个省辖市的25个县市的208个移民新村，搬迁规模、搬迁强度、难度史无前例。2009年完成试点移民1.1万人；2010年至2011年，平均每年搬迁7.7万人，搬迁强度远远超过三峡和小

浪底移民，实现了"四年任务，两年完成"的目标。

二、经验与成效

2014年12月12日，习近平总书记就南水北调中线一期工程正式通水作出重要指示：南水北调工程是实现我国水资源优化配置、促进经济社会可持续发展、保障和改善民生的重大战略性基础设施。经过几十万建设大军的艰苦奋斗，南水北调工程实现了中线一期工程正式通水，标志着东、中线一期工程建设目标全面实现。这是我国改革开放和社会主义现代化建设的一件大事，成果来之不易。南水北调工程功在当代，利在千秋。希望继续坚持先节水后调水、先治污后通水、先环保后用水的原则，加强运行管理，深化水质保护，强抓节约用水，保障移民发展，做好后续工程筹划，使之不断造福民族、造福人民。

通水以来，工程的经济、社会、生态效益十分显著，提升了居民用水品质，改善了生态环境，缓解了受水区水资源短缺的困局，对我省经济转型发展起到了巨大的支撑作用。彰显了南水北调工程"功在当代、利在千秋"战略性基础性设施作用，充分验证了党中央、国务院高瞻远瞩、审时度势兴建南水北调工程的英明决策和我国的政治优势和制度优势，是当之无愧的国之重器。

河南省委、省政府牢记总书记的嘱托，高度重视南水北调工作，举全省之力支持南水北调，服务南水北调，建设南水北调，全省上下讲政治、讲大局、讲奉献，一切服从于工程建设需要，采取多种有效措施，全方位做好施工环境维护工作，全力营造良好施工环境。围绕"搬得出，稳得住，能发展，可致富"的目标，全省上下，齐心协力，克难攻坚，无私奉献，移民安置"四年任务，两年完成"，创造了水利移民奇迹，圆满完成了移民搬迁安置任务；精心组织，科学安排，突出重点，多措并举，全力推进工程建

设进度，加强工程建设质量安全管理，如期实现了2014年汛后通水目标；始终把水质保护作为一项重要的政治任务来抓，加强南水北调生态环境保护工作，积极探索绿色经济发展模式，实现了水源地及总干渠水质持续稳定达标；建立健全运行管理制度，规范运行管理行为，强化运行监管，确保了工程安全、供水安全。

（一）凝聚力量，精心建设

河南是南水北调工程建设的主战场，关乎南水北调中线工程通水目标能否如期实现，可以说，河南成，则中线成。河南段战线长、开工晚、任务重、难度大的特点又决定了我省南水北调工程建设是一场必须打赢的硬仗。

1.机制创新，确保质量。建立了三个机制：一是目标管理加压驱动机制。实行目标管理，重奖重罚，大力开展全线劳动竞赛和跨渠铁路公路、渠道衬砌等专项劳动竞赛，对先进单位大张旗鼓表彰奖励，形成了明争暗赛、你追我赶的良好局面。二是督导检查机制。一个月督导一次、通报一次、排名一次，并跟踪检查、跟踪问效。三是质量评价警示机制。实行"稽察、巡查、飞行检测"三位一体质量监管，建立完善质量管理信用档案，对达不到要求的，采取约谈、上黑名单、清除出场、评为不可信企业等手段进行处罚。推进了工程进度，保证了工程质量。

2.技术创新，勇克难关。南水北调工程建设中一个个技术难题像拦路虎一样接踵而至，比如：第一次穿越沉积河床的穿黄工程，被土工界称为"癌症"的膨胀土处理，被称为亚洲第一顶的平顶山西暗渠双层顶进，总体规模世界第一的沙河渡槽架设，高达20米的高填方段，穿越煤矿采空区等等。我们一方面在技术创新上努力攻坚，另一方面引进国内外先进技术和先进设备为我所用。

穿黄工程——第一条穿越黄河的输水隧道

穿黄工程是南水北调中线的咽喉工程。在穿越大江大河的隧道施工中，穿黄工程是国内盾构领域在高地下水，大埋深，充满泥沙、淤泥等复合沉积地层中的第一次穿越，是国内第一条穿越黄河的输水隧道，也是国内在饱和水位下埋深最大的一次盾构穿越，堪称人类历史上最宏大的穿越大江大河工程。

如何让"长江水"顺利穿越黄河？如何从黄河底下复杂的地层中开凿数千米的隧洞？如何保证隧洞能承受黄河河水和河床的沉重压力而不漏水？这些巨大的难题，不仅在国内水利工程建设中无先例可循，在国际水利工程界也难求借鉴。

工欲善其事必先利其器。项目部既耗费2亿多元的巨资引进了德国的盾构机，更靠自己的科技攻关破解了诸多技术难题。项目部的技术骨干和邀请的国内专家一起组成一个个攻关小组，全力寻求破解之道。经过技术人员的刻苦钻研，穿黄工程先后攻克了7项在国内外具有挑战性的技术难题，主要是76.6米超深地连墙施工技术、50.5米超深竖井逆作法施工技术、复合地层大埋深盾构机始发技术、复合地层盾构机长距离掘进姿态控制与导向技术、大埋深盾构机常压进仓修复和带压进仓检修技术、隧洞预应力薄内衬混凝土浇筑与施工控制技术、长距离输水隧洞混凝土开裂及防渗技术。

比如：大埋深盾构机常压进仓修复和带压进仓检修技术。2008年9月3日，盾构机在掘进1360米后，因刀具、刀盘磨损严重而暂停掘进。修复刀具、刀盘，需要进入黄河河床下面近30米的淤泥、砂层中。这是到目前为止，国内外首例在高地下水位、软地层条件下进行盾构刀具修复。这样的难题，连国外最专业的维修机构也望而退步。

当时，国外的维修机构开出了一个让人匪夷所思的条件：一个维修人员月工资20万美元，而且不能限制维修期限。也就是说，不管多长时间，外方不能保证，中方不得干涉。这是一个典型的霸王条款。

穿黄项目部断然辞绝，决定依靠自己的力量进行技术攻关。经过长达一个多月的艰辛探索，项目部终于找到了切实可行的解决方案。

这是一个困难重重、危机四伏的维修过程——在狭小的修复空间中工作，相当于在水下35米深处作业，只有训练有素的专业潜水员才能胜任。

为抵消水下35米的沉重压力，修复区域需要注满高压空气，连呼吸都困难，说话时声音变得自己都听不出来。这些勇敢的"检修工"在修复空间呆上半小时左右就大汗淋漓，筋疲力尽，回到减压舱休息3个多小时才能慢慢恢复体力。

经过几个月的努力，检修人员共更换各种类型刀具148把。2009年4月2日，庞大的盾构机刀盘开始旋转，盾构机顺利恢复掘进。

随着一个个技术难题的成功破解，全长4.25公里的穿黄工程两条隧洞顺利完成，上游洞误差不超过5厘米，下游洞误差不超过3厘米，盾构精度大大高于误差不超过10厘米的设计要求。长江与黄河实现了有史以来的第一次亲密握手。

膨胀土处理

膨胀土（岩）处理被称为"土工界的癌症"，这种土晴天硬得像一块铁，雨天软得像一团棉。南水北调中线工程穿越膨胀土（岩）渠段累计长约340公里，其中大部分在我省境内。膨胀土（岩）遇水膨胀，晴天收缩，极易造成渠道边坡失稳，对工程的安全运行产生严重危害。我们通过新乡潞王坟膨胀岩试验段和南阳膨胀土试验段现场原型试验，提出了安全可靠、经济合理的处理措施及施工方法。目前，采取改性土换填、抗滑桩等措施，全面完成膨胀土（岩）渠段处理，效果良好。

3.奋勇争先，无私奉献。大力弘扬焦裕禄精神、红旗渠精神，重责任，讲奉献，高标准，严要求。广大党员干部干实事、敢作

为、勇担当，不讲条件，不讲价钱，不讲待遇，埋头苦干，任劳任怨。"五加二、白加黑"成为工作常态，"比学赶帮超"成为自觉行动。参建各方把支部建在班组，堡垒设在前沿，以党组织的先进性凝聚广大干部群众和建设者的智慧和力量。一个个党员干部在南水北调工程建设的战场上，树立了一面面旗帜，成千上万建设者在一面面旗帜引领下，奋勇争先，克难攻坚，掀起了一场波澜壮阔的建设热潮。如期实现了"2013年主体工程完工，2014年汛后通水"的建设目标。

（二）以人为本，和谐征迁

工程建设，征迁先行。河南段征迁复杂情况前所未有。一是征迁协调任务艰巨。总干渠穿越郑州市、南阳市边缘城区和焦作市中心城区。焦作市是南水北调总干渠唯一穿越中心城区的城市，涉及征迁群众3890户、15532人，拆迁房屋93.6万平方米，情况复杂，任务繁重，征迁难度前所未有。二是征迁时间要求紧迫。移交建设用地一般需要9个月时间，由于设计批复滞后和施工工期限制，实际移交用地时间一般不足半年，个别用地移交期限不足1个月。三是补偿标准差异大。总干渠补偿标准虽然由国家统一批复，但不同渠段价格水平不同，与当地建设项目以及高速、高铁补偿标准差异较大。征迁难，难在如何让征迁群众理解政策，难在如何让征迁群众满意，难在是否把征迁群众当亲人。

1.讲透政策，全程实行阳光作业。征迁补偿非常敏感，涉及群众切身利益，我们坚持把政策交给群众。一是印发征迁手册到户。针对群众关心的82个具体问题，编成《河南省南水北调征迁安置政策宣传手册》，印刷3万多份，发放到户。二是阳光操作。以村为单位，逐户公布补偿的具体清单，接受群众监督，让群众放心。三是及时兑付补偿资金。提前将征迁补偿等相关费用预拨相关市县，县级征迁部门依据设计单位提供的补偿

清单，在公示无异议后及时兑付给征迁群众，保证群众合法权益。

2.集成政策，最大限度让征迁群众得实惠。在坚持"不折不扣、不突不破"用足用够国家补偿政策的同时，注重政策集成，积极有效整合各级各类支农政策，地方财政补贴及新农村建设资金投入30多亿元，给征迁群众一定的奖励和补助。比如，郑州市在城市拆迁中附属物补偿标准比南水北调标准高，郑州市政府投入9.81亿元，用于解决城区拆迁附属物补偿与国家批复补偿标准之间的差额。焦作市政府贷款22亿元用于城区征迁安置，补贴城区征迁群众安置房建设；并针对南水北调征迁群众出台41项优惠政策，研究决定了300余项关系征迁群众切身利益的事项，妥善解决群众就业、就医、就学、救助、养老等问题，一系列政策体恤民情、解除民忧，受到了征迁群众的称赞，得到了征迁群众的拥戴。

3.满怀真情，把征迁群众当亲人当父母。各级党员干部深入征迁群众家中，动之以情、晓之以理，用真情感化征迁群众。焦作市马村区阳光社区跃北街道干部李冬梅既是一名征迁工作小组的成员，又是光明路首批征迁户。为消除部分群众对政府拆迁补偿方案、老人就医、孩子转学等一系列问题的疑虑，她注意了解各家的难处，认真倾听每个户主的诉求，并逐户建立了工作档案。有的征迁户租不到房子，她就到大街小巷或电脑上四处打听、了解租房信息；遇到搬迁户年纪大行动有困难的，她就组织工作人员帮助这些老大爷老大妈搬家。繁忙的征迁工作中，她也曾为患病的征迁户寻医问药，也曾为暂时失学的儿童联系转学，还曾为征迁户的一对新人送上祝福，操办过一场简朴而热闹的婚礼。在她和众多工作人员的贴心服务下，渐渐地，征迁群众的情绪由最初的对立趋于理解，由不满对抗慢慢走向和谐。

焦作市山阳区光亚街道党工委副书记、人大工委主任孟国平分包的一个征迁户王永战在北京经商，虽经多次电话沟通，对方答应过几天回来签订协议。但孟国平考虑到对方生意繁忙，专门回来一趟不仅时间上不好保证，而且会耽误生意。于是在对方承诺拆迁的通话当天连夜搭火车赶往北京。因为时间仓促，他只买到了站票，第二天凌晨5点左右赶到北京。为了不影响对方休息，一直在火车站转悠到7点才联系。这位征迁户事先并不知道孟国平要来北京，当接到孟国平的电话时感动不已，两人见面后立即签订了征迁协议。孟国平还给分包的所有征迁户留下了手机号码，24小时开机，有求必应，被称为征迁群众的"110"。

以人心赢人心，以服务见真情。孟国平分包的11户征迁任务提前一个月圆满完成。

润物细无声。在征迁干部的真情感化下，征迁群众在国家工程面前顾全大局、为国分忧，亲手拆掉自己一砖一瓦盖起来的房屋，挥泪告别。焦作市解放区西王褚村征迁户82岁的老党员王重福，不仅自己率先签协议，还积极动员6家亲属一同搬迁。山阳区恩村一街村委会主任赵趁意第一个搬迁，并组织亲戚朋友带头拆迁。一个个征迁群众谱写了舍小家为大家的奉献之歌。

2009年7月10日，习近平同志作出批示："河南省焦作市在深入学习实践科学发展观活动中，坚持以人为本、和谐征迁，确保南水北调工程顺利实施的做法很有特点，很有成效。"

南水北调工程建设的生动实践，证明了我们党的理论自信、道路自信、制度自信、文化自信，体现了社会主义集中力量办大事的政治优势。同时也告诉我们，必须把实现好、维护好、发展好最广大人民根本利益作为我们一切工作的出发点和落脚点。只有我们把群众放在心上，群众才会把我们放在心上；只有我们把群众当亲人，群众才会把我们当亲人；只有牢固树立群众观点，自觉执行群众路线，坚持民有所盼，我有所应，设身处地为群众办实事，让群众受益、让群众满意，才能得到群众更加广泛的支持，才能获得取之不尽、用之不竭的力量源泉。

（三）移民至上，铸就大爱

南水北调中线工程建设，重点在工程，成败在水质，难点在移民。如何把南水北调工程建设成为惠泽人民的民生工程，是对我党执政能力的严峻考验，是对党员干部作风意志的严峻考验，是对践行党的群众路线的严峻考验。

为满足调水进京需求，对丹江口水库大坝加高，带来了河南省16.54万人大搬迁。搬迁难度、搬迁强度前所未有。我省动迁移民16.54万人，全部出自一个县——淅川县，搬迁安置到南阳、平顶山、漯河、许昌、郑州、新乡6个省辖市的25个县市，搬迁规模远远超过河南水利移民历史上任何一次搬迁。三峡工程农村移民55万人，共搬了17年，平均每年3万多人；黄河小浪底水库涉及河南移民16万人，前后搬迁了11年，平均每年1万多人。河南丹江口库区16.54万移民，除试点移民1.1万人外，平均每年搬迁7.7万人。搬迁强度在全国水利移民史上史无前例。移民难，难在故土难离，难在亲情难舍。淅川大部分移民都是多次搬迁。移民经过多次搬迁，心理脆弱。新老移民交织，问题错综复杂。面对史无前例的移民大搬迁，我省始终坚持以人为本、移民至上，尊重移民意愿、维护移民利益，举全省之力，坚决打赢移民搬迁攻坚战。

四年任务，两年完成。河南省委、省政府始终把移民迁安工作作为一项重要的政治任务和中心工作，作为向河南人民承诺的十件大事之一提上重要日程。各级党委、政府始终站在讲政治、讲大局的高度，站在关注民生、改善民生的高度，把移民工作作为检验执政能力的重要标准。各级各有关部门整合各种政策和资金，奖补资金达70多亿元。

我们科学制定移民搬迁规划，积极动员，顺应民意，明确责任，限期完成，组织25个省直厅局分包25个移民安置县，倾全省之力，坚决打赢这场硬仗。移民泪洒故土、远走他乡，用奉献诠释了忠诚；广大干部迎难而上、负重拼搏，13名移民干部长眠在工作一线，用生命展示了担当。广大移民群众含泪远离故土、离别亲情，为一渠清水送北京让路。

大规模搬迁完成后，我们及时加强后期帮扶，大力实施"强村富民"工程，2020年移民人均年可支配收入达到15151元，是搬迁前的3.6倍，移民村基本都有集体收入，初步实现了"搬得出、稳得住、能发展、可致富"的目标。

（四）稳中求好，创新发展

南水北调工程建设、移民征迁取得了阶段性的胜利，但也只是上半场的胜利，如何确保工程效益的有效发挥，确保工程运行的安全平稳，确保供水水质的持续稳定达标，是下半场摆在我们面前的新问题和新挑战。

1.规范运行，工程效益明显提升。通水以来，我省南水北调工作重心已由建设管理转向运行管理。我们成立了配套工程运行管理机构，签订供水协议，及时核定水价，落实水量调度计划；建立了联络协调和应急保障机制，加强供用水管理和调度；加大地下水压采力度，加快受水能力建设，努力扩大供水范围和用水量，充分发挥南水北调工程效益。国务院颁布了《南水北调工程供用水管理条例》，省政府颁布了《河南省南水北调配套工程供用水和设施保护管理办法》，出台了56项运行管理制度和3个规程标准，为南水北调工程运行管理提供了法规和制度保证。同时，开展运行管理标准化、规范化活动；建立领导飞检、专业队伍巡查与稽察相结合的"三位一体"运行管理监管机制；加强配套工程管理、巡查、维护，保证了工程安全平稳运行。

通水以来，我省南水北调工程供水量、

供水区域、受益人口逐步增加。截至5月17日，南水北调中线工程已累计向我省供水129.03亿立方米（占全线累计供水365.12亿立方米的35.3%），其中：生态补水25.15亿立方米，受水范围已覆盖11个省辖市市区、40个县（市）城区和64个乡镇，受水水厂共计87座，受益人口2400万人。工程的经济、社会、生态效益同步发挥，提升了居民用水品质，改善了生态环境，缓解了受水区水资源短缺的困局，对我省经济转型发展起到了巨大的支撑作用。

在南水北调供水范围内，通过控采地下水，涵养地下水源，沿线城市地下水位得到不同程度回升，其中郑州市中深层地下水平均回升6.46米，许昌市回升6.76米；通过向沿线河、湖生态补水25.15亿立方米，解决生态问题，改善了沿线河湖生态环境，助力许昌、郑州、安阳、濮阳、南阳等地城市水系建设，提升水生态文明程度，水脉流畅、鱼翔浅底，水质明显提升，水环境明显改善，花红、草绿、水清、岸绿、景美的大美画卷正在中原大地渐次展开；受水区使用南水后，置换出的其他地表水源反哺农业，改善了农业灌溉条件，为河南省粮食生产实现"十三连增"做出了积极贡献。

2.保护水质，确保清水向北送。当举起水杯，我们最关心的就是喝下去的水到底干不干净。保持一渠清水永续北送是我们水源地人民的心愿，更是我们的目标。

"农夫山泉有点甜"是句著名的广告语，而农夫山泉的水源地之一就是南水北调中线工程的水源地——丹江口水库。丹江口库区及上游是南水北调中线工程的水源地，涉及河南、湖北和陕西3省42个县（市、区），河南包括淅川县、西峡县、内乡县、邓州县、卢氏县和栾川县等6个县市，全部位于核心水源区。为了保护水源，国家将中线水源保护上升为国家意志，连续批准实施完成了该地区水污染防治和水土保持十一五、十二五规划，目前正在准备出台十三五规划，力图从根本上解决这一地区植被破坏、工业点源和农业面源污染以及水土流失的问题。我省181个"十二五"规划项目已全部建成投用，在国家六部委联合对水源地三省"十二五"规划实施情况考核中，我省综合得分连续四年位居第一。

在丹江口水库库区，划定饮用水水源保护区1595平方公里，划定总干渠两侧水源保护区970平方公里，并且明确了具体保护措施和产业禁入范围。在水源保护区，严把项目审批程序，对库区水质及生态环境有影响的新、改、扩建项目执行严格环境影响评价制度，关闭水源地污染企业1700多家，封堵入河市政生活排污口433个，规范整治企业排污口27个；拆除51279箱养鱼网箱；先后否决、终止汇水区域内大型建设项目59个。切实加大水源地水土流失治理力度，累计治理水土流失面积3346平方公里。按照"土地流转、大户承包、政府补贴、合作共赢"的模式，我省加快推进总干渠两侧生态带建设，累计完成生态带绿化面积约23万亩；完成丹江口库区环库生态隔离带建设5.17万亩，基本形成闭合圈层，为水源水质安全筑起了牢固的生态安全屏障。

在水源区各地大力发展生态农业，2008~2020年，河南省累计争取中央财政生态转移支付资金127.7亿元。水源区各地积极转变经济增长方式，大力调整产业结构，发展绿色、低碳、循环经济，初步形成了一批茶叶、金银花、猕猴桃、食用菌等生态产业带，走出了一条绿色发展之路。积极引导群众科学施肥施药，提倡生物防治，推行无公害生产，从源头上减少了对丹江口水库水质的污染风险。通水六年来，供水水质稳定保持在Ⅱ类及以上标准。

2021年5月13日下午，习近平总书记考察丹江口水库，了解水源地生态保护情况，对水库水质和我省南水北调水质保护工作给予充分肯定。

3.京豫协作，助力中原更出彩。我省紧紧抓住国家对口协作的政策机遇，积极开展与北京市的对口协作。按照"六个一批"，即"产业转移一批、企业嫁接一批、平台搭建一批、产品进京一批、人员培训一批、帮扶结对一批"的工作思路，在工业、农业、生态、环保、科技、教育、医疗、人才交流等八大领域编制对口协作规划，扎实开展水源地市县与北京市对口协作，北京6区与我省水源区6县（市）建立了"一对一"结对协作。"十二五"期间，豫京两地合作项目实际投入河南4319亿元，占引进省外资金的14.3%；"十三五"期间，豫京两地合作项目实际投入河南7600亿元，占引进省外资金的15.9%。2016年8月，省委、省政府主要领导亲自率团赴京，深入推进战略合作，签订了《河南省人民政府北京市人民政府战略合作协议》；2020年12月，省委、省政府主要领导再次亲自率团赴京，深化京豫对口协助，推动两地合作发展。豫京携手把保水质作为第一任务，发挥产业互补优势，坚持省市统筹、区县结对，全面落实协作任务，产业合作逐步深入，民生工程再上台阶，交流合作继续扩大。随着京豫对口协作的深入推进，一大批项目将落户中原大地，必将为中原崛起、河南振兴提供强大助力。

三、启示

回顾南水北调工程建设、移民搬迁、水质保护、运行管理历程，以及南水北调工程综合效益的发挥，展望南水北调后续工程高质量发展的美好前景，我们深刻感悟到诸多启示。

（一）彰显了社会主义集中力量办大事的制度优势

作为世界上规模最大、距离最长、受益人口最多、受益范围最广的调水工程，南水北调工程建成运营并取得巨大成效，充分彰显了中国共产党集中统一领导的政治体制优势和集中力量办大事的社会主义制度优势。

美国北水南调工程。输水线路长900公里，年调水量52亿立方米。1957年工程开工，1973年主体工程完工，1990年达到设计输水能力。建设期间，由于水源调出地与调入地民众利益冲突，工程停工3年。

埃及西水东调工程。工程主要由苏伊士运河以西渠道、穿苏伊士运河输水隧洞、西奈北部输水工程三部分组成，主干线全长262公里，规划开发耕地378万亩，移民70多万人，总用水44.5亿立方米。工程于20世纪90年代初全面开工建设，1998年10月，完成穿苏伊士运河输水隧洞，进入西奈半岛。但是，西奈北部输水工程由于埃及政局动荡、资金匮乏，导致随后的土地开发和移民计划实施困难重重，截至2019年，历经21年，工程完成不到五分之一。

上述情况不难看出，美国北水南调工程和埃及西水东调工程的调水规模，分别为南水北调中线一期工程的55%和47%。南水北调中线一期工程建成用时10年，达到设计输水能力用时3年；美国北水南调工程建成用时16年，达到设计输水能力用时17年；埃及西水东调工程耗时30年仍未建成通水。

究其原因，一是所谓"民主"。同属美国加州，仅因南北地区之间的利益矛盾，就导致工程停滞3年，不同州之间又会如何？资本主义所谓"民主"的劣根性彰显无遗。二是唯利是图。财阀的利益高于一切。如此重要的基础设施，州政府竟然没有投资，政府对民生工程、公益事业的投入可见一斑。三是多党制。多党执政难以保证政策的连续性。如果陷入政党利益纷争，朝令夕改，甚至违背人心，工程必定难以顺利实施并尽早发挥效益。

习近平总书记指出，我们最大的优势是我国社会主义制度能够集中力量办大事，这是我们成就事业的重要法宝。

南水北调工程是我国改革开放和社会主

义现代化建设取得的重大成就，是我国社会主义制度集中力量办大事的生动实践。作为跨区域、跨流域的系统工程，南水北调工程涉及多个省市，工作千头万绪，任务艰巨，困难很多。正是因为我们具有强大的制度优势，中国共产党几代领导人才能接力奋斗，将宏伟蓝图变成现实；才能坚持全国一盘棋，上下一条心，局部服从全局，地方服从中央，从中央层面通盘优化资源配置；才能集中力量办大事，从中央层面统一推动，集中保障资金、用地等建设要素，统筹做好移民安置等工作。南水北调工程集中彰显了中国特色社会主义制度和国家治理体系的鲜明特点和显著优势，充分体现了中国共产党领导下的中国智慧、中国速度和中国力量。

1.发挥制度优势集中力量办好治水大事，关键在于始终坚持中国共产党的领导。中国共产党领导是中国特色社会主义最本质的特征，是中国特色社会主义制度的最大优势。"办好中国的事情，关键在党"。在党的坚强领导下，水利基础设施建设日新月异，水利重点领域改革持续深化，水利各项事业取得举世瞩目的伟大成就。作为党的十八大以后建成通水的世纪工程，南水北调工程是中华民族在中国共产党领导下从站起来、富起来到强起来的重大标志性工程，深刻体现了新时代我们党总揽全局、凝聚各方的领导核心作用。南水北调东线、中线一期工程建成运行以来，发挥了巨大的经济、社会和生态效益，充分证明党中央、国务院的决策是完全正确的。我们必须坚决维护以习近平同志为核心的党中央权威和集中统一领导，切实提高政治判断力、政治领悟力、政治执行力，坚决贯彻落实习近平总书记关于治水重要讲话指示批示精神，坚持"节水优先、空间均衡、系统治理、两手发力"的治水思路，心怀"国之大者"，把水利工作融入党和国家事业大局，在大局下谋划推进新阶段水利高质量发展，为把中国特色社会主义伟大事业推

向前进作出更大水利贡献。

2.发挥制度优势集中力量办好治水大事，本质在于始终坚持以人民为中心。社会主义民主政治的本质和核心就是人民当家作主。实施南水北调工程的根本目的和价值取向，是为了不断造福人民，满足人民对美好生活的向往，解决人民群众吃水用水这个头等大事。在工程规划论证和建设过程中，党中央、国务院认真倾听地方政府和人民群众诉求，设身处地为人民群众着想，想方设法满足人民群众的合理诉求，彰显了中国共产党立党为公、执政为民的宗旨和理念。同时，南水北调工程建设也离不开数十万建设者的辛勤劳动和移民的巨大奉献。我们能够集中力量办大事，是因为有广大人民群众在根本利益高度一致基础上的大力支持。"为中国人民谋幸福，为中华民族谋复兴"，是中国共产党百年奋斗历史的鲜明主题，也是中国共产党的初心和使命。我们要牢记使命、勇于担当，坚持以民为本，把实现好、发展好、维护好最广大人民的根本利益作为一切水利工作的出发点和落脚点，推动新时代水利改革发展更好地满足人民日益增长的美好生活需要，给人民群众带来更多实实在在的获得感、幸福感、安全感。

（二）彰显了中国共产党治理效能

南水北调，世纪伟业。工程如期建成，移民稳定发展，水质持续达标，工程效益显著，充分彰显了党和国家的治理效能。

1.精心组织，实现了移民"搬得出、稳得住、能发展、可致富"的目标。省委、省政府审时度势，科学决策，主动提出"四年任务，两年完成"目标，而且要做到不伤、不亡、不漏1人。搬迁高峰时一天搬迁7个批次，搬迁人数5000多人，各种搬迁车辆2000辆以上。任务之重，史无前例；压力之大，前所未有。各级党委、政府将移民工作列为"一号工程"，全省1000多个基层党组织、5万多名党员干部奔波在搬迁一线；25个厅局组

成移民迁安包县工作组，驻村蹲点，全力帮扶；省直36个部门结合各自职责出台了配套政策，向移民搬迁安置市、县倾斜支持资金50多亿元。各级移民干部不分昼夜，忙碌奔波，视移民如亲人，把搬迁预案和操作流程分解为46个"关键环节"和"规定动作"，提前预判，细致入微。2011年8月14日这一天，中暑的移民干部有130多人。移民搬迁过程中，共有13位基层干部倒在移民搬迁一线，其中有6人是在工作时猝然倒下的，没能给家人留下一句话。广大移民群众顾全大局，大爱报国，舍小家为国家，在各级政府的精心组织下，毅然告别故土和乡亲，有序踏上新生活的旅程。

省委、省政府高度重视移民后扶持及稳定发展工作。按照"扶持资金项目化、项目资产集体化、集体收益全民化"的"三化式"帮扶思路，先后实施了强村富民战略、移民企业挂牌上市、探索推进"移民贷"等举措，创新产业帮扶方式，壮大集体经济，实现共同富裕，在全省移民村中催生出一大批特色鲜明的专业村，让移民能发展、可致富。建立了移民村社会治理新模式，成立"三会两组织"（民主议事会、民主监事会、民事调解会，经济管理组织、公共服务组织），在村级治理上进行了积极探索，创新社会治理模式，让移民自治受益。再加上北京市的对口协作，如今的移民村，处处洋溢着生机活力，处处涌动着发展热潮，移民群众过着幸福美满生活。

2.勠力同心，确保了工程如期建成通水。在党中央、国务院总体部署下，国家有关部委、省委省政府高度重视，铁路、交通、通信、电力、建材等各行各业大力支持，工程沿线各级党委政府和人民群众全力拥护，为工程建设营造了良好的外部环境；数十万名建设者铺展在工程现场"五加二，白加黑"日夜奋战，破解了膨胀土处理等诸多工程难题，攻克了一系列技术难关，创造了穿黄隧洞、沙河渡槽等多项国内纪录、世界之最，中线工程如期实现了"2013年底主体完工，2014年汛后通水"总体建设目标。

3.多措并举，水质始终稳定达标。省委、省政府始终扛牢"一泓清水永续北送"的政治责任，划定保护范围，强化使命担当，严格环评准入，加快推进水源保护区规范化建设，持续推进保护区环境隐患排查整治，不断提升库区和汇水区环境监测监控预警能力，加强环境应急应对和风险防范，强力推进农村环境综合整治，全力保障水源地水质安全。大力发展生态农业和生态产业；加大水土流失治理力度。"十三五"期间，丹江口水库水质符合《地表水环境质量标准》（GB3838-2002）Ⅰ~Ⅱ类标准，水质持续稳定达标。

取得如此巨大成就，充分证明了在党中央、国务院英明决策下，省委、省政府坚强领导下，全国、全省团结拼搏、高效协作的社会治理效能，充分展示了党和国家的治理效能。

（三）彰显了为畅通南北经济循环生命线提供水利支撑保障的重大意义

2020年11月12日至13日，中共中央总书记、国家主席、中央军委主席习近平在江苏考察时强调：确保南水北调东线成为优化水资源配置、保障群众饮水安全、复苏河湖生态环境、畅通南北经济循环的生命线。

以长江为水源地，通过南水北调东、中、西线工程与长江、淮河、黄河、海河的联系，逐步构成以"四横三纵"为主体的中国大水网，有利于实现我国水资源"南北调配，东西互济"合理配置格局，对协调我国北方地区可持续发展对水资源的需求具有重大的战略意义。

南水北调东中线一期工程全面通水六年多来，社会效益、经济效益和生态效益有目共睹：供水量超过420亿立方米，相当于调了黄河一年三分之二的水量。在受水区约4万亿元GDP增长的成绩单里，南水北调水功不可没。南水北调工程初步打通了长江水向华北等缺水地区的供水通道，不仅产生了巨大的供水经济效益，还推动了受水区经济社会平稳发展。

南水北调不仅促进京津冀协同发展、雄安新区建设、黄河流域生态保护和高质量发展等国家战略实施，而且是确保畅通南北经济循环、实现我国南北共同富裕的重要保障。

1.优化产业结构，促进经济增长。南水北调东中线一期工程补齐了北方水资源短缺的短板，提高了受水区水资源承载能力，有力地促进了水源区和受水区产业结构不断优化升级和社会经济高质量发展。

在中线工程总干渠两侧水源保护区，关停并转污染企业和养殖项目，推广生态循环农业，大力发展绿色、循环、低碳工业，优化产业结构。中线工程每年为郑州航空港区供水9400万立方米，吸引富士康等一批著名企业落户郑州航空港区，助力综合试验区和"一带一路"国家战略。中线工程水源地摒弃粗放式靠山吃山、靠水吃水的做法，坚持"绿水青山就是金山银山"发展理念，蹚出了一条产业发展与生态保护深度融合、生态效益与经济效益同步提升的新路子。

东线一期工程将调水与航运有机联系起来，不仅改善了京杭大运河的通航条件，还提高了航运能力，成为助力沿线地方经济快速发展的加速器。

2.开展对口协作，实现南北共赢。中线工程是惠及沿途的供水线、生命线，也是沟通南北的亲情线、友谊线。按照国务院批复的《丹江口库区及上游地区对口协作工作方案》，由北京对口协作河南、湖北两省相关市县。

双方签订战略合作协议，建立地方领导互访、部门间协商推进、"各区包县"等工作机制，通过项目投资、产业对接、设立基金、引进技术、互派干部、专业培训等多种举措，为水源区相关市县提供多方面协作支持，推动落实一批特色农业种植、扶贫车间、农村电商等项目，建设一批生态旅游、生态农业等特色小镇，建成一批特色农产品研发等基地。

南阳中关村科技产业园是北京中关村与南阳市政府对口协作的产物。产业园里的南阳创业大街与北京"中关村创业大街"对接和互动，逐渐成为区域性创新资源配置平台和集聚枢纽。渠首陶岔村，现在已经成为一张旅游名片，打造的北京特色小镇，吸引了全国各地的游客。

通过对口协作，水源区相关市县开阔了眼界、引进了项目、培训了人才，有力促进了水源区生态保护和高质量发展，对于提高水源区水涵养功能、保护水质安全、促进产业结构优化和改善民生等发挥了积极作用，初步形成了南北共建、互利双赢新格局。

3.畅通南北经济循环，补齐发展短板。当前，我国正在积极构建以国内大循环为主体、国内国际双循环相互促进的新发展格局。我们必须紧密结合国家重大战略部署，扎实推进南水北调后续工程，构建起以南水北调工程为骨干的国家大水网，为经济大循环提供强有力的水资源支撑和保障。

畅通南北经济循环，有助于受水区和水源区经济社会高质量发展要求。必须坚持"三先三后"原则，以水定城、以水定地、以水定人、以水定产，加大受水区节水力度，坚决抑制不合理用水需求，满足合理用水需求，提高用水效率。

畅通南北经济循环，有助于完善市场机制，改革水价政策。理顺水价机制，建立水价调整机制，保障工程良性发展和长期运维安全。只有建立起有效的生态补偿和效益分享长效机制，才能提高水源区水量水质保障水平，实现南北共赢。

畅通南北经济循环，有助于推进大运河河南段文化带建设。凸显隋唐大运河的悠久历史与龙头地位，实施生态水系修复和保护工程，打造"河畅、水清、岸绿"美丽乡村，推动乡村文旅融合发展，焕发古老运河新的生机，触摸运河承载的中华文脉，打造幸福运河。

（四）彰显了始终坚持人民至上的发展理念

2020年5月22日，习近平主席在参加十三届全国人大三次会议内蒙古代表团审议时强调：中国共产党根基在人民、血脉在人民。坚持以人民为中心的发展思想，体现了党的理想信念、性质宗旨、初心使命，也是对党的奋斗历程和实践经验的深刻总结。必须坚持人民至上、紧紧依靠人民、不断造福人民、牢牢植根人民。

2021年2月20日，习近平总书记在党史学习教育动员大会上的讲话中指出：历史充分证明，江山就是人民，人民就是江山，人心向背关系党的生死存亡。全党要深刻认识党的性质宗旨，坚持一切为了人民、一切依靠人民，始终把人民放在心中最高位置、把人民对美好生活的向往作为奋斗目标。

2021年5月13日下午，习近平总书记来到淅川县九重镇邹庄村移民户邹新曾家中，一番深情的话语让无数人动容：人民就是江山。我们共产党打江山、守江山，都是为了人民幸福，守的是人民的心。

习近平总书记多次考察南水北调工程并作出指示批示，始终关心着"国之大者"——南水北调工程，始终牵挂着移民群众的生活，身体力行"人民至上、江山就是人民，人民就是江山"，率先垂范，以上率下，为全党全社会做出示范。

南水北调工程规划与建设、移民安置与扶持，后续工程的谋划与发展，无一不彰显中国共产党"全心全意为人民服务"的宗旨，无一不彰显中国共产党"坚持人民至上、人民就是江山、江山就是人民"的根本政治立场，无一不彰显中国共产党人"为中国人民谋幸福，为中华民族谋复兴"的初心

和使命。为此，全省水利系统干部职工一定要牢记总书记的嘱托，扎实推进南水北调后续工程高质量发展，使之不断造福民族、造福人民。

那么，我们如何进一步做好"水文章"呢？

2021年5月14日，习近平总书记在推进南水北调后续工程高质量发展座谈会上强调："要坚持系统观念，用系统论的思想方法分析问题，处理好开源和节流、存量和增量、时间和空间的关系，做到工程综合效益最大化。"这一重要指示对我们维护水生态、保障水安全、防御水灾害，进一步做好"水文章"，科学高效地治水兴水、管水护水，具有十分重要的意义。

善治国者必先治水。中国历史几乎是一部治水史。但是，对如何治水的认识也有一个与时俱进的过程。历史上有堵疏之说，而用系统观念治水，将生态文明建设作为一个整体，强调系统治理，反映了我们党认识自然的不断深入，也开辟了治水的新路径和新境界。其实，水的系统性不仅体现在自然生态上，还与经济、政治、文化、社会、生态文明等各领域休戚相关，构成更复杂的系统。

要准确把握南水北调工程实施积累起来的六条宝贵经验：一是坚持全国一盘棋，局部服从全局，地方服从中央，从中央层面通盘优化资源配置。二是集中力量办大事，从中央层面统一推动，集中保障资金、用地等建设要素，统筹做好移民安置等工作。三是尊重客观规律，科学审慎论证方案，重视生态环境保护，既讲人定胜天，也讲人水和谐。四是规划统筹引领，统筹长江、淮河、黄河、海河四大流域水资源情势，兼顾各有关地区和行业需求。五是重视节水治污，坚持先节水后调水、先治污后通水、先环保后用水。六是精确精准调水，细化制定水量分配方案，加强从水源到用户的精准调度。

全面地而不是局部地审视和定位治水问

题。治水兴水是关系国计民生的大事，甚至从一定意义上讲，水资源的利用与保护事关中华民族的伟大复兴。因此，必须牢固树立大局意识，自觉从"五位一体"总体布局上思考和定位治水问题。做好顶层设计，把党中央有关生态文明建设的决策部署同我省的实际有机结合，在对整体情况正确把握的基础上规划好方向和目标，构建系统完备、科学规范、运行有效的基层水治理体系，切不能脚踩西瓜皮，滑到哪里算哪里。

联系地而不是孤立地谋划治水问题。水问题最突出的特点就是综合性，往往是"牵一发而动全身"。因此，治水不能"单打一"，而是应透过现象看本质，从相互联系、相互作用的切入点上，对系统内部要素进行战略性布局，做到全方位、全领域、全过程协调推进。这就要求我们不仅要把治水与山水林田湖草等自然生态的各个要素、各个环节兼融起来，而且要与经济、社会相关领域衔接起来，采取有利于环境保护的生产方式、生活方式和消费方式，实现人与环境的良性互动。

历史地而不是功利地处理治水问题。治水兴水、管水护水，往往投入多、回报低、见效慢，我们要以长远的历史眼光，着眼中华民族永续发展的需要，不过分关注眼前利益，不急功近利，最终实现系统的最优化。在实际工作中，处理好水与经济社会发展的关系，做到统筹兼顾、整体施策；处理好水与生态系统中其他要素的关系，统筹考虑治水策略，坚决克服种树的只管种树、治水的只顾治水、护田的单纯护田，既各自为战又"九龙治水"的现象；处理好政府与市场的关系，在加强政府引导和调控作用的基础上，充分发挥市场的作用，实现"两手发力"。

深入学习总书记"5·14"讲话精神，结合我省水利工作实际，着重从以下4个方面抓好贯彻落实：

一要完整、准确、全面贯彻新发展理念，统筹发展和安全，坚持节水优先、空间均衡、系统治理、两手发力的治水思路，遵循确有需要、生态安全、可以持续的重大水利工程论证原则，科学谋划新阶段水利高质量发展。二要在全面加强节水、强化水资源刚性约束的前提下，统筹加强需求和供给管理，坚持系统观念，坚持遵循规律，坚持节水优先，坚持经济合理，加强生态环境保护，继续科学推进实施调水工程。三要准确把握南水北调后续工程面临的新形势新任务，坚持并运用好重大跨流域调水工程实施积累的宝贵经验，深化后续工程规划和建设方案的比选论证，科学确定工程规模和总体布局，确保拿出来的规划设计方案经得起历史和实践检验。四要从守护生命线的政治高度，加强工程安全管理和调度管理，继续做好移民安置后续帮扶工作，确保工程安全、供水安全、水质安全。

南水北调工程是解渴广袤北方的输水线，是保障亿万民众饮水的安全线，是复苏万千河湖的生态线，是畅通南北经济的生命线。一部南水北调史，也是新中国的发展史与奋斗史，是人民至上理念的忠实记录和出色答卷。

70载春夏秋冬，伟人的构想变为现实，成为"国之大者"，以南水北调工程为骨干的"四横三纵"中华水网，不仅仅是水利工程，更是凝聚数十万移民群众和参建者的无私奉献，凝聚家国大义、人间大爱，凝聚南水北调精神。一路向北的丹江水已融入南水北调人的血液中，将不断激励我们不忘初心，继续前行。

让我们紧密团结在以习近平总书记为核心的党中央周围，树牢"四个意识"、坚定"四个自信"，做到"两个维护"，贯彻新发展理念，全力构建南水北调高质量发展新局面，为奋力谱写新时代中原更加出彩的绚丽篇章而奋斗！

（水利厅党史学习教育专题党课）

重 要 讲 话

水利厅党组书记刘正才
在事业单位重塑性改革
工作会议上的讲话

2021年12月3日

今天,我们召开省水利厅直属事业单位重塑性改革工作会议,主要任务是,深入贯彻中央和省委关于深化事业单位改革的精神,认真落实省直事业单位重塑性改革动员部署会议精神,安排部署我厅事业单位重塑性改革工作。

11月30日省直事业单位重塑性改革动员部署会议召开,省委书记楼阳生出席并讲话,省长王凯主持,这标志着我省事业单位重塑性改革已经启动。开展省直事业单位重塑性改革,是省委省政府贯彻落实中央深化事业改革精神作出的重大决策部署,2018年至今,我们相继完成了水行政部门党政机构改革、经营类事业单位改革和水利综合执法单位改革,并取得了阶段性成效。今年接续递进深化水利事业单位重塑性改革,这是巩固党和国家机构改革理论成果、制度成果的实践要求,也是加快推进政事分开、事企分开、管办分离,提升服务保障能力,促进水利事业单位高质量发展的具体举措。大家要进一步明确改革的基本原则、方法路径和目标要求,统一思想认识,凝聚共识,坚定信心,确保我厅事业单位重塑性改革顺利实施。

下面,我讲几点意见。

一、要提高政治站位,切实增强推进事业单位重塑性改革的责任感和使命感

一要从党的事业和国家战略的高度,认识事业单位重塑性改革的重要性。我国社会主要矛盾的变化,对全面深化改革提出了新的要求。深化事业单位改革,是上层建筑适应生产力发展的重大调整和顶层设计。党的十八大以来,以习近平同志为核心的党中央高度重视事业单位改革,2020年2月14日,总书记在主持中央全面深化改革委员会第十二次会议时指出,强化事业单位改革是深化党和国家机构改革的接续,要加快推进政事分开、事企分开、管办分离,提高治理效能,促进事业单位充分、平衡、高质量发展。党中央作出的一系列重大决策部署,为加快推进事业单位改革提供了根本遵循,指明了前进方向。我们一定要提高政治站位,将深化事业单位重塑性改革作为践行"两个维护"实际行动,切实增强推进改革的思想自觉、政治自觉和行动自觉。

二要从转型发展的高度,认识深化事业单位重塑性改革的紧迫性。深化事业单位改革是中央和省委作出的重大政治安排,是我省推进转型发展、巩固党政机构改革成果的重要配套举措,也是党政机构改革"后半篇文章"的重要内容。这次深化事业单位重塑性改革,就是要着力解决好公益事业布局结构不合理、资源配置不均衡、质量效率不高的问题,推动公益事业平衡、充分发展,充分释放改革红利,激发事业单位活力,满足社会多层次多样化需求,推进治理体系和治理能力现代化。我们要全面认识推进事业单位重塑性改革的重要意义和深刻内涵,牢牢把握"结构布局更加优化、职能定位更加清晰、编制配置更加科学、制度机制更加健全"的总体要求,统筹谋划,突出重点,积极稳妥,有序推进。

三要从重塑性改革的高度,认识深化事业单位改革的艰巨性。重塑性改革显示了省委省政府推进改革的坚定信心和空前力度,为我们深化事业单位改革定下了主基调，重塑不是简单的修修补补和增增减减，而是要打破以往旧的框架模式，优化重塑，实现脱胎换骨。《河南省省直事业单位重塑性改革总体意见》明确了"五三一"的原则，即事业单位机构数量原则上精简50%；事业编制原则上精简30%；财政拨款事业编制精简不低于10%，按照"一类事项原则上由一个单位统筹、一件事情原则上由一个单位负责"对现有事业单位重新整合职能、设置机构。目前，我厅直属事业单位35个，人员编制6775名。不搞断崖式人员分流，实行"退3收2进1"原则。多年来，各单位在推动水利事业发展，实现水利公益社会服务保障科学化、规范化、可持续化方面发挥了积极的作用。如今年"21·7"洪水灾害，各水利工程管理单位恪尽职守、担当作为，确保了全省水事安澜。又如南水北调5个建设管理单位，从2003年12月开工建设至今，不忘初心、攻坚克难，按时完成建设通水任务，确保了工程安全、供水安全、水质安全，实现了一渠清水永续北上。但我们也要看到目前部分单位仍存在着布局结构不合理、定位不准、职责不清、效率不高的情况，有些既有历史因素，有些也有我们水利行业的特定因素，这都需要我们在事业单位重塑性改革中全面考量、统筹推进、彻底变革，实现从里到外的深刻改造和根本解决，只有这样才能最大限度增强新时期河南水利事业的发展活力。

二、要把握关键环节，全面落实事业单位重塑性改革各项任务要求

省直事业单位重塑性改革的主要目标任务有两个：一是依法依规，依事业需要，设置事业单位。二是精简事业单位机构数量和人员编制。在推进改革中，我们要结合水利事业单位的实际，注意把握好"四个坚持、四个着力"：

一是要坚持以政治建设为统领，着力加强党对事业单位的全面领导。水利事业单位量大面广，大部分直接面对基层、服务民生。要把坚持党的全面领导，贯彻到水利事业单位改革发展和履职尽责各方面、全过程，融入到提高水利事业单位治理能力的各环节。要始终把握政治建设这个"灵魂"，增强"四个意识"、坚定"四个自信"、做到"两个维护"，充分发挥各级党组织的战斗堡垒作用，扎实做好深入细致的思想政治工作，引导广大干部职工关心改革、理解改革、支持改革，凝聚共识，汇聚合力，以党建"第一责任"引领和保障重塑性改革落地见效。

二是要坚持以水利事业可持续发展为中心，着力补齐水利事业公益服务的短板。深化水利事业单位重塑性改革，最终目的就是促进水利公益事业平衡、充分、高质量发展，满足经济社会发展对水资源可持续利用的需要，顺应人民群众对美好生活的期待。改革要围绕实现水利公共服务科学化、法制性，着重保基本、补短板，盘活用好机构编制资源，理顺领导体制和组织结构。要坚持前瞻30年想问题、作决策、抓发展，引导人、财、物等资源向水利事业关键领域延伸，向水利事业基础领域倾斜。通过改善水利公益服务供给结构、创新服务保障方式、提高服务能力水平，满足经济社会可持续发展对水利事业多层次、多样化的需求。

三是要坚持以优化布局结构为重点，着力推进水利事业单位功能重塑再造。事业单位的整体性功能重构，要真正坚持从河南水利事业的发展需要出发，完善机构设置，优化职能配置，提高效率效能，努力实现从"改头换面"到"脱胎换骨"的根本转变，在实践中用一流的工作业绩，彰显重塑性改革的成果。必须把坚持高质量转型发展，贯穿改革全过程，深入贯彻落实习近平总书记"在转型发展上率先蹚出一条新路来"的重要指示，以及楼阳生书记关于省直事业单位重塑性改革的总体要求，聚焦服务转型发展，对水利事业单位进行优化整合，组建新机构，赋予新职能。

四是要坚持以优化、协同、高效为原则，着力理顺体制机制。这次水利事业单位改革，既有与其他省直单位跨部门整合的，也有我们水利厅部门内部事业单位之间重组的，改革力度较大，涉及范围较广。各单位要依法依规，依事业需要，把坚持优化、协同、高效原则，贯穿水利事业单位改革全过程。严格落实严控总量、统筹使用、有减有增、保证重点、服务发展的要求，注重瘦身与健身相结合，确保新旧职责无缝衔接，在科学规范管理体制的基础上，做到定位准、边界清、责任明，既不能简单的做减法，有减有加，要更注重结构重组优化、功能优化提升，真正实现"化学反应"，使水利事业单位资源配置更优化、权责关系更协同、保障服务更高效。

三、要加强组织领导，确保改革任务如期圆满完成

深化事业单位改革是一项复杂的综合性、系统性工程，机关各处室、厅属各单位要把事业单位重塑性改革作为当前重点工作，摆在突出位置，要按照省委省政府的统一部署，积极、稳妥、统筹推进，要进一步精准细化"任务书"，制定"路线图"，倒排量化"时间表"，统筹好事业单位改革各项任务，确保改革任务如期完成。

一要切实加强组织领导。厅党组对这次事业单位改革十分重视，专门成立了省水利厅事业单位重塑性改革工作领导小组，统筹实施我厅事业单位重塑性改革工作。厅属各单位党政负责同志是本单位重塑性改革的第一责任人，大家要高度重视，切实负起责任，精心组织，细致工作。工作会后，要按照党组的统一部署和要求，认真组织本单位干部职工学习领会省直事业单位重塑性改革文件精神，为实施事业改革做好思想准备、工作准备。

二要积极稳妥有序推进。改革势必涉及部门利益调整分配，也关系到广大事业人员的切身利益。这次事业单位改革整合力度空前，对于体制机制问题，坚决立行立改。对于人员安置和编制问题，要积极稳妥、以人为本，及时化解难点、疏导堵点，针对影响改革与稳定的苗头和隐患要早发现、早预警、早防范，把问题解决在萌芽状态。要深入细致研究各项改革政策，广泛听取意见建议，统筹考虑事业需要与个人实际，最大限度保障涉改人员合法权益，确保干部职工思想不乱、工作不断、队伍不散、干劲不减。

三要加强舆论引导正面宣传。事业单位重塑性改革涉及面广、政策性强、敏感度高，要扎实做好宣传教育、信访稳定和舆情应对工作，要把干部职工的思想认识统一到省委省政府和厅党组的决策部署上来。《省直事业单位重塑性改革总体意见》明确这次改革不搞"断崖式"分流人员，因改革中机构调整，出现超职数配备领导人员、超岗位聘用人员的，保留现有待遇，逐步消化，超编单位在补充人员上实行"退3收2进1"，逐步将人员调整至编制以内。这些政策措施，要讲清楚、说明白，让大家消除顾虑。要教育广大干部职工识大体、顾大局，增进对改革的认识，增强心理承受能力，理解改革、支持改革、参与改革，使改革成为大家的内在要求和自觉行动，进一步营造改革创新、干事创业的浓厚氛围，用改革成果鼓舞士气、凝聚力量、促进发展。

四要严明改革纪律。坚持把纪律规矩挺在前面，严守政治纪律、组织纪律、机构编制纪律、干部人事纪律、财经纪律、保密纪律"六项纪律"，坚决做到令行禁止，严禁迟滞拖延，严禁搞变通，严禁借改革之机突击提拔干部、突击进人，涉改单位人事全部冻结，突击花钱，严防国有资产流失。要自觉接受社会舆论和干部群众的监督，确保改革公开、公平、公正，对改革中发生的违规违纪问题，按照有关规定将严肃处理。

同志们，深化水利事业单位重塑性改革是摆在我们面前的重要任务，是对全厅干部职工的现实考验。省水利厅近年来的发展实践证明，我们是能够经得起各种考验，战得胜各种困难，这次事业单位重塑性改革也必将再次证明这一点。只要全厅上下同心、共同努力、精准施策、攻坚克难，就能确保高标准、高质量、如期完成重塑性改革的目标任务，就能够全面激发水利事业单位发展的活力和动力，为推动新时期河南水利事业发展创造新的机遇和条件。

重 要 事 件

南水北调中线观音寺调蓄工程开工建设

河南省南水北调中线第一座调蓄水库——南水北调中线观音寺调蓄工程局部场地平整及大坝试验工程近日开工建设。工程建成后，可充分发挥南水北调工程效益，保障工程沿线受水区供水安全，为郑州及下游安全稳定供应南水北调水增加"安全阀"和"稳定器"。

观音寺调蓄工程位于新郑市南部、沂水河上游，距南水北调中线工程干渠左岸2.5 km。主要包括上、下调蓄水库和抽水蓄能电站及引输水工程，规划工程总库容3.28亿 m^3，规划抽水蓄能电站装机规模超过100万 kW，工程静态总投资约175亿元。

观音寺调蓄工程通过参与丹江口水库丰枯调节和总干渠调度调节，可有效提高郑州及其下游河南沿线受水区的供水保障率，同时可保障断水期间郑州等城市生活应急用水安全，为经济社会高质量发展提供水资源支撑。在电力供应不足时，观音寺调蓄工程规划建设的抽水蓄能电站可利用水能发电，通过抽水蓄能发电调节峰谷，维护电网安全稳定运行。

（"中国水利报"第4761期　2021年1月6日）

加快推进引江补汉工程建设
发挥南水北调中线效益

"引江补汉工程作为南水北调中线后续水源，对于完善国家水网、优化水资源配置总体格局具有战略意义。"全国人大代表、中国工程院院士、长江勘测规划设计研究院院长钮新强表示，要加快推进引江补汉工程，充分发挥南水北调中线效益。

钮新强表示，引江补汉工程的建成，对于优化中线工程整体资源配置具有重要作用，可以大大提高中线供水保障能力，还可有效缓解汉江流域生态环境与社会压力、实现南北两利。

在提高中线供水保障能力方面，引江补汉工程建成后，中线一期工程多年平均调水量将由原来的95亿 m^3 增加至117亿 m^3，增幅相当于每年多调约160个西湖的水量；最小年调水量达到74亿 m^3，增加21亿 m^3，增加水量约北京市全社会年用水量的一半。综合来看，将显著提升一期工程的供水保障能力。

钮新强称，工程建成之后，将连通三峡水库和丹江口水库，在南水北调工程总体规划提出的"四横三纵"水资源配置格局基础上进一步完善水网，充分发挥中线一期工程总干渠输水潜力，增加中线供水量，提高中线工程稳定供水能力，同时对于保障中线受水区、汉江中下游经济社会持续健康发展和生态环境修复意义重大。

据悉，长江设计院技术牵头国内顶尖勘察、设计、科研、高校以及院士团队，对引江补汉开展了一系列科研探索和勘察设计工作，可行性研究报告上报国家主管部门。钮新强表示，要尽快解决中线受水区供水保障能力提升和汉江流域用水矛盾两大突出问题，才能充分发挥南水北调中线效益。综合考虑国家"十四五"战略推进以及引江补汉工程重要性、迫切性和建设难度，希望能够尽快开工建设。

（人民网2021年3月11日秦建彬）

中国南水北调集团副总经理于合群到河南省调研南水北调鱼泉调蓄工程

2021年4月8日，中国南水北调集团有限公司党组副书记、副总经理于合群及党组成员、副总经理孙志禹调研河南省南水北调鱼泉调蓄工程。调研组一行听取调蓄工程、抽水蓄能工程规划设计方案，实地查看调蓄水库坝址及周边环境，了解水文地质情况。水利厅党组书记刘正才一同调研。

调研组指出，鱼泉调蓄工程可为南水北调总干渠分段停水检修提供水源保障，同时可进行抽水蓄能、风能、太阳能发电等开发利用，对保障南水北调中线沿线受水区供水安全，全面提高中线工程供水保障能力，改善区域生态环境，促进地区经济高质量发展具有重要意义，是一项民生工程、安全工程、生态工程。要牢固树立绿色发展理念，坚决把好事办好、实事办实，充分发挥工程效益，实现经济社会与生态环境的和谐共生、良性循环、协调发展，更好更多造福人民。要坚持规划引领，进一步优化

设计方案，科学把握工程特点，加强统筹协调，强化要素保障，搞好工作衔接，共同推进鱼泉调蓄工程项目前期工作，争取列入国家"十四五"规划，促使项目早日实施，早日发挥效益。水利厅南水北调处负责人随同调研。

新乡市南水北调生态补水累计超8000万 m³地下水位上涨3~7 m

新乡市2021年4月29开始实施南水北调生态补水，补水量1450万 m³，计划5月补水3500万 m³。2021年新乡市补水流量14 m³/s，占全省补水总流量的39%，5月补水量占全省计划的48.18%，通过峪河、黄水河、香泉河和31号分水口同时补水，并首次对卫河、共产主义渠补水，计划补水2个月，全年实际生态补水3882.63万 m³。补水规模仅次于郑州，全省排名第二。通水以来累计生态补水10797万 m³。2021年度计划供水量1.4亿 m³，实际用水量1.55亿 m³，完成年度供水任务107%，全省排名第四。

新乡市是水资源严重短缺城市，人均水资源占有量低于全国全省水平。南水北调生态补水使沿河机井地下水位上涨3~7 m。地表河流水质明显改善，地下水质也得到优化。辉县百泉湖生态补水，重现昔日美丽的风景，五一期间吸引大批游客。沿河群众利用生态补水浇地既方便又降低成本。

（郭小娟　周郎中）

习近平总书记在南阳市淅川县考察南水北调工程

2021年5月13日下午，习近平总书记到淅川县，先后考察陶岔渠首枢纽工程、丹江口水库和九重镇邹庄村，听取南水北调中线

工程建设管理运行和水源地生态保护等情况介绍,了解南水北调移民安置、发展特色产业、促进移民增收等情况。途中,习近平总书记还临时下车,走进麦田察看小麦长势,了解夏粮生产情况。

（记者：张晓松　朱基钗）

工程建设、西线工程规划等内容开展广泛的资料收集,收集资料包括纸质文件、扫描文件、过程照片、视频、书籍等类型,按照时间节点要求向"南水北调分馆"展陈设计工作组分批次移交纸质资料累计约2000份、电子资料约150 GB。

焦作市国家方志馆南水北调分馆试开馆

2021年7月1日,焦作市举行国家方志馆南水北调分馆试开馆仪式,向党的百年华诞献礼。中国地方志指导小组办公室党组书记高京斋,省史志办主任管仁富,省水利厅党组副书记、副厅长王国栋莅焦祝贺。焦作市委书记王小平,焦作市领导杨娅辉、路红卫、牛炎平、葛探宇、武磊、闫小杏、王付举出席试开馆仪式。王小平、高京斋共同为国家方志馆南水北调分馆揭牌。

高京斋代表中国地方志指导小组办公室向国家方志馆南水北调分馆试开馆表示祝贺。他说,国家方志馆南水北调分馆试开馆是贯彻落实习近平总书记在推进南水北调后续工程高质量发展座谈会上重要讲话精神的一件大事,也是全国方志馆建设进程中的一件喜事,更是河南省、焦作市公共文化基础设施建设的一件盛事。南水北调分馆开馆,不仅成为宣传南水北调焦作精神的重要场所,还将成为展示南水北调建设历程、促进文化交流的载体,更将成为南水北调干渠沿线的文化传播基地、文化交流平台和重要的爱国主义教育基地。焦作南水北调中心负责南水北调分馆的资料收集工作,成立南水北调史料收集工作组,编制南水北调史料收集目录,制定资料收集方案,到湖北省水利厅、河北省水利厅、河南省水利厅、天津市水务局、丹江口水库管理局、中线建管局等单位收集资料。工作组以收集南水北调中线工程建设过程为主线,同时对南水北调东线

河南多条河流发生暴雨洪水

2021年7月17日8时~21日6时,河南省累积面平均降雨量108 mm,其中郑州345 mm,最大点雨量尖岗884 mm;焦作218 mm,最大点雨量焦作气象站314 mm;新乡211 mm,最大点雨量延津气象站324 mm;平顶山180 mm,最大点雨量鲁山中汤363 mm。受强降雨影响,河南省黄河中游支流伊河,淮河中游沙颍河上游支流贾鲁河,海河南系漳卫南运河支流大沙河、共产主义渠、卫河等河流发生超警洪水,其中贾鲁河发生超历史洪水。7月21日7时,贾鲁河中牟水文站水位涨至79.40 m,超过历史最高水位1.71 m,相应流量600 m³/s,水位、流量均列1960年有资料以来第1位;大沙河、共产主义渠、卫河超警0.22 m至0.96 m。

20日出险的郑州常庄水库,13处管涌已处置,险情得到有效控制,21日7时库水位128.67 m,较最高时下降2.64 m。郑州二七区金水河上郭家嘴水库〔小（1）型〕下游坝坡大范围冲刷垮塌,但未发生决口溃坝,坝顶已基本不过流,当地正在继续扩挖临时泄流通道,降低水库水位。

水利部紧急部署南水北调中线工程建管局进行各项应对准备。一是21日0时30分,渠首引水闸进一步下调入渠流量至50 m³/s,并陆续开启上游退水闸退水。大幅下调金水河上下游节制闸开度,尽可能减轻对总干渠的冲击。二是组织金水河上下游可能受郭家嘴水库溃坝洪水影响渠段内所有运行管理人

员紧急撤离到安全地带。三是溃坝洪水影响范围内渠段闸门保持远程调度运用，影响范围外渠段进行通信中断现地手动控制的准备。四是紧急向京津冀豫4省市通报险情，并提请进行断水和水源切换准备。南水北调中线总干渠总体运行安全。

（水利部网站）

河南分局成功应对"7·20"特大暴雨实现工程安全度汛

2021年7月18～23日，河南分局辖区工程经历建成以来降雨强度最大、范围最广、历时最长的特大暴雨洪水考验，辖区沿线大部分地区普降大暴雨或特大暴雨，其中7月20日16~17时郑州国家气象站降雨量达201.9 mm，超过我国陆地小时降雨量极值。2021年秋汛的严重程度、持续时间之长也是历史罕见，整个汛期历时长、强度大、范围广、雨区重叠、地下水位高，防汛任务复杂严峻。河南分局汛前完成69个防汛风险项目等级划分，补充四面体、砂砾料、手持GPS、测距仪、救生衣等14项物资设备。配合组织防汛备汛检查74次，对各级检查发现的问题建立台账及时整改。成立防汛应急抢险突击队，落实3支应急抢险队、5个重点部位驻汛点的人员设备布防。组织开展防汛应急演练15次，其中7月6日承办水利部、河南省政府、中国南水北调集团联合举办的穿黄工程防汛抢险综合应急演练。汛期发布暴雨预警9次，增加临时备防人员1065人次、设备301台次。加强与河南省水利厅、应急管理厅联络协作，汛期与水利厅联合办公，参与省防办防汛值班。在强降雨应急处置中，累计投入抢险人员2300余名、抢险设备240余台。集团公司和中线建管局坚强领导，地方政府和部队民兵协作配合，应急处置"7·20"特大暴雨成功，完成超长汛期的防汛

任务，实现工程安全度汛。

（张茜茜）

南水北调中线工程金水河倒虹吸输水恢复正常郑州郭家嘴水库风险解除

2021年7月22日，南水北调中线工程沿线强降雨过程逐步减弱，郑州段干渠上游郭家嘴水库风险基本解除，金水河河道过水平稳，南水北调中线金水河倒虹吸工程输水恢复正常。

郭家嘴水库位于郑州市二七区侯寨乡郭家嘴村贾鲁河支流金水河上游，总库容487.6万m³，是一座以防洪为主，兼顾农业灌溉、涵养地下水及水产养殖等综合利用的小（1）型水库。郭家嘴水库建于20世纪50年代，于2013年完成除险加固。

7月16日开始，中线工程河南段沿线大部分地区突降暴雨到大暴雨，郑州等地为特大暴雨，受灾最为严重。7月18日8时~21日12时，郑州多站降水量超过有气象记录以来的极值，郑州段工程金水河倒虹吸出口节制闸累计降雨量达826 mm。

金水河倒虹吸节制闸参与中线工程输水运行调度，主要作用是调节干渠水位和流量。7月20日，节制闸闸前水位高达8.3 m，暴雨风浪导致流量计瞬时流量显示无效数据，金水河倒虹吸观测点已经无法通过水尺观测金水河自然河道水情。河南分局郑州管理处闸站值守人员进行人工查看，对比分析河道水势。从20日22时49分开始，每15分钟观测一次水势并及时分析上报。降雨量不断加大，金水河河道水位快速增长。

7月21日0时24分，中线建管局后方防汛指挥部接到郑州市金水河上游郭家嘴水库抢险现场的电话通知，水库发生漫坝并随时有溃坝风险，下泄流量将严重影响南水北调总干渠工程安全。

"专业抢险人员正在实施郭家嘴水库应急除险，紧急开挖两条泄流槽，以降低水库水位，减轻溃坝风险。有可能不会溃坝，但我们必须做最坏打算，做好充分的应急准备。"在河南段工程现场检查督导的中线建管局局长于合群一边与郭家嘴水库抢险现场保持密切联系，一边作出果断决策。

7月21日1时，针对中线一期工程郑州段金水河倒虹吸上游郭家嘴水库出现的漫坝险情，中线建管局将河南段 II 级防汛应急响应提升至 I 级，迅速采取五项措施。一是立即启动 I 级应急调度响应，将陶岔渠首入总干渠流量分4次，由170 m³/s 紧急调减至50 m³/s，逐步开启金水河节制闸上游的颍河、双洎河、沙河、北汝河、兰河退水闸应急退水，金水河节制闸下游穿黄退水闸保持110 m³/s 退水。

二是实施全线联调，大幅下调金水河上下游节制闸开度，尽可能减轻洪水对干渠的冲击。保障可能造成影响最严重渠段上游潮河节制闸和下游金水河节制闸能够极端情况快速关闭，将穿黄节制闸以南渠段的输水流量快速减少，以便工程遭受洪水破坏时快速关闭，最大限度地保护工程，减少对下游供水影响，将损失降至最低。

三是人员紧急撤离。根据郑州市防汛指挥部的紧急通知，郭家嘴水库存在重大安全隐患，需要立即转移危险范围内所有人员。7月21日0时45分，郑州段内所有运行管理人员及抢险人员200余人，全部紧急撤离到西四环以北避险。

四是在溃坝洪水影响范围内渠段，将闸门保持远程调度运用。在影响范围外渠段，进行通信中断后现地手动控制的准备工作。并紧急向京津冀豫4省市通报险情，提请进行断水和水源切换准备。

五是7月21日1时30分郭家嘴水库在坝体左右两侧开挖的应急通道开始紧急泄洪。中线工程总调度中心通过金水河进口节制闸现场视频监测系统，查看河道水势，计算分析上报数据，发出调度指令。

7月21日3时07分，金水河洪峰安全通过中线工程金水河倒虹吸进口节制闸。中线建管局总调度中心根据总体情况，逐步恢复全线渠道输水流量。随着郭家嘴水库险情解除，河南分局郑州管理处全体人员全部返回工作岗位，加强雨后巡查，排查登记水毁项目。

（许安强）

中线信息科技公司网络安全部"7·20"夜纪实

2021年7月20日，河南郑州地区遭遇特大暴雨，南水北调中线郑州段工程经受中线全线通水后最大的考验，同时经受考验的还有河南段信息机电设备和中线自动化调度系统。

信息科技公司网络安全部负责视频监控系统和安防监控系统的实时监控巡查工作。网络安全部对强降雨第一时间做出反应组成汛期重点保障小组24小时驻守网络安全部。

中线工程渠道两侧的摄像头不间断监控渠道实时降雨情况。网络安全部视频监控小组特别增加对郑州段工程的监控轮巡频次，将渠道的雨情水情收集汇总，及时给调度部门提供汛期雨情水情资料。

服务器运行维护技术小组不间断监控中线重点业务系统服务器运行状态，对工程防洪系统与中线天气系统的服务器进行重点监控与巡查，同时，实时对物联网锁系统进行监控，确保物联网锁在汛期雨情复杂条件下能够正常使用。

（张洪涛）

水利厅副厅长王国栋检查指导南水北调中线工程新乡段防汛工作

2021年7月20~22日，水利厅副厅长（正厅级）王国栋检查指导南水北调中线工程新乡段防汛工作。王国栋冒雨查看小官庄排水渡槽、潞王坟试验段、梁家园沟排水渡槽、石门河倒虹吸、香泉河倒虹吸、十里河倒虹吸、山庄河倒虹吸等工程以及干线辉县管理处和卫辉管理处中控室，并与中线建管局负责人一同分析研判雨情水情工情。要求工程沿线各级党委政府和工程管理单位要密切配合，加强工程防护，实施精准调度，确保南水北调工程安全、运行安全和水质安全。23~25日，王国栋又到新乡卫辉市闫屯村和鹤壁浚县新镇镇指导抢险工作。

水利厅南水北调处、新乡南水北调中心负责人随同检查指导。

南水北调中线许昌段全域纳入司法保护范围

2021年9月15日，许昌南水北调中心联合许昌市中级人民法院、长葛市人民法院在南水北调干线长葛管理处设立的"水资源司法保护示范基地"和"水环境保护巡回审判基地"正式揭牌上线。揭牌仪式由河南分局副局长李钊主持。长葛、禹州两地"水资源司法保护示范基地""水环境保护巡回审判基地"成立，将南水北调中线许昌段54 km全域纳入司法保护范围，确保"一库清水永续北送"。

设在干线禹州管理处三楼的"水环境保护巡回审判基地"，实现起诉、立案，及后期的审判全程司法处理。这是全面贯彻习近平总书记在推进南水北调后续工程高质量发展座谈会上重要讲话精神的重大举措，彰显通过司法手段保护南水北调水资源和生态环境的决心和意志，是许昌市探索南水北调水资源和生态环境司法保护许昌模式，建立司法保护绿色通道，依法审理涉南水北调水资源和生态环境刑事、民事、行政诉讼及公益诉讼等各类案件，严厉打击污染环境及相关犯罪的创新实践。

（程晓亚）

河南省水利厅党组书记刘正才到水利部和中国南水北调集团衔接灾后恢复重建和南水北调后续工程高质量发展工作

2021年9月17~18日，河南省水利厅党组书记刘正才带领水利厅规划计划处主要负责人先后到水利部、中国南水北调集团汇报对接河南省水利灾后恢复重建和南水北调后续工程高质量发展工作。

在水利部规划计划司，刘正才向司长石春先汇报有关工作时指出，2021年7月河南全省平均降雨量337.2 mm，较多年同期平均偏多近九成，特别是7月17~24日，持续暴雨长达7天，全省32处国家级气象站突破建站以来历史极值，新乡市辉县龙水梯雨量站最大点雨量达1159 mm，郑州气象站最大1小时降雨量201.9 mm，超过我国大陆小时雨量极值。受强降雨影响，全省共有卫河、共产主义渠等4条河流出现超保洪水，小洪河等6条河流出现超警洪水，共产主义渠等4条河流出现有实测记录以来最大洪水，67座大中型水库超汛限水位运行，盘石头等13座大中型水库超过建库以来历史最高水位，卫河流域总产水量45.5亿 m^3、比"63·8"洪水多2.85亿 m^3，多处水库、河道出现严重险情，灾害损失十分惨重。河南省水利厅组织编制《河南省特大暴雨灾后水利基础设施恢复重建专项规划》，提出恢复重建的思路、举措，恳请水利部规划计划司给予支持并安排"十四五"期间实施。规划计划司表示，2021年7月河南省出现历史罕见的极端特大暴雨，郑州、新乡、鹤壁、安阳等地发生严重的洪涝灾害，灾害损失严重，同时，特大暴雨也暴露出河南水利防洪体系还存在不少短板和薄弱环节。规划计划司将会同国家有关部委积极支持，对水毁工程建议使用灾后恢复重建资金尽快修复，对病险水库除险加固、重要支流治理、南水北调中线防洪影响工程等建设，要加快前期工作，在现行政策框架范围内给予优先安排。

在中国南水北调集团，刘正才向集团董事长蒋旭光等汇报河南省深入贯彻落实习近平总书记在推进南水北调后续工程高质量发展座谈会上重要讲话和视察河南重要指示、河南水利灾后恢复重建的有关工作和进展，蒋旭光表示，央企将大力支持河南灾后恢复重建和南水北调后续工程高质量发展工作，要求集团有关部门和河南省进一步加强对接，尽快签订有关战略合作协议。

水利部副部长魏山忠 检查指导丹江口水库防汛蓄水工作

在秋汛防御及丹江口水库即将蓄水至170 m正常蓄水位的关键时刻，2021年9月30日，水利部副部长魏山忠到丹江口水库检查指导水库防汛蓄水各项工作。

2021年，汉江流域遭遇持续降雨，丹江口水库共发生9场入库洪峰大于5000 m^3/s 的洪水，水库水位持续刷新历史纪录。9月29日，丹江口水库迎来24900 m^3/s 的近十年来最大入库洪峰，水库水位突破169 m。

魏山忠实地查看枢纽44坝段、18坝段、右联坝段结合部等防汛关键部位，听取近期枢纽运行管理、安全监测、防洪蓄水等方面工作情况的汇报。在44坝段监测中心站，魏山忠听取关于近期水雨情信息、各项防汛应对措施的汇报，询问大坝安全监测信息系统建设和系统功能情况，对丹江口水利枢纽充分发挥拦洪削峰错峰作用、有效缓解汉江中下游的防洪压力给予高度肯定。

丹江口水库首次实现170 m满蓄目标

2021年10月10日14时，丹江口水库水位蓄至170 m正常蓄水位，这是水库大坝自2013年加高后第一次蓄满。在设计条件下，丹江口水库多年平均蓄满率约为11%，这意味大约平均每十年丹江口水库蓄满一次。

2021年8月下旬，汉江发生超过20年一遇的秋季大洪水。汉江上游降水量520 mm，较常年偏多1.5倍，为1960年以来历史同期第1位。丹江口水库发生7次超过10000 m^3/s 的入库洪水过程，其中3次洪水洪峰超过20000 m^3/s，9月29日最大洪峰达24900 m^3/s（为2011年以来最大）；丹江口水库秋汛来水量约340亿 m^3，较常年同期偏多约4倍，为1969年建库以来历史同期第1位。

水利部、长江委先后发出46道调度令调度丹江口等水库，会同陕西、湖北、河南省水利厅联合调度丹江口、安康、石泉、潘口、黄龙滩、鸭河口等干支流控制性水库拦洪削峰错峰，增加南水北调中线一期工程供水流量；汉江上游干支流控制性水库群拦蓄洪水总量约145亿 m^3，其中丹江口水库拦洪98.6亿 m^3。通过水库拦洪，平均降低汉江中下游洪峰水位1.5～3.5 m，缩短超警天数8～14天。

（水利部网站）

充分发挥南水北调工程作用 积极为黄河汉江防汛抗洪作贡献

2021年秋汛，水量大、范围广、时间长，历史罕见，黄河相继形成1、2、3号洪水，黄河中下游、汉江上游干支流、海河南系部分河流发生超警超保洪水，防汛形势严峻复杂。

中国南水北调集团坚决贯彻落实习近平总书记关于防汛救灾工作的重要指示精神，认真落实李克强总理重要批示要求，坚持人民至上、生命至上，以守护生命线的政治高度坚决守住南水北调工程安全、供水安全、水质安全。在水利部的统一指挥下，科学调度工程设施，充分发挥东、中线工程的排涝泄洪作用，全力以赴为黄河、汉江防汛保安全作贡献。集团党组书记、董事长蒋旭光，党组副书记、总经理张宗言多次连线东中线工程运管单位，要求认真落实水利部工作部署，加强与地方防汛部门沟通协调、密切配合，加强工情水情监测和调度运行管理，强化责任落实和值班值守，保障信息畅通，确保各项指令迅速及时执行到位。

东平湖既是南水北调东线工程调蓄湖泊，又是黄河下游重要蓄滞洪水库。受持续降雨和上游来水影响，东平湖连续多日出现超警戒水位，且持续高水位运行。根据水利部相关工作部署和山东省有关防汛安排，南水北调东线工程自9月30日以来相继开启济平干渠渠首闸、浪溪河倒虹吸泄水闸、睦里庄节制闸、穿黄河出湖闸、八里湾船闸等闸站，利用济平干渠工程、穿黄河工程、鲁北输水工程，柳长河、梁济运河等工程协助东平湖排涝泄洪，泄洪流量达182 m^3/s。截至10月6日，累计泄洪7300多万 m^3，泄洪工程运行平稳，东平湖水位得到有效控制。

8月下旬，汉江发生较大秋汛，南水北调中线工程水源地丹江口水库连续多次发生大流量入库，9月29日出现自2012年大坝加高以来最大入库流量24900 m^3/s，水库水位已达正常蓄水位170 m，创建库以来历史最高纪录。按照水利部相关工作部署，南水北调中线工程自9月3日开始，从350 m^3/s 的设计流量增加至380 m^3/s 的加大流量。10月7日22时04分，入总干渠流量调增到400.47 m^3/s。

（中国南水北调集团有限公司）

渠首分局举办2021年工程开放日暨"我为群众办实事"活动

2021年10月28日，在中国南水北调集团有限公司成立一周年、南水北调中线工程通水即将七周年之际，渠首分局在南水北调中线陶岔渠首枢纽工程举办南水北调中线工程开放日暨"我为群众办实事"活动，邀请南阳地方政府部门、高校师生代表、抗疫医护代表、水源地群众代表循着习近平总书记足迹，探访南水北调中线核心水源地，零距离感受南水北调中线工程，揭秘千里水脉如何润泽北国。活动围绕"清渠润北，幸福河湖"主题展开，引导公众深入了解国之大事——南水北调工程在推动生态高质量发展中发挥的重要作用，认同南水北调中线工程是民生工程、放心工程、幸福工程。活动期间，河南电视台、南阳人民广播电视台参与现场报道，渠首分局通过网络平台同步在线直播，观看近3万人次。

（李强胜）

河南省水利厅党组书记刘正才到北京市水务局对接南水北调对口协作工作并看望挂职干部

2021年11月1日，河南省水利厅党组书记刘正才到北京市水务局对接南水北调对口协作工作并看望挂职干部，与有关负责同志座谈。北京市水务局副局长、一级巡视员刘光明，河南省水利厅二级巡视员、京豫对口协作河南赴京挂职干部领队郭伟参加座谈。

刘正才指出，南水北调对口协作工作开展以来，在北京市水务局等部门的大力支持帮助下，河南省贯彻落实省委、省政府部署要求，围绕"助扶贫、保水质、强民生、促转型"中心任务，开展南水北调对口协作各项工作，水源区内生发展动力持续增强，人民生活日益改善，经济社会发展取得显著成效。

刘正才表示，要进一步完善南水北调对口协作工作机制，共商推进协同发展大计。期望双方在水资源集约节约利用、水利工程运行管理、水生态修复、水土保持等方面开展更深层次的合作，推动两地对口协作工作再上新台阶。河南省水利厅将进一步推动保护核心水源区生态环境和水质安全，确保"一泓清水永续北送"。

刘光明指出，南水北调中线干线工程通水以来，在河南省水利厅的大力支持下，实现持续安全平稳供水，向北京累计调水量超72亿 m³，为保障首都用水安全作出重大贡献。北京市水务局将结合自身实际，更加主动对接，围绕双方优势资源开展深度合作，推进北京市6区与河南省南水北调水源地6县（市）"一对一"结对协作，努力实现携手互助共赢发展。

水利部印发《关于高起点推进雄安新区节约用水工作的指导意见》

2021年12月14日，近日水利部印发《关于高起点推进雄安新区节约用水工作的指导意见》。到2025年，雄安新区要有效落实以水定城、以水定人的发展要求，严格控制用水总量和强度，全面实行节水管理制度，创新节水激励约束机制，同步建设各项节水设施，形成节约用水整体布局。到2035年，各项节水指标达到国际先进、国内领先水平，万元国内生产总值用水量控制在4.5 m³以内，万元工业增加值用水量控制在1.5 m³以内，农田灌溉水有效利用系数达到0.8以上，年用水总量控制在4.5亿 m³（不含白洋淀生态用水），形成水资源利用与发展规模、产业结构

和空间布局等协调发展的现代化新格局，建成全国节水样板。

中线工程叶县段无人机巡检试点项目进入工程巡查试飞阶段

无人机起飞

2021年12月22日，南水北调中线叶县段无人机巡检试点研发项目开启阶段性试飞工作。

叶县段空域申请通过后，管理处与研发组随即开始固定翼无人机的全线试飞。试飞选取两种固定翼无人机，具备悬停功能。在白天与夜间两种场景下，对比飞机的续航、拍摄清晰度、信号接受以及稳定性，选出适合叶县段工程巡查需求的机型。

无人机按照航线进行工程巡查试飞

试飞过程中，固定翼无人机搭载可见光影像设备，具备在叶县段全线往返飞行的续航能力，并兼顾较为精确的巡查工作，按照提前编排的飞行巡查路线，在200 m高度对工

程保护范围内外地貌、各种作业进行实时监控，能够精确锁定并放大目标，并将实时影像分享到地面，通过手机等电子设备终端观看。若遇到洪涝、冰冻灾害、水污染、工程安全事故等突发事件，同样具备第一时间了解突发事件现场的情况和灾害受损情况的能力，符合日常巡检、特殊巡检（汛期巡检）、应急巡检中的需求。

小河刘分水口

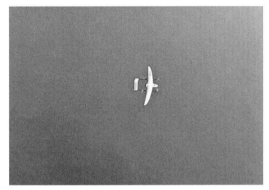
无人机按照航线进行工程巡查试飞

采用周期性巡检与按需巡检结合的方式，通过固定翼无人机搭载可见光影像/视频设备对工程保护区内外进行大范围工程巡查和环境安全巡查，同时能够针对偷沙、违建等进行夜间作业；针对小范围、短距离的巡检问题的精细详查，主要结合多旋翼无人机搭载可见光影像设备进行周期性巡检。三种巡检方式具体的人机资源配备、巡检频次、作业环境与传统工程巡查的效率进行对比，不断分析优化巡查方式，使固定翼无人机与多旋翼无人机结合。

（兰征宇/文 李洪坡/图 编辑：李东君）

航空港区小河刘分水口
累计供水超5亿m³

2021年12月29日，航空港区管理处所辖小河刘分水口累计向郑州航空港区和中牟县供水超5亿m³。

按照规划，小河刘分水口负责向航空港区第一水厂、航空港区第二水厂、中牟新城水厂供水，设计流量6 m³/s，输水线路总长约28 km，航空港区第一水厂采用1.8 m管径的PCCP管泵提输水，长约6 km，航空港区第二水厂采用1.4 m管径的PCCP管泵提输水，长3.75 km，中牟新城水厂采用1.0 m管径的PCP管自流输水，长18.8 km。

小河刘分水口日均供水量30万 m³，且用水需求呈逐年增加态势，受益人口已过百万，航空港区是中国内陆地区对外开放的重要门户和中原经济区核心增长区域，中牟新城也是中牟县重点建设的新城区。

（姬国强 王志刚/文 姬国强/图）

新郑市市长马宏伟调研南水北调中线
工程水源保护区生态环境保护工作

2021年12月31日，新郑市市长马宏伟带领相关部门负责人，调研新郑市南水北调中线工程水源保护区生态环境保护专项行动工作。马宏伟一行先后到商登高速桥下、新村镇赵庄西北跨渠公路桥南侧、107国道南水北调桥南路、107国道梨园村春润物流园等点位，实地察看南水北调水源地周边环境治理、拆迁村建筑垃圾清运、污水治理等情况，听取工作汇报，分析存在问题，对下一步工作提出要求。

（杨宜锦）

《河南河湖大典》（南水北调卷）
2021年12月出版

　　按照水利厅党组工作部署，在《河南河湖大典》编纂委员会的指导下，省南水北调建管局、中线建管局和各省辖市南水北调中心（办）共同组织编纂的《河南河湖大典》（南水北调卷）于2021年12月出版。《河南河湖大典》（南水北调卷）全面收集南水北调工程的建设成果，为南水北调工程管理和后续工程高质量发展提供了完备的基础信息。

　　　　　　　　　　　　　　　　（李申亭）

贰 规章制度·重要文件

规 章 制 度

河南省南水北调配套工程运行管理预算定额（试行）

2021年1月28日

豫水调〔2021〕1号

目次

前言

2014年12月12日，南水北调中线工程正式通水，我省南水北调配套工程同步通水。2016年，我省39条输水线路全部具备通水条件，实现了11个省辖市和2个直管县（市）供水目标全覆盖。《河南省南水北调配套工程运行管理预算定额》对提高南水北调配套工程管理效率和管理水平，科学、规范配置工程运行管理所需各种资源，保障工程安全、高效、经济运行十分必要，是河南省南水北调配套工程运行管理年度预算编制的主要依据。

本标准参照GB/T 1.1-2020《标准化工作导则第1部分：标准化文件的结构和起草规则》起草。

本标准批准单位：河南省水利厅

本标准编写单位：河南省南水北调中线工程建设管理局、河南省水利科学研究院

本标准协编单位：河南科光工程建设监理有限公司、河南省水利第二工程局

本标准主编：王国栋

本标准副主编：雷淮平、余洋、雷存伟、秦鸿飞、邹根中、徐秋达、杨秋贵

本标准执行主编：余洋、秦鸿飞、邹根中、徐秋达、杨秋贵

本标准主要编写人员：李秀灵、徐秋达、魏玉春、张冰、刘晓英、崔洪涛、秦水朝、杜新亮、李伟亭、高文君、王鹏、庄春意、齐浩、李忠芳、王庆庆、葛爽、周延卫、雷应国、王雪萍、李光阳、李春阳、周彦平、赵向峰、李秋月、艾东凤、石真瑞、吕勤勤、秦晓

莹、赵孟伟、伍方正、张世雷、李良琦、王军豫、彭志兵、张风彩、丁华丽

1 范围

本标准适用于河南省南水北调配套工程，是编制河南省南水北调配套工程运行管理年度预算的主要依据，河南省其他类似工程运行管理年度预算编制可参照执行。

2 引用文件

下列文件中的内容通过文中的规范性引用而对本标准的应用是必不可少的。其中，注日期的引用文件，仅该日期对应的版本适用于本标准；不注日期的引用文件，其最新版本（包括所有的修改单）适用于本标准。

《南水北调工程供用水管理条例》（2014年2月16日中华人民共和国国务院令第647号发布）

《城市供水条例》（1994年7月19日中华人民共和国国务院令第158号发布，2018年3月19日修正）

《河南省南水北调配套工程供用水和设施保护管理办法》（河南省人民政府令第176号）

《水利工程管理单位定岗标准（试点）》（水办〔2004〕307号）

《村镇供水站定岗标准》（水农〔2004〕223号）

《北京市南水北调配套工程维修养护与运行管理预算定额》（2015年9月发布）

《省级2017-2019年财政规划编制手册》（河南省财政厅2016年5月）

《河南统计年鉴2019》

《河南省省级会议费管理办法的通知》（豫政办〔2016〕169号）

《河南省人民政府关于印发河南省城镇企业职工基本养老保险省级统筹实施意见的通知》（豫政〔2007〕63号）

《河南省省直机关办公用房物业费管理办法（暂行）》（豫财行〔2015〕214号）

《国务院办公厅关于政府向社会力量购买服务的指导意见》（2013年9月26日国办发

〔2013〕96号发布）

《河南省人民政府办公厅关于推进政府向社会力量购买服务工作的实施意见》（2014年12月2日豫政办〔2014〕168号发布）

《泵站技术管理规程》（SL255-2016）

《城镇供水管网运行、维护及安全技术规程》（CJJ 207-2013）

《城镇供水水量计量仪表的配备和管理通则》（CJ/T454-2014）

《河南省南水北调受水区供水配套工程泵站管理规程》（豫调办建〔2018〕19号）

《河南省南水北调受水区供水配套工程重力流输水线路管理规程》（豫调办建〔2018〕19号）

《河南省南水北调受水区供水配套工程巡视检查管理办法（试行）》（豫调办建〔2016〕2号）

河南省南水北调受水区供水配套工程设计文件

其他国家、行业、河南省涉及南水北调配套工程相关法规、政策等

3 术语和定义

下列术语和定义适用于本标准。

3.1 人员预算定额

一定时期内河南省南水北调配套工程各级管理单位的人工成本或其他参与管理的企业人工成本，即人员职工薪酬与管理费用之和。职工薪酬为人员工资与单位应交"五险一金"之和。

3.2 办公相关预算定额

一定时期内河南省南水北调配套工程各级管理单位为组织和开展工程管理活动而发生的各项年费用。包括水费、电费（包含采暖和降温用电）、物业管理费（办公用房）、办公费、印刷费、差旅费、办公设备购置费、会议费和劳动保护费。

3.3 车辆运行预算定额

一定时期内河南省南水北调配套工程各级管理单位为组织和开展工程管理活动用车

而发生的车辆年费用。包括租赁费（不含自有车辆）、维修养护费（不含租赁车辆）、油耗、杂费（包括过路费、停车费、保险费等）。

3.4 水质监测预算定额

一定时期内河南省南水北调配套工程按照规定的取样地点、取样频次和监测项目取样，送到有资质的监测单位化验的年费用，不包括取样、送样费用。

3.5 燃料动力预算定额

一定时期内河南省南水北调配套工程供水过程中所消耗的生产用燃料和动力费用，包括水泵、闸阀及配套的电器、辅助设施耗电年费用和自动化、通讯设备耗电年费用。

3.6 人员配置标准

与河南省南水北调配套工程功能、任务、管理定位相协调，以实施管养分离、建立良性运行机制为目标，因地制宜，确定一定时期内配备的运行管理人员岗位、数量上限，包括管理层人员、作业层人员和其他人员（安保人员、司机、食堂人员）。

3.7 调流调压阀站点

调流调压阀站点是指PCCP等输水管线中设有调流调压阀的现地管理房，以及配有电气、自动化设施及管理设施的调流调压阀井，是重力流输水线路控制运行的关键，承担向供水目标安全分水的重任。

4 总则

4.1 本标准遵循国家、河南省现行法规政策，依据行业规范标准、相关定额、河南省有关规定和实际运行管理资料，结合河南省南水北调配套工程特点，按照社会平均水平、简明适用、坚持统一性和因地制宜的原则进行编制。

4.2 本标准包括人员预算定额、办公相关预算定额、车辆运行预算定额、水质监测预算定额、燃料动力预算定额和人员配置标准。

4.3 本标准未含专项维修养护费、应急抢险费、备品备件费、防汛等抢险抢修设备

物资购置与运维费、仪表检定费、进地补偿费、临时设施费、中介服务费等，上述费用需另行按专项考虑预算。

4.4 针对河南省南水北调配套工程公益性管理需求的实际，以实施管养分离、建立良性运行机制为目标，遵循国家、河南省、有关省辖市现行法规政策和技术标准，坚持全面考虑、统筹兼顾，既考虑现状，又考虑发展；按照"因事设岗、以岗定责、以工作量定员、一人多岗"的原则，编制人员配置标准，尽量达到管理结构最优、人员组合最佳、岗位设置最少。

4.5 人员配置标准暂不涉及配套工程管理单位定岗定编，配套工程运行管理岗位划分为单位负责、行政管理、技术管理、财务与资产管理、党群监察、运行、观测、巡查类等八个类别。根据配套工程特点，按照泵站、PCCP等输水管线两类工程类型进行设岗定员；对于管理多座泵站、PCCP等输水管线等工程的管理单位，其单位负责、行政管理、技术管理、财务与资产管理等四类管理层岗位定员总数，按单个工程上述四类岗位定员总数最大值为基数，乘以调整系数确定，调整系数为1.0～1.3。运行类、观测类、巡查类三类作业层岗位定员按各个工程分别确定后相加。配套工程管理单位岗位定员总和为管理层和作业层岗位定员之和。党群监察人员国家有最新要求的应从其规定配置。

4.6 本标准编制基准年为2019年。施行过程中可根据国家、我省有关政策和管理体制的调整，对相关费用进行调整。

5 人员预算定额

运行管理人员分为管理层人员、作业层人员和其他人员。其他人员包括安全保卫人员、司机、厨师及食堂工作人员。

5.1 购买社会服务人员预算定额

5.1.1 考虑购买社会服务人员的技术要求和管理等级，省级南水北调配套工程管理

机构、泵站工程的管理层人员和作业层人员预算定额见表1。PCCP等输水管线工程按表 1定额的0.8-0.9倍执行。

表1 购买社会服务人员管理层和作业层人员工资预算定额 单位：元/月

序号	项目	计提比例	管理层人员		作业层人员	
			含住房公积金	不含住房公积金	含住房公积金	不含住房公积金
	管理成本合计		8465	7817	5980	5523
1	职工薪酬		7665	7078	5415	5001
1.1	职工工资		4885	4885	3451	3451
1.2	养老保险	16%	781.60	781.60	552.19	552.19
1.3	工伤保险	0.70%	34.20	34.20	24.16	24.16
1.4	医疗保险	8%	390.80	390.80	276.09	276.09
1.5	生育保险	1%	48.85	48.85	34.51	34.51
1.6	失业保险	0.70%	34.20	34.20	24.16	24.16
1.7	住房公积金	12%	586.20	0.00	414.14	0.00
1.8	职工教育经费	2.50%	122.13	122.13	86.28	86.28
1.9	工会经费	2%	97.70	97.70	69.02	69.02
1.10	职工福利费	14%	683.90	683.90	483.16	483.16
2	其他费用		800	739	565	522
2.1	企业管理费	2%	153.29	141.57	108.30	100.01
2.2	企业利润	1%	78.18	72.20	55.23	51.01
2.3	税金	7.20%	568.51	525.03	401.65	370.93

5.1.2 其他人员

其他人员预算定额标准见表2。

表2 购买社会服务人员工资（其他人员）预算定额 单位：元/月

序号	项目	计提比例	司机、职工食堂厨师		安保人员、职工食堂其他人员	
			含住房公积金	不含住房公积金	含住房公积金	不含住房公积金
	管理成本合计		5801	5358	3572	3299
1	职工薪酬		5253	4851	3235	2987
1.1	职工工资		3348	3348	2062	2062
1.2	养老保险	16%	535.68	535.68	329.87	329.87
1.3	工伤保险	0.70%	23.44	23.44	14.43	14.43
1.4	医疗保险	8%	267.84	267.84	164.93	164.93
1.5	生育保险	1%	33.48	33.48	20.62	20.62
1.6	失业保险	0.70%	23.44	23.44	14.43	14.43
1.7	住房公积金	12%	401.76	0.00	247.40	0.00
1.8	职工教育经费	2.50%	83.70	83.70	51.54	51.54
1.9	工会经费	2%	66.96	66.96	41.23	41.23
1.10	职工福利费	14%	468.72	468.72	288.63	288.63
2	其他费用		548	506	338	312
2.1	企业管理费	2%	105.06	97.03	64.70	59.75
2.2	企业利润	1%	53.58	49.48	32.99	30.47
2.3	税金	7.20%	389.64	359.84	239.94	221.59

5.2 地区差别调整系数

考虑到全省各地市的工资差别，各地市的人员预算按照表1、表2中的各类人员预算定额乘以相应的地区差别调整系数。地区差别调整系数见表3。

表3 地区差别调整系数

序号	地区	调整系数
1	郑 州	1.10
2	平顶山	1.00
3	安 阳	1.00
4	鹤 壁	1.00
5	新 乡	1.00
6	焦 作	1.00
7	濮 阳	1.00
8	许 昌	1.00
9	漯 河	1.00
10	南 阳	1.00
11	周 口	1.00
12	邓 州	1.00
13	滑 县	1.00

6 办公相关预算定额

6.1 物业管理预算定额

物业管理费按照建筑面积进行分级，物业管理预算定额见表4。

表4 物业管理预算定额

等级	一级	二级	分级标准
定额 元/（年·m²）	44.16	34.92	非集中管理办公楼、生产用房，一级标准条件为总建筑面积1万（含）至3万m²；二级标准为总建筑面积1万m²以下

其他物业管理费相关预算定额见表5。

表5 其他物业管理相关预算定额

费用项目	级别	定额	备注
会议服务	一级	0.45元/（半天·m²）	按会议室使用面积计
	二级	0.30元/（半天·m²）	
电梯运行维护	A（大）包	1500~1900元/（月·梯）	按台梯，乙方负责免费供应所有零配件
	B（中）包	1100~1300元/（月·梯）	按台梯，乙方负责免费供应1000元（含）以下零配件
	C（小）包	700~900元/（月·梯）	按台梯，乙方负责免费供应50元（含）以下零配件
绿化养护服务	一级	2.35元/（月·m²）	按绿地面积计
	二级	2.15元/（月·m²）	不含绿植摆租

6.2 其他办公相关预算定额

其他办公相关预算定额见表6，管理单位可根据实际需求进行调整。

表6 其他办公相关预算定额

序号	项目名称	单位	定额
1	水费	元/（人·年）	170
2	电费（包含采暖和降温用电）	元/（人·年）	1368
3	办公费	元/（人·年）	1151
4	印刷费	元/（人·年）	300
5	差旅费	元/（人·年）	1000
6	办公设备购置费（仅管理层人员）	元/（人·年）	1552
7	会议费	元/（人·年）	800
8	劳动保护费（仅作业层人员）	元/（人·年）	1163

说明：执行过程中，表中项目如采用购买社会服务方式，应根据合同对相关内容进行调整，避免重复计列

7 车辆运行预算定额

7.1 自有车辆

自有车辆运行预算定额为4.5万元/年。

7.2 租赁车辆

租赁车辆运行预算定额见表7。

表7 租赁车辆运行预算定额

序号	项目	单位	定额	说明
1	租赁费	元/辆·日	皮卡：150 越野车：180 厢式运输车：180 防汛用车：200	根据实际租赁车辆套用相应标准
2	汽油费	元/100 km	工程运维、巡查车：60~90	随油料价格变动调整
3	杂费	元/辆·月	200	包括过路费、停车费等

注：若按月租赁，在上表租赁费的基础上乘0.8系数；按年租赁，在上表租赁费基础上乘0.7系数

8 水质监测预算定额

结合工程实际，采取人工取样送检方式，水质监测预算定额见表8。其他项目费用宜参照水利部编制的《水质监测业务经费预算定额》。

表8 水质监测项目预算定额

单位：元/月

序号	水质参数	分析方法	单次监测样品预（前）处理费	试剂消耗费
1	水温	温度计法		0
2	pH值	电极法		15
3	溶解氧（DO）	现场测定		20
4	氨氮	比色法	40	58
5	高锰酸盐指数	容量法	40	63
6	化学需氧量	容量法	40	64
7	生化需氧量（五日）	容量法	30	120
8	总磷	比色法	40	74
9	铜	ICP法	40	200
10	氰化物	离子色谱法	40	100
11	总氮	比色法	40	74
12	锌	ICP法	40	200
13	硒	原子荧光法	40	120
14	小计		390	1118
15	合计		1498	
16	检测报告费（15）×15%		224.7	
17	管理费（15）×30%		449.4	
单次监测费用合计（15）＋（16）＋（17）			2172.1	

注：温度项目由取样单位进行测量，不再计取费用

9 燃料动力预算定额

燃料动力预算定额见表9。

表9 燃料动力预算定额

序号	省辖市（直管县市）	定额（元/万 m³）	备注
1	邓州市	13.9977	
2	南阳市	207.6702	
3	漯河市	12.7364	
4	周口市	4.4419	
5	平顶山市	181.0988	
6	许昌市	55.0609	
7	郑州市	418.0747	
8	焦作市	53.6029	
9	新乡市	15.6088	
10	鹤壁市	369.5247	
11	濮阳市	3.3732	
12	安阳市	0.7191	
13	滑县	0.5938	

注：本标准为万立方米供水量耗电的综合费用，包括泵站和输水线路现场作业层人员办公耗电费用。编制预算时应扣除相应办公相关预算定额中的电费

10 人员配置标准

10.1 泵站工程

10.1.1 岗位设置

参考水利部发布的《水利工程管理单位定岗标准（试点）》中有关泵站工程岗位设置，结合城市供水工程对南水北调水量、水质和工程安全供水的高要求，配套工程泵站设7类37个工作岗位，其中，管理层25个，作业层12个。岗位设置详见表10。

表10 泵站工程管理单位岗位类别及名称

岗位类别		序号	岗位名称
管理层	单位负责类	1	单位负责岗位
		2	技术总负责岗位
		3	财务与资产总负责岗位
	行政管理类	4	行政事务负责与管理岗位
		5	文秘与档案管理岗位
		6	人事劳动教育管理岗位
		7	安全生产管理岗位
	技术管理类	8	工程技术管理负责岗位
		9	计划与统计岗位
		10	应急抢险管理岗位
		11	调度管理岗位
		12	机械设备技术管理岗位
		13	电气设备技术管理岗位
		14	信息及自动化系统技术管理岗位
		15	水工建筑物技术管理岗位
		16	水量、水质观测管理岗位
		17	工程安全监测管理岗位
	财务与资产管理类	18	财务与资产管理负责岗位
		19	财务与资产管理岗位
		20	物资管理岗位
		21	会计与水费管理岗位
		22	出纳岗位
		23	审计岗位
	党群监察类	24	党群监察负责岗位
		25	党群监察岗位
作业层	运行类	26	运行负责岗位
		27	主机组及辅助设备运行岗位
		28	电气设备运行岗位
		29	高压变电系统运行岗位
		30	水工建筑物作业岗位
		31	闸门、启闭机及拦污清污设备运行岗位
		32	监控系统运行岗位
	观测类	33	通信设备运行岗位
		34	水量计量岗位
		35	水工建筑物安全监测岗位
		36	机械、电气设备安全监测岗位
		37	水质监测岗位

注： 表中党群监察人员国家有最新要求的应从其规定配置

10.1.2 岗位定员

1 定员级别分类

泵站工程定员级别按表11规定的确定，统一管理多座泵站的工程管理单位的定员级别划分按总装机容量核定。

表11 泵站工程定员级别划分

定员级别	装机容量（kW）
1级	≥30000
2级	＜30000
	≥10000
3级	＜10000
	≥5000
4级	＜5000
	≥2000
5级	＜2000
	≥1000
小型泵站	＜1000
	≥100

泵站机组规模和装机台数是运行类岗位中主机组及辅助设备运行岗位定员的重要依据。泵站大中型机组规模划分按表12的条件确定，当水泵机组的叶轮（进口）直径和单机容量与规定的条件不一致时，取高值确定机组类型。

表12 泵站大中型机组规模条件

机组规模			大型	中型
单台条件	轴流泵或混流泵机组	水泵叶轮直径（mm）	≥1540	＜1540
				≥1000
		单机容量（kW）	≥800	＜800
				≥500
	离心泵机组	水泵叶轮直径（mm）	≥800	＜800
				≥500
		单机容量（kW）	≥600	＜600
				≥280

2 岗位定员

管理单位岗位定员总和为管理层和作业层岗位定员之和，其中，单位负责、行政管理、技术管理、财务与资产管理、党群监察等管理层岗位定员数量按照表13确定，运行、观测类等作业层岗位定员数量按照表14确定。

管理单位管理层岗位定员，主要是在水利部定员标准的基础上，考虑南水北调配套工程运行时间长、供水保证率高、工程地处城市外部条件复杂等特点，对技术管理类人员进行了调整，其他人员维持水利部标准不变。具体工程管理岗位定员，按表13确定的人员幅度按直线内插或外延法计算，并考虑工程实际情况确定。

多座泵站的工程管理单位，运行类定员按独立站的级别分别计算后累加，年运行时间不足2500小时的，按一日三班定员；年运行时间超过2500小时不足6700小时的泵站，按一日四班制定员；年运行时间超过6700小时（考虑停水期间1/2的人上岗，考虑了115日法定节假日和平均7日的年休假）的泵站，四班三运转工作方式尚不符合劳动法的要求，管理单位应根据实际超出的工作时间，本着经济、合理、安全的原则，采用现有人员加班或增加人员调休的方式定员，调休人员应该不高于1:8的比例安排。

观测类按一日一班制定员，对于多座泵站的泵房间距大于4 km的，观测类定员按独立泵站的级别分别计算后累加。

作业层岗位定员与水利部标准一致。

表13　泵站工程管理层岗位定员　　　　单位：人

岗位类别	岗位名称	1级	2级	3级	4级	5级	小型
单位负责类	单位负责岗位	3-4	2-3	1-2	1	1	1
	技术总负责岗位						
	财务与资产总负责岗位						
行政管理类	行政事务负责与管理岗位	6-9	3-6	2-3	1-2	1	1
	文秘与档案管理岗位						
	人事劳动教育管理岗位						
	安全生产管理岗位						
技术管理类	工程技术管理负责岗位	18-22	14-18	12-14	10-12	8-10	6-8
	计划与统计岗位						
	应急抢险管理岗位						
	调度管理岗位						
	机械设备技术管理岗位						
	电气设备技术管理岗位						
	信息及自动化系统技术管理岗位						
	水工建筑物技术管理岗位						
	水量、水质观测管理岗位						
	工程安全监测管理岗位						
财务与资产管理类	财务与资产管理负责岗位	6-7	5-6	4-5	2-4	2	2
	财务与资产管理岗位						
	物资管理岗位						
	会计与水费管理岗位						
	出纳岗位	6-7	5-6	4-5	2-4	2	2
	审计岗位						
党群监察类	党群监察负责岗位	3	2-3	1-2	他岗人员兼任		
	党群监察岗位						

注：表中党群监察人员国家有最新要求的应从其规定配置

表14 泵站工程作业层岗位定员 单位：人

岗位类别	定员级别 / 岗位名称	1级	2级	3级	4级	5级	小型泵站	备注
运行类	运行负责岗位	2—3		1—2	他岗人员兼任			一日一班
	主机组及辅助设备运行岗位	2台机组及以下，大型2人，中小型1人；3台机组以上，大型2+（N—2）/4人，中小型1+（N—2）/6人；N为机组台数						一日三～四班
	电气设备运行岗位	2—3		1	泵房运行人员兼			一日三～四班
	高压变电系统运行岗位	2		2	2	1		一日三～四班
	水工建筑物作业岗位	1—2		泵房运行人员兼				一日一班
	闸门、启闭机及拦污清污设备运行岗位	2		1	泵房运行人员兼			一日三～四班
	监控系统运行岗位	2		1	泵房运行人员兼			无监控系统的泵站不设岗位，一日三～四班
	通信设备运行岗位	2—3		泵房运行人员兼				无独立通信系统的泵站不定员；多座或多级泵站，此岗位定员不累加；但每增加一台交换机，增2名值班人员；一日一班
观测类	水量计量岗位	1		泵房运行人员兼				不需水量计量或实现自动化的，不设岗位；一日一班
	水工建筑物安全监测岗位	1—2		1	泵房运行人员兼			一日一班
	机械、电气设备安全监测岗位	1		1	泵房运行人员兼			一日一班
	水质监测岗位	2—3		1	泵房运行人员兼			不需水质监测的，不设岗位；一日一班

注：表中数据为每班人员

10.2 PCCP等输水线路

10.2.1 岗位设置

参考水利部发布的《水利工程管理单位定岗标准（试点）》中有关岗位设置以及类似工程如南水北调中线干线工程、北京市南水北调配套工程岗位设置情况，结合城市供水工程对南水北调水量、水质和工程安全供水的高要求，我省南水北调配套PCCP等输水管线工程设8类36个工作岗位，其中，管理层25个，作业层11个。岗位设置详见表15。

表15 PCCP等输水线路工程管理单位岗位类别及名称

岗位类别		序号	岗位名称
管理层	单位负责类	1	单位负责岗位
		2	技术总负责岗位
		3	财务与资产总负责岗位
	行政管理类	4	行政事务负责与管理岗位
		5	文秘与档案管理岗位
		6	人事劳动教育管理岗位
		7	安全生产管理岗位
	技术管理类	8	工程技术管理负责岗位
		9	水工建筑物技术管理岗位
		10	信息及自动化系统技术管理岗位
		11	调度管理岗位
		12	机械设备技术管理岗位
		13	电气设备技术管理岗位
		14	应急抢险管理岗位
		15	计划与统计岗位
		16	水量、水质观测管理岗位
		17	工程安全监测管理岗位
	财务与资产管理类	18	财务与资产管理负责岗位
		19	财务与资产管理岗位
		20	物资管理岗位
		21	会计与水费管理岗位
		22	出纳岗位
		23	审计岗位
	党群监察类	24	党群监察负责岗位
		25	党群监察岗位
作业层	运行类	26	运行负责岗位
		27	电气设备运行岗位
		28	高压变电系统运行岗位
		29	监控系统运行岗位
		30	机械设备运行岗位
		31	通信设备运行岗位
		32	建筑物现地控制岗位
	观测类	33	水量计量岗位
		34	安全监测岗位
		35	水质监测岗位
	巡查类	36	工程巡查岗位

注： 表中党群监察人员国家有最新要求的应从其规定配置

10.2.2 岗位定员

1 定员级别分类

考虑PCCP等输水管线工程的特性，结合运行管理实际需求，按工程长度划分定员级别。PCCP等输水管线工程定员级别按表16规定的确定。

表16 PCCP等输水管线工程定员级别划分

定员级别	工程长度（km）
1级	≥100
2级	<100
	≥50
3级	<50
	≥20
4级	<20
5级	≥10
	<10

2 岗位定员

管理单位岗位定员总和为管理层和作业层岗位定员之和，其中，单位负责、行政管理、技术管理、财务与资产管理、党群监察等管理层岗位定员数量按照表17确定，运行、观测类等作业层岗位定员数量按照表18确定。

作业层中，考虑调流调压阀站点工程的重要性、机电设备的数量和供水调度操作需求，调流调压阀站点设运行人员24小时值班、操作，定员基数设2人，按四班三运转方式安排，每年运行人员工作时间约274日，仍大于劳动法243日工作日要求（250日工作日，115日法定节假日，并考虑平均7天的年休假），而采用五班三运转方式安排又不经济，故在每座调流调压阀站点增加1人调休和加班方式统筹解决。

此外，参考类似工程如南水北调中线干线工程、北京市南水北调配套工程岗位设置情况，设建筑物现地控制岗位，主要负责事故状态下的现地控制，同时负责防汛物资的管理等工作，考虑工程供水的重要性以及环境的复杂性，按1人/10 km配置。

工程巡查由于PCCP等输水管线长，阀井数量多，工程所处位置人员、环境复杂，遭破坏几率大，且无专用巡查线路，实际巡查线路长，巡查难度大，阀井井下设施检查为有限空间作业，按照安全生产操作程序，应指派作业负责人、监护者（应自始至终在现场）和作业者，因此，原省南水北调办《河南省南水北调受水区供水配套工程巡视检查管理办法（试行）》（豫调办建〔2016〕2号）要求：按"每10 km配2人"的标准配备，不足10 km的按10 km计；大于等于10 km、小于12 km的按10 km计；大于等于12 km、小于等于20 km的按20 km计，以此类推。巡查人员配置主要考虑巡查工程的难度、阀井数量、每日可完成的巡查工作量确定，由于南水北调配套工程为供水工程，要求全年每天巡视，考虑劳动法要求，暂按1.5倍配置人员。

10.3 安全保卫

南水北调配套工程是城市供水工程，安全保卫工作关系到工程供水安全，参考类似工程的实际运行经验，可通过向安保公司购买服务方式，在省调度中心、维护中心与物资仓储中心、管理处所、泵站，以及连接总干渠分水口门输水管线首端、主管线与支线分水口、预留分水口、泵站输水线路末端等位置配有机电设备、自动化设施的现地管理房等处，设安保固定、巡逻岗，原则上每处1岗，四班三运转，每班1-2人，24小时值

表17 PCCP等输水管线工程管理层岗位定员

单位：人

岗位类别	定员级别 / 岗位名称	1级 大于等于 100 km	2级 50（含）- 100 km	3级 20（含）- 70 km	4级 10（含）- 20 km	5级 10 km以下
单位负责类	单位负责岗位	4-5	3-4	2-3	2-3	2
	技术总负责岗位					
	财务与资产总负责岗位					
行政管理类	行政事务负责与管理岗位	5-8	3-5	2-3	1-2	1
	文秘与档案管理岗位					
	人事劳动教育管理岗位					
	安全生产管理岗位					
技术管理类	工程技术管理负责岗位	16-22	14-16	12-14	10-12	8
	水工建筑物技术管理岗位					
	信息及自动化系统技术管理岗位					
	调度管理岗位					
	机械设备技术管理岗位					
	电气设备技术管理岗位					
	应急抢险管理岗位					
	计划与统计岗位					
	水量、水质观测管理岗位					
	工程安全监测管理岗位					
财务与资产管理类	财务与资产管理负责岗位	5-6	4-5	3-4	2-3	2
	财务与资产管理岗位					
	物资管理岗位					
	会计与水费管理岗位					
	出纳岗位					
	审计岗位					
党群监察类	党群监察负责岗位	6-10	4-6	2-3	2-3	他岗人员兼
	党群监察岗位					

注： 表中党群监察人员国家有最新要求的应从其规定配置

表18　PCCP等输水管线工程作业层岗位定员　　　　　　　　单位：人

岗位类别	岗位名称＼定员级别	1级 大于等于100 km	2级 50（含）-100 km	3级 20（含）-50 km	4级 10（含）-20 km	5级 10 km以下	备注
	运行负责岗位	3-4	2-3	1-2	1	1	一日一班
运行类	电气设备运行岗位						定员基数2人，一日四班
	机械设备运行岗位			(定员基数+1/4)×调流调压阀站点数量			
	高压变电系统运行岗位						
	监控系统运行岗位						
	通信设备运行岗位						
	建筑物现地控制岗位	5-10	2-5	1-2			一日一班
观测类	水量计量岗位	4	3	2	运行人员兼		一日一班；不需水量计量或实现自动化的，不设岗位
	安全监测岗位						
	水质监测岗位						
巡查类	工程巡查岗位	1组（2人）/10 km，考虑劳动法要求，按1.5倍配置				2	一日一班

注：表中数据为每班人员

守；对配备安保人员较多的，设安保管理岗，可按一日一班，每单位设1-2名或按1：（16-20）比例配置安保管理人员。

10.4　后勤保障

10.4.1　工程车辆及司机配置

统筹考虑工程运行维护的需求和类似工程经验，鉴于工程目前无巡线专用道路等实际情况，管理单位在考虑限号的基础上，应保证每日能够运行的工程车辆符合以下标准：工程运维车辆1辆/20 km，实际运维线路不足20 km的配1辆；工程巡查车1辆/12 km，实际巡线不足12 km的配1辆。车辆配置数量按实际巡线长度计算。考虑工程全年365日无休供水运行，运行维护和巡查不能停，结合劳动法的规定，每2辆工程车统筹配置3名专职司机。

10.4.2　食堂人员配置

考虑工程管理点比较分散，借鉴类似工程经验，按照就餐人员10人及以上的管理点配备食堂工作人员，配备标准如下：

就餐人员10（含）-20人：配2名食堂工作人员；

就餐人员20（含）-50人：按1：（10-15）标准配2-5名食堂工作人员；

就餐人员50（含）-100人：按1：（15-25）标准配4-7名食堂工作人员。

10.4.3　生产用房、管理用房保洁

生产用房保洁及现地管理用房保洁由值班人员负责。

附录A（略）

条文说明

目次

1　范围

财政供给人员的各项支出由财政部门按照定额标准核定，本定额标准不适用于配套工程各级管理机构财政供给人员。

泵站、自动化、安全监测等专业性较强项目的运行管理，可采取购买社会服务模式，费用预算参照本标准计算。

4　总则

本标准编制按照社会平均水平原则，采用类似行业社会平均工资水平、平均物价水平进行编制；按照简明适用的原则，尽量的简化编制程序，减少编制子目（项目），便于运用；坚持统一性和因地制宜的原则，全省采用一个尺度有利于通过定额管理实现运行管理费用的宏观调控，但也考虑各地市经济发展水平的差异。

本标准编制的方法主要有：统计分析法，通过典型调查、调研和社会查询收集资料，然后进行统计分析，确定定额标准；类推比较法，在典型调研的基础上，对同类定额进行分析比较制定新定额；比较分析法，通过与类似行业单位的标准比较，确定定额标准。

5　人员预算定额

参照《北京市南水北调配套工程维修养护与运行管理预算定额》（2015年9月发布），本标准对管线、泵站运行管理人员预算定额有所差别。

经调查，目前我省配套工程运行管理人员除原建设阶段参与管理的公职人员外，大部分人员是通过招聘，经培训参与工程运行管理，招聘的形式主要有购买社会服务、社会个人招聘、劳务派遣三种模式。泵站运行采用了购买社会服务，线路管理、安保、物业管理采用了劳务派遣，其他采用社会个人

招聘形式。因此，人员预算定额分为上述三种模式进行编制。

人员预算定额指企业或管理单位的人工成本，即人员工资总额加上企业或管理单位对人员的管理费用。根据劳动部［1997］261号文件规定，企业人工成本包括职工工资，社会保险费，职工福利费，职工教育费和其他人工成本费用等。工资总额，是指企业的"合理工资薪金"，不包括企业的职工福利费、职工教育经费、工会经费以及养老保险费、医疗保险费、失业保险费、工伤保险费、生育保险费等社会保险费和住房公积金。

5.1　购买社会服务人员预算定额

管理层人员工资按照2019年河南省规模以上企业分行业分岗位就业人员年平均工资（河南省统计局2020年6月发布）中"水利、环境和公共设施管理业"中层及以上管理人员岗位、专业技术人员、办事人员和有关人员的平均工资（见表19），结合本标准中相应岗位人员比例计算（见表20）；作业层人员工资按照2019年河南省规模以上企业分行业分岗位就业人员年平均工资（河南省统计局2020年6月发布）"办事人员和有关人员"部分（41414元/年，折算3451元/月），见表19。

其他人员中司机和食堂厨师工资参照2019年河南省规模以上企业分行业分岗位就业人员年平均工资（河南省统计局2020年6月发布）中"水利、环境和公共设施管理业"生产制造及有关人员岗位工资（40178元/年，3348元/月）；安保人员和食堂工作人员工资按该行业中社会生产服务和生活服务人员岗位平均工资（24740元/年，2062元/月），见表19。

1　职工工资包含五险一金中个人应交部分，用人单位应缴纳社会保险、住房公积金（五险一金）计取比例如下：

（1）养老保险

根据《河南省人民政府关于印发河南省城镇企业职工基本养老保险省级统筹实施意

表 19　2019年河南省规模以上企业分行业分岗位就业人员年平均工资　单位：元/年

行业	规模以上企业就业人员	中层及以上管理人员	专业技术人员	办事人员和有关人员	社会生产服务和生活服务人员	生产制造及有关人员
总计	55402	99856	67865	50634	44968	50410
水利、环境和公共设施管理业	35143	83945	65675	41414	24740	40178
水利、环境和公共设施管理业（元/月）	2929	6995	5473	3451	2062	3348
采矿业	68719	121517	87813	46612	48544	64811
制造业	52179	97617	69002	52432	49150	47723
电力、热力、燃气及水生产和供应业	90680	133554	95950	80258	79634	89053
建筑业	54145	94011	60989	44745	44691	50074
批发和零售业	51967	88833	56806	51002	42938	42501
交通运输、仓储和邮政业	59561	95415	68803	57297	56372	54742
住宿和餐饮业	40657	69186	46445	36996	35711	39808
信息传输、软件和信息技术服务业	80411	156274	92179	77171	64303	69035
房地产业	60055	106813	67582	51457	41191	53746
租赁和商务服务业	48476	108424	67517	48657	39026	45460
科学研究和技术服务业	82601	139651	89992	53592	48059	65417
居民服务、修理和其他服务业	38597	74564	50827	43873	33166	39309
教育	48990	79002	51250	42225	38629	44886
卫生和社会工作	65885	103418	65779	49456	48702	43414
文化、体育和娱乐业	70488	107084	151473	51400	41409	38817

表 20　管理层人员月工资（全省平均）计算表

人员	泵站				管线				泵站、管线加权平均工资（元）
	人数	占比（%）	对应统计局发布工资（元）	占比工资（元）	人数	占比（%）	对应统计局发布工资（元）	占比工资（元）	
单位负责	19	7.72	6995	540	46	10.57	6995	740	
行政管理	20	8.13	3451	281	56	12.87	3451	444	
技术管理	165	67.07	5473	3671	204	46.90	5473	2567	
财务与资产管理	41	16.67	3451	575	59	13.56	3451	468	
党群监察	1	0.41	3451	14	70	16.09	3451	555	
合计	246			5081	435			4774	4885

见的通知》（豫政〔2007〕63号）规定，从2007年10月1日起，参保单位统一按20%的比例缴纳基本养老保险费。

人力资源社会保障部财政部税务总局国家医保局关于贯彻落实《降低社会保险费率综合方案》（人社部发〔2019〕35号）的通知中各地企业职工基本养老保险单位缴费比例高于16%的，可降至16%；低于16%的，要研究提出过渡办法。省内单位缴费比例不统一

的，高于16%的地市可降至16%；低于16%的，要研究提出过渡办法。目前暂不调整单位缴费比例的地区，要按照公平统一的原则，研究提出过渡方案。各地机关事业单位基本养老保险单位缴费比例可降至16%。本标准取16%。

（2）工伤保险

根据《工伤保险条例》（国务院令第375号）第八条规定，工伤保险费根据以支定

收、收支平衡的原则，确定费率。第十条规定，用人单位应当按时缴纳工伤保险费。职工个人不缴纳工伤保险费。工伤保险费率在0—1%之间。本标准取0.7%。

（3）医疗保险

包括基本医疗保险、补充医疗保险。

基本医疗保险：根据《河南省建立城镇职工基本医疗保险制度的实施意见》（豫政〔1999〕38号）规定，基本医疗保险费用由用人单位和职工共同缴纳。用人单位缴费为职工工资总额的6%。

补充医疗保险：根据《财政部国家税务总局关于补充养老保险费补充医疗保险费有关企业所得税政策问题的通知》（财税〔2009〕27号）规定，用人单位缴费为职工工资总额的2%。本标准综合取8%。

（4）生育保险

根据《河南省职工生育保险办法》（河南省人民政府令第115号）第六条规定，用人单位缴纳生育保险费，以本单位上年度职工月平均工资总额（有雇工的个体工商户以所在统筹地区上年度在岗职工月平均工资）作为缴费基数。缴费比例不得超过职工月平均工资总额的1%。具体比例由各统筹地区人民政府确定。本标准取1%。

（5）失业保险

根据《河南省失业保险条例》第七条规定，用人单位按照本单位应参保职工上年度月均工资总额的2%缴纳失业保险费。目前各市执行标准为0.7%，本标准取0.7%。

（6）住房公积金

根据《财政部国家税务总局关于基本养老保险费基本医疗保险费失业保险费住房公积金有关个人所得税政策的通知》（财税〔2006〕10号）第二条规定，单位和个人分别在不超过职工本人上一年度月平均工资12%的幅度内。

住房城乡建设部、财政部、中国人民银行《关于改进住房公积金缴存机制进一步降低企业成本的通知》（建金〔2018〕45号）规定：住房公积金缴存比例下限为5%，上限由各地区按照《住房公积金管理条例》规定的程序确定，最高不得超过12%。缴存单位可在5%至当地规定的上限区间内，自主确定住房公积金缴存比例。本标准取12%。

《住房公积金管理条例》（国务院令第262号）规定，用人单位必须缴纳住房公积金，经调查，目前还在过渡阶段，考虑我省配套工程运行管理人员大部分没缴纳公积金。因此，本标准按缴纳和未缴纳两种情况分别进行了人员预算定额指标编制。

2 用人单位应计提的职工教育经费、工会经费、职工福利费，以及劳务公司管理费、利润和税金比例如下：

（1）职工教育经费

《关于企业职工教育经费提取与使用管理的意见》的通知（财建〔2006〕317号）中规定，企业职工教育培训经费列支范围包括：上岗和转岗培训；各类岗位适应性培训；岗位培训、职业技术等级培训、高技能人才培训；专业技术人员继续教育；特种作业人员培训；企业组织的职工外送培训的经费支出；职工参加的职业技能鉴定、职业资格认证等经费支出；购置教学设备与设施；职工岗位自学成才奖励费用；职工教育培训管理费用等费用。

《关于企业职工教育经费税前扣除政策的通知》（财税〔2018〕51号）规定，企业发生的职工教育经费支出，不超过工资薪金总额8%的部分。

《国务院关于大力推进职业教育改革与发展的决定》（国发〔2002〕16号）中规定"一般企业按照职工工资总额的1.5%足额提取教育培训经费，从业人员技术要求高、培训任务重、经济效益较好的企业，可按2.5%提取，列入成本开支"。本标准取工资总额的2.5%。

（2）工会经费

《中华全国总工会办公厅关于加强基层工

会经费收支管理的通知》（总工办发〔2014〕23号）中规定，工会经费列支范围包括工会为会员及其他职工开展教育、文体、宣传等活动产生的支出；工会直接用于维护职工权益的支出，包括工会协调劳动关系和调解劳动争议、开展职工劳动保护、向职工群众提供法律咨询、法律服务、对困难职工帮扶、向职工送温暖等发生的支出及参与立法和本单位民主管理、集体合同等其他维权支出；工会培训工会干部；工会从事建设工程、设备工具购置、大型修缮和信息网络购建而发生的支出；对工会管理的为职工服务的文化、体育、教育、生活服务等独立核算的事业单位的补助和非独立核算的事业单位的各项支出；由工会组织的职工集体福利等方面的支出等。

《工会法》第四十二条第二款规定："建立工会组织的企业、事业单位、机关按每月全部职工工资总额的2%向工会拨缴经费"。本标准计提2%。

（3）职工福利费

《关于企业加强职工福利费财务管理的通知》（财企〔2009〕242号）中规定，职工福利费列支范围包括：为职工卫生保健、生活等发放或支付的各项现金补贴和非货币性福利，包括职工因公外地就医费用、暂未实行医疗统筹企业职工医疗费用、职工供养直系亲属医疗补贴、职工疗养费用、自办职工食堂经费补贴或未办职工食堂统一供应午餐支出、符合国家有关财务规定的供暖费补贴、防暑降温费等；企业尚未分离的内设集体福利部门所发生的设备、设施和人员费用，包括职工食堂、职工浴室、理发室、医务所、

托儿所、疗养院、集体宿舍等集体福利部门设备、设施的折旧、维修保养费用以及集体福利部门工作人员的工资薪金、社会保险费、住房公积金、劳务费等人工费用；职工困难补助，或者企业统筹建立和管理的专门用于帮助、救济困难职工的基金支出；按规定发生的其他职工福利费，包括丧葬补助费、抚恤费、职工异地安家费、独生子女费、探亲假路费等。

同时规定，职工福利费支出有明确规定的，企业应当严格执行。国家没有明确规定的，企业应当参照当地物价水平、职工收入情况、企业财务状况等要求，按照职工福利项目制定合理标准。

根据《企业所得税实施条例》第四十条规定，企业发生的职工福利费支出，不超过工资薪金总额14%的部分，准予扣除。因此本标准取14%。

（4）企业管理费、利润和税金

1）管理费

包括企业管理人员工资、福利费、差旅费、办公费、折旧费、修理费、物料消耗、低值易耗品摊销和其他经费等，计取比例因企业而异。经调查，劳务派遣管理费标准为1%~3%，本标准取2%。

2）利润

计取比例因企业而异，考虑到社会福利费已计提，利润适当降低，本标准取1%。

3）税金

包括增值税、城乡维护建设税及教育费附加三项，增值税6%，城乡维护建设税0.7%，教育费附加0.5%，共7.2%。

以上综合取费见表21。

表21　人员成本其他费用计取比例

项目	养老保险	工伤保险	医疗保险	生育保险	失业保险	住房公积金	职工教育经费	工会经费	职工福利费	企业管理费	利润	税金
计取比例	16%	0.7%	8%	1%	0.7%	12%	2.5%	2%	14%	2%	1%	7.2%
备注		可调		可调	可调	可调	可调		可调	可调	可调	

5.1.1 社会招聘人员预算定额

社会招聘人员由市县（区）运行管理单位对人员进行管理，预算定额按照本标准表1、表2执行，但不考虑其它费用，成本费用不包括管理费、利润、税金。

5.1.2 劳务派遣人员预算定额

经调查，劳务派遣是各地市目前普遍采用的招工用工模式，人员由市县（区）运行管理单位对劳务派遣人员进行管理和工资发放，预算定额按照本标准表1、表2执行，劳务派遣收取一定比例的管理费，大约占工资2%，利润、税金不再计取。

从长远考虑，劳务派遣不应作为我省配套工程运行管理的主要招工用工模式。

5.2 地区差别调整系数

考虑到全省各地市的工资差别，本标准编制了地区差别调整系数。

对河南省统计局发布的2016、2017、2018统计年鉴《各市分行业城镇单位就业人员平均工资》中各市水利、环境和公共设施管理行业平均工资统计分析对比见表22，南阳、郑州相对较高。

对各市人力资源和社会保障局发布的2018年度分职位人力资源市场工资指导价进行统计见表23，郑州市部分行业和岗位工资相比其他市区最高。

表22 各市按行业分城镇单位就业人员平均工资

序号	地市	2016年	2016年各市平均工资占全省平均工资比值	2017年	2017年各市平均工资占全省平均工资比值	2018年	2018年各市平均工资占全省平均工资比值	三年占比平均（地区差系数）
1	郑州	46282	1.10	49314	1.06	47523	1.00	1.05
2	平顶山	35570	0.85	41005	0.88	51602	1.08	0.94
3	安阳	40884	0.98	43293	0.93	52636	1.11	1.00
4	鹤壁	31911	0.76	34462	0.74	40530	0.85	0.78
5	新乡	38738	0.92	47386	1.01	54407	1.14	1.03
6	焦作	41449	0.99	60243	1.29	49256	1.03	1.10
7	濮阳	35683	0.85	40673	0.87	35453	0.74	0.82
8	许昌	39621	0.95	42268	0.91	47120	0.99	0.95
9	漯河	41224	0.98	48396	1.04	45717	0.96	0.99
10	南阳	56641	1.35	58999	1.26	53696	1.13	1.25
11	周口	39676	0.95	43863	0.94	46849	0.98	0.96
12	11市平均	40698		46355		47708		
13	全省平均	41903		46699		47609		

表23 河南省2018年度分职位人力资源市场工资指导价统计

序号	地市	高级职称	中级职称	技师	高级技能	中级技能	没有取得资格证书
1	郑州	92839	78248		72139	68596	42000
2	平顶山		41663	49515	41994	42694	35496
3	安阳	81294	66503	71637	68239	61200	36000
4	鹤壁						
5	新乡	112957	63814		55000	49924	34464
6	焦作						
7	濮阳	79451	70328	58974	38520	37229	29894
8	许昌	131310	83731	63417	58186	51454	41884
9	漯河	48426	43996	50944	52688	54757	34766
10	南阳						
11	周口						
12	平均				55252	52265	36358

《河南省人民政府关于调整河南省最低工资标准的通知》（豫政〔2018〕26号）中明确一类行政区域（郑州、平顶山、安阳、鹤壁、新乡、焦作、许昌、漯河）工资1900元/月，二类行政区域（濮阳、南阳、周口）工资1700元/月，最低工资标准各市差别不大，郑州为一类行政区域。

综合以上，考虑到本标准中的工作岗位性质和工作内容各市相同，确定了郑州市调整系数为1.1，其他各市（直管县）调整系数均为1。

6 办公相关预算定额

6.1 物业管理预算定额

物业服务内容参照河南省财政厅、河南省机关事务管理局印发的《河南省省直机关办公用房物业费管理办法（暂行）》（豫财行〔2015〕214号），主要包括办公楼院综合管理、房屋日常养护维修、供电设施设备运行管理维护、给排水设施设备运行管理维护、中央空调系统运行管理维护、消防系统运行管理维护、安防报警监控系统运行管理维护、弱电智能系统运行管理维护、环境卫生保洁服务、会议服务、电梯运行维护、绿化养护服务等。分级标准参照河南省财政厅、河南省机关事务管理局印发的《河南省省直机关办公用房物业费管理办法（暂行）》（豫财行〔2015〕214号）：三级标准条件为（1）非集中管理办公楼；（2）总建筑面积1万（含）至3万 m²。四级标准条件为（1）非集中管理办公楼；（2）总建筑面积1万 m² 以下。

物业收费标准为最高限额标准，原则上不得突破。会议服务、电梯运行维护、绿化养护服务项目标准见表24。

表24　会议服务、电梯运行维护、绿化养护服务预算定额

费用项目	级别	定额	备注
会议服务	一级	0.45元/（半天·m²）	按会议室使用面积计
	二级	0.30元/（半天·m²）	
电梯运行维护	A（大）包	1500~1900元/（月·梯）	按台梯，乙方负责免费供应所有零配件
	B（中）包	1100~1300元/（月·梯）	按台梯，乙方负责免费供应1000元（含）以下零配件
	C（小）包	700~900元/（月·梯）	按台梯，乙方负责免费供应50元（含）以下零配件
绿化养护服务	一级	2.35元/（月·m²）	按绿地面积计
	二级	2.15元/（月·m²）	不含绿植摆租

所有运行管理维护项目均包含一级700元（含）以下，二级500元（含）以下所需维修零配件，超出标准以上维修零配件按专项费用另行计算。

物业费标准不包含水、电、暖等能耗费用。

6.2 其他办公相关预算定额

编制办公相关预算定额，调查了典型地市南水北调运行管理机构及类似行业单位，参照了《省级2017-2019年财政规划编制手册》（河南省财政厅2016年5月）、省财政厅《河南省省直机关差旅费管理办法》（豫财行〔2016〕109号）、《河南省省级会议费管理办法的通知（豫政办〔2016〕169号）》、《郑州市市级部门预算管理暂行办法》（2003）及郑州市和其他省市的相关规定和标准编制。

1 水费

参照《省级2017-2019年财政规划编制手册》（河南省财政厅2016年5月），年人均办公用水经费170元/（人·年）计算。

2 电费

参照《省级2017-2019年财政规划编制手册》（河南省财政厅2016年5月），年人均办公用电经费1100元/（人·年），并考虑采暖、降温用电，经对比确定采用《北京市南水北调配套工程维修养护与运行管理预算定额》

（2015）电费1368元/人·年的标准计算。

3 办公费

《省级2017—2019年财政规划编制手册》（河南省财政厅2016年5月）规定每人每年报刊杂志费194元（按每5人每年分别订阅1份人民日报、1份河南日报、2份专业报刊和1份其他报刊测算），结合实际，本标准减半按97元计算，业务书籍费180元（按每人每年订阅3本业务用书、2本政策性书籍测算），办公用品费474元（按每人每年消耗笔、笔记本、稿纸、公文夹、复印纸、小型办公用品、计算器、业务软件、U盘的测算），办公家具更新费400元（根据《河南省省级行政事业单位国有资产配置标准》（豫财资〔2011〕6号）处级以下配置标准4000元/人。包括：办公桌椅、桌前椅、沙发茶几、衣柜、饮水机、文件柜。按照"办公家具更新标准为使用年限不低于10年"的规定，办公家具按10年折旧，以年折旧率10%，确定更新费，合计1151元/人·年。

4 印刷费

参照《北京市南水北调配套工程维修养护与运行管理预算定额》（2015）印刷费标准300元/（人·年）。低于《省级2017-2019年财政规划编制手册》（河南省财政厅2016年5月）350元/（人·年）（按编内实有在职人员每8人印刷一套专业书籍、一套培训资料；每人每年印刷50份文件和35份汇报材料测算）规定。本标准取300元/（人·年）。

5 差旅费

《省级2017-2019年财政规划编制手册》（河南省财政厅2016年5月）规定日常差旅费基准定额为8060元/（人·年），各单位核定经费按基准定额乘以系数调整。驻郑参公事业单位差旅费调整系数为0.83，考虑本运行标准既有管理层人员还有作业层人员，对比《北京市南水北调配套工程维修养护与运行管理预算定额》（2015年9月发布）的差旅费标准，确定差旅费标准为1000元/（人·年）。

6 办公设备购置费

《省级2017-2019年财政规划编制手册》（河南省财政厅2016年5月）规定办公设备购置费1552元/（人·年）（根据《河南省省级行政事业单位国有资产配置标准》（豫财资〔2011〕6号）规定：①台式电脑不超过6000元/台，人均1台；②电话机不超过200元/部，人均1部；③按编内实有人数2/3控制打印机总量，A4黑白激光打印机不超过2000元/台，每2人1台；④传真机不超过2000元/台，每8人1台；⑤复印机黑白激光打印机不超过18000元/台，每8人1台。按照"办公设备更新标准为使用年限不低于6年"的规定，以年折旧率16%，确定年度办公设备购置费）。本标准取1552元/（人·年）。

鉴于办公设备存在集中购置和集中报废现象，各地市根据人员数量情况和设备使用年限，按照以上标准进行预算申报。

根据作业人员的工作性质，不考虑办公设备购置费，该项费用仅限管理层人员。

7 会议费

参照河南省人民政府办公厅关于印发河南省省级会议费管理办法的通知（豫政办〔2016〕169号）规定的四类会议标准，会议一次不超过一天，每人每天400元（其中伙食费100元、住宿费280元、公杂费20元）。鉴于配套工程省级管理单位没有出台有关会议的管理办法或制度，本标准按每人每年参加2次，则每人每年会议费为800元编制会议费标准，可根据实际调整。

依据河南省南水北调配套工程会议费管理办法，会议费不包括业务会议的费用，仅指管理类会议的费用。

8 劳动保护费

劳动保护支出是指确因工作需要用人单位提供的必需物品，如工作服、手套、安全保护用品、防暑降温用品等所发生的支出。

根据《国家税务总局关于印发〈企业所得税税前扣除办法〉的通知》（国税发

〔2000〕084号）第十五条和第五十四条有关规定：纳税人实际发生的合理的劳动保护支出，可以扣除。但税法没有规定具体的列支标准。

劳动保护费用由应配备的防护用品、防护用品使用年限、防护用品价格组成。

应配备的防护用品：参照《劳动保护用品配备标准（试行）》（国经贸安全〔2000〕189号），按照劳动环境和劳动条件相近的原则，依据附录B《相近工种对照表》，巡线作业人员参照河道修防工、泵站作业人员按照泵站运行工、现地站值班作业人员参照热力

运行工种的电气值班员进行防护用品的配备，由于巡线作业人员需要下阀井检查，增加了安全帽、安全带、反光背心等防护用品；参照附录A《防护性能字母对照表》确定每个工种应配备的防护用品。

防护用品使用年限：经查询，有规定的按照劳保用品规定的使用年限，无规定的参照日常损耗进行计算。

防护用品价格：查询京东官网劳保用品平均价格。

各种作业人员劳保费用标准见表25、表26、表27。

表25　现地管理房作业人员劳保费用标准

序号	劳保明细	元/（年·人）	使用年限	备注
1	工作服	450	外套2年，短袖、长裤1年	外套300元一件，短袖、长裤各150元一件
2	工作帽	60	每年2顶	春秋各一顶，每顶30元
3	工作鞋	400	每年2双	200元一双
4	安全帽	20	2年	每个40元
合计		930		

表26　泵站作业人员劳保费用标准

序号	劳保明细	元/（年·人）	使用年限	备注
1	工作服	450	外套2年，短袖、长裤1年	外套300元一件，短袖、长裤各150元一件
2	工作帽	60	每年2顶	春秋各一顶，每顶30元
3	工作鞋	400	每年2双	200元一双
4	劳防手套（防水）	80	每年10双	价格8元/双
5	雨衣	20	5年	100元/件
6	胶鞋	40	1.5年	60元一双
7	安全帽	20	2年	每个40元
合计		1070		

表27　巡线作业人员劳保费用标准

序号	劳保明细	元/（年·人）	使用年限	备注
1	工作服	450	外套2年，短袖、长裤1年	外套300元一件，短袖、长裤各150元一件
2	工作帽	60	每年2顶	春秋各一顶，每顶30元
3	工作鞋	400	每年2双	200元一双
4	劳防手套（防水）	160	每年20双	价格8元/双
5	防寒服	250	两年	每件500元
6	雨衣	20	5年	100元/件
7	胶鞋（防砸）	50	1.5年	75元一双
8	安全帽	20	2年	每个40元
9	安全带	20	3~5年	每条安全带60元
10	反光背心	60	0.5年	每个30元，每年2个
合计		1490		

按照工种的劳动环境和劳动条件，配备具有相应安全、卫生性能的劳动防护用品的原则，管理层人员不再配备劳保品。本标准取三种人员劳保费用平均值1163元/（人·年）。

7 车辆运行预算定额

经调查，目前运行管理使用车辆大部分为建设期使用的车辆，为自有车辆，初设批复的交通工具购置因公车改革无法实施，运行维护用车不足部分需要租赁补充。因此，本标准分别对自有车辆、租赁车辆运行预算定额进行了编制。

7.1 自有车辆

自有车辆运行费用包括维修费、保险费、年检费、汽油费、杂费（过路费、停车费），参照《省级2017-2019年财政规划编制手册》（河南省财政厅2016年5月）规定，一般公务用车（含执法执勤用车）年车运行维护费按4.5万元的标准执行。

7.2 租赁车辆

1 车辆租赁应符合河南省南水北调中线工程建设管理局相关规定要求。

2 工程巡查、运维车以租赁越野车为主，并根据工作实际需求进行合理配置，可租赁厢式运输车、皮卡或面包车（20座左右）。鉴于无市场指导价，经调查，车辆（使用年限五年以内，15万元左右的车辆）每天租赁费如下：

皮卡：150元/（辆·日）；

越野车和厢式运输车：180元/（辆·日）；

防汛用车（20座左右的面包车）：200元/（辆·日）。

按月租赁在每天租赁金额的基础上乘0.8系数，按年租赁在每天租赁金额的基础上乘0.7系数。

3 耗油按10-15 L/100 km计；油价按6.0元/L计算，汽油费60-90元/100 km，随当年价格调整。

4 杂费平均按200元/（辆·月计），包括过路费、停车费等。

8 水质监测预算定额

1 监测项目

参照配套工程初步设计报告，主要监测项目有水温、pH值、溶解氧（DO）、氨氮、高锰酸盐指数、生化需氧量、磷、汞、氰化物、挥发酚、砷、铬（六价）、镉、铅、铜、石油类共16项。参照中线干线工程运行固定点水质监测项目有水温、pH值、溶解氧（DO）、氨氮、高锰酸盐指数、化学需氧量、生化需氧量（五日）、总磷、铜、氰化物、总氮、锌、硒13项。为与干线保持一致，水质监测项目按照干线运行管理执行。

2 化验费用

参照水利部《水质监测业务经费定额标准（试行）》（2014），定额中未含水质监测人员相关费用，适用于自建化验室的费用标准，鉴于我省配套工程各级管理单位尚未配备化验室，需采用取样送检的方式进行水质化验。经调查我省有资质的水质化验单位，编制了检测项目单次化验的费用标准。

3 取样送样费用

取样送样费用已包含在本标准人员费用和车辆费用内，不再计列。

4 编制水质监测预算费还应考虑监测频次和监测点数

监测频次参照干线工程运行管理规定，每月取样一次；根据工程实际情况，在分水口门进水池、泵站前池或调蓄水库（池）取水口取样。

9 燃料动力预算定额

1 燃料动力预算定额是根据2017-2019年度各地市（直管县）实际生产耗电费用、供水量的分年度统计结果，按供水量加权计算出万方水综合耗电费用。

2 鉴于省级调度中心、各地管理处（所）自动化调度生产用电与泵站、现地管理房少量办公管理耗电无法分开单独统计，泵站、输水线路作业层人员非生产用的燃料和动力消耗费用包含在燃料动力预算定额内，因此预算编制时应扣除相应管理费用。

3 配套工程生产用电与工程实际运行工况密切相关，工程运行时长、供水量发生变化，综合耗电指标也将发生变化。因此，对燃料动力预算定额要根据实际运行年度耗电量、供水量统计资料，定期进行调整。

4 结合下达的年度供水计划，编制燃料动力预算费用。

10 人员配置标准

通过对河南省南水北调受水区供水配套工程管理体制规划、初步设计批复工程运行期管理机构及人员配置情况以及投入运行以来人员预算标准和实际配备情况的分析，调研借鉴类似工程南水北调中线干线工程、北京市南水北调配套工程运行管理人员岗位定员方案，结合工程供水运行实际，分泵站、PCCP等输水管线两类工程设岗，并形成分级定员标准。

10.4 后勤保障

10.4.1 工程车辆及司机配置

本标准工程车辆及司机配置适用于省辖市（直管县）南水北调配套工程，按所管理工程线路长度计算，四舍五入取整作为控制指标。根据工程管理实际需要编制预算，自有车辆加租赁车辆数量不得超过控制指标。

根据初步设计批复成果，全省配套工程配置交通工具197辆（其中轿车40辆，越野车65辆，面包车12辆，皮卡工具车63辆，载重车17辆），总概算为4456万元，其中，省管理局及调度运行中心配置的越野车3辆、面包车3辆、皮卡车3辆等9辆工具车；工程维护中心和仓储中心共配置各类工具车19辆，其中越野车5辆、面包车2辆、皮卡工具车6辆、载重车6辆。此外，黄河南、北工程维护中心配备流动水质监测车各1部，共2部，概算200万元。

根据中央、河南省有关文件精神，南水北调配套工程管理单位用车主要采取租赁的方式解决，不再购买新的车辆。考虑配套工

程运行管理强监管的实际需求，省级南水北调配套工程管理机构工程车辆配置以初设批复的车辆数量作为控制指标，据实编制预算，不得突破。

10.4.2 食堂人员配置

对于地处偏僻、周边生活设施不够完善、生活条件较差、难以满足职工正常就餐需求的南水北调配套工程管理单位，需要建设职工食堂保障职工的基本生活需求。职工食堂原则上应设在省级各中心、管理处、所，方便辖区内运行管理人员集中就餐，现地值班、安保人员和现场应急抢险作业人员安排就近配餐，据此核算省辖市（直管县）南水北调配套工程食堂人员配置数量。

根据中央、河南省有关文件精神，参考类似工程的实际运行经验，后勤保障和安全保卫人员可通过购买社会服务配置。

河南省南水北调配套工程维修养护预算定额（试行）

2021年4月27日

豫水调〔2021〕3号

目次

前言

2014年12月12日，南水北调中线工程正式通水，我省南水北调配套工程同步通水。2016年，我省39条输水线路全部具备通水条件，实现了11个省辖市和2个直管县（市）供水目标全覆盖。为提高配套工程运行管理标准化水平，进一步加强工程维修养护经费预算管理，编制了本技术标准。

本标准参照GB/T 1.1-2020《标准化工作导则　第1部分：标准化文件的结构和起草规则》的规定起草。

本标准批准单位：河南省水利厅。

本标准编写单位：河南省南水北调中线工程建设管理局、河南省水利科学研究院。

本标准协编单位：河南科光工程建设监理有限公司、河南省水利第二工程局。

本标准主编：王国栋。

本标准副主编：雷淮平、余洋、雷存伟、秦鸿飞、邹根中、张国峰、李申亭、徐秋达、李秀灵。

本标准执行主编：余洋、秦鸿飞、邹根中、徐秋达、李秀灵。

本标准主要编写人员：杨秋贵、徐秋达、杜新亮、刘晓英、苏建伟、魏玉春、徐维浩、崔洪涛、秦水朝、李伟亭、王鹏、高文君、庄春意、李光阳、齐浩、李春阳、马树军、周延卫、雷应国、蔡舒平、刘豪祎、王源、王娟、艾东凤、王雪萍、李国兴、赵长伟、李陆明、邱红雷、何向东、张金鹏、赵玉宏、宋楠、宋清武、程超、朱登苛、魏嘉仪、赵梦霞、陈芳。

1　范围

本标准适用于河南省南水北调配套工程，是编制河南省南水北调配套工程日常维修养护年度预算的主要依据，河南省其他类似工程日常维修养护年度预算编制可参照执行。

2　引用文件

下列文件中的内容通过文中的规范性引用而构成本文件必不可少的条款。其中，注日期的引用文件，仅该日期对应的版本适用于本文件；不注日期的引用文件，其最新版本（包括所有的修改单）适用于本文件。

《河南省南水北调配套工程供用水和设施保护管理办法》（河南省人民政府令第176号）

《水利工程管理单位定岗标准（试点）》（水办〔2004〕307号）

《水利工程维修养护定额标准（试点）》（水办〔2004〕307号）

《北京市南水北调配套工程维修养护与运行管理预算定额》（2015年9月发布）

《河南省水利水电工程设计概（估）算编

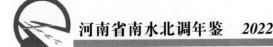

制规定》（2017年）

《南水北调中线干线工程维修养护定额标准》（2014年发布）

《水利信息系统运行维护定额标准（试行）》（2009年）

《泵站技术管理规程》（SL255-2016）

《城镇供水管网运行、维护及安全技术规程》（CJJ207-2013）

《城镇供水水量计量仪表的配备和管理通则》（CJ/T454-2014）

《河南省南水北调受水区供水配套工程泵站管理规程》（豫调办建〔2018〕19号）

《河南省南水北调受水区供水配套工程重力流输水线路管理规程》（豫调办建〔2018〕19号）

河南省南水北调受水区供水配套工程设计文件

其他国家、行业、河南省涉及南水北调配套工程相关法规、政策等

3 术语和定义

下列术语和定义适用于本文件。

3.1 日常维修养护

日常维修养护是指为保持工程设计功能、满足工程完整和安全运行，需进行经常性、持续性的维修养护，包括日常维修（含年度岁修项目）和日常养护两部分内容。其中，"日常维修"是对已建工程运行、检查中发现工程或设备遭受局部损坏，可以通过简单的维修、较小的工作量，无需通过大修便可恢复工程或设备功能和运行，包括为保证设备的正常运转及维修养护设备的原有功能而进行的检修、配件更换等，不包括设施主体结构的修复、更新和设备大修；"日常养护"是对已建工程进行周期性、预防性、经常性保养和防护，及时处理局部、表面、轻微的缺陷，对设备进行清洁、润滑、调整、紧固、防腐等，以保持工程完好、设备完整清洁、操作灵活。

3.2 专项维修养护

专项维修养护是指日常维修养护以外，维修养护工程量较大、技术要求较高，需进行集中、专门性维修养护，包括设备大修、设施主体结构的修复及更新改造。

3.3 应急抢险

应急抢险是指对突然发生危及工程安全的各种险情，需进行紧急抢修、处置的管理工作。

3.4 拦污栅

设在进水口前，用于拦阻水流挟带的水草、漂木等杂物（一般称污物）的框栅式结构。本标准拦污栅仅指重力流输水线路首端进水池拦污栅，泵站前池拦污栅已包含在泵站工程部分。

3.5 阀井

阀门井的简称，是地下管线的阀门为了在需要进行开启和关闭部分管网操作或者检修作业时方便，设置的地下构筑物，在内部安装布置阀门，便于巡视检查、更换、维修养护和疏通管道。

3.6 调节塔

用于储水和配水的高耸结构，用来保持和调节管网中的水量和水压。

3.7 管理设施

指用于生产和办公的房屋及场区道路、围墙、护栏等的统称。

3.8 水面保洁

指泵站前池、调节池（湖）、重力流输水线路进水池水面的保护和清洁。

3.9 自动化系统

指河南省南水北调配套工程自动化调度与运行管理决策支持系统，主要包括：通信系统、信息采集系统、安全监测系统、水量调度系统、闸阀监控系统、供电设备及电源系统、计算机网络系统、异地视频会议系统、视频安防监控系统、综合办公系统、数据存储与应用支撑平台等。

3.10 工作（工程）量

指按照相关行业规范标准、河南省南水

北调配套工程有关管理规程和维修养护技术标准等要求实施的年度维修养护工作（工程）量。

3.11　维修养护等级

根据配套工程的特点、工程规模设置的等级，每一个等级设置一个基准定额值，以便采用内插（外延）计算不同规模项目的维修养护费用。

3.12　基本维修养护

为保持工程正常运行，进行的必要的基础性维修养护工作。

3.13　调整维修养护

结合配套工程的实际，对于不普遍发生或维修养护周期性较长的项目，在基本维修养护项目基础上增设的维修养护工作。

4　总则

4.1　本标准依据行业规范标准、相关定额、目前河南省有关规定和实际维修养护资料，结合河南省南水北调配套工程特点，按照社会先进水平、简明适用原则进行编制。

4.2　本标准包括拦污栅工程、泵站工程、PCCP管道工程、阀井工程、暗涵（倒虹吸）工程、调节塔工程、管理设施、绿地、水面保洁等九部分内容。

4.3　本标准按照"管养分离"的原则制定。

4.4　本标准维修养护费用包含直接费（人工、材料、机械及其他费用）、间接费、利润及税金。

4.5　本标准中"工作内容"，仅说明了维修养护工作的主要过程及工序，维修养护次要工序和必要的辅助工作所需的人工、材料、机械设备、临时设施等已包括在预算定额中。

4.6　本标准是按正常的维修养护条件、合理的维修养护工作组织和工艺编制，并综合考虑了维修养护工作作业面分散等因素。

4.7　本标准除泵站工程外，其他工程的机电设备包括变配电设备、电动机、柴油发电机组、控制保护设备、启闭设备、通风机、避雷接地设备、移动水泵、安全监测设

备等，维修养护费用按其设备资产的5%计算；自动化系统维修养护费用按其设备资产的10%计提作为预算控制指标；备品备件按其设备资产的1.5%计提作为预算控制指标。

4.8　本标准由基本维修养护项目预算定额、调整维修养护项目预算定额和预算定额调整系数组成。

4.9　本标准中列有维修养护等级的，若实际选用的标准介于两级别之间或之外，可采用插值法进行调整。

4.10　本标准中个别项目的工作（工程）量和费用标准，根据河南省近几年经济发展水平，结合工程实际综合分析后直接引用了2015年发布的《北京市南水北调配套工程维修养护与运行管理预算定额》相应子目。

4.11　本标准中未含专项维修养护费，专项维修养护项目存在不确定性，预算费用可按上一年度实际支出的110%计提，或结合项目实际，按照相关定额、合同约定或行业收费标准计算编制。

4.12　本标准中未含勘测设计费、招标代理费、设备和仪器仪表等试验检测鉴定费、变压器及外部供电线路代维费、垃圾消纳费等，若发生按专项维修养护考虑。

4.13　本标准中未含输水管道实体缺陷监测与修复、渗水点检测与修复相关费用，不含维修养护前管道排空协调费，若发生按专项维修养护考虑。

4.14　本标准中未含突发应急事件抢修、技术服务等非经常性费用，应急抢险费预算按上一年度实际支出的110%计提，技术服务等其他非经常性费用结合工程管理实际需要，按合同约定或相关收费标准编制预算。

4.15　本标准编制价格水平年为2019年。市场价格发生重大变化时，可按照批准的价格调整办法，对本标准进行适当调整。

5　维修养护等级

本标准泵站工程、PCCP等管道工程、阀井建筑物工程、闸阀设备、绿地，按照工程

规模和实际维修养护特点划分维修养护等级。

5.1 泵站工程

泵站工程维修养护等级划分为4级，具体划分标准见表1。

表1 泵站工程维修养护等级划分

级别	一	二	三	四
总装机容量P（kW）	5000≤P<10000	1000≤P<5000	100≤P<1000	P<100

5.2 PCCP管道工程

PCCP管道工程维修养护等级划分为3级，具体划分标准见表2。

5.3 阀井建筑物工程

阀井建筑物工程维修养护等级划分为5级，具体划分标准见表3。

5.4 闸阀设备

闸阀设备维修养护等级划分为5级，具体划分标准见表4。

5.5 绿地

绿地维修养护等级划分为2级，泵站绿地为一级，现地管理房绿地为二级。

6 维修养护预算定额

6.1 拦污栅工程

拦污栅工程基本维修养护项目预算定额见表5。

表2 PCCP管道工程维修养护等级划分

级别	一	二	三
管径（m）	3≤D<4	2≤D<3	0.5≤D<2

表3 阀井建筑物工程维修养护等级划分

级别	一	二	三	四	五
井内周长（m）	40≤C<50	30≤C<40	20≤C<30	10≤C<20	C≤10

注： 每10 m一个等级。

表4 闸阀设备维修养护等级划分

级别	一	二	三	四	五
闸阀直径（m）	2.0≤D<2.5	1.5≤D<2.0	1.0≤D<1.5	0.5≤D<1.0	D<0.5

注： 每0.5 m一个等级。

表5 拦污栅工程基本维修养护项目预算定额 单位：元/（扇·年）

项目名称			定额	
			手动葫芦启闭	电动葫芦启闭
合计			4262.16	3047.34
（一）拦污设施		拦污栅清理	1993.62	771.69
		拦污栅防腐处理	2197.47	2197.47
（二）启闭设备		电动（手动）葫芦防腐	71.07	78.18
编号			1—1	1—2

工作内容： 污物清理、污物运往指定地点、清理现场，除锈、刷漆、电动(手动)葫芦的除锈、刷漆、保养，导链（钢丝绳）的保养等。

注： 进水池土建部分维修养护费用参照阀井建筑物编制。

6.2 泵站工程

泵站工程基本维修养护项目预算定额见表6，调整维修养护项目预算定额见表7，预算定额调整系数见表8。

6.3 PCCP管道工程

PCCP管道工程基本维修养护项目预算定额见表9，调整维修养护项目预算定额见表10，预算定额调整系数见表11。

表6　泵站工程基本维修养护项目预算定额　　　　单位：元/座·年

项目名称	级别			
	一	二	三	四
合计	535006	234553	88291	46261
一　机电设备维修养护	391710	163585	48365	18158
主机组维修养护	229447	91779	22119	5943
输变电系统维修养护	28392	17828	8584	4127
操作设备维修养护	54143	21624	9244	5612
配电设备维修养护	76592	30538	7263	1981
避雷、接地设施维修养护	3136	1816	1155	495
二　辅助设备维修养护	118442	56196	32723	24700
油气水系统维修养护	86313	35654	14856	8616
拍门拦污栅维修养护	11736	4754	3268	2228
起重设备维修养护	7725	3120	1931	1188
消防系统维修养护	258	247	235	223
排风通道的维修养护	345	328	312	297
走道板、栏杆的养护	13977	13312	12678	12074
三　泵站建筑物维修养护（不含泵房）	8366	5590	2838	1734
前池维修养护	8366	5590	2838	1734
四　物料动力消耗	14576	7963	3808	1743
电力消耗	9450	4877	3048	1524
汽油消耗	1587	879	171	49
机油消耗	1460	876	256	73
黄油消耗	2079	1331	333	97
编号	2—1	2—2	2—3	2—4

工作内容：机电设备维修养护、辅助设备维修养护、泵站建筑物维修养护（不含泵房）、物料动力消耗等。

表7　泵站工程调整维修养护项目预算定额

序号	调整对象	定额	备注
1	前池清淤	238.84元/m³	按实际清淤量计量，单价不含淤积物外运

注：若发生淤积物外运，执行相关行业定额。

表8　泵站工程预算定额调整系数

序号	影响因素	基准	调整对象	调整系数
1	水泵工况	维修养护1.5次/年	主机组检修	根据《泵站技术管理规程》，主机组运行1000—2000小时应小修1次或1—2年小修1次，调整系数=实际次数/1.5
2	装机容量	一至四级泵站计算基准装机容量分别为7500 kW、3000 kW、550 kW和100 kW	基本项目	按直线内插法计算，超过范围按直线外延法

表9　PCCP管道工程基本维修养护项目预算定额　　单位：元/（100 m·年）

项目名称	级别		
	一	二	三
	定额		
合计	2044	1383	510
混凝土破损修补	507	338	85

续表

项目名称	级别		
	一	二	三
	定额		
裂缝表面封闭处理	624	416	104
管接缝缺陷处理	429	286	71
管道通风	196	196	196
管道排空	288	147	54
编号	3—1	3—2	3—3

工作内容：管道修补，裂缝处理，接头缺陷处理，清淤，排空，通风等。

注：1.防腐钢管（TPEP）、球墨铸铁（DIP）、玻璃钢夹砂管（FRPM）取本预算定额的0.7倍系数；

2.预应力钢筋混凝土管（PCP）参照PCCP管道工程标准执行；

3.渠道输水工程执行水利行业定额。

表10　PCCP管道工程调整维修养护项目预算定额

序号	调整对象	定额	备注
1	养护土（石）方（每穿越一处交叉建筑物）	544.33元/处·年	
2	管道清淤	251.51元/m³	按实际清淤量计量，含垂直运输、堆放
3	界桩清理、刷漆、喷字	14.22元/m²·年	

注：若发生淤积物外运，执行相关行业定额。

表11　PCCP管道工程维修养护项目预算定额调整系数

序号	影响因素	基准	调整对象	备注
1	管径	一至三级PCCP计算基准管径分别为3.5 m、2.5 m和1.25 m	混凝土破损、裂缝处理、管接缝缺陷处理、管道排空	按直线内插法计算，超过范围按直线外延法
2	管道长度	100 m	混凝土破损、裂缝处理、管接缝缺陷处理、管道通风、管道排空	调整系数=管道实际长度/100

6.4　阀井工程

6.4.1　阀井建筑物

阀井建筑物基本维修养护项目预算定额见表12，调整维修养护项目预算定额见表13，预算定额调整系数见表14。

6.4.2　阀井闸阀设备

阀井闸阀（含阀井内外露钢管等）设备基本维修养护项目预算定额见表15，调整维

表12　阀井建筑物基本维修养护项目预算定额　单位：元/（座·年）

项目名称	级别				
	一	二	三	四	五
	定额				
阀井建筑物维修养护	2046	1975	1906	1835	1765
编号	4—1	4—2	4—3	4—4	4—5

工作内容：爬梯除锈防腐，混凝土破损修补，混凝土裂缝表面封闭处理，土方养护，界桩、标示、井盖、标牌清扫和刷漆，阀井周围除草、内外杂物清理等。

表13　阀井建筑物调整维修养护项目预算定额　单位：元/（座·年）

编号	调整项目	定额	备注
1	阀井抽水	69.53	

注：黄河以南阀井抽水费用乘1.5倍系数。

表14 阀井建筑物维修养护项目预算定额调整系数

序号	影响因素	基准	调整对象	备注
1	井深	4.87 m	井深每增减1 m，一至五级阀井每座分别增减90元、78元、63元、51元、37元	

表15 阀井闸阀设备基本维修养护项目预算定额 单位：元/（座·年）

项目名称	级别				
	一	二	三	四	五
	定额				
阀件设备维修养护	3186	2393	1799	1399	1279
编号	4—6	4—7	4—8	4—9	4—10

工作内容：阀件设备及阀井内外露钢管、其他金属设施的除锈、刷漆，日常维修养护，排气管的除锈刷漆等。

修养护项目预算定额见表16。

6.5 暗涵（倒虹吸）工程

6.5.1 不过水暗涵（倒虹吸）

不过水暗涵（倒虹吸）工程基本维修养护项目预算定额见表17，调整维修养护项目预算定额见表18，预算定额调整系数见表19。

表16 阀井闸阀设备调整维修养护项目预算定额 单位：（元/个）

编号	调整项目	定额
1	排气阀胶圈更换	392.54

表17 不过水暗涵（倒虹吸）工程基本维修养护项目预算定额 单位：元/（座·年）

项目名称	定额
合计	1993
混凝土破损修补	354
裂缝处理	391
管接缝缺陷处理	227
杂物清理、钢结构除锈刷漆	825
通风	196
编号	5—1

工作内容：暗涵（倒虹吸）混凝土破损修补，混凝土裂缝表面封闭处理，杂物清理、钢结构除锈刷漆、通风等。

表18 不过水暗涵（倒虹吸）工程调整维修养护项目预算定额 单位：元/（处·年）

序号	调整对象	定额
1	养护土（石）方	每穿越一条河544.33

注：不穿越河道不计。

表19 不过水暗涵（倒虹吸）工程维修养护预算定额调整系数

序号	影响因素	基准	调整对象	调整系数
1	暗涵（倒虹吸）长度	50 m	混凝土破损、裂缝处理、管接缝缺陷处理、杂物清理、钢结构除锈刷漆、通风	调整系数=暗涵（倒虹吸）实际长度/50

6.5.2 过水暗涵（倒虹吸）

过水暗涵（倒虹吸）工程基本维修养护项目预算定额见表20，调整维修养护项目预算定额见表21，预算定额调整系数见表22。

6.6 调节塔工程

调节塔工程基本维修养护项目预算定额见表23。

6.7 管理设施

管理设施基本维修养护项目预算定额见表24。

6.8 绿地

绿地基本维修养护项目预算定额见表25。

6.9 水面保洁

泵站前池水面保洁基本维修养护项目预算定额见表26。

附录A（略）

表20　过水暗涵（倒虹吸）工程基本维修养护项目预算定额　单位：元/（座·年）

项目名称	定额
合计	402
混凝土破损修补	117
裂缝处理	130
管接缝缺陷处理	71
通风	66
排空	18
编号	5—2

工作内容：暗涵（倒虹吸）混凝土破损修补，混凝土裂缝表面封闭处理，管道排空、通风等。

表21　过水暗涵（倒虹吸）工程调整维修养护项目预算定额调整　单位：元/（处·年）

序号	调整对象	定额
1	养护土（石）方	每穿越一条河544.33
2	清淤	251.51元/m³，按实际清淤量计量，含垂直运输、堆放

注：若发生淤积物外运，执行相关行业定额。

表22　过水暗涵（倒虹吸）工程维修养护项目预算定额调整系数

序号	影响因素	基准	调整对象	调整系数
1	过水暗涵（倒虹吸）长度	50 m	混凝土破损、裂缝处理、变形缝维修养护、暗涵（倒虹吸）排空、暗涵（倒虹吸）通风	调整系数=暗涵（倒虹吸）实际长度/50

表23　调节塔工程基本维修养护项目预算定额　　　单位：元/（座·年）

项目名称	定额
调节塔维修养护	1450
编号	6—1

工作内容：混凝土破损修补，混凝土裂缝表面封闭处理，杂物清理、钢结构除锈、刷漆、上下水管、栏杆、爬梯防腐等。

表24　管理设施基本维修养护项目预算定额　　　单位：元/（m²·年）

项目名称		定额	备注
一	房屋维修养护		
1	管理房	20.05	
2	调流调压阀室、泵房（生产厂房）	24.83	地面以上用房
二	管理区场地维修养护		
1	透水砖铺装	4.49	
2	水泥混凝土	7.09	基准厚度22 cm，厚度每增减1 cm，定额增减0.31元/m²
三	围墙维修养护	19.51	
四	护栏护网维修养护	7.89	
	编号	7—1	

工作内容：保洁、整理、修缮损坏的墙、地、门、窗，及时检修、更换水电路和照明设施。

注：房屋按建筑面积计算，管理区场地按实有硬化场地面积计算，围墙、护栏护网按实有面积计算。

表25　绿地基本维修养护项目预算定额　　　单位：元/（100 m²·年）

项目名称	定额	
	一级绿地	二级绿地
绿地	648	432
编号	8—1	8—2

工作内容：浇水、除虫、修剪、锄草、施肥、清理等。

表26　泵站前池水面保洁基本维修养护项目预算定额　单位：元/（100 m²·年）

项目名称	定额
水面保洁	244.35
编号	9—1

工作内容：人工清除、打捞漂浮物、运至岸上集中堆放、处理。

注：调节池、重力流输水线路进水池参照使用。

条文说明

目次

4　总则

4.1　人工费参考《河南省水利水电工程设计概（估）算编制规定》（2017），结合国家统计局公布的2016年至2019年国内生产总值的增长率编制。

材料费参考河南省建筑工程标准定额站发布的2019年4季度河南省工程造价信息编制。

机械费参考《河南省水利水电工程设计概（估）算编制规定》（2017）编制。

费率参考《河南省水利水电工程设计概（估）算编制规定》（2017年）及《河南省水利厅关于调整水利工程施工现场扬尘污染防治费的通知（试行）》（豫水建〔2017〕8号）编制，间接费为引水工程部分费率。

利润按直接费和间接费之和的7%计取。

税金适用增值税税率9%，国家对税率标准调整时，可以相应调整计算基准。

4.7　河南省南水北调受水区供水配套工程自动化调度与运行管理决策支持系统（以下简称自动化系统）是确保配套工程安全、优质、经济运行的基础设施。自动化系统包括：通信系统、信息采集系统、安全监测系统、水量调度系统、闸阀监控系统、供电设备及电源系统、计算机网络系统、异地视频会议系统、视频安防监控系统、综合办公系统、数据存储与应用支撑平台等。自动化系统的日常维修养护工作主要包括软硬件的维护和故障处理工作，主要工作内容如下：

硬件维护：主要包括对设备设施的运行环境、运行状态、设备连接、线缆布置等巡检并定期进行专业养护和风险排查工作。

软件维护：主要包括软件的定期巡检，网络安全、存储数据的整理、系统升级、软件更新及操作系统的咨询及培训工作。

故障处理：对通信线路、系统硬件、软件发生的各类故障进行及时响应和修复。

经对河南省境内水利系统自动化维护工程市场调查，黄河小浪底水利枢纽工程自动化系统维护费用约占设备资产的10%，南水北调中线干线工程自动化系统维护费约占设备资产的10%—15%。因配套工程水利信息自动化工程维护工作内容与维护条件与上述工程类似，综合考量，本标准自动化系统维修养护费用按其设备资产的10%计提作为预算控制指标，具体实施应按有关定额、标准另行编制专项方案及费用预算。

6　维修养护预算定额

6.1　拦污栅工程

本节拦污栅不包括泵站前池拦污栅，泵

站前池拦污栅已包含在泵站工程部分。

拦污栅工程数量少、差别不大，为便于使用本标准不再划分等级。

拦污栅工程维修养护工作（工程）量，依据编制单位现场跟踪调研实测数据，并综合全省配套工程实际维修养护情况拟定。

6.2 泵站工程

本节泵站建筑物维修养护不含泵房，泵房的维修养护参照本标准6.7条管理设施计算。

泵站工程日常维修养护主要包含机电设备维修养护、辅助设备维修养护、泵站建筑物维修养护（不含泵房）、物料动力消耗等四部分工作内容。

机电设备维修养护，主要包含主机组维修养护、输变电系统维修养护、操作设备维修养护、配电设备维修养护、避雷、接地设施维修养护等。

辅助设备维修养护，主要包含油气水系统维修养护、拍门拦污栅维修养护、起重设备维修养护、消防系统维修养护、排风通道的维修养护、走道板、栏杆的养护等。

泵站建筑物维修养护（不含泵房），包含前池清淤、前池的养护等。

物料动力消耗主要包含泵站维修养护消耗的电力、汽油、机油、黄油等。

泵站工程维修养护工作（工程）量，参考水利部《水利工程维修养护预算定额》（水办〔2004〕307号），以各级别泵站工程装机容量为计算基准，并结合配套工程的实际情况编制，如新增栏杆、走道板、排风通道的养护等。

6.3 PCCP管道工程

本标准中PCCP管道工程年度维修养护工作（工程）量参考《北京市南水北调配套工程维修养护与运行管理预算定额》（2015年）确定。

《北京市南水北调配套工程维修养护与运行管理预算定额》（2015年）防腐钢管（TPEP）维修养护费用约为PCCP管道工程维修养护费用的0.7倍，本标准参考使用。其他种类管道工程因尚未进行停水检测，缺少年度维修养护工作（工程）量的实测数据且无类似工程项目可参考，球墨铸铁（DIP）、玻璃钢夹砂管（FRPM）基本维修养护费用同防腐钢管（TPEP）维修养护费用，即PCCP管道工程预算定额的0.7倍。

本标准中养护土（石）方（每穿越一处交叉建筑物）费用为维修养护土方和石方的综合合计值。

6.4 阀井工程

6.4.1 阀井建筑物

阀井抽水，黄河南多年坪均降水雨量充沛、地下水位高，抽水费用按定额标准的1.5倍系数计。

阀井建筑物工程维修养护工作（工程）量依据编制单位现场跟踪调研实测数据，并综合全省配套工程实际维修养护情况拟定。

6.4.2 阀井闸阀设备

阀井建筑物工程维修养护工作（工程）量依据编制单位现场跟踪调研实测数据，并综合全省配套工程实际维修养护情况拟定。

6.5 暗涵（倒虹吸）工程

暗涵（倒虹吸）工程维修养护工作（工程）量依据编制单位调研数据，并综合全省配套工程实际维修养护情况拟定，分不过水和过水两种情况。

6.6 调节塔工程

调节塔工程数量少、基本类似，为便于使用，本标准不再划分等级。

调节塔工程维修养护工作（工程）量，依据编制单位现场调研数据，并综合全省配套工程实际维修养护情况拟定。

6.7 管理设施

管理设施工程，不划分等级。

省级调度中心、黄河南（北）工程维护中心、11个省辖市管理处、县级管理所、黄河南（北）物资仓储中心管理设施维修养护费用包含在《河南省南水北调配套工程运行管理预算定额（试行）》物业管理费中。

房屋按建筑面积计算，管理区场地按实有硬化场地面积计算，围墙、护栏护网按实有面积计算。

6.8 绿地

省级调度中心、黄河南（北）工程维护中心、11个省辖市管理处、县级管理所、黄河南（北）物资仓储中心绿地维修养护费用包含在《河南省南水北调配套工程运行管理预算定额（试行）》物业管理费中。

经现场调研，并综合全省配套工程实际维修养护情况，拟定绿地养护标准如下：

一级绿地养护标准

1 草坪修剪后成坪高度在10 cm以内，基本平整。

2 生长良好，生长季节不枯黄无大于0.2 m²集中斑秃，覆盖率达95%。

3 草坪每年修剪应不少于3次。

4 草坪、地被每年施肥不少于2次。

5 适时浇灌，无失水萎蔫现象。

6 对被破坏或其他原因引起死亡的草坪、地被应在15日内完成补植，使其保持完整。采用同品种补植，疏密适度，保证补植后1个月内覆盖率达95%。

7 疏草、杂草清理每年不少于2次。

二级绿地养护标准

1 草坪修剪后成坪高度在10 cm以内，基本平整。

2 生长良好，生长季节不枯黄无大于0.5 m²集中斑秃，覆盖率达90%。

3 草坪每年修剪应不少于2次。

4 草坪、地被每年施肥不少于1次。

5 适时浇灌，无失水萎蔫现象。

6 对被破坏或其他原因引起死亡的草坪、地被应在15日内完成补植，使其保持完整。采用同品种补植，疏密适度，保证补植后1个月内覆盖率达90%。

7 疏草、杂草清理每年不少于1次。

6.9 水面保洁

水面保洁维修养护，按实有水面保洁面积计算。

南阳市南水北调对口协作项目资金管理办法（试行）

2021年12月9日
宛政办〔2021〕42号

第一章 总 则

第一条 为加强南水北调对口协作项目资金管理，根据《国家发展改革委水利部关于推进丹江口库区及上游地区对口协作工作的通知》（发改振兴〔2021〕924号）、《河南省南水北调对口协作项目资金管理办法》（豫发改〔2017〕1051号）等相关规定，制定本办法。

第二条 本办法所称对口协作资金（以下简称资金）是指北京市专项用于南阳市南水北调对口协作项目的财政性资金。本办法所称对口协作项目（以下简称项目）是指列入南阳市南水北调对口协作五年规划和年度投资计划，并使用北京市对口协作资金安排的项目。

第三条 对口协作资金使用以直接投资为主，主要用于非营利性项目。根据需要可探索贷款贴息、以奖代补等方式引导市场主体、社会力量参与，但需报经河南省发展和改革委员会、北京市支援合作办公室审定同意后方可实施。

第四条 项目安排和资金使用遵循科学决策、规范管理、注重绩效、公开透明的原则，围绕"保水质、强民生、促转型"工作主线，重点支持水源区水质保护、产业转型、人力资源开发、科技创新、交流合作、乡村振兴等领域。

第五条 各县（市）人民政府、市直项目单位是项目的责任主体，负责项目规划、可行性研究、申报、组织实施、资金管理、监督检查、审计验收、绩效评估等，负责指导项目财务结（决）算、项目建设资料和财务报账资料收集、整理、归档等。

第六条 市京（津）宛合作中心作为对口协作项目的主管部门，负责项目在使用对口协作资金过程中的组织协调和监督管理，具体包括对口协作项目的谋划、储备、筛选、审核、监管和评价。市发展和改革委员会负责宏观指导、投资计划上报及下达等。市财政局负责项目资金拨付及监督管理。市审计局负责项目的审计监督。

第二章 项目储备

第七条 对口协作项目实行项目储备库管理，年度项目计划原则上从项目储备库中选取。根据南阳市南水北调对口协作五年规划安排和水源地发展需求，建立对口协作项目储备库，每五年为一个周期。项目储备库实行首次集中录入，年度动态调整，实现规划一批、储备一批、成熟一批、实施一批、补充一批、退出一批。市京（津）宛合作中心负责项目储备库的建设管理。

第八条 年度项目计划要坚持突出重点，重点支持直接保水质项目，坚持公共属性、独立完整性，支持应当由当地政府投入的公共领域、民生领域的非经营性项目；坚持示范效应，支持有特色、有示范带动作用的项目。

第九条 各县（市）人民政府、市直项目单位要根据行业、地域实际，紧紧围绕"保水质、强民生、促转型"要求，精准组织谋划，对储备项目进行必要性、可行性、要素保障等方面的科学论证，提高储备项目质量。项目谋划储备要重点聚焦对县（市）发展带动大、社会效益好的产业升级、生态环境治理、科技创新、公共服务等重大项目，切实发挥好示范带动效应。

第三章 项目申报

第十条 市京（津）宛合作中心下达《年度申报指南》，组织项目的筛选、初审、评审和上报工作。

第十一条 项目申报按照"县级（市直单位）初选、市级审核、组织上报"的步骤和程序，分三个阶段进行。

第一阶段：县级（市直单位）初选。各县（市）、市直项目单位对口协作部门负责组织筛选年度对口协作项目，形成下一年度项目初步计划，并向市京（津）宛合作中心报送项目初步计划和项目单行材料。项目单行材料包括：项目资金申请报告、项目基本情况介绍、可行性研究报告、批复文件、项目单位承诺书等。

第二阶段：市级审核。市京（津）宛合作中心牵头组织市发展和改革委员会等有关部门、相关专家或第三方机构按照公平、公正、公开和透明的原则进行评审，对项目初步计划提出意见。项目单位根据评审意见，对申报项目组织修改完善，形成年度申报项目计划表，由市京（津）宛合作中心报经市政府同意后，由市发展和改革委员会正式行文。

第三阶段：组织上报。市发展和改革委员会负责将年度项目计划表上报至河南省发展和改革委员会。

第四章 组织实施

第十二条 河南省发展和改革委员会投资计划下达后，市发展和改革委员会、市财政局及时做好市级投资计划和资金预算下达工作。该项工作具体职责分工依据相关政策规定执行。市财政局根据项目年度投资计划，及时将资金分解下达到市直项目单位及县（市）财政部门，县（市）财政部门及时将资金落实到具体项目单位，财政部门应结合项目工作或建设进度拨付资金。

第十三条 项目原则上应当在投资计划下达90天内开工建设，各县（市）人民政府、市直项目单位负责按照批复内容组织项目实施，严格执行批复概算，及时报送项目进展情况，按时完成调度任务，规范使用项目资金。

第十四条 项目责任单位作为项目建设的责任主体，要严格按照国家相关要求和财务、资金管理规定，按照批复的建设内容组织实施，严格建设程序，执行招投标和政府采购以及国库集中支付制度，做到专账核算，专款专用，强化内部管理，主动接受京（津）宛合作中心、发展改革、财政、审计等部门的监督检查，确保项目建设进度，及时开展竣工验收和财务决算审计工作，按要求及时准确向相关部门提供项目有关材料和文件。

第十五条 实行月报制度。自投资计划下达之日起，市直相关单位、各县（市）对口协作负责部门每月25日前向市京（津）宛合作中心和市财政局报送项目进度及资金使用情况，市京（津）宛合作中心每月将项目进展情况报送市发展和改革委员会。

内容包括：

（一）项目实际开竣工时间；

（二）项目资金到位、支付和投资完成情况；

（三）项目建设进度，是否按照时间节点推进，如未按时间节点完成需要说明理由；

（四）项目工程形象进度；

（五）存在的问题。

第十六条 项目实行竣工验收制度。项目完工后，项目实施单位应根据有关法律、法规要求，组织勘察、设计、施工、监理等单位进行竣工验收，同时编制竣工财务决算

报告，并按规定报送同级财政部门。未经验收或验收不合格的项目，不得办理移交手续，不得投入生产和使用。项目竣工验收合格后，实施单位应将项目竣工资料报所在地对口协作部门备案。

第十七条 严格项目调整变更。年度投资计划一经下达，必须严格执行，不得擅自变更。当年未实施的项目，项目终止，资金收回，按结余资金处理。

第十八条 加强结转结余资金管理。财政部门会同对口协作部门，按照国家关于结转结余资金及盘活存量资金的有关规定，统筹做好结余资金收回及结转资金使用。对于年度结余资金，优先用于弥补对口协作项目资金缺口，由市京（津）宛合作中心研究提出使用意见，并提请市政府批准，报上级部门备案。

第五章 监督管理

第十九条 各县（市）人民政府、市直项目单位对项目的组织管理承担主体责任，及时掌握项目建设进展情况、资金完成情况等动态信息，定期开展自查自评，主动接受并配合相关部门做好监督检查。

第二十条 市京（津）宛合作中心、市财政局切实履行督促指导监督职责，按相关规定定期进行督导检查，通报进展情况，对组织不力、落实主体责任不到位、报送信息不及时的各县（市）人民政府、市直项目单位进行通报、约谈；对实施进度缓慢、发现问题整改不到位的纳入市委市政府督查局督办。

第二十一条 项目实行年度审计制度。县（市）人民政府、市审计部门要将上一年度投资计划落实、资金使用等情况纳入政府年度审计计划。市京（津）宛合作中心根据审计结果，汇总问题清单，协同市财政局及相关部门督导审计整改工作。

第二十二条　项目实行综合绩效评估考核制度。每年3月底前，市京（津）宛合作中心组织各相关职能部门，对市直项目单位、各县（市）对口协作部门上一年度项目计划执行情况开展项目评价和工作绩效考核，形成评估报告，作为年度绩效考评和下一年度项目申报的重要依据。评估报告包括年度目标任务完成、资金到位使用、工作机制保障、责任分工落实、项目质量效益，以及当地群众满意度等内容。

第二十三条　市直项目单位、各县（市）对口协作部门有下列情形之一的，市京（津）宛合作中心要据实及时上报上级主管部门，并根据上级部门处理意见积极做好配合：

（一）指令或授意项目单位提供虚假情况、骗取对口协作资金的；

（二）未经批准擅自改变设计方案导致项目无法实施的；

（三）审核项目不严造成对口协作资金损失的；

（四）县（市）的项目存在问题较多且审计整改不到位的；

（五）无正当理由未及时建设实施的；

（六）未按要求及时报送项目相关信息的；

（七）其他违反法律法规和本办法规定的行为。

第二十四条　项目责任单位有违反南水北调对口协作工作相关规定情形的，由市京（津）宛合作中心根据南水北调对口协作工作有关规定进行办理；情节严重的，依照有关规定，对相关责任人给予处理；构成犯罪的，依法追究其刑事责任。

第六章　附　则

第二十五条　各县（市）可根据工作实际，制定本县（市）南水北调对口协作项目资金管理办法实施细则。

第二十六条　本办法自印发之日起施行。

主办：市京（津）宛合作中心

督办：市政府办公室

南阳市人民政府办公室

许昌市南水北调工程运行保障中心电子政务管理工作制度

2021年1月13日

许调水运政务〔2021〕4号

第一章　总　则

第一条　为加强和规范电子政务建设，促进信息共享，提高行政效能，深化政务公开，规范行政行为，强化行政监督，提升公共服务水平，促进职能转变和管理创新，特制定本制度。

第二条　本制度所称的电子政务，是指运用计算机、网络和通信等现代信息技术手段，将管理和服务通过网络技术进行集成，向政府内部和社会公众提供规范、透明、高效、便捷的行政管理和公共服务的活动。

第三条　电子政务建设与管理的主要任务包括：

（一）办公系统应用；

（二）政务信息公开；

（三）政务服务网建设；

（四）大数据平台建设；

（五）基础设施建设与安全保障。

第四条　电子政务建设以市南水北调办公系统、南水北调微信公众号等为依托，实行统一规划设计、统一基础支撑、统一数据归集、统一应用发布、统一安全管理。

第二章　机制体制建设

第五条　中心设立电子政务（教育数据

管理）领导小组，由分管领导主持，办公室总牵头，工程保障科、计划与财务科、移民安置科、运行管理科分工协作。

电子政务办具体负责推进、指导、协调、监督市本级电子政务建设与管理工作。

第六条 各职能科室明确专门人员，落实电子政务相关职责。

第七条 电子政务领导小组按以下工作机制运作：

电子政务领导小组每季度召开一次工作例会，进行工作进展情况总结与通报；每年定期完成上一年度工作总结与当年工作计划的编制，在向主要领导做好工作汇报的基础上，召开电子政务工作会议，专题部署年度电子政务工作。

电子政务领导小组将接收的上级工作任务按照科室职责进行分派交办，协调督促承办部门在规定的期限内予以办理，办理结果按时报电子政务领导小组和分管领导审核通过后上报，其中重大事项须经主要领导审核通过。

电子政务领导小组视工作需要，随时召集各科室举行协调会，推动工作落实。承办部门遇有许多个科室配合的工作，可向电子政务领导小组及分管领导提出申请，以电子政务领导小组的名义及时召开协调会予以落实。

第三章 基础设施建设

第八条 电子政务的基础设施包括由市统一建设的网络基础设施、政务云平台、政务数据交换平台和政务资源目录平台等系列服务平台等。

第四章 网上政务建设

第九条 网上政务体系以许昌政务公开网和官方微博微信等为载体构建。

第十条 办公室牵头完善市南水北调工程运行保障中心政府信息公开目录体系和内容建设，做好政务咨询投诉举报平台的衔接、受理、分办、反馈，做好便民服务栏目的维护。工程保障科牵头做好行政权力等服务事项建设与维护工作，完善行政权力和公共服务事项目录库，落实清单动态调整机制，优化办事服务流程。做好与市委、市政府各类电子公文的有机衔接。

第五章 网络安全保障

第十一条 办公室具体组织实施网络与信息安全保障体系建设，定期开展相关安全监督检查，推动信息安全防护与电子政务建设的同步研究、规划和落实。组织开展互联网应用与安全宣传教育，指导、督促职能科室做好互联网应用与安全工作。

第十二条 建立健全信息系统等级保护管理制度，实行同步建设、动态调整、谁运行谁负责，确保信息系统的安全运行。

按自主定级、定级备案、等级测评等规程实施定级保护与安全建设，定期对信息系统安全状况、安全保护制度及措施的落实情况进行自查，发现问题及时整改。

市南水北调本级业务系统安全保护等级一般定位为二级，涉及报名录取等业务系统为三级。

第十三条 建立统一的网络安全监测预警和信息通报制度，按照规定做好风险警示与预警信息报送工作。完善网络安全风险评估和应急工作机制，制定网络安全事件应急预案，并定期组织演练。

第六章 附 则

第十四条 本制度自印发之日起施行，由电子政务领导小组负责监督实施。

许昌市南水北调工程运行保障中心网站管理制度

2021年2月22日
许调水运政务〔2021〕9号

一、管理总章

（一）管理目的

为了加强计算机网络、软件管理，保证网络系统安全，保证软件设计和计算的安全，保障系统、数据库安全运行特制定本制度。

（二）适用范围

中心内部所有计算机网络系统的运行维护和管理均适用本制度。

（三）网络管理员职责

网络管理员主要职责是：做好网络更新和计算机维护管理工作。负责系统软件的安装、维护、调整及更新；负责系统备份和网络数据备份；负责办公室电子数据资料的整理和归档；保管各种网络资料。

二、网络管理制度

（一）安全管理制度

1.任何人不得进入未经许可的计算机系统更改系统信息和用户数据。

2.任何人不得利用计算机技术侵占用户合法利益，不得制作、复制和传播妨害机关单位稳定的有关信息。

3.各科室定期对本科室计算机系统和相关业务数据进行备份以防发生故障时进行恢复。

（二）账号管理制度

1.网络管理员根据中心制度的账号管理规则对用户账号执行管理，并对用户账号及数据的安全和保密负责。

2.网络管理员必须严守职业道德和职业纪律，不得将任何用户的密码、账号等保密信息泄露出去。

（三）病毒的防治管理制度

1.任何人不得在中心的局域网上制造传播任何计算机病毒，不得故意引入病毒。

2.应利用现有的杀毒软件定期查毒并对杀毒软件进行在线升级。

（四）OA管理制度

1.系统网络管理员每日定时对计算机系统进行维护。

2.对于系统和网络出现的异常现象，系统管理员应及时组织相关人员进行分析，采取积极措施。

3.每月3日前对相关服务器数据进行备份。

4.每月2日维护OA服务器，及时组织清理邮箱，保证服务器有充足空间，OA系统能够正常运行。

5.制定服务器的防病毒措施，及时下载最新的防病毒疫苗，防止服务器受病毒的侵害。

本规章自颁布之日起生效。

许昌市南水北调工程运行保障中心微信公众号管理制度

2021年3月1日
许调水运政务〔2021〕10号

第一章 总 则

第一条 为加强许昌市南水北调工程运行保障中心微信公众平台的管理，确保微信公众平台健康、安全、高效、稳定运行，根据《中华人民共和国计算机信息网络国际联网管理暂行规定》《中华人民共和国计算机信息系统安全保护条例》《互联网信息服务管理办法》等规定，结合中心实际，特制定本办法。

第二条 本办法所称微信公众平台是许昌市南水北调工程运行保障中心微信公众平

台。许昌市南水北调工程运行保障中心微信公众平台账号：xcnsbd2961086。

第三条　本微信公众平台是许昌市南水北调工程运行保障中心面向社会、面向公众展示中心整体形象，提供信息和服务的重要窗口。

第二章　职责管理

第四条　微信公众平台管理实行统一规划、共同管理的原则，由办公室等相关职能部门及网点共同参与，共同管理。

第五条　办公室是微信公众平台的主要负责部门，应指定人员负责微信公众平台的技术支持、功能保障。主要职责如下：

（一）负责计算机运行环境的日常维护和管理，确保系统安全有效运行。

（二）负责收集、处理微信公众平台技术性需求及问题，并做技术分析及开发。

（三）负责微信公众平台功能完善及系统升级。

（四）负责微信公众平台的安全管理，发现微信公众平台存在事故隐患、安全漏洞、网站内容被篡改等重大情况应立即采取措施，必要时可暂时关闭微信公众平台。

（五）负责用户及权限的分配管理，确保信息安全。

（六）负责做好微信公众平台相关程序、数据的备份工作。

（七）负责微信公众平台信息数据的录入及技术培训。

（八）办公室设专职或兼职微信公众平台管理员，负责微信公众平台日常运行管理工作。

微信公众平台管理员邮箱：xcnsbd@z163.com.cn。微信公众平台管理员职责：

1.负责微信公众平台日常运行管理。主要负责每天检查微信公众平台运行是否正常、内容有无被篡改等情况，发现异常应与

办公室联系及时采取措施，重大问题应及时报告。

2.负责微信公众平台的信息发布管理。主要负责微信公众平台中心风采，业务公告等栏目内容的审核及更新。

3.负责微信公众平台的推广应用，并提出功能性需求。

4.负责微信公众平台管理员需完成的相关事项。

（九）办公室负责搜集、整理、修改拟发布的新闻信息和综合类信息，经中心主要负责人审批同意后，将发布内容发至微信公众平台网站管理员邮箱。

（十）办公室提供拟发布信息实行定期与不定期相结合的方式，按微信公众平台中心风采，中心公告等信息更新周期，每月提供一次，原则月末最后一星期前发送，其他重要信息根据实际情况可随时通知发布。

第六条　其他各职能科室和网点是微信公众平台的公共管理者。主要职责：

（一）负责拟定由科室主发的业务及相关通知，并填制发布审批单，经中心主要负责领导审批后发微信公众平台网站管理员邮箱，同时负责本科室发布相关内容信息的更新上报；

（二）负责微信公众平台的对外宣传及应用反馈。发现文字、数据、图片等各种信息差错，应及时与网站管理员联系；发现网站功能问题、程序漏洞等情况，应及时与办公室联系。

第三章　信息管理

第七条　微信公众平台信息主要为公众信息，包括中心风采、中心公告、中心业务及其他相关信息栏目。公众信息面向社会公众开放，只需关注微信公众平台。

第八条　微信公众平台信息应符合国家有关微信、网络安全规定。凡涉及政府秘

密，不能公开的工作和经济信息一律不得发布。上网信息不得有下列情形：

（一）违反国家法律法规的；

（二）损害国家、集体荣誉和利益的；

（三）散布谣言，扰乱社会秩序，破坏社会稳定的；

（四）散布淫秽、色情、赌博、暴力、凶杀、恐怖或者教唆犯罪的；

（五）侮辱或者诽谤他人，侵害他人合法权益的；

（六）其他含有关规定禁止性内容的。

第九条 根据国家《互联网信息服务管理办法》，微信公众平台要建立规范的信息采集、审核、发布、更新机制。

（一）微信公众平台信息实行审核制度，未经审核的信息不得上网发布；

（二）微信公众平台应注重信息的时效性、准确性、权威性和完整性。

第四章 日常运行管理

第十条 用户管理。管理员用户由微信公众平台管理员负责管理；管理人员应做好用户密码的保密工作，用户密码每三个月至少修改一次。

第十一条 信息发布管理

（一）经部门或网点负责人审核、中心主要负责领导审批后将电子文档及书面材料递交微信公众平台管理员。

（二）办公室负责全辖拟发布的新闻信息和综合类信息的初审；其他科室主发的业务及相关通知，由科室负责人初审，初审通过后报中心主要负责领导审批。

（三）各科室指定专人负责将审批后的材料电子文档发至微信公众平台管理员邮箱。

（四）微信公众平台管理员根据材料，对系统内提交的信息进行仔细审核后正式对外发布。

第十二条 微信公众平台安全管理。根据《计算机信息网络国际联网安全保护管理办法》等相关法规，完善安全技术措施，建立健全微信网站安全管理制度，确保微信公众平台安全运行。

（一）加强安全技术和手段的应用，要对微信公众平台管理及服务器系统漏洞进行定期检测，并根据检测结果采取相应的措施，及时对操作系统、数据库系统和应用系统进行安全加固等。

（二）加强微信公众平台病毒、黑客安全防范措施，运用并使用入侵检测、病毒防护查杀等技术手段，防止微信公众平台被攻击和非法篡改。

（三）保证微信公众平台7×24小时正常运转，故障12小时内修复（包括硬件）。

第五章 附 则

第十三条 本办法由许昌市南水北调工程运行保障中心负责制定、解释和修改。

第十四条 本办法自印发之日起执行。

许昌市南水北调工程运行保障中心电子邮箱管理制度

2021年3月1日

许调水运政务〔2021〕10号

为了加强中心管理，及时听取群众的意见和建议，增进领导和中心成员以及基层群众之间的沟通与交流，更好地开展工作，特设立电子邮箱，并制定本制度。

一、电子邮箱由中心办公室指定专人管理。管理员通过主页上的链接登录电子邮箱，管理中心收到的信件。用户名与密码由专人负责保管，专人登录处理。

二、领导和邮箱管理员必须每日查看邮

箱，及时处理来信。从信件到达本单位之日起，紧急信件及时办理，内容简单的原则上在3个工作日内办理完毕，反映问题比较复杂的信件原则上在5个工作日内办理完毕。

三、领导和电子邮箱管理员对网上来信，能够立即答复的，应通过电子邮箱系统立即回复发件人。立即答复不成熟或办理过程复杂的重要事件应及时呈送中心主要负责领导，由领导批示办理，并将办理结果通过电子邮箱系统回复来信人，同时要做好解释说明和备案工作。

四、来信人在提交电子邮件时，必须留下真实姓名和联系方式，以便及时联系、回复。来信人不便在网上提交意见时，可留言预约相关人员在适当的场合进行面谈。不受理一切匿名方式的来信。

五、各级领导、各科室负责人、电子邮箱管理员和其他工作人员，对因为不了解真实情况而产生不良情绪和思想问题的，应视具体情况，及时说明真实情况，进行疏导教育，尽可能解决思想问题，化解不良情绪。

六、电子邮件办理情况必须整理归档，留存电子档案。除垃圾邮件或广告邮件外，管理员不得随意删除网上邮件。

七、办公室每年对电子邮件处理工作进行总结，并在适当范围公布。

八、本制度由办公室负责解释。

九、本制度自文件发布之日开始执行。

许昌市南水北调工程运行保障中心政务信息资源共享管理制度

2021年3月1日

许调水运政务〔2021〕10号

第一条 为贯彻落实《国务院关于印发促进大数据发展行动纲要的通知》，加快推动政务信息系统互联和公共数据共享，增强政府公信力，提高行政效率，充分发挥政务信息资源共享的重要作用，特制定本制度。

第二条 本制度所称的政务信息资源，是指在履行职责过程中制作或获取的，以一定形式记录、保存的文件、资料、图表和数据等各类信息资源，包括直接或通过第三方依法采集的，依法授权管理的和因履行职责需要依托政务信息系统形成的资源信息等。开放共享的信息必须是允许社会公众广泛知晓或者参与的事项，各科室应当采取有效形式，在职责范围内，按规定程序，及时地向社会公开。

第三条 政务信息资源共享应当遵循合法、及时、准确和便民的原则。

第四条 各科室对符合下列基本要求之一的政务信息资源共享：

（一）涉及公民、法人或者其他组织切身利益的；

（二）需要社会公众广泛知晓或者参与的；

（三）反映机构设置、职能、办事程序等情况的；

（四）其他依照法律、法规和国家有关规定应当主动公开的。

第五条 涉及国家秘密、商业秘密、个人隐私或者公开后可能危及国家安全、公共安全、经济安全和社会稳定的政务信息资源不得共享。

第六条 介于本制度第四条和第五条之间的政务信息，即不含涉密内容，但又不需社会公众广泛知晓，适用范围较窄，仅与部分公民、法人或者其他组织自身生产、生活、科研等特殊需要相关的政务信息，可设置为依申请共享。

第七条 各科室在各自的职责范围内，可共享以下信息：

（一）组织机构：机构职权职责、部门职能设置、领导分工等；公开工作守则、廉政准则、举报电话等。

（二）部门文件：中心制定印发的规范性文件和其他普发性非涉密文件。

（三）办事指南：公开各项民政工作制度、工作程序、工作标准；各项行政审批和其他日常业务的办理条件、程序等；与群众利益相关的政策文件。

（四）工作动态：中心重要会议活动、自身建设等政务工作动态。

第八条 各科室，在政务信息资源共享以前，应当依照《中华人民共和国保守国家秘密法》《许昌市南水北调工程运行保障中心信息发布保密审查制度》以及其他法律、法规规定，对拟公开的政务信息进行政府信息公开保密审查，经办公室负责人、分管领导审核签字后，送中心主要负责领导审查批准后进行发布。

第九条 各科室发布政府信息涉及其他行政机关的，应当与有关行政机关进行沟通、确认，保证发布的政务信息准确一致。

第十条 中心政务信息资源共享管理领导小组设在办公室，分管领导为孙卫东、联络员为徐展，办公室为中心政务信息共享管理的直接责任科室，各科室负责定期提供共享事项的更新数据。

第十一条 负责领导和协调中心政务信息共享工作。办公室要加强信息共享的日常管理工作，对开放共享的信息资料的文件要妥善归档；对信息共享的网站的后台发布情况进行适时的监控管理。

许昌市南水北调工程运行保障中心利用政务公开平台邀请公众参与制度

2021 年 2 月 19 日

许调水运政务〔2021〕11 号

第一条 市南水北调工程运行保障中心

重大行政决策与人民群众切身利益密切相关的，中心相关科室应当利用政务公开平台向社会公布决策方案草案，征求公众意见。公布的事项包括：

（一）决策方案草案及其简要说明；

（二）公众提交意见的途径、方式。联系方式，包括通信地址、电话、传真、微信公众号和电子邮箱等；

（三）征求意见的起止时间（不得少于20个工作日）；

（四）应当公示的其他内容。

第二条 决策方案草案公布后，中心相关科室应当根据决策事项对公众的影响范围、程度等，通过举行听证会、座谈会、协商会、开放式听取意见等方式，广泛听取公众和社会各界的意见和建议。

第三条 中心相关科室应当将各方提出的意见和建议进行归纳整理，对合理的意见和建议应当采纳；未予采纳的，应当说明理由。中心相关科室应当对公众参与意见和建议采纳情况采取妥当方式予以反馈。

第四条 公众参与要按照公平、公正、效率、便民的原则，充分听取各方面的意见。

第五条 市南水北调工程运行保障中心对重大行政决策有下列情形之一的，应当实施公众参与：

（一）涉及公众重大利益的；

（二）公众对决策有重大分歧的；

（三）可能影响社会稳定的；

（四）法律、法规、规章规定应当参与的。

第六条 会后，应如实、全面、及时形成会议报告，作为重大行政决策的重要依据。对公众提出的合理意见和建议要充分论证和采纳，对于未予采纳的意见和建议，要以书面形式向公众代表说明理由，并以适当形式向社会公布。

许昌市南水北调工程运行保障中心"五公开"办文办会制度

2021年6月23日
许调水运政务〔2021〕12号

一、办文程序

公文办理分收文和发文。收文办理一般包括签收、登记、分发、拟办、批办、承办、催办、查办、立卷、归档、销毁等程序；发文办理一般包括拟稿、签发、把关、编号、缮印、校对、用印、登记、分发、立卷、归档、销毁等程序。

（一）收文

1.办公室专人负责领、收取本单位的文件材料，将文件送回办公室，办理交文签收手续。

2.送市委、市政府及相关部门的文件，由办公室指定专人负责送达。

3.承办人员收到批办的文件后，要及时按领导批文的意见抓紧办理。承办结果要在"文件处理签"上登记办理情况，并将文件及时退回办公室存档。

4.被单位领导和负责同志外出开会领取的上级会议文件、资料，会后应送回办公室登记、保存。因工作需要留用，须办理借阅手续。

5.办公室每季定期清理文件，当年的文件、材料应按要求进行登记归档。

（二）发文

1.审核、签发

（1）凡拟发或拟报的文稿，要明确主动公开、依申请公开、不予公开等属性，随公文一并报批。

（2）将政策解读要求融入到办文程序。政策性文件与解读方案（含解读材料）要同步组织、同步审签、同步部署。

（3）向上级部门的请示、报告由经办人员拟稿，交办公室审核，报分管领导审阅后，再报主要领导签发。主要领导不在时，由主要领导授权的分管领导签发，但要注明情况。

（4）经领导签发的文件，如需作涉及内容的实质性修改，须报原签发人复审。

（5）如领导同志有口头交代或批示，经办人员应当在公文稿纸上注明。

2.打印、校对、分发

全部起草的文件及文件材料，经主管领导签发，在办公室统一编文号，打好的文件校对稿由办公室人员校对。办公室人员对打好的文稿必须认真细致地进行校对，修改符号要规范、正确，修改的文字要清晰。文件打印后，按收文单位进行分发。

3.发文要求

（1）各类发文经领导签发后，需在办公室统一编文号后才能复印。

（2）各类发文复印后，须将文稿连同复印件一份送办公室归档保存。

（3）属办件公文，做好督办、催办工作。

二、办会程序

（一）上级或同级其他单位会议

1.来文会议通知，由办公室收文登记，办公室主任提出呈办意见，报领导批示，办公室专人按领导批示通知参会领导和人员。

2.来电会议通知，接电人要认真做好记录，核对无误后将记录文件按"来文会议通知"程序办理。

（二）本单位会议

1.工作例会。具体开会时间由办公室负责通知。会议内容主要是传达贯彻落实市委、市政府以及上级业务部门重要会议精神和各项工作部署；个人汇报上周工作完成情况及本周工作安排；分管领导提出工作要求；主要领导对个人工作完成情况进行点评并部署工作任务。

2.以本单位名义召开的会议，先由主要

负责同志拟定会议时间、地点、参会人员及会议议题，并以请示的形式呈送，经办公室审核并报领导审批后，拟发会议通知。负责同志通知参会人员并做好会务工作。以本单位名义召开的其他会议，由办公室负责拟定会议时间、地点、参会人员及会议议题，办公室分管领导审核后，报主要领导签发。由办公室印发会议通知，并负责会务工作。

由本单位办公室负责对每年的公文、会议的情况，以及公文和会议交办事项按时完成的情况进行监督检查，对因不负责任、效率低下、工作不落实等造成严重后果的，追究相关人员的责任。

许昌市南水北调工程运行保障中心信息公开指南和政府信息公开目录编制制度

2021年6月29日
许调水运政务〔2021〕13号

为更好地开展政府信息公开工作，方便公民、法人和其他组织（以下简称公开权利人）获得政府信息，根据《中华人民共和国政府信息公开条例》（以下简称《条例》），特编纂本《指南》。

一、公开原则

凡属能公开的政府信息应当遵循及时、便民的原则，予以公开。以公开为常态，不公开为例外。

二、受理机构

办公地点：许昌市南水北调工程运行保障中心

通信地址：许昌市八一东路水利大厦23楼2301

办公室电话：0374-2961086

电子邮箱：xcnsbd@163.com

传真号码：0374-2961086

邮政编码：461000

办公时间：法定节假日除外

三、公开内容

向社会主动公开下列主要信息：

1.本单位及其工作机构的领导名单；

2.本单位工作机构及其主要职责；

3.本单位规范性文件，重要通知公告等；

4.本单位作风建设、运行管理、供水安全、水质保护、项目建设等中心工作；

5.本单位重要会议内容；

6.本单位的经济和社会发展主要数据；

7.本单位人事任免信息；

8.依法应公开的其他政府信息。

四、目录编排体系

政府信息公开目录使用电子文档方式编排储存各类信息，主要含以下要素：

序号、索引号、信息内容、公开形式、生成日期、发布机构、详细信息。

索引号，是为方便信息索取所编排的信息编码。每条信息有唯一的信息索引号。信息索引号由"地区及部门编号""信息分类号""信息生成年号""信息顺序编号"四组代码构成。

公开内容，简要描述公开信息的内容。

公开形式，是指政府公开信息的种类，分为主动公开、依申请公开和不公开三类。

公开时限，是指信息公开的期限，分为常年公开、及时公开、限时公开。

五、公开形式

1.许昌市政务公开网站：http://www.xuchang.gov.cn/govxxgk/xxgk.html。

2.许昌水利系统网站：http://slj.xuchang.gov.cn/。

3.河南省南水北调中线工程建设管理局——许昌：http://www.hnnsbd.com.cn/xc37/。

4.报刊、广播、电视等媒体。

5."许昌南水北调"微信公众号。

六、公开流程

（一）主动公开信息

1.由信息产生的各科室提出是否公开的初步意见；

2.经中心办公室进行保密审查；

3.由分管领导提出是否公开的审查意见；

4.经主管领导审查批准后，予以公开。

（二）依申请公开的政府信息

1.提出申请

通过互联网申请。申请人可以在http：//www.xuchang.gov.cn/govxxgk/xxgk.html政府网站上填写电子版《申请表》，通过网上报送即可。

通过信函、电报、传真的形式提交申请。申请人通过网络下载或到受理机构领取申请表，填写后注明"政府信息公开申请"的字样，通过信函、电报、传真方式提交。

当面提出申请。申请人到受理机构直接申请。

口头提出申请。申请人提交书面申请书确有困难的，可以口头提出申请，由受理机构工作人员代为填写申请表，经申请人确认后生效。

2.申请的办理

登记审查。受理机构在收到公民、法人或者其他组织提出的申请后，将从形式上对申请人提交的要件是否完备进行审查，对于要件不完备的申请予以退回，要求申请人补正。申请人单件申请同时提出几项独立要求的，建议申请人就不同要求分别提出申请。

办理答复。受理机构在收到政府信息公开申请，能够当场答复的，当场予以答复；不能当场答复的，自收到申请之日起15个工作日内予以答复；如需延长答复期限的，经本单位政府信息公开工作机构负责人同意，告知申请人，延长答复的期限最长不超过15个工作日。

属于主动公开范围的政府信息，告知申请人可以获得该政府信息的方式和途径；

属于部分公开的政府信息，告知申请人部分公开的理由；

属于免予公开范围的，告知申请人不予公开的理由；

不属于本单位的政府信息，告知申请人该信息的掌握机关及联系方式；

申请公开的政府信息不存在的，告知申请人实际情况。

答复的方式。按照申请人在申请书中的要求，可以提供纸质文本、电子邮件等形式的政府信息，并可以通过自行领取、信函、传真、电子邮件等方式答复。

3.收费标准

本行政机关政府信息公开工作机构依申请提供政府信息，除可以收取检索、复制、邮寄等成本费用外，不得收取其他费用。收取检索、复制、邮寄等成本费用的标准按照有关规定执行。

七、公开时限

属于主动公开范围的信息，本单位将自该信息形成或变更之日起20个工作日内予以公布。法律、法规对政务信息公开的期限另有规定的，从其规定。

八、监督方式

公民、法人和其他组织认为本单位不依法履行政府信息公开义务的，可向许昌市政务公开领导小组办公室举报。

许昌市南水北调工程运行保障中心借调工作人员管理办法（试行）

2021年7月7日

许调运〔2021〕34号

第一条 为严肃干部人事工作纪律，规范借调行为，维护机关和下属单位正常工作秩序，结合干部多岗位锻炼需要，根据干部人事有关管理规定，结合中心实际，制定本办法。

第二条　本办法所称借调，是指因工作需要，暂时将本系统或外单位工作人员从原单位借调到中心机关或下属单位执行指定的工作任务的行为，借调人员在借调期间与原单位人事关系保持不变。

第三条　借调工作要从严掌握，本着控制数量，严格审批，规范管理的原则，对确因工作需要借调工作人员的，应事先按程序报批，中心办公室统一协调办理，未履行报批手续的，不得自行借调干部。

第四条　有下列情形的，可申请借调工作人员：

（一）本部门岗位有空缺，或新增职能且工作任务较重的，现有工作人员确实不足，不能保证工作任务完成的；

（二）本部门承担临时性重大工作任务，或因专项工作成立的临时性机构，现有工作人员不足或相关单位人员调剂不出的；

（三）本部门岗位人员因组织派出挂职锻炼、学习培训，或因患病、生育等原因请假，时间超过3个月的；或机关工作需要选调干部的；

（四）其他急需借调工作人员的情形的。

第五条　借调人员应具有较高的思想政治素质和较强的事业心责任感，有用人部门所需的工作能力和工作经验，身心健康，年龄一般在40周岁以下，专科以上学历。

第六条　借调包括跟班学习、帮助工作、挂职锻炼等形式，借调期限根据工作需求确定，其中，跟班学习一般不超过3个月，帮助工作一般不超过6个月，挂职锻炼一般为1~2年。如因工作需要，确需延长借调时间的，应按程序重新报批。

第七条　中心借调人员一般按以下程序办理：

（一）中心科室因工作需要借调人员的，应事先提出申请，写明借调理由、借调岗位或承担的工作任务、借调期限等基本情况。

（二）借调科室分管领导、科室负责人可根据平时掌握情况，结合工作需要，推荐拟借调人选。在提前征求拟借调人选所在单位主要和分管领导同意后，填写《许昌市南水北调系统借调（挂职锻炼）工作人员审批表》报中心办公室。

（三）中心办公室会审后，报借调人选所在科室和借调科室分管领导签署意见，提交中心领导班子会研究确定。

（四）经中心领导班子会研究同意的，中心办公室通知借调科室和借调人员所在单位做好人员交接手续，借调人员按时到岗工作。

借调期满的，借调关系自然解除，借调科室应安排借调工作人员按时返回所在单位，并将情况报中心办公室备案；因工作需要需继续借调的，应重新办理审批手续。

借调期限未满，不需要继续借调或不再符合借调条件的，由借调科室报中心办公室备案后，提前解除借调关系，借调科室应安排借调工作人员及时返回所在单位。

第八条　借调人员的日常管理

（一）借调工作人员按照"谁使用、谁管理、谁负责"的原则，在借调工作期间，由借调科室负责日常管理，借调科室应对借调人员进行组织纪律、保密纪律及规章制度等教育；借调人员要服从工作安排，认真完成工作任务，自觉参加机关组织的各项政治理论学习和业务学习，严格遵守各项规章制度，自觉接受管理和监督；中心办公室及时跟踪了解表现情况。

（二）借调期间，借调人员与原单位的人事关系不变，借调人员不调转行政、工资关系，借调人员不再承担原单位工作任务，原单位应按规定做好借调人员的职务职称、工资福利和社会保险等有关工作，借调人员按照国家规定享受休息休假待遇。

（三）借调人员借调期满，由借调科室对其借调期间的思想工作表现做出书面鉴定，报中心办公室备案，并向原单位反馈。

（四）借调人员违反有关规定，玩忽职守，贻误工作，不服从领导以致造成不良影响的，随时予以退回，并视情节给予相应处理。

第九条 借调工作纪律

（一）机关各科室要严格按照本管理办法，根据实际工作需要借调工作人员，切实加强对借调工作的管理。对因随意滥借，造成工作人员人浮于事，或者因疏忽管理造成不良影响和后果的，应立即清退借调工作人员，并根据情节追究相关科室主要领导责任。

（二）有关单位接到借调通知后，应及时通知借调工作人员按规定时间报到。

（三）借调期满后，借调工作人员应在三个工作日内回原单位工作。未按规定返回原单位上班的，按无故旷工处理。

（四）对不按本办法办理手续借调人员的，要追究借调科室主要负责人的责任。

第十条 中心机关及下属单位借调工作人员适用本办法。

第十一条 本办法自发布之日起执行。

附件（略）：《许昌市南水北调系统借调（挂职锻炼）工作人员审批表》

新乡市南水北调工程运行保障中心资产管理实施细则（试行）

2021年9月26日
新南水〔2021〕58号

第一章 总 则

第一条 为加强国有资产管理，维护国有资产的安全和完整，提高国有资产使用效益，根据《行政事业性国有资产管理条例》《河南省行政事业单位国有资产管理办法》，结合本单位实际，制定本细则。

第二条 本细则适用于新乡市南水北调工程运行保障中心及下辖各现地管理机构。

第三条 本细则所指资产是指通过以下方式取得或者形成的资产：

（一）使用财政资金形成的资产；

（二）接受调拨或者划转、置换形成的资产；

（三）接受捐赠并确认为国有的资产；

（四）其他国有资产。

第四条 本细则所称固定资产，是指为满足自身开展业务活动或其他活动需要而控制的，使用年限超过1年（不含1年），单位价值在1000元以上（其中：专用设备单位价值在1500元以上），并在使用过程中基本保持原有物质形态的资产。单位价值虽未达到规定标准，但是使用年限超过1年（不含1年）的大批同类物资，如图书、用具、装具等，应当确认为固定资产。

第五条 固定资产分类及明细按《固定资产分类与代码标准》（GB／T 14885-2010）和《水利固定资产分类与代码》（SL731-2015）执行。

第二章 职责分工

第六条 综合科为本单位实物资产管理部门，主要职责是：

（一）根据资产使用部门的申请及单位资产实际情况提出年度资产配置计划，做好资产配置、使用和处置等事项的审核工作；

（二）负责办理资产入库、验收、领用、使用部门变更等实物资产的日常管理；

（三）定期或不定期与财务部门和资产使用部门核对资产使用状态，做到账实相符、账卡相符；

（四）会同财务部门对资产进行盘点，及时查明盘盈、盘亏原因，并提出具体处理意见；

（五）提出资产调剂、共享共用等意见和建议；

（六）协助财务部门开展资产统计、核

实、报告等相关工作。

第七条　财务审计科是资产价值管理的责任部门，主要职责是：

（一）对资产购置、使用处置等事项进行账务处理；

（二）会同实物管理部门定期或不定期对资产进行盘点，负责盘盈、盘亏等事项的账务处理；

（三）上缴或管理资产处置或对外投资、出租等收益；

（四）报告资产管理情况以及重大政策执行情况等。

第八条　资产使用部门、使用人的主要职责是：

（一）负责本部门在用资产日常保管和维护；

（二）提出本部门资产配置、使用和处置的申请；

（三）配合做好资产管理的其他工作。

第九条　业务主管部门应协助实物资产管理部门做好各现地管理机构所占有和使用资产的管理工作。

第三章　配置管理

第十条　资产配置，是指各单位根据履行职能的需要、存量资产状况和财力情况等因素，按照国家有关法律法规和规章制度规定的程序，通过调剂、租用、购置、建设、接受捐赠等方式配备资产的行为。

第十一条　资产配置应当符合有关资产配置标准，结合单位资产存量和处置计划等统筹考虑和数量、规格、价值等方面的标准，没有规定配置标准的，应当从严控制，合理配置。

第十二条　新增配置资产应当具备以下条件之一：

（一）新增人员；

（二）现有资产按规定处置后需要更新的；

（三）现有资产无法满足工作需要等。

第十三条　通过调剂等方式从本单位以外无偿调入的资产，应当以有审批权限部门批复文件为依据，办理资产接收和登记手续。

第十四条　接受捐赠的资产，应当与捐赠方签订捐赠协议，捐赠协议应当包括捐赠双方名称、资产清单、价值依据和用途等。

第十五条　购置资产，应当根据相关资产配置标准，结合本单位资产存量和年度资产处置计划等，编制年度资产购置计划（以下简称购置计划），随单位预算一同报主管部门审批。未按要求编制购置计划的，原则上不得申请新增资产购置。

第十六条　资产购置申请内部审核流程：

（一）各科室根据工作需要和资产占有、使用情况提出下一年度资产购置计划，填报《资产购置申请表》报资产管理部门审核。

（二）综合科按照厉行节约的原则，根据本单位资产存量情况对资产使用部门提交的资产购置计划进行审核汇总，根据汇总情况填报《资产购置计划申报表》。

（三）财务审计科根据资产配置标准，对资产管理部门审核后的《资产购置计划申报表》进行复核，并提交主任办公会审议。

（四）财务审计科将单位主任办公会审议通过的购置计划随单位预算一同报主管部门审核。

第十七条　根据单位资产存量情况资产配置可以通过单位内部调剂解决的，由资产使用部门填写《资产调拨单》按程序审批后，由资产管理部门办理调拨事宜，财务部门根据调拨单及时进行账务处理。

第十八条　基本建设项目产生的资产按照国家相关规定执行。

第十九条　设计开发的应用软件，如果构成硬件不可缺少的组成部分，应当将该软件价值与硬件价值一并确认为固定资产；如果应用软件可以单独计价，不构成硬件不可缺少的组成部分，应当将该软件确认为无形资产。

第四章　使用管理

第二十条　综合科应建立资产验收入库、领用、使用、保管、维护和归还等内部管理制度加强日常管理，保证资产安全、可持续使用。

第二十一条　综合科牵头组织资产（房屋建筑物及其附属物、附属设备除外）验收入库，财务审计科、各科室等相关人员配合，必要时可请技术人员或者聘请第三方机构参与。验收人员应根据验收结果填写《资产验收入库报告单》。验收入库报告单是财务审计科入账和综合科登记固定资产卡片的重要依据。综合科登记固定资产卡片信息应准确完整，一张卡片对应一项（批）固定资产。

第二十二条　各科室应指定专人负责本科室资产的领用、保管、清点工作并明确本部门各项资产管理责任人，公用资产责任人为科室负责人。资产使用人在办理工作调动、退休、辞职、离职等手续前，应当及时办理所用资产的调出、变更、交还等手续。

第二十三条　综合科应定期或不定期对资产进行全面清查盘点，清查盘点每年至少进行一次，清查盘点应严格按照《行政事业单位资产清查核实管理办法》（财资〔2016〕1号）执行。对于清查盘点中发现账实差异，应当逐项查明原因，按有关规定提出处理意见并报主管部门批准。财务审计科根据主管部门批复的意见及时调整有关资产账目。

第二十四条　对外投资，出租、出借资产按照国家有关规定执行。

第五章　处置管理

第二十五条　资产处置方式包括报废、无偿调出、出售、置换、报损、对外捐赠等。

第二十六条　资产处置，应当按以下程序办理：

（一）提出申请。各科室根据资产使用状况，填写《资产处置申报表》提出处置资产申请，综合科、财务审计科对处置申请进行审核，报经主任办公会同意后，以正式文件报送财政部门或上级主管部门审批。

（二）公开处置。依据相关部门的批复按照公平、公开、公正的原则处置资产。

（三）收入上缴。资产处置收入在扣除相关费用后，按规定及时全额上缴财政，实行"收支两条线"管理。

第二十七条　资产处置的具体流程参照《河南省省级行政事业单位国有资产处置管理暂行办法》（豫财办资〔2007〕34号）执行。

第二十八条　达到折旧年限后仍能继续使用的国有资产，不得报废；经过简单修理仍能使用的，不得报废；不能满足本部门业务需要的，应调剂到其他部门继续使用，不得申请报废。

第六章　责任追究

第二十九条　各科室应加强对本科室资产的管理，将监督、管理责任落实到具体个人。

第三十条　综合科和财务审计科应通过专项检查、不定期抽查等形式加强日常管理，及时发现问题，认真整改落实，确保国有资产安全，严防国有资产流失。

第三十一条　本单位工作人员在资产配置、使用和处置过程中有违反本细则规定情形的，应责令其限期改正，逾期不改的给予通报批评，构成违纪、违法行为的，移交纪检、司法机关处理。

第七章　附　　则

第三十二条　防汛物资管理另行规定。

第三十三条　本细则未尽事宜按照国家及省、市相关规定执行。

第三十四条　本细则自印发之日起与本

细则不一致的以本细则为准。

第三十五条　本细则由财务审计科负责

解释。

第三十六条　本细则自印发之日起施行。

重 要 文 件

中共河南省水利厅党组关于印发《〈关于深入贯彻落实习近平总书记在推进南水北调后续工程高质量发展座谈会上重要讲话和视察河南重要指示的实施方案〉任务分工及落实措施》的通知

豫水组〔2021〕74 号

机关各处室、厅属各单位：

2021 年 9 月 10 日，《〈关于深入贯彻落实习近平总书记在推进南水北调后续工程高质量发展座谈会上重要讲话和视察河南重要指示的实施方案〉任务分工及落实措施》已经厅党组（扩大）会议审议通过，现予印发。请厅党组推进南水北调后续工程高质量发展领导小组办公室牵头，各相关处室按照任务分工，认真抓好落实，确保各项工作有序推进，如期完成。

2021 年 9 月 22 日

《关于深入贯彻落实习近平总书记在推进南水北调后续工程高质量发展座谈会上重要讲话和视察河南重要指示的实施方案》任务分工及落实措施

制表日期：2021 年 9 月 22 日

序号	工作任务	牵头处室	配合处室	落实措施	责任厅领导	责任人	联系人	办理时限
（一）实施南水北调后续工程建设行动								
1	1. 主动对接国家后续工程规划，强化规划纵向、横向衔接，组织开展规划实施情况评估，抓紧做好我省后续及配套工程规划设计	规计处	南水北调处	积极对接国家规划，争取将观音寺、鱼泉、沙坨湖等调蓄工程进入国家后续工程规划	戴艳萍	石世魁	于天洪	持续推进
2	2.（1）加快南水北调观音寺调蓄工程建设，实施鱼泉等调蓄工程	南水北调处	规计处、建设处、运管处、安置处	1. 积极协调，解决存在问题，推动工程前期工作；2. 跟踪督办，加快工作进度，力争早日全面开工建设；3. 加强对接，争取鱼泉调蓄工程纳入国家相关规划	王国栋	雷淮平	付黎歌	观音寺调蓄工程计划 2022 主体工程开工；持续推进鱼泉调蓄工程纳入国家相关规划

续表

序号	工作任务		牵头处室	配合处室	落实措施	责任厅领导	责任人	联系人	办理时限
3	2.（2）再研究推进一批南水北调调蓄工程前期工作		规计处	运管处、南水北调处、安置处	督促相关地市推进鱼泉、沙坨湖、马村等调蓄工程前期工作	戴艳萍	石世魁	于天洪	持续推进
4	2.（3）有效利用现有水库增加调蓄		运管处	防御处、南水北调处	加强水库工程运行管理，保障工程效益发挥	申季维	单松波	邹新峰	持续推进
5	3.（1）加快南水北调中线干线防洪影响处理工程建设，完善总干渠河南段左岸防洪体系、干渠应急退水体系	在建工程	建设处	防御处、南水北调处	1.建立未完工3条沟道台账，明确时间节点，层层落实责任；2.加大督导力度，每月对未完工3条沟道至少开展1次督导检查，及时协调解决存在问题，加快建设进度；3.督促郑州市、新乡市政府，加快辖区内未完成沟道建设，同时督促做好工程度汛工作	李斌成	蔡玉靖	马世锋	2021年年底
		后续工程	南水北调处	规计处、建设处、防御处、安置处	1.会同省发展改革委，积极对接国家发展改革委、水利部，力争纳入国家相关规划并实施；2.组织勘测、设计单位加快工程前期工作，为项目及早报批创造条件；3.指导督促市县水利局做好项目建设准备工作，力争早日建成发挥作用	王国栋	雷淮平	付黎歌	2023年年底
6	3.（2）建立沿线水库防洪险情实时预警机制		防御处	运管处	1.提升完善水情预警平台；2.及时向南水北调管理单位发布大型水库调度、泄流信息	申季维	冯林松	张浩飞	2022年5月15日前
7	3.（3）实施丹江口库区地质灾害防治项目		安置处		1.对库周地质灾害防治涉及的移民村全面排查，制定完善应急预案；2.建立群测群防体系，对存在险情和重大安全隐患的移民村，及时转移人员；3.加快推进西岭、穆山两个移民村地质灾害治理工程建设，做好移民受损房屋除险加固，保障移民安全	李定斌	朱明献	邱型群	2022年4月

续表

序号	工作任务	牵头处室	配合处室	落实措施	责任厅领导	责任人	联系人	办理时限
8	4.（1）健全完善南水北调中线水源区和干线工程省市县乡村五级河湖长组织体系，共治共管、协调联动	河长处		1.健全体系。将南水北调水源区和干线工程河湖长制工作与全面落实河湖长制同安排、同布置、同落实，同纳入河湖长制工作体系，在2021年底前完成南水北调水源区和干线工程省、市、县、乡、村五级河湖长制建立工作，并在南水北调水源区和干线工程保护区明显位置竖立河湖长公示牌； 2.压实责任。各级第一总河长、总河长是南水北调干渠河长制工作的第一责任人，相应的各级河湖长是直接责任人，省、市、县、乡级河湖长负责组织领导水源区及干线工程的环境保护和生态修复工作，协调解决南水北调中线工程安全、供水安全、水质安全等相关重大问题，村级河湖长开展日常巡查。 3.共治共管。全面推行"河长+"机制，始终坚持高位推动、上下联动、全域发力，各相关成员单位配合各级河湖长开展巡河调研，整治突出问题，组织联防联治，确保南水北调水源区和干线工程河湖长制各项工作落到实处	任强	霍继伟	张二飞	持续推进
9	4.（2）维护工程安全、供水安全、水质安全	南水北调处		1.建立健全运行管理制度，加强队伍建设，强化工程运行监管，加强工程维修养护，压实防汛责任； 2.科学编制水量调度计划，强化调度管理，做到精准、精确调度； 3.落实河（湖）长制，加强河湖管理保护，加强河湖智慧监管	王国栋	雷淮平	李申亭	持续推进

续表

序号	工作任务	牵头处室	配合处室	落实措施	责任厅领导	责任人	联系人	办理时限
10	5.加强南水北调配套工程管理，建立健全运行管理及工程维修养护经费、队伍、技术等保障机制，完善工程巡查制度，加大重点部位巡查和安全监测力度	南水北调处	人事处，财务处	1.加强运行管理及维修养护费用的监管，确保资金使用效益。2.推动工程管理体制机制改革，提升运行管理水平。购买社会服务，委托第三方强化运行管理监督巡查。3.制定南水北调配套工程自动化管理技术标准。4.完善《河南省南水北调受水区供水配套工程运行监管实施办法（试行）》	王国栋	雷淮平	李申亭	持续推进
11	6.建立全省统筹的南水北调用水指标调整、水权交易和水量调度机制，提升分配水量消纳能力和水资源调配能力。推动南水北调水资源补偿机制建设	水资源处	南水北调处	根据各地用水指标消纳情况，测算年度结余水量及一定期限内结余水量。通过水权交易、统筹调剂等形式解决新增区域用水指标问题。以水权交易收益为重点，探索建立水资源补偿机制	王国栋	郭贵明	苏振宽	2021年10月底前完成结余水量测算，持续推进跨区域水权交易工作
12	7.（1）合理扩大南水北调供水范围，加快郑开同城东部供水	南水北调处	规计处、水资源处、建设处、安置处	1.加强指导，加快工程前期工作进度；2.积极协调，及时解决存在问题；3.强化监管，督促加快工程建设进度	王国栋	雷淮平	付黎歌	2023年年底
13	7.（2）农村供水"规模化、市场化、水源地表化、城乡一体化"等工程建设	农水处	水资源处、南水北调处	1.建立工作专办。指导各地建立农村供水"四化"，统筹协调农村供水"四化"工作。2.强化规划引领。指导各地完善编制县域城乡供水保障一体化规划，合理确定工程布局，在满足不断增长的区域用水量需求的同时，提高区域供水水质、供水保证率和供水集约化水平	李斌成	魏振峰	赵靖华	2020年，启动第一批32个试点县（市、区）水源地表化工作，预计2022年完成

续表

序号	工作任务	牵头处室	配合处室	落实措施	责任厅领导	责任人	联系人	办理时限
				3.加强调度会商，实行月调度和会商制度，动态掌握试点推进情况，督促市县在确保工程质量和安全的前提下，加快工程进度，如期完成建设任务； 4.坚持分类指导。指导各地统筹考虑当地经济发展水产、水源条件、城乡人口流动变化规律、城乡供水基础设施等因素，因地制宜，一地一策，科学合理选择适宜模式，不搞一刀切，杜绝形象工程； 5.坚持两手发力。多方筹措资金，指导各地加大财政资金投入，利用统筹整合涉农资金、政府专项债券资金等，通过融资、贷款等多渠道筹措资金； 6.严格考核监督。将农村供水"四化"作为乡村振兴、"四水同治"、实行最严格水资源管理制度考核的重要内容，提高分值和权重，建立激励机制				2021年，启动第二批18个县（市、区），预计2023年完成；2022年计划启动10个试点县（市、区），预计2024年完成；到2025年，力争完成60个县（市、区）水源置换工作
14	7.（3）推进引丹灌区二期前期工作	规计处	水资源处，南水北调处	督促指导南阳市邓州市加快开展项目前期工作	戴艳萍	石世魁	于天洪	持续推进
（二）实施现代水网体系建设行动								
15	1．构建以南水北调中线工程和黄河、淮河、沙颍河为主骨架和大动脉的"一纵三横"兴利除害现代水网，遵循确有需要、生态安全、可以持续的重大水利工程论证原则，按照"开工一批、建成一批、扩大一批、达效一批、储备一批"的思路，谋划实施一批强基础、蓄势能、利长远的重大项目	规计处	水资源处、建设处、运管处、南水北调处	1.加快推进"四水同治"规划编制，构建现代水网体系； 2.推进南水北调中线调蓄工程及防洪影响后续工程、袁湾水库、昭平台水库扩容（替代下汤水库）、重要支流治理等前期工作； 3.推进观音寺、郑开同城东部供水工程建设； 4.加快推进小浪底南岸灌区、小浪底北岸灌区、赵口引黄灌区二期、西霞院水利枢纽及灌区工程建设	戴艳萍	石世魁	于天洪	持续推进

续表

序号	工作任务	牵头处室	配合处室	落实措施	责任厅领导	责任人	联系人	办理时限
16	2.推进淮河、黄河等大江大河干流及部分重要支流的流域性控制枢纽建设，加快实施袁湾水库工程，推进汉山水库前期工作，研究论证桃花峪水库建设	规计处	水资源处、建设处	1.推进袁湾水库工程尽快开工建设，督促南阳市加快推进汉山水库前期工作；2.积极对接国家，争取将桃花峪水库纳入国家相关规划，适时配合黄委开展前期论证研究	戴艳萍	石世魁	于天洪	袁湾水库力争9月底批复初步设计报告，年底前开工；其他持续推进
17	3.（1）构建内连外通、蓄泄兼备、旱引涝排、生态宜居的区域水网	规计处		谋划一批重大水利工程，尽快形成以自然水系为基础，水系连通为脉络，综合性水利枢纽和调蓄工程为节点的区域性水网	戴艳萍	石世魁	于天洪	持续推进
18	3.（2）加快建设引江济淮（河南段）、大别山革命老区引淮供水灌溉	建设处	规计处、安置处	1.按照厅领导重点项目分包责任制，持续完善项目建设"月通报，季调度"等推进机制，通过及时召开协调会、推进会、现场会，统筹协调解决项目建设过程中难点、堵点；2.通过项目台账管理、情况简报、进展通报、专题报告、暗访督导等形式，持续传导压力，压实责任，推进工程建设；3.对进度严重滞后的项目，采取通报、约谈等方式督促加快建设进度，确保工程建设有序实施	李斌成	蔡玉靖	马世锋（引江济淮河南段工程）侯健才（大别山革命老区引淮供水灌溉工程）	1.引江济淮（河南段）工程：2021年底基本完成主体工程，2022年底具备通水条件；2.大别山革命老区引淮供水灌溉工程：2021年底完成年度建设任务，2023年4月底基本完成主体工程
19	3.(3)郑州西水东引等调水工程	规计处	水资源处	1.督促郑州市抓紧开展前期工作；2.根据前期工作进度批复水资源论证报告	戴艳萍	石世魁	于天洪	持续推进
20	4.（1）构建上下游贯通、干支流协调、丰枯期互补、多水源互济的流域水网	规计处		以南水北调中线供水工程和已建大中型水库为基础，以骨干河道和大中型灌区工程为纽带，完善水资源宏观调配格局，提高水资源空间调控能力	戴艳萍	石世魁	于天洪	持续推进

续表

序号	工作任务	牵头处室	配合处室	落实措施	责任厅领导	责任人	联系人	办理时限
21	4.（2）加快实施西霞院水利枢纽输水、赵口引黄二期和小浪底南、北岸等灌区工程，推进宿鸭湖水库	建设处	规计处、安置处	1.按照厅领导重点项目分包责任制，持续完善项目建设"月通报、季调度"等推进机制，通过及时召开协调会、推进会、现场会，统筹协调解决项目建设过程中的难点、堵点；2.通过项目台账管理、情况简报、进展通报、专题报告、暗访督导等形式，持续传导压力，压实责任，推进工程建设；3.对进度严重滞后的项目，采取通报、约谈等方式督促加快建设进度，确保工程建设有序实施	李斌成	蔡玉靖	马世锋（小浪底北岸灌区工程）侯建才（小浪底南岸灌区工程、宿鸭湖水库清淤扩容工程）陈文舟（西霞院水利枢纽输水及灌区工程、赵口引黄灌区二期工程）	1.西霞院水利枢纽输水及灌区工程：2021年完成年度建设任务，2022年底基本完成主体工程，2023年底具备通水条件；2.赵口引黄灌区二期工程：2021年完成年度建设任务，2022年6月底基本完成主体工程，2022年底具备通水条件；3.小浪底南岸灌区工程：2021年底完成年度建设任务，2022年10月底基本完成主体工程建设；4.小浪底北岸灌区工程：2021年完成年度建设任务，2022年底全部隧洞洞挖贯通，2023年6月底具备通水条件；5.宿鸭湖水库清淤扩容工程：2021年完成年度建设任务，2022年3月基本完成建设任务

续表

序号	工作任务	牵头处室	配合处室	落实措施	责任厅领导	责任人	联系人	办理时限
22	4.(3)推进鸭河口水库清淤扩容和昭平台水库扩容工程，推进黄河下游引黄涵闸改造工程建设，谋划实施一批引黄调蓄工程，用好用足大江大河汛期水	规计处	水资源处、水保处、农水处	1.督促相关市县加快推进鸭河口水库清淤扩容和昭平台水库扩容工程前期工作；2.配合黄委加快引黄涵闸改造工程前期工作；3.加快《河南省引黄调蓄工程规划》编制，尽快提请省政府审定	戴艳萍	石世魁	于天洪	持续推进
23	5.坚决守住防汛工作安全底线，落实预报、预判、预警、预案、预演"五预"举措；提升防汛抗洪、城市排涝、应急救灾能力	防御处		1.修订完善沿线大中型水库调度运用计划；2.督促沿线市县修订完善小型水库调度运用方案；3.做好预警、预判，并向南水北调管理单位及时提供雨水情信息；4.配合应急部门做好应急抢险演练	申季维	冯林松	张浩飞	2022年5月15日前
24	6.(1)科学防治、系统治理水灾害，以流域为单元，按照上下游、左右岸整体规划、同步治理、系统治理、综合治理的原则，统筹推进流域防洪体系建设，解决人水争地、侵占洪水通道等突出问题，提高防御流域超标准洪水能力。	规计处	运管处.防御处、河长处	1.配合水利部做好漳卫河治理灾后重建实施方案编制；2.编制完成《河南省卫河共产主义渠流域防洪除涝系统治理方案》《贾鲁河系统治理工程实施方案》；3.根据国家安排加快推进惠济河等重要支流治理	戴艳萍	石世魁	于天洪	持续推进
25	6.(2)加强黄淮海流域防洪体系协同	规计处	防御处	按照国家防洪有关要求，跨流域分洪工程措施较难实施，在协同方面应以调度为主	戴艳萍	石世魁	于天洪	持续推进
26	6.(3)完成海河流域广润坡等重点蓄滞洪区建设	防御处	规计处	根据国家批复的蓄滞洪区建设任务和资金下达计划，及时督促省级套资金到位，督促按照批复的时间节点完成建设任务	申季维	冯林松	李俊峰	按照批复的时间节点完成

续表

序号	工作任务	牵头处室	配合处室	落实措施	责任厅领导	责任人	联系人	办理时限
27	7.优化提升沿黄蓄滞洪区、防洪水库、排涝泵站等布局和功能，建设黄河下游"十四五"防洪工程，加快推进封丘倒灌区贯孟堤扩建工程、黄河下游滩区治理工程项目，开展黄河郑州段刚性护岸试点研究	规计处	安置处	1.积极配合黄委加快推进封丘倒灌区贯孟堤扩建工程和黄河下游滩区治理工程项目前期工作；2.配合郑州市积极开展黄河郑州段刚性护岸试点研究	戴艳萍	石世魁	于天洪	持续推进
28	8.加大贾鲁河、双洎河、卫河、共产主义渠、史灌河等河道综合治理力度，加快推进水闸除险加固，全面提升防洪标准	规计处	建设处、运管处	1.加快编制《卫共流域防洪除涝系统治理方案》《贾鲁河系统治理工程实施方案》，力争列入省灾后恢复重建总体规划；2.积极争取将史灌河治理纳入国家相关规划；3.加快推进青天河水库除险加固，争取利用灾后恢复重建资金对新出险水库进行加固处理	戴艳萍	石世魁	于天洪	持续推进
29	9.加快推进病险水库除险加固，对青天河等已鉴定为病险水库的进行除险加固	大中型水库除险加固由规计处牵头，建设处、运管处配合；小型水库除险加固由运管处牵头，财务处、建设处配合		1.积极向水利部、省发展改革委汇报，争取水库除险加固补助资金；2.督促年度下达投资计划的大中型病险水库加快实施，确保完成年度建设任务；3.做好水库大坝安全鉴定和小型病险水库除险加固前期工作	戴艳萍 申季维	石世魁 单松波	温阳阳 邹新峰	持续推进
30	10.推进智慧水利建设，建设省级水利大数据中心、水利数据交换与共享平台，完善监测感知站网建设，加强应用系统一体化整合	厅网信办		1.构建智慧水利建设总体框架。明确我省智慧水利建设以2020年为基准年，按照2021-2022年为近期，2020-2025年为中期，2020-2035年为远期目标；2.全面消除水利厅内部信息数据孤岛，为加快智慧水利推进破除瓶颈和制约，形成良性建设机制和资源共享机制	刘五柏	邱清德	韩海国	计划2022年构建水利应用支撑平台，完善水利一张图，完成水利数据资源中心和水利综合监管平台基础架构的建设

序号	工作任务	牵头处室	配合处室	落实措施	责任厅领导	责任人	联系人	办理时限
（三）实施水生态环境保护行动							
31	2.编制实施河南省丹江口库区及上游水污染和水土保持"十四五"规划实施方案，谋划实施一批水污染防治和生态保护修复项目	水保处	规计处、水资源处、南水北调处、省节水办	配合省发展改革委做好规划实施方案编制工作	武建新	石海波	李鹏云	按省发展改革委明确的时限完成
32	7.（1）围绕黄河流域、淮河源头、丹江口库区等重点地区，统筹推进山水林田湖草沙一体化保护生态修复，开展水土流失小流域综合治理	水保处	规计处、水资源处、运管处、防御处、河长处、省节水办	根据国家和省级相关规划，加大对黄河流域、淮河源头、丹江口库区的支持力度，统筹推进山水林田湖草沙一体化保护生态修复，按职责做好水资源节约利用、黄河流域清四乱、河湖岸线管护、水旱灾害防御、地下水监测等工作，强化挖田造湖、挖湖造景监管，以小流域为单元，开展水土流失综合治理	武建新	石海波	李鹏云	按照规划和项目实施的时间节点完成
33	7.（2）加快重点区域地下水超采综合治理	水资源处		推进地下水超采区综合治理和南水北调受水区地下水压采，组织开展第二轮超采区复核划分，编制《河南省地下水重点区域综合治理规划》	王国栋	郭贵明	韩磊苏振宽	2021年11月底前启动超采区复核划分，年底前完成重点区域综合治理规划初步成果，2022年6月底前完成13个县超采区年度治理任务
34	9.完善监测设施和水环境质量监测评价体系，谋划推进南水北调水源区"空天地潜"一体化监测系统建设，落实入库河流"一河一策一图"环境风险防范预案，提高防范化解环境风险能力	河长处	水资源处、水保处、南水北调处	协调水资源处、南水北调处、水保处等处室，全力配合生态环境部门完善好监测设施和水环境质量监测评价体系、谋划好推进南水北调水源区"空天地潜"一体化监测系统建设、发挥河湖长制平台作用，落实好入库河流"一河一策一图"环境风险防范预案等工作，加强日常水源区水质安全监测和保证，健全与生态环境部门联测联防联控机制	任强	霍继伟	张二飞	持续推进

续表

序号	工作任务	牵头处室	配合处室	落实措施	责任厅领导	责任人	联系人	办理时限
35	11.推动黄河流域水生态环境保护，统筹做好"保好水""治差水"工作，加快推进金堤河、蟒河等污染相对较重河流的污染治理和生态修复	水资源处	运管处、河长处	1.积极做好主要河流水量调度，保障基本生态流量； 2.协调有关单位及时做好生态应急调度工作； 3.推进沿黄地区国家水土保持重点工程建设	王国栋	郭贵明	杨永生	持续推进
（四）实施水资源集约节约利用行动								
36	1.强化水资源最大刚性约束，严格水资源总量和强度"双控"及其用途管制，坚持以水定城、以水定地、以水定人、以水定产，推动各地编制水资源集约节约利用专项规划，合理规划人口、城市和产业发展	水资源处	规计处、省节水办	推进落实水资源管理刚性约束制度，加强水资源集约节约利用专项规划编制技术指导，加强用水计划、取水用途和相关规划监督检查	王国栋	郭贵明	苏振宽	持续推进
37	2.把节水作为解决水资源短缺问题的根本出路，落实规划水资源论证、建设项目水资源论证及节水评价制度，严格取水许可管理，科学确定区域水资源可利用量、地下水位水量控制目标，建立健全各行业、各领域节水标准定额体系	水资源处	省节水办	压实各级水利部门责任，采取"四不两直""双随机一公开"等形式，加强相关规划和建设项目水资源论证及节水评价审查，加强取水许可、用水定额实施情况监督管理。组织开展可用水量确定及地下水管控指标确定工作	王国栋	郭贵明	苏振宽	2021年底前开展一次以上监督检查，完成省级可利用水量、地下水位水量确定阶段性任务
38	3.大力发展节水灌溉，加快全省大中型灌区续建配套和现代化改造，在粮食生产核心区规模化推进高效节水灌溉。推进农业用水精细化管理，优化输水灌水方式，科学确定灌溉定额，实现测墒灌溉。开展高效节水灌溉示范区创建	农水处		"十四五"期间计划实施13个大型灌区续建配套与现代化改造和37个中型灌区续建配套与节水改造项目，计划总投资80亿元，新增、恢复、改善灌溉面积1123万亩，为粮食生产安全提供水利支撑和保障	李斌成	魏振峰	赵靖华	2025年底

续表

序号	工作任务	牵头处室	配合处室	落实措施	责任厅领导	责任人	联系人	办理时限
39	4、强化生产用水全过程管理，完善工业供用水计量体系和在线监测系统，建立工业用水负面清单，严控高耗水工业项目，支持企业开展节水技术改造及再生水回用改造，在火电、钢铁、纺织、造纸、石化和化工、食品和发酵等高耗水行业建成一批节水型企业和节水型园区	省节水办	水资源处	1.健全完善节约用水管理系统建设，加强计划用水管理工作，及时对超计划用水的计划用水户下达警示函，督促超用水计划30%以上的用水户开展水平衡测试，提高企业用水效率； 2配合工信部门在高耗水行业建成一批节水型企业和节水型园区	王国栋	吴越	耿万东	持续推进
40	5.人力提升城镇节水降损水平，将节水落实到城市规划、建设、管理各环节，加快制定和实施供水管网改造建设方案，完善供水管网检漏制度，降低城市公共供水管网漏损率，加强用水精细化管理	省节水办		1.配合住建部门全面推进城市节水管理工作； 2.强化公共用水节水管理，推广应用节水新技术、新工艺和新产品，全面使用节水器具； 3.严控高耗水服务业用水，洗车、高尔夫球场、人工滑雪场等特种行业用水，应当采用循环用水技术、设备与工艺，优先利用再生水、雨水等非常规水源	王国栋	吴越	耿万东	持续推进
41	6. 加强再生水、矿井水、雨水等非常规水多元、梯级和安全利用，推进非常规水高效利用机制建设，重点抓好城镇生活污水再生利用设施建设和改造，推动高耗水企业加强废水深度处理和达标再利用。因地制宜实施人工湿地、深度净化工程等措施，优化城镇污水处理厂出水水质	省节水办	水资源处	1.将非常规水纳入水资源统一优化配置，在具备利用非常规水作为水源但未充分利用的项目，不得批准其新增的取水许可； 2.把好水资源论证、节水评价关，节水评价不能通过的，不得批复水资源论证和取水许可； 3.配合住建部门做好中水提质处理，提高中水处理回用比例； 4.在节水载体创建、节水型社会创建中，把非常规水利用作为重要指标考核； 5.支持鼓励有条件的单位、企业和公共机构自建雨水、灰水、污水处理回用设施，提升非常规水利用率	王国栋	吴越	耿万东	持续推进

续表

序号	工作任务	牵头处室	配合处室	落实措施	责任厅领导	责任人	联系人	办理时限
42	7.加强节水宣传教育，全面提高全民节水意识，实施水效领跑者引领行动，推进合同节水和节水载体建设，持续推进县域节水型社会达标建设，深入开展节水型城市、节水型单位、节水型社区创建活动	省节水办		1.加强节水宣传教育；2.推进高校合同节水试点工作；3.深入开展节水型单位、节水型社区、节水型企业创建工作；4.持续推进县域节水型社会达标建设工作，到2022年底，县域节水型社会建成率达到60%以上；5.配合发展改革委开展水效领跑者引领行动	王国栋	吴越	耿万东	持续推进
43	8.建立完善节水目标责任制、节水监督考核机制，将节水作为约束性指标纳入各级党政领导班子和领导干部政绩考核范围，纳入文明城市、文明单位创建内容	省节水办		1.筛选节水考核指标，积极与省委组织部对接，配合省委组织部将节水指标作为约束性指标纳入各级党政领导班子和领导干部政绩考核范围；2.积极与省委宣传部对接，配合省委宣传部将节水指标纳入文明城市、文明单位创建内容	王国栋	吴越	耿万东	持续推进
	（五）实施推进水源、水权、水利、水工、水务"五水综改"行动（略，待改革方案经省委、省政府批准印发后，由工作专班专题研究）							
	（六）实施移民美丽家园建设行动							
44	4.持续开展移民遗留问题排查化解，健全多元化矛盾纠纷化解机制，对工作薄弱环节、问题多发领域进行专项治理	安置处	后扶处	1.印发活动方案，要求各地全面排查存在的问题，建立台账，及时处理，逐项销号，强化督导检查，实行半月报告制度，及时进行评估总结；2.加强部门联动，形成工作合力，对疑难信访案件实行集中会诊制度；在移民村广泛开展民主法制建设，引导移民依法维权；加强移民社会治理，充分发挥民主议事会、民主监事会和民事协调委员会作用，及时处理信访上访事项，化解矛盾纠纷；3.对移民开展普法教育，引导移民依法表达诉求；对少量长期闹访、缠访，甚至滥用司法资源的，依法采取措施予以打击；4.组织有关市县全面排查，建立台账，多方筹措资金，分类施策，逐村逐户解决	李定斌	朱明献	邱型群	1.2021年10月；2.持续推进；3.持续推进；4.2022年4月

序号	工作任务	牵头处室	配合处室	落实措施	责任厅领导	责任人	联系人	办理时限
（十三）实施南水北调精神阐释弘扬行动								
45	1.深度挖掘南水北调精神实质内涵，组织引导和支持研究团体、相关机构开展专题研究、学术研讨，深入阐释其时代价值	厅文明办	南水北调处、安置处	1.学习贯彻。以习近平新时代中国特色社会主义思想为指引，将南水北调精神列入党员干部政治理论学习重要内容，深化理论武装，加强党组中心组理论学习，组织全厅各级党组织将学习南水北调精神纳入重要工作内容，实施青年理论学习提升工程，组织广大党员干部、水利青年在学习、弘扬、践行南水北调精神上走在前、作表率。2.大力弘扬。结合弘扬社会主义核心价值观，综合运用多种形式和载体，通过教育培训、辅导讲座、主题党日、专题学习、主题征文、演讲比赛等多种形式，加大宣传力度，引导全省水利系统干部职工认真领会、深化认知，深入贯彻南水北调精神。3.宣传推广。充分发挥新媒体作用，在水利网站、微信公众号等推出专题专栏，保持宣传热度和力度。在全省水情教育基地日常开展的教育活动中列入南水北调精神宣传和弘扬内容。4.融入实践。把弘扬和践行南水北调精神，与开展群众性精神文明创建活动结合起来，将宣贯活动列入水利文明创建活动内容，组织开展进社区、进学校南水北调精神系列宣贯活动。倡导全省水利系统各单位在醒目位置，生动形象地展示南水北调精神，营造良好宣传氛围	武建新	翟艳君	刘玉洁	持续推进

续表

序号	工作任务	牵头处室	配合处室	落实措施	责任厅领导	责任人	联系人	办理时限
46	2. 建好用好南水北调精神现场教学基地、南水北调方志馆、南水北调展览馆、南水北调科学教育基地及移民文化园等载体平台，扩大与国内国际调水工程机构的沟通交流。系统推进南水北调中线工程文化遗产保护展示利用工作	人事处	厅办公室、南水北调处、科技处、安置处、机关党委	配合省委组织部和有关部门，支持南水北调精神现场教学基地、南水北调方志馆、南水北调展览馆、南水北调科学教育基地及移民文化园等载体平台建设，配合做好文献、图片及物品的收集等工作。利用好这些载体平台，制定培训计划，组织开展水利系统干部培训教育，发动基层党组织到相关场所开展主题党日、党员教育活动，分批次组织干部职工、水利院校师生现场参观学习。充分利用媒体、互联网、手机等各种宣传载体和宣传形式，宣传弘扬南水北调精神。搭建平台，加强与国际先进调水机构的交流与合作，学习借鉴国际先进调水理念，吸收国际先进调水技术成果，以科技创新和科技进步助力南水北调后续工程高质量发展	武建新	韦彦学	马文博	持续推进
（十四）实施对口协作深化行动								
47	1. 协同编制河南省丹江口库区及上游地区对口协作"十四五"规划，深化拓展京豫对口协作内容与范围，集中优势资源打造一批具有示范引领性的重大合作项目，协作实施一批复合型生态廊道、产业转型、基础设施、公共服务等工程	南水北调处		积极配合省发展改革委编制河南省丹江口库区及上游地区对口协作"十四五"规划，深化拓展京豫对口协作内容与范围，集中优势资源打造一批具有示范引领性的重大合作项目	王国栋	雷淮平	李申亭	持续推进
48	2. 健全京豫双方领导互访机制，推动建立常态化联席会议制度，加强与南水北调中线工程沿线省市的交流合作，拓宽对接合作渠道	南水北调处		积极配合省发展改革委健全京豫双方领导互访机制，推动建立常态化联席会议制度，加强与南水北调中线工程沿线省市的交流合作，拓宽对接合作渠道	王国栋	雷淮平	李申亭	持续推进

续表

序号	工作任务	牵头处室	配合处室	落实措施	责任厅领导	责任人	联系人	办理时限
49	4.重点深化南阳与北京、天津的合作，深入推进北京市6区与我省水源地6县（市）"一对一"结对协作，支持南阳打造京津重要农产品供应基地、科技成果转化孵化基地、产业转移承接基地、旅游目的地	南水北调处		积极配合省发展改革委重点深化南阳与北京、天津的合作，深入推进北京市6区与我省水源地6县（市）"一对一"结对协作	王国栋	雷淮平	李申亭	持续推进

备注：《实施方案》任务分工及落实举措由省水利厅党组推进南水北调后续工程高质量发展领导小组办公室统筹协调抓好贯彻落实，及时研究解决有关重大问题，确保各项工作落实到位，按时完成

河南省水利厅办公室关于印发我省南水北调2021年防汛责任人及防汛重点部位的通知

豫水办调〔2021〕2号

各有关省辖市、省直管县（市）水利局、南水北调办公室（运行保障中心），省南水北调建管局：

为贯彻落实全国、全省有关水利工程水旱灾害防御工作部署，全面做好2021年我省南水北调工程防汛工作，确保工程度汛安全，保障南水北调工程运行安全、供水安全和沿线人民群众生命安全，现将我省南水北调工程2021年防汛责任人名单及干线防汛重点部位予以印发，并就有关事项通知如下。

一、提高政治站位，压实防汛责任

2021年是我们党成立100周年，也是实施"十四五"规划、开启全面建设社会主义现代化国家新征程的第一年，确保南水北调工程运行安全责任重大。各单位要进一步提高政治站位，认真贯彻落实"两个坚持，三个转变"防灾减灾救灾理念，坚持"人民至上、生命至上"，坚持底线思维，增强忧患意识，立足于防大汛、抢大险、救大灾，压实各级防汛主体责任，认真总结往年工程防汛经验，把防汛抗旱作为汛期水利系统的中心工作，坚决避免发生重大人员伤亡事件，坚决避免标准内洪水防洪工程失事事件，坚决保障国家重要基础设施安全，坚决保障经济社会发展重点工作安全，全力做好南水北调防汛工作。

二、强化监管职能，落实防汛措施

各单位要按照《水利部南水北调司关于切实做好南水北调工程2021年防汛工作的通知》（南调便函〔2021〕43号）和《水利部办公厅关于切实加强水利工程隐患排查治理和安全预防控制工作的通知》（水明发〔2021〕号）等要求，进一步健全风险分级管控隐患排查治理双重预防体系，科学制订、切实执行度汛方案和应急预案，加大风险隐患排查力度，强化监管职能，提高监管效率，狠抓问题整改落实，并备足防汛物资，健全防汛队伍，开展防汛抢险应急演练，提高防汛抢险应急处置能力，全面落实各项防汛措施。

三、加强值班值守，确保信息畅通

汛期内，各单位要完善汛期值班制度，严格执行领导干部带班、值班人员24小时值班制度和事故信息报告制度，切实加强值班

值守和关键部位工程巡视，落实应急保障措施，加强与相关部门、单位之间的联系与沟通，密切关注天气变化，及时掌握雨情、水情、汛情、工情，建立联防联控机制，服从属地防汛指挥，保持通信信息畅通，做到问题早发现、早上报、早处置，科学调度，确保南水北调工程度汛安全。

特此通知。

附件（略）：1.《水利部南水北调司关于印发南水北调工程沿线2021年度防汛主管部门和管理单位责任人及防汛重点部位的通知》（南调便函〔2021〕43号）

2.《河南省南水北调中线工程红线外的市、县、乡三级防汛责任人名单》

3.《河南省南水北调配套工程防汛责任人名单》

2021年5月26日

河南省南水北调中线工程建设管理局会议纪要

〔2021〕2号

12月31日，厅党组副书记、副厅长（正厅级）王国栋主持召开省南水北调建管局（以下简称"省建管局"）办公会议。会议听取了各处近期工作情况汇报，安排部署了下一步重点工作。纪要如下：

一、修改完善《配套工程运行管理预算定额》

《河南省南水北调配套工程运行管理预算定额（试行）》已经厅长办公会审议通过。平顶山段建管处会同编制单位尽快修改完善，于1月15日前报厅南水北调处审阅，以便及早付发施行。

二、加快推进《配套工程维修养护定额》编制进度

平顶山段建管处要加快推进《河南省南水北调配套工程维修养护定额（试行）》编制进度，总结运行管理预算定额编制工作的经验和不足，提高编制质量，增加可执行度。1月15日前征求水利厅相关处室意见，力争1月底前报厅长办公会审议。

三、做好焦作2段桥梁检测工作

为顺利完成桥梁移交，按照焦作市住建局要求，同意新乡段建管处委托专业桥梁检测机构，开展焦作2段解放路、建设路桥梁质量、安全检测工作，相关费用约25万元，从干线建管费中列支。

四、做好干线工程35千伏供电线路补充协议签订工作

按照委托建设管理合同约定，干线工程35千伏供电线路合同价为暂定价，最终合同价款以批复的施工图预算为准，并签订补充协议。最终合同价款待中线局确认后，由省建管局与委托建设单位（省电力公司）签订补充协议，按协议支付剩余款项。

五、签订2021年度技术咨询服务合同

为保证合同变更、其他穿跨邻配套工程方案等审查质量，原则同意与原咨询单位续签技术咨询服务合同。由南阳段建管处负责，与原咨询单位（黄河勘测规划设计研究院有限公司、河南省水利勘测设计研究有限公司）商签2021年度技术咨询合同事宜。

六、加强自动化系统人员培训

根据自动化系统建设进展和试运行需要，由南阳段建管处负责，在做好疫情防控工作的同时，组织一次自动化运行调度人员专业培训。培训费用约29.4万元列入年度水费支出预算。

七、做好自动化系统租用公共资源合同签订工作

为充分利用公共资源，节约工程投资，保证工程顺利实施，自动化调度系统租用了杆路、管道等部分通信公共资源。由南阳段建管处负责，尽快与通信线路原中标单位商签公共资源租用协议。费用列入年度水费支出预算。

河南省南水北调中线工程建设管理局会议纪要

〔2021〕3号

2月1日，厅党组副书记、副厅长（正厅级）王国栋主持召开省南水北调建管局（以下简称"省建管局"）办公会议。会议听取了各处近期工作情况汇报，安排部署了下一步重点工作。纪要如下：

一、加强政治理论学习

各处要强化干部职工政治理论学习，深入学习党的十九届五中全会精神、习近平在省部级主要领导干部学习贯彻党的十九届五中全会精神专题研讨班开班式上及在十九届中央纪委五次全会上的重要讲话，全国和全省水利工作会议精神等。认真领会习近平总书记提出的"三新""三力"，正确认识我国当前的历史方位和发展阶段，为推动"十四五"时期我省南水北调事业开好局、起好步。

二、做好调度中心不动产权证办理工作

南水北调配套工程调度中心现已完成竣工验收，郑州段建管处要积极协调郑州市城建局、规划局、国土局等相关单位，办理建设工程规划核实意见书，与相关资质单位签订房产测量、不动产测绘等协议，切实做好调度中心不动产权证办理工作。相关费用从配套工程建管费中列支。

三、做好《河南河湖大典》南水北调篇编纂出版工作

《河南河湖大典》南水北调篇已完成初审，编纂办要根据水利厅编纂规范和标准，进一步修改完善，为今年顺利出版奠定基础。《河南河湖大典》南水北调篇相关审稿、出版费用单独列入水费支出预算。

四、持续加强精神文明建设工作

精神文明建设工作是一项长期工作，要坚持常态化建设不松懈。要将党风廉政建设与精神文明建设紧密结合，引导党员领导干部坚定理想信念，时刻筑牢拒腐防变思想底线，提升党性修养，增强全体干部职工综合素养。各项目建管处要根据省直文明办、厅文明办相关要求制定精神文明建设工作计划，建立工作台账，明确工作任务和责任分工，开展好各类活动，确保精神文明各项工作落实到位。所需费用纳入水费支出预算。

五、研究制定配套工程自动化系统运行维护方案

南阳段建管处要采取措施进一步加快配套工程自动化系统验收、调试等后续工作，结合运行管理实际需要，研究制定配套工程自动化系统运行维护初步方案。

六、做好配套工程病害处理工作

为进一步加强我省南水北调配套工程病害防治管理，同意委托河南省水利勘测有限公司牵头开展配套工程病害分类分级及防治技术研究。平顶山段建管处负责组织实施，项目经费预算约76.38万元，列入年度水费支出预算。

七、谋划好2021年重点工作

（一）做好尾工建设与工程验收工作。要统筹干线、配套工程尾工、验收等工作一体推进，干线工程要按照水利部、南水北调中线局要求积极推进。平顶山建管处负责，其他各处配合，制定整体验收工作计划，上半年要完成跨渠桥梁验收工作；安阳段建管处要制定政府财政评审计划，详细列出工作内容、责任处室、时间节点等。同时，根据实际情况，明确鄢陵供水工程作为一个单独设计单元由许昌市组织财政评审工作；新乡段建管处要加快推进征迁、水保、环保及文物专项验收工作，厘清存在问题并及时解决，督促加快各项验收工作进度。

（二）加强运行维护和安全生产。南水北调工程是重大民生工程，要立足新发展阶段，贯彻新发展理念，构建新发展格局，不断提高政治判断力、政治领悟力、政治执行力，提升管理水平。平顶山建管处负责，厘清重点工作任务，制定详细工作计划，强力推进，加强监管，确保工程安全、设施安全、用水安全，充分发挥工程效益。

（三）做好水量消纳，扩大供水效益。要总结以往调水年度计划完成情况，认真分析生活供水、生态补水存在问题和扩大潜力，积极做好相关工作。加快推进郑开同城、观音寺调蓄水库等重点工程建设，积极提升水量消纳能力，扩大供水范围，提升供水效益。

（四）加强水费收缴工作。水利厅已致函各市制定欠缴水费还款计划，安阳段建管处要加强水费催缴工作，敦促相关地市务必全部缴纳 2018-2019 年度、2019-2020 年度水费。本调水年度水费应及时缴纳，不得拖欠。

（五）加强资金监管。安阳段建管处要加强资金监管，督促有关单位加快资金支付，避免资金沉淀。

八、做好疫情防控常态化工作

临近春节，省建管局要做好疫情防控措施常态化，及时储备疫情防控物资，坚持做好办公楼内清洁、消毒工作，保持公共环境卫生。全体干部职工要科学佩戴口罩、勤洗手、常通风、不聚集，保持高度的防控意识不松懈。确保资金投入，相关费用纳入年度水费支出预算。

九、加强反恐维稳工作

要树立稳定压倒一切的工作主导思想，建立健全反恐维稳工作组织机构，配备专人负责，落实责任。平顶山建管处牵头负责配套工程反恐维稳工作，要对各市县南水北调办事机构下发专门通知；郑州建管处牵头负责省调度中心反恐维稳工作，全力配合。根据工作需要，配备一定数量的防爆头盔、钢

叉、背心、橡胶警棍等装备，所需费用纳入年度水费支出预算。要上下齐心，齐抓共管，采取有效措施，积极排查、防范、化解各种矛盾和问题，防患于未然，确保安全稳定。

十、做好春节值班工作

春节期间，全局上下要坚持实行 24 小时领导带班值班制度，安排好值班人员，做好值班、交接班记录，确保人员在岗在位，如遇突发情况应立即上报。平顶山段建管处牵头开展节前配套工程运行管理巡查暗访工作，及时发现、消除安全隐患，确保春节期间南水北调供水安全。

河南省南水北调中线工程建设管理局会议纪要

〔2021〕4 号

3月2日，厅党组副书记、副厅长（正厅级）王国栋主持召开省南水北调建管局（以下简称"省建管局"）办公会议。会议听取了各处近期工作情况汇报，安排部署了下一步重点工作。纪要如下：

一、做好固定资产报废处置工作

经清查，省建管局一批办公机具固定资产已具备报废条件，账面原值共约139万元，账面净值为零，其中，省财政资金购买约104万元，干线工程建管费购买约35万元。由安阳建管处负责，郑州建管处配合，做好资产的鉴定，并按程序上报，待批准后再做处置。

二、抓紧办理新进人员相关手续

郑州建管处要抓紧办理新进人员相关手续，及时与水利厅人事处对接，按照程序尽快办理。新调入人员于4月1日到省建管局报到。

三、做好职工医疗补助工作

根据相关政策，全供事业单位可自筹费

用缴纳职工医疗补助，缴纳比例为职工工资总额的6%。郑州段建管处要加强与省社保中心沟通协调，安阳段建管处明确资金渠道，加快推进此项工作，于4月份落实到位。

四、加强调度中心值班管理

为整合人力资源，提高工作效率，由南阳建管处会同郑州建管处，其他处室配合，完善省调度中心值班制度，明确人员、职责，研究制定人员轮休、补助等制度，加强人员培训，严格落实值班制度。除法定节假日外，不再单独安排行政值班。从2021年4月1日起正式实施。

五、做好配套工程保护范围划定实施工作

配套工程保护范围划定工作已完成招投标，南阳建管处要及时组织召开中标单位、平顶山建管处等相关人员参加的合同交底会；平顶山建管处依照合同要求，组织中标单位抓紧开展保护范围划定工作，以便早日提交成果。

六、加强配套工程投资计划管理工作

南阳建管处要督促相关单位加快配套工程变更、索赔处理工作，尽快组织编制配套工程投资控制分析报告，按照水利厅要求，就配套工程结余资金使用提出意见、建议。

七、加快推进配套工程阀井升级改造

为做好全省配套工程阀井升级改造工作，南阳段建管处要督促设计单位加大工作力度，完善工作方案，尽快完成阀井升级改造整体设计方案，报批后分期分批组织实施，所需投资列入年度预算。阀井施工质量缺陷经认定后由建设单位负责组织处理。

八、加强配套工程运行维护

巡检暗访效果十分显著，要持续坚持。巡检暗访要形成制度化、常态化，按照"四不两直"原则，坚持每季度暗访一个循环，将暗访的情况登记归纳整理和留存，作为年度运行管理工作考评依据。平顶山建管处要认真研究泵站精细化管理问题，对全省23个泵站建立基础数据库，有针对性地开展调度管理。

九、加快2021年水费收支预算编制工作

2021年水费收支预算运行管理费部分要按照省水利厅印发的《河南省南水北调配套工程预算编制定额（试行）》进行编制。各项目建管处、省辖市、直管县（市）2021年水费预算抓紧报安阳建管处，汇总后集中统一进行研究、审批，不再一一批复。安阳建管处要督促各处、省辖市、直管县（市）南水北调运行保障中心（建管局）按照《定额》尽快补充完善预算资料，各处要加强配合，认真审核相关预算项目和基础数据，力争2021年3月底前完成预算编制工作。年底前，负责组织对《定额》使用情况进行评估。

十、做好内审工作

同意安阳段建管处组织对省建管局2020年度机关财务、干线建设财务和近3年配套工程建设财务开展内审工作，要做到应审尽审，发现问题及时整改。相关费用约20万元，从对应的三项工作经费中分别列支。

河南省南水北调中线工程建设管理局会议纪要

〔2021〕5号

4月7日上午，省水利厅王国栋副厅长主持召开省南水北调建管局（以下简称"省建管局"）办公会议。会议听取了各处近期工作情况汇报，安排部署了下一步重点工作。纪要如下：

一、做好配套工程环保验收工作

按照有关规定，配套工程验收需提供运行期环保监测情况。为顺利推进环境保护专项验收工作，同意新乡段建管处委托开展配套工程运行期环保监测工作，工作内容主要包括供水水质监测、泵站噪声监测、生态环

境监测，费用大约50万元。

二、持续推进配套工程维修养护定额编制工作

《河南省南水北调配套工程维修养护定额（试行）》已编制完成，同意上报本周五（4月9日）召开的厅长办公会研究审议。平顶山段建管处、厅南水北调工程管理处与厅办公室做好上会对接及文件报批工作。

三、启动配套工程维修养护项目招标工作

为进一步做好我省南水北调配套工程维修养护工作，鉴于配套工程维修养护项目合同于2021年7月27日到期，同意平顶山建管处组织尽快启动招投标工作，本次招标合同期三年。

四、审议2021年度水费收支预算

原则同意南水北调2021年度水费收、支预算。水费收支预算是生产性预算，既要满足运行管理需要，又要适度从紧。要压缩会议经费，尽量组织召开视频会议。配套工程运行管理费部分预算要按照《河南省南水北调配套工程运行管理预算定额（试行）》进行编制，对于偏差较大项目，平顶山建管处要组织定额编制单位深入现场，查找原因，要对各市在编人员数量重新核实。下一步，安阳建管处牵头，对预算进一步完善，4月15日前完成预算征求意见稿，争取4月底前报厅党组会审议。

五、做好配套工程财务决算编制培训工作

为做好配套工程竣工完工财务决算编制工作，同意安阳建管处组织有关人员，开展配套工程财务决算编制办法、细则、模板等培训。费用约7万元，从配套工程建管费中列支。

六、做好调度中心值班管理

自4月份开始，日常行政值班并入自动化值班。现阶段执行12小时值班制，每日带班处长1名，值班工作人员1名，后续可根据工作实际情况调整。由南阳建管处牵头负责，各处室配合，尽快编制值班管理工作方案，

同时做好值班人员岗位培训等工作。值班补助按省财政厅有关规定执行。

七、加强自动化调度系统维护工作

为保证配套工程自动化调度系统正常运行，由南阳建管处牵头组织编制自动化调度系统运行维护方案，经评审后尽快按程序启动招标工作。

八、保障南水北调年鉴编纂经费

按照年度工作安排，郑州建管处牵头做好年鉴编纂工作，项目经费约18万元，从干线工程建管费中列支。

九、做好调度中心办公楼网络扩容

根据工作实际，为保障网络资源满足办公需要，由郑州建管处负责组织实施调度中心办公楼网络扩容工作，项目经费约6万元，从干线工程建管费中列支。

十、做好党员干部职工培训

为进一步提高干部职工思想政治水平，开展好党史学习，增强集体凝聚力，由郑州建管处牵头，其他各处室配合，按程序报水利厅批准后，组织实施2021年度全省南水北调系统内干部培训工作，计划5月份赴大别山干部学院培训学习，项目经费约20万元；计划邀请省里有关专家来我局开展党史、党规、廉政、综合事务（宣传、保密、公文）讲座活动，全年计划开展8次，费用约5万元，均列入年度水费预算。

十一、做好党群活动室提升改造

为进一步营造党员活动室政治文化氛围，根据水利厅星级党支部评定有关党组织阵地建设要求，由郑州建管处组织实施对省建管局党群活动室进行改造提升工作。

十二、加强办公机具配备监督管理

各单位应严格按照相关规定配备办公机具，要坚持勤俭节约，杜绝铺张浪费、讲排场。市县南水北调管理机构办公场所搬迁后，原则上不再批量添置更新办公机具。

河南省南水北调中线工程建设管理局会议纪要

〔2021〕6号

5月30日，王国栋副厅长主持召开省南水北调建管局（以下简称"省建管局"）办公会议，组织学习了习近平总书记在推进南水北调后续工程高质量发展座谈会上的重要讲话精神，对贯彻落实总书记重要讲话精神和切实维护南水北调工程安全、供水安全、水质安全提出了具体要求，同时听取了各处近期工作情况汇报，安排部署下一步重点工作。纪要如下：

一、深入学习贯彻习近平总书记"5·14"重要讲话精神

各处要把学习贯彻习近平总书记重要讲话和指示精神作为当前和今后一个时期的重大政治任务，进一步提高政治站位，深入领会讲话精神实质、丰富内涵、实践要求，扎实推进南水北调后续工程建设；要从守护生命线的政治高度，坚定不移做好各项工作，确保南水北调"三个安全"。

各处要按照水利厅党组（扩大）会议要求，切实做好南水北调工程安全隐患排查工作。要建立问题台账、制定整改措施、明确责任人，及时消除安全隐患。

二、加快干线跨渠桥梁档案移交工作

桥梁移交过程中，交通部门提出增加一套工程档案，属于施工合同外增加内容。

1.焦作2段演马庄煤矿东北公路桥、云台大道公路桥2座省道桥梁档案，由新乡建管处委托一家有资质的单位统一归档、组卷、移交，费用约2.8万元，从南水北调干线工程建设管理费中列支。

2.郑州段十里铺东南、G107国道Ⅰ、三官庙西、郑上路等4座桥梁档案，由郑州建管处委托具有资质的河南颐丰档案管理咨询有限公司统一归档、组卷、移交，费用约7.5万元，从南水北调干线工程建设管理费中列支。

三、做好新乡配套工程征迁资金调整工作

新乡建管处要严格按照河南省发展和改革委员会豫发改设计〔2014〕728号文件和新乡市政府承诺文件精神，厘清资金使用情况，把握资金调整原则，准确核定新乡供水配套工程32号输水管线设计变更后的征迁投资，加快推进新乡配套工程征迁验收工作。

四、关于购买工间操音响设备事宜

根据精神文明建设工作需要，为增强干部职工身体素质，同意购买一套工间操音响系统。由郑州建管处负责与中国电信集团系统集成有限责任公司河南分公司签订补充协议，结合安防及信息综合管理系统升级改造项目一并实施，费用约10万元，从南水北调干线工程建设管理费中列支。

五、实施南水北调工程展览中心项目

郑州建管处负责委托一家有资质的单位编制实施方案，报省建管局组织审批；方案审查批准后，由南阳建管处负责组织招投标工作，郑州建管处负责组织抓紧实施。

六、加快自动化系统验收、联合调试工作

自动化决策支持系统建设基本完工，南阳建管处负责加快推进后续验收工作。水调系统联合调试工作涉及自动化、土建参建单位较多，专业性强，由南阳建管处负责委托专业单位承担联合调试任务。

七、加强自动化系统和流量计运行维护工作

为保证自动化系统和流量计正常运行，同意通过购买社会服务，委托专业队伍承担运行维护任务。南阳建管处负责组织编制自动化决策支持系统及流量计运行维护方案，按程序审查、报批同意后，适时开展后续招标工作。

八、加强网络安全保护工作

为贯彻落实国家网络安全等级保护制度相关要求，由南阳建管处牵头，其他处室配合，委托符合条件的国家网络安全等级保护测评机构，对配套工程涉及的信息化系统开展等级评定、等级保护工作。

九、妥善解决自动化代建、监理延期问题

受种种因素影响，自动化代建、监理服务期延长较多，由南阳建管处负责按照合同有关条款，结合实际情况，抓紧研究，提出处理意见。

河南省南水北调中线工程建设管理局会议纪要

〔2021〕7号

6月17日，王国栋副厅长主持召开省南水北调建管局（以下简称"省建管局"）办公会议，组织学习了习近平总书记在推进南水北调后续工程高质量发展座谈会上的重要讲话精神，听取了各处近期工作情况汇报，安排部署下一步重点工作。纪要如下：

一、深入学习贯彻总书记"5·14"重要讲话精神

各处要把学习贯彻总书记重要讲话和指示精神作为重大政治任务，切实增强学习贯彻的责任感、紧迫感、使命感。要与开展党史学习教育结合起来，与总书记对南水北调发展的一系列重要讲话指示精神结合起来，在确保学习质量上多下功夫，在推动工作上多下功夫，在取得实效上多下功夫，不断推动学习贯彻往深里走、往心里走、往实里走。

二、开展黄河南仓储维护中心氡浓度等检测工作

为办理黄河南仓储维护中心建设及验收有关手续，按照住建部门要求，需要对土壤氡浓度、节能效果、室内环境进行检测。同意郑州建管处意见，委托郑州天宏工程检测有限公司开展检测工作，按相关规定进行合同谈判和签订，费用从配套工程建设资金中列支。

三、开展配套工程PCCP管道检测工作

配套工程已运行5年以上，为保证运行安全，开展PCCP管道安全检测工作十分必要。由南阳建管处负责，平顶山建管处配合，尽快研究制订检测试验方案并组织实施。

四、完善南阳十八里岗垃圾处理资金使用程序

南阳建管处负责，督促南阳市南水北调建管局、卧龙区调水办等有关部门，尽快就垃圾场扩建、增容签订投资包干协议，完善干线工程南阳十八里岗垃圾处理专项资金使用程序。

五、做好《河南河湖大典》宣传工作

目前，《河南河湖大典》基本编纂完成，水利厅已委托中国水利水电出版社出版、北京印匠彩色印刷有限公司印刷。为方便全省南水北调系统职工更好的了解、查阅南水北调工程以及河南省河流、湖泊基本情况，同意省建管局与北京印匠彩色印刷有限公司签订印刷合同，印刷2000册，费用约40万元，费用从南水北调水费中列支。

河南省南水北调中线工程建设管理局会议纪要

〔2021〕8号

8月3日，厅党组副书记、副厅长王国栋主持召开省南水北调建管局（以下简称"省建管局"）办公会议，听取各处巡察南水北调配套工程水毁情况汇报，安排部署水毁修复、疫情防控等重点工作。纪要如下：

一、抓紧开展配套工程水毁修复

（一）及时统计上报水毁情况

平顶山建管处负责组织，全面排查因"21·7"特大暴雨造成的配套工程水毁情况，按照"应急修复""汛后修复""长期解决"三类情况，进行整理、汇总，并及时上报水利厅。

（二）统筹使用水毁修复资金

全面考虑、通盘筹划水毁修复资金的申报、使用，报请上级同意优先使用救灾资金，不足部分使用工程建设节余资金，保证资金需求；同时要做好政策解释，明确资金使用范围，严格资金监管。同意将水毁项目修复同管理设施提升、阀井提升改造相结合，统筹推进。

（三）加快水毁工程修复进度

平顶山、南阳建管处负责，指导督促各有关单位不等不靠、立即行动，抓紧开展配套工程水毁修复工作；对重要水毁项目（如输水管道等），要协调设计单位制定抢修方案，并派驻人员加强监管，在保证质量、安全的前提下，尽快完成抢修任务，及早消除风险隐患。

二、持续做好工程安全度汛工作

目前仍处于主汛期。要坚决克服麻痹、侥幸、松懈等心理，充分发挥职能作用和专业优势，在信息共享、防洪调度、工程防护、抢险救援等方面有序衔接，齐心协力做好防汛工作。抓紧购置配备救生衣、雨衣、胶鞋、手电筒、通信设备等防汛物资、器材，为顺利开展防汛救灾工作提供保障。

三、全力抓好疫情防控工作

新冠肺炎疫情防控形势复杂严峻。要认真贯彻落实省委新冠肺炎疫情防控工作会议精神、郑州市新冠肺炎疫情防控领导小组办公室发布的各期通告及水利厅关于新冠肺炎疫情防控的各项工作要求，要及时储备疫情防控物资，坚持做好办公楼内清洁、消毒工作，保持公共环境卫生。全体干部职工要积极配合全员核酸检测，科学佩戴口罩、勤洗手、常通风、不聚集，保持高度的防控意识不松懈。

四、严格人员管理

进一步强化作风建设，严肃工作纪律，严格病、事假请销假程序，严格执行考勤制度，对于违反纪律的要按照有关规定进行处理。进一步规范借调人员管理，对于外单位借调我单位人员，抓紧完善借调手续，否则，限期回单位上班。

五、持续做好结对帮扶工作

为持续开展结对帮扶，促进乡村精神文明建设，巩固脱贫成果，助力乡村振兴，同意支援确山县竹沟镇肖庄村2万元，用于乡村振兴及疫情防控工作，资金从干线建管费用中列支。

河南省南水北调中线工程建设管理局会议纪要

〔2021〕9号

9月6日，厅党组副书记、副厅长王国栋主持召开省南水北调建管局（以下简称"省建管局"）办公会议。会议听取了各处近期工作情况汇报，安排部署下步重点工作。纪要如下：

一、加强精神文明建设宣传工作

为加强精神文明建设宣传工作，根据文明单位测评体系要求，同意在河南省南水北调中线工程建设管理局院区内制作安装6个精神文明固定宣传栏、1处社会主义核心价值观雕塑。由郑州建管处负责比选确定实施方案，委托一家有资质的单位实施，费用约12万元，从水费中列支。

二、制定出台专业技术职称推荐申报评审办法

为规范专业技术职称推荐申报工作，由郑州建管处负责组织制定《河南省南水北调建管局推荐申报中、高级专业技术职称资格量化赋分评审办法（试行）》，规范中、高级专业技术职称申报资格评审工作。

三、加快自动化决策支持系统水毁项目修复

南阳建管处负责，抓紧组织完成通信线

路、自动化设备、流量计等水毁项目排查，由自动化设计单位提出处理方案及预算，经审批后抓紧组织实施。鉴于自动化水毁项目修复时间紧、任务重且较为分散，为尽快恢复自动化决策支持系统正常运行，同意直接委托具有相应资质和自动化施工经验的承包商承担修复任务，并由自动化项目监理单位负责修复项目监理工作。

四、关于泵站运行维护后续招标工作

泵站运行维护专业性较强，现有运行维护合同将于近期陆续到期。为保证泵站运行维护工作的连续性，兼顾省南水北调建管局机构改革的不确定性，后续招标合同服务期暂定为截止2022年底，届时根据实际情况可考虑适当延期。

五、启动省调度中心试运行工作

由平顶山建管处牵头，相关处室配合，配备专职人员，自2021年10月1日起，启动省调度中心试运行工作。南阳建管处负责，抓紧做好自动化决策支持系统建设、调试、验收等收尾工作。

六、配合做好配套工程财政评审工作

目前，省财政厅评审中心委托中介机构开始对配套工程进行财政评审。厅南水北调工程建管处要督促相关地市南水北调办事机构，提高思想认识，与评审单位加强交流沟通，发现问题及时整改，确保财政评审工作顺利完成。

七、开展2021年度水费支出审计工作

同意由安阳段建管处牵头，委托会计事务所，对2021年度水费支出进行审计，同时对配套工程运行管理预算定额使用情况进行评价。相关费用约20万元，从水费中列支。

八、加快配套工程水毁修复工作

（一）选定实施单位。为尽快消除水毁隐患，确保供水安全，同意委托配套工程维修养护单位承担土建工程应急抢险和恢复重建项目的施工任务，泵站代运行维护单位承担泵站机电设备修复任务。

（二）规范实施程序。一是应急抢险项目实施方案由实施单位负责编制，方案编制要科学全面，需提供水毁影像资料、测量数据、施工详图、工程量清单及报价等；恢复重建项目（主要指影响结构安全的）实施方案由省水利设计公司负责专项设计。二是应急抢险项目实施方案由市县南水北调机构负责审批，省南水北调建管局指导；恢复重建项目实施方案由省南水北调建管局负责审批。三是省南水北调建管局、市县南水北调机构依据批复的项目方案和预算，分别与配套工程维修养护单位和泵站代运行单位签订补充协议；项目实施完成后，按程序及时结算支付，对已实施完成的应急抢险项目据实结算支付。水毁工程修复费用从配套工程建设结余资金中列支。

（三）按时完成任务。平顶山、南阳建管处要加强指导监督，市县南水北调机构要切实负起现场管理职责，确保应急抢险项目于今年12月底前基本完成，恢复重建项目于明年汛前基本完成。

河南省南水北调中线工程建设管理局会议纪要

〔2021〕10号

10月29日下午，厅党组副书记、副厅长王国栋主持召开省南水北调建管局（以下简称"省建管局"）办公会议。会议听取了各处近期工作情况汇报，安排部署下步重点工作。纪要如下：

一、实施河南省南水北调爱国教育展示中心改造提升项目

为更好地阐释弘扬南水北调精神，同意对原河南省南水北调爱国教育展示中心进行改造提升，并尽快完成可研报告编制、审批工作。展示中心要立足南水北调中线干线、

配套工程，突出河南特色，找准展示教育受众对象，重点展示工程建设、管理工作内容，同时做好展示素材的收集与整理，扎实做好前期筹备各项工作。

二、做好配套工程决算审核编制单位招标工作

根据配套工程完工财务决算审核及竣工财务决算编制工作量，同意划分2个标段进行招标，择优选择2个专业单位，协助省南水北调建管局开展相关工作。由安阳、南阳建管处按照职责分工组织实施。

三、做好系统内财务人员培训工作

为提高系统内财务人员业务水平，做好运行管理财务工作，同意安阳建管处结合内审情况、今年预算执行情况及明年预算编制工作开展系统内财务人员培训。费用约需18万元，从水费中列支。

四、推进配套工程征迁等验收工作

新乡建管处负责，积极对接各市县水利局、南水北调管理机构，加快推进配套工程征迁资金调整及征迁、用地手续、水保环保验收等工作，并根据工作进展情况列出问题清单，报厅南水北调工程管理处督促协调各市县有关部门抓紧推进各项工作。

五、做好合同变更、资金管理等相关工作

一是关于干线合同变更争议问题处理，由南阳建管处牵头，相关建管处配合，11月底前处理完成；二是做好干线资金风险控制工作，由南阳建管处牵头，相关建管处配合，督促存在资金风险标段抓紧按程序办理结算，统筹做好风险资金联动工作；三是配套工程建管费超支问题，由南阳建管处负责，研究提出处理意见，使用招标节余资金或预备费妥善解决。

六、进一步细化做好水毁工程修复相关工作

根据省政府办公厅通知精神，按照水利厅统一部署，由南阳建管处负责，进一步细化配套工程水毁修复及恢复重建项目清单，严把实施方案和预算审批关，简化明确审批程序；由安阳建管处负责，加强配套工程水毁修复资金使用监督管理，单独设立账目，专户管理；由平顶山建管处负责，加强水毁恢复重建工程进度、质量、安全等监督管理工作。通过下发文件、召开专题会议等，做好相关政策解释说明，明确工作目标要求，规范有序推进配套工程水毁修复工作。

七、下一步重点抓好五项工作

（一）维护好南水北调工程"三个安全"

2020-2021年度供水调度任务圆满完成，要深入贯彻落实习近平总书记在推进南水北调后续工程高质量发展座谈会上的重要讲话精神，切实维护南水北调工程安全、供水安全、水质安全。

（二）落实好2021-2022年度供水计划

认真梳理总结我省水量消纳情况，准确掌握当前供水基础数据，依据水利部批复的2021-2022年度供水计划，加强沟通协调，强化调度管理，实现精确精准调水，确保年度供水计划圆满完成。

（三）推进好南水北调后续工程高质量发展

深入分析南水北调工程面临的新形势新任务，完整、准确、全面贯彻新发展理念，按照高质量发展要求，统筹发展和安全，协调推进新增配套供水工程建设，扩大供水效益，为我省经济社会高质量发展提供水安全保障。

（四）做好"21·7"洪水灾后恢复重建工作

根据省政府关于"21·7"洪水灾后恢复重建工作的指导意见，按照水利厅的工作部署，加快前期工作步伐，尽量减少审批环节，优化建设环境，加大监管力度，定期开展督导检查，扎实开展各项工作，保质保量完成灾后恢复重建工作任务。

（五）抓好党建、精神文明、疫情防控等工作

按照水利厅统一部署，切实抓好党建、

精神文明、疫情防控等工作。一是充分发挥党支部战斗堡垒作用和党员先锋模范作用，坚持党建工作与业务工作融合发展；二是发挥全体职工的主管能动性，积极营造精神文明建设良好氛围，确保工作取得实效；三是认真贯彻落实新冠肺炎疫情防控的各项工作要求，保持高度的防控意识不松懈，坚持疫情防控常态化。

河南省南水北调中线工程建设管理局会议纪要

〔2021〕11号

12月15日下午，厅党组副书记、副厅长王国栋主持召开省南水北调建管局（以下简称"省建管局"）办公会议。会议听取了各处近期工作情况汇报，安排部署下步重点工作。纪要如下：

一、做好人事管理工作

（一）抓紧办理邹根中、王鹏工作调动手续；按程序办理王斌、魏巍辞职手续。

（二）由于工作变动，樊军、薛刚、周延卫、孙向鹏等同志不再借用，按照相关程序做好与借用单位费用结算；孙佳、郭颖莎、裴清慧、张占银等同志不再聘用，符合条件的，按照相关标准进行补偿。

（三）因工作需要，张爱民、闫利明、范春华、袁舫等同志继续借用，许安生、耿新建等同志继续聘用，分别按照相关规定履行借用、聘用、劳务派遣等程序。

（四）抓紧办理王振、魏楠、焦乃雨、武鹏程、石真瑞、王杰、蒋松洁岗位聘任工作。

（五）按照规定交纳残疾人保障金，费用约17万元。

二、做好工程运行管理相关工作

（一）同意新建的平顶山市城区、内乡县南水北调配套供水工程纳入省建管局统一管

理。凡政府出资的配套工程项目，均纳入省建管局统一管理，资产移交省建管局，运行维护费用列入年度预算。

（二）同意购置储备部分防汛物资。应急照明设备，原则上每个地市分配两套，按照固定资产管理办法管理；防汛抢险应急包30套，省建管局备用。总费用约70万元。

（三）科光监理公司2017、2018两年巡查费用，由省建管局按合同约定及时结算，费用从水费中解决。

三、做好投资管理、阀井升级改造、水毁修复相关工作

（一）关于干线工程各设计单元建设期投资控制资料整理汇编工作，由南阳建管处负责与中线建管局协调、对接，要统一原则、统一要求、统一文本、统一标准。具体由各项目建管处负责以设计单元为单位委托第三方机构实施，于2022年3月20日前完成。

（二）关于干线工程委托段投资控制分析报告编制工作，由南阳建管处负责，委托第三方专业机构实施，于2022年2月20日前完成并上报中线建管局。

（三）关于干线工程地方分摊投资落实问题，由厅南水北调处负责，督促相关市、县尽快落实，南阳建管处及相关项目建管处做好配合工作；分摊资金已落实的，尽快上缴中线局。

（四）关于配套工程阀井升级改造问题，由南阳建管处负责，抓紧与中标设计单位进行合同谈判并签订设计合同，2022年2月底前提交第一批实施方案设计成果。

（五）加快水毁工程进度问题，由南阳建管处负责督促设计单位12月底前提交水毁恢复重建项目施工图纸及预算。

四、省调度中心院区路面塌陷处理问题

受"7·20"暴雨影响，近期，省调度中心院区内西南角路面出现塌陷，影响交通安全，需要抓紧处理。由郑州建管处负责，其他各处配合，尽快完善处理方案，同意委托

黄河南仓储中心施工单位河南水建集团公司实施，估算费用 15 万元，从水费中列支。

五、安排布置下步重点工作

（一）2021 年已进入年末，各处要按照省水利厅的统一要求，全面系统的做好年度工作总结，超前谋划和安排好 2022 年各项工作。

（二）2022 年配套工程维修养护预算编制工作，要按照省水利厅印发的定额标准，早安排布置、早着手推进、早上会审议，争取早印发执行。

（三）各处要各司其职，抓好班子带好队伍，加强职工思想建设，协调推进各项工作更好发展，确保工程平稳运行，人员安定团结。

（四）抓好安全管理工作，确保生产安全、办公场所消防安全；认真贯彻落实新冠肺炎疫情防控的各项工作要求，保持高度的防控意识不松懈，坚持疫情防控常态化。

河南省南水北调建管局关于加强新冠疫情防控工作的通知

豫调建综〔2021〕3 号

各处室，物业公司：

当前，正值疫情防控的关键时期，国内部分省市报告本土多点散发病例，特别是河北省石家庄市、邢台市、黑龙江省绥化市等地突发聚集性疫情，防控形势异常严峻。为切实扎紧扎牢防输入、防扩散、防反弹的防线，有效阻断新冠肺炎疫情在我局传播，保障职工身体健康和生命安全。经研究，决定从即日起，进一步严格加强疫情防控、管控。现提出以下措施、要求，请认真抓好落实。

一、主动报告

自 2020 年 12 月 15 日以来有石家庄市、邢台市、黑龙江省绥化市等中高风险地区旅行史的职工及家属应立即、主动向所在处室和居住地社区（村）报告，配合做好排查、信息登记、健康监控和核酸检测等工作。如掌握有中高风险地区旅行史的人员情况应及时、主动向当地社区报告，或向当地疫情指挥部报告。

二、加强管理

加强外来办公人员的扫码、测温登记等工作，体温正常且持有健康绿码的人员方可进入办公大楼。局机关餐厅做好冷链采购防护措施，并加强对工作人员的健康监控。非工作时间，除特殊情况下需加班的我局在职人员外，其他外来人员一律禁止进入办公区。

三、做好防控

密切关注自身健康状况，一旦出现咳嗽、发热等身体不适情况，应做好个人防护，及时到定点医院发热门诊就医。加强自身防护，个人出行一律佩戴口罩。无特殊情况不要去石家庄市、邢台市、绥化市等中高风险地区，如必须前往，请做好个人防护并向所在处室和居住地社区（村）报备。物业公司要加强对餐厅、电梯间、楼道、会议室、活动室等公共区域的通风、消杀工作；加强门卫管理和进出人员、车辆排查工作。

四、提高意识

各处各单位要切实负责，协调一致，加强对干部职工的管理。密切关注官方信息，不信谣、不传谣。党员干部要带头做到在春节假期非必要不出行、不流动、不聚集、不返乡、不跨省、不出境。任何个人严禁前往中、高风险地区。如有不主动报告或在排查过程中故意逃避、隐瞒、缓报、谎报有关信息的将按照最高人民法院、最高人民检察院、公安部、司法部联合下发的《关于依法惩治妨害新型冠状病毒感染肺炎疫情防控违法犯罪的意见》及相关法律法规从严追究当事人责任。

特此通知。

2021 年 1 月 15 日

关于印发《河南省南水北调中线工程建设管理局新冠肺炎疫情防控工作方案》的通知

豫调建综〔2021〕6号

机关各处室、圆方物业项目部：

目前，新冠肺炎疫情防控态势严峻复杂，全球疫情仍在持续蔓延，国内本土疫情呈零星散发和局部聚集性交织叠加态势。各处室（项目部）要时刻保持警醒状态，进一步增强风险意识，坚决克服厌战情绪、麻痹思想和松懈心态，采取精准有效的措施，及时查缺补漏，严防死守。为保障我局各项工作顺利开展，现将《河南省南水北调中线工程建设管理局新冠肺炎疫情防控工作方案》印发你们，请结合实际，认真抓好落实。

特此通知。

2021年3月17日

关于印发《河南省南水北调建管局2021年精神文明建设工作要点》的通知

豫调建综〔2021〕11号

局各处、各项目建管处：

现将《河南省南水北调建管局2021年精神文明建设工作要点》印发给你们，请结合实际，认真贯彻落实。

2021年4月14日

河南省南水北调建管局
2021年精神文明建设工作要点

2021年河南省南水北调建管局精神文明

建设工作的总体要求是：以习近平新时代中国特色社会主义思想为指导，深入学习贯彻党的十九大精神和十九届二中、三中、四中、五中全会精神，全面贯彻落实省委十届十二次全会暨省委经济工作会议精神、省文明办和省水利厅文明办决策部署，增强"四个意识"，坚定"四个自信"，做到"两个维护"，坚持围绕中心工作，稳中求进、守正创新，围绕庆祝中国共产党成立100周年，唱响爱党爱国爱社会主义的时代主旋律，以大力培育和践行社会主义核心价值观、弘扬中华传统美德为根本，深入开展群众性精神文明建设，着力引导干部职工持续提升思想觉悟、道德水准、文明素养和法治观念，争做文明出彩河南人，为我省南水北调事业发展提供强大的精神动力。

一、统一思想，深入学习宣传贯彻习近平新时代中国特色社会主义思想

1.推动习近平新时代中国特色社会主义思想入脑入心。在全局开展党史学习教育，组织党员干部职工认真学习习近平《论中国共产党历史》《毛泽东、邓小平、江泽民、胡锦涛关于中国共产党历史论述摘编》《习近平新时代中国特色社会主义思想学习问答》《中国共产党简史》等权威读本，深入理解把握马克思主义中国化成果特别是习近平新时代中国特色社会主义思想的科学性真理性。围绕学习贯彻党的十九届五中全会精神，深入学习党中央制定"十四五"规划和2035年远景目标的战略考量，大力宣传学习党员干部立足岗位、埋头苦干的出彩故事，激发谱写新时代中原更加出彩绚丽篇章的持久动力。

2.大力营造庆祝中国共产党成立100周年的浓厚氛围。大力弘扬党和人民在各个历史时期奋斗中形成的伟大精神，广泛宣传我们党的百年奋斗史、百年光辉历程、百年伟大成就。牢牢把握"党的盛典、人民的节日"基调定位，组织开展读主题图书、看主题影视剧、传唱革命歌曲、朗诵革命诗词等群众性主题宣传教育活动，激励广大干部职工建功新时代、共筑中国梦。

二、推进社会主义核心价值观教育，倡树文明社会新风尚

1.强化理想信念教育。以党史学习教育为重点，做到学史明理、学史增信、学史崇德、学史力行，引导广大党员干部群众坚定对马克思主义的信仰，对社会主义、共产主义的信念，对实现中华民族伟大复兴中国梦的信心。广泛开展红色教育，组织焦裕禄精神、红旗渠精神、愚公移山精神、大别山精神、南水北调精神主题体验活动，让干部职工在精神洗礼中增强家国情怀。用好省直机关主题党日活动基地、爱国主义教育基地、国防教育基地和国家安全教育基地，开展全民国家安全教育日、全民国防教育日宣传教育活动。

2.强化思想道德建设。认真贯彻落实《新时代公民道德建设实施纲要》和《新时代爱国主义教育实施纲要》，扎实推进社会公德、职业道德、家庭美德、个人品德建设，突出加强政德教育。常态化开展省直道德模范、身边好人选树和学习宣传活动，持续关注在疫情防控和经济社会发展等重大工作中涌现出的先进群体和人物。学习宣传先进典型优秀事迹，传播身边正能量，激励广大干部职工崇德向善、见贤思齐。

3.倡树文明社会风尚。持续学习宣传《河南省文明行为促进条例》，深入开展创建节约型机关、绿色出行活动，引导党员干部自觉讲文明、守秩序、树新风。深入开展爱国卫生运动，推行垃圾分类投放、推广分餐公筷等，倡导健康饮食文化，促进养成文明健康生活方式。大力加强诚信建设，深化"诚信·让河南更出彩"主题实践活动，推动形成诚实守信、重信践诺的浓厚氛围。开展宪法日集中宣传教育，推动宪法精神更加深入人心。建立完善网络行为规范，推进文明办网、文明上网、文明用网。

4.提升学雷锋志愿服务活动。坚持问需于民、问效于民，围绕融入社会治理、服务百姓民生，深化拓展新时代文明实践中心建设，策划实施主题鲜明、富有特色的志愿服务项目，培育一支高质量志愿服务队伍，做亮叫响"关爱山川河流""无偿献血""政策宣传"等志愿服务品牌。持续宣传推选"四个优秀"先进典型，规范志愿者注册管理、服务登记和褒奖激励等工作，推进志愿服务制度化社会化专业化。

三、深化拓展群众性精神文明创建活动，着力推动省直精神文明建设提质增效

1.坚持党建带创建发挥党建工作的政治引领作用。严格执行党内政治生活制度，严明党的政治纪律和政治规矩，引领党员干部自觉规范政治言行。认真落实意识形态领域工作责任制，扎实做好机关意识形态分析研判，及时了解掌握机关党员干部思想状况和现实需求，针对性做好思想政治工作。把作风建设作为文明创建重要内容，驰而不息纠治"四风"，营造激浊扬清、干事创业的良好氛围。

2.丰富干部职工精神文化生活。组织开展内容丰富、形式多样的读书活动，激发干部职工的读书热情。广泛开展全民健身行动，组织举办群众性健身活动，提高干部职工的身体素质和健康水平。组织春节、元宵、清明、端午、中秋、重阳等"我们的节日"传统文化活动，开展"孝老爱亲""崇德尚礼"优秀传统文化和革命节日、党史国史重大事件纪念日主题活动。

3.加强精神文明队伍建设。精神文明创建是一项政治性、综合性、专业性、实践性很强的系统工程，为适应新形势的要求，需要打造一支政治强、业务精、纪律严、作风正的创建工作队伍。加强文明专（兼）职干部队伍建设，加大创建业务知识和专业技能培训，广泛开展学习交流活动，特别注重对创建骨干的专业精神、专业素养、专业能力的

培训提高，为推动我局精神文明建设工作再上新的台阶提供力量。

4.加强精神文明创建日常管理机制。把精神文明建设工作纳入单位目标考核内容，加强文明单位日常管理，健全完善各项制度。按照省直精神文明建设测评体系，制定本年度精神文明建设实施方案。从理想信念、践行价值观、思想教育等日常工作的13个方面，36个具体工作内容上对文明单位进行日常考核。建立精神文明建设工作提醒、通报机制，进行督办催办，确保各项工作按时保质完成，不断推进我局精神文明建设工作常态化、制度化。

关于印发《河南省南水北调建管局 2021年精神文明建设 实施方案》的通知

豫调建综〔2021〕12号

局各处、各项目建管处：

现将《河南省南水北调建管局2021年度精神文明建设实施方案》印发给你们，请结合实际，认真组织实施，抓好贯彻落实。

特此通知。

2021年4月14日

河南省南水北调建管局2021年精神文明 建设实施方案

为扎实有效推进我局省级文明单位建设工作，进一步加强管理，不断提高工作水平，根据2021年省直精神文明建设工作要点要求，结合我局工作实际，特制定我局2021年精神文明建设实施方案。

一、指导思想

以习近平新时代中国特色社会主义思想为指导，深入学习贯彻党的十九大精神和十九届二中、三中、四中、五中全会精神，全面贯彻落实省委十届十二次全会暨省委经济工作会议精神、省文明办、省水利厅文明办决策部署，围绕庆祝中国共产党成立100周年，唱响爱党爱国爱社会主义的时代主旋律，以建设社会主义核心价值体系为根本，以"做文明人、办文明事"为重点，坚持围绕中心工作、服务大局，坚持稳中求进、守正创新，坚持齐抓共管、全员参与。大力加强干部职工思想道德建设、完善诚信体系、提高服务质量、树良好形象，为推进我省南水北调事业发展提供思想道德保障和精神动力。

二、建设目标

以习近平新时代中国特色社会主义思想为统领，紧紧围绕南水北调事业发展大局，按照省级文明单位建设工作的具体要求，加强思想道德建设，提高队伍素质；改善工作基础设施，提高服务质量；完善科学管理，规范干部行为；加强文化建设，树立文明新风。通过深入开展文明单位创建活动，使领导班子坚强有力，单位内部风清气正，业务工作实绩突出，思想道德建设风尚良好，办公环境整洁优美，创建工作深入扎实，为我局精神文明创建工作向前迈进打下坚实基础。

三、组织机构

成立精神文明建设领导小组，成员名单如下：

组　　长：王国栋　省水利厅党组副书记、副厅长（正厅级）

副 组 长：余洋　郑州南水北调工程建设管理处党支部书记、处长

成　　员：秦鸿飞　南阳南水北调工程建设管理处党支部书记、处长

胡国领　安阳南水北调工程建设管理处党支部书记、处长

徐庆河　平顶山南水北调工程建设管理处党支部书记、处长

邹根中　新乡南水北调工程建设管理处

党支部书记、处长

领导小组下设办公室（设在郑州南水北调工程建设管理处），余洋兼任办公室主任，樊桦楠兼任办公室副主任。办公室内设综合组、督办联络组、宣传材料组3个工作组。工作职责如下：

一、综合组

组　　长：余洋

成　　员：张新国　郝文峰　龚莉丽
　　　　　张起源　李宁

负责文明创建相关活动安排、组织、协调工作；负责对外联系、以及接待联络和后勤服务工作；负责领导小组交办的其他工作。

二、督办联络组

组　　长：岳玉民

成　　员：龚莉丽　王笑寒　武文昭
　　　　　刘欣

负责文明创建各项工作完成情况督察督办工作；负责指导、检查各处室文明创建工作开展情况；负责领导小组交办的其他工作。

三、宣传材料组

组　　长：樊桦楠

成　　员：杜军民　余培松　薛雅琳
　　　　　崔堃

负责文明创建工作文件资料整理、汇总工作；制定相关意见、实施方案、会议通知等文件起草工作；负责领导讲话、工作简报和综合性材料的起草工作；负责新闻宣传报道工作；负责领导小组交办的其他工作。

各处指定文明创建联络员，负责各处文明创建相关工作。

四、工作任务

（一）加强理想信念教育。组织干部职工认真学习习近平新时代中国特色社会主义思想和党的十九届二中、三中、四中、五中全会精神，坚定对社会主义、共产主义的信念、对实现中华民族伟大复兴中国梦的信心。在全局开展党史学习教育，组织党员干部职工认真学习习近平《论中国共产党历史》《毛泽东、邓小平、江泽民、胡锦涛关于中国共产党历史论述摘编》《习近平新时代中国特色社会主义思想学习问答》《中国共产党简史》等权威读本，广泛开展红色教育，弘扬党和人民在各个历史时期奋斗中形成的伟大精神。

责任部门：局各处（具体责任分工见附件）

（二）践行社会主义核心价值观。认真贯彻落实中央《关于培育和践行社会主义核心价值观的意见》、省委《关于推进文明河南建设的若干指导意见》，注重教育引导、实践养成、制度保障，着力把社会主义核心价值观融入社会治理，融入干部职工日常工作和生活。深化爱国主义教育，大力弘扬以爱国主义为核心的民族精神和以改革创新为核心的时代精神，在重大节日、重大时间节点开展缅怀先烈、回顾党史、重温入党誓词等系列主题活动。

责任部门：郑州南水北调工程建设管理处

（三）深化思想道德建设。认真贯彻落实《新时代公民道德建设实施纲要》和《新时代爱国主义教育实施纲要》，扎实开展社会公德、职业道德、家庭美德、个人品德为主题的道德实践活动。办好机关道德讲堂和先进人物事迹报告会，常态化开展道德模范、身边好人、文明处室、文明职工和文明家庭等先进典型选树活动，开展好各类先进人物、事迹的宣传和学习活动，推动形成德者受尊、好人好报的价值导向，树立正确的价值引领，激励广大干部职工崇德向善、见贤思齐。

责任部门：郑州南水北调工程建设管理处

（四）加强诚信法治建设。深化"诚信·让河南更出彩"主题活动，持续开展诚信主题宣传教育，引导干部职工自觉践行《河南省文明单位诚信公约》，培育诚信理念、规则意识、契约精神。结合实际，建立完善干部职工诚信考核评价制度，开展南水北调相关法律政策的教育实践活动，积极培育特色鲜明的诚信文化，推动形成诚实守信、重信践诺的良好风尚。加强普法教育，开展宪法、保密法、国家安全法和南水北调相关法律法规的宣传与学习，形成尊法、学法、守法、用法的浓厚氛围，促进干部职工尊法守法。

责任部门：新乡、郑州、南阳南水北调工程建设管理处（具体责任分工见附件）

（五）加强服务型单位建设。以"文明服务我出彩、群众满意在窗口"活动为抓手，围绕我省南水北调配套工程运行管理实际，以增强为民服务意识和干部职工整体素质，建立规范运转、廉洁高效、文明优质形象为目标，对涉外部门推行服务态度优、技能优、效率优、举止优、环境优的"五优"文明服务活动。重点抓好专业技能培训、优质服务承诺、依法行政、信访维稳和评先评优等活动，着力提升服务水平和工作效率。

责任部门：郑州、平顶山南水北调工程建设管理处（具体责任分工见附件）

（六）大力开展学雷锋志愿服务活动。以新的志愿服务信息平台为依托，规范志愿者注册管理、服务登记、保险保障和激励回馈等工作，推进志愿服务制度化常态化。重点开展党员志愿服务进社区、关爱山川河流、无偿献血和政策宣传等志愿服务活动。持续开展全城大清洁、关爱环卫工和学雷锋志愿服务先进典型选树等活动，不断强化志愿服务队伍建设，提升志愿服务工作能力和水平。

责任部门：郑州南水北调工程建设管理处

（七）深入开展文明风尚行动。深入开展爱国卫生运动，全面推行垃圾分类投放、推广分餐公筷等，倡导健康饮食文化，促进养成文明健康生活方式。学习宣传《河南省文明行为促进条例》，推动党员干部职工带头讲文明、有公德、守秩序、树新风。广泛开展文明旅游、文明交通、文明餐桌、节能减排等活动，建设节约型环保型机关，引导干部

职工养成绿色、科学、文明、健康的工作和学习生活方式。完善网络行为规范，推进文明办网、文明上网。

责任部门：郑州南水北调工程建设管理处

（八）持续开展结对帮扶工作。按照省直精神文明工作要点要求，深入开展省直第五轮文明单位结对帮扶农村精神文明创建工作，助力新时代农村社会文明程度的提升。持续开展与省直第四轮结对帮扶村（确山县肖庄村）的帮扶工作，按照帮扶工作主要任务，持续开展文明乡风行动，清洁家园行动和评先选树等活动，积极助力脱贫致富。

责任部门：新乡南水北调工程建设管理处

（九）开展群众性文化活动。以春节、元宵、清明、端午、中秋、重阳等民族传统节日为重点，组织开展"我们的节日"主题活动，丰富节日内涵、弘扬民俗文化；以妇女节、青年节等节庆日为重点，组织开展健步走、乒乓球、篮球、羽毛球等文体健身活动，丰富节日文化生活，推进机关文体活动经常化常态化。

责任部门：郑州南水北调工程建设管理处

五、工作要求

（一）广泛动员，营造氛围。要切实提高对创建工作重要性必要性的认识。要深入动员，广泛发动，统一思想，明确责任，形成一级抓一级、上下齐努力的工作格局。要利用多种形式，广泛宣传，营造浓厚的创建氛围，使创建工作从领导重视向全体干部职工重视拓展，从职能部门重视向各处重视延伸，真正把全体干部职工发动起来，做到全力投入，全员参与，全面提高。

（二）加强管理，完善机制。一要落实主体责任，各党支部要切实承担起精神文明建设的主体责任。要坚持"两手抓，两手都要硬"的方针，把精神文明建设摆上重要议事日程，纳入工作重点。各党支部要充分发挥战斗堡垒作用，在服务群众中凝聚群众，积极组织带领广大干部职工群众参与创建活

动，努力使党的建设与文明创建相互促进。二要注重机制创新。要不断研究新方法、新对策、新机制，切实增强文明创建活动的针对性、有效性和吸引力、感染力。三要严格督查考核。局文明创建工作领导小组办公室要充分发挥监督检查职能，对创建工作重、难点问题和薄弱环节进行专项跟踪督查，确保限时整改到位。要把创建工作纳入单位年终考评的内容，加强检查督促指导，深入调研，总结经验，认真研究新情况，解决新问题，确保创建工作健康、持续发展。

（三）总结经验、提高质量。要进一步巩固、深入、提高、创新，不断丰富载体，深化内涵，提高质量，使创建工作有新的突破。要加强创建的信息工作，及时报送创建活动信息，宣传、交流创建经验。要结合实际，在创特色求实效上下功夫，在工作思路、体制机制、工作内容、方式方法上取得新突破。

（四）落实责任，齐抓共管。局文明创建领导小组切实加强对创建工作的领导，进一步健全责任制，对创建目标任务筹划、重大问题决策、工作制度确定、重点问题处理、工作进度督查、资金投入保障等工作负责。创建工作要有目标、有部署、有计划、有要求，及时提出明确意见，定期听取汇报，协调解决重要问题。分管领导要加强指导、组织、协调和落实，各处室要严格落实、互相配合，使创建有规划，经费有投入，平时有检查，活动有成效。各处按照工作台账及任务分解表，制定工作计划，并于每月的20日前报送下月工作方案，局文明办将根据报送方案，督促落实各项工作的完成情况。

附件（略）：1.2021年度精神文明建设工作台账及任务分解表2.2021年度全国文明单位新增内容工作台账及任务分解表

关于对资料室仓库等安全隐患进行排查整改的通知

豫调建综〔2021〕22号

机关各处室，质量监督站，圆方物业项目部：

2021年7月23日，综合处会同建设处、计划处、财务处、环移处以及圆方物业项目部联合对省调度中心各资料室、仓库及8楼进行了安全检查，随后组织召开了会商会。会议就存在的人员安全意识不强，资料室、仓库内办公、住人，电脑、空调不能人走随手关机，使用大功率电器烧水、做饭，杂物随意堆放、空调检修口堵塞等安全隐患问题（详见附件），提出了整改意见和明确要求。现就有关问题通知如下：

1.牢固树立"谁使用谁负责，谁管理谁负责"意识，强化《河南省消防安全责任制实施办法》明确的"安全自查、隐患自除、责任自负，安全责任划分到人"理念，层层传导压力，落实消防安全责任，各处室进一步进行排查，立即整改存在问题，消除安全隐患。

2.严格落实"八个严禁"要求。加强日常安全检查频次，严禁在资料室、仓库内办公、住人、乱堆杂物，使用大功率电器烧水、做饭等存在安全隐患的违反"八个严禁"的行为。

3.资料室、仓库应配备灭火器或灭火弹等消防器具（材）。省建管局6月28日安全工作专题会议已要求各处室进行安全自查，并将所需的消防器具（材）报综合处汇总一并购买，个别处室至今没有报告。请各处室、质量监督站主要负责人尽快组织全面自查，于8月3日前上报消防器具（材）购买计划。

附件（略）：资料室、仓库等安全隐患问题

2021年8月2日

关于印发《河南省南水北调中线工程
建设管理局开展安全稳定风险
排查化解行动工作方案》的通知

豫调建综〔2021〕26 号

各处室：

按照省委、省政府和省委政法委关于维护社会安全稳定工作决策部署，根据《全省突出涉稳风险排查化解行动工作方案》《河南省水利厅开展安全稳定风险排查化解行动工作方案》，为切实做好我局安全稳定风险排查化解工作，结合我局实际，省南水北调建管局组织制定了《河南省南水北调中线工程建设管理局开展安全稳定风险排查化解行动工作方案》，现印发给你们，请认真贯彻落实。

附件（略）：河南省南水北调中线工程建设管理局开展安全稳定风险排查化解行动工作方案

2021 年 10 月 12 日

关于印发《河南省南水北调
中线工程建设管理局集中开展
严肃工作纪律整顿工作作风
专项活动实施方案》的通知

豫调建综〔2021〕34 号

各处室：

为进一步严肃工作纪律，改进工作作风，规范工作秩序，提高工作效能。根据省纪检监察委驻省水利厅纪检监察组要求，经厅长办公会研究，决定从 2022 年 1 月 10 日至 2022 年 4 月 10 日，在全局范围内集中开展严肃工作纪律整顿工作作风专项活动。现将

《河南省南水北调中线工程建设管理局集中开展严肃工作纪律整顿工作作风专项活动实施方案》印发给你们，请认真贯彻执行。

附件：河南省南水北调中线工程建设管理局集中开展严肃工作纪律整顿工作作风专项活动实施方案

2021 年 12 月 31 日

附件

河南省南水北调中线工程建设管理局集中开展严肃工作纪律整顿工作作风专项活动实施方案

为推进全面从严治党向纵深发展，进一步严肃工作纪律，改进工作作风，规范工作秩序，提高工作效能，为我局事业单位重塑性改革奠定思想基础，提供制度保障。根据省纪检监察委驻厅纪检监察组要求，经厅长办公会研究，决定从 2022 年 1 月 10 日至 2022 年 4 月 10 日，在全局范围内集中开展严肃工作纪律整顿工作作风专项活动。现结合我局实际，制定如下实施方案：

一、指导思想

以习近平新时代中国特色社会主义思想为指导，以"严纪律、转作风、抓落实"为主题，坚持从严教育、从严管理、从严监督，坚持真抓、敢抓、严抓，着力整治纪律松懈、工作浮漂、效率低下等突出问题，切实拧紧纪律约束的螺丝，时刻敲响自律的警钟，达到内化于心、外化于行的目的，以铁的纪律树立南水北调队伍新形象。

二、组织领导

为确保本次活动扎实有效，特成立河南省南水北调中线工程建设管理局严肃工作纪律整顿工作作风专项活动领导小组。

组　　长：王国栋

副组长：余　洋、秦鸿飞、胡国领、
　　　　徐庆河、赵　南

成　　员：樊桦楠、郑　军、李沛炜、

秦水朝、王成刚、武文昭

领导小组下设办公室，办公室设在郑州南水北调工程建设管理处，余洋同志兼任办公室主任，樊桦楠同志兼任办公室副主任，负责省南水北调建管局严肃工作纪律整顿工作作风专项活动的筹划、组织、协调和检查督导等日常工作。

各处室成立相应组织机构，负责本处专项活动的实施。

三、整顿范围和重点

此次集中整顿的范围包括省南水北调建管局全体职工及借聘用人员，重点整治"迟到、早退、脱岗、离岗、旷工""庸懒散"等方面的突出问题，主要包括：

（一）严肃请销假工作纪律，着力整治"离岗""旷工"

职工因公外出开会、办事或因病、因事请假，要按照《河南省南水北调中线工程建设管理局机关考勤及请休假制度（试行）》（豫调建综〔2020〕34号）规定履行请假手续，填写《河南省南水北调建管局干部职工请休假审批表》，按照程序和批准权限得到批准后方可请假，请假结束后要及时办理销假手续。各处室要定期将人员请销假情况向全体职工通报，并于每周二前将上周人员请销假情况报领导小组办公室备案，以备驻厅纪检监察组检查、抽查。

（二）严肃上下班作息纪律，着力整治"迟到""早退"

上下班实行纸质签到、签退制度，每天上午签到、下午签退。各处室安排专人负责，每周汇总，定期在处全体职工会上通报情况。各处室于每周二前将上一周汇总后的原始签到签退表报领导小组办公室备案，以备驻厅纪检监察组检查、抽查。

（三）严肃上班期间工作纪律，着力整治"串岗""玩电脑"

工作时间要坚守岗位，履行职责，严禁串岗；严禁工作时间从事炒股、上网聊天、玩游戏、看电影、听音乐、网购等与工作无关的事情；严禁工作日中餐饮酒。

各处室要成立监督检查组，要不定期进行检查、抽查，做好记录，必要时留存影像资料，定期向本处全体职工通报情况。

（四）严肃值班期间工作纪律，着力整治"脱岗""漏岗"

值班人员不得脱岗、漏岗，不准随意换岗；不准迟到、早退，不准从事与值班无关的活动，确保通信畅通；遇有重要紧急事项或重大突发事件，值班人员要及时向带班领导请示汇报，不准置之不理或随意处置，不准迟报、漏报、瞒报；值班期间要填写好值班登记表。

带班处长要切实负责，提前做好当班值班安排，加强检查，确保值班人员及时到位，坚守岗位，履职尽责。

（五）严肃会议纪律，着力整治"缺会""玩弄手机"

全体职工要严格按照会议通知、要求参加会议，不得迟到、早退，无故缺席，认真做好会议笔记；确有特殊情况无法参会的，必须本人提前向会议组织者书面请假；会议期间，自觉维护会议秩序，进入会场后要按指定地点就座，同时将手机等通信工具关闭或调至震动状态，严禁在会场接打电话、玩弄手机；不准随意进出、随意离场，不得做与会议无关的其他事情。

（六）整顿工作作风，着力整治"庸懒散"

重点整治责任感不强，不求有功，但求无过；工作效能低下，不作为、慢作为、缓作为；工作不主动，推诿扯皮，见困难就退、见问题就推、见矛盾就回避；服务意识不强，工作漫不经心、态度傲慢，办事"冷、硬、横、推"；不服从组织管理，不听从领导安排，执行力低下，得过且过等问题。

四、时间安排与方法步骤

本次活动从2022年1月10日开始至2022

年4月10日结束，分四个阶段进行：

（一）动员部署、学习教育阶段（2022年1月10~31日）

1.做好宣传动员。召开全体职工大会，学习传达《河南省南水北调中线工程建设管理局集中开展严肃工作纪律整顿工作作风专项活动实施方案》，进行广泛动员，使全体职工充分认识集中开展严肃工作纪律整顿工作作风专项活动的目的和意义，打牢开展专项活动的思想基础。

2.组织学习讨论。采取集中学习、自我学习、观看警示教育片、分组讨论等方式，重点学习中央、省委省政府和省水利厅关于加强纪律作风建设的有关文件，学习《事业单位人事管理条例》《事业单位工作人员处分暂行规定》《河南省南水北调中线工程建设管理局机关考勤及请休假制度（试行）》《河南省南水北调中线工程建设管理局关于工作人员病、事假期间有关工资待遇的通知》等，进一步提高思想认识；开展以案促改专项活动，深入学习剖析身边违反工作纪律、工作作风不实典型案例，积极开展批评与自我批评。学习讨论结束后，每名干部职工都要撰写一篇不少于1000字的心得体会，各处室主要负责人认真审核、签字认可后，报领导小组办公室备案，以备驻厅纪检监察组检查、抽查。

（二）自查自纠、监督检查阶段（2022年2月1~28日）

1.深入对照检查。各处室要对照方案列出的整治重点内容，认真组织自查自纠，通过设立意见箱、公开举报电话、发放征求意见表、接受网上举报等方式，广泛征求本处室、其他处室、服务对象等方面的意见建议。在此基础上，召开专题组织生活会，开展批评和自我批评，深入查摆问题，把问题找全、找准、找实、找细。

全体干部职工要立足本职，对照对标各项规章制度，认真进行自我排查，主要采取

"三查三看"方式，即查工作纪律，看是否存在"迟到、早退、脱岗、离岗、旷工"情况；查工作态度，看是否存在不服从管理、不听从安排情况；查履职尽责，看是否存在"慵懒散"情况。全体干部职工通过自己找、别人提、领导评等方式，查找工作纪律和工作作风方面存在的突出问题，为集中整改做好准备。

2.强化监督检查。各处室要加强对职工遵章守纪、履职尽责情况进行监督检查，发现苗头性、倾向性问题，要及时提醒、及时打招呼，把问题解决在萌芽状态。要对职工自查自纠情况进行全面审核、把关，发现敷衍塞责、应付了事，走过场、走形式，避重就轻、不切要害等情况，要严肃批评，要"重过一遍"。

（三）自我完善、整改提高阶段（2022年3月1~20日）

1.制定整改措施。针对查摆出来的问题，制定具体整改方案，明确责任，整改到位。坚持"有什么问题就整治什么问题，什么问题突出就重点解决什么问题"的原则，组织全体干部职工对查摆出的问题逐项制定整改措施，能够立即整改的要立即整改，不能立即整改的，要制定限期整改计划，及时有效整改。

处室要对职工个人整改措施计划逐一审核，严把质量，确保有针对性、可行性、可操作性，并报领导小组办公室备案，以备驻厅纪检监察组检查、抽查。

（四）总结巩固、健全机制阶段（2022年3月21~10日）

1.召开总结会。各处室对集中开展严肃工作纪律整顿工作作风专项活动取得的成效、积累的经验、存在的问题进行全面总结。要围绕专项活动查摆出的问题，检查整改措施是否到位、整改问题是否落实、整改效果是否明显，明确下一步工作任务和目标。各处室于2022年4月10日前将活动总结报领导小

组办公室备案，领导小组办公室汇总后报驻厅纪检监察组。

2.建立完善规章制度。在抓好整改、总结的同时，进一步建立、完善相关规章制度，形成加强纪律作风建设的长效机制，注重提高规章制度的执行力，实现用规章制度管事、管人，用规章制度规范行为。推动纪律作风建设科学化、规范化、制度化和常态化。

五、保障措施

（一）提高认识，加强领导。各处室要充分认识集中开展严肃工作纪律整顿工作作风专项活动的重要性、必要性和紧迫性，切实将本次活动抓好抓实抓出成效。各处室主要负责同志要及时动员部署，抓好督促落实，做好示范引领，坚决反对摆花架子、搞形式主义，严防走过场，扎扎实实组织开展好本次活动。

（二）突出重点，加强指导。各处室要突出抓好学习教育和查摆整改，做到动员发动"广"，全员参与，不留死角；查摆问题"真"，有一说一，不遮不掩；整改问题"实"，不走过场、不被动应付。整改范围为全体干部职工及借聘用人员，整改重点是上下班工作纪律、落实请销假制度等方面。各处室主要负责人要及时掌握活动开展情况，做好对分管干部职工的督促引导和管理。

（三）统筹兼顾，注重结合。各处室要把开展工作纪律和工作作风专项整治与当前各项工作有机结合起来，统筹安排，全面推进。既要与贯彻落实中央"八项规定"精神和反对"四风"相结合，将求真务实的作风落实到方方面面，也要与各项工作相结合，将工作纪律和工作作风排查整改成果转化为推进各项工作的动力，持之以恒正风肃纪，持续改进工作作风，确保业务工作和纪律作风建设两不误、两推进。

关于白河倒虹吸工程价差和稽察争议及施工降排水合同变更有关问题的报告

豫调建投〔2021〕12号

南水北调中线干线工程建设管理局：

白河倒虹吸工程施工单位为中国水利水电第十四工程局有限公司（以下简称施工单位），合同额29841.98万元。2019年7月，水利部以办南调〔2019〕156号核准该项目完工财务决算总投资57770.43万元（其中土建部分41755万元）。之后，施工单位以部分项目存在争议为由提出申诉。现将有关情况报告如下：

一、关于价差调整问题

按照中线局计〔2013〕236号和中线局计〔2014〕121号文件精神计算，白河倒虹吸工程调差控制额度为4205.89万元，施工单位申报的调差金额为5060.85万元，经我局委托的河南华北水电工程监理服务有限公司审核，白河倒虹吸工程调差金额审核为4863.29万元（已结算价差3468.02万元）。审核的价差金额超出国调办价差控制指标1450.29万元，超出中线局价差控制额度657.4万元，即白河倒虹吸工程价差超"双控"指标。

据初步分析，白河倒虹吸工程价差超"双控"指标的主要原因一是白河倒虹吸工程为穿河建筑物，建筑物全长1337m，地质渗透系数跨度较大，且地质条件复杂，需分三期导流安排施工。在工程建设过程中，为确保合同工程按期完成，按南阳建管处和监理要求，施工单位将主要工程量主要集中在一期和二期内施工完成，即在2011年及2012年达到施工高峰，而这两年价格指数较高，造成实际价差调整金额较控制指标偏高。二是白河倒虹吸工程由于地质条件变化等因素造成设计变更项目较多，且合同外新增的变更项目占比较大，一方面变更项目和同口径年额度控幅指数（建筑安装工程综合价格指数）与各调差因子物价指数不均衡，另一方面实际完成并纳入价差计算范围的工程投资超出合同额较多，造成了实际的价差调整额超出原国调办的价差控制指标。综上，施工单位认为原国调办批复的价差额度偏低，对完工财务决算核准的3413万元价差额度存在异议，要求参照同类项目，按236号文审定的金额4863.29万元签订价差补充协议。（详见附件3）

我局认为，施工单位提出的对白河倒虹吸工程价差调整"双控"指标与现场实际情况不尽一致等问题情况基本属实，综合考虑三审单位审计意见："按照3413.00万元暂估计入完工财务决算，该金额未取得施工方认可，待与施工方协商确定后竣工决算时一并调整"（华文专审字〔2019〕第188号），白河倒虹吸工程价差调整以中线局控制额度4209.85万元作为上限控制为宜（需核增投资796.85万元）。

二、关于工程量稽查整改扣减资金问题

2017年3月至6月，我局委托河南兴华工程管理有限公司（简称河南兴华公司）对白河倒虹吸工程等9个施工标段的结算工程量进行了核查。根据河南兴华公司提供的《白河倒虹吸标段工程量稽察报告》（简称稽察报告），对施工单位在白河倒虹吸工程结算工程量中管身开挖料回填等30项内容提出了稽察意见，我局于2017年11月6日下达了《关于南水北调中线工程方城段等三个设计单元工程量稽察整改意见及相关要求的通知》（豫调建投〔2017〕183号），要求施工单位对白河倒虹吸工程结算工程量核减的506.85万元资金进行整改。但施工单位对稽察报告提出的30项整改意见中的18项问题（涉及资金342.46万元）提出异议（详见附件1）。在我局现场建管处协调下，结算时按稽查意见暂扣了506.85万元，按稽查意见完成整改。

经我局进一步复核，认为施工单位申诉情况属实，原稽查整改意见核减投资额应由506.85万元调整为164.39万元（需核增投资342.46万元）。

三、关于施工降排水及围堰合同变更单价争议问题

由于白河倒虹吸工程水文地质合同条件与现场实际情况不尽一致，同时，由于白河无序采砂，河床高程降低，且白河0号橡胶坝的修建蓄水，致使白河水位升高，导致白河倒虹吸工程二、三期施工围堰工程量和施工降排水量均有增加。我局根据《关于辉县第五施工标段黄水河渠道倒虹吸等三项降排水变更的批复》（中线局计〔2017〕58号）文"变更费用应以补偿实际成本为原则，不计利润""应本着风险共担的原则，承包人承担一定的风险"的精神，批复施工单位承担30%的风险，并于2018年5月以《关于白河倒虹吸降排水及围堰工程变更的批复》（豫调建投〔2018〕67号），批复该变更增加投资628.94万元。变更批复后，施工单位对"承担30%风险"存在异议。

根据2019年3月中线建管局在郑州组织的专题会议纪要，并参考其他项目同类施工降排水变更处理情况，我局拟按施工单位承担15%的风险标准统一处理。按此标准调整后白河倒虹吸降排水及围堰合同变更增加金额为825.99万元，与我局原批复的628.94万元相比，增加197.05万元。（详见附件2）

鉴于目前白河倒虹吸工程完工财务决算已经水利部核准，建议贵局对以上三项问题明确处理意见，并在竣工决算时一并进行调整。特此报告。

附件（略）：1.南阳段建管处关于对白河倒虹吸工程量稽察有关问题进行复核的请示（豫调建南建〔2020〕1号）2.南阳段建管处关于白河倒虹吸工程施工降排水及围堰合同变更单价争议处理有关问题的请示（豫调建南建〔2021〕1号）3.南阳段建管处关于南水北

调白河倒虹吸工程价差调整有关问题的报告（豫调建南建〔2020〕3号）

2021年2月10日

关于河南省南水北调爱国教育展示中心项目可行性研究报告的批复

豫调建投〔2021〕86号

郑州建管处：

你处《关于对〈河南省南水北调爱国教育展示中心项目可行性研究报告〉进行审查批复的报告》（豫调建郑建〔2021〕6号）收悉。经研究，现批复如下：

1.为展示南水北调工程建设历程，弘扬南水北调精神，基本同意建设河南省南水北调爱国教育展示中心。根据黄河勘测规划设计研究院有限公司的咨询意见（见附件）基本同意河南省水利勘测有限公司编制的《河南省南水北调爱国教育展示中心项目可行性研究报告》。

2.建设内容及规模。基本同意河南省南水北调爱国教育展示中心选址在省南水北调配套工程调度中心14层，布展使用建筑面积约710平方米，主要建设内容包括装饰工程、安防系统、空调新风系统、消防系统、强弱电系统和多媒体展示系统等。

3.投资估算。基本同意估算编制依据和编制原则，核定本项目投资估算项目投资估算701.03万元，其中工程建设费用607.10万元，其他费用60.55万元，基本预备费33.38万元。

4.请你处根据咨询意见，进一步细化完善设计方案，明确主要材料和设备参数，确定工程量和投资。

特此批复。

附件（略）：《河南省南水北调爱国教育展示中心项目可行性研究报告》咨询意见

2021年12月28日

关于拨付南水北调中线干线安阳段等9个设计单元工程建设资金的函

豫调建投函〔2021〕5号

南水北调中线干线工程建设管理局：

目前，南水北调中线干线工程安阳段、潞王坟试验段、石门河倒虹吸、南阳试验段、白河倒虹吸、焦作2段、郑州2段、郑州1段、潮河段等9个设计单元工程完工财务决算已经水利部核准。建设过程中由于设计变更、地质条件变化、征迁环境影响等实际情况，以上9个设计单元工程核准投资与下达的投资指标均存在不同程度差异。具体情况如下：

1.安阳段

安阳段下达投资指标17.95亿元，完工财务决算核准投资为20.57亿元，投资缺口为2.62亿元。造成投资缺口的主要原因为：一是国调办批复的中、强膨胀岩处理设计变更实际完成投资超过下达的投资指标8633万元；二是国调办批复的弱膨胀岩渠坡处理设计变更增加投资14745万元未下达投资指标；三是安李铁路桥设计方案调整增加投资1176万元；四是闸站建筑物增加上部结构引起房屋建筑工程变更增加投资2063万元；五是取弃土场整理返还政策变化引起取弃土场回填变更增加投资6200万元；六是桥梁规模、位置调整引起变更增加投资6463万元；七是地质条件（软、硬岩）变化引起变更增加投资9946万元；八是征迁环境原因导致取弃土场变化引起运距调整变更增加投资1097万元；九是建设期延长导致监理服务费增加投资1807万元。

2.潞王坟试验段

潞王坟试验段下达投资指标1.82亿元，完工财务决算核准投资为2.22亿元，投资缺口为0.4亿元。造成投资缺口的主要原因为：

一是中膨胀土（岩）渠段设计变更增加投资1720万元；二是新增山彪取土场回填变更增加投资872万元；三是建设期延长导致监理服务费增加310万元。

3.石门河倒虹吸

石门河倒虹吸下达投资指标2.3亿元，完工财务决算核准投资为3.04亿元，投资缺口为0.74亿元。造成投资缺口的主要原因为：一是降排水变更增加投资5464万元；二是房屋建筑工程增加投资343万元；三是建设期延长导致监理服务费增加524万元。

4.南阳试验段

南阳试验段下达投资指标1.7亿元，完工财务决算核准投资为1.88亿元，投资缺口为0.18亿元。造成投资缺口的主要原因为：一是新增渠道永久征地边界内附属物清除及沿渠道路修筑导致增加投资204万元；二是土方平衡工程变更导致增加投资690万元；三是建设期延长导致监理服务费增加投资178万元；四是渠道永久防护网等其他部分较预算增加投资189万元；五是安全与文明施工措施费清单增加投资589万元。

5.白河倒虹吸

白河倒虹吸下达投资指标4.26亿元，完工财务决算核准投资为4.55亿元，投资缺口为0.29亿元。造成投资缺口的主要原因为：一是进口渐变段部分建筑物紫铜止水、土方工程、硬岩开挖等变更导致增加投资393万元；二是管身段部分砂砾石填筑、河床永久防护、基础处理、24～39节管顶临时防护、53节和24节防汛堵头等工程变更导致增加投资7289万元；三是出口建筑物基础处理及防护措施导致增加投资941万元；四是建设期延长导致监理服务费增加投资311万元；五是排水及围堰工程变更、橡胶坝抽水索赔等增加投资1745万元。

6.焦作2段

焦作2段下达投资指标26.16亿元，完工财务决算核准投资为29.61亿元，投资缺口为3.45亿元。造成投资缺口的主要原因为：一是地质条件变化引起钙质胶结破碎变更增加投资24807万元；二是施工弃渣场及土料场位置、容量发生变化引起投资增加10533万元；三是地质条件发生变化引起九里山石渠段处理、地裂缝换填处理等工程变更增加投资2869万元；四是地方政府对桥梁规模、宽度等需求发生变化引起桥梁、引道的加宽、位置调整等变更增加投资4355万元；五是新增建设路穿渠廊道、中兴大道污水管桥等变更增加投资3234万元；六是闸站建筑物上部结构调整细化引起房屋建筑工程变更增加投资4107万元；七是建设期延长导致监理服务费增加投资2251万元。

7.郑州2段

郑州2段下达投资指标19.83亿元，完工财务决算核准投资为20.83亿元，投资缺口为1.0亿元。造成投资缺口的主要原因为：一是新增增聚苯乙烯硬质保温板增加投资2731万元；二是王庄污水廊道抢险项目、郭厂穿渠污水廊道、段庄穿渠污水廊道等征迁项目增加投资约2400万元；三是新增站马屯弃渣场水保项目增加投资1300万元；四是建设期延长导致监理服务费增加投资2567万元；五是地质条件变化导致降排水变更增加投资1636万元。

8.郑州1段

郑州1段下达投资指标9.09亿元，完工财务决算核准投资为8.64亿元，投资结余为0.45亿元。

9.潮河段

潮河段下达投资指标33.75亿元，完工财务决算核准投资为34.41亿元，投资缺口为0.66亿元。造成投资缺口的主要原因为：一是土方调配及渗控措施设计变更增加投资14701万元；二是高速公路桥梁绕行辅道变更增加投资6117万元；三是G107、中华北路、解放北路、神州路、郭厂村和段庄村等5处污水管道改建项目增加投资3206万元；四是地质条件变化导致降排水变更增加投资 9833 万元。

综上，安阳段等 9 个设计单元工程下达投资指标为 116.88 亿元，完工财务决算核准投资为 125.74 亿元，投资缺口为 8.86 亿元；另按照你局安排，需我局支付勘测设计费额度共 6.13 亿元，目前已支付并纳入完工财务决算 4.31 亿元，尚需 1.81 亿元；扣除 2020 年春节前已拨付资金 2.0 亿元，安阳段等 9 个设计单元及勘测设计费资金缺口共 8.67 亿元（详见附表）。

春节临近，为维护南水北调工程形象和社会稳定，我局组织对 2021 年春节前建设资金需求情况进行了梳理。经梳理，施工、监理单位需求资金为 3.8 亿元，勘测设计单位需求资金为 1.67 亿元，扣除我局目前账户余额 0.62 亿元，河南委托段 2021 年春节前需求资金为 4.85 亿元。请贵局尽快拨付，以确保节前社会稳定。

特此致函。

2021 年 1 月 22 日

附表（略）

关于落实南水北调中线干线焦作 2 段工程安古铁路桥桩柱结合超挖回填变更审计整改意见的函

豫调建投函〔2021〕8 号

郑州铁路局工程管理所：

南水北调中线干线焦作 2 段工程共有铁路交叉建筑物 10 座，由我局委托你所负责建设管理。铁路交叉建筑物施工完成并移交工作面后，仍有部分施工遗留问题未处理；2013 年 3 月 18 日，原焦作建管处以《关于南水北调焦作 2 段铁路交叉建筑物工作面移交遗留问题处理事宜的函》（豫调建焦建函〔2013〕7 号）致函你所，要求你所督促铁路施工单位

尽快完成。

2013 年 4 月 12 日，你所以《关于〈关于南水北调焦作 2 段铁路交叉建筑物工作面移交遗留问题处理事宜的函〉的复函》（郑工管函〔2013〕23 号）回复并明确意见：“建议由焦作建管处组织相应标段总干渠施工单位实施，相应工程费用由铁路交叉施工合同中扣除，不再对铁路交叉工程施工单位计量”。原焦作建管处根据你所意见，组织总干渠施工单位对相关铁路交叉施工遗留问题进行了处理，并按变更程序进行了批复。

2015 年度，原国调办组织进行了 2014 年度审计，提出了“安古铁路桥桩柱结合超挖回填变更（焦 2-4〔2013〕变更 012 号）”问题，并明确审计整改意见为：本变更涉及费用 43.31 万元不应重复计量，应由河南建管局与郑州铁路局清算投资时扣除。

2021 年 5 月 16 日，你所以《工程管理所关于对〈南水北调中线一期工程总干渠以南段及焦作 2 段铁路交叉工程委托建设管理合同验收鉴定书〉内容存在疑议的函》（郑工管函〔2021〕58 号）提出了对“安古铁路桥桩柱结合超挖回填变更（焦 2-4〔2013〕变更 012 号）”项目的疑议，现就有关情况释疑如下：1.你所虽组织铁路交叉施工单位对安古铁路桥桩柱超挖部分进行了回填，但回填质量未达到总干渠渠基质量标准，若不处理总干渠将存在较大质量隐患；2.为确保总干渠质量安全，原焦作建管处组织渠道施工单位重新进行了开挖、回填；3.处理该质量问题发生的费用，应由铁路交叉施工单位承担（审计单位也是基于此原则出具的审计整改意见）。

根据原《合同法》《民法典》有关规定及中线建管局制定的资金风险联动办法，对于当事人互负债务，可以采取债权债务相互抵销的方法进行资金风险联动。

鉴于以上情况，为落实审计整改意见，经研究，拟做以下抵销处理：

1.抵销对象及互负债务情况:

《南水北调中线干线焦作2段工程与铁路交叉工程委托建设管理合同》(合同编号:HNJ-2010/TL/WT-001)你所应负债务为433112.56元。

《南水北调中线一期工程总干渠潮河段下穿石武客专正线双线机场高速特大桥和薛店特大桥工程委托代管合同》(合同编号:HNJ-2013/TL/WT-001)我局应负债务为60万元。

2.抵销后,我局应向你所支付抵销后款项为166887.44元。本抵销仅限在以上两合同之间,不影响我局与你所签订的其他委托建管合同的债权债务关系。

3.请你所尽快与我局接洽,并于2021年8月30日前办理相关结算手续。

特此函告。

2021年7月27日

关于登封南水北调供水工程所缴水费部分拨付用于运行维护费用请示的回复

豫调建财〔2021〕43号

郑州市南水北调配套工程运行保障中心:

你中心《关于登封南水北调供水工程所缴水费部分拨付用于运行维护费用的请示》(郑调〔2021〕66号)收悉。登封南水北调供水工程不属我省南水北调配套工程初步设计批复内容,且省发改委核定的我省南水北调配套工程水价也不含此工程。鉴于上述情况,按照谁受益、谁投资、谁建设、谁管理的原则,登封南水北调供水工程运行维护费用由登封市承担。

2021年8月10日

关于开展南水北调工程防洪度汛检查的通知

豫调建建〔2021〕15号

各省辖市、省直管县市南水北调办(中心):

自7月中旬以来,我省出现了历史罕见的极端强降雨天气,大部分地区普降大暴雨或特大暴雨,部分地区日降雨量突破有气象记录以来的历史极值,灾情十分严重。为深入贯彻习近平总书记关于防汛救灾工作重要指示和李克强总理等中央领导同志批示,全面落实省委、省政府决策部署和省水利厅关于做好防汛救灾工作的要求,确保我省南水北调工程安全、供水安全、水质安全,省南水北调建管局拟于7月27日起,对全省南水北调工程防洪度汛情况进行全面检查。具体事宜如下:

一、检查主要内容

1.配套工程损毁和处置情况;

2.干线工程左岸排水建筑物进出口行洪情况;

3.此次强降雨应对的经验和教训。

二、检查安排

共分五个检查组。各组分工及组成人员如下:

第一组:胡国领、李君炜、齐浩检查安阳、鹤壁、濮阳、滑县境内南水北调工程。

第二组:邹根中、王鹏、武鹏程检查新乡、焦作境内南水北调工程。

第三组:秦鸿飞、徐秋达、张海峰检查郑州境内南水北调工程。

第四组:余洋、秦水朝、樊华楠检查邓州、南阳、平顶山、许昌境内南水北调工程。

第五组:徐庆河、王庆庆、李春阳检查漯河、周口境内南水北调工程。

三、其他事项

1.请河南分局、渠首分局通知所辖范围内各运行管理处做好检查配合工作。

2.请各省辖市、省直管县市南水北调办（中心）填写"××市（县）南水北调配套工程损毁情况统计详表"和"××市（县）南水北调配套工程损毁情况统计简表"，并准备相关材料。

3.上述表中内容自7月28日17：30起实行日报制。

附件（略）：1.××市（县）南水北调配套工程损毁情况统计详表2.××市（县）南水北调配套工程损毁情况统计简表

2021年7月30日

关于加快推进我省南水北调配套工程水毁修复工作的通知

豫调建建〔2021〕18号

各有关省辖市、省直管县（市）南水北调办（中心、建管局），各有关单位：

根据省南水北调建管局办公会议安排，为加快推进我省南水北调配套工程（以下简称配套工程）水毁修复工作，保障配套工程安全、供水安全，现就有关事宜通知如下：

一、明确责任分工

各有关省辖市、省直管县（市）南水北调办（中心、建管局）（以下简称市县南水北调机构）具体负责组织水毁工程排查、应急抢险及恢复重建工作，配合做好供水管道交叉河道处（如：卫河）水毁堤岸的恢复工作；配套工程维修养护单位具体承担土建工程应急抢险、恢复重建等任务；泵站代运行维护单位具体承担泵站机电设备修复任务；河南省水利勘测设计研究有限公司主要负责恢复重建项目专项设计（项目见附件1），并为实施阶段提供技术服务。

二、规范实施程序

应急抢险项目实施方案应按照配套工程管理规程有关要求编制。实施单位要结合实际，科学编制方案及项目预算（提供水毁影像资料、测量数据、施工详图、工程量清单等），并报市县南水北调机构审批。恢复重建项目专项设计方案由省南水北调建管局组织审批。

市县南水北调机构依据批复的项目方案和预算组织实施并监管，项目实施完成后，汇总并及时完成费用联审，省南水北调建管局、市县南水北调机构分别与配套工程维修养护单位、泵站代运行维护单位签订补充协议，按程序及时结算支付。水毁工程修复费用从配套工程建设结余资金中列支。

三、加快实施进度

维护南水北调工程安全、供水安全意义重大。各单位要提高认识、精心组织、强化措施，在保证质量安全的前提下，进一步加快水毁工程修复工作。一要及早报批方案。实施单位要组织精干力量，抓紧编报切实可行的实施方案；市县南水北调机构要现场办公，快速审批。二要加强沟通协调。各有关单位要加强沟通对接，及时研究解决存在问题，确保水毁工程修复工作顺利开展。三要如期完成任务。要加大资源投入，确保应急抢险项目于今年12月底前基本完成，恢复重建项目于明年汛前基本完成。

四、加强监督管理

1.市县南水北调机构要加强水毁工程修复工作监管，严格按照设计和批复的方案要求实施，严把工程质量关、工程量计量关，保证验收质量。

2.建立水毁工程修复旬报制度。市县南水北调机构要安排专人，每月10日、20日、30日12时前向省南水北调建管局（电话：0371-69156996，电子邮箱：ygb69156996@163.com）报送所辖配套工程水毁修复情况旬报表（格式见附件2）。

附件：1.河南省南水北调配套工程水毁情

况统计表 2.XX 市（县）南水北调配套工程水毁修复情况旬报表

2021 年 9 月 18 日

南阳市人民政府办公室关于印发南阳市南水北调中线工程水源保护区生态环境保护专项行动实施方案的通知

宛政办明电〔2021〕44 号

淅川县、西峡县、内乡县、邓州市、镇平县、卧龙区、宛城区、方城县人民政府，高新区、城乡一体化示范区管委会，市直有关单位：

《南阳市南水北调中线工程水源保护区生态环境保护专项行动实施方案》已经市政府同意，现印发给你们，请认真贯彻执行。

南阳市人民政府办公室

2021 年 8 月 31 日

南阳市南水北调中线工程水源保护区生态环境保护专项行动实施方案

南阳是南水北调中线工程核心水源区和渠首所在地，南阳段总干渠全长 185.5 公里，约占河南段长度的 1/4、全长的 1/7。特殊的区域位置决定了我市肩负着保障水质安全的重要政治责任。为进一步做好南水北调中线工程生态环境保护工作，切实保障南水北调工程安全、供水安全、水质安全，依据《河南省南水北调中线工程水源保护区生态环境保护专项行动实施方案》（豫政办明电〔2021〕29 号），结合我市实际，制定本方案。

一、指导思想

以习近平生态文明思想为指导，深入贯彻习近平总书记在推进南水北调后续工程高质量发展座谈会上的重要讲话和指示精神，认真落实党中央、国务院决策部署、省委省政府和市委市政府工作安排，持续抓好南水北调中线工程水源保护区生态环境保护工作，坚决守护好一库碧水，确保"一渠清水永续北送"。

二、工作目标

严格按照《中华人民共和国水污染防治法》《河南省水污染防治条例》等法律法规以及《饮用水水源保护区标志技术要求》（HJ/T 433—2008）、《集中式饮用水水源地规范化建设环境保护技术要求》（HJ 773—2015）等标准规范，开展我市南水北调中线工程水源保护区生态环境保护专项行动，系统排查整治水源保护区环境风险隐患，规范水源保护区环境管理，抓好南水北调中线工程干渠生态廊道完善提升，推进淅川石漠化综合治理和水生态环境保护修复，保障水质安全。

三、排查整治范围及内容

（一）排查整治范围

丹江口水库（南阳辖区）饮用水水源一级保护区、二级保护区和准保护区，南水北调中线工程总干渠（南阳段）两侧饮用水水源一级保护区、二级保护区。

（二）保护区标志及隔离防护设施设置情况

南水北调中线工程水源地丹江口水库饮用水水源保护区及总干渠两侧保护区界桩、警示牌、宣传牌和相关隔离防护设施是否完好；穿越保护区线状工程防撞护栏、事故导流槽和应急池等设施建设情况。

（三）水源保护区内生态环境问题

1.饮用水水源一级保护区：与供水设施和保护水源无关的建设项目、船舶。

2.饮用水水源二级保护区：排放污染物的建设项目、排污口、网箱养殖、畜禽养殖、固体废物堆存、经营场所、居民生活污染等问题。

3.丹江口水库饮用水水源准保护区：对水体污染严重的建设项目、规模化养殖场（含养殖小区）、垃圾填埋场、尾矿库等。

4.南水北调中线工程总干渠两侧生态廊道断档、保存率不高、林分质量不高，生态防护功能不强等问题。

四、方法步骤

（一）动员部署阶段（2021年8月29~31日）

按照8月29日河南省南水北调中线工程水源保护区生态环境保护专项行动视频动员会精神和市领导再动员再部署的相关要求，市政府印发《南阳市南水北调中线工程水源保护区生态环境保护专项行动实施方案》，明确目标任务、工作重点、职责分工，建立健全工作机制，强化保障措施，迅速开展排查督查，认真抓好问题整改，确保排查整治工作取得实效。各县（市、区）、各有关部门要明确专人作为本次专项行动的联络员，并于2021年8月31日前将联络员信息表（见附件1）报送至市生态环境局。

（二）全面排查阶段（2021年9月1日~10月15日）

1.属地排查。按照属地管理的原则，县（市、区）组织开展"拉网式"排查，做到"谁排查、谁签字、谁负责"，确保排查范围全覆盖、排查清单全核实、排查内容无遗漏，直至问题销号。逐一现场核实河南省南水北调中线工程水源保护区生态环境保护专项行动APP系统推送的问题点位，核实情况及新发现环境问题要逐一登记、拍照取证并录入专项行动APP，形成问题清单。排查工作于10月8日前完成，并上报县（市、区）专项行动排查情况统计表（见附件2）。

2.部门督查。市直各有关单位要结合本部门工作职能，制定行业排查整治工作实施方案，细化工作目标、任务、方法、措施，认真开展行业指导、督导，督促县（市、区）全面抓好各项问题整改，确保圆满完成目标任务。部门督查于10月8日前完成，并上报专项行动督查情况统计表（见附件3）。

3.市级核查。市政府在专项行动期间将组织有关部门进行现场核查、抽查，督促纠正各县（市、区）、各有关部门专项行动工作不力、不实不细、漏报瞒报、标准不高等问题，并将核查情况予以通报。市级核查于10月15日前完成，并下发专项行动问题清单。

（三）集中整治阶段（2021年10月16日~12月31日前）

1.分类整治。对饮用水水源一级保护区内与供水和保护水源无关的建设项目、船舶，要依法责令停业、拆除、关闭，固体废物清除到位，与供水和保护水源相关的船舶限期改用清洁能源；涉及民生项目暂时无法拆除、关闭的，采取更为严格的污染防治措施，制定完善应急预案，消除环境风险，并由县级政府制定整改方案，依法限期拆除、关闭；原住居民村庄、小区垃圾、污水全部按照规定规范处置；原住居民建筑只减不增，居民房屋只准维修，严禁翻建、扩建，并由县级政府制定计划逐步搬出。

对饮用水水源二级保护区内排放污染物的建设项目，要依法责令停业、拆除、关闭，封堵排污口，固体废物清除到位；规模以上畜禽养殖场（小区）依法拆除、关闭，其他畜禽养殖场（户）严格落实环境保护措施，规范处置养殖废弃物；涉及民生项目暂时无法拆除、关闭的，采取更为严格的污染防治措施，制定完善应急预案，消除环境风险，并由县级政府制定整改方案，依法限期拆除、关闭；原住居民村庄、小区垃圾、污水全部按照规定规范处置，加快人居环境整治，原住居民建筑只减不增；严禁新建、改建、扩建排放污染物的建设项目。

对丹江口水库饮用水水源准保护区内制药、化工、造纸、制革、印染、染料、炼焦、炼硫、炼砷、炼油、电镀、农药等对水体污染严重的建设项目，由县级政府制定并组织实施搬迁方案，明确搬迁时限、责任主体、补偿标准，严禁新建、扩建上述项目；其他排放污染物的项目严格环境管理，规范运行污染防治设施，确保稳定达标排放。

在南水北调中线工程水源地、中线工程总干渠沿线区域规划种植生态防护林。根据林分现状排查情况，开展断档区域的新建新造和质量不高、生态功能不强林分的提质改造，强化后期管护，巩固维护绿化成果。

科学推进丹江口库区周边石漠化土地综合治理，统筹推进山水林田湖草沙一体化保护和修复。坚持人工修复与自然恢复相结合，宜林则林、宜灌则灌、宜草则草，乔灌草结合，营造混交林，优先选择乡土树种草种，科学选择绿化方式和植物配置模式，采取人工造林、退化林修复、封山育林等措施，改善岩溶地区生态环境，确保南水北调中线工程水源地水质安全。

2.自查自纠。各县（市、区）、市直有关部门在前期属地排查、部门督查和市级核查的基础上，切实抓好问题整改。对排查发现、历史遗留和上级交办的问题清单，要进行认真梳理，分类制定整改措施、明确整改时限、确定责任单位和责任人，形成专项行动问题整改台账（见附件4），立行立改、边查边改、逐一销号。对专项行动期间发现的生态环境违法行为，要严格依法查处到位，涉嫌犯罪的依法追究刑事责任。

3.定期上报。自10月15日开始，各县（市、区）、市直有关部门要针对排查的问题、督查情况以及整改落实进展情况（附件2、3、4）于每周五中午前完成上报。

4.督查考核。要加强统筹协调，所有问题排查整改情况要形成书面报告，于2021年12月15日前上报，2021年12月31日前确实不能完成整改的，要制定书面整改计划并上报。市政府将组织对整改情况进行督查考核，督查考核于12月31日前完成。

总干渠生态廊道完善提升工作于2022年3月31日前完成；石漠化综合治理工作按照省林业厅印发的《河南省南阳市岩溶地区石漠化治理工作方案》执行。

五、保障措施

（一）强化组织领导。确保"一渠清水永续北送"是我市的一项重大政治任务，各县（市、区）、各有关部门要高度重视，严格落实南水北调中线工程水源保护区生态环境保护"党政同责、一岗双责""三管三必须"要求，建立健全专项行动工作责任制，组建专班，明确分工，压实责任，保障经费，细化措施，强化督促，扎实推进专项行动各项任务落实，最大限度消除南水北调中线工程生态环境风险隐患。

（二）明确职责任务。县（市、区）是本次专项行动的责任主体。市法院、检察院和市公安局负责指导落实行政执法与刑事司法衔接机制，合力打击严重环境违法行为，市检察院依法开展公益诉讼；市发展改革委负责指导推进经济结构调整和严格项目准入；市工业和信息化局负责指导推动产业结构转型升级和落后产能淘汰；市财政局负责财政资金保障，指导做好财政资金保障工作；市自然资源和规划局负责指导矿山整治、矿山地质环境治理；市生态环境局负责南水北调中线工程生态环境保护统一监管工作，指导工业企业排污、工业垃圾、排污口、农村生活污水等问题整治，查处环境污染、生态破坏等违法行为；市住房城乡建设局负责指导城市污水、城镇生活垃圾等问题整治；市城市管理局负责指导城市黑臭水体等问题整治；市交通运输局负责指导船舶、码头污染及交通穿越等问题整治；市水利局负责落实南水北调"河（湖）渠长"制度，指导影响南水北调中线工程供水安全、工程安全的问题整治；市农业农村局负责指导养殖、种植污染等问题整治；市林业局负责指导石漠化治理和干渠沿线绿化工作；南水北调中线干线工程建设管理局渠首分局负责与有关部门建立生态环境问题联合排查、信息共享机制。

（三）健全长效机制。落实"河（湖）渠长"制，强化党委、政府主体责任，形成

"发现、交办、整改、销号"管理机制；完善"河（湖）渠长＋检察长＋N"机制，形成合力，借力公益诉讼检察制度，加大惩处力度；建立分工合作机制，各县（市、区）牵头排查、牵头整改，市直部门加强督导，形成合力；建立信息共享机制，各县（市、区）、市直有关部门、渠首分局及时将有关信息报送市生态环境局，市生态环境局及时通报有关情况；形成定期会商机制，在信息共享的基础上，市政府每月组织召开一次会商研判会，听取汇报，交办问题，研究对策；建立督导检查机制，定期对排查整改情况进行督导检查，发现问题，及时督促解决问题。对问题整改不力、责任不落实的县（市、区）和部门进行通报批评；对因工作不力、未履职尽责等原因导致未按期完成整改任务的，严格依纪依规追究责任。

附件（略）：

1.联络员信息表

2.县（市、区）专项行动排查情况统计表

3.市直有关部门专项行动督查情况统计表

4.专项行动问题整改台账

焦作市南水北调中线工程城区段建设指挥部关于成立国家方志馆南水北调分馆市党群服务中心项目建设领导小组的通知

焦城指文〔2021〕1号

解放区、山阳区南水北调指挥部，各有关单位：

按照市委、市政府工作部署，国家方志馆南水北调分馆、市党群服务中心将于今年"七一"前开馆迎宾。为确保高标准、高质量完成建设任务，向建党一百周年献礼，经研究，成立国家方志馆南水北调分馆、市党群服务中心项目建设领导小组。现将领导小组

成员名单及职责分工通知如下：

组　　长：路红卫　市委常委、组织部部长

副 组 长：闫小杏　市政府副市长

成　　员：查仕成　市委组织部副部长

秦　杰　市委组织部部务委员

马雨生　市南水北调城区办负责人

范　杰　市园林绿化中心党委书记

付小文　市史志办主任

刘少民　市南水北调运行保障中心主任

史升平　市南水北调城区办副主任

领导小组下设一室五组：办公室、展陈资料归档整理及审批组、工程建设组、资料收集组、督导监察组、服务保障组。

一室五组实行组长（主任）负责制，所有人员根据工作需要，分批次脱离原单位工作，在市南水北调公司集中办公。

一、办公室

主　　任：马雨生　市南水北调城区办负责人

副 主 任：黄红亮　市南水北调城区办副主任

成　　员：李新梅　市南水北调城区办综合科科长

张永刚　市南水北调公司综合管理部经理

张晓敏　市丹泽公司副总经理

彭　潜　市南水北调城区办科员

崔小坡　市南水北调城区办科员

主要职责：负责日常工作协调、工作计划拟定、重要会议筹备、重要文件起草、工作情况汇总、新闻宣传联络等工作。

二、展陈资料归档整理及审批组

组　　长：付小文　市史志办主任

副 组 长：侯志强　市委党校党委书记、常务副校长

董素青　市史志办副主任

杨希庆　市水利局四级调研员

王　东　市南水北调公司董事长

成　　员：张春华　市南水北调城区办

一线锻炼干部

　　王斐文　市党史办四级调研员

　　和　娟　市档案馆副馆长

　　梁卫锋　市水利局水政科科长

　　苗亚坤　市史志办一级主任科员

　　李来鹏　市南水北调公司工程技术部经理

　　董立超　广州励丰北京公司总经理

　　主要职责：负责场馆布展的设计、报批，指导拟定解说词和布展工作。

　　三、工程建设组

　　组　长：范　杰　市园林绿化中心党委书记

　　副组长：赵继明　市园林绿化中心四级调研员

　　王　东　市南水北调公司董事长

　　成　员：李小双　市南水北调城区办四级调研员

　　李　博　市生态环境局副局长

　　黄海梅　市城管局副局长

　　完志华　市住建局四级调研员

　　鲜爱军　市自然资源和规划局副局长

　　李玉德　市交警支队副支队长

　　赵晓博　市发改委行政事项服务科科长

　　王全凯　市招标办主任

　　张东雷　市采购办主任

　　冯　伟　市南水北调公司工程管理负责人

　　贾飞宏　SPV项目公司副总经理

　　张学庆　中建七局项目经理

　　黄玉兰　中建七局项目经理

　　徐亚洁　新恒丰监理公司总监

　　朱小磊　天隆监理公司总监

　　主要职责：负责施工进度、质量、安全、环保及手续办理工作。

　　四、资料收集组

　　组　长：刘少民　市南水北调运行保障中心主任

　　副组长：赵彦斌　市南水北调运行保障中心副主任

　　成　员：陈志远　市南水北调城区办

一线锻炼干部

　　王斐文　市党史办四级调研员

　　苗亚坤　市史志办一级主任科员

　　董保军　市南水北调运行保障中心科长

　　梁卫锋　市水利局水政科科长

　　张丽芳　市考古所工作人员

　　赵耀东　焦作日报社摄影部主任

　　郑海涛　焦作广播电视台总编室主任

　　郝一峰　南水北调焦作管理处处长

　　李　亚　市南水北调文旅公司总经理

　　杨四军　解放区南水北调办主任

　　谢全水　山阳区南水北调办主任

　　主要职责：负责收集国家水利方面及南水北调工程（含东、中、西线）规划、决策、勘察、设计资料和移民、安置、工程建设中的重要数据、先进事迹、创新成果等文字、图片、实物、影像资料。

　　五、督导监察组

　　组　长：查仕成　市委组织部副部长

　　副组长：秦　杰　市委组织部部务委员

　　成　员：陈战东　市委督查室主任

　　李　涛　市政府督查室主任

　　李小双　市南水北调城区办四级调研员

　　常　艳　市委组织部二级主任科员

　　许卫林　市委督查室副主任

　　郑　磊　市政府督查室科员

　　主要职责：负责重要节点工作督导，印发督导通报，提出处理意见，协调解决工作推进中遇到的困难和问题。

　　六、服务保障组

　　组　长：史升平　市南水北调城区办副主任

　　副组长：刘新全　市财政局副局长

　　赵继明　市园林绿化中心四级调研员

　　王　东　市南水北调公司董事长

　　成　员：丁莹莹　市财政评审中心主任

　　王　苗　市基建审计中心主任

　　胡希明　市南水北调公司副总经理

　　赵整社　市南水北调公司监事会副主席

主要职责：负责项目资金保障、认质认价、相关费用审核及使用监督。

关于印发《鹤壁市南水北调配套工程2021年度汛方案》和《鹤壁市南水北调配套工程2021年防汛应急预案》的通知

鹤调办〔2021〕36号

市南水北调办各科，配套工程各管理所、泵站、现地管理站，河南水利第一工程局（维修养护单位）：

根据鹤壁市南水北调配套工程2021年防汛要求，结合实际情况，我办编制完善了《鹤壁市南水北调配套工程2021年度汛方案》（以下简称《方案》）和《鹤壁市南水北调配套工程2021年防汛应急预案》（以下简称《预案》），现已经市防汛抗旱指挥部办公室审查备案。为确保我市南水北调配套工程2021年安全度汛，现印发给你单位，并提出要求如下：

一、落实防汛责任。各单位部门要高度重视配套工程防汛工作，认真执行《方案》和《预案》，严格落实防汛责任制，加强工程巡查和管理，扎实做好各项防汛准备，确保汛期配套工程供水安全及工程设施安全度汛。

二、强化防汛措施。扎实做好汛期各分水口门泵站、现地管理站、管道沿线阀井等防汛重点部位的巡查管理和现场应急抢护处置演练，掌握预警和应急响应要素，落实应急抢险措施，充分做好各项防洪准备。对34、36号分水口门泵站现状建筑物地势低、排水困难问题要高度重视，备足防汛抢险物资、设备和抢险队伍，做好应急准备，防止被淹。要做到标准内洪水确保工程设施安全，遇超标准洪水有应对措施。

三、加强沟通协调。根据防汛属地管理原则，加强与配套工程沿线有关县区部门的沟通协调，共同做好配套工程防汛工作。

四、严守防汛纪律。汛期要密切关注天气变化趋势，严格执行汛期（5月15日-9月30日）值班值守、预警预报、防汛信息报送制度，确保指令畅达，信息及时准确上通下达。

附件（略）：1.鹤壁市南水北调配套工程2021年度汛方案

2.鹤壁市南水北调配套工程2021年防汛应急预案

3.鹤壁市防汛抗旱指挥部办公室关于《鹤壁市南水北调配套工程2021年度汛方案》《鹤壁市南水北调配套工程2021防汛应急预案》的批复

安阳市南水北调工程防汛分指挥部关于印发《安阳市南水北调工程2021年防汛工作方案》的通知

安调防指〔2021〕3号

各成员单位：

为了切实做好今年南水北调工程防汛工作，现将《安阳市南水北调工程2021年防汛工作方案》印发给你们，请根据南水北调工程防汛工作需要，认真贯彻落实。

2021年6月16日

附件：

安阳市南水北调工程
2021年防汛工作方案

一、总体目标

南水北调工程防汛实行地方行政首长负责制，在各级防指的统一指挥下，各有关单位要坚持"安全第一、常备不懈、以防为主、全力抢险"的防汛工作方针，建立并完善防汛责任制，责任落实到人。工程沿线有关县（区）南水北调办事机构要做好县（区）防办、地方乡（镇、办事处）、干渠（配套）工程运管单位等相关部门的协调工作。各干渠（配套）工程运管单位要制定所辖区段工程度汛方案、应急预案，配备必要的防汛抢险器材设备和物资，组建和培训防汛抢险队伍，开展防汛抢险演练，汛前度汛方案和应急预案须按程序报批后送市南水北调工程防汛分指挥部办公室备案。工程沿线各级南水北调办事机构要切实履行牵头协调的责任，协调地方政府及时疏通总干渠红线外堵塞的河道、沟渠，确保洪水过左排建筑物后畅通下泄；联合水行政主管部门加大对河道、沟渠违法建设、私采乱挖、阻水树木等违法行为的执法力度，消除河道沟渠防汛安全隐患；协调干渠运管单位加强与市、县、乡、村四级防汛责任人的联系，遇到汛情险情及时对接，共同防范；协调有关单位建立信息共享机制，及时沟通雨情、水情和工情，及时报告险情，根据需要及时开展防汛抢险工作；分类编制所辖工程范围内防汛风险项目的度汛方案和应急预案，并按程序报批。

二、保障措施

（一）认真落实防汛责任制

南水北调工程防汛分指挥部和工程沿线县区政府要按照有关法律、法规要求，进一步落实防汛工作行政首长负责制，逐级分解任务，全面落实工作责任，将责任落实到具体单位和个人。有关责任人要尽职尽责，发生汛情时，要立即赶赴现场指挥抗洪抢险和救灾；要坚决执行抗洪抢险指令和命令，真正做到组织到位、人员到位、措施到位、落实到位。

1.市南水北调工程防汛分指挥部职责：负责全市南水北调工程防汛工作，受市人民政府和市防指的共同领导，行使南水北调工程防汛指挥权，组织并监督南水北调工程防汛工作的实施。

2.工程沿线各有关县（区）南水北调工程防汛指挥机构职责：在市南水北调工程防汛分指挥部、本地区人民政府和防指的共同领导下，在做好基础工作的前提下，要排查清楚南水北调干渠及配套工程防汛风险隐患部位，特别是干渠工程左排倒虹吸、被列入防汛风险点的交叉建筑物等出口行洪河道、沟渠的防洪标准，风险等级等情况；要制定专项的应急预案，做到一口一预案、一口一班责任人，明确标准内洪水的抢护措施与超标准洪水的人员、财产的转移、撤离方案；要组织以青年民兵为骨干的抗洪抢险队伍，定领导、定任务、定人员、定工具，搞好必要的技术培训和演练；要组织人员值班巡逻，密切注视汛情变化，固定专人收听、收看汛情和警报，一旦发生险情，积极做好群众安全转移和抗洪抢险工作，保证关键时刻能拉得出、抢得上、守得住；要加强南水北调工程的管理工作，禁止乱采、乱挖、乱建、乱倒垃圾等任何影响干渠堤防、配套工程设施及各类交叉建筑物的破坏活动，确保南水北调工程和沿线人民生命财产安全。加强与总干渠管理单位的对接、联系，保证雨、水汛情信息畅通。

3.南水北调工程的运行管理单位职责：要切实做好南水北调工程的全面检查、防汛抢险队伍的组织以及防汛静态物料储备和动态物料的调查定验工作，制定切实可行的度汛方案和应急预案，严格执行防汛值班制度和纪律；密切注视雨、水、工情变化，主动防范。干渠运管单位要保证左排倒虹吸进出口处水流畅通，每个左排倒虹吸要固定专人负责巡查，与相关县（区）防汛机构加强联系，随时通报雨、水汛情。

（二）完善落实各项方案、预案

南水北调工程各运行管理单位、各相关县（区）要修订完善南水北调工程各类防汛预案、方案，按程序报批后实施。在方案、预案修订时各相关县（区）、工程运行管理单位要加强沟通对接，一是要提高方案、预案的针对性、时效性和可操作性；二是要充分考虑南水北调工程左岸上游地区水库对工程的影响，尤其是小型水库，防洪标准低、极易出现溃垮险情，要有分洪保堤措施；三是要认真落实防御超标准洪水预案，对重大险情抢护、下游群众安全避洪和安全转移等措施要落实到位。

（三）做好工程检查、整修，确保安全度汛措施落实到位

南水北调工程运管单位、沿线县（区）政府、各有关部门要认真开展汛前检查。工程运管单位要对工程实体进行全面排查，对发现的问题和薄弱环节，要分类建立台账，制定整改措施，限期整改，保证工程安全度汛。沿线县（区）政府、各有关部门要对南水北调工程左岸排水、渡槽、河道、水库进行排查，建立问题台账，进行整改，近期无法整改的，要有应对措施，保证工程沿线人民群众生命财产安全和干渠通水运行安全。

（四）抓紧清除河道、沟渠阻水障碍和违章建筑

南水北调工程沿线县区防汛指挥部对本辖区与工程交叉的河道、沟渠阻水障碍要制定清障方案、计划，落实到单位和责任人，按照"谁设障、谁清除"的原则，限期清除，确保行洪畅通。

（五）加强防汛抢险队伍建设

南水北调工程运管单位、沿线县（区）政府要制定有效的机制和办法，组织落实防汛抢险队伍，做到定领导、定任务、定人员，对可能发生的险情种类和出险部位，要有针对性地进行抗洪抢险技术培训和演练，适应多种复杂情况下的抢险要求。当预报、预测极端天气、暴雨洪水将对工程形成威胁时，工程运管单位外委的防汛抢险队伍、机械设备要提前进驻现场，做好应急抢险准备。

（六）做好防汛抢险物资储备

南水北调工程运管单位要根据工程需要备足备齐防汛抢险、救护物资和设备。要保证质量，做到存放有序、调用灵活。沿线县（区）、有关部门要根据"分级负责、分级管理"的原则，按照防汛物资储备标准，落实经费、尽快达到足额储备，要按规定登记造册，实行专库、专人管理，明确调运管理办法，严格调运程序。有关部门储备的物资，要服从同级防汛指挥部紧急时调用。群众性储备的梢秸料、编织袋等，由县（区）、乡（镇）政府采取"号料登记、备而不集"的办法储备，并向群众讲清调用、结算办法，多层次、多渠道备足备好抗洪抢险物资。

（七）军民联防

南水北调工程干渠沿线县区防汛指挥部、工程运管单位要加强与当地驻军的主动联系，出现重大险情灾情确需驻安部队或消防救援大队支援时，要及时请示。

三、督查和责任追究

（一）加强督导检查

市南水北调工程防汛分指挥部办公室要依据《中华人民共和国防洪法》相关规定，对分指挥部各成员单位的防汛工作进行全面督察，对工作不力的单位和个人提出批评，限期整改，重大问题向市南水北调工程防汛分指挥部报告，同时通报至相关县（区）政府、市防汛指挥部或南水北调中线工程建管局河南分局。

（二）严肃责任追究

市南水北调工程防汛各级各部门必须强化大局意识，服从命令，听从指挥，依法依规防汛。凡因工作不力、责任不落实造成重大损失的，要坚决追究有关责任人的责任。对违抗、拖延执行防汛抢险指令，聚众干扰工程管理和防汛抢险救灾工作，拒不清障或设新障，破坏或盗窃防汛工程设施或防汛物资、设备，滥用职权，玩忽职守等行为，要严肃追究有关当事人的责任，情节严重构成犯罪的，要依法追究刑事责任。

重要文件篇目辑览

河南省水利厅关于印发《河南省南水北调配套
工程运行管理预算定额（试行）》的通知
豫水调〔2021〕1号

河南省水利厅关于印发《河南省南水北调配套
工程维修养护预算定额（试行）》的通知
豫水调〔2021〕3号

河南省南水北调中线工程建设管理局会议纪要
〔2021〕2号~11号

河南省南水北调中线工程建设管理局关于对水
利行业节水机关建设项目进行验收的请示
豫调建〔2021〕1号

河南省南水北调中线工程建设管理局关于成立
反恐防暴维稳工作领导小组的通知　豫调建
〔2021〕2号

关于解决郑州南水北调配套工程管理处安保等
运管人员的请示的批复　豫调建综〔2021〕
2号

河南省南水北调建管局关于加强新冠疫情防控
工作的通知　豫调建综〔2021〕3号

关于对省南水北调配套工程调度中心建设项目
设计单元工程档案进行预验收的通知　豫调
建综〔2021〕4号

关于印发《河南省南水北调受水区供水配套工
程调度中心建设项目档案预验收意见》的通
知　豫调建综〔2021〕5号

关于印发《河南省南水北调中线工程建设管理
局新冠肺炎疫情防控工作方案》的通知　豫
调建综〔2021〕6号

关于印发《河南省南水北调受水区周口市供水
配套工程档案预验收意见》的通知　豫调建
综〔2021〕7号

关于做好河南省南水北调年鉴2021卷组稿工
作的通知　豫调建综〔2021〕8号

河南省南水北调建管局关于调整精神文明建设
工作领导小组的通知　豫调建综〔2021〕9号

关于调整精神文明建设工作领导小组办公室职

责分工的通知　豫调建综〔2021〕10号

关于印发《河南省南水北调建管局2021年精
神文明建设工作要点》的通知　豫调建综
〔2021〕11号

关于印发《河南省南水北调建管局2021年精
神文明建设实施方案》的通知　豫调建综
〔2021〕12号

关于表彰2020年度文明处室、文明职工的通
知　豫调建综〔2021〕13号

关于表彰2020年度文明家庭的通知　豫调建
综〔2021〕14号

关于对河南省南水北调受水区南阳市供水配套
工程3-1号、4号、5号、6号、7号线路及
管理处、所建设档案进行预验收的通知　豫
调建综〔2021〕15号

关于印发《河南省南水北调受水区焦作供水配
套工程26号分水口门博爱供水工程档案预
验收意见》的通知　豫调建综〔2021〕16号

关于印发《河南省南水北调受水区鹤壁市供水
配套工程档案预验收意见》的通知　豫调建
综〔2021〕17号

河南省南水北调中线工程建设管理局关于举办
河南省南水北调系统处级干部学习贯彻党的
十九届五中全会精神和党史学习教育培训班
的通知　豫调建综〔2021〕18号

关于印发《河南省南水北调受水区漯河市供水
配套工程档案预验收意见》的通知　豫调建
综〔2021〕19号

关于印发《垃圾分类等三项管理制度》的通
知　豫调建综〔2021〕20号

关于印发《河南省南水北调受水区南阳市供水
配套工程档案预验收意见》的通知　豫调建
综〔2021〕21号

关于对资料室仓库等安全隐患进行排查整改的
通知　豫调建综〔2021〕22号

河南省南水北调建管局推荐申报中、高级专业

程10号口门输水管线周口配套工程新增供水工程可行性分析报告咨询意见》的通知 豫调建投〔2021〕7号

关于焦作供水配套工程施工6标停工待产现场看护费用有关事宜的回复 豫调建投〔2021〕8号

关于印发《河南省南水北调受水区配套工程黄河北维护中心合建项目室外配套施工图及预算、黄河北仓储中心、浚县管理所、淇县管理所绿化设计施工图及预算审查意见》的通知 豫调建投〔2021〕9号

关于南阳市污水处理厂三期及中水回用工程穿越河南省南水北调受水区南阳供水配套工程4号口门输水线路专题设计报告及安全影响评价报告的批复 豫调建投〔2021〕10号

关于南阳市污水处理厂三期及中水回用工程穿越河南省南水北调受水区南阳供水配套工程5号口门输水线路专题设计报告及安全影响评价报告的批复 豫调建投〔2021〕11号

关于白河倒虹吸工程价差和稽察争议及施工降排水合同变更有关问题的报告 豫调建投〔2021〕12号

关于卧龙区十八里岗垃圾处理场有关事宜的意见 豫调建投〔2021〕13号

关于转发《河南省水利厅关于河南心连心化工集团股份有限公司引水管线连接南水北调新乡供水配套工程的批复》的通知 豫调建投〔2021〕14号

关于镇平县综合体子项目客运汽车站进场主干道跨越河南省南水北调受水区南阳供水配套工程3-1号口门线路专题设计报告及安全影响评价报告的批复 豫调建投〔2021〕15号

关于河南省南水北调受水区新乡供水配套工程施工14标合同变更的批复 豫调建投〔2021〕16号

关于举办2021年度河南省南水北调配套工程自动化系统运行维护培训班的通知 豫调建投〔2021〕17号

关于印发《汤阴县东部水厂引水工程连接河南

省南水北调受水区安阳供水配套工程37号口门线路可行性论证报告咨询意见》的通知 豫调建投〔2021〕18号

关于印发《河南省南水北调受水区郑州供水配套工程建设监理延期服务费用补偿审查意见》的通知 豫调建投〔2021〕19号

关于河南省南水北调受水区周口市供水配套工程基本预备费使用的批复 豫调建投〔2021〕20号

关于抓紧完成配套工程电气设备及泵阀调试有关事宜的通知 豫调建投〔2021〕21号

关于印发《河南省南水北调受水区南阳管理处对外连接路有关变更审查意见》的通知 豫调建投〔2021〕22号

关于新郑市新村镇人民政府望京新城项目区"七通一平"道路工程穿越南水北调配套工程19号分水口门线路专题设计报告和安全影响评价报告的批复 豫调建投〔2021〕23号

关于郑州供水配套工程23号口门柿园水厂线路末端现地管理站外电接入有关事宜的回复 豫调建投〔2021〕24号

关于河南省南水北调受水区安阳市供水配套工程38号口门供水管线施工10标末端线路调整合同变更土方回填变更单价的批复 豫调建投〔2021〕25号

关于印发《河南省南水北调受水区平顶山供水配套工程五标段输水管道线路调整、管沟垂直开挖钢板支护合同变更审查意见》的通知 豫调建投〔2021〕26号

关于省道233焦桐线宝丰县周庄镇至鲁山县张良镇段改建工程跨越河南省南水北调受水区平顶山供水配套工程12号口门输水管道专题设计报告及安全影响评价报告的批复 豫调建投〔2021〕27号

关于印发《焦作市城乡供水一体化管网项目（沁阳、孟州段）南水北调25号分水口门技术可行性报告咨询意见》的通知 豫调建投〔2021〕28号

关于河南省南水北调受水区许昌供水配套工程

建投〔2021〕53号

关于西气东输二线鲁山分输站新华区石桥营天然气管道项目穿越河南省南水北调受水区平顶山供水配套工程12号输水管线专题设计报告及安全影响评价报告的批复　豫调建投〔2021〕54号

关于河南省南水北调受水区郑州供水配套工程市区泵站2021—2022年度代运行及维修养护招标有关事宜的回复　豫调建投〔2021〕55号

关于印发《南水北调总干渠241号分水口门增加巩义市第一水厂供水目标可行性论证报告咨询意见》的通知　豫调建投〔2021〕56号

关于河南省南水北调受水区焦作供水配套工程管理所绿化工程有关事宜的回复　豫调建投〔2021〕57号

关于河南省南水北调受水区郑州供水配套工程郑州管理处运行管理设施完善改造实施方案的批复　豫调建投〔2021〕58号

关于取消平顶山市、漯河市部分现地房（站）红外对射报警设备安装的批复　豫调建投〔2021〕59号

关于印发《河南省南水北调受水区焦作供水配套工程29号分水口门增加修武县农村引水集中式供水七贤镇中心水厂可行性分析咨询意见》的通知　豫调建投〔2021〕60号

关于取消自动化系统部分室外安全监测站点的批复　豫调建投〔2021〕61号

关于印发《河南省南水北调受水区漯河供水配套工程10号分水口门漯河市五水厂输水支线新增取水口可行性分析报告咨询意见》的通知　豫调建投〔2021〕62号

关于河南省南水北调受水区鹤壁供水配套工程施工10标合同变更的批复　豫调建投〔2021〕63号

关于河南省南水北调受水区郑州市供水配套工程23号口门施工7标北环渠西路段工程合同变更的批复　豫调建投〔2021〕64号

关于郑州配套工程泵站20212022年度代运行及

维护预算价及分标方案的批复　豫调建投〔2021〕65号

关于进一步做好南水北调配套工程水毁修复工作的通知　豫调建投〔2021〕66号

关于河南省南水北调受水区郑州供水配套工程部分运管项目建设实施有关事宜的回复　豫调建投〔2021〕67号

关于河南省南水北调受水区供水配套工程黄河北维护中心、鹤壁管理处及市区管理所合建项目增加消防水池变更设计报告的批复　豫调建投〔2021〕68号

关于印发《河南省南水北调受水区新乡供水配套工程建设监理三标延期服务费审查意见》的通知　豫调建投〔2021〕69号

关于河南省南水北调受水区平顶山供水配套工程13号口门施工二标管沟换填土合同变更的批复　豫调建投〔2021〕70号

关于河南省南水北调受水区平顶山供水配套工程13号口门施工二标弃渣合同变更的批复　豫调建投〔2021〕71号

关于平顶山配套工程2022年度泵站代运维预算及分标方案的批复　豫调建投〔2021〕72号

关于购置府城泵站高压变频柜驱动模块的批复　豫调建投〔2021〕73号

关于平顶山市城区南水北调供水工程跨越连接河南省南水北调受水区平顶山供水配套工程11号口门输水线路专题设计及安全影响评价报告的批复　豫调建投〔2021〕74号

关于河南省南水北调受水区供水配套工程水毁工程修复实施方案的批复　豫调建投〔2021〕75号

关于汤阴县东部水厂引水工程连接河南省南水北调受水区安阳供水配套工程37号口门输水线路专题设计及安全影响评价报告的批复　豫调建投〔2021〕76号

关于焦作供水配套工程生产调度中心集中供暖配套项目的批复　豫调建投〔2021〕77号

关于自动化11标数据备份中心建设合同变更的批复　豫调建投〔2021〕78号

关于尽快办理南水北调中线禹州长葛段八标结算的函　豫调建投函〔2021〕20号

关于开展南水北调配套工程运行管理费内部审计的通知　豫调建财〔2021〕2号

关于鹤壁市南水北调配套工程运行管理费请示的批复　豫调建财〔2021〕3号

关于南阳市南水北调配套工程运行管理费请示的批复　豫调建财〔2021〕4号

关于许昌市南水北调配套工程运行管理费请示的批复　豫调建财〔2021〕5号

关于郑州市南水北调配套工程运行管理费请示的批复　豫调建财〔2021〕6号

关于博爱县供水工程建设资金的批复豫　调建财〔2021〕7号

关于进一步做好南水北调配套工程竣工结算财政评审准备工作的通知　豫调建财〔2021〕8号

关于新乡市南水北调配套工程建设资金的批复　豫调建财〔2021〕9号

关于安阳市南水北调配套工程运行管理费请示的批复　豫调建财〔2021〕10号

关于邓州市南水北调配套工程运行管理费请示的批复　豫调建财〔2021〕11号

关于周口市南水北调配套工程运行管理费请示的批复　豫调建财〔2021〕12号

关于印发《河南省南水北调受水区供水配套工程竣工完工财务决算编制办法》的通知　豫调建财〔2021〕13号

河南省南水北调中线工程建设管理局关于成立国有资产处置领导小组的通知　豫调建财〔2021〕14号

关于平顶山市南水北调配套工程运行管理费请示的批复　豫调建财〔2021〕15号

关于举办河南省南水北调配套工程竣工（完工）财务决算编制培训班的通知　豫调建财〔2021〕16号

关于许昌市南水北调配套工程运行管理费请示的批复　豫调建财〔2021〕17号

关于鹤壁市南水北调配套工程运行管理费请示

的批复　豫调建财〔2021〕18号

关于《河南省南水北调中线工程建设管理局2020年度政府部门财务报告》的报告　豫调建财〔2021〕19号

关于郑州市南水北调配套工程运行管理费请示的批复　豫调建财〔2021〕20号

关于做好南水北调中线干线工程完工财务决算编制后续工作的通知　豫调建财〔2021〕21号

关于缴纳南水北调水费的通知　豫调建财〔2021〕22号~34号、41号

关于南阳市南水北调配套工程运行管理费请示的批复　豫调建财〔2021〕35号

河南省南水北调建管局关于转发省财政厅《关于河南省南水北调供水配套工程结算的评审意见》的通知　豫调建财〔2021〕36号

关于濮阳市南水北调配套工程运行管理费请示的批复　豫调建财〔2021〕37号

关于漯河市南水北调配套工程运行管理费请示的批复　豫调建财〔2021〕38号

关于安阳市南水北调配套工程运行管理费请示的批复　豫调建财〔2021〕39号

关于许昌市南水北调配套工程运行管理费的批复　豫调建财〔2021〕42号

关于登封南水北调供水工程所缴水费部分拨付用于运行维护费用请示的回复　豫调建财〔2021〕43号

关于转发《南水北调配套工程2021年度水费支出预算》的通知　豫调建财〔2021〕44号

关于做好平顶山市城区南水北调供水配套工程资金使用管理的通知　豫调建财〔2021〕45号

关于焦作市南水北调配套工程运行管理费的批复　豫调建财〔2021〕46号

关于新乡市南水北调配套工程运行管理费的批复　豫调建财〔2021〕47号

关于编报2022年度运行管理费支出预算及20222024年运行管理费资金计划的通知　豫调建财〔2021〕49号

关于对南水北调配套工程运行管理账务审计发现问题进行整改的通知　豫调建财〔2021〕

50号

关于许昌市南水北调工程运行保障中心有关问题请示的回复　豫调建财〔2021〕51号

关于对安阳市申请拨付南水北调配套工程防汛应急抢险救灾资金请示的批复　豫调建财〔2021〕52号

关于南阳市南水北调配套工程运行管理费请示的批复　豫调建财〔2021〕53号

关于平顶山市南水北调配套工程运行管理费请示的批复　豫调建财〔2021〕54号

关于许昌市南水北调配套工程运行管理费请示的批复　豫调建财〔2021〕55号

关于邓州市南水北调配套工程运行管理费的批复　豫调建财〔2021〕56号

关于对平顶山市申请追加2021年度水费支出预算中燃料动力预算请示的意见　豫调建财〔2021〕57号

关于郑州市南水北调配套工程运行管理费请示的批复　豫调建财〔2021〕58号

关于漯河市南水北调配套工程运行管理费请示的批复　豫调建财〔2021〕59号

关于周口市南水北调配套工程运行管理费请示的批复　豫调建财〔2021〕60号

关于对拨付241号泵站代运行费及郑州供水配套工程郑州管理处运行管理设施完善改造工程费请示的批复　豫调建财〔2021〕61号

关于举办南水北调系统配套工程运行管理财务培训班的通知　豫调建财〔2021〕62号

关于许昌市南水北调工程运行保障中心16号分水口门任坡泵站专项维修备案及其费用申请的批复　豫调建财〔2021〕63号

关于焦作市南水北调配套工程运行管理费请示的批复　豫调建财〔2021〕64号

关于濮阳市南水北调配套工程运行管理费请示的批复　豫调建财〔2021〕65号

关于对濮阳市南水北调办公室申请充电桩安装费用请示的批复　豫调建财〔2021〕66号

关于郑州南水北调配套工程泵站代运行费的批复　豫调建财〔2021〕67号

关于新乡市南水北调配套工程运行管理费请示的批复　豫调建财〔2021〕68号

关于支付南水北调中线一期工程总干渠安阳段丁家村北公路桥加宽变更增加投资的函　豫调建财函〔2021〕1号

关于尽快进行南水北调中线一期工程总干渠安阳段中州路公路桥右岸引道工程建设的函　豫调建财函〔2021〕2号

关于拨付安阳市南水北调配套工程专业项目补偿费的通知　豫调建移〔2021〕1号

关于拨付周口市南水北调配套工程征迁安置补偿费的通知　豫调建移〔2021〕2号

关于安阳市南水北调配套工程征迁资金计划调整的批　豫调建移〔2021〕3号

关于鹤壁市南水北调配套工程征迁资金计划调整的批复　豫调建移〔2021〕4号

关于取消平顶山市南水北调配套工程澎河两岸环保措施请示的批复　豫调建移〔2021〕5号

关于安阳市申请拨付配套工程水土保持和环境保护工程验收费用的批复　豫调建移〔2021〕6号

关于拨付周口市南水北调配套工程征迁补偿资金的通知　豫调建移〔2021〕7号

关于周口市南水北调配套工程临时用地补偿费、复垦费兑付问题的回复　豫调建移〔2021〕8号

关于许昌市南水北调配套工程征迁资金调整的批复　豫调建移〔2021〕9号

关于配套工程站区环境卫生专项整治第1次暗访情况的通报　豫调建建〔2021〕1号

关于印发《南水北调中线一期工程总干渠郑州2段站马屯弃渣场水土保持变更项目合同项目完成验收鉴定书》的通知　豫调建建〔2021〕2号

关于印发《南水北调中线一期工程总干渠黄河以南段及焦作2段铁路交叉工程委托建设管理合同验收鉴定书》的通知　豫调建建〔2021〕3号

关于转发《关于贯彻落实尹弘省长在全省安全

生产电视电话会议上的重要讲话精神的通知》的通知　豫调建建〔2021〕4号

关于印发《南水北调中线一期工程总干渠潮河段机场高速公路大桥工程建设管理委托合同验收鉴定书》的通知　豫调建建〔2021〕5号

关于配套工程站区环境卫生专项整治2021年3月暗访情况的通报　豫调建建〔2021〕6号

关于配套工程站区环境卫生专项整治2021年7月第1次暗访情况的通报　豫调建建〔2021〕7号

关于印发《河南省南水北调配套工程19号、20号、21号、22号、23号、24号、24-1号口门泵站专项维修方案专家审查意见》的通知　豫调建建〔2021〕8号

关于印发《南水北调中线干线工程金灯寺水库除险加固工程建设项目委托管理合同验收鉴定书》的通知　豫调建建〔2021〕9号

关于配套工程站区环境卫生专项整治2021年4月暗访情况的通报　豫调建建〔2021〕10号

关于配套工程站区环境卫生专项整治2021年5月暗访情况的通报　豫调建建〔2021〕11号

河南省南水北调中线工程建设管理局关于开展2021年水利"安全生产月"活动的通知　豫调建建〔2021〕12号

关于印发《河南省南水北调配套工程10号口门输水线路与舞钢市引水工程连接工程试通水调度运行方案（试行）》的通知　豫调建建〔2021〕13号

关于配套工程站区环境卫生专项整治2021年6月暗访情况的通报　豫调建建〔2021〕14号

关于开展南水北调工程防洪度汛检查的通知　豫调建建〔2021〕15号

关于我省南水北调配套工程防汛物资管理有关事宜的通知　豫调建建〔2021〕16号

关于做好河南省南水北调配套工程灾后恢复安全防范工作的紧急通知　豫调建建〔2021〕17号

关于加快推进我省南水北调配套工程水毁修复工作的通知　豫调建建〔2021〕18号

关于印发《河南心连心化学工业集团股份有限公司引水管线连接南水北调新乡供水配套工程32号输水线路试通水调度运行方案（试行）》的通知　豫调建建〔2021〕19号

关于举办《中华人民共和国安全生产法》宣贯培训的通知　豫调建建〔2021〕20号

关于周口市南水北调配套工程10号口门线路ZH142+800DN1600PCCP管道漏水抢修费用的批复　豫调建建〔2021〕21号

关于印发《南水北调中线一期工程总干渠郑州1段郑湾南、郑州2段京广南路等7座跨渠桥梁工程建设管理委托合同验收鉴定书》的通知　豫调建建〔2021〕22号

关于印发《焦作市南水北调配套工程10kV供电线路维修养护费用及服务采购方案审查意见》的通知　豫调建建〔2021〕23号

关于印发《南水北调中线一期工程总干渠宝丰郏县段楝树园西、史营东公路桥委托建设管理合同验收鉴定书》的通知　豫调建建〔2021〕24号

关于印发《濮阳市城市供水调蓄池工程连接河南省南水北调受水区濮阳供水配套工程35号口门西水坡支线延长段试通水调度运行方案（试行）》的通知　豫调建建〔2021〕25号

关于印发《南水北调中线一期工程总干渠潮河段京港澳高速Ⅱ公路大桥工程建设管理委托合同验收鉴定书》的通知　豫调建建〔2021〕26号

关于印发《南水北调中线一期工程总干渠南阳市区段施工道路跨越宁西铁路新建公跨铁立交桥工程代管合同验收鉴定书》的通知　豫调建建〔2021〕27号

关于印发《南水北调中线一期工程总干渠黄河以南段与宁西铁路交叉工程委托建设管理合同验收鉴定书》的通知　豫调建建〔2021〕28号

河南省南水北调中线工程建设管理局关于划定南水北调受水区南阳供水配套工程管理与保

的复函　豫调建建函〔2021〕26号

关于河南省南水北调受水区供水配套工程2021年11月用水计划的函　豫调建建函〔2021〕27号

关于河南省南水北调受水区供水配套工程2021年12月用水计划的函　豫调建建函〔2021〕28号

关于开展南水北调中线一期工程总干渠禹州和长葛段课张南公路桥等工程建设管理委托合同验收的函　豫调建建函〔2021〕29号

关于开展南水北调中线一期工程总干渠禹州和长葛段张庄东南公路桥右岸引道设计变更二期工程和南陈庄沟排水倒虹吸尾水渠穿越禹州市外环道涵洞工程建设管理委托合同验收的函　豫调建建函〔2021〕30号

关于河南省南水北调受水区供水配套工程2022年1月用水计划的函　豫调建建函〔2021〕31号

关于郑州市南水北调配套工程19号口门李垌泵站、20号口门小河刘泵站、241号口门蒋头泵站机组大修的复函　豫调建建函〔2021〕32号

关于南阳市南水北调配套工程地下有限空间作业安全设备购置的复函　豫调建建函〔2021〕33号

中共南阳市委关于认真学习贯彻习近平总书记在推进南水北调后续工程高质量发展座谈会上重要讲话和视察南阳重要指示精神的通知　宛发〔2021〕8号

中共南阳市委南阳市人民政府印发《南阳市贯彻落实〈中共河南省委河南省人民政府印发《关于深入贯彻落实习近平总书记在推进南水北调后续工程高质量发展座谈会上重要讲话和视察南阳重要指示的实施方案》的通知〉工作方案》的通知　宛发〔2021〕13号

南阳市人民政府办公室关于印发《南阳市南水北调对口协作项目资金管理办法（试行）》的通知　宛政办〔2021〕42号

南阳市人民政府办公室关于印发《南阳市南水

北调中线工程水源保护区生态环境保护专项行动实施方案》的通知　宛政办明电〔2021〕44号

关于表彰2020年度南水北调和移民工作先进单位的决定　宛调移字〔2021〕47号

南阳市南水北调工程运行保障中心（南阳市移民服务中心）关于表彰2021年度文明科室（标兵）文明个人（标兵）文明家庭（标兵）"身边好人"的决定　宛调移字〔2021〕127号

南阳市南水北调工程运行保障中心（南阳市移民服务中心）关于表彰2021年度法治人物、守法诚信模范、遵纪守法先进个人的决定　宛调移字〔2021〕196号

中共南阳市南水北调工程运行保障中心（市移民服务中心）委员会关于表彰2020年度优秀共产党员、先进党务工作者、先进工作者的决定　宛调移发〔2021〕37号

漯河市人民政府办公室关于做好南水北调水费征缴工作的通知　漯政办〔2017〕9号

关于许信高速工程施工严重影响南水北调配套工程运行安全的报告　漯调〔2021〕7号

关于成立党史学习教育领导小组的通知　漯调〔2021〕22号

关于开展双重预防体系和消防应急演练培训的通知　漯调〔2021〕28号

关于班子成员职责分工调整的通知　漯调〔2021〕52号

关于明确科室和市县管理所职责的通知　漯调〔2021〕59号

漯河市南水北调中线一期工程2020-2021年度水量调度工作总结报告　漯调〔2021〕70号

漯河市水利局关于恳请市财政代为扣缴2018-2019年度南水北调应缴水费的报告　漯水发〔2021〕1号

关于请求扣缴南水北调水费的报告　漯水发〔2021〕122号

许昌市南水北调工程运行保障中心关于印发《市南水北调工程运行保障中心"三问三增

《微信公众号管理制度、电子邮箱管理制度等3个制度》的通知　许调水运政务〔2021〕10号

许昌市南水北调工程运行保障中心利用政务公开平台邀请公众参与制度　许调水运政务〔2021〕11号

许昌市南水北调工程运行保障中心关于印发《"五公开"办文办会制度》的通知　许调水运政务〔2021〕12号

许昌市南水北调工程运行保障中心信息公开指南和政府信息公开目录编制制度　许调水运政务〔2021〕13号

许昌市南水北调配套工程管理处关于建设员工食堂的通知　许调管〔2021〕5号

焦作市南水北调中线工程城区段建设指挥部关于成立国家方志馆南水北调分馆市党群服务中心项目建设领导小组的通知　焦城指文〔2021〕1号

关于印发《新乡市南水北调工程运行保障中心资产管理实施细则（试行）》的通知　新南水〔2021〕58号

关于印发《新乡市南水北调工程运行保障中心差旅费管理实施细则》的通知　新南水财〔2021〕6号

中共新乡市南水北调工程运行保障中心党组关于印发《2021年党建、党风廉政和意识形态工作要点》的通知　新南中组〔2021〕7号

中共新乡市南水北调工程运行保障中心党组关于2021年度全面工作情况的报告　新南中组〔2021〕18号

关于2021年党建工作总结报告　新南中组〔2021〕19号

关于2021年履行党风廉政建设主体责任情况的报告　新南中组〔2021〕20号

中共新乡市南水北调工程运行保障中心党组关于2021年意识形态工作的专题报告　新南中组〔2021〕21号

关于2021年贯彻中央八项规定精神情况专项报告　新南中组〔2021〕22号

濮阳市南水北调配套工程现场机构管理考核细则（试行）　濮调办〔2021〕12号

鹤壁市南水北调办公室关于印发《鹤壁市南水北调办公室新型冠状病毒感染的肺炎疫情防控工作方案》的通知　鹤调办〔2021〕5号

鹤壁市南水北调办公室关于成立党史学习教育领导小组的通知　鹤调办〔2021〕20号

鹤壁市南水北调办公室关于印发《鹤壁市南水北调配套工程2021年度汛方案》和《鹤壁市南水北调配套工程2021年防汛应急预案》的通知　鹤调办〔2021〕36号

鹤壁市南水北调办公室关于成立《鹤壁市南水北调中线干线工程征地移民未核销资金清理整改工作领导小组》的通知　鹤调办〔2021〕60号

鹤壁市南水北调办公室关于切实做好"双节"期间配套工程安全运行工作的通知　鹤调办〔2021〕71号

鹤壁市南水北调办公室关于印发《鹤壁市南水北调配套工程安全生产排查检查实施方案》的通知　鹤调办〔2021〕75号

鹤壁市南水北调办公室关于开展冬春火灾防控工作的通知　鹤调办〔2021〕80号

鹤壁市南水北调办公室关于印发《鹤壁市南水北调办公室开展"能力作风建设年"活动的实施方案》的通知　鹤调办〔2021〕85号

安阳市南水北调工程防汛分指挥部关于印发《安阳市南水北调工程2021年防汛工作方案》　安调防指〔2021〕3号

安阳市南水北调工程运行保障中心关于印发《安阳市南水北调中线工程征地移民未核销资金清理整改工作方案》的通知　安调〔2021〕33号

安阳市南水北调工程运行保障中心关于印发《安阳市南水北调配套工程运管人员工资计发办法》的通知　安调〔2021〕36号

安阳市南水北调工程运行保障中心关于印发《安阳市南水北调征地移民竣工财务决算工作方案》的通知　安调〔2021〕47号

叁 干线工程(上篇)

政 府 管 理

【概述】

2021年，是党和国家历史上具有里程碑意义的一年。5月12～14日，习近平总书记亲临河南视察，实地了解南水北调中线工程建设管理运行、移民安置、夏粮生产等情况，在南阳市主持召开推进南水北调后续工程高质量发展座谈会并发表重要讲话，为南水北调后续工程高质量发展指明前进的方向，提供根本遵循。按照水利厅党组安排部署，水利厅南水北调管理处贯彻落实习近平总书记"5·14"重要讲话精神，推进工程运行管理、工程验收、防汛度汛、水费征收、后续工程建设等重点工作，较好完成年度工作任务。2020—2021调水年度，河南省供水29.99亿m³（含生态补水6.58亿m³），超额完成水利部下达的年度供水计划（22.55亿m³）。协调促进干线保护范围问题整改，影响工程运行安全的27个问题整改23个，建议销号3个，未整改1个。工程验收加强组织协调，按时完成验收计划。主持完成方城段、南阳市段、新乡卫辉段、新郑南段、郑州2段及禹州和长葛段6个设计单元的完工验收，完成水利部下达的年度验收计划。截至2021年12月底，全省766座跨渠桥梁，竣工验收755座，占比98.6%。水费收缴采取通报、约谈、暂停审批新增供水项目、减少供水量等一系列措施，水费征收到位率逐年提高。对历史欠费，致函有关市县政府，制定欠交水费还款计划。对后续建设精心组织谋划，主动对接推动项目前期工作。落实防汛责任，组织建立2021年《防汛责任人名单》，开展防汛检查，督促问题整改，现场抢险，会同工程管理单位全力抵御特大暴雨灾害，保证南水北调工程安全。截至2021年底，影响工程运行安全的27个问题整改23个，建议销号3个，未整改1个（鹤壁淇县高村镇刘河村思德河倒虹吸出口右岸下游隔离网外侧5m外建电信信号塔基站和维修养护房）。

【水量调度】

按照《水利部办公厅关于做好南水北调中线一期工程2020-2021年度水量调度计划编制和2019-2020年度水量调度总结工作的通知》（办南调〔2020〕190号）要求，编制完成受水区河南省2020-2021年度用水计划，2020年9月27日以《河南省水利厅关于南水北调中线一期工程2020-2021年度用水计划建议的请示》（豫水调〔2020〕11号）上报水利部。2020年10月28日，水利部以《关于印发南水北调中线一期工程2020-2021年度水量调度计划的通知》（水南调函〔2020〕152号），明确河南省2020-2021年度计划用水量为22.55亿m³（含南阳引丹灌区6亿m³）。2020年12月2日，河南省水利厅、河南省住房和城乡建设厅联合以《关于印发南水北调中线一期工程2020-2021年度水量调度计划的函》（豫水调函〔2020〕13号），下达2020-2021年度水量调度计划。

截至2021年10月31日，河南省2020-2021年度供水29.99亿m³（含生态补水6.58亿m³），占年度计划的133%，扣除生态补水后，占年度计划的103.8%，完成年度水量调度计划。

（张明武）

【工程验收】

根据《南水北调东、中线一期工程设计单元工程完工验收计划》（办南调函〔2018〕1835号）《水利部南水北调司关于抓好疫情防控作好南水北调验收工作的通知》（办南调函〔2020〕15号），2021年，水利厅计划完成方城段、南阳市段、新乡卫辉段、新郑南段、郑州2段及禹州和长葛段等6个设计单元完工验收。水利厅南水北调处在疫情防控工作的同时，加强督促和协调，组织有关单位完成技术性验收条件核查、技术性验收、完工验收，完成水利部下达的年度验收计划。截至2021年底，除焦作2段设计单元工程的完工验收外，水利厅承担的南水北调干渠验收任务完成。按照验收标准严把完工验收质量关，多方协调选定验收专家，督促项目法人加快验收技术准备工作，严格执行《完工验收工作导则》（办南调〔2019〕134号）各项规定和验收程序，技术初验遗留问题未解决或未提出处理意见，不进行完工验收。协调交通厅按计划完成跨渠桥梁验收，截至2021年12月底，全省766座跨渠桥梁，竣工验收755座，占比98.6%。剩余11座桥梁的竣工验收资料的准备工作全部完成，正在与地方交通部门协商进行竣工验收。

（雷应国）

【后续工程建设】

2021年精心组织科学谋划后续工程，修订完善《南水北调水资源利用专项规划》，规划9座南水北调调蓄工程，总库容29亿 m³，估算投资896亿元；规划南水北调新建供水工程、水厂及配套管网工程、生态补水工程，估算投资510亿元；同时，组织开展南水北调中线干线防洪影响后续处理工程规划设计，可研报告初稿编制完成。主动对接推动项目前期工作。2021年除观音寺调蓄工程已列入国家150项重大水利工程建设项目外，鱼泉、沙陀湖2座调蓄工程已纳入国家"十四五"水安全保障规划；基本完成观音寺调蓄工程前期工作，推进其他调蓄工程前期工作。

（赵艳霞）

【防汛与应急】

2021年，水利厅南水北调工程管理处贯彻落实全国、全省有关防汛工作部署，早布置早安排，落实防汛主体责任，开展防汛检查，督促问题整改，消除防汛风险，确保南水北调工程安全。

及早安排部署 3月水利厅南水北调处开始组织更新建立2021年河南省南水北调干线工程红线外市、县、乡三级防汛责任人和配套工程各级防汛责任人名单，并于5月26日印发《河南省水利厅办公室关于印发我省南水北调工程2021年防汛责任人名单及防汛重点部位的通知》（豫水办调〔2021〕2号），落实各级防汛责任人455人，指明干渠89处防汛风险点和重点部位，明确防汛工作要求。

防范化解风险 开展防汛技术准备。督促运管单位防汛风险点排查，编报并落实《工程度汛方案》和《超标准洪水应急预案》；开展工程防汛检查。4月25日至8月20日，南水北调处5次（其中水利厅领导带队3次）到南水北调中线工程开展汛前检查及汛期内抽查，及时发出问题清单，跟踪整改，消除隐患，防范风险。经组织排查，7月6日，省政府与工程沿线8个省辖市政府签订《2021年南水北调中线工程安全度汛责任清单》，进一步明确140个存在问题的整改措施、责任单位和责任人。提升应急处置能力，参加水利部和省政府在穿黄管理处组织"穿黄工程防汛应急抢险综合演练"，并督促各级运管单位备足防汛物资，开展防汛演练，全面提高应急处置能力。"7·20"暴雨前后，加强防汛预报预警，在水利厅领导带领下，到郑州、新乡等南水北调工程现场，分析雨情水情工情，实施精准调度，确保南水北调"三个安全"。加快水毁项目修复，"7·20"暴雨后，组织快速修复郑州前蒋寨泵站、25号线穿贾鲁河管道水毁项目修复，满足城市供水要求。

（蔡舒平）

干 线 工 程 运 行 管 理

渠首分局

【概述】

2021年是中国共产党建党100周年，也是中线工程发展进程中极不平凡的一年。这一年，习近平总书记亲临陶岔渠首枢纽工程视察，为南水北调高质量发展擘画蓝图、指引方向。渠首分局深入学习贯彻习近平总书记"5·14"重要讲话精神，牢记殷殷嘱托，从守护生命线的政治高度，高质量开展运行管理工作，有效保障南水北调中线渠首段工程安全、供水安全、水质安全。

【工程概况】

渠首分局辖区工程起自陶岔渠首枢纽工程，沿线经过1个县级市、7个县（区），止于方城段与叶县段交界处，全长185.545 km，其中渠道长176.718 km，建筑物长8.827 km。2008年11月主体工程正式开工，2013年12月底完工，2014年12月12日正式向北方调水。辖区起点入渠设计流量350 m³/s，加大流量420 m³/s；辖区终点设计流量330 m³/s，加大流量400 m³/s。

渠首分局辖区工程沿线地质条件复杂，建筑物规模和过流量均为全线最大。膨胀土、高填方、深挖方渠段占比较大。其中，膨胀土渠段长149.47 km，占所辖渠段长度的84.58%；深挖方渠段长58.411 km，渠道最大挖深47 m，开口最宽处382 m；高填方渠段长33.69 km，最大填高17.2 m。内邓、沪陕、商南、许平南4条高速跨越干渠，宁西、焦柳、郑渝、浩吉4条铁路跨越干渠。

【组织机构】

2021年渠首分局内设9个处室，分别为综合处、计划合同处、财务资产处、党群工作处（纪检处）、人力资源处、分调度中心、工程处、水质监测中心（水质实验室）、安全

处；下设陶岔、邓州、镇平、南阳、方城5个现地管理处和1个陶岔电厂。主要职责是负责辖区内运行调度、工程维护、安全保卫、水质保护等运行管理和陶岔电厂运营管理工作。

【工程管理】

工程维护 2021年完成水下衬砌面板修复、11+700-11+800段右岸应急处置、桥梁三角区及引道外坡滑移修复重点实施项目，完成水毁修复日常项目348项，完成陶岔渠首枢纽工程标准化建设跨年施工项目，配合实施完成陶岔渠首枢纽功能完善项目。按照"双精维护"工作要求，举办工程计量技能培训，开展防浪墙项目技能比赛，促进维护作业规范化。

穿跨邻项目管理 2021年渠首分局完成3个穿跨越项目施工图及施工方案审查，并完成施工审批手续办理；参与穿跨越各项规章制度及规范性文件制定，参与完成《穿跨邻接南水北调中线干线工程项目管理规定》《油气管道穿跨邻接南水北调中线干线工程项目设计技术规定》等6个穿跨越相关规定编写。对内乡供水工程穿越淅川段工程、南阳市污水处理厂中水回用工程穿越南阳市段工程、鸭河快速通道穿越南阳市段工程开展施工期现场监管。

基建项目实施 渠首分局调度生产用房建设项目于2021年6月23日举行开工仪式，7月1日正式开工建设，截至12月31日完成主楼主体工程地面以下施工。渠首分局物资设备仓库建设项目3月11日开工，12月31日建成。

【输水调度】

2021年，渠首分局完成调度指令3162条，其中执行远程调度指令2956条，下达和完成现地（检修和动态巡视）指令979条。组织开展输水调度专业安全生产检查3次，参加

综合性安全生产检查 4 次，专项督导检查 1 次。

陶岔渠首入渠流量保持 350 m³/s 及以上运行共 144 天，其中保持 380 m³/s 及以上 59 天，保持 400 m³/s 及以上 26 天。渠首分局成立大流量输水工作领导小组，制定细化大流量工作实施方案，提前组织排查辖区各类设备设施运行情况，加密大流量输水期巡查维护，保障大流量输水调度安全。开展输水调度"汛期百日安全"专项行动，制定汛期应急调度预案，加强雨中调度和水情雨情信息上报工作；编制《运行调度典型案例手册》，开展 5 次应急调度桌面推演；汛期对方城段高地下水位渠段进行优化渠道运行水位，有效应对工程通水以来降雨强度最大、影响范围最广的特大暴雨考验。

【水质保护】

2021 年，渠首分局辖区水质稳定在Ⅱ类及以上。开展 17 次地表水检测，出具 2125 组检测数据；2 次地下水检测，出具 324 组检测数据；44 次藻类检测，出具 362 组检测数据，4 次 113 条干渠交叉河流检测，出具 6052 组检测数据；陶岔和姜沟 2 个水质自动监测站，全年在线自动监测共出具检测数据 14 万余组。联合地方相关部门开展 2 次联合督查行动，推动辖区 10 处水质污染源全部整改销号，实现动态清零。开展 5 次水污染应急演练，汛前和汛中开展 2 次监测人员应急拉练，完成 3 次水质应急监测任务。

【安全生产】

2021 年，渠首分局推进水利安全生产标准化建设、安全风险管控和隐患排查治理体系建设，开展常态化排查、专业化整治，促进"两个所有"问题查改与安全生产专项整治三年行动集中攻坚、安全生产百日行动融合实施。加强 2021 年全国"两会"和"建党 100 周年"安全加固工作，全方位开展隐患集中排查 3 次；对 5 座无人值守闸站、11 座重点桥梁增设值守人员 24 小时值守；与南阳市、县（区）公安部门加强警企合作，保证重要时期和特殊时段的安全。开展安全生产培训，组织开展临时用电、高处作业专题知识技能培训 4 期；参加水安将军安全知识竞赛，组织全员学习水利安全生产知识；组织开展安全警示教育 10 场 260 人次；常态化开展"防溺水"安全宣传"五进"活动，覆盖沿线 24 个乡镇、80 余所中小学校。

【防汛与应急】

加强防汛组织机构和防汛体系建设，与地方防汛体系建立联防联动机制。编制 2021 年度汛方案和防汛应急预案并在地方防汛部门、应急部门备案，修订超标准洪水防御预案，对 1 级风险防汛风险项目编制专项应急处置方案。在防汛重点部位预置防汛物资和专业人员驻汛，组织开展 2 次防汛演练、3 次防汛拉练、19 次防汛培训。汛期接强降雨预警预报 22 次、应急响应 11 次，启动Ⅳ级应急响应 2 次，开展雨中雨后巡查。2021 年，渠首分局有效应对"7·20""8·22""9·24"等 9 轮强降雨过程，保障工程安全度汛。

【绿化带建设】

截至 2021 年底，渠首分局基本完成绿化任务，辖区乔木 31.61 万株，灌木 55.4 万株、渠坡植草面积 659.56 万 m²、绿化带 80.10 万 m²、防护林带 311.71 万 m²、绿篱（色块）4.69 万 m²，沿线绿树成荫，绿化覆盖率高，对干渠沿线区域生态环境起到很大的改善作用。

【工程验收】

4 月配合完成南阳市段、方城段完工验收，渠首分局辖区全部 7 个设计单元项目法人验收、技术性初验、完工验收全部完成。5 月配合完成陶岔渠首枢纽工程设计单元完工验收任务。6 月完成朱营西北跨渠公路桥竣工验收。渠首分局在全线各分公司中率先完成工程验收任务。

【科技创新】

2021 年，渠首分局"一种膨胀土渠道渠坡土体内排水结构"和"一种新型河流渠道扶坡廊道式快速拆装组合围堰"获国家实用新型专利;"扶坡廊道式钢结构装配围堰修复水下衬砌板技术"被水利部科技推广中心在水利系统推广;1项技术创新项目获中国南水北调集团中线有限公司科技创新奖2等奖,3项技术创新项目获中国南水北调集团中线有限公司科技创新奖3等奖。继续推进运行期膨胀土渠坡变形机理及系列处理措施研究项目,持续开展"基于BIM技术的陶岔渠首枢纽工程运行维护管理系统研究"项目,开展北斗自动化变形监测系统应用试点、基于InSAR技术的膨胀土深挖方渠段滑坡风险排查试点项目。

【工程效益】

截至2021年12月31日,陶岔渠首入渠水量累计445.98亿m³,累计向南阳市供水56.66亿m³(含生态补水9.98亿m³)。向引丹灌区分水7.19亿m³,向邓州市、新野县分水3873.23万m³,向镇平县分水1412.01万m³,向南阳市分水5234.02万m³,向唐河县、社旗县分水2864.47万m³,向方城县分水1059.55万m³,供水范围覆盖南阳市中心城区和邓州、新野、镇平、唐河、社旗、方城,惠及人口310万。实施生态补水,向刁河补水1.28亿m³,向湍河补水8588.05万m³,向潦河补水1322.10万m³,白河补水7686.15万m³,向清河补水9346.68万m³,沿线河流生态明显改善。

陶岔电厂年度发电量2.48亿kW·h,累计发电量6.60亿kW·h,安全运行2576天。

【党建工作】

2021年落实第一议题制度,全年召开渠首分局党委中心组(扩大)学习会35次。党史学习教育创新开展"七个一"活动,增强党史学习教育生动性和实效性。承办中国南水北调集团中线有限公司"传承百年红色基因 谱写中线辉煌篇章"党史知识竞赛。集中学习习近平总书记"5·14"重要讲话精神,组织全员对"三个事关""六条经验""三条线路""六项任务"开展研讨。"三对

标、一规划"专项行动开展"政治对标、思路对标、任务对标"专题研讨,参与全覆盖研讨全覆盖。

推进党建规范化标准化建设,组织各党支部规范开展"三会一课"、主题党日、党员过政治生日、组织生活会活动。落实全面从严治党"两个责任",制定渠首分局落实全面从严治党主体责任清单。完善纪检监督体系,开展警示教育月活动和经常性纪律教育,强化日常监督,并对中央八项规定及其实施细则精神落实情况进行专项检查。

接续开展定点帮扶工作,对接湖北郧阳区,落实帮扶资金,开展消费采购工作,超额完成2021年帮扶任务。8月渠首分局获"全国水利扶贫先进集体"荣誉称号。

(李强胜)

河南分局

【输水保障能力持续提升】

2021年河南分公司克服超强降雨、疫情反弹等困难,采取应急调度和封闭集中值班措施开展输水调度工作,超额完成年度供水任务。4月30日~11月2日,开展历时6个月的大流量输水运行,2020-2021年度辖区共分水17.92亿m³,占年度计划的118%,其中生态补水2.47亿m³,助力中线工程年度调水超90亿m³,创历史新高,连续两年超工程规划供水量。

持续推进调度值班模式优化试点工作,调度效率和现场安全监控能力有效提升。2020年12月12日开始,选择宝丰等4个管理处进行调度值班模式优化试点。2021年经历备调应急演练、入渠流量调增、渡槽流态试验、"7·20"特大暴雨应急调度、水毁项目处置等多种工况检验,输水调度平稳运行,取得阶段性成效。2021年第二阶段试点工作获中线公司批复,增加新郑等7个管理处试点,同时宝丰等4个管理处开展第二阶段试点。

继续推进渠道流态优化试验研究,为提

升中线工程大流量输水能力提供支撑。在已完成的桥梁墩柱加装导流罩的试验基础上，选取澧河渡槽开展输水渡槽流态优化试验研究，11月2日加大流量过流试验表明，安装导流墩后最高过槽流量达到385 m³/s（澧河渡槽加大流量为380 m³/s），比安装前最高过槽流量提升16%，渡槽出口"卡门涡街"现象和槽内水位异常波动现象消失，整体流态显著改善。郑州段输水建筑物流态优化试验研究也开始推进。

【水质保护再上台阶】

2021年实验室完善水质监测体系，巩固地表水109项水质检测能力，持续开展水质日常监测，完成102批次的检测任务，检测水样683组，出具数据10701个。提升水质应急管理和处置能力，开展水污染事件应急演练，补充水污染事件应急物资储备，完成水质自动监测站采水单元改造，开展水质自动监测站创优争先，开展"7·20"暴雨水质应急监测，加密水质自动监测站监测频次，实时掌握水质变化情况。水质科研工作有序开展，边坡底栖藻类清除组织实施，边坡沉积物清理设备试制样车，水生态调控试验项目通过技术验收，鱼类洄游轨迹项目仿真模拟软件正在开发，中线藻类图谱建立及智能识别项目完成合同验收。协调地方开展水源保护区污染源排查和处置工作，配合河南省政府开展水源保护区生态环境保护专项行动，沿线6省市检察机关共同签订《服务保障南水北调中线工程公益诉讼检察工作协作意见》，在长葛管理处挂牌"水资源司法保护示范基地""水环境保护巡回审判基地"，发挥检察公益诉讼职能和司法审判职能。

【双精维护全面深化】

2021年制定星级技术工人（班组长）管理办法和工序工法作业指导书，举办第二届"工匠杯"竞赛，持续提升土建绿化精细化维护水平。高质量推进汛期水毁项目修复工作，按照"分局一盘棋、集中各方面力量进行水毁修复"的原则，制定实施方案和现场作业指导书，抽调人员加强现场施工质量和安全的过程监控，发挥党建引领和监督考核激励作用。统筹推进土建绿化日常维护工作，完成日常维护合同的采购和签订，创建标准化渠道14.01 km，累计通过641.13 km，开展防护林带及闸站节点灌溉系统试点，组织完成46处255块水下衬砌面板修复处理。开展安全监测异常问题研判和处置工作，对焦作高填方渠段沉降超限、叶县高填方渠段沉降、禹州采空区渠段渗压异常变化和长葛1.6 km渠段整体沉降等4项安全监测重点异常问题，进行专项研判和处置。推动预算与合同管理精细化，树立"过紧日子"的观念，在预算申报、执行监管、后评价等全过程深化管理，杜绝无预算超预算情况发生。现场开展合同交底，开展合同巡查减少审计风险，完成土建绿化供应商年度信用评价，组织水下衬砌面板修复项目定额测定，保障汛期应急抢险处置，推进合同管理精细化。

【两个所有持续推进】

2021年未发生生产安全事故，安全生产形势稳定。持续开展"两个所有"问题查改，全年共检查发现各类问题45.8万余个，自主发现率99.9%，自查问题整改率90.05%。协调稽察大队开展长葛、郏县、荥阳管理处驻点监督检查，对孤柏嘴尾工项目现场监管，用水下机器人开展重要渠段及建筑物水下日常检查和流态优化导流墩安装等重点项目水下检查，用高密度电法仪对5个管理处的6个渗漏部位进行无损检测。开展季度综合性安全生产检查，对照清单开展安全隐患自查自纠，共检查发现安全隐患问题3234项，除95项暂不具备彻底整改条件已采取必要临时措施外，均已整改完成。梳理出109个典型问题指导开展每月一次的信息机电专业问题查改。加强现场安全监管，强化12类52项危险作业管理，强制实行旁站监管或视频监管"二选一"。在建党百年等重要时间节点采取专项安全加固措施。开展"安全生产月"和"安全生产百日行动"。实施安全生产监控中心试点建设打造智慧中控室。开展安全警示标志牌规范化和场内交通安全防护设施完善试点，并通过中线建管局验收。核定标准化规范化实践项目37个。加强穿跨邻接项目的审查审批、日常巡查、专项检查、项目验收等全过程管理，全面排查燃气管道穿越项目并进行风险评估。

【服务保障提质增效】

2021年审计整改落实从严剖析问题原因，开展系统整改，建立内部考核机制和常态化自查自纠机制，推进管理能力提升。稳步推进资产全面清查，建立财务集中核算和片区服务相结合的管理模式。依照程序完成5名处室正职、9名处室副职、54名科室正职干部的选拔任命和20名应届毕业生招录。按照可量化易操作原则修订完善业务考核指标，制定2021年水毁修复项目考核指标，发挥考核激励约束作用。严格疫情防控常态化工作，组织疫苗接种和多次全员核酸检测，实行抗疫应急备班和8月三分之一大轮班制度，成功应对8月郑州"德尔塔"变异毒株疫情和国内省内多轮疫情爆发，严防突发疫情造成工作中断。全面开展综合保障工作，建立大例会和督查制度，提高督办管理水平，修订接待工作、车队管理制度，完成公务车辆维修保养、办公耗材等长期定点合同签订，增配视频会议设备保障线上会议需要，开展普法活动2次，应诉法律案件3起、仲裁案2起、协助调查2次，维护河南分公司合法权益申请法院强制执行1起，开展重点信访排查和维稳工作。承办第二届全国水利科普讲解大赛和第二届南水北调科普讲解大赛，举办"清渠润北　幸福河湖"开放日活动，与河南日报、河南广播电台、映象网等地方媒体联合推出南水北调精彩故事，全年共推出《豫见南水北调》47期，出版季刊4期，举办季度摄影展4期，发布新闻报道1585篇次，接受媒体采访12次，组织研学实践4252人次。

【建设收尾取得突破】

2021年提前完成穿黄工程等8个设计单元法人验收和穿黄工程档案法人验收水利部督办项目，配合上级主管部门完成叶县段等8个设计单元完工验收，设计单元法人验收全部完成，完工验收完成26个，剩余穿黄工程等3个按照水利部工作计划进行。水利部督办事项穿黄孤柏嘴控导工程尾工建设全部完成并通过合同项目验收。跨渠桥梁累计竣工验收561座，剩余11座待进一步协调。推进河南境内干渠压覆矿产资源审批手续，编制完成审批材料报告（初稿）。配合河南省水利厅完成《河南河湖大典·南水北调篇》编纂工作。破解合同遗留问题，投资收口工作全部完成，完工财务决算均已通过水利部核准，建设期地方分摊资金落实工作正在推进。重点基建项目中，对贾鲁河整治等多种因素进行研究，安全运行实训项目立项申请报告已报中线建管局；科技教育试验项目初步设计报告待批复后实施；郑州管理处光伏发电开发试点项目项目建议书通过中线建管局审查；航空港区管理处职工公寓建设完成，推动郏县、禹州、卫辉、安阳（穿漳）等4个管理处职工公寓建设。

【党建引领更加有力】

2021年贯彻落实专项部署，完成"三对标、一规划"专项行动，持续推进党史学习教育，认真学习贯彻习近平总书记"5·14""七一"等重要讲话精神，组织学习十九届六中全会精神，充分认识南水北调工程事关战略全局、事关长远发展、事关人民福祉，进一步提高政治站位，增强新时期南水北调工作的自豪感、使命感和紧迫感。加强组织建设，完成机关联合党支部的拆分工作，创建党员示范岗258个、党员责任区90个，按时完成接收55名党的发展对象为预备党员，成立河南分局和各党支部青年理论学习小组，创建20个"学党史　悟思想　兴水利"红色阅读角，结合"7·20"特大暴雨应急抢险、水毁项目修复等中心业务工作创建先锋队、优化责任区，为运行管理提供有力的组织保障。规范党务工作，拟定河南分局"标准化规范化党支部"创建实施方案并持续完善，配合编辑《中线建管局党务工作手册》，开展"两优一先"推选，河南分局获优秀党务工作者7人、优秀共产党员27人、先进基层党组织6个。配强纪检力量，探索"片区化"纪检监督，推动落实"廉政五分钟"制度和公车出行公开实施办法，到现场开展布防备防部署和应急抢险指导，对水毁修复项目监管人员履职尽责、落实中央八项规定精神等情况进行全面检查，组织参加警示教育大会，开展"用身边事教育身边人，以案为鉴、以案促治"专题组织生活会，处置问题线索8件，严防"四风"反弹。

（张茜茜）

干线工程委托段管理

【投资管控】

2021年全面完成中线干线工程7128项变更索赔处理和委托河南省建管的16个设计单元、共89个土建标段的价差调整复核和批复；对存在资金风险的标段，主动与中线建管局和参建单位对接协商，建立台帐和风险资金联动机制；2021年干线委托段合同争议问题基本处理完毕。配合竣工财务决算编审，按照中线建管局通知和规定格式，梳理并建立河南省委托段9类合同管理台账、各单元变更索赔项目批文台账、招投标项目清单台账；基本完成委托段16个设计单元工程的预备费审批和报备文件汇编以及专题报告、价差批复及使用情况分析报告、设计单元投资控制分析报告；基本完成委托段16个设计单元工程投资控制资料汇编及资料扫描工作。推进后续部分标段的完工（最终）结算手续办理及资金支付工作。及时向中线建管局申请资金。

（王庆庆）

【完工财务决算编制及资产处置】

中线建管局委托省南水北调建管局建设管理的16个设计单元完工财务决算报告已按照水利部、原国务院南水北调办和中线建管局完工财务决算编制计划要求全部报送中线建管局。截至2021年底，16个设计单元完工财务决算全部通过水利部核准。

按照中线建管局固定资产报废处置批复意见（财函〔2019〕4号）和《河南省省级行政事业单位国有资产处置管理暂行办法》有关规定，以及省南水北调建管局国有资产处置领导小组鉴定意见，截至2021年12月底，使用中线建管局干渠建设资金购置的固定资产共计451项，原值1003.95万元，处置309项，原值600.41万元。

（王 冲）

【工程验收】

外委合同验收 南水北调中线干线工程委托河南省建设管理渠段内，部分建设任务由省南水北调建管局与电力、铁路、公路、市政相关行业部门或市县区南水北调机构签订委托建设管理合同委托其实施。2021年加快推进外委合同验收进度，省南水北调建管局与省电力公司、郑州铁路局工管所、平顶山公路事业发展中心多次对接协商委托建管合同验收。省南水北调建管局共与有关单位签订48个委托建设管理合同，截至2021年12月底，累计完成22个，占比45.8%。其中2021年完成14个。

跨越桥梁竣工验收 南水北调中线干线委托河南省建设管理渠段内共有跨渠桥梁465座，其中由地方全资建设新增15座，委托地方或行业部门建设 28 座，省南水北调建管局负责建设 422 座。另有非跨渠桥梁 11 座，全部由省南水北调建管局建设。省南水北调建管局负责建设的共 433 座桥梁最终由桥梁所在道路的主管部门主持竣工验收，并移交养护管理。2021 年省南水北调建管局会同干渠运行管理单位，主动与相关市县公路局、住建局沟通协商制约桥梁竣工验收问题的解决办法，商定验收日期，提前进行验收准备。截至 2021 年 12 月底，累计完成竣工验收并移交桥梁 423 座，占比 97.7%。剩余 10 座桥梁的竣工验收资料全部完成，干渠运行管理单位与桥梁竣工验收主持单位对养护管理正在协商，暂未竣工验收或未移交。

（刘晓英）

南阳委托段

【完工结算】

中线干线工程南阳市段、南阳试验段、白河倒虹吸工程以及方城段设计单元的财务完工决算已经水利部核准，按照有关约定，南阳段各标段的完工（最终）结算于 2021 年 10 月全面进行。南阳段项目已全部完成各设计单元工程的完工验收，并移交渠首分局管理。配合完成南阳市段、南阳试验段、白河倒虹吸工程以及方城段设计单元的财务完工决算的核查工作，并由水利部核准。

【竣工财务决算】

2021 年南水北调中线干线工程各设计单元工程完工决算完成。2021 年 12 月，南水北调集团公司印发《南水北调东中线一期工程竣工财务决算工作方案》（办财〔2021〕94 号），要求南水北调中线项目法人以 2021 年 12 月 31 日为竣工决算基准日，2022 年 12 月底完成中线一期工程竣工财务总决算。2021 年开展南阳段 4 个设计单元工程的竣工财务决算工作。

（李君炜）

平顶山委托段

【概述】

平顶山段渠线全长 94.469 km，包括宝丰郏县段和禹州长葛段两个设计单元，沿线共布置各类建筑物 183 座，其中河渠交叉 13 座，渠渠交叉 10 座，左岸排水 41 座，节制闸 4 座，退水闸 2 座，事故闸 1 座，分水口门 7 座，公路桥 67 座，生产桥 34 座，铁路交叉工程 4 座。平顶山段共分 19 个施工标，2 个安全监测标，8 个设备采购标，3 个监理标，合同总金额 40.35 亿元。2021 年平顶山段完成工程财务完工决算、工程验收、投资控制及《河南河湖大典》南水北调篇撰写任务。

财务完工决算 水利部分别于 2021 年 3 月 17 日和 26 日以办南调〔2021〕66 号、办南调〔2021〕80 号文件，核准宝丰郏县段和禹州长葛段工程完工财务决算。

工程验收 禹州长葛段工程分别于 2021 年 4 月、6 月和 9 月通过设计单元工程完工验收项目法人验收、完工验收技术性初步验收和完工验收。

桥梁竣工验收 2021 年 6 月，宝丰郏县段安良镇南跨渠公路桥副桥 I 通过竣工验收。

投资控制 平顶山段建管依据水利部核准的完工财务决算数据，2021 年度分别办理宝丰郏县段 3、5～7 标、禹州长葛段 1～4 标、6 标、7 标工程价款，共办理结算款 14753.23 万元，其中宝丰郏县段办理结算 2240.93 万元，禹州长葛段办理结算 12512.30 万元。

（周延卫）

郑州委托段

【概述】

南水北调干线工程郑州段委托建设管理 4 个设计单元，分别为新郑南段、潮河段、郑州 2 段和郑州 1 段，总长 93.764 km，沿线共布置各类建筑物 231 座，其中，各类桥梁 132 座

（公路桥93座，生产桥36座，铁路桥3座）。批复概算总投资107.98亿元，静态总投资105.96亿元。主要工程量：土石方开挖7913万 m³，土石方填筑1799万 m³，混凝土及钢筋混凝土182万 m³，钢筋制安98613 t。郑州段工程共划分为16个渠道施工标、7个桥梁施工标、6个监理标、2个安全监测标、4个金结机电标，合同总额48.17亿元。

【财务完工决算】

主动协调有关部门，与参建单位多次沟通协商，使新郑南段三个施工单位砂石料源变化运距增加费用补偿问题得到妥善处理。配合完成干线工程完工财务决算编制，4个设计单元工程完工财务决算已经水利部全部核定，根据核定结果，郑州段4个设计单元23个土建标段合同额46.19亿元，核定金额65.34亿元，截至2021年底支付64.54亿元，投资基本可控。正在配合中线建管局进行干线工程竣工财务决算编制。

【工程验收】

2021年配合完成新郑南段和郑州2段设计单元工程完工验收；配合进行6个桥梁及2个干线工程新增项目外委合同验收。组织黄河南仓储、维护中心的质量、安全、文明施工与验收及网络与消防检测合同的洽谈、立项、签订、上报。

【仓储及维护中心建设】

黄河南仓储维护中心是河南省南水北调配套工程的重要组成部分，受大气污染防治、新冠疫情、证件办理、当地环境等多种因素影响，项目进展十分困难。与参建各方克服新冠疫情、扬尘管控、政府部门机构改革、人员调整等诸多不利因素影响，2021年施工许可证等建设手续全部办理完成，项目施工全部完工并通过合同完工验收，郑州建管处组织协调有关单位处理仓储维护中心变更索赔，同时按照省财政厅要求，为完工财务评审进行准备。

（岳玉民　闫利明）

新乡委托段

【概述】

新乡建管处委托管理段工程自李河渠道倒虹吸出口起，到沧河渠道倒虹吸出口止，全长103.24 km，划分为焦作2段、辉县段、石门河段、潞王坟试验段、新乡和卫辉段5个设计单元。干渠渠道设计流量250～260 m³/s，加大流量300～310 m³/s。2021年主要工作有设计单元工程完工验收、投资控制、竣工决算前准备。

【设计单元完工验收】

2021年3月完成新乡卫辉段设计单元工程完工验收技术性初步验收，4月完成新乡卫辉段设计单元工程完工验收。焦作2段已具备设计单元工程完工验收技术性初步验收条件，计划验收时间由中线建管局另行通知。

【桥梁竣工验收与移交】

新乡段建管处所辖渠段共计107座跨渠桥梁，其中新乡段78座，焦作2段29座。新乡段78座跨渠桥梁中省道桥梁6座、市政桥梁3座、县道桥梁9座，其余60座为乡道、村道、机耕道跨渠桥梁。2021年新乡段所有跨渠桥梁均完成竣工验收签证。焦作2段29座跨渠桥梁中，共有21座县、乡道跨渠桥梁进行竣工验收签证，竣工资料全部移交。剩余8座跨渠桥梁省南水北调建管局完成竣工验收，2021年完成4座市政桥梁的竣工资料完善，其余的资料正在完善。

【投资控制】

2021年完成辉县段、新乡和卫辉段设计单元的完工财务决算报告水利部的核准工作。按照水利部办公厅关于东中线一期工程竣工财务决算工作的通知，2021年12月与河南华北水电工程监理有限公司、河南科光工程建设监理有限公司签订建设期投资控制资料汇编工作委托合同，资料编制正在进行。

（侯自起）

肆 干线工程（下篇）

陶岔电厂和陶岔管理处

【工程概况】

陶岔电厂和陶岔管理处所辖工程位于河南省南阳市淅川县境内，起点陶岔渠首大坝前2 km，终点刁河渡槽进口交通桥下游侧桩号14+646.1。桩号0+000为陶岔渠首枢纽工程，桩号0+000—14+645段为深挖方渠段，最大挖深47m。桩号14+645—14+646.1段为刁河渡槽进口段。

辖区各类建筑物26座，其中1座陶岔渠首枢纽工程、1座河渠交叉建筑物、4座左岸排水建筑物、1座渠渠交叉建筑物、1座分水口门、1座节制闸、1座退水闸、7座公路桥、8座生产桥、1座水质自动监测站。陶岔渠首枢纽工程由电站和引水闸组成，电站为河床灯泡贯流式发电机组，装机容量2×25 MW，设计年平均发电量2.4亿kW·h；引水闸布置在渠道中部右侧，采用3孔闸，孔口尺寸7 m×6.5 m（宽×高）。陶岔渠首枢纽工程设计引水流量350 m^3/s，加大流量420 m^3/s，设计年均调水95亿m^3。

【工程维护】

2021年完成渠首枢纽场区新型警示柱安装和左岸坡脚排水沟新建；管理处园区走廊钢结构刷漆和室外火烧石改造；坝前引渠淤泥监测以及清漂机器人码头增设水上通道。绿化工程日常维护项目完成辖区苗木树穴修复，枢纽工程场区、北排河渠道和所辖干渠深挖方渠道沿线渠坡草体集中修剪，日常草体修剪、高杆草拔除、绿篱造型字的维修养护。

【防汛与应急】

陶岔电厂和陶岔管理处在汛前成立防汛风险项目排查评估小组，对管辖范围进行全面排查，并组织实施防汛问题整改。完成深挖方渠道11+700—11+800右岸边坡等5处变形体降排水应急处理。落实防汛责任、保证防汛抢险高效有序开展，成立陶岔电厂和陶岔管理处安全度汛领导小组。编制《2021年陶岔电厂和陶岔管理处度汛方案》和《2021年陶岔电厂和陶岔管理处防汛应急预案》，并在淅川县防办备案审批。汛前完成防汛物资设备盘点整理，完成防汛物资设备补充。按照上级防汛物资设备维护要求，对防汛物资设备进行定期保养和维护。

【安全监测】

2021年共完成130期人工内观数据采集，编制分析月报12期。根据全年安全监测成果分析，辖区工程运行状态良好。完成外观观测单位检查考核6次，自动化系统维护单位检查考核10次，安全监测设施设备维护单位检查考核12次。完成高水位运行期间陶岔渠首枢纽工程安全监测数据采集、整理和初步分析。配合完成深挖方渠段5处变形体处理方案编制和现场相关处理。配合完成陶岔渠首枢纽工程合同完工验收和渠首分局基于InSAR技术的膨胀土深挖方渠段边坡稳定风险排查项目阶段验收。配合渠首分局完成陶岔管理处安全监测测斜装置自动化改造项目和安全监测仪器自动化改造项目人员设备进场、到货验收的现场管理。

【调度管理】

2021年编制完成《陶岔管理处信息机电日常维护方案》《金属结构闸门防腐处理调度配合方案》《陶岔管理处中控室调度生产作业指导手册》。每月开展一次调度知识培训，中控室按照"五班二倒"工作方式开展日常输水调度工作。开展"汛期百日安全"专项行动，组织全体调度人员学习输水调度业务知识，规范调度值班行为，加强值班场所管理，强化风险排查力度。开展信息机电维护工作，进行电缆沟维护、闸门保洁、低压侧电气维护和管理处园区配电室、柴油发电机室环境标准化建设及维护。

【水质保护】

陶岔电厂和陶岔管理处开展水质监测，严格过程管理，提高监测数据质量。每月对仪器进行校准，按时完成监测采样，协调各方消除污染隐患。协助渠首分局水质监测中心开展库区、坝前、陶岔、姚营4个水质监测断面水质采样和藻类监测实验。每周开展浮游生物监测采样。每季度开展污染源和风险源全面排查并及时更新台账。

【电厂运行】

陶岔电厂2021年度组织开展设备专业巡检、维护、消缺，保证机组及附属设备正常运行。完成年度C修、特种设备定期检验及相关检测试验、陶岔电厂计算机监控系统风险评估及等保测评、高压输配电线路维护、坝顶门机、尾水门机集中润滑系统维护，及上游侧机组检修门门槽盖板改造项目。组织开展电厂应急能力建设评估项目。完成陶岔电厂制度标准化项目。编制陶岔电厂技术标准（检修规程，运行规程，操作规程，调度规程）、管理标准、岗位标准、规章制度4类121项，进一步提升电厂生产管理水平。

【安全管理】

2021年实现年度安全生产目标，安全隐患整改率100%。组织开展各专业、各类型安全生产培训16次，培训覆盖300人次。在沿线周边村镇组织开展安全宣传16次，发放宣传资料7000余份，宣传覆盖4500人次。组织日常检查、定期检查和专项检查60次。在大流量输水和重大活动期间，成立安全加固工作小组，组织开展消防演练，提高全员火灾应急处理及避险逃生能力。开展溺水救援演练，配合陶岔派出所完成反恐应急演练。

【党建工作】

陶岔电厂和陶岔管理处是渠首分局所辖现地管理机构，实行合署办公，下设综合科、合同财务科、安全科、工程科、调度科、运行维护科，截至2021年底在岗职工41人。

2021年，陶岔电厂和陶岔管理处联合党支部学习贯彻习近平新时代中国特色社会主义思想，落实党支部全面从严治党，开展党史学习教育，专题学习研讨习近平总书记"5·14"重要讲话精神。党支部加强党的政治建设，把党建工作和业务工作同研究、同部署、同开展、同落实。全面落实从严治党主体责任，开展党支部"灯下黑"专项整治，查摆问题，组织开展党支部党建述职评议考核、组织生活会和民主评议党员，规范开展"三会一课"、主题党日活动。

【精神文明建设】

2021年，陶岔电厂和陶岔管理处获中央企业爱国主义教育基地称号，获淅川县级文明单位称号。承办渠首分局2021年南水北调工程开放日活动。陶岔渠首枢纽工程累计接待各级政府部门、企事业单位271批次7222人次。陶岔渠首枢纽全国中小学生研学基地、中央企业爱国主义教育基地开展水情教育和爱国主义教育，全年开展中小学生研学活动17批次2524人次。

（王伟明）

邓 州 管 理 处

【工程概况】

邓州管理处所辖工程位于河南省南阳邓州市境内，长37.454 km，起点邓州市刁河节制闸下游交通桥下游侧桩号14+646，终点邓州市和镇平县交界处桩号52+100。其中深挖方渠段长9.593 km，最大挖深约21 m，高填方渠段长17.298 km，最大填高17.2 m。

辖区各类交叉建筑物65座，其中7座河

渠交叉建筑物，12座左岸排水建筑物，2座渠渠交叉建筑物，2座分水口门，2座节制闸，2座退水闸，25座公路桥，12座生产桥，1座穿渠通道。

【工程维护】

2021年，邓州管理处完成桥梁引道边坡处理专项工作。土建日常维护完成沥青路面破损修复1.068 km，新增混凝土路面765.79 m³，截流沟混凝土找平4处，混凝土拆除修复118 m³，截流沟修复完成410 m，排水沟重建112.8 m³，防护网片立柱更换1396 m²，新型警示柱更换1240个，地埋线缆更换700 m。绿化维护在管理处园区、闸站、桥头三角区及防护林重点部位进行栽植观赏性树木1915株，绿篱种植300 m²，花卉种植210 m²。

【防汛与应急】

2021年邓州管理处调整突发事件应急处置小组成员，组成28人的应急抢险预备队；按照上级2021年防汛风险项目划分标准，防汛风险项目按5类3级重新进行划分，明确3级风险项目5处；完成邓州管理处防汛"两案"修订，组织培训3次；完成应急物资补充、应急设备维护、应急驻点管理工作；加强与地方防汛部门沟通联系，实地走访左岸上游水库，建立防汛联络机制，组织开展雨前雨中雨后巡查，工程安全度汛。

【安全监测】

2021年安全监测完成内观数据采集48期，编制初步分析月报12期，完成设施设备维护单位、咨询单位考核12次，完成外观单位考核5次、自动化维护单位考核4次；完成沿线8座左排建筑物进出口测压管理设、15+125—15+825高填方渠段增设测压管和测斜管、沿线各类安全监测测点标识牌改造、运行道路路面测压管改造、自动化监测系统日常管理及使用、可视化项目与InSAR项目相关配合工作。

【信息机电维护】

2021年开展金结机电设备日常静态巡视，对照行业规范和中线企业规范，加强与信息科技公司南阳事业部的沟通联系及业务对接，完成辖区内设备季节性维护，并对辖区内启闭设备液压油进行全面检测。完成17台液压启闭机室内高压油管更换、14台金结机电设备控制柜线路排查规整。

按照上级供配电管理标准，进行辖区供电线路及降压站高低压电气设备巡视维护。对接国网河南省电力公司邓州市供电公司，完成严陵河中心开关站月度电费资料收取和办理费用结算的前期工作。完成计划停电检修13次，停电期间辖区两座节制闸和管理处园区固定柴油发电机组正常启动运行。对通信、安防、闸控、网络4个自动化专业进行月度巡检维护共48次，开展金结机电设备、高压输配电、自动化设备设施联合巡检和深度维护，全年闸站远程调度指令成功执行率100%。

【输水调度】

2021年完成大流量输水调度运行任务，邓州管理处日常调度数据采集上报复核17712次，节制闸闸门开度仪与开度尺、水位计与水尺读数复核上报738次，闸门操作指令执行与反馈599条1387门次，闸门远程指令执行成功率100%。完成输水调度"汛期百日安全"专项行动。举办邓州管理处输水调度知识竞赛，参加渠首分局输水调度知识竞赛、渠首分局技能比赛。

【水质保护】

2021年与地方调水部门、环保部门开展现场督导，协调污染源处理6处。组织维护队按要求进行水体保洁，对管理处沿线16座左排建筑物取水样4次。对维护、工巡人员进行水质相关的专项培训共11次。在望城岗分水口增设分水口集淤设施1套，对管理处辖区2座地下水井水位监测共20次，完成管理处辖区退水闸和分水口净水扰动共22次。

【安全管理】

作业现场安全监管　2021年加强安全交

底与教育培训，巩固提升安全生产标准化达标创建成果。"安全生产月"活动和"安全生产百日行动""安全生产3年行动"专项整治收尾，全国"两会"、建党100周年、国庆等重要时期安全加固，暑期、大流量输水期的加密巡逻全部完成，达到预期目标。

安全生产　制定安全管理文件5份，编制安全生产工作计划16份，签订安全生产责任书52份，签订安全生产协议11份。召开安全生产领导小组会议4次，召开安全生产月例会12次，组织安全生产教育培训19次。签发安全生产危险工作作业票367份。开展月度定期安全检查12次，开展专项安全检查6次，开展安全隐患专项排查5次，开展安防视频巡视检查37次。开展南水北调公民大讲堂进学校防溺水宣传8次，与邓州市教体局、公安局和沿线乡镇进行座谈交流9次。

【党建工作】

邓州管理处是渠首分局所辖现地管理处，下设4个科室，分别为综合科、安全科、工程科和调度科，截至2021年底在岗职工33人。

2021年，邓州管理处党支部组织制定党支部年度工作计划和理论学习计划，落实"三会一课"制度，严肃政治生活；完善党组织建设，发展预备党员2名。

按照要求开展"三对标、一规划"专项行动，取得良好的学习效果。按照"学党史、悟思想、办实事、开新局"的要求，开展专题研讨、读书交流、主题党日、重温入党誓词、讲微党课、为群众办实事活动。组织召开党史学习教育专题组织生活会，检视差距不足，制定整改措施。开展"学习百年党史　传承红色家风"主题活动。参加渠首分局党史知识竞赛获一等奖。

学习习近平总书记重要讲话精神，先后开展"5·14"讲话精神专题研讨学习3次；学习"七一"重要讲话精神2次；开展庆祝中国共产党成立100周年主题活动，讲微党课18次，撰写心得体会18篇；学习党的十九届六中全会精神，发放专题辅导读本，参加上级单位组织的专题辅导讲座1次，开展支部书记讲党课1次，在自学的基础上完成4次专题学习。

【精神文明建设】

2021年开展群团活动18次。开展"植树造林滋沃土、防风净水护长渠"义务植树活动、"缅怀革命先烈、传承红色基因"清明祭英烈主题活动、"五四"青年节演讲比赛、"粽香情端午、共话南水情"包粽子活动、安全生产月趣味运动会、第六届"长跑迎国庆、健身护长渠"沿渠5 km长跑活动等主题活动。开展"弘扬雷锋精神、关爱山川河流"护水志愿服务、"幸福工程——救助贫困母亲行动"爱心捐款活动。组织参加中国南水北调集团中线有限公司"奏响中线青春华章、献礼建党百年辉煌"五四青年节演讲比赛。参加"邓州市首届油菜花季双周游"志愿服务、《南阳市文明行为促进条例》网络竞赛活动。

（李　丹）

镇　平　管　理　处

【工程概况】

镇平管理处所辖工程位于河南省南阳市镇平县境内，起点在邓州市与镇平县交界处严陵河左岸马庄乡北许村桩号52+100，终点在潦河右岸的镇平县与南阳市卧龙区交界处桩号87+925，长度35.825 km。渠道总体呈西东向，穿越南阳盆地北部边缘区。镇平段共布置各类建筑物64座，其中河渠交叉建筑物5座、左岸排水建筑物18座、渠渠交叉建筑物1座、分水口门1座、跨渠桥梁38座、管理用房1座。

【组织机构】

镇平管理处是渠首分局所辖现地管理处，下设4个科室，分别为综合科、安全科、工程科和调度科，截至2021年底在岗职工32人。

【工程维护】

2021年，土建日常维护完成防洪堤及防护堤堤身破损处理项目1640 m³，左岸截流沟积水处理项目土方开挖1660 m、C20混凝土基座286 m³、土方回填2912 m，截流沟衬砌板增设排水管项目365 m，截流沟混凝土找平处理项目578 m³，防护网片更换2128 m²，刺丝滚笼更换、安装（圈径30 cm）1943 m、5506 m，完成草体种植共计3566 m²，苗木补植1345株、绿篱补植665 m²。

【防汛与应急】

2021年，镇平管理处辖区经历6次强降雨过程，最大降雨量出现在7月19~21日，淇河节制闸雨量站累计达到114.5 mm。辖区2座大型河渠交叉发生较大过流，西赵河过流、淇河过流都在150 m³/s。完成防汛"两案"修订、应急物资补充、应急设备维护、应急驻点管理工作，进行防汛应急演练1次、应急抢险防汛应急拉练1次、应急处置1次。

（董 艺 赵 云）

【安全监测】

2021年，安全监测完成内观数据采集48期，编制初步分析月报12期，设施设备维护单位考核12次，外观单位考核5次，自动化维护单位考核4次。完成小南河倒虹吸进出口测压管理设、自动化监测系统日常管理及使用。完成汛期高地下水渠段加密监测和大流量输水加密监测工作。新增3孔测压管，并对15孔测压管进行监测自动化改造。

【安全管理】

2021年，镇平管理处落实安全生产管理要求，严格执行各项规章制度，全年未发生生产安全责任事故，实现安全生产目标。召开安全生产会议21次，其中安全生产月例会12次，安全生产领导小组会议4次，安全生产专题会5次；对维护单位开展安全交底13次，签订安全生产协议11份；组织安全生产检查57次，发现整改问题341个；组织安全培训36次538人次；组织安全宣传18次，发放宣传彩页5600余份，宣传手袋4600余个，宣传挂历1000份，播放宣传视频5400余条，宣传车巡回宣传11天；签发危险作业工作票165份，动火作业票12份，临时用电许可证27份。

【输水调度】

2021年镇平管理处中控室接收调度指令291条，操作闸门1101门次，按照指令内容要求完成指令复核、反馈及闸门操作，全年调度指令执行无差错。完成干渠大流量输水任务。开展输水调度应急桌面推演1次，每月开展2次业务培训，不断提升调度人员业务知识及应急处置能力。

【信息机电维护】

2021年镇平段每月按照频次开展信息机电设备静态巡查、设备动态巡查；对镇平辖区影响35 kV线路安全的22棵树木进行砍伐，保证供电线路安全；持续开展闸站标准化建设；对西赵河进口及淇河进口台车进行改造，提升检修闸门入库、出库的效率及安全性。

【水质保护】

2021年，镇平管理处编制水污染事件应急预案，并在地方环保部门备案。组织水质应急演练1次；编制修订闸站定点打捞工作管理办法，对闸站漂浮物打捞每日检查；对辖区水质污染源和风险源进行排查，建立污染源、风险源台账，及时跟踪，动态更新，辖区内无污染源和新增污染源。

【党建与精神文明建设】

2021年镇平党支部有正式党员15名、预备党员3名，积极分子2名，设立两个党小组，14个党员示范岗，5个党员责任区。每月定期召开专题学习会议，严格执行各项组织生活制度，全年共召开党员大会5次、党支部委员会议14次、开展主题党日活动13次，讲党课

8次，党支部共建活动10次，集中学习57次，谈心谈话199人次。

镇平管理处党支部以习近平新时代中国特色社会主义思想为指导，推动学习型党支部创建与精神文明建设协调发展。开展"三对标、一规划"专项行动和党史学习教育，组织"传承红色家风""加强作风建设""传承'雪枫'精神 共守千里长渠""赓续红色血脉 汲取奋进力量""追寻红色印记 深化廉政教育"系列主题党日活动及实践活动。工会和共青团组织开展西峡龙潭沟春季踏青、篮球友谊赛、趣味运动会、五四诗歌朗诵比赛，进一步丰富业余文化生活，推进精神文明建设。

（周 超 张青波）

南 阳 管 理 处

【工程概况】

南阳管理处所辖工程位于南阳市中心城区，起止桩号87+925~124+751，长度36.826 km。其中渠道长33.469 km，各类建筑物长3.357 km（含白河倒虹吸1.337 km），沿线全挖方渠段累计长9.66 km，高填方渠段（≥6 m）累计长9.955 km，低填方渠段（<6 m）累计长13.05 km，全段大部分为膨胀土渠段，膨胀土渠段累计长29.48 km。辖区内共有各类建筑物77座，其中大型河渠交叉建筑物8座，左排建筑物22座，跨渠桥梁41座，分水口门3座，退水闸2座，水质自动监测站1座。

【组织机构】

南阳管理处是渠首分局所辖现地管理处，下设4个科室，分别为综合科、安全科、工程科、调度科，截至2021年底在岗职工32人。

【工程维护】

2021年工程维护项目7个，年度合同金额2241.57万元，其中日常维护项目4个，专项项目3个。辖区有穿跨越项目2个，南阳市污水处理厂中水管道穿越工程完成，南阳至鸭河快速通道跨渠大桥工程处于施工监管阶段。管理处职工公寓项目正式开工建设，2021年底主体建筑封顶。管理处自有人员分组调整为7个，全年共自查发现问题3.34万个，自查问题占问题总数量的99.8%。与2020年相比，发现问题数量和质量明显提升，实现从各专业"分摊干"到跨专业"一盘棋"的转变。

【防汛与应急】

2021年在汛前组织开展防汛问题专项排查与整改，建立完善防汛应急工作体系，编制并报送防汛"两案"。梳理确定5个三级防汛风险项目和重点部位。在汛期开展"汛期百日安全"专项行动，组织汛期值班、闸站值守，加密安全监测频次，加快沿线风险点处理，同时开展各类防汛演练。防汛隐患和短板逐步消除，防洪堤缺口补足1.2 km，防汛风险点减少。汛期经受"6·14""8·22""8·29""9·24"等4次强降雨考验，成功应对"9·25"白河河道5000 m³/s洪峰考验，确保工程安全度汛。

【安全监测】

2021年安全监测完成人工采集11094点次，自动化采集302916点次。全年发现APP问题535个全部整改。新增测压管40孔，其中对9个高填方左排倒虹吸进出口新增测压管36孔，在105+710上下游新增2孔，107+400左右岸新增2孔。对辖区内71孔测压管、44支零星渗压计、137支应变计等全部改造为自动化采集。南阳辖区内观仪器除61孔测斜管之外，其余全部实现自动化，自动化仪器占比95%。

【信息机电维护】

2021年，南阳段闸站标准化建设持续推

进。通过公开竞聘从管理处范围内选拔闸站长10名，对闸站标准化建设工作进行现场监管。闸站标准化建设实施防雷接地检测、闸站玻璃幕墙、启闭机室地砖更换、分水口外墙漆涂刷、闸站钢爬梯安装项目。白河退水闸通过中国南水北调集团中线有限公司标准化闸站验收并获"四星"级优秀闸站，其他7个闸站均为"三星"级闸站。

【输水调度】

按照大流量输水工作要求，落实输水调度、安全保卫的各项安全加固措施，严格应急值班责任，加密工程巡查日常巡检频次。配合总调度中心开展启动南阳管理处临时指挥全线调度工作应急演练。2021年，管理处中控室获得中国南水北调集团中线有限公司"四星"级中控室称号。

【水质保护】

2021年，协调地方政府完成木沟河左排涵洞清淤工程治理。与南阳市卧龙区、高新区有关部门联合完成水源保护区生态环境问题排查。开展田洼分水口油污拦截导流设施升级改造项目，进一步提升拦污能力保障水质稳定达标。

【安全管理】

2021年完善安全生产管理体系，落实安全生产责任。安全生产管理协议13份，入场安全技术交底17份。加强日常安全管理，组织召开安全生产月例会10次，安全生产领导小组会议4次。开展安全培训21次；参加上级组织的安全培训5次。签发危险作业工作票175份。开展经常性安全检查41次。持续开展安全宣传活动，组织警务室、安保等人员开展安全宣传110余次，累计发放安全宣传单23000余张；发放致家长的一封信6000余份，安全宣传车沿线开展移动宣传40天，电视台防溺亡视频播放宣传40天。

【党建与精神文明建设】

2021年，加强政治理论学习，规定动作不走样，创新动作有特色。在"三对标、一规划"专项行动和党史学习教育活动中，分别召开动员会，制定各阶段学习任务。全年共进行党史学习教育15次，学习贯彻习近平总书记"5·14"讲话精神3次，学习"七一"重要讲话精神4次，学习贯彻党的十九届六中全会精神6次。严格落实"三会一课"，共组织党员大会5次、党支部委员会13次，开展党支部共建活动5次，应知应会知识测试15次。开展"党员讲党课、高工讲业务"活动，共讲党课11次。

继续深化精神文明创建内涵，提升创建质量。2021年，南阳管理处市级文明单位通过复审。推动党建与业务融合，创建"党员示范岗"10个、"党员责任区"4个。组织并参与渠首分局"迎接通水七周年，砥砺向前奋进"趣味运动会，协调市直单位和驻宛高校联合开展联谊、文体及志愿者服务活动，组团参加南阳市庆祝建党百年朗诵大赛，获得团体二等奖。

（张泽强）

方 城 管 理 处

【工程概况】

方城管理处所辖工程涉及方城县和宛城区，起点小清河支流东岸宛城区和方城县的分界处桩号124+751，终点三里河北岸方城县和叶县交界处桩号185+545，长60.794 km。辖区76%渠段为膨胀土渠段，累计长45.978 km，其中强膨胀土岩渠段2.584 km，中膨胀土岩渠段19.774 km，弱膨胀土岩渠段23.62 km。方城段全挖方渠段19.096 km，最大挖深18.6 m，全填方渠段2.736 km，最大填高15 m。设计输水流量330m³/s，加大流量400 m³/s，设计水位139.435～135.728 m。

【组织机构】

方城管理处是渠首分局所辖现地管理处，下设4个科室，分别为综合科、安全科、工程科、调度科，截至2021年底在岗职工39人。

【运行调度】

2021年，方城管理处共执行调度指令1453条（其中远程指令1437条，现地指令16条）。共操作闸门4578门次（其中远程指令执行成功4544门次），远程指令执行成功率为99.93%。根据《南水北调中线2020-2021年度输水调度实施方案》要求，针对高地下水突出的情况，方城管理处全年保持高水位运行，东赵河、黄金河、草墩河节制闸闸前目标运行水位按设计水位+0.65 m控制。脱脚河控制闸于5月18日参与调度运行，闸前目标运行水位按设计水位以上0.65 m控制，11月3日闸门全开退出调度，辖区工程运行平稳。

【金结机电设备维护】

方城管理处有草墩河、贾河2座梁式渡槽，东赵河、清河、潘河、黄金河、脱脚河5座渠道倒虹吸，半坡店、大营、十里庙3座分水口门，共设有各类门槽（含门库）106孔，各类闸门56扇，各类启闭机52台套，以及自动抓梁附属设备。辖区永久供电系统有1座贾河中心开关站，11座35 kV降压站，1座箱式变电站。35 kV输电线路71 km（包括中心开关站电源引线10.2 km），510基杆塔。柴油发电机组6套，移动式柴油发电机组电源车1辆。

金结机电维护　2021年由南水北调中线信息科技有限公司南阳事业部组织开展金结机电设备维护。每月对节制闸进行1次动态巡查、2次静态巡查；每月对控制闸、退水闸进行1次静态巡查，每两月对控制闸进行1次动态巡查，每季度对退水闸开展1次动态巡查（动态巡查由南阳事业部完成，静态巡查由方城管理处完成）；2021年开展弧门动态巡查50次，退水闸动态巡查6次（含清河退水闸1次），检修门动态巡查54次，临时检修1次。

永久供电系统维护　2021年由南水北调中线信息科技有限公司南阳事业部组织开展永久供电系统维护，日常维护贾河驻点共15人。贾河中心开关站实行24 h"五班两倒"值守，每月对11个降压站及输电线路定期巡检1次。永久供电系统设备设施运行稳定，设备工况良好。

【安全监测】

辖区工程共布置各类安全监测仪器2988支，其中内观仪器1309支，外观测点1679个。根据各监测部位所安装的渗压计、钢筋计、应变计、测斜管、测压管、垂直位移测点、水平位移收敛点等监测仪器观测，辖区工程渠道和建筑物运行性态良好。

2021年完成振弦式仪器人工采集数据5895个，测压管采集数据9459次，沉降管采集数据1713个，测斜管采集数据26236次，外观测点采集数据10056个。全年完成安全监测仪器日常保养和送检工作19台次，完成安全监测设备设施、安全监测自动化系统及测站日常维护工作。增设高地下水渠段及高填方左排95孔测压管，对73孔测压管管口高程复核。组织安全监测人员培训12次54人次。安全监测巡查系统（APP）问题上传总数278个全部整改。共组织编写安全监测月报12期，外观观测单位考核5次，外观维护单位考核12次，自动化维护标考核4次。

【防汛与应急】

方城管理处成立2021年安全度汛领导小组及防汛机动抢险队，完善防汛组织机构，落实防汛责任。修订方城管理处2021年防洪度汛应急预案与防洪度汛方案并在方城县防汛抗旱指挥部和南阳市宛城区防汛抗旱指挥部备案；与地方防汛部门建立有效联系机制，交叉河道、上游水库信息实现共享。2021年共列6处防汛风险项目，分别为东赵河渠道倒虹吸、清河渠道倒虹吸、潘河渠道倒虹吸、黄金河渠道倒虹吸、脱脚河渠道倒虹吸、贾河渡槽。汛期及时组织开展雨中雨后巡查，防汛风险项目加密频次，汛期未发生险情，工程平稳运行。

【工程维护】

方城管理处2021年进行排水设施淤堵清理和左排进出口淤堵清理、防洪堤加高加固、脱脚河倒虹吸管顶河床整治；土建绿化日常维修养护进行沥青路面修复、防护网更换、闸站室内外墙面刷漆、绿化养护以及截流沟水毁项目修复；完成上曹屯东桥改移路坡面防护及牛角里北桥引道坡面加固防护项目。

【水质保护】

2021年，方城管理处配合开展水质取样15次；每周用多功能参数仪器对水质进行监测，共监测52次；每月对水质监测井数据采集共12次；协调方城县环保局、方城县南水北调运行保障中心处理水质污染源3处；在沿线乡镇、村庄、学校开展南水北调公民大讲堂、水质保护宣传11次；集中对工程巡查人员开展水质保护巡查培训4次；巡查APP上传水质问题27个，并全部整改完成。

【安全管理】

2021年，方城管理处开展安全生产专项整治三年行动、安全生产百日行动、"两个所有"活动，管控风险排查治理隐患，编制风险清单，修改安全风险清单19条，确保安全风险可控。全年检查发现各类问题47199个，整改率99.8%，人均自查问题数量1430个。综合技防人防物防手段开展安全保卫日常管理工作，进行建党一百周年、全国"两会"等期间安全加固。开展安全生产法律法规、心肺复苏急救知识、消防安全知识、安全管理知识、防恐反恐技能知识安全教育培训26次；开展特种作业教育培训2次。开展维护单位管理人员安全知识技能测试2次，安全交底18次。多种方式开展安全宣传，向工程沿线群众科普防溺水知识。

【党建工作】

2021年，方城管理处党支部以习近平新时代中国特色社会主义思想为指导，学习贯彻党的十九大及历次全会精神，以政治建设统筹推进党的思想建设、组织建设、作风建设、纪律建设、制度建设，进一步加强党支部工作规范化标准化建设。传达学习上级党组织文件精神40余次，落实教育管理党员责任。严格落实"三会一课"、组织生活会制度，组织党员大会5次、党支部委员会14次、党小组会12次、组织生活会4次、党课教育10次。组织开展主题党日活动13次，党史教育专题学习30次，开展"三对标、一规划"专项学习研讨8次。创建"党员示范岗"16个、"党员责任区"8个。党支部和党员发挥战斗堡垒作用和先锋模范作用，推动南水北调事业高质量发展。

【精神文明建设】

2021年，方城管理处组织开展登山、篮球赛、乒乓球赛、台球赛活动12次。组织观看《建党伟业》《长津湖》爱国主义教育影片。组织开展"3·5学雷锋"志愿服务活动、"爱我南水北调、呵护美好生态"义务植树活动、"助力高考"志愿服务活动、"幸福工程——救助困境母亲行动"捐款活动。组织党员干部参加党史、全国节水知识答题活动累计6次。参加上级举办的党建、防汛、安全、输水调度知识竞赛活动，并获较好成绩。组织全员参加线上健步走活动3次。持续开展"厉行勤俭节约、反对餐饮浪费"活动，倡导节约用水用电，培养全员勤俭节约的良好习惯。

（王宛辉）

叶 县 管 理 处

【工程概况】

叶县管理处工程线路全长30.266 km，沿线布置各类建筑物61座，大型河渠交叉建筑物2座（府君庙河渠道倒虹吸，澧河渡槽），左岸排水建筑物17座，渠渠交叉建筑物8座，退水闸1座，分水口门1座，桥梁32座。流量规模分为两段，桩号K185+549-K195+477设计流量330 m³/s，加大流量400 m³/s；桩号K195+477-K215+815设计流量320 m³/s，加大流量380 m³/s。

【组织机构】

叶县管理处编制数39名，控制数33名，实际在岗26名，2021年设综合科、安全科、工程科、调度科，其中处级干部3名，科室负责人4名，员工19名。组织机构健全管理制度完善，岗位分工明确职责清晰。

2021年叶县管理处按照中线公司"全面做好中线工程安稳供水和改革发展"总体部署和河南分局"打造高标准样板"要求，推动各项工作完成目标任务。全力推进渠道流态优化试验研究项目澧河渡槽导流墩施工项目，完成疫情防控、大流量输水、防洪度汛、"两会"等重要节点时期工程运行管理工作，叶县段安全稳定运行，全年水质达标。

【工程管理】

渠道形象显著提升 土建日常维护项目：坡面及截流沟实心六棱砖铺设，浆砌石勾缝修复，坡面预制拱圈、框格修复，现浇混凝土坡坡修补，砖砌步道修复，沥青路面沉陷处理，澧河渡槽节制闸、府君庙倒虹吸外墙真石漆墙面修复。合同金额1010.43万元，全年实际完成合同金额846.5万元（含变更项目），占合同额80%。合作造林项目实施第四年，2021年度养护合作造林树木共计90584株，其中一般防护林带乔木64891株，桥梁节点乔木19242株，灌木3689株，完成合作造林项目死亡树木补植，对现场草体养护的养护计划及制度调整。完成5.6 km标准化渠道创建，累计完成34.17 km。

日常业务有序开展 全年组织开展5次防汛应急培训，防汛物资设备采购保质保量及时到位；全面排查并确立防汛风险项目登记台账，有预警及时安排人员设备值守；全面

排查防护区未发现污染源，完成每月2次大气沉降对水质影响项目样品采集；及时更新和修改工程巡查手册，编写工程巡查人员考核细则，工程巡查人员奖惩有制。各项验收移交如期完成。完成叶县段设计单元项目法人自查、条件核查、技术性验收、完工验收。完成2座国省干线跨渠桥梁文庄村东跨渠公路桥与小保安东跨渠公路桥的竣工验收移交遗留问题处置。快速完成小保安桥引桥病害处置并组织完成验收。审核批准自动化运行维护单位月度巡视检查计划及维护月报，检查并考核维护结果，配合河南分局完成叶县澧河渡槽出口高填方无人机高精度监测渠坡变形试验项目成果分析研判，并参加项目完成验收，项目获得中线公司第三届科技创新三等奖。

参加"工匠杯"技能大赛 组织维护单位技术工人及班组长参加河南分局组织的南水北调（河南）第二届"工匠杯"技术比赛。在截流沟混凝土浇筑、空心六棱砖铺筑、坡面菱形框格铺设、浆砌石勾缝项目中取得优异成绩，获得"二星班组长"1人，"二星技术工人"1人；"一星班组长"4人，"一星技术工人"10人。

【防汛与应急】

2021年叶县管理处成立防汛应急处置小组，负责汛期洪涝灾害引发的各类险情预警及应急先期处置工作。应急处置小组下设综合保障队、现场处置队和运行保障队，分别由管理处负责人、主任工程师负责，成员由各科室工作人员组成。汛前编制2021年度汛方案及应急预案并邀请专家评审，修改完善后上报地方防汛部门及河南分局备案。

按照工程防汛风险项目五类三级划分标准，对大型河渠交叉建筑物、左排建筑物、全填方渠堤、全挖方渠段、其他工程五类项目进行排查。排查出防汛风险项目4个，其中大型河渠交叉建筑物1座为3级风险项目；左排倒虹吸1座为3级风险项目；全填方渠段2

处为3级风险项目。

汛期应急抢险队驻汛点2个：沙河渡槽和禹州段采空区。每个驻汛点配置挖掘机（自重20 t以上，斗容量1 m³及以上）3台、装载机（自重5 t以上，斗容量3 m³及以上）1台；每个标段配备长臂挖机1台，拖板车（载重25t以上，拖运抢险设备）1台。

按照要求储备防汛应急物资及抢险设备，物资有土工布、土工膜、编织袋、铅丝笼、木桩、石块、反滤料、脚手架、铁丝、钢管、装配式围井、配电箱、救生圈、救生绳、水面浮球、救生衣、防水手电、胶鞋、铁锹、铁丝、十字镐、担架、警戒带，按要求储备应急电源车、抽污泵、橡皮船、配电箱。

汛期，叶县管理处按照要求开展防汛值班工作，每班次2人，防汛值班电话24小时保证畅通。2021年汛期发生5次强降雨，"7·20"暴雨后杨蛮庄公路桥左岸下游深挖段（桩号K215+801）截流沟内洪水逼近防洪堤堤顶，"9·24"特大暴雨后许平南高速公路桥左岸下游存在外水入渠隐患。管理处组织全员连夜返岗，党员干部身先士卒，采取临时措施应对有效阻止险情进一步扩大化。

【水毁修复】

组织排查统计2021年"7·20""8·22""8·30""9·4""9·25"强降雨水毁情况编写方案，成立水毁修复处置项目工作组和水毁修复党员攻坚突击队，完成水毁修复407处，累计完成投资209.54万元，一般水毁修复全部完成。

一事一议水毁专项5个（防洪加固项目），11月确定处置方案，12月配合河南分局开展水毁专项招标前期准备工作，澧河渡槽桩基础冲刷承台外露处理专项的相关预算已下达。与常村镇政府沟通协调，完成2020年大流量输水期间澧河退水渠冲毁征迁补偿事宜，补偿水浇地、树木损毁费用5.97万元。

党员干部主动请缨支援防汛应急和水毁修复建设。牛岭10月11日~12月31日借调河南分局，成为河南分局质量检测小组成员对沿线水毁工程进行抽检，共抽检224次，为水毁工程质量控制做出突出贡献。入党积极分子刘闯志愿报名参加水毁修复项目支援工作，敢管会管有担当，负责现场旁站监管，同时兼顾现场工程计量签证、验收，并编写水毁项目修复施工方案3个。

【合同管理】

2021年度组织签订合同项目7项，办理计量支付20余次，其中土建日常项目10次、绿化项目4次，累计结算金额超过1120万元；处理变更项目31项，授权范围内自行批复变更项目26项，无索赔事项发生；计划合同信息管理系统对往年合同全部录入；预算"三率"执行位居河南分局前列，采购完成率、统计完成率、合同结算率达到100%。

合同签订程序合规，合同立项、合同会签资料完备，及时报送分局业务处室备案归档；审核报送结算资料齐全规范，办理结算准确及时；变更处理及时程序合规，履行审核职责定性准确定价无严重偏差，所处理变更事项承包商无异议。规范记账算账报账工作，按月编制食堂月账，手续完备、数字准确、账目清晰。

物资采购管理清晰透明。按照年度预算完成一批使用年限到期资产报废更新工作；成立采购小组在授权范围内组织直接采购项目4项，配合河南分局完成公开招标采购1项，供应商备选库采购项目1项，编制采购限价6次，配合河南分局编制采购限价1次。

【安全生产】

完善管理体系 2021年调整安全生产工作小组，完善安全生产组织机构和安全生产管理办法，制定年度安全生产管理计划，完善安全生产管理手册。签订安全生产责任书40份，员工签订安全生产承诺40份，每季度开展安全生产目标检查考核和安全生产责任制落实情况检查考核。签订安全生产协议3

份，安全交底15次，组织召开月度安全生产例会12次，安全生产领导小组会议4次。

加强安全教育 组织参加全国水利安全生产知识网络竞赛、《水安将军》安全生产知识竞赛、"两个所有"知识竞赛并取得优秀成绩。组织自有员工开展安全生产教育培训12次307人次。对合同相关方开展全员安全教育培训100余次700余人次。

强化安全监管 在澧河渡槽导流墩施工项目、水下衬砌面板修复项目及日常维护项目中，按照"两个所有"要求，加强"三查一督"监管机制，强推现场安全文明施工。累计签发各类危险作业票1044份；签发临时用电许可证288份；开展各类安全生产检查40余次，发现问题450个；累计办理人员临时出入证712个，车辆通行证116个；办理物联网智能锁权限申请单101份。

加强隐患排查治理 组织全员开展隐患排查，累计发现问题24218个，对问题即查即改边查边改。全年共制止违法钓鱼50余起；修复围网200余处；制止外来人员非法入渠2起；制止违法采砂取土5起；联合地方交管部门开展超载车辆专项整治行动，依法查处5辆超载车辆；累计安装各类警示标牌220个，交通标识牌60个；完成72个救生箱门锁更改；安装7个钢直梯警示标识牌；安装2000个交通轮廓标；完成21条救生索锚固设施安装；完成1座左排进口拦污桩施工；完成闸站及管理处园区避雷带改造。

推进水利安全生产标准化建设 2021年开展标准化评定及持续改进工作，组织标准化资料整编，累计收集各类资料3750份，进行工作记录、检查记录、票证等过程资料的整理及保存，编写标准化建设自评报告，确保管理活动可追溯、可还原、可追责。

继续安全生产专项整治三年行动 对2个专题和8个重点任务进行研究，动态更新问题隐患，重点难点建立会商机制，落实和完善治理措施，推动健全安全风险分级管控与事故隐患排查治理双重预防机制。

开展安全生产百日行动 2021年贯彻习近平总书记重要指示精神、落实安全主体责任、全面排查各类安全隐患，防范重大突发事件的发生。按照《关于印发河南分局"安全生产百日行动"工作方案的通知》（中线公司豫安全〔2021〕42号）文件要求，集中开展安全生产百日行动，组织全员学习《新安全生产法》，以2021年上级通报问题102类和"安全生产百日行动"隐患排查整治92类问题清单为基准，开展"举一反三"自查自纠，精准精确查找问题。

保障特殊时期工程安全 确保"两会"期间、建党100周年、大流量输水、节假日期间输水安全平稳运行，明确责任分工，精心组织、统筹安排，开展隐患排查、重点部位值守、两个所有巡查、安保及警务室巡逻及应急处置各项工作。

【调度管理】

2021年接收并执行调度指令312条，操作闸门608门次，远程操作成功率99.83%，对水情信息及渠道环境变化实时监控，及时发现各类隐患，准确分析填写和报告警情信息。全年发现整改信息机电类问题1443条，组织并督促现场设备巡查和巡视58次，配合完成澧河退水闸工作门闸门止水更换、澧河节制闸进口台车启闭机钢丝绳精细维护；对标《闸（泵）站生产环境技术标准》，开展闸站标准化建设，在闸站人手井安装自动抽排装置、电缆沟安装除湿装置；对35 kV供电线路进行除锈防腐、抱箍更换、贴定位贴、电缆终端杆相序牌安装；完成通水以来自动化机房的首次深度维护；对叶县段消防联网系统进行升级改造。

开展"汛期百日安全"活动与输水调度自动化系统失效应急演练；整编输水调度业务、应急工作手册、度汛方案、防汛应急预案等重要文件充实学习角；更换会商桌及会商椅升级中控室硬件设施；制定交接班问答和开展调度竞赛。

【水质保护】

2021年水质保护日常巡查与工程巡查相结合，对防护区内的污染源进行全面排查，加强水质应急物资管理，开展鱼类科研采集及观察工作，在辛庄分水口站前增设拦污导流装置，完成水污染突发事件应急方案的备案工作。物资仓库存放围油栏、吸油毡、应急防化服、防毒面罩、铁锹及编织袋等物资；在2座有危化品通过的风险桥梁附近设置应急储沙池。澧河渡槽导流墩工程，拼装、拆除水面作业平台，三户王桥梁大门挡水坎创新采用新型预制工艺，在府君庙倒虹吸和澧河渡槽闸站设置2处干渠漂浮物打捞点。

【工程效益】

2021年叶县段工程输水安全平稳，全年通过澧河节制闸向下游分水共计816932.30万 m³，累计3756770.50万 m³；全年通过辛庄分水口向漯河、周口、舞钢三地共计分水15238.73万 m³，累计61242.37万 m³；全年澧河退水闸向地方生态补水1次，补水2767.79万 m³，累计补水6339.35万 m³。

（许红伟　牛　岭）

【问题查改】

2021年继续开展"两个所有"问题查改工作。建立所有员工查找问题常态化工作机制，明确责任人员，明确责任范围，明确奖惩措施；组织开展业务培训，提高员工自主发现问题能力；建立"一人多岗、一岗多人"工作机制；每月抽题组织1次闭卷考试，对知识考试成绩85分以下或排名后三名的员工进行"谈话提醒"。全年共计发现各类问题24218个，整改问题24131个，整改率99.6%；抽查责任区巡视达标率100%；组织开展12次"两个所有"考试，达到90分以上共240人/次。

【科技创新】

澧河渡槽导流墩项目成功　2021年水利部和中国南水北调集团高度关注输水渡槽流态优化试验研究项目，中线公司启动项目，批准河南分局以平顶山澧河渡槽为试验研究对象，采取工程措施开展流态优化试验研究。主要任务是完成澧河渡槽出口30 m长导流墩和进口10+1 m长导流墩的预制和安装，规范开展精细维护，建立一整套适用于"高流速、差流态、高水深、大吨位、高精度、大体积"动水环境下施工作业的工法，研制配套设备。

澧河渡槽出口导流墩5月1日开始，5月24日完成。出口导流墩采用空腔设计，墩体材质为预制钢筋混凝土，整体呈倒三角形，总长30 m，高度8.09 m，宽度从5 m渐变到0.5 m，沿着水流方向共分为10段，每一段上下又分为9层，共计90块。进口导流墩7月9日开始，7月18日完成。导流墩长10+1 m，分为4段10层，共40块预制块，单块最重10 t，总重约184 t，高7~8 m，宽度从5 m渐变至0 m。进出口导流墩墩体就位后层与层之间缝隙在3 mm以内，段与段之间缝隙在5 mm以内，水平和垂直偏差在2 mm以内，主体对中，各项数据优于设计标准。澧河渡槽导流墩施工完成后，进行大流量过流试验，过流流态显著改善，过流流速明显加快，过水流量明显提高，过水能力提高7%，供水保障能力显著提升。实施澧河渡槽导流墩施工项目，实现流态优化试验研究由"点"到"线"的跨越，为推进南水北调后续工程高质量发展开启良好开端。建立"大吨位、大体积、高精度"混凝土装配式构筑物在"高流速、差流态、高水深"复杂动水环境下安装工法。

标准化规范化实践项目创建取得新成果　2021年完成《高地下水位渠段增设排水棱体》和《预制拱圈装配项目技术标准》，完成小型边坡除草机、站房高空清扫伸缩机实用新型专利，国家知识产权局审核通过、一种利于灭火器巡检维护的灭火器箱项目实施且获得国家实用新型专利证书。

全年完成《起重吊装作业管理标准》《水

上作业管理标准》《临近带电体作业管理标准》《渠道大门物联网智能锁管理标准》《新型灭火器箱》5个安全标准化创新项目的申报，并列入河南分局2021年度运行管理标准化规范化实践项目成果汇编。2020年度标准化规范化实践项目推广，计划实施27个完成24个，成果转化率89%。配合河南分局完成澧河渡槽出口高填方无人机高精度监测渠坡变形试验项目成果分析研判，项目获中线公司第三届科技创新三等奖。

【党建工作】

2021年，按照河南分局文件要求，落实领导班子担任纪检委员要求，每两个月向上级纪检部门报送《河南分局问题线索和职工违法情况双月零报告统计表》。设置廉政风险点，开展"专项整治"和"以案促改"警示教育专题活动。处级以上干部签署《领导干部不违规插手干预工程项目承诺书》，全体职工进行进行"酒驾""醉驾"双排查专项活动。对关键岗位以及新进场人员进行廉政五分钟教育，做到事前预警、事中跟踪，事后警醒。对2021年水毁项目，纪检委员带领党员落地排查，严格落实纪检制度。

开展"三对标、一规划"专题学习研讨，共开展研讨学习2次，学习心得体会25份；以"学党史、悟思想、办实事、开新局"为总体要求开展党史专题学习，共进行集中学习18次，开展集中研讨2次，撰写心得6篇，进行试卷测试2次。联合渠首分局、漯河市生态环境局等开展党史学习联学联做。开展以"学党史"为主题的党日活动3次。组织观看爱国电影《长津湖》1次。

开展警示教育集中学习5次，研讨2次，观看警示教育微电影4次，举行以"反腐倡廉常警醒 挥墨丹青洒正气"为主题的党日活动1次，与渠首分局机关第三党支部联合到叶县县衙廉政教育基地举行"明底线 知敬畏 守初心"为主题的联学联做1次。

党建与业务互融互促，实现输水调度精

准无误，标准化渠道稳步推进，汛期预警全员到岗，"9·24"特大暴雨职工连夜返岗成功处置险情，水毁修复项目如期完成、边坡除藻先试先行。开展"党员责任区""党员示范岗"主题实践活动，创建党员示范岗4个、党员责任区5个。

关心党员学习、工作和生活，开展"谈心谈话"活动，支部书记为谈心制度第一责任人，谈心活动覆盖每名党员、每名职工，2021年保有记录的谈心谈话30份；2名发展对象转为预备党员。

【疫情防控】

2021年完善疫情防控机制，印发《叶县管理处疫情防控工作专题部署会会议纪要》《关于印发叶县管理处新冠肺炎疫情防控常态化工作方案及进一步加强疫情防控工作的通知》《叶县管理处关于应对"11·3"河南省疫情反弹的通知》《关于印发成立叶县管理处2021年度新冠肺炎应急处置小组暨疫情突发事件应急处置工作流程的通知》《叶县管理处关于进一步从严做好工程辖区疫情防控工作的紧急通知》，物业、土建维护、警务室、安保驻守等辖区工作人员全覆盖，日常实行疫情防控"零"报告。

开展疫情防控工作中的食材储备，多方寻找食材供应商联系食材，加大物资储备，加强联系口罩、酒精、84消毒液等物资采购渠道，全年采购发放医用外科口罩1.2万余个，酒精消毒湿巾1.2万余包，酒精0.4万余瓶；关注高速出行路况规划返程路线，前往高速路口送通行证明；对管理处园区、厨房、办公场所进行消毒消杀，餐厅就餐实行自带餐具就餐，一人一桌；餐厅、餐桌、办公桌、门把手、卫生间、车辆全部进行消毒，每天两遍；园区进入测量体温和登记。

【宣传信息】

2021年共发表稿件440篇，其中南水北调报22篇、中线公司网站131篇、南水北调工程管理司10篇、信语南水北调22篇、南水北调澎湃号16篇、豫见南水北调15篇、南水北调抖音号2篇、博言南水北调5篇、其他媒体115篇、公众号发表60篇。对日常工作、党建业务、典型模范、精神文明建设加大力度。全年宣传积分共计1172分，排名河南分局第三。在安全生产月、新学期开学，联合警务室、保安公司对沿线4个乡镇的20个村庄及中小学3500余名师生开展安全法规、防溺亡宣讲。现场采用小课堂、演讲比赛、设置展板、提问互动开展宣传，发放宣传页2000余张、悬挂条幅30条、粘贴海报150余张。开展学雷锋志愿者活动5次，制作庆祝建党百年、喜迎国庆、员工风采宣传视频，起到良好的宣传效果。为河南分局摄影大赛、季刊、主题摄影征集等提供素材，10余张照片在摄影大赛中获奖。

（郑强龙　崔延庆）

鲁 山 管 理 处

【工程概况】

鲁山段全长42.919 km，其中输水渠道长32.799 km，建筑物长10.12 km。其中输水渠道高填方7037.9 m，半挖半填17851.6 m，全挖方7903.4 m。沿线布置各类建筑物94座，其中节制闸2座、控制闸2座、退水闸2座、分水口2座、河渠交叉建筑物4座，左岸排水建筑物24座，渠渠交叉建筑物20座，桥梁38座（交通桥21座、生产桥17座）。辖区起点设计水位133.890 m，终点设计水位130.191 m，总设计水头差3.699 m，设计水深7.0 m。设计流量320 m³/s，加大流量380 m³/s。

（张承祖）

【组织机构】

鲁山管理处负责鲁山段工程运行管理，负责平顶山直管项目的征迁退地、桥梁移交以及完工验收。编制43名，控制数38名，实际在岗29名，设置综合科、安全科、工程科、调度科。组织机构健全，管理制度完善，岗位分工明确，职责清晰，各项工作有序开展。

（王子尧）

【水毁修复】

鲁山管理处2021年水毁项目按照类型划分为应急项目4项、第一批清单管理项目3项、第二批清单管理项目5项、一事一议项目4项、日常项目137项。成立专项处置小组，统筹处理水毁修复项目。处置过程贯彻"双精维护"理念，应急项目、第一批清单管理项目、日常项目均已按时完成修复。水毁修复工作量大、修复面多，同时抽调3人对口支援温博管理处、1人对口支援新郑管理处。

（张承祖）

【安全管理】

2021年鲁山管理处安全生产责任"一岗一清单"，优化安全生产管理体系，全面落实企业安全生产主体责任制。按照"三管三必须"原则不断加强"三查一督"监管机制。开展"两会安全加固""大流量输水""安全生产月""建党100周年安全加固""安全生产百日行动""国庆期间安全加固""水毁项目安全文明作业推广项目""规范班组安全教育""冰期输水"9批次的专项安全检查。对涉及高处作业、临水水下作业12类52项违规行为进行查改。

组织开展各类安全培训13次，共计283人次参加安全生产教育培训。加强特种作业人员管理，严格落实特种作业人员持证上岗制度和作业票制度。

印发《鲁山管理处2021年度安全生产工作目标、计划及措施》，明确任务清单分解年度安全生产目标。全年签订安全生产责任书

49份，安全生产协议书3份，对各实施项目主要负责人及安全管理人员进行安全交底37次，其他相关方安全告知书15份。对2021年重大雨情汛情进行补充辨识、动态评估、调整风险等级和管控措施，对"建筑物及设备设施、作业活动、安全管理"安全风险清单逐项进行辨识和评估，相关风险部位全部登记造册，管理处采用定人定区方式，加强日常巡查和重点检查，落实管理责任，严控风险部位。

开展"安全法规宣讲""防溺水宣传""安全生产送校园"等活动，在渠道沿线张官营等6个乡镇20余个村庄，开展安全生产进校园宣讲12次，发放《致家长的一封信》和《南水北调供水管理条例》2000余份，粘贴宣传海报200余张，宣传效果良好，全年未发生安全生产事故。

（孙　磊）

【安全保卫】

持续推进安全保卫能力建设，警务室与沿线6个乡镇44所学校60个村庄建立联动工作机制。2021年完成巡逻任务602次，场区警戒81次，协调解决工程保护区范围内打井、养殖6次，协调处置临围网种树、堆放杂物及临网焚烧杂草9次，协调解决地方电线、光缆违规穿越2次，突发事件出警28次，挽回直接经济损失3万余元。保安分队共完成巡逻3780次，反恐演练1次，场区警戒81次，修复围网等设施88次，隔离网内外火情扑救41次，制止外来人员2次，施工人员无证入渠4次，制止非法穿跨越工程6次，驱离钓鱼人员118次。

（魏东晓）

【疫情防控】

2021年疫情防控，鲁山管理处实施进入园区扫描行程码及健康码、体温测量、实名登记、正确佩戴口罩、保持1m线社交距离、准时消杀等疫情常态化防控原则，3次组织办公楼区域65名工作人员全员核酸检测，"新冠"疫苗接种率100%。

印发《鲁山管理处关于印发新冠肺炎疫情防控工作方案的通知》《鲁山管理处关于印发应对"德尔塔"新冠肺炎的紧急通知》《鲁山管理处新型冠状肺炎应急处置工作流程》《关于进一步完善鲁山管理处应对新型肺炎疫情应急预案的通知》，完善疫情防控工作机制。

管理处与鲁山县疫情防控指挥部门保持密切联系，时刻关注属地防疫政策的变化，统筹3批次防疫物资采购，常备1周所需的后勤保障物资，外来人员进入园区"双码扫描"、测温登记约5000人次；进行2次"三分之一大轮班"应急工作模式；12次"防疫明白卡"宣讲；用微信工作群、大屏幕、宣传标牌进行疫情防控要求宣传约2000次；办公园区疫情防控措施落实检查24次；配合疫情防控轨迹排查50余次；建立离开工作地审批及八项必须报告事项日报告、零报告等疫情信息报送机制。

（吕　冰）

【问题查改】

2021年建立问题查改长效机制，根据"每周两天、不少于1遍"的双控检查指标，进行员工发现问题数量排名公示。推动全员"两个所有"能力建设，开展"两个所有"考试及知识竞赛活动，培养问题发现能力，提高问题发现质量，自主发现率和整改率稳步提高。

（魏东晓）

【调度管理】

2021年持续推进输水调度规范化信息化建设，科学调度全力保障汛期及大流量重要节点输水安全。全年无影响工程及输水调度安全的设备类故障，远程闸门调度执行稳定可靠。张村分水口地方用水配套工程于2021年3月调试完毕正式供水，截至12月底累计分水122.55万m³。澎河分水口未分水。

全年开展调度知识培训5次126人次；开展输水调度知识"每日一题"问答活动，提升输水调度知识储备，在河南分局输水调度知识竞赛中获团体三等奖及个人三等奖。撰写输水调度类论文3篇，2篇论文入选2021年中线公司输水调度技术交流与创新微论坛，其中1篇获优秀论文奖。

严格中控室值班纪律，建立中控室值班考核机制。加大流量输水期间严格落实加固方案，加强巡视值守，加密对参与调度的分水口、节制闸、深挖方、高填方的巡查。配合叶县段澧河渡槽导流罩施工及流态优化试验研究过流试验，鲁山段灰河控制闸先后两次参与调度。管理处对在极寒天气条件下可能会影响调度的风险事项进行梳理、明确措施，重点对柴油发电机抗冻进行专项排查，确保冰期输水安全。

开展"汛期百日安全"专项行动，制订《鲁山管理处2021年输水调度"汛期百日安全"专项行动实施细则》，定期组织召开汛期百日安全月例会，与河南分局分调中心联动实时监控水情。"7·20"降雨期间，沙河退水闸进行应急退水。对汛期鲁山南1段地下水位较高情况，用"蓄水平压"的调度方式实现安全度汛。

全年辖区内信息机电设备维护保养到位，无重大设备故障。完成HW2021网络攻防演习1次，开展安防监控喊话系统专项排查整改3次，组织人手井专项排查2次，进行设备静态巡视867次、视频巡视46批次，参与沙河退水闸升级改造设计方案研讨、河南分局漳河节制闸等5个项目技术方案审查，联合平顶山事业部对辖区内2台卷扬启闭机钢丝绳深度维护，完成50项信息机电典型问题排查。

35 kV供配电及消防维护，全年参与处理突发停电事件7次；组织开展春季电气设备预防性试验及供电线路汛期专项排查；砍伐影响供电安全的树木300余棵；联合平顶山事业部在沙河渡槽开展35 kV线路故障应急处置演练。进行消防巡检53次，组织开展消防安全培训及应急演练，完成消防联网系统升级改造。

（王永生）

【工程维护】

2021年"双精维护"持续提升土建绿化维护管理水平，探索"同步施工监管、同步计量签证、同步验收结算"三同步模式，加强资源投入、质量进度安全文明施工过程管理，规范质量评定和验收程序，发挥考核约束激励机制，实现"精准定价、精细维护"目标。完成合作造林项目绿化维护工程量复核"一图一表一册"成果。组织对"加拿大一枝黄花"外来物种的专项防控排查，保证辖区内生态环境安全。2021年创建标准化渠道4.11 km，超额完成全年4 km标准化渠段建设目标。

（张承祖）

【合同管理】

2021年组织签订合同项目11项，办理计量支付累计35次，预算"三率"执行到位，无索赔事项发生。合同签订程序合规，合同立项、合同会签资料完备，及时报送河南分局备案归档；审核报送结算资料齐全规范，办理结算准确及时；变更处理及时，程序合规。成立采购小组，按照年度预算完成到期资产报废更新工作；管理处组织直接采购项目10项，配合河南分局完成公开招标采购1项。

（李明阳）

【安全监测】

2021年完成安全监测数据采集整编、监测设施维护、自动化系统内历史数据校核、安全监测异常问题分析研判工作。组织开展安全监测专业内部培训4次。管理处安全监测采集整编监测数据1625196点次，其中内观人工采集32779点次、内观自动化采集点次1581705点次、外观数据采集10712点次。安全监测原始数据严格按要求进行记录并装订成册。持续完善安全监测自动化系统。每天专人负责查看安全监测自动化系统，及时处理报警及粗差，对系统内测点缺少的信息及时查找设计文件或相关资料进行补充完善。推动未接入自动化系统的仪器改造工作，对发现的安全监测自动化软硬件问题及时组织维护单位处理。

【后穿越管理】

鲁山段工程共有穿跨越项目11处，按照建设完工情况划分，其中完建项目8个，在建项目3个，动态更新在建项目台帐。严格按照《穿跨邻接南水北调中线干线工程项目施工和运行监管规定（试行）》要求，进行穿跨越邻接工程项目审批、巡视和验收，主动与项目单位沟通，建立联络机制，与地方来往文函17份。

（王玉波）

【水质保护】

2021年，每月对管理范围内和一级水源保护区内污染源、风险源进行排查，全年发现一级水源保护区内3处污染源，经与地方环保、住建部门5次发函沟通，10月底实现污染源清零。

按照河南分局开展水生态资源调查工作要求，提供鱼类肠道样本量20余份。协同中国科学院水生生物研究所开展新型气浮除藻一体化集成设备测试、配合长江局监测中心开展鱼类迁移规律研究项目数据采集工作、参与水质监测中心在沙河退水闸闸前开展自动捕鱼网捕鱼效果测试工作。

增设水质保护标识54处、完成水质保护宣传1次、水质检测取样22次。编制《鲁山管理处突发水污染事件应急预案》和《水污染应急处置方案》并向鲁山县环保局报备。

（钞慧敏）

【防汛与应急】

2021年汛前组织开展3批次防汛自查，对大型河渠交叉建筑物、左排建筑物上游水库、沿线坑塘逐一排查，确定防汛风险项目及影响度汛安全问题。提前对丑河北支、辛集沟左排建筑物进行清淤。解决防洪系统现场测站数据传输不准确问题。储备防汛物料及工具，并对应急抢险设备进行保养。组织开展防汛两案、中线防汛APP使用、《鲁山管理处雨中、雨后巡查制度实施细则》、抢险设备使用4次培训，紧急召集驻汛的黄河建工集团应急拉练2次，参加中线公司在穿黄管理处主办的防汛应急演练1次。

汛期启动预警9次，共开展15批次雨中雨后巡查，"7·20""8·22""9·24"暴雨启动应急响应3次。采用抛投四面体、铅丝石笼防护槽墩，下游边坡采用钻孔花管排水减小土体侧压力措施确保工程实体安全。创造全员在岗连续坚守3周192小时分批次不间断巡查的纪录。

（鲁艳飞）

【财务管理】

2021年对政策落实、财务收支、内部控制、预算执行的全过程"逢事必审"。开展《中线公司2021年度审计工作要点》《中线公司内部审计工作手册》《中线公司审计发现问题责任追究办法》《河南分局审计风险防范》培训4次，组织审计问题自查自纠3次，接受2020年度运行维护费用审计监督1次。

加强预算项目执行的约束力，用预算执行监管信息系统，对项目执行的全过程跟踪和监管，对预算项目执行偏差进行分析。2021年及以前合同项目全部结算完毕无遗留项目。严格执行资产出入库管理制度，按月登记资产变动台账。组织开展1次鲁山管理处全面资产清查、4次资产盘点，实现账卡物一致，完成资产清查贴码前的盘盈核对工作。规范后勤管理，加强公务用车管理，杜绝"公车私用"；组织驾驶员道路交通安全意识及驾驶技巧培训5次，开展"酒驾""醉驾"专题警示教育，执行单车核算及驾驶员考核制度，人力资源管理超额完成培训任务。

（王子尧）

【研学教育实践基地建设】

2021年，平顶山地区唯一一家全国中小学生实践教育基地沙河渡槽增添研旅明珠新魅力。豫西南地区5家研学机构实地考察并表达合作意向。受疫情大环境影响，2021年基地共完成"世界水日 中国水周""涝疫结合之暑期云上研学""童心向党贺百年风华正茂 研学实践润千里长渠""幸福河湖——珍爱水"为主题的21批次研学活动,获得各级媒体40余次报道,直接受益学生2100人次,成绩显著。2021年建立一座以古今"兴水利、除水害"为主线的抗击洪水主题雕塑,基地教学注入新的行业元素。在沙河渡槽节制闸安装一台巨幕室外电子显示屏作为新的研学旅行宣传高地,持续扩大南水北调工程的品牌传播和影响力。

（吕 冰）

【党建工作】

2021年按照河南分局党委统一部署,鲁山管理处党支部开展党史学习教育,组织党员干部集中学习研讨35次,召开专题组织生活会1次,递交学习心得46份,参加"智慧党群"应知应会4批次。组织学习习近平总书记关于治水工作系列论述和在南水北调高质量发展座谈会上重要讲话精神,将党建引领高质量发展与"安全生产""大流量输水""疫情防控""防洪度汛""水毁修复"主业融合,发挥支部战斗堡垒和先锋突击队作用,确保国之大者"三个安全"。开展"警示教育月"活动,开展"廉政五分钟""反腐倡廉"书画作品、警示案例学习,建立"灯下黑"问题清单,开展党风廉政警示教育活动10次,贯彻落实监督执纪问责和监督调查处置双重职责。

（海广航）

【精神文明建设】

2021年鲁山管理处在成功创建市级文明单位基础上推进精神文明建设。开展学习习近平新时代中国特色社会主义思想及十九届六中全会活动,组织"四史"主题教育学习,开展"社会主义核心价值观宣传教育""传家训、立家规、扬家风活动""全民阅读、全民健身活动""学党史 悟思想 兴水利"阅读角建设、"弘扬传统文化、红色文化宣传教育""学习宣传水利行业先进典型"活动,开展篮球、乒乓球、健步走、趣味赛丰富职工业余生活,参与分发救灾物资、烈士纪念日公祭、助力地方疫情防控志愿服务活动,履行社会责任。巩固文明创建成果通过2021年度市级文明单位复测。

【宣传信息】

全年以中国水周、安全生产、建党百年、安全度汛、国庆值守、水毁修复、集团公司成立一周年主题报道,在中国南水北调报发表文章9篇、中线公司网站发表文章58篇、南水北调手机报报道5次、信语南水北调报道30次、豫见南水北调报道16次、管理处微信公众号推送52篇。2人次参加全国水利科普讲解大赛,3人次参加安全生产演讲比赛,《百年风雨征程路 水漾青春再起航》获中线公司组织的学习贯彻习近平总书记在"七一"重要讲话精神演讲比赛优胜奖。

成功举办庆祝集团公司成立一周年——"清渠润北 幸福河湖"开放日活动。在沙河渡槽全国中小学生研学教育基地,邀请政府机关、企事业单位、媒体记者、市民代表、高校师生及中小学生等200余人参加活动。沙河渡槽2021年共接待水利部、中国工程院、河南省委省政府、河南省人大、河南省政协、河南省军区、汉江集团等单位调研指导、交流参观共计180余次3000余人。

配合新华社、人民日报、中国水利报、大河报、河南省法制报、凤凰卫视等国家及省级媒体报道30批次,让更多的人感知南水北调工程所带来的社会生态综合效益。2021年接待平顶山市县两级三地党校党史学习教育15批次。沙河渡槽提槽机移交国家方志馆南水北调分馆。共移交9批34车次总重1000 t的设备。

（赵 京）

宝 丰 管 理 处

【工程概况】

宝丰管理处所辖工程位于宝丰县和郏县境内，南起宝丰县昭北干六支渡槽上游58 m（桩号K258+730），北至郏县北汝河倒虹吸出口（桩号K280+683），全长21.953 km，共分5个巡查责任区。其中明渠长19.017 km，建筑物长2.936 km。高填方段长4.274 km，深挖方段长0.663 km，膨胀岩土渠段总长10.924 km。

各类建筑物65座。其中：河渠交叉建筑物5座（包含2座节制闸，3座控制闸），渠渠交叉建筑物7座，左排建筑物8座，跨渠桥梁21座（包括地方工程设施铁路桥2座）、分水闸2座、退水闸1座、铁路暗渠1座。另有抽排泵站8个、安全监测室12个。

渠段起点设计流量320 m^3/s，终点设计流量315 m^3/s，马庄、高庄分水口流量分别为3 m^3/s、1.5 m^3/s。渠道为梯形断面，设计底宽34.0～18.5 m，设计水深7 m，堤顶宽5 m。渠道一级边坡系数0.4～3.0，二级边坡系数1.5～3.0，设计纵坡1/24000～1/26000。

【安全生产】

2021年宝丰管理处安全生产专项经费28.03万元，截至12月底安全生产专项经费报销共计23.01万元。项目主要有便携式气胀式救生衣和防尘眼镜；安全生产宣传及安全生产文化建设主要有入村进校宣传、水安将军知识竞赛、中小学寒暑假安全宣传；安全防护药品购买；手持红外体温检测仪、救生器材采购、园区钢大门改造。

2021年按照安全检查标准组织定期检查11次，查改问题167个。组织土建维护单位、绿化养护单位、物业管理单位成立现场作业班小组8个，班组活动264次。对维修养护单位危险作业高处作业、临水作业、起重吊装作业、动火作业、临近带电体作业项目的管理，共开具临时用电作业许可证190份，危险作业工作票169份，动火作业票35份。

2021年中线公司选取宝丰管理处进行试点，参考长安大学调研咨询报告，统筹规划场内道路交通安全防护设施完善试点及安全标志牌规范方案。完成现场试点段场内交通安全防护设施的施工，共计在大坡度路段、高填方路段、S弯路段等6种特殊路段增设安全防护设施及桥梁、隔离网、闸站重要建筑物周边的安全警示标牌共10种进行规范。

（杨赵军）

【防汛与应急】

2021年宝丰管理处对安全度汛工作小组（洪涝灾害现场应急处置小组）暨工程突发事件现场应急处置小组进行调整，进一步完善组织机构工作职责。3月宝丰管理处成立防汛风险项目排查评估工作小组，处长担任组长，负责辖区内防汛风险项目排查工作。排查小组明确评估对象、查找风险因子、分析风险事件类型，采用风险矩阵法评估风险等级，排查评估所辖工程范围内防汛风险项目2个，均为3级防汛风险项目，无1、2级防汛风险项目。

编制《2021年度汛方案》《防洪度汛应急预案》，并按照要求分别报送河南分局、平顶山市南水北调工程运行保障中心、宝丰县防汛抗旱指挥部办公室备案。汛前，管理处召开动员会，组织全体职工开展防汛问题隐患排查。对围网外不易达到的位置，借助无人机进行排查。管理处协调对接县南水北调运行保障中心解决影响行洪问题，管理处进一步勘测现场、提出问题解决方案，推动县委召开南水北调中线工程安全度汛协调会，在"七下八上"到来前行洪问题得到有效处理。修订《南水北调中线干线宝丰管理处汛期雨中、雨后巡查工作实施细则（2021年修订）》，细化巡查项目和内容，落实责任人，严格雨中雨后巡查和暴雨预警巡查，同时用闸控视频监控、安防监控系统对渠道全范围监控。组织安保、维护、工巡单位人员成立应急先期抢险队,发挥现地协作人员熟悉现场、反应迅速、到位及时的优势,遇突发情况可组织先期抢修,避免险情进一步发展。

6月开展防汛应急桌面演练,假想K263+907.66~K264+570.68段全挖方渠道左岸防护堤溃口突发事件,提高突发事件应急管理能力。汛前防汛物资仓库补充救生衣9件、安全帽30顶、编制袋1000个,对现场备料点净肠河倒虹吸和石河倒虹吸各补充四面体20个。编制《宝丰管理处大型河渠交叉建筑物裹头四面体防护方案》,组织应急救援1标抢险队实施,分别对净肠河倒虹吸进口、北汝河倒虹吸进出口进行四面体防护,制作和吊装四面体30个。

2021年汛期宝丰段所辖工程发生降雨20次,其中小雨9次、中雨6次、大雨3次、暴雨及以上2次,范围较大的强降雨经历三轮,分别为7月17~22日,8月22~23日,9月18~20日。所辖工程8座左排进口及5座河渠交叉建筑物裹头水位均未达到警戒水位。

【水质保护】

2021年,水质保护排查与工程巡查相结合,开展污染源日常巡查,建立污染源信息台账;水质专员定期开展污染源专项巡查,复核日常巡视过程中发现的水源保护区管理范围内新增污染源种类、数量、危害程度,复核污染源增减量和变化趋势。工程管理范围内(围网内)污染源立即解决;围网外新增重要潜在污染源3个工作日内致函县环保局协调解决并跟踪处理结果;潜在污染源及时记录,汇总后每季度与所在地政府主管部门协调解决。按照河南分局水质中心要求,定期采集生态水样和地下水样送检。汛期预警期间未出现外水入渠现象。配合宝丰县环境保护局开展南水北调水源保护环境专项整治活动,配合河南省水利厅开展南水北调工程

安全隐患排查。6月、9月底对地下水位监测井水位进行观测。

(陈嘉敏)

【调度管理】

2021年宝丰管理处辖区内通水运行平稳,总计执行完成远程指令1882门次(不含现地指令84门次),执行成功1868门次,远程操作成功率99.26%。截至12月31日8时,玉带河、北汝河节制闸累计过闸流量364亿m³,高庄分水口向宝丰地区分水1.13亿m³、马庄分水口向焦庄水厂分水6652万m³,2021年未进行生态补水,截至2021年累计退水2622.72万m³。2021年大流量输水期间,陶岔渠首入渠流量4月28日8时调增至350 m³/s,4月28日~6月26日,玉带河节制闸全开锁定4次,北汝河节制闸全开锁定3次,工程安全平稳运行。

2021年金结机电静态巡查执行1890单,视频监控巡视机电设备51次;35 kV高压故障性停电3次,计划停电8次,办理电费结算支付9次,共支付电费2109173.66元;自动化巡视完成1681站次,巡视专业通信(视频、动环、传输、电源)、网络、闸控、安防系统,巡查(包括巡检、维护、半年度深度维护和全面深度维护台次)设备951446台次,平均每站点设备统计566台次。全年金结液压及供配电和自动化调度系统运行平稳,消缺工作准确无误,无安全事故发生。

汛期党员主动驻守管理处,7月21日1时40分,北汝河退水闸应急退水197.76万m³,完成7月、8月超强暴雨期间9次汛期预警期间各项加密巡查、雨中雨后、暴雨预警巡查工作。截至2021年5月20日,宝丰管理处辖区高庄分水口累计向宝丰受水区域安全供水超过1亿m³。通水以来一直给宝丰水厂及石龙区水厂供水,闸门开度500 mm,自流至水厂后采用泵抽方式取水,日分水量4万~5万m³。通水以来累计向北汝河河道生态补水超2000万m³。

(姜 乾)

【财务管理】

2021年进一步规范和完善物资报废处置工作，对使用年限过长、功能丧失、完全失去使用价值、不能使用并无修复价值和严重损坏的物资进行清理和归集，列出处置清单，成立物资报废处置工作小组，按相关规定履行物资处置审批程序和处置程序，解决长期以来废旧物资堆放杂乱、无处堆放及易丢失的难题。

管理处配合中线公司及清查中介机构开展一次全面的资产清查。重点是清查阶段和详盘，清查阶段主要工作是配合清查机构对资产进行清查、盘点，落实资产的位置信息、存放地点、技术参数、资产状况等，如实填写企业管理系统。对清查中发现有出库、报废和调拨的资产，要求提供资料。盘点中发现的盘盈、盘亏由负责保管或使用部门查明原因，写出书面报告。详盘阶段是工作组提供的台账与清查机构盘点的清单进行核对，对有异议的项目再次清点确认，确认后由清查机构资料整理根据盘点结果填写企业管理系统并出具取证单，取证单出具后管理处进行复核确认。

（张树志）

【合同管理】

2021年进一步提升预算和合同管理精准化，树立"过紧日子"观念，严格预算申报、执行监督、后评价全过程管理。宝丰管理处2021年度维修养护类控制预算1252.82万元，共参与或组织签订合同6个，年度合同金额1166.99万元，年度结算金额1150.76万元。完成超权限变更初审4项，金额63.42万元；完成权限内变更审批9项，金额53.16万元。配合完成2020年度运行资金审计、巡查审计、直接采购专项审计。

（张建宝）

【党建工作】

2021年，宝丰管理处党支部以习近平总书记"5·14"等系列讲话精神为指引，以

"着力强本固基、狠抓运行管理、做中线高质量发展的中流砥柱"工作会部署的工作目标落实"三个安全"，履行"主体责任"和"一岗双责"，全面推动运行管理工作的开展。

宝丰管理处党支部按照水利部及集团公司党委要求推进"三对标一规划"专项学习行动，开展"警示教育月""酒驾醉驾"专题警示学习、职工违法犯罪情况自查、中央八项规定专项学习、廉政下基层活动。党支部在集中学习和一系列活动，按照工程特征和岗位使命，不断进行自我剖析、自我警醒与归纳总结，提高政治判断力、政治领悟力、政治执行力。

宝丰管理处党支部把"我为群众办实事"实践活动作为党史学习教育的重要内容践行群众路线。对地方群众事件，党支部快速反应妥善处置村民违规入内坠渠事件；积极协调营救村民的入渠家畜，协调绿化单位将除草弃料送往沿线困难居民处解决群众饲养家畜草料难问题；配合地方政府开展疫情防控和"四送一助力"志愿服务、成立以警务室为主的宣传小分队开展反诈APP宣传推广行动。党支部勇于承担社会责任，累计为地方群众办实事5件。宝丰管理处党支部致力建设有"温度"的党支部。设立"书记信箱"，第一时间对困难工巡职工何艳丽进行慰问为其送去党组织的温暖，组织职工代表对患病住院职工张克会进行探望，党支部委员对家庭遇到困难的职工进行谈心疏导，筹备组织职工家属实地参观互动联欢，开展"职工生日送祝福"活动。

【疫情防控】

2021年严格实施疫情防控，发挥管理处应对疫情领导工作小组作用，加强常态化疫情防控的组织领导、统筹协调和督促指导，及时研究重大问题、完善防控举措、部署重点工作。严格落实主体责任，把疫情常态化防控作为政治任务，"看好自家门、管好自家人"，细化实化措施，建立健全工作机制，完

善应急处置流程，各项防控措施覆盖全员、落实到人。发挥党支部战斗堡垒作用和党员先锋模范作用，响应应急值班值守，在统筹疫情防控和南水北调中线工程事业改革发展中作表率，为工程运行提供有力保障。

（毛鹏飞）

郏 县 管 理 处

【工程概况】

南水北调中线一期工程干渠郏县运行管理段工程自北汝河倒虹吸出口渐变段开始至兰河涵洞式渡槽出口渐变段止（累计起止桩号为 K280＋708.2～K301＋005.6），渠线总 20.297 km，其中建筑物长 0.797 km，渠道长 19.500 km。采用明渠输水，渠段始末端设计流量 315 m³/s，加大流量 375 m³/s，起止点渠底高程分别为 121.254 m 和 120.166 m，起止点设计水位分别为 128.254 m 和 127.166 m，加大水位分别为 128.886 m 和 127.789 m，设计水深 7.0 m，加大水深 7.632 m，渠道纵坡 1/26000、1/24000 两种。

干渠与沿途河流、灌渠、公路的交叉工程全部采用立交布置。沿线各类建筑物 39 座，其中河渠交叉输水建筑物 3 座（青龙河倒虹吸、肖河涵洞式渡槽、兰河涵洞式渡槽）、渠渠交叉建筑物 1 座（广阔干渠渡槽）、左岸排水建筑物 9 座（排水涵洞 1 座，排水倒虹吸 8 座）、桥梁 24 座（公路桥 13 座、生产桥 11 座）、退水闸 1 座（兰河退水闸）、分水口 1 座（赵庄分水口）。

【安全生产】

2021 年，继续开展安全生产标准化工作，建立健全安全生产管理体系，开展安全生产检查、安全宣传教育、安全生产会议和安全生产总结。开展水利安全一级达标创建，并实现达标。2021 年共开展 3 次特殊时期安全加固，辖区内工程设施设备完好，治安状况总体良好。拓展警务室工作职能，创新工作方法。以"落实安全责任，推动安全发展"为主题，以提高防灾减灾救灾能力、遏制重特大安全事故为目标，开展安全教育宣传、举办"落实安全责任，推动安全发展"为主题的演讲比赛。开展"防淹溺""安全生产月""南水北调大讲堂"安全宣传。

【工程巡查】

郏县管理处运行管理区域共分 4 个工巡区域，每个区域 3 名工程巡查人员，共 12 人。2021 年每月组织对工程巡查人员进行 1 次培训 1 次问题讨论会，共 12 次；每季度集中考核 1 次，共 4 次；现场检查工巡情况 12 次。组织岗前培训、日常培训、专项培训。工程巡查人员能够熟练使用工程巡查 APP，准确描述问题、正确研判问题等级。每天通过工程巡查 APP、视频监控对工巡人员实时监控，现场对工巡人员工作情况进行抽查，结合平时检查情况对工巡人员进行考核，严格规范工程巡查行为。

【水质保护】

郏县管理处水质保护工作严格按照水质工作标准，对污染源和风险源每月定期巡查 1 次，2021 年共巡查 12 次；开展跨渠桥梁专项巡视检查、雨中巡视检查；监管青龙河检修闸、兰河节制闸垃圾打捞情况并每日记录；组织开展水质应急设备设施及物资排查，进行水质设备设施维护和物资配置；每月进行水质专用拦藻设备巡查；开展水质加密监测和水体巡查工作。

【防汛与应急】

2021 年汛前完成河渠交叉建筑物上游沿河道（含干、支流）100 km、左排建筑物上游沿河（沟）道 30 km 范围内各类型的水库排查，掌握辖区内上游水库、塘坝水情汛情，加强与地方防指部门的通信联系，互通人员情况，互通雨情水情险情；汛期落实防汛24小时值班工作，加强雨中雨后巡查；按要求编制防汛两案、突发事件现场应急处置方案，组织开展青龙河防汛应急演练和抢险设备操作技术培训。6月2日、7月19日、9月4日郏县段分别发生83.30 mm、249.70 mm、126.10 mm强降雨，降雨历时短，降雨量相对较大，大型河渠交叉建筑物及左排建筑物河流少量过流，无超警戒水位情况。组织人员每天沿线开展巡视检查，每周对防汛风险部位检查，降雨期间分别进行雨中雨后巡查；每天安防视频监控系统对郏县段4处防汛风险点进行360°无死角视频巡查。雨中雨后巡查共38批次，参与巡查190人次。

【水毁修复】

郏县管理处成立处汛期水毁修复处置项目工作组，对汛期水毁修复项目安全、质量、进度、投资全面负责，严格按照"双精维护"标准、河南分局汛期水毁修复处置项目通用作业指导书、旁站监管实施细则组织实施。完成安全交底会2次，进度专题会1次，现场边坡回填、混凝土浇筑、排水框格、六棱砖施工旁站112人次。

【调度管理】

2021年郏县段工程设施平稳运行，未发生影响运行调度的安全事故。4月28日8时陶岔渠首入干渠流量320 m³/s；9月3日陶岔渠首入渠流量由350 m³/s增加至380 m³/s；10月7日实现陶岔入渠流量约400 m³/s；11月1日开始由400 m³/s调减至310 m³/s。7月9~21日兰河退水闸进行生态补水，共退水291.96万 m³，其中生态补水200万 m³，应急退水91.96万 m³。在中控室室内外高清触摸查询一体机上显示时间展示牌，更新充实学习角，组织日常学习和集中学习，加强风险管控，严格规范调度值班，完成输水调度"汛期百日安全"专项行动。全年共上报水情信息1145次，未出现重大漏报错报现象；全年执行远程调度指令546门次，成功执行543门次，成功率99.45%；全年共收到报警信息143条，调度类报警1级报警42条，2级报警7条，设备类报警1级报警10条，2级报警0条，3级报警33条，4级报警51条，全部消警；全年查看闸站视频监控系统4380次，监控设施设备43台套。

截至2021年12月31日，自南水北调中线干线工程正式通水以来，郏县段工程安全运行2576天，累计向下游输水3640470.22万 m³，向郏县水厂分水6487.97万 m³，受益人口57万人。

【信息机电维护】

按照中线公司《南水北调中线干线工程建设管理局企业标准（试行）》的52个信息机电类专业标准，组织各专业人员对照标准梳理日常工作，履行岗位职责，对问题处置现场作业行为安全进行监督，对运行维护现场作业安全生产情况进行日常监督。9月9日，在郏县管理处园区通信机房内对OSN7500传输设备、汇聚交换机8208、内网及专网路由器MX240设备进行全面深度维护。维护活动是南水北调全线首次，邀请信息科技公司所属事业部三十余人到郏县管理处现场观摩。

2021年参与完成《南水北调中线一期工程总干渠液压启闭机及闸控系统功能完善项目》验收；赵庄分水口、青龙河控制闸、肖河检修闸、兰河节制闸开展静态巡视；青龙河、赵庄、兰河传输系统深度维护；电力杆塔消缺工作和直流系统维护；降压站直流屏蓄电池更换及新电池组容量检测；青龙河启闭机室内1-4号控制柜触摸屏无效数据故障处理；6个安防摄像机的更换；管理处园区室外柴油发电机搭设雨棚；管理处办公园区无线AP移位安装；赵庄分水口2号机房空调室外机移机；赵庄分水口开度超差问题消缺整改；对赵庄分水口油质进行检测；更换赵庄分水口推动器电机。

【调度值班模式优化试点】

河南分局分调中心于 2020 年 12 月 12 日在郏县、宝丰、禹州、长葛 4 个管理处开展调度值班模式优化试点工作。第一阶段按照《关于在调度值班优化试点管理处开展安全生产监控试点工作的通知》要求，郏县管理处于 2021 年 2 月 1 日开始设备设施维护作业安全监控试点工作，建立安全监控试点工作群，制定设备设施安全监控流程；设计制作《设备维修养护动态情况统计表》，涵盖作业项目、作业区域、作业时段、人员数量、车辆数量、是否涉及输水调度、是否涉及危险作业；制订《设备维修养护安全监控记录表》。试点期间相关成果已编写《郏县管理处设备维修养护安全监控试点工作总结》上报安全处。

第二阶段按照《关于在现地管理处设置视频巡查专岗的通知》相关要求，郏县管理处于 2021 年 4 月 1 日起设置视频巡查专岗，按照"现有值班模式不变，强化监控和信息管理职能"要求开展安全监控中心试点工作。自开展安全监控试点至 6 月末，管理处现场检查发现问题 10961 个，视频监控发现问题 171 个，上级检查发现问题 6 个；其中管理处现场检查发现违规行为 6 个，视频监控发现违规行为 13 个，上级检查发现违规行为 0 个。期间相关成果已编写《郏县管理处视频巡查岗安全监控试点工作总结》和《郏县

管理处安全监控试点成效分析总结》上报安全处。

第三阶段整合工作内容，优化工作模式，增加安全监控和信息管理职能，取得明显成效。郏县管理处会同宝丰、禹州、长葛管理处共同编制《现地管理处中控室（安全监控中心）试点建设工作方案》，中控室值班模式改为"白天值班、夜间值守"模式，日常调度生产业务转移至分调度中心，主要履行"安全监控"和"信息管理"职能，推进中控室"三个中心"（信息集成中心、安全监控中心、应急指挥中心）建设。

【党建与精神文明建设】

郏县管理处成立精神文明建设工作领导小组，建立"主要领导亲自抓、分管领导具体抓"的精神文明建设工作领导责任制，形成齐抓共管、分组负责、左右配合、上下联动的"组织网"。开展"三对照、一规划"主题教育，引导党员干部增强"四个意识"，坚定"四个自信"，做到"两个维护"；建成"一室一廊一堂"（党员活动室、意识形态宣教室、文化长廊、道德讲堂），进行爱国主义、中华传统美德、社会主义核心价值观教育。开展文明餐桌、文明交通、文明上网行动，加强节约型机关、绿色机关、无烟机关建设，为创建活动培育良好的环境氛围。

（卢晓东　姬高升　丁　宁）

禹州管理处

【工程概况】

禹州段辖区总长 42.24 km，工程始于郏县段兰河渡槽出口 100 m 处，起点桩号 K300+648.7，设计流量 315～305 m^3/s，设计水深 7 m，渠底比降 1/24000～1/26000。工程与 25 条大小河流、46 条不同等级道路交叉。布置各类建筑物 80 座，其中河渠交叉建筑物 4

座，渠渠交叉建筑物 2 座，左岸排水建筑物 21 座，退水闸 1 座，事故闸 1 座，分水闸 3 座，抽排泵站 2 座，路渠交叉公路桥梁 45 座，铁路桥梁 1 座。

南水北调中线干线禹州段工程担负向干渠禹州以北输水及向许昌市区、许昌县、襄城县、禹州市区、神垕镇及漯河临颍县分水

的任务。

禹州段辖区内共有弧形钢闸门8扇、平板钢闸门21扇、叠梁钢闸门10套、液压启闭机11台、固定卷扬启闭机7台、电动葫芦8个、柴油发电机5台、高压环网柜7套、断路器柜1套、变压器9台。现地站自动化室共7个、网管中心、综合机房、电力电池室各1个，自动化机柜76套。安全监测仪器2567支。

【调度管理】

禹州管理处落实中线公司"两个所有"和河南分局2021年工作会议精神，按照总调中心及分调中心相关要求，继续推进输水调度"全员值班"，严格遵照调度流程，完成大流量输水、汛期百日安全活动、"HW行动"期间输水调度、防汛应急、中控室环境标准化建设工作。

截至2021年12月31日08：00，禹州管理处共收到远程调度指令264条，远程操作闸门962门次，成功960门次，成功率99.8%；辖区内3个分水口全年分水1.45亿m³，累计向地方供水8.67亿m³。颖河退水闸全年退水3583.69万m³，累计向地方退水和生态补水共计2.8亿m³。

【安全管理】

印发2021年度安全生产工作目标、计划、任务清单，年度目标分解到各科室。全年签订《安全生产责任书》37份，组织安全生产教育培训15次348人次，召开安全生产会议18次。加大安全生产宣传、知识技能培训、知识竞赛、案例警示教育。依据水利工程管理单位安全生产标准化评审标准"8·28·126"要求，12月成立安全生产标准化自评小组，各科各专业完成标准化工作自评，撰写自评报告报送河南分局。

【安全保卫】

禹州管理处组织完成2021年禹州段日常安全保卫巡逻任务，全年未发生财产破坏损失事件。完成2021年度大流量输水安全加固、采空区应急处置现场值守、"工匠杯"现场值守等重大事项的安保任务，协调地方收回新庄倒虹吸进口违规占地，全年扑灭渠道沿线火情事件30次。

【工程维护】

土建维护　禹州管理处共设置五个段长，负责段内工程维护工作的现场质量控制、安全管理、计量签证，各段长按照"双精维护"工作理念，全过程监管现场施工的各个环节，累计完成工程维护合同金额1000万元，占合同总额83.3%。完成主要工程量：实心六棱砖铺设420 m²，浆砌石翻修（不需外购块石）140 m³，浆砌石勾缝7875 m²，混凝土拆除重建120 m³，新建排水沟100 m³，沥青路面沉陷处理1430 m²，沥青路面破损处理20137 m²，泥结碎石路破损处理3870 m²，磨耗层修复（碎石）22750 m²，路面标线修复（沥青路面）22255 m，路缘石更换13574 m，路缘石与衬砌板接缝聚硫密封胶填缝处理2815 m，路缘石与衬砌板接缝建筑防水沥青油膏填缝处理8505 m，路缘石与路面（压顶板）之间接缝处理6067 m，破损警示柱更换（新型）1226个，聚硫密封胶更换3240 m，混凝土截流沟拆除重建170 m³，渠道围网、桥栏桥头禁令标识牌缺失补充25 m²，防护网刷漆维护120 m²，防护网片更换14400 m²，防护网新建260 m²，防护网加高6000 m²，刺丝滚笼更换13121 m，钢大门刷漆维护150 m²，铁栏杆刷漆564 m²，不锈钢防护栏杆安装430延长m，不锈钢栏杆更换126延长m，波形护栏安装32.8 m，防抛网更换2161 m²，桥梁伸缩缝修复177 m，桥头混凝土面层拆除重建780 m²，左排管内抽排清淤2440 m³，外墙真石漆修复645 m²，场区沥青路面沉陷处理677 m²，场区沥青路面破损处理677 m²，花岗岩路缘石更换73.5 m³。

绿化维护　2021年绿化合作造林完成全线苗木浇水9.53万株，修剪8.54万株，刷白12.5万株，补植1.96万株，其中水毁项目移植树木1251株，补植树木329株。绿化除草446万㎡，绿化整改APP问题维护9110个，维护率

100%。完成对绿化单位检查考核12次，完成绿化养护日志记录、绿化养护台账12个月，完成绿化计量结算12个月，预算执行率95.2%，完成年度预算任务。

【防汛与应急】

2021年5月，禹州管理处参加在郏县管理处青龙河倒虹吸防汛演练，6月在刘亮沟左排倒虹吸、新庄西沟左排倒虹吸组织左排倒虹吸清淤、打桩防汛演练。2021年禹州管理处参与处置汛期预警9条，其中备防2次，汛期预警期间严格防汛值班制度，组织工程巡查，加强对现场施工人员管理，对应急抢险单位人员和机械开展不定期抽查检查，确保人员和机械对发生汛情险情能够快速反应。禹州管理处主动加强与地方防汛指挥机构沟通联系，建立紧密工作协调机制，及时更新地方政府相关部门通讯录，协调处理左岸排水建筑物的排水不畅问题。7月20日和8月20日强降雨期间，禹州管理处安排人员24小时现场值守巡查，禹州段度汛安全平稳。

【安全监测】

2021年禹州管理处发现安全监测异常问题4个，消除问题3个，持续跟踪问题2个（含2020年），编制并上报安全监测月报12份、专题报告6份，参加上级组织安全监测会议及培训10次，组织安全监测辅助人员培训6次，组织管理处内部人员培训2次。

2021年禹州管理处完成外观监测单位移交信息科技公司工作、编制采空区郭村南桥附近右岸渠堤应急监测方案并实施、采空区渠段测压管施工项目、小南河进出口高地下水渠段增设测压管、干渠大流量输水加密观测、特大暴雨后期设备设施排查、安全监测自动化系统自查、深孔测斜生产性试验项目（柔性测斜仪）工程质量缺陷责任期终止验收签证、上级检查9次；配合完成南水北调禹州和长葛设计单元工程完工验收、采空区郭村南桥附近右岸渠堤应急监测、安全监测自动化系统MCU深度巡检、禹州辖区高地下水渠段新增测压管、安全监测资产清查等工作。

【合同管理】

2021年禹州管理处完成直接采购10个（其中4个房屋租赁，2个后穿越）；办理各类结算（含退还质保金、农民工工资保证金）51期，发起支付51次，金额1678.49万元；处理各类变更项目12项；完成2014～2020年历史合同录入，共录入历史合同86个。

【水质保护】

2021年禹州管理处自有人员及工巡人员每日对所巡查区段的水体开展1次巡查，对渠道水体浊度、透明度、色度感官指标和底栖藻类生长及脱落漂浮情况进行观察；辖区共设置5个固定垃圾打捞点，以"固定加机动"方式对辖区渠道水体表面的垃圾漂浮物进行打捞，发现异常及时上报，确保水质安全；全年完成地表水采样8次，地下水采样1次，雨水采集1次；每月排查一次围网外侧保护区范围内的污染源情况并按时上报污染源及风险源信息台账，发现问题后及时对接地方环保部门，同时配合地方环保部门完成水质专项排查工作。

【党建与精神文明建设】

禹州管理处党支部制订《禹州管理处党支部2021年学习计划》《禹州管理处党支部2021年工作要点》，明确年度学习内容和学习计划安排。自学与集中学习相结合、理论学习与现场操作相结合，建立和更新"一账一册一法"工作台账。落实"三会一课"党内生活制度，定期开展党员大会、支部委员会、党小组会，按时上党课。2021年召开党支部委员会13次、专题集中学习教育23次、党员大会6次、组织生活2次、党小组会36次、专题党课4次。建立"一岗一区"工作制度，明确11个党员示范岗、4个党员责任区，发挥"一个党员一面旗帜、一个党员一盏明灯、一个岗位一份奉献"的示范带头作用。严格执行党的民主集中制原则，制订《禹州管理处党支部"三重一大"决策制度实施方案（试行）》，进一步推动管理处"三重一大"公开透明运行。在采购、合同、验收等重大事项中严格履行监督职责，及时开展党风廉政建设、廉政风险防控、安全生产排查或自查。

3月禹州管理处党支部组织党员干部到禹州市烈士陵园开展"缅怀革命先烈，追寻红色足迹"清明祭英烈活动。6月党支部与郏县管理处开展"联学联做"，参观豫西抗日纪念馆。7月组织全员观看庆祝中国共产党建党一百年大会实况直播。8月党支部召开党史学习教育专题组织生活会，检视剖析问题，盘点学习收获。11月组织干部职工到禹州市红色教育基地参观学习。

【信息宣传】

制订《禹州管理处2021年宣传工作方案》，号召全处职工参与南水北调中线工程宣传工作。全年共发表新闻稿件257篇，其中在中线公司网站发表新闻稿件106篇、南水北调报2篇、信语南水北调微信公众号/抖音12篇、澎湃号10篇、豫见南水北调25篇、管理处微信公众号59篇、省级媒体6篇、地方媒体37篇。

开展专题宣传活动。3月开展"中国水周"宣传活动，4月开展"国家安全教育日"宣传活动，5月开展"全国科技活动周"宣传活动，6月开展"安全生产月"宣传活动，7月开展建党百年宣传活动，9月开展"警示教育月"宣传活动，10月开展"国庆节坚守岗位"宣传活动，11月开展"工匠杯"技术工人岗位能手大赛宣传活动，12月开展通水七周年专题宣传和"探索'天河'之秘，感受国之重器"开放日活动。

（张萌晗）

长 葛 管 理 处

【工程概况】

长葛管理处所辖工程起止桩号K342+937～K354+397，全长11.46 km，其中明渠段长11.06 km，建筑物长0.40 km；榆林西北沟排水倒虹吸出口尾水渠长1.6 km，实际管辖渠段长13.06 km。长葛段沿线布置各类建筑物33座，其中渠道倒虹吸工程2座、左排倒虹吸工程4座、跨渠桥梁14座、陉山铁路桥1座、抽排泵站5座、降压站6座和分水闸1座。

长葛段渠道采用明渠输水，起点设计水位125.074 m，终点设计水位124.528 m，总设计水头差0.546 m。沿线设计流量305 m³/s，加大流量365 m³/s，渠道设计水深7 m，加大水深7.62～7.66 m。渠道为梯形断面，设计底宽21.0～23.5 m，一级边坡系数2.0～2.5，二级边坡系数1.5，渠道纵坡比降1/26000。渠道多为半挖半填断面，局部为全挖断面，最大挖深13 m，最大填高5 m。

【输水调度】

2021年，长葛管理处以简单事情重复做，重复事情用心做的工作理念，参与总调中心组织的输水调度"汛期百日安全"专项行动、"大流量输水运行"、输水调度"两个所有"和河南分局组织的"输水调度值班模式优化试点"工作，长葛段总体平稳，实现年度输水目标。截至12月31日，全年共收到调度指令246条，共操作闸门900门次，远程操作成功900门次，远程成功率100%；小洪河节制闸累计过闸流量348.01亿m³，累计通过注李分水口向长葛地区分水1.72亿m³。2021年参加河南分局组织的培训2次，自行开展各类培训13次，在中线公司"中控室标准化建设创优争先"活动中获2021年度"优秀中控室"称号；撰写的"浅谈视频水尺识别在南水北调中线工程中的应用"获2021年输水调度技术交流与创新微论坛优秀论文奖。

【安全管理】

2021 年长葛管理处现场安全管理依照"管业务必须管安全、管生产必须管安全"原则，建全有效连接层层负责的安全责任体系，全面落实进场前和班前"两交底"，现场旁站监管、巡查监管、视频巡查监管"三监管"要求。管理处将 21 名自有员工分为 6 组，互帮互学推动"两个所有"活动开展，提高问题的自主发现率，从被动整改问题发展到主动预防处置问题。截至 12 月 31 日，长葛管理处共排查出 7453 个运行管理问题，整改 7379 个，整改率 99.01%；无严重以上问题。

管理处开展安全生产专项整治三年行动，"风险管控"与"隐患排查"双重预防。组织员工集中观看学习"生命重于泰山——学习习近平总书记关于安全生产重要论述"的电视专题片。成立"安全生产百日行动"工作小组，印发实施方案。开展安全月、寒暑假入校入村宣传、日常教育培训。开展安全生产专项检查；组织自有职工、警务室、保安公司 10 余人，在沿线 5 所中小学、11 个村庄、两个乡镇，分发宣传品、张贴宣传画、横幅。严格实施新员工三级安全教育培训上岗，对进场相关方进行安全生产交底，并要求相关方负责人及安全员对其余作业人员进行作业前培训，交底及培训资料安全科留存备查，每次培训管理处均做相应记录，并且建立安全生产培训档案。2021 年共开展安全生产培训 9 次 145 人次。对工巡人员每周每月考核打分，"巡查系统"及沿线监控视频对工程巡查人员实时监控，考核与工资收入挂钩，每周 1 次班前安全教育。大流量输水期间、重要节假日期间加大频次巡查。加强培训及时补充更新巡查知识。

2021 年长葛管理处依据水利工程管理单位安全生产标准化评审标准中"8·28·126"要求，按照标准化要求整理专业资料。12 月管理处召开安全生产标准化自评动员会，各专业配合安全科开展年度标准化工作自评，撰写自评报告报送河南分局。参与河南分局安全生产监控中心试点，完善第一阶段试点成果，整合工作内容，优化工作模式，设立安防视频巡查专岗。完成安全监控中心与输水调度值班模式优化双试点模式试点工作，生产安全违规行为环比大幅度下降，保障安全生产形势稳定。

【安全监测】

2021 年，长葛管理处严格执行安全监测规章制度和管理要求，开展安全监测数据采集及整编、数据初步分析及月报编报、工作基点复核、资料归档，安全监测房、外观测点、保护盒、标示牌、工作基点、MCU 自动化采集系统等仪器设备的问题排查和维修养护，读数仪和测斜仪二次仪表的日常保养和维修；安全监测专业培训、创新项目申报；沉降段内水磨河南桥和水磨河东桥附近水下衬砌面板修复。

2021 年管理处参与长葛沉降段渠道边坡变形监测科技创新项目，通过卫星雷达对辖区沉降区域进行监测分析；开展安全监测自动化新系统应用升级，编制安全监测月报模板，剔除粗差数据，完善自动化系统中的参数设定。

管理处组织河南省地质矿产勘查开发局第五地质勘察院进行辖区地面沉降项目研究，收集地质资料，进行综合地质调查及物探，研究沉降原因和地质沉降变化趋势；对沉降渠段进行加密观测，对安全围网外水井水位进行监测，排查周边煤矿开采情况，密切跟踪沉降段下沉趋势，编写《南水北调中线干线工程长葛管理处 1.6 km 渠段整体沉降问题专项处置工作方案》。

【土建维护及绿化】

2021 年土建日常维修养护工作加强安全、技术、水质技术交底，签订安全生产责任书、定期进行土建绿化维护技能培训，加强维护现场质量检查及关键工序施工旁站。对小洪河倒虹吸出口园区改造，裹头坡脚部位铺设实心六棱砖，园区沥青路面重做，以及闸站与栏杆刷漆，截至2021年底，长葛段标准化渠道建设任务全部完成，实现全渠道标准化。合作造林草体养护面积34万 m^2，乔灌木养护5.6万株，地被植物养护面积2000多 m^2；维护单位及时处理APP问题，按时按需对花草树木进行浇水修剪补植，保持草体高度，提高绿化效果。

【水质保护】

2021年长葛管理处加强社会宣传和职工业务培训，联合许昌市中级人民法院、长葛市人民法院设立"水资源司法保护示范基地"和"水环境保护巡回审判基地"，促进"河长+检察长"制在长葛管理处辖区实施，协调解决保护区污染源问题，实现水质安全工作目标。督促协调地方政府相关部门处理外部环境问题，解决水源保护区内垃圾堆放场6处，迁移陶瓷修造厂、养殖场和饭店各1处。

【防汛与应急】

2021年，长葛管理处辖区24小时平均降雨量达到大雨以上等级的降雨均发生在汛期，其中达到暴雨等级的1次（7月19日），达到大暴雨等级的3次（7月20日、7月21日、8月22日），这是通水以来长葛段汛期降雨量最大的年份。7月18~22日，5天连续降雨累计341 mm；7月21日01时，时段降雨42.4 mm。5天连续降雨使干涸的小洪河及盛寨西沟、百步桥沟、榆林西北沟和山头刘沟均出现洪水。干渠穿越的小洪河河道在这次降雨过程中，最高水位达到122.5 m，低于警戒水位4.56 m；盛寨西沟倒虹吸、百步桥沟倒虹吸、榆林西北沟倒虹吸和山头刘沟倒虹吸4座左排倒虹吸，进口最高水位分别为122.71 m、123.51 m、117.99 m和117.15 m，分别低于其警戒水位1.99 m、3.66 m、4.34 m和2.64 m。这次强降雨使高地下水位渠段地下水位平均上升0.32 m，比当时渠道运行水位低3.15~6.72 m。

汛前长葛管理处开展工程防汛风险项目评估，编制超标准洪水防御预案，与长葛市防办、南水北调工程运行保障中心联合组织防汛应急抢险演练。对关键事项和薄弱环节，及时组织汛前排查和隐患治理，按照批准的处理方案，填筑K353+070~K353+220左岸防洪堤缺口；对K347+364.99~K347+484.99右岸防护堤工程进行除险加固。

【合同管理】

2021年长葛管理处配合河南分局完成采购2次，分别为土建日常维修养护项目和汛期水毁修复项目；管理处自行组织采购10次，分别为4次房屋租赁合同、警务室服务协议、村道机耕道补助协议、小洪河闸墩裂缝处理、渠道沉积物清理设备科研项目、2份穿跨越项目监管合同。截至2022年1月7日，长葛管理处2021年度日常维修养护项目共结算金额498.55万元，其中土建日常结算243.92万元，水毁修复项目结算163.45万元，合作造林项目结算65.99万元。2021年度，长葛管理处共完成采购829.21万元，完成产值732.43万元，完成结算596.12万元。

长葛管理处接受中线公司年度审计1次、河南分局检查1次，未发现违纪问题，得到上级领导肯定。对检查中发现的问题，管理处组织相关人员进行学习讨论，研究问题产生的原因并吸取教训，对涉及需要扣款的项目，管理处联系承包人对问题进行复核，并在一周内完成退款。按照"两个所有"和"双精维护"要求，加强合同财务管理。从预算申报、项目立项、合同采购、合同签订、结算支付、变更索赔、验收归档各查找纠正存在问题，确保程序合规资金安全。根据集团公司的最新要求，每月及时收集上报月度资金计划、合同项目暂估入账金额，每周收集统计管理处三率完成情况并通报。

【科技创新】

2021年长葛管理处取得的创新成果主要有：与信息科技公司联手加速推动数字化转型、智能化升级试点，长葛管理处视频监控智能分析系统建设，智能化安全生产精准管控中心建设；"水资源司法保护示范基地"和"水环境保护巡回审判基地"创建；创新全角度机械抓槽机，解决排水槽搬运低效率高成本的困难；采用在菱形排水沟框格交汇点处增设"土钉"的方案增加预制块在边坡的稳定性。这4项创新成果获得河南分局推广，参与的视频智能分析项目获得中线公司二等奖。

同时，管理处还有渠道边坡沉积物清理设备研制、边坡滑塌修复土工格栅加固、基于弱光纤光栅技术地面沉降自动化监测系统应用、光伏发电微灌零碳负碳方案、渠道倒虹吸闸墩裂缝处理、悬浮式移动作业平台研究项目、边坡预制排水沟端部连通等项目。

【党建工作】

长葛管理处开展"三对标、一规划"专项行动，制订《长葛管理处党支部2021年度理论学习计划》，严格落实"三会一课"制度，全年党员大会4次，党支部委员会13次，党小组会24次，主题党课5次，学习教育54次。开展主题党日活动，走访慰问困难老党员、美化环境、党史教育进校园、观看红色影片等15次活动。党支部纪检监督小组按照"廉政警示教育五分钟"要求，每月开展专项检查，提高廉洁从业意识，开展警示教育月活动，开展落实中央八项规定精神专题学习活动。党支部建立两个党员责任区，创建六个党员示范岗，主动"亮身份、亮承诺、亮标准"，发挥党员示范带头作用；党员1+1全员行，成立9组结对对象，提出"小专项巡查法"，以"党员+群众"模式组建9支水毁修复项目党群先锋队，形成"以党员1+1这个点，带动水毁修复那个面"的良好氛围。

（黄　轲）

新 郑 管 理 处

【工程概况】

南水北调中线干线新郑管理处负责新郑南段、双泊河渡槽工程、潮河段（潮河1-3标）设计单元的运行管理。所辖渠道范围主要位于河南省新郑市境内，起点禹州长葛段工程终点，位于许昌市长葛和郑州市新郑两市交界，桩号K354+681.4，终点潮河段3标终点，位于郑州市航空港区，桩号K391+532.7，承担向郑州市及以北地区输供水的任务。新郑段总长36.851 km，其中建筑物长2.209 km，明渠长34.642 km。沿线布置各类建筑物78座，其中渠道倒虹吸4座（含节制闸1座）、输水渡槽2座（含节制闸1座）、退水闸2座、左排建筑物17座、渠渠交叉建筑物1座、分水口门1座、排水泵站7座、各类跨渠桥梁44座、35 kV中心开关站1座。

【运行调度】

2021年，新郑管理处节制闸共完成调度指令492条，涉及闸门操作1844门次；李垌分水口向新郑市分水5000万 m³；双泊河退水闸退水347天，退水量1.2亿 m³。截至2021年底，累计向新郑市供水5.7亿 m³。

【合同管理】

2021年新郑管理处合同项目立项手续齐全，采购项目过程依法合规，会签程序完备，各环节相关手续资料完备有序。完成2015-2018年度合同信息补录和2019年度所有合同的录入工作，未发生无预算支出业务。

【工程管理】

2021年新郑管理处探索合理高效土建维修养护模式，土建绿化管理采取专业负责制，实现维护标准统一工程量可控；开展安全、水质技术交底、土建绿化维护技能培训、现场质量检查及关键工序旁站、月度考核及进度协调会，保证项目质量和施工进度，全年建设标准化渠段5.26 km，累计

58.92 km，占总渠段长度的85%。参加河南分局"工匠杯"比赛项目16项（土建项目13项，绿化项目3项）。

【防汛与应急】

按照河南分局2021年防洪度汛工作要求，新郑管理处成立安全度汛工作小组，明确责任人，依据风险项目划分标准进行全面排查。2021年新郑管理处成功处置王老庄左排超保证水位险情。加强与地方沟通协调，在梨园南沟、十里铺沟下游新建过水涵洞、拆除十里铺沟违建房屋，砍伐十里铺沟、王老庄沟、冯庄沟河道杂树，完成4个防汛风险项目整治及销号；组织实施梅河支沟、吴陈沟、郗庄沟、暖泉河共4个左排建筑物进口连接段防护加固。

汛前，新郑管理处组织在岗人员学习防汛"两案"、防汛值班制度及要求，学习应急处置流程，明确防汛重点部位及责任人。汛中，管理处严格24小时值班制度，防汛值班日期为5月15日至9月30日。对防汛风险项目每天进行巡查，遇暴雨等异常天气加强重点部位巡视检查或者定点值守。中控室安防系统及防洪系统不定时对现场风险项目进行查看。2021年汛期新郑段历经强降雨4次，其中7月20日遭遇特大暴雨，其他均为暴雨。预警强降雨天气主要集中在7月19~21日、8月22~23日、8月28~30日、9月17~19日。"7·20"强降雨期间，新郑段辖区发生多处险情，管理处均及时采取先期处置，未发生渠道衬砌板损坏险情。汛后，加快水毁项目处理，补充完善2022年防汛"两案"，全面排查防汛物资储备及设备运行情况，对损耗的物资及损坏的设备及时进行补充及维修，加强应急物资管理，定期更新应急抢险物资和设备台账，加强应急抢险物资和设备的维护与保养。

【水质保护】

2021年新郑管理处按照规范化要求开展水质日常巡查及管理、水环境日常监控、漂浮物管理、污染源管理、水质应急管理、藻类采样、水质应急物资管理、水质保护宣传等工作。协调地方调水机构彻底消除神州路桥、吴陈沟两处污染源。10月，一级水源保护区范围内污染源问题全部销号；配合上级单位进行地下水采样、水质应急采样；定期进行水质设备维护，水质应急物资盘点，修编《新郑管理处水污染事件应急预案》（Q/NSBDZXHNXZ-03-2021）并向河南分局水质监测中心报备。新郑段全年未发生水污染事件。

【安全生产】

2021年，新郑管理处根据人事变动及时调整安全生产领导小组机构；按时召开安全生产领导小组会议和月度安全例会，明确任务清单，制订目标分解表并印发。

2021年对辖区内各类安全警示标志标牌进行全面排查，更换沿线各类安全警示标志标牌600余个。增设安装道路波形护栏和增加反光警示贴，更换部分路段反光警示柱和隔离网，破除并浇筑部分钢大门钢筋混凝土基础；在"7·20"暴雨期间及时加装大门防护链，更换、改造及维修沿线跨渠桥梁及闸站园区救生器材箱，维修维护沿线水面拦漂索，更换完善高低压配电室移动伸缩防护栏，"7·20"暴雨后及每次大风天气后，及时组织人员开展全面排查并修复到位。

按照河南分局安全监控中心试点建设第一阶段工作方案，新郑管理处成立试点工作小组，对500余个施工作业面进行监控，建立问题台账，跟踪解决设备设施类、违规行为类及围网外事件问题，快速遏制并减少违章行为效果显著。

【创新项目】

2021年，新郑管理处"信息机电设备设施日常检查50图"和"流动水域水上作业安全文明施工指导手册"分获水利部安全生产标准化成果展一等奖和三等奖。《屋面SBS改性沥青防水卷材施工技术标准》《弧形闸门开度复核的计算方法与设计》和《基于Excel的人力资源考勤系统快速导入》被评选为河南分局创新项目并进行推广。

（王珍凡　吴　冰　朱慧丽）

航 空 港 区 管 理 处

【工程概况】

航空港区段是南水北调中线一期工程干渠沙河南～黄河南的组成部分，起点郑州航空港区耿坡沟，桩号K391+533.31，终点郑州市潮河倒虹吸进口，桩号K418+561.31。渠段总长27.028 km，其中明渠段长26.774 km，建筑物长0.254 km。K391+533.31～K405+521段渠道设计流量305 m³/s，加大流量365 m³/s；K405+521～K418+561.31段渠道设计流量295 m³/s，加大流量355 m³/s。

【组织机构】

2021年，航空港区管理处编制39名，控制数31名，实际在编25名。设综合科、安全科、工程科、调度科，其中处级干部3人，科室负责人4名，员工18名。组织机构健全，管理制度完善，岗位分工明确，职责清晰。完善组织机构，优化人员配置和职责分工，完成职工医疗费用报销、职称申报、标兵评比。推进"两个所有"，加强培训管理，2021年航空港区管理处开展"两个所有""双精维护"，成功应对"7·20"特大暴雨和疫情防控，保证工程安全、供水安全、水质安全。

【安全生产】

2021年航空港区管理处调整安全生产领导小组成员，修订安全生产管理制度，全年配合上级单位安全生产检查8次，管理处组织开展安全生产检查16次，其中月度安全检查12次、节假日检查2次、冬季消防安全检查1次、维护单位安全生产内业资料检查1次；全年召开安全生产会议15次，其中月度安全生产会议12次、建党100周年安全加固专题会1次、国庆安全加固专题会1次，形成安全生产会议纪要和检查通报15份。加强特殊时间和特殊时期的安全管理工作，"两会"期间、"安全生产月""五一""十一"和寒暑假，增加安保人员和警务室巡查频次、延长单次巡逻时间、在重点渠段、建筑物和桥梁部位增派驻点值守人员。

2021年航空港区管理处被选为河南分局安全监控中心第一阶段试点。管理处开展安全监控中心试点工作，首先对值班长进行培训，整合工作内容优化工作模式，收集整理工程维护动态信息，按照"三管三必须"原则，履行安全管理主体责任，视频监管信息辅助现场安全生产管理，加强中控室集中监控和信息平台职能，取得良好效果。

2021年汛期，航空港区管理处丈八沟倒虹吸出口左岸隔离网外35 m堆土场边坡大面积滑塌，渣土冲击隔离网越过截流沟和防洪堤进入一级马道和渠道边坡，7处土质边坡大面积滑塌，多段干砌石边坡多处塌坑和纵向排水沟挤压损坏。管理处负责人首要强调保证人员自身安全，在汛期抢险过程中加强对维护单位和抢险施工人员和作业的安全生产管理，对临时抢险作业人员进行进场安全交底，管控施工作业行为，较好完成强降雨过程中的巡查巡视、隐患排查和临时抢险修复工作。

水毁修复项目施工单位进场，管理处首先对管理人员进行水毁修复项目安全交底，严格按照《河南分局安全文明施工现场作业指导书（试行）》配置"三板一条幅"、安全警示标牌和安全防护设施，对临时用电、起重吊装等危险作业编制专项作业方案和应急预案，加强班前安全交底、车辆人员出入、危险作业票据办理的管理，对"典型安全违规行为"

和重大安全隐患及12类52项违规行为重点监管。安防视频监控系统、移动式太阳能视频摄像头和作业现场旁站监管、巡查监管相结合纠正现场作业违规行为。水毁项目修复项目按照时间节点和任务节点推进。

【防汛与应急】

按照水利部、南水北调集团公司的防汛工作要求，2021年航空港区管理处在南水北调中线干线工程防汛指挥部和河南分局防汛指挥部领导下，严格落实"组织、责任、措施、物资、队伍"，基本实现"标准内洪水，工程、人员和财产三安全，超标准洪水损失降到最小程度"的目标。

汛前排查及评估计算确定，航空港区管理处防汛风险项目1处，风险等级为Ⅲ级；按照中线公司安全度汛文件要求编制完成防汛应急预案、度汛方案并报郑州市防办、郑州市水利局及河南分局备案，与地方建立联动机制；组织实施防汛应急演练现场模拟桌面推演，对防汛风险项目应急工作进行专门部署，明确各专业相关人员，参加各类防洪度汛培训。

2021年汛期共有7次降雨过程达到中雨及以上，其中4次降雨过程达到大雨及以上级别，分别为7月19~22日（累积降雨量355.9 mm），其中单小时降雨量最大的是7月20日20：00，单小时降雨量42.5 mm，丈八沟河道上游降雨量最大的雨量站（机场站），累计降雨量330.5 mm。8月21~23日（24小时累积降雨量158.9 mm）、8月28~30日（24小时累积降雨量90.6 mm）和9月18~19日（12小时累积降雨量75.4 mm），每次降雨过程均开展雨中雨后专项巡查，7月20日降雨造成水毁严重，管理处组织自有人员、工程巡查人员、土建维护单位及应急抢险单位人员进行抢险处置，保证工程安全度汛。

2021年主汛期应急抢险Ⅱ标配备抢险人员12名，设备5台，24小时待命值守，汛前及汛期上级检查2次，参加各级防汛会议7

次；汛前防汛应急物资全部补充到位，设备设施状态良好；严格落实24小时防汛值班制度，全员参与防汛值班。

【调度管理】

2021年中控室执行完成234条闸门调度指令，辖区共产生预警127条，所有预警均及时处置，预警处置流程内容时限符合要求。中控室协调配合金结机电、自动化专业推动中控室输水调度应用终端的升级更新。组织编制完善《南水北调中线干线航空港区管理处值班长考核办法》《南水北调中线干线航空港区管理处值班员管理办法》。完成"汛期百日安全"专项行动及"国庆、中秋双节"加固措施，优化所辖节制闸开度尺夜间照明和进口水尺太阳能照明硬件设施，定期开展安全自查，及时整改各类输水调度安全问题，消除安全隐患。

2021年中线实施超350 m^3/s 大流量输水。管理处及时组织对《超350 m^3/s 大流量输水实施细则》学习落实，建立各项应急机制确保超350 m^3/s 大流量输水安全。全年组织调度业务培训11次，组织输水调度知识竞赛1次，派人到分调中心进行顶岗轮训2次。培训和知识竞赛内容涵盖各项通知要求和输水调度相关制度规范、工作使用手册及各项输水调度实施方案、应对倒虹吸出口异响及水位异常波动等问题的研究成果和水力学基础知识。

2021年郑州"7·20"特大暴雨，航空港区管理处所辖区域的工程运行经受一次严峻考验，经历通水以来历史最高水位，渠道运行水深高达8.18 m。在防汛抢险过程中，中控室值班人员密切关注雨情汛情水情工情以及应急调度指令，对水位变化情况实时对比分析，视频和安防监控全天候对左排倒虹吸和渡槽、丈八沟河道水位监控，辖区内输水调度安全运行。

2020-2021供水年度共分水10279.55万 m^3，截至2021年12月15日累计分水超5亿 m^3，极大地缓解航空港区和中牟新城社会经济快速发展对优质水源的迫切需求，遏制地下水的过度开采，产生较高的社会效益、经济效益和生态效益。

【合同管理】

按照河南分局《关于印发河南分局强降雨期间水毁应急修复项目合同管理指导意见的通知》（中线局豫计〔2021〕72号）及《关于明确应急抢险处置项目合同管理有关事宜的通知》（中线局豫计〔2021〕80号）要求，管理处严格落实水毁处置过程中合同管理工作保证合同管理规范化。

【水质保护】

2021年，航空港区管理处开展水体监测、污染源风险源巡查、水污染应急处置、地下水位统计、地下水水样报送、漂浮物打捞、物资管理工作。按照河南分局水质中心要求，开展饮用水水源保护区环境问题排查、水生态资源调查、渠道边坡藻类附着生长情况排查统计工作。

水体监测 按时开展水体巡查，观察水体颜色、藻类变化，有问题及时处理上报。

污染源风险源巡查 每月对风险源及渠道隔离网附近潜在污染源进行巡查并建立台账，每季度报送污染源报告，每年报送年度污染源报告。巡查内容包括大量污水进截流沟的流量、跨渠桥梁桥面污染、伸缩缝损坏漏水和落水管损坏漏水；强排泵站是否启用，水位水体颜色情况；左排渡槽渗漏及穿渠建筑物渗漏；围网周边规模化养殖场和大型垃圾场污染物变化情况以及有无新增污染源。2021年新增污染源1处，经与相关地方单位协调沟通，污染源消除。5月，港区污染防治攻坚办与管理处联合进行饮用水水源保护区风险源排查，存在的问题逐一登记核实并解决。

水污染应急处置 编写《航空港区管理处水污染应急预案》，成立水污染事件应急处置小组，内设污染调查队、现场处置队、安全保卫队、后勤信息队，与本辖区相关应急抢险队及地方相关应急抢险机构、沟通联系。将工程现场维护队、安保队作为先期处置队。9月1日下午，一辆货车在京港澳高速公路桥桥面上发生柴油泄漏，航空港区管理处发现及时并及时采取措施，截至9月2日上午12点15分各项处置工作完成，潜在风险隐患完全排除，渠道水质未受影响。

漂浮物打捞 按照要求每天进行两次漂浮物打捞并进行记录，保持干渠水面清洁。全年打捞漂浮物超500 kg，打捞出来的漂浮物及时装车回收运出无害化处理。

物资管理 在管理处物资仓库内保存有围油栏、吸油拖拦、便携式储油罐专用物资，按时维护清点数量；在管理处园区、丈八沟倒虹吸、小河刘分水口均设有应急物资箱，配备应急防化服、铁锹及编织袋等物资，确保发生水污染事件时能够及时取用。

【工程效益】

航空港区管理处丈八沟节制闸设计过闸流量305 m³/s，2021年瞬时过闸平均流量238 m³/s，年过闸水量75.2亿m³。小河刘分水口设计分水量6 m³/s，日均供水量28万m³，2021年向航空港区一水厂、航空港区二水厂以及中牟新城水厂供水共计10279.55万m³，累计供水48570.32万m³，为郑州市航空港综合实验区以及中牟县新城区的社会经济发展提供必不可少的水资源，带来巨大的社会效益、经济效益和生态效益。

【问题查改】

航空港区管理处贯彻落实中线公司和河南分局"两个所有"工作部署，全员参与，划分责任区，按照规定频次开展责任区问题查改，对"两个所有"发现问题的成果实施每月简报，定期公布先进人员、激励落后人员。截至2021年11月30日，管理处工巡APP共发现问题19854项，问题自主发现率99.9%，问题维护率99.8%，问题自主发现率和问题维护率全部达到目标要求。

【设备设施管理】

2021年设备设施技术改造和完善，完成南水北调中线一期工程干渠液压启闭机及闸控系统功能完善项目闸控1标港区段的遗留问题解决和项目验收；完成河南分局信息自动化铅酸蓄电池更换项目港区段的组织实施和项目验收。组织设备厂家和信息科技公司，对丈八沟节制闸进出口电动葫芦检修平台进行压载试验、爬梯缺陷处理、接地检测，完成检修平台验收和计量。

参加公安部、水利部组织开展的HW2021网络攻防演习，按照《南水北调中线公司"HW2021"网络攻防演习实施方案》和《关于做好河南分局"HW行动"有关工作的通知》文件要求逐条实施，完成"HW2021"网络攻防演习。

信息科技公司成立后，依据职能分工，设备设施专业巡视和维护由新成立的南水北调信息科技公司负责，三级管理处对现场工作进行监督。及时组织信息科技有限公司郑州事业部进行问题处理和设备设施日常巡视维护。按照南水北调中线《机电设备运行维护管理标准》要求，2021年共开展节制闸动态巡视13次、分水口动态巡视6次、泵站及电动葫芦动态巡视4次，设备静态巡视24次。依据《变配电系统设备运行维护技术标准》要求，完成2021年度35 kV线路及设备春季检修和预防性试验。组织消防维护单位，对管理处、丈八沟倒虹吸降压站、小河刘分水口建筑消防设施的火灾自动报警系统进行年度检测，所有检测项目均合格。

【工程维护】

2021年，管理处按照合同及相关文件要求对土建及绿化工程维护项目的安全、质量、进度、验收、文明施工等工作进行管理，及时对维护项目进行验收并对维护单位进行考核。定期召开例会、月初安排布置主要实施项目、月末检查完成情况、现场检查施工质量、内业资料抽查，加强现场安全管理，不定期组织现场作业人员进行安全技术交底，严防意外事故发生。

土建绿化日常项目 完成丈八沟出口左岸泥结碎石路面改造、管理处办公楼屋顶防水处理、纵向排水沟积水找平、横向排水沟塌陷处理、路缘石更换、沥青灌缝、干砌石沉陷处理、丈八沟河道清淤、闸站保洁、渠道环境保洁、闸站设施维护、水面垃圾打捞工作；完成泥结碎石路面处理、丈八沟出口左岸防护堤混凝土浇筑、隔离网破损处理。绿化维护单位定期完成节点工作，完成乔灌木修剪、树穴树圈维护、乔木刷白、绿化带保洁、隔离网外侧50 cm杂草清理工作。2021年完成标准化渠道验收3.19 km，11月辖区段全部完成标准化渠道创建。

水毁项目 2021年9月1日~12月31日，完成辖区水毁项目修复，主要维修项目魏家村西公路桥至魏家村北公路桥左右岸边坡防护、丈八沟出口左岸及小河刘下游隔离网破损处理、管理处雨污管道沉陷修复、管理处出行道路破损修复、绿化乔木移植、扶正，2022年1月20日完成合同验收。

公寓楼建设 河南分局航空港区管理处职工公寓建设项目施工标项目总建筑面积2025 m²，层数3层，基底面积659 m²，框架结构，共有39间单间和4个套间，合同金额627.78万元。项目于2021年3月1日开工，11月24日完工，11月25日通过项目完工验收，比计划工期提前一个多月。

【安全监测】

2021年组织召开安全监测月度例会12次，指导安全监测人员学习安全监测相关的专业技能和管理办法。安全监测原始数据严格按照相关要求记录，并及时整编上传自动化系统。安全监测未接入自动化仪器内观数据采集按要求每周人工观测1次，共完成53次，完成人工数据采集量4683点次，其中内观数据1724点次，外观数据2959点次，自动化系统数据采集量323854点次。对汛期过后18号安全监测断面P18-2渗压水位超出渠道水位状况，根据25号强排泵站运行状况实时监测地下水位变化趋势，随时动态反馈管理处领导。活动测斜仪数据采集每月1次，全年完成12次；编写安全监测初步分析月报每月1次，全年共完成12次。外观采集频次输水建筑物垂直位移测点、渠道垂直位移测点1次/2月，其他建筑物垂直位移测点的观测频次为1次/6月，工作基点复测1次/年，全年共完成外观监测及月报11次，工作基点复测1次，严密监控工程细微物理变形量。2021年各结构物性态基本正常，各主要监测量基本处于通常允许的指标范围内，无异常问题发生。

【预算管理】

按照河南分局要求，航空港区管理处编制年度预算，编制内容完整、依据可靠、数据准确。2021年度港区管理处管理性费用中业务招待费预算数1.0万元，预算执行数0万元；会议费预算数0.27万元，执行数0.13万元；车辆使用费预算预算数17.76万元，预算执行数15.48万元。管理性费用支出总额150.67万元，预算费用总额153.99万元，在预算范围之内。2021年航空港区管理处在维修养护预算执行中，按规定完成采购，采购过程合法合规，预算项目采购和履行实施执行到位。

【党建工作】

加强思想政治教育 2021年以学习习近平新时代中国特色社会主义思想为主线，开展党史学习教育，设置"学党史，悟思想，兴水利"阅读角。重点学习习近平总书记在"5·14""七一"和庆祝中国共产党成立100周年大会上重要讲话精神，组织"三对标、一规划"专项学习，领会南水北调工程"三个事关"和"四条生命线"的重大意义。组织集中观看党的十九届六中全会发布会并进行学习研讨。全年共开展集中学习35次，知识测试9次，撰写心得体会129份。

开展联学联做 组织全体党员参观郑州二七纪念馆，与长葛管理处党支部联合参观燕振昌纪念馆。与河南分局业务处室开展联学联做，加强业务沟融；与地方政府开展联学联做，举办"唱歌颂、感党恩、跟党走"唱红歌比赛；与维护单位开展联学联做，开展"全民义务植树40周年"活动。

党支部建设持续加强 支部严格落实"三会一课"制度，全年召开支委会14次，支部党员大会4次，专题组织生活会2次。通过开展"四史""党务工作手册""落实中央八项规定""党纪""监察法"知识测试，提高理论知识水平。2021年接受发展对象转预备党员3名，发展积极分子1名，提交入党申请书者1名。

党风廉政建设 组织对刘传虎、朱建平严重违纪违法案通报学习，以案为鉴增强党性修养，组织党员集体签署作风建设承诺书。全年未发生收受礼品、酒驾醉驾、公车私用等违法违纪现象。在水毁工程修复中严格执行《关于强调水毁工程修复工作廉洁纪律的通知》要求，以"主动作为，服务现场"工作理念，转变工作作风，增强廉洁自律意识，筑牢拒腐防变防线，构建亲清甲乙方关系。

加强党建与业务融合 开展"党员责任区""党员示范岗"创建活动，发挥党员的先锋模范作用和先进典型的示范带动作用。在"7·20"暴雨期间全体党员紧急成立防汛突击队，迎着风雨巡查，背沙袋堵缺口，用双手清水障，用行动见证一个共产党员的担当。党支部把急难险重任务分别设立责任区，根据需要新设立水毁工程修复、职工公寓楼建设、标准化渠段建设和市级文明单位创建等4个责任区，取得较好的效果。

（方　琰）

郑 州 管 理 处

【工程概况】

郑州管理处辖区段起点位于航空港区和郑州市安庄,终点位于郑州市中原区董岗[干渠桩号 SH (3) 179 + 227.8 ~ SH210 + 772.97],渠段总长 31.743 km,途经郑州市管城回族区、二七区、中原区。渠段起始断面设计流量 295 m³/s,加大流量 355 m³/s;终止断面设计流量 265 m³/s,加大流量 320 m³/s。渠道挖方段、填方段、半挖半填段分别占渠段总长的 89%、3% 和 8%,最大挖深 33.8 m,最大填高 13.6 m。渠道沿线布置各类建筑物 79 座,其中渠道倒虹吸 5 座(其中节制闸 3 个),河道倒虹吸 2 座,分水闸 3 座,退水闸 2 座,左岸排水建筑物 9 座,跨渠桥梁 50 座,强排泵站 6 座,35 kV 中心开关站 1 座,水质自动监测站 1 座。

【疫情防控】

2021 年郑州管理处严格落实中线公司新冠肺炎疫情防控工作部署和郑州市疫情防控政策要求,成立疫情防控工作领导小组,下发《关于印发郑州管理处新冠肺炎疫情防控常态化工作方案(修订)的通知》和《关于印发成立郑州管理处 2021 年度新型冠状肺炎应急处置小组暨疫情突发事件应急处置工作流程的通知》,严格落实人员及场所管理、个人防护措施,严格落实地方及上级疫情防控工作部署,切实维护疫情防控大局,统一领导、指挥、协调管理处疫情防控工作,科学有效应对疫情并取得实效,2021 年管理处辖区人员无确诊或疑似病例。

(韦达伦 徐 超 李新宇)

【安全生产】

2021 年郑州管理处安全生产工作制度措施落实有效,隐患排查治理消除及时,水利安全生产标准化工作持续推进,完成《水利安全生产标准化自评报告》编制。根据领导

变动及人员分工及时调整安全生产领导小组,与进场运行维护单位签订安全生产协议,纳入管理处安全生产管理体系。成立"安全生产百日行动"领导小组,修编《郑州管理处安全管理实施细则》。开展风险辨识活动,对风险清单进行更新,按照"三管三必须"原则,依据 2021 年重大雨情汛情、工程地质等风险因子变化情况,对安全风险进行补充辨识、动态评估、调整风险等级和管控措施,对调整后的安全风险清单进行报备,并在现场补充重大风险标识牌。完善安全责任制,签订《安全生产责任书》38 份,组织自有人员签订《安全生产承诺书》32 份。

按照《安全警示标志管理标准(试行)》《河南分局安全文明施工现场作业指导书(试行)》,完善水毁施工现场安全标识牌,落实三板一条幅规定。水毁修复现场临水侧、高边坡侧等危险作业面增设安全围栏及各类安全警示牌,落实机械设备进场报备及作业人员进场安全教育交底政策。

2021 年郑州管理处组织开展防汛、突发事件、消防应急演练 4 次,开展安全培训 15 次 300 人次。组织安全生产定期检查 15 次,组织安全生产例会 12 次。按照"两个所有"及隐患排查治理活动要求,管理处开展自有人员自查自纠,组织维护、工巡、安保开展排查,共自查问题 12425 项,截至 12 月底整改完成 12405 项,整改完成率 99.8%。

【防汛与应急】

2022 年汛前,完成大型河渠交叉建筑物、高填方、深挖方、左排建筑物、防洪堤、防护堤、截流沟、排水沟、跨渠桥梁及渠道周边环境全面排查,对辖区建筑物和渠道进行安全评估并列出风险点,制定应对措施。完成大李庄排水渡槽内部临时热力管网拆除。对防汛"两案"进行修订并向河南分

局及地方防汛指挥办公室进行报备，与地方防办、南水北调机构、气象部门、上游水库建立联动机制。组织管理处全体员工进行防汛知识培训，明确防汛重点项目，严格24小时值班制度。编制"郑州管理处2022年防汛应急抢险工作方案"，编制"郑州管理处河渠交叉专项应急工作方案"。对辖区自有人员、工巡人员明确雨中雨后巡查方式方法，确保第一时间发现隐患。汛后深刻吸取"7·20"特大暴雨经验教训，多次组织学习调查报告，联合地方水利局、农委等多部门完成左排建筑物进口清理、河道整治、阻水建筑物拆除工作。

【调度管理】

2021年度郑州管理处按照南水北调中线干线输水调度各项技术、管理、工作标准，定期组织调度值班人员召开业务交流讨论会，学习各项输水调度有关的规章制度，进行理论考试、实操及课堂提问，全年共组织各类输水调度业务培训13次，输水调度知识竞赛1次。郑州管理处安排专人负责水量计量，每月按时上报水量数据，及时进行分水量确认，未发生晚报漏报错报。印发《郑州管理处输水调度管理考核办法实施细则》。在标准化创建工作中"以问题为导向"查找不足，不断提升中控室规范化管理水平，郑州管理处中控室被评为2021年度优秀中控室。

【合同管理】

2021年度郑州管理处完成采购项目12项，其中配合河南分局采购1项。严格按照《河南分局非招标项目采购管理实施细则》组织实施，采购权限符合上级单位授权，无越权采购；采购管理审查审核程序完备；采购文件完整、供应商资格达标、要求合理、合同文本规范；采购工程量清单项目特征描述清晰，列项合理；采购价格合理、定价计算准确；涉及河南分局组织实施的采购项目，管理处配合按期按质完成全部采购工作。全

年开展2次合同管理培训。

（安军傲　罗　熙）

【预算管理】

郑州管理处及时编制预算，内容完整、依据可靠、数据准确。2021年度预算总额4256.51万元，其中管理费用173.89万元，维修养护费用4082.62万元。2021年管理费用支出162.19万元，维修养护费用年度合同金额4928.83万元（含变更），完成金额4636.79万元（含变更），结算金额4636.79万元（含变更），采购完成率、统计完成率、合同结算率100%。

【水质保护】

2021年郑州管理处按照规定对水质风险源及污染源进行巡查，及时对渠道内边坡的漂浮垃圾物进行清理收集。十八里河倒虹吸进口自动拦藻装置进行拦藻、清理维护，对刘湾分水口、中原西路分水口栏漂导流装置进行清理维护，对刘湾水质自动监测站进行维护管理。

【工程效益】

2020－2021供水年度郑州段工程向郑州市供水3.86亿m³，成为郑州市的主要水源，占郑州市居民总用水量的90%，直接受益人口710万人。2020－2021供水年度郑州段辖区通过十八里河退水闸与贾峪河退水闸向下游河道生态补水，总量3860.15万m³。

【党建工作】

2021年党建与业务深度融合，在"7·20"特大暴雨、后期应急抢险、水毁修复中，郑州管理处党支部带领党员在现场发挥先锋作用。组织南水北调公民大讲堂志愿服务项目走进二七区滨河实验小学开展"节水中国你我同行"主题宣传，获全国节水办公室表彰。在通水7周年活动中，承办河南分局组织的南水北调公民大讲堂志愿服务项目走进华北水利水电大学。

（樊功川　徐莉涵）

荥阳管理处

【工程概况】

荥阳段干渠线路总长 23.973 km，其中明渠长 23.257 km，建筑物长 0.716 km；明渠段分为全挖方段和半挖半填段，均为土质渠段，渠道最大挖深 23 m，其中膨胀土段长 2.4 km；渠道设计流量 265 m^3/s，加大流量 320 m^3/s。

干渠交叉建筑物工程有河渠交叉建筑物 2 座（枯河渠道倒虹吸和索河涵洞式渡槽），左岸排水渡槽 5 座，渠渠交叉倒虹吸 1 座，分水口门 2 座，节制闸 1 座，退水闸 1 座，渗漏排水泵站 26 座，降压站 9 座（其中含 5 座集水井降压站），跨渠铁路桥梁 1 座，跨渠公路桥梁 29 座（含后穿越桥梁 3 座）。

【组织机构】

2021 年荥阳管理处负责荥阳段工程运行管理工作，配置正式员工 20 名，其中副处长 1 名、主任工程师 1 名，自有管理人员 18 名，设立综合科、安全科、调度科、工程科 4 个职能科室，组织机构健全，管理制度完善，岗位分工明确，职责清晰。

【疫情防控】

2021 年，全球疫情形势依然严峻，管理处全体员工贯彻习近平总书记疫情防控指示，落实中线公司、河南分局疫情防控要求，快速紧急成立疫情防控工作领导小组，研究制定防控措施，落实防控责任；全体职工上下联动科学防控，开展疫情防控组织协调、排查监管、信息报送、宣传教育工作，取得良好成效。

【安全生产】

完善安全生产体系及制度建设 2021 年按照上级要求成立安全科，归口管理安全生产工作，并依照《安全生产检查管理标准》适时调整安全生产领导小组成员。安全生产领导小组履行安全生产领导职责，定期开展安全生产检查，适时召开安全生产专题会，对安全生产形势进行分析，布置安全生产工作任务，加强现场安全管理。印发《关于调整落实荥阳管理处安全生产责任的通知》（中线局豫荥阳〔2021〕108 号），适时调整安全生产责任体系。体系明确各级各岗位安全生产职责，安全生产责任制度内容与其安全生产职责相符。依据《安全生产责任制管理标准（试行）》，分管安全领导组织对各科室各岗位人员的安全生产责任制落实和履职情况进行检查考核，形成《责任制履行情况评估考核记录》。

推进安全生产标准化一级达标创建 组织开展达标创建工作，启动 2021 年水利安全生产标准化自评，成立自评工作小组。明确目标完善制度，对自评内容中的 8 个一级项目、28 个二级项目及 126 个三级项目开展研究讨论。组织 14 次 230 人次安全生产培训。修订文件整理汇编，推动相关标准和成果落地。查缺补漏落实整改，梳理自我评价，自评分数 1000 分，评定结果纳入年度绩效考核。

重要节点安全生产 编制 2021 年"两会"、建党 100 周年、国庆节期间的安全加固方案，开展共计 66 天的安全加固工作。开展隐患排查治理，组织对河渠交叉建筑物、高边坡、膨胀土及高填方渠段、跨渠桥梁、自动化调度系统、闸阀系统、输变电系统、设备设施等重要部位开展隐患集中排查，责任到人、治理到位；对节制闸、控制闸、有危化品运输车辆通过的重点桥梁实施全天 24 小时值守；组织对渠道沿线桥头钢大门、隔离网、桥梁防抛网、刺丝滚笼、弯道护栏、安全警示标识、消防及救生设施全面排查；严格落实值班制度，执行领导到岗带班和值班人员 24 小时值班制度，开展应急抢险物资和设备维护保养，检查所在仓库应急抢险设备的工作状态。

加强日常安全保卫监督检查 2021年严格按照《安全生产检查管理办法》要求，组织开展12次定期安全生产检查，45次安全生产日常检查，参加上级组织的安全生产检查7次，开具罚款及整改通知单17份。组织安全生产专题会议12次、安全生产领导小组会议4次，印发专题会议纪要16份。内部开展4次季度安全生产培训，10次安全生产专项培训，共42学时。全年组织安保人员修复隔离网120余次，扑灭隔离网外火灾7起，制止跨渠桥梁违规钓鱼7次，制止无通行证车辆进入管理范围16次，劝离无临时通行证人员进入管理范围14次，参加防汛应急培训1次，制止工程保护区其他违规25次。开展安全保卫宣传19次，悬挂安全宣传条幅50幅。

【防汛与应急】

成立2021年安全度汛工作小组；汛前全面排查，梳理确定防汛风险项目9个；编制"两案"及专项方案；与地方政府建立安全度汛联动机制；开展防汛风险项目专项巡查；加强应急驻守管理；组织防汛培训和演练，增强全员应急抢险能力。

2021年荥阳管理处接收预警8次，应急响应3次。预警期间，严密监测雨情工情，组织开展雨中雨后巡查，组织应急队现场驻守备防，总计开展雨中雨后巡查15次，应急队驻守备防5次。7月20日荥阳极端强降雨导致荥阳段工程出现多处险情，荥阳管理处先后组织先期处置队、应急抢险队投入应急抢险，投入人员420人，设备94台套，抢险总投入约370万元。

汛后盘点应急物资使用情况，检查应急设备使用状态，按照设备定额编制物资设备采购计划。深刻汲取2021年汛期经验教训，按照中线公司要求，对河渠交叉建筑物上游沿河道（含干、支流）100 km、左排建筑物上游沿河（沟）道30 km范围内各类型水库，挖方及半挖半填渠段工程左岸3 km、右岸1 km范围内坑塘情况进行全面排查，对上游水库发生险情时是否对荥阳段工程造成影响进行综合分析。开展左排建筑物防洪复核及风险分析，提出需要由地方政府协调实施的防洪影响处理工程。排查防汛应急工程措施情况，将2022年需要实施的工程措施纳入土建预算。

【调度管理】

中控室生产环境标准化建设成效显著 按照文件要求持续推进中控室生产环境标准化建设，实现调度管理和值班行为标准化规范化，2020年、2021年连续两年获得中线公司授予的"优秀中控室"称号。

完成大流量输水生态补水应急退水任务 2021年4月和9月分别开始大流量输水和超350 m³/s流量输水工作，10月底结束。荥阳段工程调度工作运行平稳，完成上级交办的输水任务。

开展输水调度"汛期百日安全"活动 按照上级要求组织开展输水调度"汛期百日安全"专项活动。开展学习记录、检查记录和现场演练及输水调度知识竞赛，及时编写总结报告，分析"汛期百日安全"的不足和需努力的方向。

组织参与输水调度知识竞赛 贯彻落实中线公司"两个所有"工作要求，推进输水调度全员值班活动，提高值班人员素质水平，组织全体调度值班人员开展输水调度知识竞赛，促进值班人员学习输水调度业务知识的兴趣和动力，提升调度值班人员的工作能力和业务水平。组织参加河南分局组织的调度知识竞赛取得个人一等奖和团体二等奖。

【合同管理】

2021年参与采购及合同签订7项，合同签约金额1314.65万元；办理计量13期，审核办理结算40期，结算办理金额1669.2万元；审核办理支付49期，支付金额1846.60万元。变更处理31项，其中完成审核批复26项，审核上报5项。完成运行期65个合同系统录入和审核工作；编制上报2022年管理费预算，配合完成2022年土建和2021年汛期水毁项目预算编制，配合河南分局完成2020年运行资金使用管理情况审计，完成建设期投资控制分析，配合河南分局处理运行期变更。

【水质保护】

2021年荥阳管理处宴曲左排截流沟污染源全部消除销号。"7·20"特大暴雨险情发生时，及时上报外来水入渠突发事件，并进行应急抢险，配合水质监测中心进行水质采样；配合地方环保部门开展河南省南水北调中线工程水源保护区生态环境保护专项行动，开展上街分水口和前蒋寨分水口输水箱涵清淤工作。配合开展南水北调干渠河南分公司水生态调控试验种鱼增殖放流活动，放流鱼种分级培育技术更加成熟，能够提供优质鱼种。

【党建与精神文明建设】

2021年加强党建引领，发挥"两个作用"，组织学习习近平总书记关于党风廉政建设和反腐败斗争重要论述精神，开展"酒驾、醉驾"专题教育、红色家风专题教育、学习《中国共产党廉洁自律准则》《中国共产党纪律处分条例》。开展警示教育月活动、观看《正风反腐就在身边》警示教育片、参观廉政教育基地。开展八项规定自查，对公车使用、办公用房、会议管理进行专项排查，开展职工非职务犯罪教育，落实违法犯罪双月报制度。发挥党支部战斗堡垒作用，发挥党员先锋模范作用，提升党支部的凝聚力、战斗力、创造力，推动党建工作和中心业务深度融合，发挥党建引领作用。

（郭金萃）

穿黄管理处

【运行调度】

输水调度 通水至2021年12月30日，穿黄隧洞出口节制闸共过流314.75亿m³，全年穿黄隧洞出口节制闸共过流70.22亿m³，输水调度运行安全平稳。

防汛抢险综合应急演练及应急退水 2021年7月6日，水利部、中国南水北调集团公司和河南省政府在穿黄管理处共同组织开展一次防汛应急抢险综合演练。演练以穿黄中控室为管理处调度控制中心，联系河南分调度中心、中线公司总调度中心，严密监控穿黄辖区运行水位及设备运行状态，及时进行相关信息报送传递。按照防汛演练要求调度科对穿黄进口闸及退水闸的金结机电设备进行调试和试运行，保证各闸门正常运行。演练检验防汛应急预案执行的可操作性、现场抢险指挥和技术水平、预案启动的效果和后勤保障能力，提高中控室对防汛突发事件的应变能力和处置能力。

干渠超350 m³/s大流量输水运行保障措施 中线工程2021年9月3日~11月1日进行超350 m³/s大流量输水。穿黄渠段在大流量输水期间具有水位高、流量大、流速急、水位变幅大、水位变化快、闸门开度大、远程指令多、调度指令开度变化大等特点。大流量输水水位流量均在设计范围内，各站点及中控制设备设施运行正常。

应急防汛值班 按照中线公司要求，穿黄管理处中控室值班人员和防汛值班人员共同负责汛期值班工作，调度科负责防汛值班工作的管理和资料整理，2021年完成应急防汛值班工作。

【闸站管理与金结机电维护】

闸站标准化星级达标 以"双精维护"的理念要求，持续保持和推进闸站标准化项目建设，加强闸站设施维护管理。完成闸站物业管理及合同验收结算，实施完成闸站设备设施的耗材采购及报销。调度科加强对闸站物业人员和保洁人员管理，保持穿黄节制闸"四星级闸站"、穿黄退水闸及新蟒河倒虹吸闸站"三星级闸站"成果，并提出更高的标准。

设备运行维护管理 穿黄辖区金结机电、35 kV 电力、信息自动化及消防等专业运行维护按周期频次进行巡检及问题处理。穿黄辖区设备设施全年未发生事故，运行稳定、工况良好，经受住"7·20"特大暴雨的考验。

土建绿化维护 2021年土建绿化维护项目分别由中电建十一局工程有限公司、河南水建集团有限公司承担。4月进场施工维护，资源投入基本满足合同要求，质量进度安全文明施工基本正常。

【工程巡查】

2021年成立工程巡查组织机构，明确巡查分管负责人、巡查负责人、巡查管理人员及工程巡查人员，穿黄辖区划分为7个工程巡查责任区段，并配备工程巡查人员18人。对工程巡查路线及分组进行优化，开展工巡APP系统培训，按划定路线规范巡查，定期召开工程巡查月例会，对巡查人员进行技术业务培训和考核。

【安全达标创建】

2021年成立水利安全生产标准化一级达标创建工作小组，编制标准化创建实施方案，开展安全生产标准化宣传培训，按科室专业对照达标创建工作任务明确分工，定期召开达标创建工作会，推进创建工作；日常创建过程中，落实安全生产管理规章制度及操作规程，及时收集整理创建过程形成的过程管理资料。11月，穿黄管理处调整更新安全生产标准化达标创建自评小组，对照《水利工程管理单位安全生产标准化评审标准》要求，检查达标创建过程资料及作业现场，进行自评打分，自评达到水利安全标准化一级标准。

【问题查改】

2021年穿黄管理处在推进"两个所有"活动中，自有人员38人划分6个巡查责任区。按照"每周检查不少于一遍"控制指标，激励全体员工查找运行管理所有问题。每月由处长带队开展一次综合性安全检查，明确检查内容及要求，检查结果在OA发文及月安全生产例会中通报，相关问题录入中线巡查维护实时监管系统并组织整改。

【安全监测管理】

2021年穿黄工程安全监测继续委托西北院实施，监测自动化采集系统由南水北调中线信息科技有限公司郑州事业部实施。中线公司要求，加强穿黄工程安全监测，对安全监测自动化采集系统进行定时维护，损坏配件及时更新。对安全监测自动化应用系统基础数据进行定时核查、修正和完善，安全监测自动化系统运行正常。

【水质保护】

2021年，在工程巡查、"两个所有"自有人员巡查、中控室安防系统中对穿黄段水质情况进行日常监控管理，穿越建筑物、桥梁、进入干渠截流沟内污水和保护区内污染源纳入巡查范围，加强水质日常监控力度。维护单位进场前进行水质保护安全交底，工巡和视频监控加强对维护单位的监管。施工产生的固体废物及生活垃圾及时清运出场，每日按时打捞闸站处漂浮垃圾并记录。3月22~28日，在"世界水日""中国水周"开展水质宣传；7月3日开展穿黄退水闸前淤积清理试验；9~11月，配合渠道沿线地方环保部门开展南水北调中线工程水源保护区生态环境保护专项行动，消除穿黄辖区的4处养殖场污染源。协调地方环保部门及沿线村镇，及时处理沿线堆放垃圾。中线公司和河南分局要求及时更新管理处突发水污染事件应急预案和处置方案。

【防汛与应急】

2021年穿黄管理处成立以处长为组长全

体职工为成员的突发事件应急处置工作小组，明确成员职责；汛前组织防汛隐患全面排查，排查出的问题登记造册并在汛前完成整改；成立防汛风险评估小组，对辖区防汛风险项目进行全面评估并制定度汛措施；按要求完善应急预案及处置方案并报送备案；补充采购应急抢险物资，定期对物资进行保养和试运行；按照中线公司防汛演练计划安排，完成南水北调中线穿黄工程防汛抢险综合应急演练，编制演练方案，进行演练总结；配合中线公司在退水洞区域组织开展中线公司第一届防汛技能比赛；与地方建立有效沟通联络机制，第一时间上传下达各级防汛指挥机构发布的汛期预警信息；汛期组织开展雨中雨后巡查，第一时间发现汛期险情并组织应急处置；根据中线公司预警组织维护队在风险部位进行备防；组织开展汛期24小时防汛应急值班；完成交叉建筑物上游100 km范围内水库坑塘排查，与相关管理单位建立沟通联络机制；完成左排安全度汛排查，排查结果上报河南分局，水利设计单位正在组织编制处置方案；对2021年汛期工作进行全面总结。2021年度穿黄管理处所辖工程安全运行，未发生突发应急事件。

【穿跨越邻接项目】

落实穿跨邻接项目监管制度和标准，建立并更新信息台帐，按规定频次开展巡查。协调相关单位建立联络机制，及时收集相关资料。加强新增项目申报的协调工作，参加新增项目的方案评审。2021年穿黄辖区新增穿跨越邻接工程3处；管理专员对建设项目每周巡查1次，对已建运行项目每月巡查1次。签订建管合同1份、互保协议2份；处理突发事件1次。

【人力资源管理】

加强员工培训　2021年开展员工培训，外部培训与内部培训相结合、理论培训与现场实操相结合、专业内培训与跨专业培训相结合，全年组织内部培训12次，参加上级部门组织的培训300人次。

员工评考绩效结合　按照《穿黄管理处员工考核办法》每季度根据出勤、工作态度、工作质量进行考核。修订《关于印发穿黄管理处公务车辆驾驶员考核实施细则的通知》（中线局豫穿黄〔2021〕117号）《穿黄管理处物业服务考核办法》（中线局豫穿黄〔2019〕119号），加强对司机、物业人员、中控室值班外聘人员管理，规范档案整编。

【行政管理】

全面落实无纸化办公，减少资源浪费，收发文均在OA系统完成。2021年共发文（函）232份，会议纪要51份，签报4份。未发生文种或内容错误，未被河南分局退稿。对于上级要求报送的各类文字材料、信息，能够按时报送。设置保密领导小组，安排专人负责保密工作。开展中线公司组织的保密自查工作，在办公电脑醒目位置粘贴警示标签，时刻警戒涉密事项处理。

加强车辆管理，加强驾驶员安全意识和素质培养，定期进行车辆安全检查，按时开展用车登记、驾驶员信息登记、公里数登记、油料登记、车辆出险情况登记、车辆交接登记。全年9辆车车容车貌卫生整洁，按时到维修保养点保养，未发生交通安全责任事故。

【食堂管理】

2021年，提高食堂管理水平，成立职工伙食管理委员会，增加厨房内设施，购买多功能冰柜；改善职工饮食，每周定期供应牛奶；每周组织检查，每月组织召开伙委会，加强对职工食堂卫生、原材检查、饭菜质量全方位监督。全年未发生卫生安全事故。

【党建工作】

2021年穿黄管理处党支部学习贯彻习近平新时代中国特色社会主义思想，学习党的十九届五中、六中全会精神，以十六字治水方针为引领，提升基层党建工作质量。

年初制定党建工作计划，党支部书记带头落实各项要求，开展党史学习教育、"三对标、一规划"专项行动、"以案为鉴 守住底线"警示教育、落实中央八项规定精神、党的十九届六中全会精神等专题学习。党员群众结对互助、提高运行管理水平。在疫情防控、防汛演练、"7·20"特大暴雨、350 m³/s大流量输水、孤柏嘴控导工程剩余部分完工验收、穿黄工程档案验收、研学实践教育活动开展、爱国主义教育基地申报及两节两期安全加固工作中都取得较好成效。2021年，党支部培养积极分子2名，预备党员3名，按期转正党员3名。

【宣传信息】

2021年，穿黄管理处主要以中线公司主流媒体和河南省、郑州市官方媒体开展宣传工作。全年在中线公司网站发表文章158篇次，在南水北调报发表22篇次。承办河南分局"豫见南水北调"公众号28篇，推送穿黄管理处公众号60篇。2021年注定是不平凡的一年，5月14日，习近平总书记视察南水北调中线工程；7月20日，河南段工程经受住特大暴雨考验；12月12日，南水北调东中线通水七周年。穿黄管理处及时对新闻热点及

工作重点开展宣传，联合地方官方媒体，传播南水北调故事、扩大南水北调社会影响力。

【研学教育实践基地建设】

研学教育安全宣传 穿黄管理处每年不间断在工程沿线的学校、村庄、集市等人员集中区域，组织开展防溺亡安全宣讲活动。研学教育安全进校园是每年开展的重点，2021年安全进校园11批次。

爱国主义教育基地建设 2021年成功申报国资委"爱国主义教育基地"，中国大坝工程协会向水利部推荐"全国科普教育基地"。穿黄管理处职能发生显著变化，在工程输水调度管理中，逐步肩负起研学、爱国主义教育、科普教育的社会责任，承担起南水北调向外界宣传窗口的重任。

科普作品获奖 由穿黄管理处员工编写的《江河相会：最美课堂在穿黄》科普教育教材，在首届河南省科普科幻作品大赛（出版物）中经河南省委宣传部八个部门评审获三等奖。《大国重器 江河相会》被评选为河南省研学实践教育特色课程。

（杨 卫 何文娟）

温 博 管 理 处

【工程概况】

南水北调中线干线温博管理处管辖起点位于焦作市温县北张羌村西干渠穿黄工程出口S点，终点为焦作市城乡一体化示范区鹿村大沙河倒虹吸出口下游700 m处，有温博段和沁河倒虹吸工程两个设计单元。管理范围长28.5 km，其中明渠长26.024 km，建筑物长2.476 km。设计流量265 m³/s，加大流量320 m³/s。起点设计水位108.0 m，终点设计水位105.916 m，设计水头2.084 m，渠道纵比降1/29000。共有建筑物47座，其中河渠交叉建筑物7座（含节制闸1座），左岸排水建筑物4座，渠渠交叉建筑物2座，跨渠桥梁29座，

分水口2处，排水泵站3座。温博管理处负责辖区内运行管理工作，保证工程安全、运行安全、水质安全和人身安全。2021年在岗职工25人，内设综合科、调度科、工程科和安全科4个科室。

【调度管理】

2021年中线调水量再创新高，大流量及加大流量输水成为常态。2月25日之前流量在110~120 m³/s，3月20日流量加大至200 m³/s，除主汛期7月12日至8月15日外，3月20日~12月20日流量基本维持在200 m³/s之上，5~9月在设计流量265 m³/s左右。严格贯彻执行输水调度管理制度标准办法，完成辖区中控室

值班工作。按照要求完成水情工情数据全天候监视，完成430条调度指令的跟踪、落实和反馈，完成分水2966.37万 m³。

【安全生产】

2021年，温博管理处遵照中国南水北调集团有限公司、中线公司、河南分局领导指示和工作部署，以水利安全生产标准化持续推进为目标，以运行安全管理标准化为主线，严格贯彻执行安全生产制度、办法及设施运行维护规程，落实安全生产责任，健全完善安全管理体系，加强安全管理措施，防范遏制安全事故发生，完成安全生产年度各项指标。

2021年开展月度安全生产检查12次，发现问题180个，全部整改到位。水毁修复项目施工中开展安全生产交底90余人次，现场设置安全警示标牌52块，悬挂安全宣传条幅18条，布控安全警戒带600 m。开展安全宣传"五进"活动，在渠道沿线桥梁悬挂宣传条幅18条，发放安全宣传页1000张，安全宣传用品笔记本200册、广告扇200把、水彩笔300支、文具袋200个，接受宣传人数600余人。2021年隔离网附近扑救火情4起，制止外来人员4人次，制止工程保护区内其他违规行为7起，驱离钓鱼人员15起；警务室共出动巡逻200余车次，制止劝阻钓鱼行为10余起20多人次。安全生产专项费用主要用于完善、改造和维护安全防护设备设施支出，配备维护保养应急救援器材、设备和应急技能培训支出，安全宣传教育和培训及安全生产奖励支出。

【防汛与应急】

2021年，温博管理处成立安全度汛工作小组，下设综合保障队、现场处置队和运行保障队，明确职责分工；汛前管理处根据各级防汛部门检查及管理处开展的汛前问题自查整改要求，对检查发现的问题进行整改，及时消除汛期隐患；编制应急预案和度汛方案；与地方防汛部门建立联动机制，将温博

段工程纳入地方防汛体系。7月，温博管理处参加水利部、南水北调集团、河南省政府在穿黄管理处联合举办的防汛演练，5人参与相应的科目演练与设备展示，提升应急处置能力，确保发生险情快速高效有序地开展应急处置工作。根据中线有限公司及河南分局突发事件应急演练计划，编制温博管理处突发事件应急演练计划，全年共组织演练4次。

【水质保护】

2021年，温博管理处健全水质管理组织机构，以"水质保护、人人有责"为宗旨，发布水污染应急事件预案，全体员工参与，责任明确。日常水质巡查及藻类防控按照要求开展，定期清理漂浮垃圾，在水质物资仓库新建高位防潮货架储存吸油物资，对高地下水位渠段抽排点用油机械底部铺设吸油毡，在下游1 km处布设一道围油栏拦截溢油，对污染源进行定期排查并上报，协调地方进行处理。全年对各类水质问题向地方行函2份，每月定期沟通，联合生态环境局彻底清除马庄垃圾场、聂村生活污水入截流沟、鹿村生活污水入截流沟污染源。辖区内污染源清零。全年未发生水质污染事件。

【工程效益】

温博管理处济河节制闸设计过闸流量265 m³/s，2021年最大瞬时过闸流量276 m³/s，年过闸水量超67亿 m³。北冷（马庄）分水口设计分水量2 m³/s，日均供水量1.98万 m³，2021供水年度向温县水厂供水774.18万 m³；北石涧分水口设计分水量1 m³/s，日均供水量6万 m³，2021供水年度向博爱水厂供水999.91万 m³，向武陟水厂供水1186.19万 m³。截至2021供水年度累计供水2186.10万 m³，为温县、博爱、武陟的社会经济发展提供必不可少的水资源，带来巨大的社会经济生态效益。

【土建维护】

2021年，温博段土建绿化工程维护项目2个：土建日常维修养护项目和合作造林项目4标。主要内容是输水明渠养护维护、边坡防

护维护、截流沟和构造沟维护、沥青混凝土路面维护、输水建筑物维护、左排维护、合作造林、除草、补植。完成波形护栏安装、不锈钢栏杆安装、左排清淤、沥青路面修复、闸站外墙真石漆修复、闸站树脂瓦更换、防护网更换、防护网新建、砖基础加高、沥青灌缝等。温博管理处通过评审标准化渠道4.03 km，超额完成河南分局年度督办任务。

绿化维护项目共开展4次全线除草、3次全线乔灌木修剪、10次全线乔灌木灌溉工作，组织维护单位采用物理方式处理树木病虫害1次。配合河南分局开展防护林带灌溉试点，编制温博管理处灌溉实施方案，并组织进行3 km灌溉试点，完成灌溉项目所需金额测算工作。

【后穿越管理】

2021年温博管理处按照河南分局要求，对已建穿跨越邻接工程每月巡查不少于1次。按照中线公司要求，对所有穿跨越工程7个标志牌信息进行更新，与运行的管道运营方签订8份穿跨越工程运行监管协议，承办河南分局穿越工程天然气管道泄漏应急演练，与孟州分水口、沿黄高速武陟－济源段建设单位先期接触，传达穿跨邻接南水北调中线干线工程项目申报办事指南等文件。

【党建工作】

2021年，温博管理处党支部组织开展集中学习27次，党支部委员会18次，党员大会6次，党小组会24次，讲党课8次；警示教育、党史学习、专题组织生活会3次，及时规范"一帐一册一法"。党费收缴按要求转账，实现党费信息化收缴。研究党建与业务融合案例，组织创建党员示范岗9个，党员责任区11个。

（李海龙）

焦 作 管 理 处

【工程概况】

南水北调中线干渠焦作段包括焦作1段和焦作2段两个设计单元，是中线工程唯一穿越主城区的工程，外围环境复杂，涉及沿线4区1县，30个行政村。焦作段渠道起止桩号K522+083～K560+543，总长38.46 km，其中建筑物长3.68 km，明渠长34.78 km。渠段始末端设计流量分别为265 m³/s和260 m³/s，加大流量分别为320 m³/s和310 m³/s，设计水头2.955 m，设计水深7 m。渠道工程为全挖方、半挖半填、全填方3种形式。干渠与沿途河流、灌渠、铁路、公路的交叉工程全部采用立交布置。沿线布置各类建筑物69座，其中节制闸2座、退水闸3座、分水口3座、河渠交叉建筑物8座（白马门河倒虹吸、普济河倒虹吸、闫河倒虹吸、翁涧河倒虹吸、李河倒虹吸、山门河暗渠、聧城寨倒虹吸、纸坊河倒虹吸），左岸排水建筑物3座，桥梁48座（公路桥27座、生产桥10座、铁路桥11座），排污廊道2座。自2014年12月12日正式通水以来，工程运行安全平稳。

焦作段机电金结设备设施共计308台套，其中液压启闭机33套，固定卷扬式启闭机22套，弧形闸门28扇，平板闸门27扇，检修叠梁闸门25扇，电动葫芦21台，旋转式机械自动抓梁14套，柴油发电机组11台，高压环网柜40面，高压断路器柜10面，低压配电柜53面，直流电源系统控制柜24面。

（李 岩 闫晓翔）

【输水调度】

焦作管理处2021年执行调度指令828条，2983门次，失败20门次，成功率99.33%。接收报警280条，消警280条，消警率100%，其中调度报警45条，设备报警235

条。下达操作指令108次，其中开度纠正23次，开度纠偏3次，动态巡视82次。处理文件62份，其中收文60份，发文2份。通水以来焦作管理处输水量303.37亿 m³；苏蔺分水口累计分水1.41亿 m³，闫河退水闸累计补水6080.66万 m³，府城分水口累计分水6827.75万 m³。

管理处开展"轮流讲专业活动"，加强调度人员岗位技术水平，提高工作效率。中控室值班人员参与管理处组织的业务培训12次。5月参加河南分调举办的输水调度知识竞赛，获得团体二等奖，个人一等奖；11月10日开展管理处输水调度知识竞赛。按照焦作管理处印发《关于印发〈焦作管理处中控室值班员考核办法（试行）〉的通知》（中线公司豫〔2020〕26号）和《关于印发〈焦作管理处输水调度奖惩管理制度〉通知》（中线局豫〔2020〕23号），每月对所有值班人员进行考核，2021年共考核12次。

（鲁亚飞　张振乾）

【安全生产】

根据河南分局安全生产目标，明确管理处2021年5大安全生产目标，制定11项安全生产工作计划和措施，细化64项细化任务清单，按季度开展安全生产目标检查和考核，签订安全生产责任书35份，开展安全生产承诺45人次。制定安全生产培训计划，对2名新入职员工进行安全教育，参加上级组织的安全生产培训。开展安全生产培训14次，累计培训275人次，并及时更新全员安全生产培训档案。全年召开安全生产领导小组会议4次，安全生产月例会12次，印发会议纪要12期。

开展安全宣传"五进"活动，进校园4所，进企业2个，进社区3个，进农村5个，进家庭2个，参加焦作市2021年"6·16安全宣传咨询日"，在渠道沿线桥梁悬挂宣传条幅96条，累计发放安全宣传页10000张，安全宣传用品笔记本1000册、广告扇1000把，水彩笔300支，文具袋200个，脸盆200个，宣传

人数10000余人。两次修订《焦作管理处新冠肺炎疫情常态化防控工作方案》，及时转发中线公司、河南分局疫情防控最新工作要求，将疫情防控内容纳入班前安全教育，对施工单位疫情风险旅居史、接触史人员进行全面排查，疫情防控期间共排查5家单位323名作业人员。定期开展安全生产检查，并跟踪问题整改。全年开展安全生产检查12次，检查通报12期，发现问题690个。

对救生器材箱警示标志更新，增设门把手、新增救生绳防晒袋，粘贴救生器材使用方法，补充更新救生器材，其中将使用方法与防晒膜合二为一是焦作管理处首创。共完成沿线127个救生器材箱改造升级，更换救生衣84件、救生圈18个、救生绳79根。对闸站、降压站避雷带锈蚀、倒伏、脱焊、搭接长度不足等问题进行统一处理，彻底消除防雷设施存在的隐患，共完成沿线10个闸站、1200 m避雷带维护更换工作。

对进场维护单位开展安全教育培训和安全交底，签订安全生产协议，建立入渠人员、车辆信息台账，对渠道内所有单位每日班前安全教育情况进行定期检查。2021年开展进场安全交底、危险作业安全交底共计21次，办理人员临时出入证731个，车辆临时通行证87个，三轮车通行证16个。

严格落实危险作业工作票制度，编写危险作业活动管理流程，明确危险作业票种类，工作票、许可证办理审核签发部门及办理须准备的备案材料，建立危险作业工作票台账。2021年签发危险作业票382份，办理临时用电作业许可证17份，签发动火作业票11份。

开展水毁修复过程安全风险辨识，进场前、班前"两交底"，对边坡局部滑坡、塌陷部位，现场拉警戒线，设置安全警示牌，实施"三监管"（旁站监管、巡查监管、视频监管）。开展水毁安全生产交底90余人次，现场设置安全警示标牌170块，悬挂安全宣传条幅

30条，布控安全警戒带1000 m。

按照"一次创建、长期执行"的要求，开展安全生产标准化常态化管理，成立安全生产标准化自评工作小组，编制自评工作方案，开展水利安全生产标准化自评工作，检查日常运行管理中形成的过程资料及作业现场，编写管理处水利安全生产标准化2021年度自评报告。自评满足水利安全生产标准化一级标准。

举行安全生产月启动仪式，开展主要负责人讲安全生产公开课，组织全体员工观看《生命重于泰山——学习习近平总书记关于安全生产重要论述》电视专题片，开展安全宣传，举办安全生产知识竞赛。

（贾金朋　谢明远）

【防汛与应急】

按照2021年防汛风险项目分级标准开展汛前排查，对沿线道路限高限宽、上游水库、沿线坑塘及尾矿库进行排查并建立台账登记在册；确定防汛风险项目，编制焦作管理处2021年度汛方案及应急预案；无人机拍摄河渠交叉建筑物、左排渡槽、退水闸等航拍图；清点工程应急抢险物资和现场备料点应急物资；加强与地方联动，防汛抢险组织机构报焦作市四区一县防汛部门，管理处防汛抢险组织机构纳入地方防汛组织机构。开展防汛两案、防汛值班工作专项培训。全员了解掌握焦作管理处2021年防汛风险项目和防汛工作重点；明确防汛风险项目划分和应急抢险岗位及职责分工，以及信息报告、预警、响应流程、防汛值班内容；汛前维护闫河出口和聊城寨出口两个雨量站。进行汛前物资设备采购和维护保养，对小官庄渡槽3级风险点发明创新挡水围堰，并在汛期降雨中实际运用，为下游村民撤离延长时间。

建立汛期物资明细表、物资台账、物资领用记录、物资出库、入库记录；设备设施按照要求开展季度维护保养。管理处按照上级要求在汛中对上游汇流面积大于100 km²的部位增设3 m³防汛四面体，确保安全度汛。完成2021年防汛应急工作总结和应急年度评估报告，更新中线防汛APP，根据物资实际损耗情况提出物资储备定额修改意见，并上报2022年防汛物资设备采购计划。

（马成杰　李　旺）

【水质保护】

2021年，每月组织巡查水质污染源，编制完成污染源台账、污染源管理工作报告24份。对维护单位进行考核，完成水质自动站运行维护考核表12份。完成水质应急物资维修保养，更换部分设备机油、连接管，补充活性炭1.7 t。送检地下水水样2次，每月开展水生态调查，送检样品22瓶。定期协调焦作市生态环境局、各区县生态环境分局现场查看处理污染风险点，焦作段工程污水进截流沟污染源消除，台账问题清零。

2021年焦作管理处按要求完成8大项33小项考评制度要求的各项工作，完善废液台账、废液转移联单、试剂台账、人员进出记录各项记录表，收集整理维护单位提交的周报、月报年报资料，及时审核人工比对情况、各类分析报告、仪器校准记录、精密度测试记录资料。12月16日河南分局组织现场考核，府城南水质自动监测站现场运行考评优秀。

（杨　杰　吕丹阳）

【安全监测】

工程安全监测范围：26个渠道监测断面、8座河渠交叉建筑物、3座分水口门、2座退水闸。主要监测项目：表面垂直位移、表面水平位移、内部水平位移、扬压力、渗透压力、地下水位、接缝变形、结构应力（混凝土应力和钢筋应力）、土压力（地基反力和墙后土压力）。布设的主要监测仪器设备：沉降标点、测斜管、固定测斜仪、土体位移计、多点位移计、测缝计、渗压计、土压力计、钢筋计、应变计、无应力计和MCU。

安全监测设施设备包括内观和外观设施两部分。外观共1651个垂直位移观测点、垂直位移基点30个、水平位移点206个、水平位移工作基点47个；内观设施设备包括2359支内观仪器、MCU共38个站点78个箱、测压管30根、沉降管4根、渗压计自动化改造222根、位移计10套、测缝计27支、柔性测斜仪12根、支微芯方仪器8根。

2021年，高填方段新增监测设施78个沉降点、8根柔性测斜仪、23支测缝计、8支微芯方仪器。高填方段新增垂直位移监测点82个、位移计15套、渗压计2支、测缝计4支、测压管16根、水平位移监测点8个。

安全监测内观设施维护于2020年7月、安全监测外观监测业务于2021年3月1日，移交信息科技公司实施，外观设施维护由管理处负责实施。2021年安全监测内观设施巡视12次，内观设施问题处理107个，沉降测点保护盒142个、各类测点标识牌21个；完成维护计划审核12次，维护报告12次，对信息科技公司郑州事业部考核4次。安全监测外观工作，对北京院进行工程量计量一次，考核一次，对信息科技公司郑州事业部考核3次，安全例行检查9次，外观资料检查9次，上半年共完成高填方段24期，苏蔺西桥至解放路桥加密36期，其余部位6期。

（辛春强　职光跃）

【验收与移交】

2021年，焦作管理处按照焦作市公路局要求完成丰收路桥、演马煤矿桥、云台大道桥梁缺陷的处理，协调焦作市公路局完成现场验收；协调配套工程新乡运行中心及时完成档案整理工作；向焦作市城管局移交焦作城区七座桥梁图纸。7月18日，南水北调中线焦作段丰收路、演马庄煤矿东北和云台大道3座国省干线跨渠桥梁通过竣工验收。12月16日，3座国省干线跨渠桥梁完成档案移交。完成焦作2段国省干线跨渠桥梁病害处治项目合同结算96.02%，焦作1段国省干线跨渠桥梁病害处治项目预计合同结算107.84%。完成南水北调中线一期工程焦作市中站区、山阳区、马村区、修武县境内村道和机耕道桥梁维护费补助协议合同签订，并完成合同结算，合同结算率100%。

2021年，焦作管理处联合焦作中裕燃气有限公司、修武县中裕燃气发展有限公司排查焦作段14条穿越邻接管线技术参数等信息，并上报河南分局。完成焦作中裕燃气有限公司、修武县中裕燃气发展有限公司燃气管网穿越南水北调中线焦作段工程穿跨越项目运行监管合同签订。完成修武县农村饮水集中式供水（七贤镇中心水厂）工程输配水管道邻接跨越南水北调中线干线焦作2段工程专题设计及安全影响评价报告审查。完成焦作段穿越燃气管线信息更新、标识牌更换工作。

配合河南分局开展焦作1段和焦作2段设计单元验收。编写焦作1段设计单元完工验收建管报告、运管报告，焦作2段设计单元完工验收运管报告共10篇。完成其他各类验收6项，编写各类方案、报告8篇。

（王伟伟　田方园）

【消防安防】

2021年消防完善项目主要内容为管理处园区消防系统、管理处办公楼及现地闸站的移动式灭火器及灭火设施、通风系统、火灾自动报警系统、应急照明和疏散指示。消防完善项目全部完成。11月焦作管理处开展逃生应急演练，制定演练方案，进行演练总结。

（吉培栋　程林枫）

【合同管理】

2021年焦作管理处按照规定开展合同管理，各项目立项手续齐全，采购项目过程依法合规，会签程序完备，资料保存完整，无违规事项及程序瑕疵，符合制度要求，监督执行到位。全年管理处自行组织采购项目9个，完成权限范围内11个项目合同的签订，完成审核结算31次，变更9次。2021年度河南分局分解至焦作管理处预算费用共计1697.6万元，其中维修养护费用预算1519.29万元，管理费用预算173.77万元，资产构建项目4.54万元。截至12月底，管理费用预算执行60.5%，维护费用采购完成率达到100%、统计完成率82.4%、合同结算率74.87%。完成河南分局年度执行任务。完成配合审计以及问题整改工作。3月对管理处的采购项目资料进行三遍自查、复核，将有关风险问题汇总，随后逐一整改。5月配合中线公司开展2020年维护类费用审计与管理费用审计，对审计问题立即开展现场整改，2020年维护类费用审计存在问题4项，涉及金额7263.51万元，管理性费用审计存在问题3项，涉及金额720元，全部退款整改，整改率100%。

（姚秀娟　刘鹏飞）

【科技创新】

光影水尺　闸前水位是南水北调输水调度工作的核心控制数据，安装在倒虹吸出口闸室的闸前水尺是校核水位的重要工具。但是由于流出倒虹吸的水流由有压水变为无压水，且水流断面由矩形变为梯形，因此闸前水流湍急、流线紊乱，水位变幅大，造成安装的闸前水尺常被冲刷变形脱落，且极容易被污物附着无法正常读数，闸前水尺的安装位置空间狭小，且临水作业，人员不易到达，安装水尺的难度很大。焦作管理处用光学投影技术，将光影水尺投影到闸室侧墙上，实现观测校核水位功能，同时避免水尺毁坏和污染。

人手井环境标准化整治作业指导书　人手井环境整治一直以来都是工程运行过程的难点，每到雨季汛期，存在井内渗漏积水严重、支架锈蚀等问题，管理处经过长时间的实践创新，最终编制完成人手井井盖、线缆、超限水位标识、电缆、支架、墙壁防渗等全区域的标准化作业指导书。为人手井内环境整治提供技术支持、规范施工流程，使人手井环境整治工作规范化标准化。

渡槽进口创新挡水围堰　手动开启挡水围堰，采用不锈钢堰体，通过杠杆原理进行开启，在实际操作过程中只需施加200 N的力就可以开启挡水围堰，降低预警值守的成本。在2021年的连续降雨中实际运用，效果显著。

（李　岩　吕丹阳）

【党建与精神文明建设】

2021年，焦作管理处党支部每周四开展党支部活动，进行"三会一课"教育培训。学习贯彻习近平新时代中国特色社会主义思想，学习党的十九届四中、五中、六中全会精神。全年集中学习45次，5个党小组集中学习62次。党员大会6次、党支部委员会24次、党支部委员讲党课8次、主题党日活动12次。组织个人自学、参观红色基地、党史歌曲比赛、党史诗词比赛活动。与焦作市审计局、河南分局分调度中心党支部和河南分局综合处党支部联合开展学习活动。严格执行"三重一大"集体决策制度，贯彻落实中央八项规定精神实施细则。集中观看反腐倡廉专题片12次、召开警示教育月专题组织生活会、谈心谈话362人次（其中集体座谈2次）。党支部组织廉政交底为水毁修复项目提供保障。党支部纪检委员对新入场单位负责人和管理处现场管理人员进行"廉政五分钟"教育。

2021年党支部以党建引领，发挥党支部战斗堡垒和共产党员先锋模范作用，以党建促进业务提高。参加津云新媒体主办的全国百个先进基层党组织"云结对"活动并录制视频资料。参加"庆祝建党百年、颂扬青春诗篇"演讲比赛，获得河南分局一等奖，中线公司三等奖；参加安全生产月主题演讲比赛，获得河南分局二等奖，中线公司三等奖；参加输水调度知识竞赛，获得团体二等奖，个人一等奖；参加防汛应急抢险知识竞赛，获得预赛小组第一。

（赵慧芳　李　岩）

辉 县 管 理 处

【工程概况】

　　南水北调中线干线辉县段位于河南省辉县市境内，起点辉县市纸坊河渠倒虹工程出口，终点新乡市孟坟河渠倒虹出口，全长48.94 km。辉县段渠道主要为挖方及半挖半填两种形式，过水断面为梯形，渠底及渠坡采用现浇混凝土衬砌。建筑物主要类型有节制闸、控制闸、分水闸、退水闸、左岸排水建筑物及跨渠桥梁，其中参与运行调度的节制闸3座，控制闸9座，为中线公司最多。干渠以明渠为主，设计流量260 m³/s，加大流量310 m³/s。2020年12月，南水北调中线一期工程总干渠黄河北～羑河北辉县段设计单元工程通过完工验收。

　　　　　　　　　　　　（高　胜　朱春青）

【调度管理】

　　金结机电设备　辉县段工程有闸站建筑物17座，液压启闭机设备45台套，液压启闭机现地操作柜90台，电动葫芦设备34台，闸门98扇，固定卷扬式启闭机8台套。管理处每月底根据河南分局下发的运行维护单位机电金结机电设备维护巡查计划编制管理处下月设备巡视计划。2021年共完成各类设备设施静态巡视16342台次，发现问题3240个，其中上级检查发现问题0个，管理处自有人员发现问题3200个，自主发现率99.9%。金结机电的问题整改率100%，无安全事故和质量问题发生。根据阶段性重点开展"大流量输水"巡查，严格按照规定频次和巡查要求完成巡查任务。

　　35 kV永久供电系统　辉县段工程有35 kV降压站15座，箱式变电站1座，高低压电气设备134套，柴油发电机13套。2021年辖区内按计划执行停送电操作26次，发现问题2510个，其中上级检查发现问题0个，管理处自有人员发现问题2490个，自主发现率99.9%，问题整改率为100%，期间无安全事故和质量问题发生。

　　信息自动化与消防　辉县段工程的通信传输设备、程控交换设备、计算机网络设备、实体环境控制有视频监控摄像头189套，安防摄像头110套，闸控系统水位计31个，流量计5个，通信站点16处。2021年信息自动化和消防专业共发现问题3072个，其中上级检查发现问题0个，管理处自有人员发现问题3062个，自主发现率99.9%，整改率99.9%，期间无安全事故和质量问题发生。

　　　　　　　　　　　　　　　　（郭志才）

【安全生产】

　　2021年，辉县管理处成立以处长为组长的安全生产领导小组，明确职责，开展风险辨识、评估、分级并制定管控措施，建立建筑物及设备设施安全风险清单、作业活动安全风险清单、安全管理风险清单。其中固有风险为重大安全风险（Ⅳ级）4项、较大安全风险（Ⅲ级）53项。落实"两个所有"相关要求，以问题为导向，定期组织培训和考试，提高全员隐患排查能力。对沿线137个救生箱进行完善改造，更换救生箱内救生绳47条，救生衣101套，救生圈22个。完成对沿线56条拦河绳更新改造。更新完善防护网、钢大门标识、标牌共10余 m²，新装钢爬梯安全警示标识牌101个。新增、修复、完善安全防护网11470 m²，增设完善修复滚笼刺丝8500 m。在暑假、"十一"、寒假期间以"关爱生命、预防溺水"为主题，进村入校宣传安全知识，开展安全生产专项整治三年行动、安全生产百日行动。

　　　　　　　　　　　　　　　　（詹贤周）

【防汛与应急】

　　编制2021年度汛方案、防汛应急预案和突发事件应急处置方案，由管理处处长、副处长、主任工程师负责，成立安全度汛工作小组和防汛应急处置工作小组。以"安全第一、常备不懈、以防为主、全力抢险"原则，全面落实风险隐患各项排查，严格执行防汛应急值班制度，提高全员应急处置能力。在"7·20"特大暴雨期间，开展雨中雨后巡查，组织各应急抢险队第一时间排查出大小险情70余处，领导小组及时研判防汛形势，主动采取先期处置措施，有效控制险情进一步发展，辖区工程平稳度汛。

（崔宗南　罗克厅）

【工程维护】

2021年，土建日常维修养护完成堤身滑塌、沉陷开挖回填处理，浆砌石勾缝修复，浆砌石新建（外购块石），土地平整，砂浆罩面破损修复（防汛物资），沥青路面裂缝处理（缝宽＞5 mm），沥青路面面层层拉毛修复，路面标线修复（沥青路面），路缘石与路面（压顶板）之间接缝处理，以及闸站保洁（含园区、防汛仓库）、水面垃圾打捞、渠道环境保洁等项目。绿化项目完成种草体养护、草体补植、闸站绿化养护及防护林带养护。草体养护总面积141万 m^2、草体补植1.2万 m^2、苗木养护超23万株，成活率90%以上。2021年辉县管理处通过标准化渠道验收5.82 km，累计通过验收33.32 km。

（赵文超　袁卫涛　朱春青）

【安全监测】

2021年辉县管理处开展安全监测数据的采集、整理整编、数据初步分析以及月报编写上报、资料归档、设备设施维护日常工作，完成对安全监测内观监测仪器工程部位的统计和划分，对"7·20"特大暴雨和秋汛强降雨引起水毁的高地下水位渠段刘店干河以及韭山段，人工采集和分析地下水位，为现场应急抢险措施的制定和实施提供充足的数据支撑。全面排查辉县段高地下水位信息，对黄水河支、高填方段、韭山段、苏门山段、刘店干河风险部位，编制异常问题分

析报告。安全监测自动化系统完成日常巡检维护工作，完成对测点布置图的测点标定及自动化系统与人工数据库参数比对工作。

（常华利）

【工程巡查】

2021年，对工程巡查业务知识、标准文件、巡查要求、突发事件处置方法开展专项培训，进一步提升工程巡查人员的综合能力，加强对工巡人员班前安全教育的监督和检查，现场检查和线上检查相结合"查真问题、真查问题"，全方位评估工程巡查人员的业务能力、劳动纪律、安全生产执行情况。

（郭培峰）

【穿跨越邻接项目】

开展对辖区13个穿跨邻接工程的日常巡查巡检。在建的新晋高速跨南水北调大桥工程，按照批复的施工方案施工，2021年主体工程完工。加强对穿跨邻项目的巡查力度和频次，在工程保护范围内扩大对穿跨邻项目的巡查范围，与项目管理单位建立沟通联络机制，及时发现风险隐患，对发现问题及时整改。

（郭培峰　郭呈昊）

【合同管理】

2021年，辉县管理处完成4项直接采购。采购严格按照《河南分局非招标采购管理实施细则》组织实施，采购权限符合上级单位授权，采购管理审查审核程序完备；采购文件完整，供应商资质符合要求，合同文本规范；采购工程量清单项目特征描述清晰，列项合理；采购价格合理、定价准确。

（吕宾宾）

【水质保护】

2021年辉县管理处定期对管理处辖区沿线进行水质和污染源巡查。配合地方政府开展南水北调中线工程水源保护区生态环境保护专项行动，排查出一级水源保护区内各项问题158个，全部整改。定期开展水质采样送样，7月强降雨期间开展水质应急采样送样7

次，辖区水质稳定达标。

（吴　辉）

【工程效益】

南水北调中线干线工程正式通水以来，辉县段工程累计向下游输水 299.59 亿 m³。2021年，辖区内郭屯分水口分水 874.68 万 m³，路固分水口分水 1188.65 万 m³，峪河退水闸生态补水 1526.58 万 m³，黄水河支退水闸 1515.81 万 m³，完成年度分水任务。

（郭志才）

【党建与精神文明建设】

2021年，辉县管理处党支部以习近平新时代中国特色社会主义思想为指导，围绕水利改革发展总基调为主线，组织开展党史学习教育，贯彻落实"三对标一规划"专项学习。推进党建与业务融合，发挥支部战斗堡垒作用和党员先锋模范作用，在"7·20"暴雨期间，党支部现场指挥，制定临时处置方案，抢小抢早，使险情及时得到有效控制，并在后期推进水毁修复项目。党支部不断探索建立激励机制，优化工作方式方法，多次获得季度优秀管理处表彰，在精神文明创建工作中获得新乡市文明单位称号。

（王　坤）

卫 辉 管 理 处

【工程概况】

卫辉管理处所辖工程范围为黄河北~姜河北段第7设计单元新乡和卫辉段与膨胀岩（土）试验段，是南水北调总干渠第Ⅳ渠段（黄河北~漳河南段）的组成部分，位于河南省新乡市凤泉区和卫辉市境内。起点河南省新乡市凤泉区孟坟河渠倒虹吸出口，干渠桩号 K609+390.80，终点鹤壁市淇县沧河渠倒虹吸出口，干渠桩号 K638+169.75，总长 28.78 km，其中明渠长 26.992 km，建筑物长 1.788 km。渠道主要为半挖半填和全挖，设计流量 250~260 m³/s，加大流量 300~310 m³/s。卫辉管理处所辖渠段内共有各类建筑物51座，其中河渠交叉建筑物4座，左岸排水9座，渠渠交叉2座，公路桥21座、生产桥11座，节制闸、退水闸各1座，分水口门2座。

【调度管理】

完成2020-2021年度水量计量工作和分水任务，2021年4月按照河南分局部署开启香泉河退水闸进行生态补水，共分水 14361.03 万 m³，其中正常分水 13520.79 万 m³，生态补水 840.24 万 m³。香泉河节制闸共执行358条指令，操作1131门次。11月23~24日，管理处参加总调度中心组织开展的输水调度自动化失效应急演练，演练进一步明确各岗位工作职责，理顺工作流程，提高中控室与现地闸站值守人员、相关专业人员协调配合能力。不按正常的自动化调度系统数据上报流程，使用各类纸质版填写上报，在自动化系统失效状态下，各项调度工作仍能够平稳正常运行。

【安全生产】

完善安全管理体系　2021年及时调整安全生产领导小组，明确年度安全生产工作目标，并制定保证措施及计划，各科室按照在安全生产中的职能进行分解，制定科室安全生产目标实施计划及保证措施，明确目标实施工作任务、工作措施、完成时限、责任人。落实"管业务必须管安全、管生产必须管安全"工作要求，权责一致、事权一致。签订科室、个人《安全生产责任书》及《员工安全生产承诺书》，签订安全生产责任书37份，签订安全生产承诺45人次。运行维护单位在进场施工前签订《安全生产协议书》，明确安全生产责任及安全生产管理要求，共计签订6份。

开展安全培训与检查　组织开展定期安

全生产检查并通报检查情况。2021年安全科组织开展定期月度检查12次，防汛专项检查2次，安全专项检查3次。对自有员工开展各类安全培训19次364人次。对运行维护单位进场前开展各类安全生产教育培训16次829人次。安全生产例会每月召开1次共12次，安全专题会4次，并按照要求印发通知和进行记录。加强潞王坟试验段应急项目安全管理，确保现场安全，管理处组织召开2次专题会，并印发专题会议通知。

开展防溺水专题宣传教育 组织开展"安全生产月活动"，编制印发《卫辉管理处 2021年"安全生产月"活动方案》，并按要求上报活动总结报告。暑寒假期间以"关爱生命、预防溺水"为主题，开展安全宣传"五进"活动，落实防溺水专题宣传教育工作。

"安全生产百日行动"和专项整治三年行动 卫辉管理处成立"安全生产百日行动"工作小组，以"从根本上消除事故隐患"的原则，以"控风险、查隐患、抓整改"为目标开展"百日行动"，较好完成各阶段工作任务，取得良好成效。2021年度是专项整治集中攻坚时期，管理处动态更新问题隐患，对重点难点问题建立会商机制，加大专项整治力度，落实和完善治理措施，推动健全安全风险分级管控与事故隐患排查治理双重预防机制，整治工作取得明显成效。

安全标准化创建一级达标巩固提升 2021年按照统一部署、分级负责、全员参与、协调配合的工作原则，推进水利安全生产标准化一级达标巩固提升工作，按照"8·28·126"体系要求进行标准化资料整编，对管理中产生的工作记录、检查记录、票证等过程管理资料整理保存，落实管理活动可追溯、可还原、可追责规范要求。

警务室安全保卫 按照每天3次的频次进行安保巡逻（大流量输水期间夜间增加1次），隔离设施每月徒步巡查一次，桥梁每周徒步检查一次。警务室运行中，每周正式警员带队协警参与开展日常现场巡逻不少于2次，每天视频监控覆盖巡查3次，发现安全隐患及时制止并报告管理处，发现违法行为及时协调地方公安部门协同处理。

【防汛与应急】

汛前准备 汛前完成辖区边坡排水系统、排水沟、截流沟、导流沟、横向排水管和左排建筑物清淤；防洪堤缺口填筑；渠道倒虹吸及左排建筑物水尺修复。落实防汛责任制，明确防汛责任人和联系人，完成安全度汛工作小组及突发事件应急处置小组成员及职责分工调整。对防汛风险项目评估排查，按五类三级进行监管。对大型河渠交叉建筑物、左排建筑物、全填方渠段、全挖方渠段和其他项目共五类，分1级、2级、3级三个风险等级，1级风险最高。2021年辖区内无1级、2级防汛风险项目，3级防汛风险项目6个。

汛中值守 严肃值班纪律，严明值班工作要求，防汛值班实行管理处领导带班和工作人员值班相结合的全天24小时值班制度。随时关注天气预报和雨情水情监测。中线天气APP、防洪信息管理系统、中线防汛APP、豫讯通、气象水利网站实时对天气预报和雨情水情监测。进一步加强汛期山庄河渠道倒虹吸应急抢险队驻守人员数量及专业要求、设备类型及数量管理。管理处及时对预警信息做出应急响应，及时召开会商会并及时布防，"大雨未到、人员设备先到"。同时进一步加强雨中雨后工程巡查，确保汛情险情突发事件早发现早处置。

雨情水情工情 2021年汛期，新卫段工程境内共发生26次较大降雨，其中中雨7次，大雨10次，暴雨3次，大暴雨5次，特大暴雨1次；24小时最大降雨量424.0 mm。7月17日0时~22日24时，管理处辖区凤泉区累计最大降雨量451.5 mm（前郭柳站），卫辉市累计最大降雨量914.4 mm（香泉河出口节制闸）；累计平均降雨量520.95 mm（辖区7个雨量站平均值）；日最大降雨量424.0 mm（香泉河出口节制闸）。降雨呈现累计雨量大、持续时间长、短时降雨强、极端性突出等特点。2021年7月17~22日，卫辉管理处辖区累计最大降雨量914.4 mm，日最大降雨量424.0 mm（7月21日），十里河最大过流水位接近校核水位，沧河上游水库最大泄流量1734 m³/秒。7月17~22日，山庄河最高过流水位99.8 m，距警戒水位1.36 m；十里河最高过流水位103.11 m；香泉河最高过流水位95.3 m，距警戒水位1.09 m；沧河最高过流水位95.91 m，距警戒水位2.47 m。辖区内王门河沟、老道井沟、金灯寺河、山彪沟、西寺门沟、漫流沟、杨村沟、潞州屯沟8座左排倒虹吸，1座左排渡槽（潞王坟沟）均有较大过流，但均未出现超警水位。

"7·20"特大暴雨应对　7月17~22日，根据汛情预警通知要求，卫辉管理处领导现场值守，并保持24小时通讯畅通；防汛值班每班增加1名自有人员及1名调度值班员值班。同时管理处全体自有员工全员在岗，并通知中控室5名调度值班员全部到岗。7月17日11时40分，组织土建日常维护单位4名驻守人员、1台挖掘机（1 m³）、1台装载机（3 m³）在十里河渠道倒虹吸进口裹头上游侧现场集结，24小时备防。组织应急抢险队16名驻守抢险人员、3台挖掘机（1 m³）、2台装载机（3 m³）在山庄河渠道倒虹吸进口裹头上游侧现场集结，24小时备防。组织应急抢险队5名设备操作手对驻守机械设备、管理处物资设备仓库应急抢险物资进行全面梳理排查，确保车辆车况良好，物资设备状态良好，能够随时投入应急抢险。同时管理处要求土建及绿化日常维护单位人员设备24小时待命。管理处防洪信息管理系统、中线天气、中线防汛APP、豫讯通和安防综合监控系统密切监视天气和雨水情变化。安防综合监控系统视频监控，实时查看辖区4座河渠交叉建筑物、9座左排建筑物河道（沟）过流情况，读

取河渠交叉建筑物裹头水尺及左排建筑物进口水尺读数，计算河道（沟）最高过流水位，实时监控警戒水位或保证水位。同时，与辖区内上游4座水库管理单位加强联动，实时获取上游香泉水库、塔岗水库、狮豹头水库及正面水库4座水库汛限水位、当前水位、距水库溢洪水位差值、总库容、当前蓄水量、入库流量、出库流量等水情信息。保持雨情水情信息共享，抢险环境协调保障。7月17~22日，卫辉管理处组织自有人员、工程巡查人员、应急抢险队人员、安保及警务室人员共开展雨中雨后工程巡查12次，参巡人员90人。

【水质保护】

工程巡查人员按照频次进行日常水质巡查，水质专员每月开展2次污染源及风险源的巡查，每季度开展1次专项巡查。2021年完成12次污染源、风险源巡查及记录的整理上报，完成4次季度污染源管理工作报告及1次年度污染源管理工作报告的编制及上报。多次协调地方政府消除1个污染源，处理未上台账的养殖场1处。加强水质应急物资管理与维护，在山庄河进口进行零星油污处置吸油毡布设演练。加强水质保护专用设备设施运行维护，香泉河进口拦油船、老道井、温寺门分水口拦漂导流装置运行正常。

【工程维护】

2021年土建工程日常维护以"双精维护"为目标要求，以问题为导向，开展"两个所有"和问题查改工作。完成渠道、输水建筑物、左岸排水建筑物、土建附属设施及房屋建筑的土建项目维修养护；输水建筑物和左岸排水建筑物的清淤、水面垃圾打捞、渠道环境保洁日常维修养护项目。开展标准化渠道建设，2021年卫辉管理处通过验收标准段5 km，完成年初既定目标，标准化渠道建设日常化常态化取得初步成效。

【穿跨越邻接工程】

参与后穿跨越邻接项目管理，对穿跨越邻接项目提前介入设计及方案（报告）论证

并提出意见，在项目实施阶段实施过程监管。2021年进行2个穿跨项目实施阶段的全过程监管，每月开展全线穿跨工程的巡查。

【党建工作】

2021年制定印发党支部年度学习计划，开展学习活动共76次，其中"三对标、一规划"集中学习10次、党史教育集中学习17次、党史学习参观等活动10次、中央八项规定专题学习6次、党的十九届六中全会学习4次、党风廉政建设学习8次、线上线下完成党建知识测试6次、召开党支部委员会15次，党员大会5次，讲党课4次，党小组会36次，各项学习及活动记录完整资料齐全。

加强纪律作风廉政建设，组织开展利用非职务违法犯罪典型案例开展警示教育，学习《中国南水北调集团2021年上半年干部职工违纪违法情况通报》《廉洁自律准则》《纪律处分条例》，开展警示教育主题组织生活会，酒驾警示教育、观看警示教育视频并在节假日前组织党风廉政建设集中学习，在微信群、QQ群、手机短信进行廉政提醒。按时上报《河南分局问题线索及职工违法情况双月零报告统计表》，2021年未发现职工有违法犯罪情况。制定全面从严治党主体责任清单，严格执行党建督查工作各项要求，落实"三重一大"、谈心谈话制度，严格执行民主集中制，请示报告工作制度，重要事项召开会议讨论研究，按要求向上级请示报告。完成党支部委员换届、党员发展、党员组织关系转移、党费核算缴纳工作，相关材料及时准确。完成党建督查、党建季度考核、党建与水毁修复融合考核及纪检的检查及考核工作。预备党员转为正式党员1人。

（宁守猛）

鹤 壁 管 理 处

【工程概况】

鹤壁段设计单元工程是南水北调中线一期工程总干渠Ⅳ渠段（黄河北—羑河北）的组成部分第9个设计单元，地域上属于河南省鹤壁市和安阳市，渠段起点鹤壁市淇县沧河渠道倒虹吸出口导流堤末端，终点汤阴县行政区划边界处，全长30.833 km，从南向北依次穿越鹤壁市淇县、淇滨区、开发区、安阳市汤阴县。沿线共有建筑物63座，其中河渠交叉建筑物4座，左岸排水建筑物14座，渠渠交叉建筑物4座，控制建筑物5座（节制闸1座，退水闸1座，分水口门3座），公路桥21座，生产桥14座，铁路桥1座。承担向干渠下游输水及向鹤壁市、淇县、浚县、濮阳市、滑县供水的任务。

【调度管理】

2021年6月23日，根据中线公司及河南分局工作部署，鹤壁管理处组织开展输水调度"汛期百日安全"专项行动，落实各项措施，明确调度专职负责人，按照"两个所有"要求排查安全隐患，开展集中培训，实现输水调度"百日安全"。11月22日，根据上级部门工作部署要求，开展值班模式优化试点第一阶段工作，组织培训并与分调中心建立点对点信息联络机制，严格按照输水调度各项制度标准，控制调度数据监测、调度指令反馈、调度预警响应工作，中控室发挥定位监控中心功能，开展一系列数据接收及报送工作。全年完成金结机电自动化设备各项巡视任务1040项，其中组织维护队执行204项，管理处自行巡视836项，在"7·20"强暴雨期间，落实安全加固方案，安排自有人员驻守退水闸，开展退水闸闸前闸后巡视，密切关注退水闸室和退水渠工程设施情况及设备运行情况。

【安全生产】

2021年，鹤壁管理处按照河南分局"任

务不减、人员不减、责任不减"的原则开展中控室（安全监控中心）第一阶段试点建设。为适应试点建设"五位一体"安全管理体系要求组织培训，组织中控室和警务室联合开展远程安全巡查，自有人员、安保、警务、工巡、维护单位协调联动，试点建设取得较好的效果。全年安防监控发现和整改问题306项。

制定与分解安全生产目标，签订责任书41份，安全承诺27份，安全生产协议6份。加强危险作业安全监管，全年审签危险作业票404份。开展走村入户安全隐患排查专项行动，发现并处置保护区范围内违规施工28次，制止穿跨越项目未批先建作业4次，有效处置存在污染水质隐患4项，发现并制止破网入渠事件13起，及时发现和成功制止外人轻生事件3起。

鹤壁管理处对内安全教育培训与对外安全宣传工作中，开展主动干预，落实"不交底不进场，不教育不上岗"要求，全年开展进场安全交底47次，维护作业现场安全教育培训148次822人次。组织开展管理处员工安全教育培训30次469人次。组织开展安全宣传活动55次。

【防汛与应急】

2021年工程经受住自通水运行以来的最大降雨，沿线7~10月发生6次强降雨，累计降雨量1622.60 mm（淇河雨量站），是全年降雨量的275%，主要集中在7月（7·11和7·21）、8月28日、9月（9·18和9·23）、10月3日，1小时最大降雨量86.6 mm，3小时最大降雨量126.6 mm，24小时最大降雨量507.8 mm，均达到暴雨红色预警等级，对渠道造成较为严重的水毁，坡面滑塌、浆砌石破损、隔离网冲毁、左排淤堵等共243余处水毁。袁庄西桥左岸下游防洪堤冲毁、盖族沟渡槽洪水漫溢、武庄沟进出口外坡滑塌3处险情最为严重，鹤壁管理处第一时间对堵塞的左排建筑物进行应急清淤，恢复过流断面；对隔离网冲毁部位及时进行修复；对坡面滑塌采用彩条布、土工膜覆盖防护，避免险情进一步扩大。

【高地下水应急处置】

2021年9月底~10月初强降雨，造成快速通道至标尾左岸地下水位快速升高，衬砌面板多处损毁。鹤壁管理处及时采取措施，衬砌面板破坏险情得到有效控制。完成衬砌面板钢丝绳牵拉155块、面板打孔降压44处；引进社会抢险资源，配合原有应急抢险队，以竞争促进度，在快速通道桥至标尾4.8 km的渠道左岸，用20天时间增设降水井452孔、横向排水孔552孔；同时投入160余台水泵50余人，24小时不停抽排，地下水位下降，险情得到控制；人工测量和自动监测实时监控地下水位情况，为上级部门各项决策制定提供现场依据。

【水毁修复】

鹤壁段水毁清单专项修复项目于2021年9月9日开工，12月23日全部完成，合同金额897.25万元。水毁修复项目点多面广，工程量大，实施过程中，9月、10月又发生3次大的强降雨（9月18日、9月23~26日、10月3日，3次累计降雨量384.7 mm），现场水毁范围扩大并叠加新的水毁。鹤壁管理处成立3个水毁修复工作小组，促进度、抓质量、管安全，于12月28日完成项目合同完工验收。

【问题查改】

管理处分4个小组开展两个所有工作，段长统一协调，以小组成员调整和奖励措施调动员工问题查改的积极性，统一安排问题上传和整改，问题数量、问题整改率、到期未维护等指标达标可控。对上级单位检查发现问题，及时整改闭合，截至2021年12月31日鹤壁管理处自有员工上传问题总数40682条，自主发现率99.97%。问题总数列中线公司第三，河南分局第二。

【工程效益】

2021年，鹤壁段3座分水口累计向鹤壁市淇滨区、淇县、浚县、滑县、濮阳市华龙区、清丰及南乐等受水区供水1.6亿 m³（累计9.1亿 m³），完成通水以来第11次向鹤壁淇河生态补水3087万 m³（累计1.15亿 m³）。南水北调中线干线工程成为鹤壁段周边县区非常重要的生活生态水源，南水北调中线工程为当地的经济建设、环境建设发挥越来越重要的作用。

【验收与移交】

2021年1月28日，通过省公路局组织验收的黄庄南、新乡屯西和快速通道3座国省干线桥梁竣工验收移交。3月24~26日，鹤壁段设计单元工程通过完工验收项目法人验收。4月26日，鹤壁段南环路和淇滨大道2座跨渠桥梁通过鹤壁市公路事业发展中心组织的竣工验收移交。5月12~14日，鹤壁段设计单元工程完工验收技术性初步验收会议在郑州举行。6月23日，鹤壁段设计单元通过水利部完工验收。

【党建工作】

2021年鹤壁管理处党支部将创新的"三四三"工作法与"一岗一区"建设有效融合，把"一岗一区"建设成为引导党员干部提升党员意识、强化责任担当，创先争优、攻坚克难的载体，促进党建与业务工作深度融合的示范窗口，筑牢三个安全的使命当担。特别是在汛期抢险和水毁修复项目中，党支部带领全体职工24小时坚守，党员带头迎难而上，用使命担当共同筑起防汛抗灾的"红色防线"，党旗在企业飘扬，党员在岗位发光。

（陈　丹）

汤 阴 管 理 处

【工程概况】

汤阴段工程是南水北调中线一期工程总干渠IV渠段（黄河北—羑河北）的组成部分，地域上属于河南省安阳市汤阴县。汤阴县工程南起鹤壁与汤阴交界处，与干渠鹤壁段终点相连接，北接安阳段起点，位于羑河渠道倒虹吸出口10 m处。汤阴段全长21.316 km，明渠段长19.996 km，建筑物长1.32 km。渠段起点设计水位95.36 m，终点设计水位94.05 m，总设计水头差1.317 m。共有各类建筑物39座，其中河渠交叉3座，左岸排水9座，渠渠交叉4座，铁路交叉1座，公路交叉19座，控制建筑物3座（节制闸、退水闸和分水口门各1座）；汤阴管理处管理用房1座、汤阴物资设备仓库1处2座。设计水深均为7.0 m，设计流量245 m³/s，加大流量280 m³/s。

【运行管理】

2021年汤阴管理处严格按照输水调度各项规章制度和要求开展值班工作。2021年汤阴管理处共接收调度指令330条683门次。全年经历冰期输水、疫情影响、大流量输水、汛期输水、百日安全活动的考验。水情信息收集上报完整及时，水量计量及时精确，实现年度输水目标。

金结机电设备　按照要求开展机电金结设备的运行维护工作，合理制定维护计划，对49台金结液压设备，全年共开展静态巡视665次，动态巡视233次，全面定期维护2次，固定周期维护1次（完成汤河节制闸、董庄分水口门液压油过滤器滤芯更换）。完成11台液压启闭机液压油检测，8台电动葫芦、2台固定卷扬式启闭机钢丝绳深度保养。

永久供电系统　严格按照规范要求对35kV供电系统进行运行维护管理。2021年按时完成辖区内1个中心站、5个降压站、2个泵站供电系统设备运行维护，供电系统整体稳定运行，备用电源、移动应急电源工况良好。严格实施"两票"制度，临时用电许可制度，定期排查设备隐患，保障高压、变压器、低压、直流系统运行正常，全年未发生安全事件。

信息自动化系统　按照要求开展自动化系统运行维护管理。管理处综合机房和现地站自动化室通信传输设备、程控交换设备、计算机网络设备整体运行稳定。视频监控摄像头57套，安防摄像头60套，水位计9台，流量计2套，全部满足调度安全要求。

【防汛与应急】

成立汤阴管理处2021年度安全度汛工作小组及突发事件应急处置小组，更新完善《汤阴管理处2021年度防洪度汛应急预案》及《南水北调汤阴段工程2021年度汛方案》并开展桌面推演。汛前组织完成影响度汛问题的排查整改、防汛物料补充、设备保养、水位计、水尺维护工作。组织全体职工、安保公司汤阴分队开展移动升降式照明灯架设及便携式气压植桩机打桩固脚演练，提高设备操作使用的熟练程度及对特定险情现场处置能力。

2021度汤阴辖区发生运行以来最大规模的强降雨，降雨呈现持续时间长、累计雨量大、降雨范围广、降水时段集中、秋汛强度大等极端特点。汤阴段工程沿线7~10月发生6次强降雨，主要集中在7月（7·11和7·21）、8月（8·30）、9月（9·18和9·23）、10月（10·3）。从降雨量时段分布数据看，7月降雨量846 mm，占整个汛期（1374 mm）的61.6%；最大24小时降雨量（7月21日）占整个汛期降雨量的38.1%。根据汤阴段历史长期水文气象资料，汤阴段6月、7月、8月、9月多年平均降雨量分别为68.3 mm、180.4 mm、124.1 mm、52.9 mm，合计425.7 mm。相比历史资料，2021年6~9月总计降雨量1349 mm，是多年平均的3.17倍；7月降雨量846 mm是多年平均的4.69倍，9月降雨量330.5 mm，是多年平均的6.25倍。"7·21"强降雨期间，联合地方政府和部队及时应对云村沟左排进口、

北侧翼墙外冲坑、董庄桥下游左岸一级马道以上挖方边坡冒水管涌多处险情，进行先期处置，有效避免险情扩大，汤阴段干渠工程安全度汛。

【工程维护】

2021年土建维护完成渠段内边坡防护、沥青路面修复、截流沟修复、围网更换、警示柱维护、树圈维护、苗木补植、草体补植。全年完成标准化渠道创建5.49 km，累计完成创建30.79 km，占渠道单侧全长40 km的76.96%。绿化维护项目为草体养护、补植，防护林带和闸站园区乔灌木养护及补植。全年共完成日常维护项目考核12次，结算4次，结算金额136.48万元；完成牛村沟、王老屯沟及长沙沟倒虹吸等12处水毁树木补植合同变更项目，共补植各类乔灌木2559株。

【水毁修复】

2021年"7·21"强降雨期间，汤阴段工程出现145处水毁，其中清单管理专项项目113项，日常项目20项，一事一议项目6项，其他临时处置项目6项；高地下水渠段应急处置3处。管理处配合河南分局完成汛期水毁处置项目招标文件的编制和招标，按照编制的水毁项目修复实施方案开展施工，全部按期处理完成，完成合同金额479.32万元。

【安全监测】

开展安全监测数据管理分析工作，根据渠道工程大流量、加大流量等不同时期的流量和水位变化情况制定安全监测采集频次，疫情期间安全监测数据不中断。2021年人工采集19317点次，加密5525点次。全年共发现7处异常，其中6处为汛期连续强降雨，造成地下水位上升，渗压计数值偏高，均及时上报，并采取抽排地下水措施，未造成工程损坏。另一处为北张贾东北公路桥至姜河倒虹吸进口在连续强降雨中沉降速率偏大，及时上报后采取加密监测措施，编写《安全监测数据重大异常问题报告单》和《K689+352.5~K689+752.5渠段沉降异常监测成果分析报告》。

【工程巡查】

严格巡查工作开展时段、统一巡查人员着装及装备、明确巡查内容及重点巡查项目、细化巡查线路，保证巡查频次，进行巡查工作过程监督。工程巡查管理人员，每日对巡查APP上人员到岗情况及巡查线路、发现问题进行审核检查。

【水质保护】

2021年水质稳定达标，未发生水污染突发事件。强降雨期间，"7·22"开始配合水质中心开展应急监测取样。联合县调水机构、县环保局开展污染源现场勘察及专项行动，消除渠道两侧潜在污染源隐患。2021年全年共监测取样8次，地下井监测取样5次，疑似渠道水体外渗取样1次，经检测汤阴管理处水质安全达标，地下水质安全达标。

【穿跨越邻接项目】

每月开展在运行穿跨邻接项目巡查，协调地方通信部门，对低垂的通信线路开展5次维护处理。按照中线公司文件要求，与安阳昆仑燃气有限公司签订安全互保协议，共同监督下穿燃气管道项目，开展联合巡查。省道S302绿化带灌溉水管跨越南水北调汤阴段工程，已按审批手续完成施工，并记录台账，开展日常巡查管理。汤阴段桥梁移交后的日常维护工作，协调汤阴县交通局，于2021年9月签订《南水北调中线一期工程安阳市汤阴县境内村道和机耕道桥梁维护费补充协议》并完成后续合同支付相关工作。

【安全生产】

2021年，汤阴管理处贯彻落实中线公司和河南分局各项决策部署，严格执行疫情防控工作总体要求，以问题为导向推进"两个所有""双精维护""逢事必审"目标实现，落实现场安全管理，严防生产安全事故发生。继续开展水利安全生产标准化一级达标创建，构建完善的安全生产制度体系，全年未发生人员死亡、重伤3人以上或直接经济损失超过100万元以上的生产安全责任事故，汤

阴段工程安全平稳运行，实现年度安全生产目标。

按照疫情防控常态化要求规范现场作业安全管理，按照"所有人查所有问题"的总要求，依据《事故隐患排查治理管理标准》和《安全生产管理手册》开展隐患排查治理。开展传帮带、互帮互学推动自有人员学技术、学标准、学管理，实现从排查表面问题到排查深层次问题，从发现问题延伸到分析预判问题，从被动整改发展到主动预防处置。开展两会期间、建党百年及国庆期间重点部位加固值守，严格落实加固方案的各项措施和要求。规范9类13项危险作业票填写与审批，对涉及高处作业、临边孔口作业等可能危及人身安全的12类52项违规行为加重责任追究。每天进行班前五分钟安全交底，采用视频监管、现场监管方式全过程监控现场的安全生产情况。加强教育宣传，开展10余次安全生产教育培训，共培训200余人次。参加中线公司及河南分局组织的安全教育培训2次。根据中线公司及河南分局"安全生产月"有关要求，以"落实安全生产责任，推动安全发展"为主题，线上线下结合开展"安全生产月"活动取得良好成效。

【合同管理】

按照《河南分局非招标项目采购管理实施细则》的通知（中线局豫计〔2018〕103号）要求，直接采购、签订和实施的合同：《南水北调中线干线工程汤阴段警务室2021年服务协议》（ZXJ/HN/YW/TY-2021002），合同额23.16万元；《南水北调中线干线汤阴管理处2021年工程抢险物资采购项目》（ZXJ/HN/YW/TY-2021002），合同额10.8万元；《南水北调中线一期工程安阳市汤阴县境内村道和机耕道桥梁维护费补助协议》（ZXJ/HN/YW/TY-2021003），合同额7.65万元；《南水北调中线干线工程维护及抢险设施物资设备仓库建设项目安鹤片区仓库施工标补充协议》（ZXJ/JS/SG-005-02），合同额5.15万

元；《南水北调中线干线汤阴管理处净水系统项目》（ZXJ/HN/YW/TY—2021-004），合同额 25.80 万元；《房屋租赁系统》（ZXJ/HN/YW/TY—2021-005），合同额 14.24 万元，满足工程运行维护的需要。

按照"双精维护""逢事必审"要求，对维护单位的变更严格审核。从每个变更的人工单价、材料单价和机械台班费，到现场实际签证的人工、材料和机械数量进行逐一审核，对量和价进行控制。2021 年度，管理处批准或初步审核 8 次变更，涉及金额 523.96 万元。

【工程效益】

自 2014 年 12 月 12 日正式通水以来，汤阴段累计向下游输水 321.671675 亿 m³，其中 2021 年输水量 60.421075 亿 m³。2021 年董庄分水口向汤阴地区分水 2409.11 万 m³，累计分水 10058.68 万 m³；汤河退水闸向汤阴县汤河退水 1005.84 万 m³，累计退水 6373.55 万 m³。南水北调中线工程成为汤阴县主要生活用水和生态水源。

【党建工作】

2021 年汤阴管理处以习近平新时代中国特色社会主义思想为指导，推进党史学习教育，学习习近平总书记关于治水及南水北调系列重要讲话精神、十九届五中、六中全会精神，全面落实从严治党要求，以高质量党建引领高质量发展。党支部全年共组织学习 63 次，开展各类参观、培训活动共 14 次，开展"党员示范岗""党员责任区"创建，完成设计单元完工验收、防汛抢险、水毁修复、标准段创建工作。

（武媛媛）

安阳管理处（穿漳管理处）

【工程概况】

安阳穿漳段工程全长 41.344 km，其中明渠段长 39.614 km，建筑物长 1.73 km。从南往北依次穿越安阳市汤阴县、龙安区、开发区、文峰区、殷都区到河北磁县。辖区内渠道工程采用全断面现浇混凝土衬砌，渠道始末端设计流量分别为 245 m³/s 和 235 m³/s，起止点设计水位分别为 94.045 m 和 91.87 m，渠道设计水深均为 7 m。辖区内共有各类交叉建筑物 81 座，其中节制闸 2 座、退水闸 2 座、分水口 2 座、水质检测房 1 座、河渠交叉倒虹吸 3 座、暗渠 1 座、左岸排水建筑物 16 座、渠渠交叉建筑物 9 座、桥梁 45 座（交通桥 26 座、生产桥 18 座、铁路桥 1 座）。

【调度管理】

2021 年安阳管理处（穿漳管理处）按照上级要求开展辖区内输水调度工作，经受住大流量输水和"7·20"暴雨的双重考验。截至 2021 年 12 月 31 日累计平稳运行 2575 天，输水 280.4 亿 m³，准确执行调度指令 3943 条。辖区内小营分水口累计向安阳市分水 16856.14 万 m³，南流寺分水口累计向安阳市分水 13412.86 万 m³，安阳河退水闸累计向安阳河生态补水 6504.39 万 m³。

【安全生产】

2021 年，安阳管理处（穿漳管理处）完善各类安全防护设施，规范并更新维护各类安全警示标识，对各类现场作业进行安全监督检查。汛期加强与地方防汛部门的合作和有效沟通，保证工程安全度汛；冰期加强渠道及建筑物巡视，加强水情和冰情的监测，保证控制设备、监测设备、通信设备正常运行。3 月"两会"期间、6 月建党 100 周年期间、9 月国庆期间，管理处按照中线公司、河南分局要求，组织实施特殊时期的安全加固，确保工程运行安全、供水安全和沿线人民群众生命财产安全，有效防止各类安全事故和责任事故的发生。开展安全宣传，以

"安全生产月""南水北调中线公民大讲堂"以及主办开放日活动为载体，开展安全生产宣传，并组织推进安全宣传进农村、进社区、进学校、进家庭，开展未成年人防溺亡宣传。完成2021年初制定的年度安全生产工作目标，全年未发生安全责任事件，巩固并提升安全生产标准化运行管理水平，对突发事件的预警、响应和处置及时。

【防汛与应急】

开展防汛应急演练与培训　安阳管理处（穿漳管理处）组织开展活水沟左排倒虹吸出口淤堵险情应急演练，参加上级单位组织的防汛相关培训，参与河南分局组织的防汛演练，增强防汛知识储备及洪涝灾害的现场反应和处置能力。开展汛期值班工作和防洪信息管理系统使用培训。在穿漳倒虹吸进口开展冰冻灾害应急演练，现场演练以实操设备和练习抢险技能为重点。

建立防汛工作联防联动机制　主动与安阳市政府和市水利部门、应急管理部门对接联系，与安阳市防汛相关单位部门建立联动机制，互通"人员、电话、物资设备"，实现各有关单位之间信息及资源交换共享，统筹协调提高防汛救灾应急抢险效率。各级政府领导及防汛部门、中线公司到干渠安阳穿漳段工程现场检查防汛准备及应急预案，其中水利部南水北调司与流域机构检查1次、中线公司领导带队检查1次、河南分局领导带队检查2次、河南省水利厅领导带队检查1次、安阳市政府领导带队检查2次。

完成特种设备检验　按照河南分局统一要求，完成特种设备叉车检验及使用登记，并进行叉车日常维修保养，定期试运行。

汛情预警及应急响应　2021年安阳管理处（穿漳管理处）接到汛情预警通知后，全员进入防汛应急状态，保持手机24小时畅通，持续跟踪天气情况和河流水情，加强现场巡查和排查，对险情可能发生部位进行监控，进行物资和设备准备，应急抢险驻汛人员保证险情及时发现并处置。按照备防要求组织对安阳河渠道倒虹吸、漳河渠道倒虹吸、下毛仪沟左排倒虹吸进行备防驻守，时刻关注现场雨情，及时反馈周边信息，确保安全度汛。

【水质保护】

2021年对辖区复杂的运行环境导致污染源多发的现状，与地方环保部门建立联动机制。安阳市及各县区环保部门明确南水北调干渠水源保护专职联络人员，建立微信联络群，第一时间沟通并处置污染源，为水质保护工作提供有力支持。全年消除污染源25处。对辖区内在建的1座后跨越桥梁施工全过程监管，确保水质安全。按照《水质自动监测站运行维护技术标准》监控水质管理系统运行状态，水质自动监测站运行稳定；水质自动监测站内外部环境干净卫生；中控室值班人员24小时审核水质自动站监控数据。漳河节制闸运行值班人员负责每天巡视检查1次自动监测站运行状况、卫生和监测数据情况。2021年5月19日在安阳河退水闸进行退水清淤实验，实验投入少、耗时短、易操作、效果好，为后续沿线退水闸闸前清淤提供经验。配合河南分局完成漳河北水质自动监测站先进站初评工作。

【党建工作】

2021年安阳管理处（穿漳管理处）党支部以习近平新时代中国特色社会主义思想为指导，在南水北调集团公司党建工作与业务工作融合试点中，争创"水利先锋党支部"和市级文明单位标兵，落实党建工作责任，党建与业务工作互融互促，以目标和问题为导向，进一步规范党支部建设，提升基层党建工作水平，发挥基层党支部战斗堡垒作用和党员先锋模范作用，完成党建和运行管理各项工作。

（周　芳　周彦军）

伍 配套工程（上篇）

政 府 管 理

【概述】

2021年，南水北调处围绕"全省水利工作会议"和"全省南水北调工作会议"安排部署，以扩大供水范围、提高南水北调效益为目标，坚持水利改革发展总基调，健全管理体系、强化运行监管，较好地完成目标任务。健全运管制度，规范运行管理；加强人员培训，提升运管水平；强化运行监管，确保配套工程运行安全。对配套工程验收，制定验收计划，指导配套工程验收；按照验收标准，严把验收质量关。水费征缴采取通报、约谈、暂停审批新增供水项目、减少供水量等一系列措施，水费征收到位率进一步提高。新增供水项目建设以"城乡供水一体化"为目标，协调加快新增配套供水工程建设。

【运行管理】

健全运管制度，规范运行管理 印发《河南省南水北调配套工程运行管理预算定额（试行）》和《河南省南水北调配套工程维修养护预算定额（试行）》，进一步规范完善运行管理制度。

加强人员培训，提升运管水平 10月18~22日，举办"2021年南水北调工程运行管理培训班"，共58人参加培训。改进培训手段，提高培训效果，进一步提升参训人员的业务水平。

强化运行监管，确保配套工程运行安全 委托第三方对配套工程全年组织运行管理巡（复）查17次，发现问题376个，并及时印发《巡（复）查报告》30份。督促问题整改，消除运行安全隐患。

加强疫情防控，确保工程正常供水 贯彻落实水利厅党组新冠肺炎疫情防控各项要求，统筹开展疫情防控和复工复产工作，落实"六稳六保"要求，加强安全生产监督检

查，确保生产安全、供水安全。

【配套工程验收】

制定验收计划，指导配套工程验收，组织省南水北调建管局编制《2021年配套工程验收计划》，制订印发《河南省水利厅办公室关于印发南水北调配套工程2021年设计单元工程完工验收计划的通知》（豫水办调〔2021〕1号），细化验收事项，明确节点要求。

加强配套工程验收工作的监管，遵循验收导则，严守验收程序，落实验收质量要求，保证验收质量。发现问题及时研究解决，对部分输水线路通水验收的问题，依据验收导则基本规定，妥善解决相关问题，促进配套工程验收。

截至2021年底，配套工程的合同验收（管理处所除外）、通水验收、泵站启动验收、档案预验收、征迁县级验收基本完成。濮阳、焦作、漯河、博爱、调度中心等5个设计单元完工结算评审完成；设计单元完工验收的项目法人验收、技术性验收正在推进。

（雷应国）

【新增供水目标】

2021年以"城乡供水一体化"为目标，加快推进南水北调新增供水工程前期工作，淮阳、舞钢、濮阳县、台前县、范县城乡供水一体化等供水工程建成通水，濮阳市实现全域覆盖南水北调水；内乡县、平顶山城区等18个市县新增供水工程正在加快建设；巩义市、新乡"四县一区"东线等9个市县供水工程正在开展前期工作；研究论证向商丘5市县新增供水工程，合理增加供水目标。

（赵艳霞）

【招投标监管】

2021年规范招标投标活动，保护国家利益、社会公共利益和招标投标活动当事人的

合法权益,严格遵循公开、公平、公正和诚实信用的原则,履行南水北调招投标监管工作。2021年共参加南水北调运行管理项目招投标监督5次,没有发生不良影响。

(张明武)

【水费收缴】

2021年水利厅南水北调处加大力度催缴水费。在全省南水北调工作会议上通报相关情况,做出专题部署,提出明确要求;对有关省辖市、直管县(市)印发关于收缴欠缴水费的通知(豫水调函〔2021〕1号至12号),加大水费收缴力度,按时足额缴纳水费,解决历史欠费问题;每月通知市南水北调机构报缴费计划,明确各市、直管县月水费应缴金额;对欠缴水费的市县"暂停审批新增供水项目与供水量"。

截至2021年底,共收到各市缴纳水费68.36亿元,完成比例64.6%。应交中线建管局水费59.59亿元,已交中线建管局水费45.45亿元,完成比例76.3%。

(雷应国)

【供水效益】

2021年河南省南水北调工程运行安全平稳,工程的经济、社会、生态效益显著。供水目标覆盖11个省辖市市区、43个县(市)城区和101个乡镇,通水水厂92个,受益人口2600万人,农业有效灌溉面积120万亩。南水北调干渠退水闸和配套工程管线持续向南阳、漯河、周口、平顶山、许昌、郑州、焦作、新乡、鹤壁、濮阳、安阳11个省辖市和邓州市的26条河流及8个湖库实施生态补水。工程的经济、社会、生态效益同步发挥,有效保证居民用水,改善生态环境,缓解受水区水资源短缺的困局,为河南省推进"两个确保"、实施"十大战略"、促进全省经济社会高质量发展提供有力的水资源支撑。

2020−2021调水年度,南水北调中线工程向河南省供水29.9亿m³,顺利完成年度供水目标任务。其中,农业用水(南阳引丹灌区)6亿m³、城镇用水16.16亿m³、生态补水7.74亿m³(含河南省组织生态补水1.16亿m³)。

(赵艳霞)

配套工程运行管理

【概述】

按照河南省委省政府机构改革决策部署,原省南水北调办并入省水利厅,有关行政职能划归省水利厅。河南省南水北调建管局5个项目建管处在承担原项目建管处职责同时,分别接续省南水北调建管局机关综合处、投资计划处、经济与财务处、环境与移民处、建设管理处5个处室职责。截至2021年12月31日,河南省南水北调配套工程运行平稳、安全,全省共有39个分水口及26个退水闸开闸分水。

【职责职能划分】

2021年,河南省南水北调建管局负责南水北调配套工程运行管理的技术工作及技术问题研究;组织编制工程技术标准和规定;协调、指导、检查省内南水北调配套工程的运行管理;提出河南省南水北调用水计划;负责配套工程基础信息和巡检智能管理系统的建设;负责科技成果的推广应用;负责与其他省配套工程管理的技术交流相关事宜;负责调度中心运行管理,按照全省南水北调配套工程年度调水计划执行水量调度管理;负责承办上级交办的其他事务。

各省辖市、省直管县市南水北调运行保障中心(南水北调办、配套工程建管局)负责辖区内配套工程管理。负责明确管理岗位职责,落实人员、设备等资源配置;负责建立运行管理、水量调度、维修养护、现地操作等规章制度，并组织实施；负责辖区内水费收缴，报送月水量调度方案并组织落实；负责对省南水北调建管局下达的调度运行指令进行联动响应、同步操作；负责辖区内工程安全巡查；负责水质监测和水量等运行数据采集、汇总、分析和上报；负责辖区内配套工程维修养护；负责突发事件应急预案编制、演练和组织实施；完成省南水北调建管局交办的其他任务。

省南水北调建管局每月初向水利厅南水北调处上报上一月水量调度计划执行情况，每月上旬编发全省配套工程运行管理月报，每月底向受水区各市县下达下月水量调度计划。月供水量较计划变化超出10%或供水流量变化超出20%的，通过调度函申请调整。2021年编报全省南水北调工程月用水计划12份、计划执行情况12份，编发配套工程运行管理月报12份，编发调度函185份。

【制度建设】

河南省南水北调配套工程运行管理已建立较为完善的制度体系。2021年水利厅分别以"豫水调〔2021〕1号"和"豫水调〔2021〕3号"文印发省南水北调建管局组织编制的《河南省南水北调配套工程运行管理预算定额（试行）》和《河南省南水北调配套工程维修养护预算定额（试行）》并实施，进一步加强配套工程运行和维修养护费用管理，提高资金使用效率，提升配套工程运行管理标准化水平。

【调度计划管理】

水利部《南水北调中线一期工程2020-2021年度水量调度计划》（水南调函〔2020〕152号），河南省水利厅、省住建厅联合印发的《关于印发南水北调中线一期工程2020-2021年度水量调度计划的函》（豫水调函〔2020〕13号），明确河南省2020-2021年度计划用水量为22.55亿 m³（含南阳引丹灌区6亿 m³）。河南省南水北调建管局按照批准的水量调度计划，制定全省月用水计划，

报水利厅并函告南水北调中线建管局作为每月水量调度依据。截至2021年10月31日，河南省2020-2021年度供水23.41亿 m³，为年度计划22.55亿 m³的103.8%，完成年度水量调度计划。

2021年4月29日~10月31日，通过南水北调干渠21座退水闸和肖楼、府城分水口向工程沿线南阳、平顶山、许昌、郑州、焦作、新乡、鹤壁、安阳等8个省辖市和邓州市生态补水6.58亿 m³，完成同期生态补水计划3.24亿 m³的203.1%。

【水量计量】

2021年，省南水北调建管局组织各省辖市、省直管县市南水北调中心（南水北调办、配套工程建管局）每月按时与干线现地管理处和用水单位进行水量签认。2020-2021年度，河南省与南水北调中线建管局结算水量为17.41亿 m³、与受水区各市县结算计量水量为17.44亿 m³（不含引丹灌区6亿 m³），生态补水双方结算水量为3.17亿 m³（不含计划外生态补水3.41亿 m³）。

【运管模式】

配套工程运行操作有泵站运行、重力流线路调流调压阀管理房运行、工程巡视检查三类。2021年，由各市县南水北调管理机构负责管理，全省共有1366名运行操作人员，聘用方式有劳务派遣、购买社会服务和外聘；除郑州市的19号李垌泵站、24号前蒋寨泵站、24-1号蒋头泵站分别由新郑市、荥阳市、上街区南水北调机构负责自行管理外，泵站采用购买社会服务的方式委托代运行；重力流线路调流调压阀管理房和工程巡视检查采用劳务派遣的方式招聘人员自行管理。

【维修养护】

配套工程维修养护主要包括日常维修养护、专项维修养护和应急抢险。2017年7月通过公开招标选择专业维护单位，探索形成省督导检查、市县组织并监管、维护单位具

体负责的配套工程维护模式。配套工程维修养护单位有三类：一是输水线路维修养护，以郑州为界分2个标段，郑州以南为第1标段由省水利第二工程局承担，郑州以北（含）为第2标段由省水利第一工程局承担；二是自动化系统第1标段基础设施维护项目由中国电信集团系统集成有限责任公司河南分公司承担，第2标段应用系统维护项目由河南华北水电监理有限公司承担；三是泵站维修养护由各有关市招标选择的泵站运行单位承担。2021年配套工程输水线路维修养护完成阀井维护33462座次，阀件维护92183件、机电设备维护9323台套、专项维修养护项目28次，设备与建（构）筑物功能性部位完好率在90%以上。

【水毁修复】

2021年7月，河南省多地遭遇强降雨，极端气候及洪涝灾害造成郑州及黄河北新乡、鹤壁、安阳部分配套工程设施进水、设备损毁，造成郑州市中原西路泵站、白庙水厂线路、前蒋寨泵站以及安阳市汤阴县二水厂线路、安钢冷轧水厂线路暂停供水。省南水北调建管局成立配套工程防汛应急领导小组，及时通知各省辖市、省直管县市南水北调中心（南水北调办、配套工程建管局）开展配套工程安全度汛工作，并现场督导检查，快速恢复供水。截至2021年底，全省配套工程共有49处水毁项目，25处修复完成，7处正在修复，7处的实施方案正在审批，8处的实施方案正在编制。

【基础信息巡检智能病害防治管理系统研发】

2021年推进配套工程智慧管理，组织研发配套工程基础信息管理系统、巡检智能管理系统和病害防治管理系统，并为巡检智能管理系统的342台移动巡检仪配备342张物联网卡，基本实现配套工程基础信息数据的数字化、信息化管理，动态掌握配套工程设施、设备的运行状态，快速查询、统计、分析和监管工程病害信息，进一步规范运行管

理工作，提升工程管理信息化水平。2021年10月，南水北调供水配套工程全要素信息管理技术创新及应用项目获地理信息科技进步一等奖。

【泵站精细化运行调研】

2021年4~5月，省南水北调建管局组织开展全省配套工程泵站精细化运行调研，各省辖市、省直管县市南水北调中心（南水北调办、配套工程建管局）成立专项领导小组，推进泵站调度运行逐步规范，用电管理逐步精细。郑州市优化泵站基本电费缴纳方式，预计每年节约电费100万元；鹤壁市改进泵站调度运行方案，降低电价高峰段运行时间，预计节约20%用电量。

【站区环境卫生专项整治】

2021年先后组织10个批次暗访组对全省配套工程11个省辖市、2个省直管县市的65处站区进行暗访并印发通报，督促各市县开展站区环境卫生专项整治，提升配套工程运行管理水平。全省配套工程站区环境卫生有较大改观，整治效果较好。站区基本达标的市县有南阳市、许昌市和邓州市；有21个站区卫生脏乱差整治力度不够。

【供水效益】

截至2021年12月31日，河南省南水北调工程有39个分水口及26个退水闸开闸分水，向引丹灌区、92座水厂供水，向6个水库充库及南阳、漯河、周口、平顶山、许昌、郑州、焦作、新乡、鹤壁、濮阳和安阳11个省辖市和邓州市生态补水。供水累计150.61亿m³，占中线工程供水总量429.13亿m³的35.1%；供水目标有南阳、漯河、周口、平顶山、许昌、郑州、焦作、新乡、鹤壁、濮阳、安阳11个省辖市市区、43个县城区和101个乡镇，全省受益人口2600万人，农业有效灌溉面积120万亩。

根据水利部部署，按照水利厅工作安排，省南水北调建管局与南水北调中线建管局沟通协商，4月29日~10月31日，通过21座退水闸

和肖楼、府城分水口向南阳、平顶山、许昌、郑州、焦作、新乡、鹤壁、安阳8个省辖市和邓州市的23条河流生态补水6.58亿 m³。

（庄春意）

配套工程建设管理

【概述】

2021年，继续执行《河南省南水北调中线工程建设管理局关于各项目建管处职能暂时调整的通知》（豫调建〔2018〕13号）规定，省南水北调建管局建设管理职责仍由平顶山段建管处接续。平顶山段建管处负责南水北调中线一期工程干渠宝丰至郏县段、禹州和长葛段两个设计单元工程的财务完工决算、工程验收、变更索赔处理，同时负责河南省南水北调配套工程防汛度汛、安全生产、尾工建设、工程验收、运行管理。

【防汛与应急】

2021年7月中下旬，河南省多地遭遇极端强降雨。省南水北调建管局贯彻落实习近平总书记关于防灾减灾救灾的重要指示批示精神，严格按照水利厅统一部署，全力开展南水北调防汛工作。7月20日成立"河南省南水北调工程防汛应急领导小组"，领导小组下设综合组、后勤保障组、自动化组和现场组，全面负责南水北调工程的防汛应急抢险工作。调度中心实行24小时防汛调度值班和领导带班制度，对接全省11个运行管理单位和总调中心，加大巡查力度，及时报告和处置险情。及时发出南水北调工程防范应对强降雨天气工作的紧急通知，要求各级运行管理单位和维修养护单位落实责任、防范重点、值班值守、巡视检查。

7月20日下午，郑州市遭遇罕见特大暴雨，郑州市南水北调配套工程荥阳前蒋寨泵站因雨水倒灌，主厂房泵坑进水，机组全部被淹。省南水北调建管局立即组织抢险，抽排积水、拆卸机组、联系电器元件供应商、寻找专业厂家烘干设备，经过41个小时的紧急排涝、抢险维修，南水北调前蒋寨泵站于7月22日11时起开始正常运行。7月27日，省南水北调建管局组织5个检查组，对全省南水北调工程防洪度汛情况进行全面检查，实地查看配套工程水毁和处置情况，干线工程左岸排水建筑物进出口行洪情况，指挥应急抢险和恢复重建，保障工程安全、供水安全、水质安全。

【安全管理】

2021年"安全生产月"活动以现地管理站、泵站安全隐患排查整治为重点，采取"四不两直"检查方式，开展南水北调配套工程安全管理工作。

按照水利厅安排，省南水北调建管局组织开展以"落实安全责任，推动安全发展"为主题的安全生产月系列活动。把习近平总书记关于安全生产重要论述制作成PPT和专题视频，自6月1日起在省调度中心一楼大厅电子屏幕上循环播放，普及安全知识，增强全体员工防范安全事故的意识；印发《河南省南水北调中线工程建设管理局关于开展2021年水利"安全生产月"活动的通知》（豫调建〔2021〕12号）；6月16日开展安全生产视频教育培训，全省南水北调系统120余人参加，通报重大及典型事故案例，列举南水北调配套工程典型隐患照片，宣讲消防安全"四个能力"、安全生产"四懂四会""八安八险""十杜绝"等安全知识，讲解安全用电常识、触电急救技能及电气火灾的扑救措施；6月28日召开安全工作专题会议，传达水利厅对安全生产工作的部署，对全省南水北调配套工程的安全工作进行具体安排，对办公场所安全用电、职工食堂燃气的使用管理提出明确要求。

2021年9月下旬，邀请省应急管理厅专家，对全省南水北调配套工程运行管理人员进行新《安全生产法》视频会议培训，参训700余人。对全省南水北调配套工程泵站、现地管理站和调流调压阀室进行全面排查，建立避雷设施、机电设备接地、消防水泵系统、电缆沟、电缆敷设等安全隐患清单，明确责任单位、责任人和整改时限。以"四不两直"方式，督促指导全省南水北调安全隐患整改。

【管理处所建设】

河南省共规划建设51处（62座）配套工程管理处（所、中心）。截至2021年12月底，累计建成46处（54座），占比90.2%；1座正在建设；4处（7座）正在进行前期工作，有平顶山市管理处、石龙区管理所、新城区管理所3座合建，漯河市舞阳县管理所、临颍县管理所，新乡市管理处、市区管理所2座合建。2021年新完工2处（4座），新开工建设1座。截至2021年底，已建成的46处（54座）中，45处（52座）完成单位工程验收。

【保护范围划定】

省南水北调建管局于2021年1月公开招标，选择河南省水利勘测有限公司为"河南省南水北调配套工程管理与保护范围划定项目"中标单位，2月双方签订合同。工作内容有资料收集及分析、无人机航摄、3D产品生产、地下管线探测、输水管线及建筑物位置测定、管理范围和保护范围线划定、资料整理与图册编绘、数据库建设、管理与保护范围划定报告编制。

省南水北调建管局召开12次专题会议，加快配套工程管理与保护范围的划定工作，协调解决配套工程资料收集、外业探测、数据整理和图纸绘制中存在的问题，截至2021年12月底，南阳市配套工程管理与保护范围划定报告和图册完成并报水利厅；平顶山、鹤壁、濮阳、安阳4市的报告和图册全部编制完成，并通过省南水北调建管局组织的专家评审，正在征求相关市政府及有关部门的意见；许昌、焦作、漯河、周口4市配套工程资料收集和外业探测工作全部完成，正进行数据整理和图纸绘制；新乡和郑州2市的配套工程资料基本收集完毕，正在进行拟探测范围分析。

（刘晓英）

【水保环保专项验收】

水保和环保专项验收由政府验收转为自主验收后，省南水北调建管局转变思路、主动作为，不增加地方负担，委托水保和环保验收报告编制单位、监测总结报告编制单位和监理总结报告编制单位理顺验收程序，推动验收进程。推进水保环保专项验收，坚持问题导向，深入研究，解决水保和环保资金使用不规范、水保和环保监理缺失及施工撤场后相关技术资料收集困难问题。2021年4月下发《关于同意取消平顶山市南水北调配套工程澎河两岸环保措施的批复》（豫调建移〔2021〕005号）处理澎河两岸环保措施问题，5月委托开展配套工程运行期环境监测，2021年共8次现场督导，效果明显、进度可控。专项验收已完成2022年数据收集，验收报告初稿完成，正在征求各地市和有关单位意见。

（马玉凤）

配套工程投资计划管理

【自动化与运行管理决策支持系统建设】

2021年10月组织自动化系统招标，优选

2家自动化系统运行维护单位，并于12月1日进场开始工作，自动化系统进入运行阶段，

正在组织水调系统、泵阀监控系统等核心业务系统与前端电气控制系统、设备的联调联试，逐条线路调试，计划2022年上半年实现完全正常化运行。

【投资管控】

基本完成南水北调配套工程2028项变更索赔处理工作。截至2021年12月底仅余鹤壁市2项、新乡市1项合同变更因资料不完善未处理完成，其余均完成审批工作。组织各省辖市配套工程建管单位开展投资控制分析工作，截至2021年11月底，全省配套工程共完成投资144.18亿元（不含鄢陵设计单元，但含从配套工程结余资金支持的8000万元投资），其中工程部分完成投资99.41亿元，征迁部分完成投资38.54亿元，建设期贷款利息6.23亿元。预计河南省配套工程结余资金9.63亿元，其中工程部分结余3.93亿元，征迁部分结余9.1亿元，建设期贷款利息结余-3.4亿元。

【穿越配套工程审批】

贯彻落实习近平总书记在南水北调后续工程高质量发展座谈会上提出的三个"事关"和三个"安全"要求，按照2020年12月修订的《其他工程穿越、邻接河南省南水北调受水区供水配套工程设计技术要求》和《其他工程穿越邻接河南省南水北调受水区供水配套工程安全评价导则》，严格其他工程穿越邻接配套工程专题设计和安全影响评价审批。2021年共完成其他工程穿越邻接配套工程专题设计和安全评价报告审查23个，其中公路11个、铁路1个、各类管涵11个，批复9个。

【新增供水目标】

2021年完成新乡市"四县一区"南水北调配套工程东线项目、濮阳市范县及台前县供水工程、濮阳市城市供水调蓄池工程、安阳市汤阴县东部水厂引水工程、平顶山城区南水北调配套工程等5个新增供水目标连接南水北调配套工程专题设计和安全评价报告的审批工作。完成7号分水口增加唐河县乡村振兴优质水通村入户工程、10号分水口漯河市五水厂支线增加城乡一体化供水项目、24-1分水口增加巩义第一水厂供水目标、25号分水口增加焦作市城乡一体化管网项目（沁阳市和孟州市）、29号分水口增加修武县农村饮水集中式供水工程等5个新增供水目标可行性论证评审。完成安阳市西部调水工程、淮阳县供水工程、项城和沈丘南水北调供水工程、新郑第一水厂改造工程等4个供水工程连接配套工程专题设计和安全评价报告审查。

【配套工程水毁修复】

2021年为消除水毁隐患，高质量完成南水北调配套工程水毁修复工作，确保工程安全和供水安全，印发《关于进一步做好南水北调配套工程水毁修复工作的通知》（豫调建投〔2021〕66号），进一步细化责任分工、完善审批程序，组织设计单位完成水毁复建项目实施方案和概算编制工作，并及时审查批复6个省辖市12处水毁工程的修复设计方案。

【阀井加固及提升改造】

河南省南水北调配套工程共有各类阀井3569座，2021年部分阀井出现渗水漏水，为消除安全隐患，加强运行管理，11月完成配套工程阀井加固及提升改造的设计招标，中标单位是河南省水利勘测设计研究有限公司，并完成合同谈判，明确工作任务、完成方式和完成时限。

【管理设施完善】

2021年进一步规范配套工程运行管理，完善工程管理设施，改善运行管理工作人员工作条件。按照确有需要、保证安全、保障生产的原则，完成郑州管理处运行管理设施完善改造实施方案的审批；完成许昌管理处及其下辖6个管理所和2个现地管理站，漯河管理处和清丰管理所管理设施完善实施方案的审查。

（王庆庆）

配套工程资金使用管理

【运行管理费预算及水费收缴】

编制全省11个省辖市、2个直管县市2021年度运行管理费支出预算，经水利厅厅长专题办公会研究、厅党组会审议后印发执行。2021年度运行管理费支出预算18.00亿元，实际支出11.27亿元。

截至2021年底，共收缴南水北调水费68.09亿元。其中：2014-2015供水年度收缴8.25亿元水费，2015-2016供水年度收缴6.85亿元水费，2016-2017供水年度收缴1.08亿元水费，2017-2018供水年度收缴12.77亿元水费，2018-2019供水年度收缴13.95亿元水费，2019-2020供水年度收缴14.34亿元水费，2020-2021供水年度收缴10.85亿元水费。截至2021年累计上缴中线建管局水费45.45亿元。其中：2014-2015供水年度上缴水费5.99亿元，2015-2016供水年度上缴水费2.01亿元，2016-2017供水年度上缴水费4亿元，2017-2018供水年度上缴水费7亿元，2018-2019供水年度上缴水费8.6亿元，2019-2020供水年度上缴水费11.87亿元，2020-2021供水年度上缴水费5.98亿元。

【建设资金管理及财务决算】

2021年度共支付配套工程建设资金16620.88万元，其中工程建设支出14160.33万元，征迁补偿支出2460.55万元。全省南水北调配套工程财政评审18个工程项目，截至

2021年上半年，省调度中心、漯河市、焦作市、濮阳市、博爱县配套工程完成评审。剩余南阳市、安阳市、清丰县等13个工程项目财政评审，预计2022年11月完成。完成配套工程合同债权债务清理及投资分摊工作。完成完工财务决算审核与竣工财务决算编制的招标。完成河南省南水北调配套工程竣工完工财务决算编制及培训。

【事业经费使用核算】

完成河南省南水北调建管局2022-2024年度财政规划预算编制送审。完成在职人员"五险一金"等社会保障费用调标定基和申报缴纳以及调动人员工资、住房公积金转移。固定资产管理完成水利厅布置的重点资产信息核查整改及国有资产考核，完成原省南水北调办1车辆向水利厅移交申报及原省南水北调办2车辆报废申报。

【审计与整改】

2021年，完成省南水北调建管局本级及11个省辖市、2个直管县（市）2020年的运行管理费使用的全面审计及整改；组织完成2020年省南水北调建管局财政资金、配套工程建设资金及干线建设资金的内审和整改；完成事业费2020年度审计厅联网审计核查；完成水利厅组织的2020年度预算执行情况监督检查。

（王　冲）

南水北调法治建设管理

【南水北调政策法律研究会学术活动】

南水北调政策法律研究会贯彻落实河南省法学会各项工作部署安排，参加省法学会组织的各类活动，按时报送年度工作计划、年度工作总结、学术活动开展情况。9月26

日南水北调政策法律研究会副会长郭贵明参加中国法学会、人民日报社举行的习近平法治思想论坛，10月16日南水北调政策法律研究会常务副会长李国胜参加河南省法学会举办的第二届"黄河法治论坛"，10月23日南水

北调政策法律研究会副会长吴海峰参加河南省法学会第六届"法治河南青年论坛"。12月18日南水北调政策法律研究会参加第六届"法治河南乡村论坛"。

【研究项目】

按照水利厅的工作安排，经征求相关院校意见，南水北调政策法律研究会启动"河南省南水北调工程对受水区高质量发展驱动机制研究"项目，围绕如何创新南水北调水资源配置管理机制，提高南水北调配套工程运行管理水平，优化水资源配置发挥工程最大效益，助推河南受水区高质量发展进行研究。

2021年南水北调政策法律研究会与南阳师范学院及时交流课题进展情况，并为课题调研组提供相关数据资料。南水北调政策法律研究会会长李颖带队参加南阳师范学院举办的"南水北调后续工程高质量发展"论坛，讨论南水北调中线工程水生态问题，提出可行性思路及建议。

【法治建设】

2021年学习贯彻《民法典》的内容和重大意义，提升全体干部职工尊法学法守法用法意识，推动形成办事遇事、解决问题依法靠法的良好法治环境。南水北调政策法律研究会举办《民法典》核心要义与习近平法治思想专题讲座，邀请郑州大学法学院申惠文教授进行专题辅导。

2921年南水北调政策法律研究会配合省人大法工委开展南水北调饮用水源保护立法工作。南水北调政策法律研究会理事参加《河南省南水北调饮用水水源保护条例》立法调研活动。水利厅交办的《河南省南水北调饮用水水源保护条例（草案）》征求意见稿，南水北调政策法律研究会组织相关人员进行研究，提出修改意见并反馈。

（赵　南　马玉凤）

陆 配套工程（下篇）

运 行 管 理

南阳南水北调中心

【运行管理督查检查】

开展随机抽查、定期检查，对现地运行管理单位和人员进行督查检查，2021年组织人员对现地运行管理单位督查检查9次，下发检查情况通报4期，排查出值班值守、安全生产、环境卫生、运行管理等问题46项。同时，自动化视频系统查岗113次，基本实现配套工程运行管理督查检查常态化。

【制度建设】

2021年修订配套工程运行管理试运行职责、现地管理站和泵站运行管理工作制度、安全管理工作制度、巡检工作方案。制定完善配套工程维修养护管理办法、配套工程备品备件购置与管理、泵站运行维护考核、配套工程环境卫生检查制度和卫生评分标准等5项制度初稿。各有关县完善细化相关制度，2021年社旗、唐河、镇平南水北调中心制订《请销假制度》《安全工作手册》《用电制度》《井下有限空间作业制度》。

【员工培训】

2021年对站所值守、管理、安保人员等进行全面摸排，制定配套工程人员需求计划，按照程序招聘运行管理人员24人。7月底举办全市配套工程安全生产和档案管理培训班，同时组织人员对2021年配套工程新进人员进行岗前业务技能培训。10月27～29日，组织开展全市南水北调配套工程运行管理培训班，邀请配套工程厂家代表集中授课、现场观摩实训对配套工程调流阀、半球阀、空气阀、泄压阀以及管理站低压电气柜、自动化柜等机电设备的结构、使用、维养进行讲解。

【维修养护】

2021年，对配套工程3处4座泵站和维修养护单位的备品备件需求情况进一步调研、统计、核实，编制南阳市配套工程2021年度备品备件购置计划，上报省南水北调建管局，根据复函按程序采购一批急需的易损件、维修配件。对南阳市配套工程日常维修养护项目任务进行分解细化，同时下发2021-2024年度维修养护技术要求和任务清单，进一步对各县辖区内配套工程维修养护任务进行明确。组织人员对南阳中心城区及唐河、新野、方城县内配套工程阀井、泵站、现地管理站内相关设施设备的运行状况和维修养护单位月度计划与实际维修养护情况进行抽查检查。

【防汛与应急】

建立健全防汛组织，各级责任落实到位　调整完善南阳南水北调中心2021年防汛工作领导小组和办公室，明确各级各单位防汛责任，落实防汛安全责任制。

修订完善防汛应急预案、安全度汛方案　根据南阳市配套工程实际，对度汛方案和应急预案进行修订完善，突出防汛重点，明确防汛职责、应急抢险救援程序和步骤，针对性操作性更强。

开展隐患排查，促进隐患治理　3月开始组织各有关单位开展隐患自查自纠工作，排查出红线外隐患38处，配套工程隐患5处。对排除出的隐患建立台账，实施清单化管理，明确整改责任人和整改时效。不定期开展防汛督查检查，确保隐患得到有效治理。多次协调市住建、城管等部门，向市政府请示汇报，完成中心城区田洼泵站进场道路防汛重点隐患治理。

备足备齐防汛物资　汛前按照事故研判和工程实际，组织各有关单位投入10万余元，采购储备充足的编制袋、草袋、木桩、铁锹、雨衣等应急度汛物资。

完善防汛值班 南阳南水北调中心重新组织制定完善的防汛值班制度，印发防汛值班表，严格执行24小时值班和领导带班制度，确保防汛工作相关信息即时上传下达，在第一时间得到反馈和迅速处理。

实施党委委员防汛分包责任制 划分4个小组，先后多次到现场督促指导各县区开展防汛工作。南阳市南水北调配套工程防汛工作经受住严峻的考验，全市未发生一起一般及以上人员和财产损失安全事故。

水毁工程修复 完成南阳市南水北调配套工程水毁工程统计、上报、验收工作。按照相关要求完成7~10月水毁工程统计、日报、月报、旬报工作。完成方城县半坡店管理站院内加高、唐河县老水厂支线北辰公园处裸露管线应急抢险处置等水毁工程修复、监督管理和验收工作。加强协调对接，完成唐河县规划水厂调流阀室、新野县二水厂管理站等水毁工程项目调研、勘查、勘测设计工作。

【水量指标调剂】

根据《南水北调工程总体规划》确定的多年平均调水量及口门分配水量指标，南阳市年分配水量指标为10.914亿 m³，其中农业用水6亿 m³、城镇生活用水4.914亿 m³。

根据有关县政府申请、市政府同意，从中心城区水量指标中分别调剂3000万 m³、2000万 m³、2000万 m³、1000万 m³，向桐柏县、内乡县、官庄工区、镇平县供水。2021年南阳市各县区的水量指标分配：中心城区水量指标11490万 m³，镇平3000万 m³，唐河6000万 m³，社旗2840万 m³，方城3610万 m³，内乡2000万 m³，官庄工区2000万 m³，桐柏县2000万 m³，8号分水口输水线路沿线乡镇1000万 m³。

【自动化系统联合调试】

按照省南水北调建管局安排，配合开展南阳配套工程现地管理站、泵站电气、阀件及自动化的联调联试工作。2021年5月24日，省调度中心、南阳管理处、镇平管理所分别通过自动化泵阀控制系统对谭寨泵站的水泵机组以及新、老水厂现地管理站的阀门进行远程一键启、停指令下达操作，现场设备启、停运行及各项指标正常，泵阀控制系统及水量调度系统运行正常，标志南阳市南水北调配套工程3-1输水线路泵站和现地管理站通过自动化系统远程控制测试工作。2021年南阳市配套工程1处6所、3处4座泵站和20座现地管理站的自动化系统联合调试工作在全省率先完成。

【站区环境卫生专项整治】

按照属地管理原则，把配套工程管理所、泵站、现地管理站、连接道路及配套工程阀井全部纳入环境卫生管理重点内容，逐步建立配套工程环境卫生长效管理机制。进一步强化卫生整治检查力度，持续在细节上下功夫，营造和谐、优美、文明、整洁的配套工程站区环境。2021年组织人员对全市南水北调配套工程现地管理站、泵站、配套工程阀井的环境卫生情况进行督查检查，对检查发现的问题下发问题通报，立行立改。期间接受省南水北调建管局卫生专项检查组暗访2次，南阳市配套工程环境卫生情况受到省检查组的一致好评。

【供水效益】

截至2021年12月底，南阳市南水北调工程累计供水56亿 m³，其中生活用水6.14亿 m³、生态补水11.65亿 m³、农业用水38.22亿 m³，供水范围覆盖市中心城区、新野、镇平、社旗、唐河、方城及邓州，受益人口310万。南阳市南水北调用水量达42万 m³/d（生活用水）。省水利厅核定南阳市2020-2021年度城市生活用水计划10688万 m³。截至10月31日，2021调水年度用水11470万 m³，超标准完成省定任务。南水北调中线工程南阳段共设置退水闸7座，分别是刁河、严陵河、湍河、白河、潦河、清河、贾河退水闸，累计向河流补水11.92亿 m³。通过南水北调生态补水，河湖周围地下水不同程度回升。2021调水年度南阳市通过白河退水闸和清河退水闸生态补水 1.24 亿 m³（白河 5061 万 m³、清河 7388 万 m³）。

（张软钦　宋迪）

平顶山南水北调中心

【概述】

2021年，平顶山南水北调中心以习近平新时代中国特色社会主义思想为指导，学习贯彻习近平总书记在推进南水北调后续工程高质量发展座谈会上重要讲话和视察河南重要指示精神，规范运行管理，确保南水北调干线及配套设施工程安全、供水安全、水质安全。会同干线沿线4县的管理处，组织督导县级机构和各配套工程管理所站，建立干渠安全运行协同机制；持续规范配套工程运行管理，实施管理站所、管护设施、巡管技术提档升级，配备智能巡检管理系统，加强各县（区）线路巡查、站区值守等工作督导，融合远程视频监控技术，加强重点部位巡查和安全监测，发现问题及时抢修处置。通过巡线发现并制止在输水线路保护范围内的各类违规行为10余项，及时避免线路安全问题发生；严格落实穿越邻接工程审批制度，2021年共上报审批穿越项目3处。加强水源保护区水质保护及工程管理设施保护宣传，营造节水护水良好氛围，配合环保部门开展水源保护区生态环境保护专项行动，加强日常水污染风险源排查整治。

【水量调度】

2021年平顶山南水北调中心加强对各县（市、区）日常用水监控，编制月度用水计划和申报，年度供水计划执行到位；及时办理舞钢市南水北调用水审批各项手续，5月正式通水。省南水北调建管局批复平顶山市2020年11月1日～2021年10月31日的南水北调生活用水计划为6682万 m³，实际使用生活用水7765.58万 m³，同时申报开展南水北调生态补

水，兰河退水闸向兰河生态补水 200 万 m³，沙河、北汝河、澧河和兰河退水闸应急退水3145.25万 m³。年度共计用水 11110.83 万 m³。

【防汛与应急】

2021年严格按照省、市南水北调工程防汛总体要求，汛期组织对防汛隐患点进行全面排查，对度汛方案和防汛抢险应急预案等进行完善备案。及时报请市防指对市南水北调防汛指挥部人员进行调整，明确沿线各县南水北调机构防汛责任，在鲁山县召开全市南水北调工程防汛工作会，以南水北调中线工程防汛指挥部名义印发干渠57处左排建筑物上下游各乡、村和干线管理处责任清单，层层落实到人。组织"7·20""8·22""9·24"特大暴雨防汛应急响应工作，严格落实24小时防汛带班值班制度，领导成员分两组带队到防汛现场，对干渠15处三级风险点、河渠交叉重点部位的度汛应对措施、人员物资机械等配备情况进行督导检查；对配套工程3处低洼、6处穿越河流工程风险点开展巡视检查。根据水利厅批转的凹照南沟排水涵洞隐患风险问题和干渠退水闸退水通道问题，及时与南水北调干线4个管理处对接，对问题整改情况进行现场确认，确保工程安全度汛。

（王铁周　田昊）

漯河南水北调中心

【运行调度】

中心严格按照省办规定的时间节点，严把调度程序。按照规定，常规工作每月15日前，由市级单位向省级单位上报下一月水量调度计划。要求管理房值守人员每月13日前，与受水水厂负责人联系，由受水水厂提供下一月需要的供水水量，双方在制式的表格上填写相关内容并签字，由管理房值守人员上报管理处统一汇总后，编制下一月水量调度计划上报省南水北调建管局。完成2021-2022年度水量调度计划的编制工作。2021年共上报水量调度计划12期，印发水量

调度月报 12 期。2020-2021 年度用水量 9647.82 万 m³，截至 2021 年底，累计向我市供水 4.5 亿 m³，受益人口 107 万。南水北调供水基本实现全覆盖，供水平稳运行。

【制度建设】

2021 年，漯河南水北调中心编制供水调度、水量计量、巡查维护、岗位职责、现地操作、应急管理、信息报送等一系列运行管理制度，汇编成《漯河市南水北调配套工程运行管理手册》《漯河市南水北调供水配套工程巡视检查方案》，制作管理房《值班日志表》《交接班记录表》《建（构）筑物巡视检查记录表》《输水管线、阀井或设备设施巡视检查记录表》，并统一装订成册，便于归档。为了进一步明确责任，增强运行管理人员的责任心，制作《管理房安全生产责任制》《供水高度协调制度及职责》《供水运行巡查制度及职责》《维修应急制度及职责》《管理房卫生管理制度》并悬挂在管理房值班室。制订下发《关于成立安全生产"双重预防体系"建设领导机构的通知》，成立安全风险分级管控与事故隐患排查治理双重预防领导小组，组织学习《漯河市南水北调中线工程维护中心安全风险分级管控与事故隐患排查治理双重预防体系建设指导手册》。制订《漯河市南水北调配套工程 2021 年度防汛预案》。

【线路巡查与维修养护】

加强工程巡查维护，2021 年对 120 km 管道沿线巡查 95 次，抽排阀井 400 余次，掩埋方向桩共 29 个，加固铭牌共 18 个。更换人手孔井盖共 14 个。对阀井设施进行专业检修，定期刷漆、涂油维护保养。依法开展工程管护，2021 年巡查发现保护范围内施工 18 起，办理穿越施工手续 9 起，责令停工 5 起，移出保护范围施工 5 起。根据省南水北调建管局下发的配套工程日常维修养护技术标准，制定工程维修养护工作计划，组织工程维修养护单位按计划完成 2021 年全年工程维护工作。

【防汛与应急】

组织修订《漯河市南水北调配套工程 2021 年防汛应急预案》《漯河市南水北调配套工程 2021 年安全度汛预案》并报水利局批准实施。与气象部门保持密切联系，研究部署防汛抢险各项工作，加大汛期巡查频次，排查安全隐患；加强应急物资储备，增配车辆、防汛物资及后勤保障物资，提高汛情应对能力；成立应急抢险队，所有巡查人及值守人员保持联系畅通，安排防汛人员值守，落实防汛值班制度，汛期 24 小时值班。按照省南水北调建管局规定，与中州水务平顶山基站保持密切联系，维修养护抢险全程信息畅通。

【供水效益】

漯河市南水北调用水量逐年增加，2014-2015 年度用水量 653.93 万 m³，2015-2016 年度用水量 4558.98 万 m³，2016-2017 年度用水量 5319.48 万 m³，2017-2018 年度用水量 6512.55 万 m³，2018-2019 年度用水量 8393.34 万 m³，2019-2020 年度用水量 9167.86 万 m³，2020-2021 年度用水量 9647.82 万 m³。截至 2021 年底累计用水 4.5 亿 m³，累计生态补水 5000 万 m³。南水北调供水覆盖全市 2 县 6 区，受益人口 107 万。水质稳定达标，始终保持在 Ⅱ 类或优于 Ⅱ 类，其中 Ⅰ 类水质达到 80%。

截至 2021 年 12 月 12 日，南水北调中线工程累计向漯河市供水 4.5 亿 m³，惠及人口 107 万，日供水量 29 万 m³，工程运行安全高效，综合效益显著，沿线群众普遍认可。漯河市在研究水资源条件和供求状况的基础上制定南水北调水资源开发利用格局，加快农村饮用水源置换，规划新增城乡一体化示范区水厂 1 座，设计日供水量 1.8 万 m³，建成后覆盖黑龙潭、姬石两个乡镇 30 个行政村，解决和提升 8.6 万人的饮用水问题，为推动农村饮水安全工程建设发挥显著效益。提高漯河市水资源承载能力，消除经济社会发展与水资源不匹配的痛点。缓解城市用水挤占农业用水的矛盾，推进绿色养殖、湿地旅游等新兴产业发展，改善农业生产条件，增强农业产值，增加农民收入，助推漯河市现代化农业进程。双汇万中禽业、卫龙食品、太古可口可乐、统一食品等企业都用上南水北调水，不仅降低生产成本，提升产品的口感和质量，也提高了企业市场竞争力，为漯河市打造国际食品名城提供强有力水源保障。漯河市南水北调项目累计为退伍军人、高校毕业生、农村贫困劳动力、下岗失业人员等群体提供近 100 个优质岗位。漯河市以新发展理念，将南水北调工程与生态文明建设相结合，发挥工程生态补水效应，建设临颍县黄龙湿地公园、黄龙渠、五里河、荷塘湖区和桃花潭湖区等水系景观项目。原来的黑臭水体得到扼制，水生态、水环境得到改善。

（董志刚　张　洋）

周口市南水北调办

【水量计量】

根据水利厅、住房和城乡建设厅下发《关于印发南水北调中线一期工程 2020—2021 年度水量调度计划的函》（豫水调函〔2020〕13 号），核定周口市南水北调水量 5796 万 m³，实际用水量 5969.29 万 m³。周口市南水北调办 9 月前规划下年度用水目标，编制年度用水计划；每月 15 日前规划下月度用水计划，编制月水量调度方案；每月严格执行省南水北调建管局下达的调度计划，由现地管理站与用水单位现场对接进行水量日常调度和调节。开展联合水量计量，及时整理水量信息，每月 1 日会同受水水厂，现场查看水量计量数据，双方确认签字盖章后，形成上月水量确认单上报干渠运管单位，并上报省南水北调建管局。

2021 年各现地管理站累计进行调流调水 2225 次，其中东区现地管理站调水 638 次；西区现地管理站调水 857 次；商水现地管理站调水 730 次，流量调节程序符合要求，工程运行

正常稳定。至 2022 年 1 月 1 日，累计用水 20437.28 万 m³。2021 年 1 月 1 日至 2022 年 1 月 1 日，全市总用水量 6178.99 万 m³，其中周口市东新区水厂总用水量 2523.99 万 m³（含淮阳水厂 2021 年用水量 455.94 万 m³），二水厂用水量 2737.83 万 m³，商水水厂用水量 917.17 万 m³。

【制度建设】

周口市南水北调配套工程投入运行以来，周口市南水北调办制定各类岗位职责，并将省市两级运行管理相关文件及规章制度汇编成册。2021 年 9 月，依据省政府制定的《河南省南水北调配套工程供用水和设施保护管理办法》（省政府 176 号令）和省南水北调建管局《河南省南水北调受水区供水配套工程重力流输水线路管理规程》，召开主任办公会反复研究，编制《周口市南水北调配套工程运行管理制度（试行）》21 项 189 条，工作职责 23 项 199 条，操作规程 2 篇，运行技术要点及工作方案 3 篇，记录表格 29 种。编制《周口市南水北调配套工程停电应急预案》《周口市南水北调防汛应急预案》《地下有限空间作业应急预案》《消防应急预案》。年初制定 2021 年"六抓""三提高"的工作要点，抓安全生产、抓学习、抓纪律、抓精细化管理、抓勤俭节约和环境卫生、抓督导，达到工作主动性提高、人员觉悟提高、工作能力提高。2021 年运管人员能力素质明显提高，运行管理工作逐步走向规范化精细化。

【运管模式】

周口市南水北调配套工程输水管线总长 56.4 km，其中周口供水配套工程西区水厂支线向二水厂供水工程为设计变更工程，全长 4.491 km。2021 年周口市南水北调配套工程正常运行。

周口市南水北调配套工程按照处、所、站三级管理机制，按照各负其责，层层监管的原则，构建周口市南水北调配套工程管理体系。周口市配套工程共建有现地管理站 5 座。2021 年，成立巡线组，负责工程的日常

巡查，宣传南水北调保护知识及法律法规，制止可能危害配套工程安全的各种行为，并及时上报问题；成立应急组，负责对本辖区水质及工程安全等应急事件进行调查处理，对输水线路故障进行抢修并善后，协助上级管理部门对重大事故调查与处理；成立自动化组，负责本辖区配套工程安全及运行方面的信息的采集、管理、存储、传输，将数据分类整理后，及时上报上级管理机构；组建电气组，负责南水北调配套工程电气附属设施设备的维修养护；增设督导组，由科室主要负责人带队，对现地管理站和工作组日常工作进行督导检查。通过职责及工作的划分，配套工程运行管理初步细化，各站、组职责进一步明确。

【员工培训】

周口市南水北调办按照科室督导，站组负责的管理方法，制定个人学习计划，科室负责人审批。个人自学、集中培训、定期考核相结合，学习省市规程和水力学相关知识，全面提升运管人员思想站位、能力素质和业务水平。2021年共开展集中培训7期，培训266人次。

【站区环境卫生专项整治】

2021年根据省南水北调建管局《南水北调配套工程站区环境专项整治》文件要求，制定周口市南水北调配套工程站区环境专项整治活动实施方案，明确卫生考评标准和各现地管理站第一责任人，并建立长期有效的卫生制度，优化责任区域，严格落实责任。

各管理站每日对室内外卫生最少清扫两次，重点对调流调压室和电气自动化设备间进行清扫，保证生产车间和生活办公区域干净整洁。加强垃圾清运，生活生产垃圾定点密闭管理，定时清运，日产日清，无暴露垃圾和杂物。各站当班人员为第一责任人，整体环境卫生主要责任人为各管理站站长，各站组卫生区域每日检查不少于两次，检查结果建立问题台账明确检查时间、问题现象、

责任人、整改要求及时限，并进行公示。各站组按照上级领导指示，以主人翁精神厉行勤俭节约，劳保物品定量分配到人，随手关灯、节约用水用电。

【巡视检查】

2021年设立巡查信息化工作台。建立微信工作群，加强信息共享，提高工作效率；对智能巡检系统平台规范上报流程，明确问题处理时限，有效跟踪问题进展情况。明确职责分工，抽调人员组成巡线组、应急组、自动化组分别负责线路巡查、问题处理、信息传递。建立线路巡查台账。对巡查发现问题分门别类登记在案，专人督办、及时解决。全年共发现对配套工程管线可能造成影响的外部施工73项，其中开挖37项、顶管25项、占压掩埋3项，管线周边打井灌溉1处，阀井周边地势及井盖被改变4项，轻微塌陷2项，管道上方塌陷1项。

【防汛与应急】

2021年制定度汛方案和应急预案，成立度汛工作领导小组及防汛应急抢险队，组织应急抢险演练，加大防汛应急设备和抢险救援物资储备，建立预报与预警机制，建立汛期检查督导机制，跟踪督导，严格落实监管措施。值班领导和人员24小时保持电话畅通，服从指挥调度，随时准备投入抢险，出现较大雨情，各部门主要负责人要现场勘察；现地管理站对所管辖区域内工程进行排查，并采取预防措施，对重点区域重点监视，对电动蝶阀井、流量计井、调流阀室进行重点防范。巡视巡查发现险情及时采取应急措施；保证应急抢险物资设备到位，做到随调随用。

2021年及时组织人员对阀井积水进行抽排。全年抽排阀井1000余次，共处理各类突发事件5项，其中阀件漏水渗水3项、管线上方道路沉降塌方1项，建筑物漏水1项。7月周口市防汛启动1级应急响应，南水北调配套工程阀井不同程度积水，周口市南水北调办

立足于防大汛、抢大险、救大灾，全面进入防汛应急状态，启动应急机制，抽调应急组、巡线组人员组成应急分队，抢险三天三夜，完成63座阀井积水抽排工作。

（李晓辉　朱子奇）

许昌南水北调中心

【运行管理检查考核】

2021年许昌南水北调中心持续开展运行管理检查考核。全年对全市运行管理工作开展7次巡检，组织各县（市、区）"互学互督"1次，半年考评1次，年终考评1次，共发现各类问题164个，全部完成整改。进行考核评分排名，对轮检发现的问题及考核评分情况发巡检通报，对工程调度、运行、巡查、维护、安全及环境卫生管理发现的问题分析原因、落实责任、及时整改。全市运行管理站区环境卫生干净整洁，运行管理人员精神面貌得到改善提升，取得一定成效，不断推进配套工程运行管理工作规范化标准化精细化。

（高功懋）

【运管模式】

许昌市南水北调配套工程设两级调度运行管理：许昌南水北调中心和各县（市、区）南水北调（水务保障、移民服务）中心；许昌南水北调中心及所属市南水北调配套工程管理处负责许昌市配套工程的供水调度运行管理工作；许昌各县（市、区）南水北调（水务保障、移民服务）中心负责分水口供水工程的供水运行调度管理，其中15号分水口供水工程由襄城县南水北调中心负责管理，16号分水口供水工程由禹州市水务保障中心负责管理，17号分水口供水工程由建安区移民工作服务中心负责管理，17号分水口鄢陵供水工程由鄢陵县南水北调中心负责管理，18号分水口供水工程由长葛市南水北调中心负责管理。

（屈楚皓）

【维修养护】

许昌南水北调中心加强与维修养护单位对接，理顺维修养护工作机制，维修养护单位按照年度季度月度维修养护计划和规定的频次、标准质量及时间要求，完成维修养护工作内容。2021年共下发27个专项维修工作联系单，其中管线22个，泵站5个。完成全市电气和机电设备接地整改、15号分水口襄城县城区管理站电磁流量计维修、16号分水口供水线路管道裸露、管理设施墙体修复专项维修。2021年根据省建管局要求许昌南水北调中心配合有关单位按照设计要求和合约规定，完成配套工程电气设备及泵阀调试，实现用流量控制调流阀的目的。

【水毁工程修复】

2021年许昌市南水北调配套工程列入《河南省南水北调配套工程灾后恢复重建项目台账》水毁修复项目共3个。17号口门鄢陵供水工程鄢陵县管理所受雨水影响，院内局部地面塌陷，主供电线缆断裂；15号口门襄城县管理所一楼自动化设备间、厨房、部分办公室地面不同程度沉降10~40 cm，散水沉降15 cm；17号口门二水厂管理站多处裂缝、低洼易涝。许昌市南水北调中心组织配套工程管理处和相关县（区）南水北调（移民服务）中心督促项目实施单位按照上级要求时间节点推进。鄢陵县管理所院内地面局部塌陷和主供电线缆断裂修复7月经鄢陵县南水北调中心应急处置完成；襄城县管理所室内地面和散水沉降修复完成；建安区二水厂管理房水毁修复项目，许昌市南水北调中心协调项目实施单位配合设计单位多次到现场协调沟通，并由设计单位编制17号口门二水厂水毁工程修复实施方案，11月9日省南水北调建管局组织联合审查。

（许攀）

【巡视检查】

2021年每月各县（市、区）制定巡查计划报许昌南水北调中心审批，组织市管理处监督工程巡查人员按照每周不少于2次、每次针对重点阀井、部位进行影像资料留存，不定时对各县（市、区）巡视检查进行抽查。汛前、节假日或特殊情况加密频次对规定供水管线、阀井、管理设施、阀门阀件及电气设备进行巡查，督促各县（市、区）开展场外供电高压线路定期巡查、特殊巡查，其中许昌南水北调中心组织开展督查巡查共48次。加强穿越邻接项目监督管理，指导各县（市、区）严格执行审批程序，建立工作台账，加强现场监管，严格按照批准的方案实施。重点对在建和拟建的鄢陵县玉兰路、建安区永兴东路、豫中物流港铁路专用线工程穿越邻接配套工程项目实施审批并加强现场监管。

【防汛与应急】

2021年许昌市南水北调中心按照省市相关要求开展安全管理及防汛度汛工作，成立安全度汛领导小组，编制应急预案和度汛方案，加强防汛工作的组织领导，做到人员、机械、设备、物资等安全度汛措施落实到位，实行24小时汛期值班制度，保证雨情水情工情信息畅通。全年开展两次消防安全宣传教育培训，组织指导各县（市、区）开展11次消防安全和防汛应急演练。分级签订安全生产责任书，落实安全生产责任，开展安全生产隐患全面排查，建立安全隐患台账，共排查出105处隐患，全部完成整改。

【保护范围划定】

2021年许昌市南水北调中心配合省南水北调建管局和勘测设计单位开展配套工程管理和保护范围勘测定界。收集配套工程建设资料，组织各县（市、区）南水北调机构配合省水利勘测公司完成许昌配套工程现场探测，并协调自然资源和规划部门搜集城乡规划图，划分工程城镇和非城镇区域，为后期工程管理和保护范围划边立界做准备。

（胡建涛）

【供水效益】

许昌市南水北调配套工程全长约150 km，

年分配水量2.26亿 m³，许昌市区（1.0亿 m³）、襄城县（1100万 m³）、禹州市及神垕镇（3780万 m³）、鄢陵县（0.2亿 m³）、长葛市（5720万 m³）供水。全市供水区域335.28 km²，受益人口227.23万人。

截至2021年12月31日，许昌市南水北调配套工程累计供水11.21亿 m³，其中生活用水5.54亿 m³，生态用水5.67亿 m³（包含颍河退水闸2.78亿 m³）。2020—2021年度计划用水16146.73万 m³，累计供水14943.24万 m³（不含颍河退水闸），完成率92.5%。其中15号线路向襄城县供水913.03万 m³；16号线路向禹州市区及神垕镇供水2358.63万 m³；17号线路向市区（含鄢陵县）及河湖水系供水8026.31万 m³（其中生活用水5540.8万 m³，生态供水2485.51万 m³）；18号线路向长葛市及水系供水3645.27万 m³（其中生活用水1292.24万 m³，生态供水2353.03万 m³）；干渠颍河退水闸分水3656.74万 m³（其中生态补水1880.63万 m³，生态退水1776.11万 m³）。通水后累计调度用水514次，申请省调度84次；2021年度调度用水75次，申请省调度18次。全市供水面积335.28 km²，受益人口227.23万人，为许昌市"五湖四海畔三川、两环一水润莲城"特色水系提供有力的水资源保障。许昌市水环境水生态各类指标有明显改善，河湖水系水体水质从原来的劣V类提高到IV类和III类，河流出境断面水质稳定达标，地下水漏斗区逐渐恢复，浅层地下水不断回升。

（杜迪亚）

郑州南水北调中心

【概述】

2021年，郑州市南水北调配套工程运行管理按照市、县分级负责体制，健全运管制度，强化规范操作，提高精细化管理水平；优化运行管理岗位人员配置；轮换参加省南水北调建管局业务培训，举办运管学习交流会，以评促学，以学促管，提升运管队伍的整体业务素质。按照泵站功能和任务，突出差异化管理，加强督导检查。依据南水北调相关管理规定和国家、行业相关工作标准与技术要求，从调度管理、巡视检查、安全管理、督导考核、档案管理65个方面建立工作制度，落实安全生产责任制，提高运行管理规范化。

【线路巡查】

郑州市南水北调配套工程线路巡查防护分为19～24号和24-1号口门、中牟末端管理站8个线路巡查防护单位。李垌泵站现地管理机构负责19号口门到老观寨、望京楼水库和新郑一水厂、二水厂线路范围内的全部阀井和输水管线巡视检查，输水管线长15.19 km，阀井106座。小河刘泵站现地管理机构负责20号口门至港区一水厂、二水厂及中牟水厂港区段线路范围内的全部阀井和输水管线巡视检查，输水管线长约19 km，阀井115座。中牟末端管理房现地管理机构负责20号口门至中牟水厂中牟段线路范围内的全部阀井和输水管线巡视检查，输水管线长约10 km，阀井37座。刘湾泵站现地管理机构负责21号口门至刘湾水厂及尖岗水库至刘湾水厂线路范围内的全部阀井和输水管线巡视检查，输水管线长14.45 km，阀井31座。密垌泵站现地管理机构负责22号口门至尖岗水库线路范围内的全部阀井和输水管线巡视检查，输水管线长3.25 km，阀井18座。中原西路泵站现地管理机构负责23号口门至柿园水厂、白庙水厂及常庄水库线路范围内的全部阀井和输水管线巡视检查，输水管线长21.36 km，阀井97座。前蒋寨泵站现地管理机构负责24号口门至荥阳四水厂线路范围内的全部阀井和输水管线巡视检查，输水管线长2.37 km，阀井20座。蒋头泵站现地管理机构负责24-1号口门至上街规划水厂线路范围内的全部阀井和输水管线巡视检查，输水管线长8.96 km，阀井54座。2021年8条线路巡查频次1周2次，全年进行安全生产检查12次，查出安全生产隐患全部完成整改。每日智能巡检系统对泵站、现地管理站巡查线路、巡查频次、巡查问题上报情况进行线上检查。工程完好平稳运行，实现零事故运行。

【防汛与应急】

印发《关于做好2021年郑州南水北调配套工程防汛度汛工作的通知》，安排落实各项防汛要求；组织召开防汛工作会议，各运管和维护单位建立健全防汛组织体系，落实岗位职责和应急抢险机制；安排防汛物资储备，保障随时投入抢险；落实防汛值班制度；组织各区、县（市）南水北调运管机构编制配套工程度汛方案和防汛抢险应急预案；各辖区内配套工程设施进行汛前全面检查，对发现的度汛安全隐患建立台账，限时整改到位；组织开展防汛专项检查活动，对落实情况进行督导。

在"7·20"超标准暴雨灾害中，郑州南水北调配套工程多处受损，个别地方出现较大险情。郑州南水北调中心按照全市统一部署，迅速进入防汛应急状态。中层以上干部联系分包相关县区，协助配套工程防汛；密切关注汛情，及时到现场查看险情，指导抢险工作；动态掌握防汛抢险进展，协调解决各种困难；紧急增加购置水泵、柴油等设备物资；组织维修抢险专业队。经过全体人员抢险，把特大暴雨对南水北调工程运行造成的灾害损失降到最低程度，保障人员安全、工程安全、运行安全。

【维修养护】

2021年，维修养护单位中州水务控股有限公司适时汇总各泵站机组运行工况，从累计运行时间、振动异响、泵体发热、出水工效变化等各项指标进行综合评估，确定需要大修的机组，编制专项维修方案，协调省南水北调建管局审查批复。实施中结合用水需求变化，合理安排和优化维修方案，在完成设备大修任务的同时，将对供水的波动影响控制在最低程度。

开展站区环境卫生专项整治活动，组织对各泵站、现地管理房、管理处所按市、区（县）两级分片包干，明确责任到人，制定配套工程站区环境卫生包干责任表，郑州南水北调中心和各区县管理机构主要运管人员均有分工，并明确重点负责所分配管理区域各项运管事宜的实施、沟通、协调和督导。

【供水效益】

2021年，在郑州经历"7·20"特大暴雨的复杂局面下，全年实现南水北调工程供水7.29亿 m^3，其中生活供水5.85亿 m^3，生态补水1.44亿 m^3，保持南水北调供水安全平稳。规划的南水北调受水目标全部通水，供水范围实现全覆盖，受益人口720万人。

南水北调中线工程途经郑州市新郑、航空港区、中牟、管城区、二七区、中原区、高新区、荥阳3县（市）5区，郑州境内干渠全长129 km。截至2021年11月30日，郑州市累计供水量36.9亿 m^3，其中生活供水31.7亿 m^3，生态补水5.2亿 m^3。

在改变沿线供水格局的同时，南水也改善受水区的水质。中线源头丹江口水库水质95%达到Ⅰ类水，干线水质连续多年优于Ⅱ类标准，郑州群众的饮水质量显著改善，幸福感和获得感随之增强。

南水北调工程的生态效益愈加明显。郑州的地下水主要供水层位是地面以下埋深100 m~400 m的中深层地下水，占郑州市地下水供水总量的70%以上。南水北调中线工程通水后，郑州市受水区地下水超采现象得以遏制，中深层地下水年平均水位由2014年的54.16 m回升到2020年的44.7 m，6年回升9.46 m，地下水水源得到涵养。

南水北调工程在郑州市境内129 km，渠道水面1.5万亩，相当于百亩水面的湖泊150个。位于中原西路的郑州南水北调供水配套工程23号口门泵站，每天约有60万 m^3丹江水从这个泵站输送到柿园水厂、白庙水厂，同时泵站还承担向常庄水库充库调蓄供水的功能。

郑州南水北调供水配套工程从干渠7个分水口引水，分别向新郑市、中牟县、航空港区、郑州市区、荥阳市和上街区供水，规划年分配水量指标5.4亿 m^3。南水北调中线工程通水后，郑州市城市供水实现真正意义的双水源，南水北调工程供水已经成为郑州中心城区自来水的主要水源。

（刘素娟　周　健）

焦作南水北调中心

【运行调度】

按照2020-2021年度水量调度计划编制焦作市南水北调配套工程年度供水调度方案；每月各县区申报下月水量计划，逐月编制供水运行调度方案；协调9个现地管理站按时与各受水水厂、干渠焦作管理处和温博管理处开展水量联合计量，及时与干渠及省南水北调建管局核对当月水量、整理水量信息，制作月度供水报表，水量计量及时准确，数据全面真实，2021年共编写调度函20份。

【制度建设】

2021年，完成焦作供水配套工程供水运行工作制度"手册化"，供水运行管理与操作工作可以随手查流程、找制度依据，为供水运行工作提供制度保障。

制定业务流程图20套。以省南水北调建管局下发重力流输水、泵站管理规程为依据，梳理、编辑、审查、修改7年的供水运行实践经验，制作调度计划执行、工作票办理、停水供水操作、流量调节、事故处理、安全检查等20个工作的流程图。组织编制并印发焦作市南水北调配套工程《供水运行工作手册》《供水运行工作制度汇编》《安全管理制度》《现地站环境卫生管理工作手册》《供水运行工作业务流程图》，工作流程实现制度化、手册化、流程化。

（侯艳菲）

【员工培训】

2021年，按照焦作南水北调工程运行保

障中心编制的年度培训计划，委托焦作市鹏翔应急安全技术服务有限公司对市县南水北调中心及管理站、泵站42人进行安全双预防系统技术培训；组织开展消防培训及应急演练培训；泵站电机厂家对设备日常维护及保养知识技能培训、机电设备运行维护技术培训和新员工入职培训，培训成效明显达到预期效果，运行管理工作更加规范高效。

（贾军祥）

【维修养护】

制定维修养护计划　2021年是省南水北调建管局委托河南省水利第一工程局对焦作市南水北调配套工程进行维修养护工作的第二年，按照委托合同内容，河南省水利第一工程局及时提交年度、季度维修养护计划和方案；对2021年雨情汛情，与各现地管理站人员现场调查水毁情况，及时向省南水北调建管局提出维修养护需求。

加强维修养护现场管理　现地管理站值守人员配合开展维修养护工作，及时汇报维修养护进度；对工作量大、难度高、危险性大的维修养护项目的作业方案，包括28-2现地管理站调流阀室房顶维护，焦作南水北调中心共组织专项作业方案审查3次，维修养护作业期间，技术人员现场督导，确保现场作业安全、工程质量满足要求。

严格审查维修养护工程量　按照省南水北调建管局委托工作内容，对维修养护单位报审的现场维修养护工作内容，要经现地管理站工作人员实地签字，焦作南水北调中心再组织专业人员对工程量进行审查，依据实际施工方案核实专业项目单价。

【站区环境卫生专项整治】

2021年按照省南水北调建管局安排组织开展环境卫生专项整治活动。成立工作小组、制定活动方案，印发《市南水北调工程运行保障中心站区环境卫生专项整治工作领导小组》，制订《焦作市南水北调配套工程站区环境卫生专项整治工作方案》《现地站环境

卫生管理规定》，为专项整治活动建立组织保障和措施保障。持续督导、全面排查2021年开展的卫生整治活动把现地管理站、泵站、调流调压阀室以及管理处所自动化系统调度控制室、UPS电源室、综合机房等作为环境卫生专项整治活动的重点内容，建立环境卫生长效管理机制，每月不定时突击检查，达到日常管理长态化的工作目标。日检查、月考核、季通报，落实卫生责任制度，对各管理站卫生情况及时记录打分，对9个管理站2个泵站进行排名评先，经综合评估，对比较先进的25现地管理站、28-3现地管理站、27-1现地管理站、28-2现地管理站、26-3现地管理站等5个站区给予通报表彰，受表彰的站区予以每站200元奖励。对省南水北调建管局暗访发现的问题制定整改方案，开展专项整改和评比，并提交整改报告。日检查、月考核、季通报机制初见成效。

【防汛与应急】

2021年，焦作市遭遇"7·20"特大暴雨，焦作市南水北调供水配套工程与干渠工程经受历史未有记录暴雨的考验，整个汛期，焦作市境内南水北调供水正常。

防汛预案切实可行　2021年对南水北调配套工程防汛预案进行修订完善，开展防汛演练、多次与中线干渠焦作管理处、焦作市水利局开展联合防汛演练，完善预案。

汛前物资储备充足　入汛前期，焦作南水北调中心派专人对11个现地管理站开展防汛物资清查摸底、统计上报，全面进行补充更新，各个现地管理站共补充沙袋2700个、抽排水泵15台。在强降雨期间，焦作南水北调中心领导、县区领导不顾雨洪阻路、现地管理站被洪水围困的险情，及时向现地管理站供给饮食，现场指挥、提供技术支持，确保物资供应充分；对现地管理站电气控制室电缆沟进水、调流阀室地下水向上喷涌等危机，现场指挥开展抽排和围堵，现地管理站运行操作人员在大雨中装砂袋堵洪水、架设

水泵排水，日夜奋战，坚守岗位。

靠前指挥严防死守 2021年"7·20"特大暴雨和几次重大雨情险情，焦作南水北调中心均第一时间下发通知，各管理站及泵站所有工作人员全员在岗、严防死守，严格落实24小时电话通畅，保障信息上传下达及时有效。强降雨过后，各现地管理站迅速排除院内积水，对洪水留下的垃圾进行彻底清理、开展全面消杀处理；对强降雨水毁工程第一时间排查上报，及时组织专业运行维护单位完成维修养护工作。

【供水效益】

截至2021年10月31日，2020—2021年度焦作市实际使用南水北调水量10046.13万 m³，推算受益人口约204万人，较2020年新增南水北调受水人口约43万人，焦作市南水北调供水人口覆盖率达到58%。生态补水范围扩大，保证焦作市区群英河生态基流每月正常补水，同时向水利厅申请、与省南水北调管理局沟通，通过闫河退水闸生态补水247.96万 m³，完成焦作市区龙源湖及相关水系水体替换、水质提升任务；2021年是南水北调27号分水口与焦作市大沙河水系连通的第一年，是南水北调中线干渠焦作段通过分水口向河道生态补水的开启年。2021年向大沙河生态水系和湿地公园补水347.18万 m³；同时实现25号分水口向温县环城水系生态补水164.7万 m³。2021年生态补水总量759.84万 m³。南水北调中线干渠在焦作境内生态补水的渠道增加、生态补水范围扩大、供水效益得到实质性拓展。

（侯艳菲）

新乡南水北调中心

【运行调度】

2021年，新乡南水北调中心设置运行调度科，共有正式人员4人，劳务派遣人员4人，下设9个现地管理站，14个现地管理房，共有运行管理人员81人，其中机关13人，现地管理站68人。按照年度供水目标严格管理，2020—2021年度供水量1.45亿 m³，供水规模位居全省第四位，较上年度增长2819.7万 m³，增幅22.14%。8月开始向河南心连心化学工业集团股份有限公司供水，2021年供水302.7万 m³。

【维修养护】

2021年配合新区水厂二期工程调试、孟营水厂管道改建、心连心公司供水管道连接进行水量调度。根据省市有关安全工作要求，加强关键环节安全生产工作，开展安全隐患排查，为巡线人员配备安全绳、安全带、安全扣设备，为各管理站配备安全警示标志，在电缆沟上增加水泥盖板、绝缘地垫。创新使用自动化监控系统、安防系统、配套工程基础信息、巡检职能管理系统开展日常管理。按照省南水北调建管局要求，组织开展站所环境整治全面提升站容站貌。统一配发被褥、床单、春秋工装，明确运管人员内务卫生标准。更换32号线各站的旧窗帘和室内外照明设施。1月19日在新乡市委党校召开运行管理工作会议，表彰先进管理站和个人。5月28日邀请省南水北调建管局和省水利勘测设计院等4名专家，组织业务培训。2021年1~10月共组织维修养护阀井2160座次、养护现地管理房120座、电气设备1240台次，对管道主体及阀件设备进行养护作业。

【线路巡查】

巡线员每天对管辖范围内的输水线路巡查1次，每周对输水沿线阀井及内部设备进行巡视检查不少于1次，巡视检查有记录，特殊巡查时间根据具体情况或上级指令执行。2021年组织维修养护阀井3612座次、养护现地管理房168座、电气设备1248台次，对管道主体及阀件进行渗漏检查和除锈、防腐、涂漆及涂抹黄油作业。

【防汛与应急】

2021年，组织各现地管理站对管辖范围

内配套工程进行汛期巡视检查，开展防汛安全大排查，对配套工程与河渠交叉的9处倒虹吸工程风险点及配套工程与公路、铁路交叉建筑物进行专项防汛安全检查。为各管理站配发防汛布袋800个、编织袋1600个、工兵锹32把、铁镐16把、手套32包、头灯16个。

【供水效益】

2020-2021年度新乡市完成供水1.55亿m³，超额完成目标任务7.38%。2015年6月30日通水以来，新乡市规划的9座受水水厂依次通水，受水区域、受益人口、用水量逐步增加，全市7年累计供水6.79亿m³，受益人口220万。

2021年4月29日，新乡市开始实施第四次南水北调生态补水，补水目标增加到六河四湖、峪河南支、黄水河支、大沙河、共产主义渠、卫河、香泉河和牧野湖、百泉湖、共海湖、杭庄西湖，其中卫河、共产主义渠、牧野湖是首次补水。共补水3882.63万m³，沿线机井水位上升3~10m。

（郭小娟　周郎中）

濮阳市南水北调办

【概述】

2021年，濮阳市南水北调配套工程运行平稳，实现供水安全的总目标。截至2021年底，工程累计供水4.3亿立方米，其中，2020-2021供水年度供水9232.69万m³，占年度计划8784万m³的105.11%，指标消纳率78%，位居全省前列。共收缴水费7935.926万元，年度收缴率87.59%，比2020年同期增长38.59%，累计收缴率67%。濮阳县、范县、台前县先后通水，标志濮阳市实现南水北调工程供水全域覆盖，构筑起"3条主管线连通全市、9座水厂覆盖城乡、76座配水厂直供乡村"的城乡一体化供水新格局。

【员工培训】

2021年濮阳市南水北调办组织南水北调配套工程运行管理、维护与设施保护等相关知识培训班4期，培训人数180人次。4月27~29日，选派4人参加河南省南水北调配套工程竣工财务决算编制培训班；10月18~22日，选派4人参加省南水北调建管局南水北调工程运行管理培训班。濮阳市南水北调办持续加强运管队伍建设。修订完善《濮阳市南水北调配套工程现场机构管理考核细则（试行）》，加强运管人员的考核力度。全年共印发运行管理通报62期，奖励7人次，处罚18人次。

【维修养护】

濮阳市南水北调配套工程维修养护由河南水利第一工程局负责。维修养护单位按照月维修养护计划，对供水管道主体和阀件设备进行渗漏检查及防腐、涂漆作业。2021年专项维修项目有濮阳配套工程阀井围墙刷漆、濮阳配套工程阀井土方沉降恢复、西水坡站围墙修复、管理站内外墙粉刷、管理处绿化管道铺设。

【线路巡查防护】

2021年，濮阳市南水北调办智能巡检系统全天候监管，修订《濮阳市南水北调配套工程现场机构管理考核细则（试行）》，细化月考核内容和工作标准，推进运行管理制度化规范化建设。濮阳市城区段工程沿线建设项目多，对输水管线附近的建设工地、道路施工项目，进行全天候监测，发现问题及时整改，全年共埋设工程设施保护警示牌、警示桩和地标牌65个。按照管理权限和报批程序审批农村供水四化工程连接项目施工2处（范台线连接、濮阳县连接），穿越邻接工程3处。共发现5起穿越邻接项目未经审批施工，濮阳市南水北调办向相关单位发放违规告知书2份，处理及时，没有上升到执法阶段。

【防汛与应急】

2021年濮阳市南水北调办根据工程实际开展工程防汛工作，制定详细的防汛方案。4月29日，召开防汛工作会议，制订《濮阳市南水北调2021年度防汛工作方案》。开展汛期工作部署，6 月 21 日，组织防汛应急演练，备足备齐防汛抢险物资。及时修复水毁工程 7 处。严格执行 24 小时防汛值班制度，落实防汛值班责任制和领导带班责任制，对汛期值班中的突发情况处理流程进行规范，提高应对汛期突发事件的效率。濮阳市南水北调配套工程在汛期运行平稳，未出现险情。

【供水效益】

截至 2021 年 12 月，累计南水北调供水 4.3 亿 m³，其中 2020-2021 供水年度供水 9232.69 万 m³，指标消纳率 77%。供水范围覆盖濮阳市全境，受益人口 400 万人。

【新增供水目标】

2021 年，濮阳市政府对 1.19 亿 m³ 指标水量进行调剂分配，范县、台前县每天各 3 万 t，濮阳县在原市政府批复的每天 5 万 t 指标内调剂。5 月 8 日，濮阳市水利局向水利厅报送《濮阳市水利局关于利用濮阳市南水北调配套工程 35 号口门输水管线新增向濮阳县、范县、台前县供水的请示》（濮水〔2021〕30 号），6 月 11 日，《河南省水利厅关于利用南水北调配套工程 35 号口门输水管线新增向濮阳县、范县、台前县供水的批复》（豫水调〔2021〕5 号）原则同意在 35 号线新增向范县、台前县、濮阳县供水。2021 年濮阳市新增范县、台前县、濮阳县 3 处供水目标。濮阳县 11 月 15 日正式通水；范县、台前县 12 月 4 日试通水。

（杨宋涛　王道明）

鹤壁市南水北调办

【概述】

2021 年，鹤壁市南水北调办落实省南水北调建管局运行管理工作要求，开展南水北调配套工程 34 号、35 号、36 号分水口线路供水和工程设施、电路、阀件的日常运行及维护、检查工作。完成鹤壁供水配套工程运行维护及管理工作劳务派遣合同签订，举办培训班，编制申报 2020-2021 年度水量调度计划，投入使用巡检智能管理系统。截至 2022 年 1 月 1 日上午 8：00，累计向鹤壁市供水 38013.53 万 m³，其中向城市水厂累计供水 26517.48 m³，淇河退水闸向淇河生态补水 11496.05 万 m³。

2021 年鹤壁市配套工程"一处三所两个中心"建设基本完成，黄河北维护中心合建项目完成消防验收；黄河北物资仓储中心完成竣工备案；淇县管理所、浚县管理所完成竣工验收。

【运行调度】

2021 年，鹤壁市南水北调办共接到省南水北调建管局调度专用函 12 次，鹤壁市南水北调办印发调度专用函 31 次，分别为鹤调办水调〔2021〕1-31 号，向配套工程各管理站下达调度指令。

值班人员接到调度指令时，根据指令填写阀门操作票详细记录流量、阀门开启度和操作时间，填写电话指令记录表，记录下令人姓名、电话、指令内容、下令时间，执行完毕命令后，及时向下令人反馈。未接到调度指令严禁私自进行调整。当濮阳市、滑县、鹤壁市各水厂用水量发生变化时，根据省南水北调建管局调度专用函或其他书面通知要求，各相关现地管理房及泵站加大管线巡视频率和流量计观察频率，流量计加密观察时间为调度开始后 12 小时，必要时延长时间，并据实填写《现地管理站运行管理记录表》。

【运管模式】

鹤壁市南水北调办以泵站委托管理和现地管理机构直接管理的模式开展工作。配套工程维修养护工作由省南水北调建管局招标确认的河南省水利第一工程局承担。鹤壁市南水北调办现有正式在编人员 10 名，社会招聘 81 人，分派到市南水北调办机关、34-2、35-1、35-2、35-2-1、35-3、35-3-3 现地管理站和淇县管理所、浚县管理所。2021 年 10 月与河南省水利第一工程局续签《鹤壁市南水北调配套工程泵站代运行项目续签服务合同》代为管理34号分水口门铁西泵站和36号分水口门第三水厂及金山水厂泵站，为泵站运行管理提供技术支持和服务，同时承担配套工程铁西泵站、第三水厂泵站内所有建（构）筑物与机电、金属结构和自动化调度系统设备的运行、巡视检查和日常管理及金山水厂泵站管理维护。

2021年11月，根据省水利厅印发的《河南省南水北调配套工程运行管理预算定额（试行）》，按照省南水北调建管局要求，编报鹤壁市南水北调办2022年度运行管理费支出预算及2022-2024年运行管理费资金计划。

【用水总量控制】

2021年，鹤壁市按时上报年度、月用水计划和水量确认单，严格控制用水量和供水流量，与干渠和各用水单位水量确认率100%。截至11月1日完成供水量7998.55万 m³，其中城市水厂4690.06万 m³，淇河退水闸3308.49万 m³，占2020-2021年度计划供水量4354万 m³的107.72%（不含淇河退水闸）。

【线路巡查防护】

鹤壁市南水北调配套工程线路巡查防护工作共分34-2、35-1、35-2、35-3、35-3-3现地管理站及34号口门铁西泵站、36号口门刘庄泵站7个巡查防护单元。

①34-2现地管理机构负责34号分水口门城北水厂支线范围内的全部阀井和输水管线的巡视检查工作，范围内输水管线全长5.03 km，沿线各类阀井14座。②35-1现地管理机构负责35号分水口门进水池至VB15之间的全部阀井和进水池至VB16之间的输水管线及第四水厂支线范围内的全部阀井和输水管线的巡视检查工作，范围内输水管线全长7.9 km，沿线有进水池1座，各类阀井25座。③35-2现地管理机构负责35号主管线VB16至VB28之间的全部阀井和VB16至VB29阀井之间的输水管线，36号金山水厂支线（不含泵站内）范围内的全部阀井和输水管线的巡

视检查工作，范围内35号输水线路10.52 km，36号金山支线4.9 km，沿线有各类阀井34座，1座双向调压塔。④35-3现地管理机构负责35号主管线VB29至VB47之间的全部阀井和VB29至VB48阀井之间的输水管线的巡视检查工作（包括VB52、VB53阀井），范围内输水线路全长14.365 km，沿线各类阀井22座。⑤35-3-3现地管理机构负责35号线VB48至VB60之间的全部阀井和输水管线（不包括VB52、VB53阀井），浚县支线和滑县支线全部阀井和输水管线的巡视检查工作。范围内输水线路全长14.185 km，沿线有各类阀井34座，单向调压塔1座。⑥34号分水口门铁西水厂泵站负责站内与铁西水厂支线范围内的全部阀井及输水管线，巡视输水管线0.75 km，各类阀井12座。⑦36号分水口门刘庄泵站负责第三水厂泵站、金山水厂泵站、36号线路第三水厂支线范围内的全部阀井及输水管线，巡视输水管线全长1.5 km，各类阀井25座。36号线金山水厂支线巡查频次为1周2次，其他线路均为1天1次。2016年招聘的运行管理人员，严格按照相关制度开展配套工程巡视检查工作。

2021年在日常巡线过程中共发现及制止有危及工程运行安全的行为5起，向相关单位下发5个停工通知单，没有一起上升到执法阶段，保证配套工程供水和设施设备安全。

（冯　飞　张素芳）

【维修养护】

配套工程的维修养护由省南水北调建管局招标，确定由河南省水利第一工程局负责鹤壁市配套工程各现地管理机构2021年维修养护各项工作。根据省南水北调建管局《关于鹤壁市南水北调配套工程泵站代运行项目续签合同有关事宜的复函》，鹤壁市南水北调办与河南省水利第一工程局于2021年10月签订《鹤壁市南水北调配套工程泵站代运行项目续签服务合同》。鹤壁市南水北调办按照省南水北调建管局下发的日常维修养护技术标

准，组织维修养护单位按时完成2021年月度季度年度阀井维修、养护、抽水、打扫等维护工作。

【防汛与应急】

汛前编制完善《鹤壁市南水北调配套工程2021年度汛方案》和《鹤壁市南水北调配套工程2021年防汛应急预案》，开展汛前检查工作，排查安全隐患，严格执行防汛抢险救灾期间值班值守、预警预报。组织各站所工作人员开展防汛演练4次。7月中旬分别召开防汛专题会议及防汛现场会，研究分析存在问题，提出整改措施并及时落实处置。各管理机构完善应急措施，排查潜在风险，"汛期不过、排查不停、整改不止"。

"21·7"特大暴雨使鹤壁市配套工程各管理站所经受极大考验，暴雨倾泻、道路淹没、交通瘫痪、信号中断，许多村庄和农田被洪水淹没成为一片汪洋，配套工程个别站所成为孤岛。鹤壁市南水北调办迅速组织防汛力量，安排部署配套工程各管理机构开展防汛抢险。全体工作人员及各现地管理站所运行人员一律取消休假全员到岗，机关工作人员到现场支援。各管理站所工作人员在暴雨中持续不断对管理站所内的积水进行抽排、检查房屋建筑物安全情况，实时观测阀井流量，综合判断管线运行情况。同时与市防办、市水利局等单位保持密切联系沟通，及时掌握水情汛情工情信息。"21·7"期间配套工程各管理站所共投入使用水泵32台、大型柴油发电机3台、发电机照明车2台、小型发电机5台、防汛沙袋1700个、编织袋700个、雨靴50双、手电筒和头灯等防汛抢险物品。确保南水北调配套工程在暴雨中受灾程度降到最小，保障配套工程在汛情中工程安全、供水安全、人员安全。

鹤壁市南水北调办及时开展配套工程水毁工程修复工作，对重点部位、关键环节加大排查力度，重点检查工程设备设施水毁情况，对排查出的问题建立安全隐患整改台账，并根据现场实际情况采取相应措施，及时修复。对影响防汛的水毁工程立即组织修复，完成卫河河堤管涌抢险施工、35-1现地管理房围墙施工、35-2现地管理房排水工程施工。

【站区环境卫生专项整治活动】

根据省南水北调建管局《关于配套工程站区环境卫生专项整治暗访情况的通报》要求，落实配套工程站区环境卫生专项整治活动的各项内容，按照属地管理原则，开展环境卫生专项整治活动，将管理处所自动化系统调度控制室、UPS电源室、综合机房、泵站、调流调压阀室以及现地管理站区作为环境卫生专项整治活动重点内容，并把站区内环境卫生情况纳入月考核的重点内容。2021年组织配套工程管理站所开展先进集体卫生评比7次，评出先进单位14个，站区环境卫生取得良好的效果。

【员工培训】

2021年组织运行管理人员开展业务技能培训、防汛演练、消防演练等各项培训演练9次。组织各管理所、泵站、现地管理站定期学习南水北调工程运行管理、维护与设施保护相关知识。

【巡检智能管理系统正式运行】

2021年，鹤壁市南水北调办组织对南水北调配套工程巡检设备进行重新登记，对各巡检小组进行重新分组，省南水北调建管局正式接收巡检系统并进入正式运行阶段。鹤壁市各巡检运行小组均可正常进行线路、阀井、管理房巡检。全年组织配套工程各站所开展站内巡视检查共计8887次；仪器设备检查共计26650次；阀井及线路巡视共计929次。

【供水效益】

鹤壁市南水北调配套工程受水区4个县区，34号、35号、36号分水口向淇县铁西水厂、淇县城北水厂、浚县城东水厂、鹤壁市第三水厂、鹤壁市第四水厂、鹤壁市开发区金山水厂（供水目标）供水，其中金山水厂暂未建设。2021年1月1日~12月31日，鹤壁市南水北调受水7992.11 m³，其中淇县1517.25万m³，浚县884.14万m³，新区2282.23万m³，淇河退水闸向淇河生态补水3308.49万m³。

（王路洁　王志国）

安阳南水北调中心

【概述】

安阳南水北调配套工程有4条（35、37、38、39号）供水线路，其中安阳市负责运行管理的输水管线约92 km（滑县境内输水管线自行管理），每年向安阳分配水量28320万m³（不含滑县），其中安阳市区13260万m³、汤阴县3600万m³、内黄县3000万m³、林州市4000万m³、龙安区1000万m³、殷都区2000万m³、安钢水厂1460万m³。

2021年，安阳南水北调中心规范运行管理，落实24小时值班值守制度和巡视检查制度；严格执行运行管理月度考核制度；按照月水量调度计划精准调度。实施第二批现地管理站形象提升，对制度牌、平面图、标语进行更换或翻新。调流调压室内加装高瓦数工矿灯，改善室内作业环境。对阀件内电动阀件远程控制设备失灵问题，邀请专业人员予以解决，已恢复正常。对现地管理站草坪植株枯萎进行补种补栽，同时新栽种海棠、碧桃、樱花、高杆月季等苗木。每周五组织全市运管人员进行业务知识集中学习。不定期对现地值守和管线巡查工作进行检查。按照年度、季度、月度计划进行维修养护。组织运管人员学习新《安全生产法》和习近平总书记关于安全生产的批示指示精神，制定完善安全生产管理制度，开展安全生产大检查、大排查、大整治活动，组织各管理站所开展消防演练。

【水量调度】

2021年，安阳南水北调中心及时编制年度供水计划，并严格按照上级水行政主管部门的批复执行。每月15日前，编制报送月供水计划和调度方案并组织实施，全年共编报月调度方案、运行管理月报各12期。全年共向省南水北调建管局报送"调度专用函"45份（次）；向现场下达"操作任务单"62份（次）；按批复意见完成地方协调和现场操作，规范调度程序，保证供水运行安全。每月1日协调干渠管理处和受水水厂，现场进行供水水量计量确认，并将水量确认单按时报送省南水北调建管局，全年共签认水量计量确认单125份。

【运管模式】

2021年，根据省南水北调建管局要求，安阳南水北调中心在建管科设运行管理办公室，暂时牵头负责全市具体运行管理工作。市区38、39号线运管工作暂由滑县建管处代管，并依托汤阴县南水北调中心和内黄县南水北调服务站，成立市区、汤阴县和内黄县三个运行管理处，负责水量调度、运行监督检查和辖区内的运行管理工作。2021年印发《安阳市南水北调工程运行保障中心关于贯彻落实省委省政府加强安全生产责任落实若干制度的通知》《安阳市南水北调配套工程运管人员工资计发办法》。

【供水合同签订】

2021年3月25日与省南水北调建管局签订《河南省南水北调配套工程供水合同》，安阳南水北调中心分别与安钢集团冷轧有限责任公司、汤阴县南水北调中心、安阳水务集团公司、内黄县水利工程和南水北调配套工程服务站签订《安阳市南水北调配套工程供水合同》，并与汤阴县南水北调中心和内黄县水利工程和南水北调配套工程服务站补签2018-2019、2019-2020年度供水合同（协议）。2021年5月24日与林州市水利局签订3个年度供水合同（协议）。

【维修养护】

2021年，依据省南水北调建管局《河南省南水北调受水区供水配套工程重力流输水线路管理规程》《河南省南水北调配套工程日常维修养护技术标准（试行）》和原安阳市南水北调办印发《安阳市南水北调配套工程维修养护管理办法（试行）》要求，加强与省南水北调建管局委托的配套工程维修养护单位（河南省水利第一工程局）沟通联系。日常维修养护和巡查详细记录，发现问题及时上报现场运管处，由现场运管处建立问题台账，每月末报安阳南水北调中心运管办，汇总后发给维修养护单位，作为编制下月维修养护计划的依据。对于专项维修养护，由维修养护单位编制并上报方案，安阳南水北调中心安排专家进行方案审查，维修养护单位按照专家审查意见修改完善后进行专项施工，现场运管人员依据南水北调配套工程日常维修养护技术标准对维修养护单位的工作质量跟踪监督，并在维护工作确认单上签字，保证配套工程安全运行。

【防汛与应急】

2021年，安阳市成立防汛分指挥部，汛期安阳南水北调中心不定期组织对南水北调工程防汛隐患进行大排查，发现问题限期整改到位。修订完善应急预案和度汛方案，建立严密的预案体系。6月23日安阳市召开全市南水北调防汛工作会，首次将参会人员扩大到村级，创新建立市、县区、乡镇、村加南水北调干线现场管理处"4+1"联防联动机制，实施地方、部队和干线现场管理处"三结合"工作法。"7·21"强降雨期间，紧急协调驻安部队295名官兵现场抢险，紧急协调相关县区组织转移群众10732人。强降雨后，安阳南水北调中心召开专题会议安排部署，根据配套工程水毁情况建立工作台账，组织人员抢修，三天时间全面恢复正常生产秩序。

【站区环境卫生专项整治】

2021年站区环境卫生专项整治明确责任，对各运管处进行拉网式排查，对站内重点区域进行包干划分责任落实到个人，并开展每周一次卫生整顿日活动，加强设施设备的维护保养，建立环境卫生长效管理机制，持续推进站区环境专项整治工作常态化制度化。

【供水效益】

安阳市南水北调供水设计受水区域（安阳市区、滑县、汤阴县、内黄县）全部通水，受益人口约180万人。2020-2021供水年度，安阳市南水北调受水10264.22万m³，完成年度计划的104.78%，其中城市生活用水9258.27万m³，较上一年度增长11.68%。2021年自然年供水10427.24万m³，其中城市生活用水9421.4万m³，生态用水1005.84万m³。

（孟志军　董世玉）

邓州南水北调中心

【概述】

2021年，邓州南水北调中心持续推进运行管理规范化制度化建设。巡检智能管理系统和线下日常检查，每周对各管理站值班值守、巡查记录工作进行巡查，开展运行管理、安全生产、环境卫生专项督查26次。在每季度全员例会现场研讨解决共性问题。全年完成4次绩效考评，依据考评结果对运行管理人员实行奖罚，适当对员工进行岗位调整，管理站运行更加规范有序。

【安全生产】

2021年按照《邓州市南水北调配套工程安全生产专项整治三年行动实施方案》建立健全安全生产监督责任制，按照属地管理和分级负责机制，印发并落实安全生产监管清单，完善安全生产监管责任体系，强化安全生产全过程责任落实。加强安全教育培训，将学习习近平总书记关于安全生产重要论述与"安全生产月"活动相结合，组织运管人员集中观看《生命重于泰山》电视专题片，召开安全主题教育会，开展消防、安全用电、井下作业、设备操作的培训。开展配套工程安全隐患排查整治。会同维修养护单位对配套工程管理所、泵站、现地管理房全方位展开安全隐患排查整治，重点整治各办公场所用火用电安全隐患，厨房餐厅使用易燃易爆品的安全隐患，泵站、现地管理房避雷设施和消防水泵系统安全隐患，配套工程电缆敷设及机电设备接地的问题。

【线路巡查防护】

2021年邓州南水北调中心加强配套工程输水管道沿线巡查，及时发现并制止21起输水管道保护范围内的违规施工，监督3次跨越穿越输水管线的现场施工，迅速有效处置邓1支线4次渗漏水事故。保障配套工程安全度汛，制定配套工程防汛应急预案，组织人员会同维修养护单位对邓州市辖区内南水北调配套工程输水管线、阀井及构筑物进行逐一排查，在降雨后及时对输水管道沿线阀井进行抽排水。

【供水效益】

2020—2021年度邓州市承接南水北调水7.35亿 m³，其中农业灌溉用水7.06亿 m³，有效灌溉面积80000 hm²，城市生活供水2921.64万 m³，受益人口40万。2021年向湍河和刁河生态补水2.2亿 m³，水生态环境明显改善。

（司占录　王业涛）

滑县南水北调办

【运行调度】

滑县南水北调办负责辖区内年用水计划的编制，月用水计划的收集汇总，编制月调度方案，进行配套工程现场水量计量和供水突发事件的应急调度。每月1日在南水北调干线鹤壁管理处现场进行供水水量计量确认，并将水量确认单按时报省南水北调建管局，全年共签认水量计量确认单12份。2021年共向省南水北调建管局报送"调度专用函"17（份）次，向现场下达"操作任务单"20（份）次。2020—2021年度用水计划为2413.4万 m³，实际用水量为2214.99万 m³，年度用水计划完成比例为91.7%。主要原因是2020年12月郑济高铁穿越南水北调供水管道，南水北调供水管道施工，停水一周，临时启用备用地下水源，导致实际用水量比计划用水减少。

【运管模式】

滑县南水北调办负责滑县配套工程运行管理工作，对南水北调配套工程35号门输水线路及3个现地管理站巡查运行，按购买社会服务的方式选择服务机构实施。通过招标方式，按照公开公正科学择优的原则，选择具有相应资质的机构。2021年6月，委托河南伟信招标管理咨询有限公司代理招标。分两个标段：35-1-1、35-1-3为1标，（城区段）全长17.04 km，巡线员4人，第三水厂线路末段管理站、双桥管理站8人，共计12人；35-1-2为2标，负责濮阳配套工程（滑县境内）全长12.17 km，巡线员2人，第四水厂线路末段管理站7人，共9人。通过竞争性谈判，河南顺隆亿安脚手架安装有限公司中标。负责配套工程保护范围的巡视、阀井安全检查、日常维护及管理站的运行调度管理。

【工程管理】

2021年优化运行管理岗位人员配置，明确岗位职责，加强运管人员的业务培训。完善监督机制，健全运管制度，严格执行值班制度、巡查制度、操作制度。探索创新标准化规范化运行管理体制机制，不断提高精细化管理水平。加强工程运行设施的安全巡检和维护，对巡检智能系统的运行不定时间、不打招呼进行巡查、检查、抽查，检查情况及时通报，发现问题及时整改，实现对巡线和值守工作的全方位、不间断监督管理。

【防汛与应急】

滑县南水北调办为确保汛期工程安全，供水安全，及时落实防汛应急队伍，完善防汛抢险预案，制订《滑县南水北调受水区供水配套工程突发事件应急调度预案》《滑县南水北调配套工程2021年防汛抢险应急预案》，同时加强应急物资储备，及时补充防汛抢险物料。

2021年7月、8月受全省范围内暴雨及上游水库泄洪影响，卫河水位暴涨，卫河滞洪区被淹没，全体干部职工工作在现场，服从全县防汛调度，加强工程防汛巡查力度，应对汛期出现的各种问题。共处置各种水毁问题4处：滑县35-3-1 VBba04周边塌陷；35-3-1城区管线VBba03-VBba02中间管道上部水冲，土方流失；VBba09阀井（文革河西岸）周边沉降及供水管道VBb17-VBb18大功河右岸道口镇三河湾供水管道管理范围大功河右岸冲毁。滑县南水北调办立即联合省维修养护单位、县城建局、县新区管委会进行紧急抢修，全部恢复原状。

【水费收缴】

滑县年分配水量指标为5080万 m³，2020-2021年度滑县全年共计用水2214.99万 m³，应缴纳水费3108.1956万元，缴水费1732.0924万元；第三水厂全年用水1600.12万 m³，欠缴水费1376.1032万元。

【供水效益】

南水北调中线工程正式通水以来工程到2021年底，滑县南水北调累计输水8691.09万 m³，2020-2021年度用水量2214.99万 m³，比上一年用水量2103.69万 m³增加111.3万 m³。惠及县城规划区内35万人生活用水和两个企业生产用水。同时减轻自来水公司生活用水和工业用水的压力，为水质要求较高的招商引资企业带来经济效益，为滑县县城规划区内的经济发展提供强有力的保障。

（刘俊玲　董珊珊）

建 设 管 理

南阳南水北调中心

【南水北调后续工程建设】

2021年，南阳南水北调中心对标对表习近平总书记视察重要讲话指示精神，保运行、保供水、保民生、保稳定，南水北调和移民工作取得明显成效。干渠服务保障，妥善处理高新区华丰实业有限公司迁建用地等征迁遗留难题。加强与运管单位沟通协调，严格落实防汛责任制，全面排查整改防汛安全隐患，加强日常防范和应急处置，确保工程安全、供水安全、水质安全。配套工程运行管理提质增效，推进精细化制度化规范化管理。2021年招聘24名运行维护人员，修订完善6项管理制度。全面完成28处现地管理站和4处5座泵站与省调度中心联网的基础调试工作，信息化管理水平在全省前列。开展安全生产专项整治三年行动，全年排查整改安全隐患142项。南阳中心城区和邓州、镇平、方城、社旗、唐河、新野累计承接南水北调水57.43亿 m³，其中农业用水38.9亿 m³、生活用水6.38亿 m³、生态补水12.15亿 m³，受益人口310万。内乡县供水工程具备试通水条件，并纳入全省统一运行管理。兰营水库改造提升工程完成，具备水库补水条件。唐河县乡村振兴优质水通村入户工程源潭水厂主体完工，其他三座水厂正在加快建设；官庄工区、宛城区、城乡一体化示范区、新野县、淅川县新增供水工程正在加快推进前期工作。

【兰营水库改造提升工程】

兰营水库输水线路提升改造工程于2021年6月开工建设，6月底基本完成管道安装铺设、阀井改造、新流量计安装、新增镇墩、管道焊接铺设平面工作。受疫情和雨季天气影响，施工单位负责人无法到现场，作业面不具备施工条件，致使兰营水库输水线路提升改造麒麟水厂停水方案一直未确定，无法进行两端阀井垂直段管道安装。南阳南水北调中心多次组织设计、监理、施工、水厂等相关单位对麒麟水厂停水方案进行优化，10月28日完成管道管道焊接工作，建设任务全部完成。12月进行通水试验和工程验收，具备向兰营水库输水功能。

【安全生产】

2021年严格履行安全管理主体责任，组织召开全市配套工程安全生产专题会议，传达省市安全生产文件，完善安全管理制度，建立安全生产台账，落实安全管理措施等。开展地下有限空间作业安全保障工作，累计购置正压式空气呼吸器、轴流风机、地下空间警示牌等有限空间设备6.07万元。巩固安全生产专项整治三年行动集中攻坚成效，进一步健全安全预防控制体系。组织开展南阳市南水北调配套工程"安全生产月""冬春火灾防控""百日攻坚"专题活动。通过教育培训、隐患曝光、问题整改、案例警示、知识普及等活动，及时化解安全风险，消除安全隐患。2021年排查配套工程相关安全隐患190项，整改销号148项，42项正在整改中。

（张软钦　宋　迪）

平顶山南水北调中心

【城区南水北调供水配套工程建设】

2021年继续推进城区南水北调供水配套工程建设。平顶山市城区南水北调供水配套工程是市委市政府2019年9月研究同意建设的重点民生工程，主要是解决平顶山市新老城区和叶县城区使用南水北调和白龟山水库"两掺水"及供水水源单一问题，让群众吃上优质的丹江水。供水工程从澎河分水口取水，向市区白龟山、九里山、叶县三座水厂供水。铺设管道全长35.75 km，设计年供水量13170万 m³，工程概算投资6.38亿元。截至12月底，除澎河穿越工程正在加快施工外，管道铺设、泵站工程及设备安装、与水厂连接等工程全部完工，正在进行泵站设备调试、管路试通水准备工作，力保2022年6月底前通水。

【防洪影响处理工程】

推进南水北调防洪影响处理工程，2021年"7·20""8·22""9·24"暴雨后，平顶山南水北调中心及时派出检查组对南水北调干渠风险隐患进行全面排查，向水利厅和省南水北调建管局汇报，主动与水利厅委托的设计单位河南省水利勘测设计研究有限公司沟通，将47处防洪影响点纳入处理范围，与省水利勘测设计研究有限公司和四县南水北调工程管理机构一起，多次到现场勘测、座谈论证，12月底编制完成全省南水北调防洪影响处理后续工程可行性研究报告。

【连通调蓄工程】

2021年推进南水北调连通调蓄工程。根据水利厅2020年8月出台的《河南省南水北调水资源综合利用规划》中的南水北调干线与燕山、孤石滩、昭平台、澎河水库连通工程和建设北郎店、府君庙南水北调调蓄工程，平顶山南水北调中心及时成立以主任彭清旺为组长的南水北调后续工程高质量发展工作专班。8月开始多次主动向水利厅、省南水北调建管局汇报，推进工程项目早立项、早建设，提升平顶山市水资源战略储备和供水保障能力。同时，先后与国投电力控股股份有限公司、山西建投投资集团公司、中电投河南电力有限公司进行沟通洽谈，利用规划中的南水北调调蓄工程团城水库，综合发展抽水蓄能电站项目，扩宽筹资渠道，扩展工程功能，加快项目落地。

（王铁周　田　昊）

漯河南水北调中心

【概述】

漯河市南水北调配套工程概算投资约20亿元（财政厅财政评审实际完成投资约15亿元），境内管线总长120 km，采用重力流管道方式输水，从南水北调中线干渠10号、17号分水口向漯河市区二、三、四、五、八水厂，舞阳县水厂和临颍县一、二水厂共8个水厂供水。工程征迁涉及舞阳县、临颍县、源汇区、召陵区、经济技术开发区和驻马店西平县人和乡的18个乡镇130个行政村。征用临时用地9900亩，永久用地71亩，专项迁建717项。漯河市南水北调配套工程于2012年10月29开工建设，2015年10月舞阳水厂率先通水，至2018年11月市区第三水厂实现通水，供水目标全部实现。配套工程穿越铁路13处、高速及一般公路63处、大小河道17处，建设阀井302座，市区管理所1处，临颖、舞阳管理所各1处（尚未建设），现地管理站12处。2021年漯河市南水北调配套工程已完成财政评审、单位工程验收、合同完工验收、分水口门的通水验收、征迁安置县级自验和档案预验收工作，财务决算、征迁市级初验、工程档案正式验收、设计单元工程验收工作正在推进，舞阳县、临颖县管理所正在办理建设用地规划等前期手续。

【管理处所建设】

管理处（所）中央空调安装 2021年3月12日开工建设中央空调，包括通风与空调、主体结构（钢结构）、建筑电气安装，5月11日完工。

管理处（所）室外工程建设 管理处（所）室外工程建设3月12日开工，内容有市区管理处（所）大门口绿化苗木移植及大门口10 kV电力工程、道路、广场与停车位、围墙、大门（值班室、LOGO墙）、室外配电、消防水池、绿化，5月21日完工。临颖管理所划拨决定书、选址意见书、用地规划许可证已办理，已有征地补偿证明，正在办理不动产登记。舞阳管理所用地申请已报舞阳自然资源局，尚未批复，正在与有关部门沟通联系。

【项目验收】

设计单元验收 2021年漯河市供水配套工程设计单元工程完工验收建设管理工作报告（初稿）、工程建设大事记、遗留问题处理报告（初稿）编写完成；主要验收鉴定书、主要设计变更整理完成；施工、监理单位管理工作报告电子版已报送正在审查中。

消防专项 消防专项验收已向漯河市建设工程消防验收服务中心提交相关备案资料，2021年正在对第三方消防检测机构的检查结果进行整改。

档案预验收 完成档案预验收。2021年建立台账、明确专人推进。共收集各类工程档案3846卷，规范装订3700卷，其中照片档案27册，共746张，竣工图82卷，共2553张，基本符合档案验收标准。

【安全生产】

2021年建立完善漯河南水北调中心安全风险分级管控与事故隐患排查治理双重预防体系，制定下发《关于成立安全生产"双重预防体系"建设领导机构的通知》，成立双重预防领导小组，组织培训《漯河市南水北调中线工程维护中心安全风险分级管控与事故隐患排查治理双重预防体系建设指导手册》应用。开展消防应急预案演练，普及消防安全知识。专题学习《生命重于泰山——学习习近平总书记关于安全生产重要论述》电视专题片。

【员工培训】

2021年漯河南水北调中心组织安全生产、党史教育、法律知识专项培训，取得良好效果。5月28日，开展对全体干部职工的安全生产双重预防体系培训，邀请漯河市帕丁斯顿安全技术咨询有限公司专业技术人员讲解；5月28日开展消防安全培训及演练，邀请市消防支队工作人员到场实操讲解消防安全知识；7月9日进行双重预防体系智能化平台应用专项培训，学习双重预防智能APP应用功能；9月22日举办"四史"教育暨"干部素质能力提升年"专题辅导报告会；12月3日组织全体干部职工开展新《安全生产法》学习培训。

（董志刚 张 洋）

许昌南水北调中心

【经济开发区医药园区供水工程】

2021年，许昌南水北调中心实施省南水北调建管局规划投资的开发区医药园区供水项目建设。许昌供水配套工程17号分水口经济开发区供水工程，年调剂水量700万 m³，管线从分水口引出后，穿越西外环路后拐向南，沿规划西外环路绿化带布置，向南先后穿越新兴路，到达生物医药园区规划水厂。工程静态总投资3383.96万元，其中工程部分静态总投资1962.88万元，利用南水北调结余资金，由省南水北调建管局拨付；征地补偿及环境部分静态总投资1421.08万元，由许昌经济开发区组织实施。2020年11月16日，许昌市南水北调中心成立开发区医药园区供水项目工作专班，负责项目计划及资金管理、工程建设工作，截至2021年12月，经济开发区供水工程项目建设，供水项目工程施工图审查、设计交底工作完成；施工各参建单位现场管理机构成立；质量监督注册已经备案；项目划分已报省质监站批复，各参建单位进场，开工准备工作基本完成，经济开发区正在组织实施征迁工作。

（杜迪亚　常宇阳）

【水保环保验收】

全省南水北调配套工程水保环保验收工作会议召开以后，许昌南水北调中心参与水保环保验收的准备工作，许昌市在全省最早建设并投入使用配套工程，水保环保资料和相关文件存档不完善，经多方协调，重点推进，截至2021年底完成省南水北调建管局要求的资料收集工作。

（贠超伦）

周口市南水北调办

【新增供水目标】

经周口市政府研究同意，将淮阳区、项城市、沈丘县、西华县、扶沟县纳入南水北调供水范围。2021年为加快新增工程建设，市水利局成立局长邵宏伟任组长，市南水北调办主任何东华任副组长的新增供水工程建设工作领导小组，并建立周报告制度，协调推进工程建设。2021年2月7日，淮阳区南水

北调供水工程建成通水。项城市南水北调供水水厂正在建设中；沈丘南水北调供水工程城区内配套管网工程正在施工中，输水管线开工建设；西华县南水北调供水工程10月27日开工建设。扶沟县政府向市政府呈报《扶沟县人民政府关于急需南水北调用水指标的请示》（扶政文〔2021〕52号），恳请市政府同意使用中心城区南水北调剩余用水指标或购买水量指标。

【工程验收】

2021年1月13～15日，周口市水利局主持召开周口供水配套工程通水验收会，经现场查勘、听取汇报、检查验收资料并讨论，河南省南水北调受水区周口供水配套工程通水验收通过。加快南水北调配套工程档案验收，周口市南水北调办邀请河南省南水北调建管局郑州建管处副处长易绪恒对档案专项验收进行复查，对预验收整改后的档案逐一查看，提出存在问题和进一步整改意见，完成档案验收。完成征迁安置档案的收集整理、卷内和案卷目录的录著以及县级自验，正在为征迁市级初验做准备。

【安全生产】

2021年，周口市南水北调办严格落实安全生产责任，按照省重力流规程制定安全生产台账，各管理站组确定安全员，负责日常安全生产，实现全年运行管理零事故、零伤亡。制定地下有限空间作业要求规范，并编制应急预案，加强电气设备的巡查，成立电气组，弥补电气设备的薄弱环节。

【自动化建设】

2021年智能巡检系统投入使用，自动化站智能巡检管理系统监督、汇总记录和上报管理站组值班和巡查发现的问题；值班24小时不间断，每两小时进行指纹打卡并记录智能巡检管理系统实时数据，每日不少于9次对自动化设备机房运行状况进行巡查。3月22～27日自动化运管人员参加省南水北调建管局组织的2021年度河南省南水北调配套工程自

动化系统运行维护培训班,对自动化机房物理环境及设备、计算机网络及安全设施、通讯系统、应急系统、基础软件、数据资源及信息采集设施、视频安防及视频会议运行维护及常见故障排除进行培训。

(李晓辉 朱子奇)

郑州南水北调中心

【概述】

泵站双电源工程 南水北调配套工程泵站按照设计是单电源,为提高郑州市境内7处8座泵站供水保障率,郑州市政府决定由市财政投资为各泵站加装一路电源实现双电源供电。项目总投资2990万元,市发展和改革委对项目立项和资金来源批复,市财政对投资预算进行审核。2021年7月初开工建设,12月安装工程基本完成。

尾工建设 郑州南水北调配套工程21号线施工12标尾工段,工程2021年3月底完工。静水压试验分两段进行,第一段(东部)7月完成,第二段出现试验不成功,正在查找原因。

调蓄工程 2021年由郑州西区水务公司承建的荥阳罗垌水厂调蓄池开工建设。

【征迁验收】

按照省水利厅办公室关于印发《2020年河南省南水北调受水区供水配套工程政府验收计划》(豫水办调〔2020〕3号)的通知精神,会同档案、财务、计划相关人员,到未开展验收的县市区征迁机构逐一部署指导,明确时间节点任务要求。对照验收大纲反复研究验收内容、组织程序,并对各单位的验收报告、行文内容格式进行规范,汇编成册。2021年郑州市完成自验县级单位8个。

(刘素娟 周 健)

焦作南水北调中心

【工程验收】

南水北调受水区焦作供水配套工程及博爱配套工程建设任务已完成,2021年配套工程建设的主要任务是加快政府验收工作。配合完成博爱线路档案预验收;向省南水北调建管局委托的验收实施单位提供焦作设计单元和博爱设计单元水保环保验收相关资料;焦作南水北调中心已完成消防验收,县区管理所及泵站正在协调办理手续。配合完成焦作设计单元工程完工验收项目法人验收自查工作。

(焦 凯)

【管理处所建设】

2021年2月完成博爱管理所项目工程招投标,确定中标单位,3月完成施工合同签订,施工单位进场施工,完成临时建筑、施工道路及基坑开挖工作,并完成水利厅质量监督站相关质量监督手续办理。4月完成基础钢筋、混凝土项目,并完成基础验收工作,2021年底完成工程主体项目建设。

完成管理处所尾工及持续暴雨造成的路灯、室内墙面整改项目、围墙整修、水管维修;完成调度中心绿化项目建设,并进行绿化项目评估;协调开展调度中心热力交换站及管网建设,委托河北华能工程有限公司对项目进行优化设计,河南蓬业工程咨询公司对项目进行预算编制,委托河南申鑫公司对项目进行招标代理,并确定中标单位;完成调度中心项目消防备案验收。

(徐春生)

焦作市南水北调城区办

【征迁后续工作】

2021年,对新星实业公司征迁内容变化情况,协调监理单位出具认定意见,并完成征迁补偿资金评审。对解放区新庄村雨污水排放及居民出行问题,经现场踏勘、分析研究,确定铺设雨污管道和修建临时出行道路的改造方案。解决影响天河北路施工问题,对士林村征迁范围外的2处居民房屋实施拆除。完成天河南路施工占压的张璋故居的迁建。与焦作供电公司沟通对接，商讨群英河西侧实物补偿事宜，并对征迁实物进行复核，确定征迁实物清单。全力推进专项迁建，天河南路、天河北路施工涉及的56条燃气、水务、供电、通信、军用光缆等专项基础设施管线全部迁建到位。

【安置房建设】

2021年，加快解放、山阳两城区绿化带安置房建设。用于绿化带安置的137.08万㎡安置房中，117.53万㎡建成交工，4.05万㎡完成主体施工，15.5万㎡主体工程完工开始装饰装修。推进安置房配套费缴纳手续办理工作。已建成的227栋安置房中，192栋完成配套费交纳，办理了建设工程规划许可证；在建的19栋安置房中，17栋完成配套费交纳，办理了建设工程规划许可证。其余正按有关政策办理。按照省移民办有关要求，梳理报送城区段安置用地压矿资源查询报告及所用拐点坐标等信息。

【竣工财务决算】

2021年按省移民办要求，全力推进南水北调竣工决算基础工作，组织解放、山阳两城区完成征地移民规章制度、实施方案批复及投资计划文件、资金到位和资金使用情况、固定资产清理、完工财务决算未完投资情况等14个方面的项目疏理工作，并将《总干渠竣工决算清理专项报告》按时上报省移民办。

（李新梅　彭潜）

新乡南水北调中心

【"四县一区"南线建成通水】

新乡市"四县一区"南水北调配套工程南线项目平原示范区段2021年12月29日完成并试通水成功。南线项目经新乡县七里营调蓄池向原阳县、平原示范区供水。年分配水量3285万㎥，工程全线长43.3 km，概算投资4.8亿元，受益人口约34万。2020年10月开工建设，输水管道工程（含穿越工程）施工

完成43.02 km；加压泵站改造1座；管理房均开工建设；平原示范区段正在进行管道冲洗；调蓄池工程正式土地手续正在办理。

南线项目共完成工程建设用地移交2531.77亩。临时用地返还2175.60亩。征迁资金兑付使用共计2458.9万元。东线工程初步设计报告已经批复，移民规划报告省水利厅已审查完成，项目PPP实施方案、物有所值评价报告、财政承受能力评价报告已批复，正在推进项目入库。新乡市规划"四县一区"配套工程南线项目和东线项目供水工程，工程建成后将实现南水北调水源市域全覆盖。

【工程验收】

根据省南水北调建管局《关于加强河南省南水北调配套工程验收工作的通知》，按照时间节点要求开展配套工程验收工作。截至2021年6月共完成分部工程验收2个、单位工程3个、合同工程3个，完成30号、32号、33号线通水验收。新乡供水配套工程所有工程验收全部完成。

【征迁安置验收】

2021年3月底前完成新乡县、卫滨区、牧野区县级验收工作。配套工程征迁安置县级自验工作全部完成。按照省南水北调建管局关于征迁安置验收的工作安排，2020年8月5日，组织召开新乡市南水北调配套工程征迁安置验收推进会，启动新乡市配套工程征迁安置验收工作。

（郭小娟　周郎中）

濮阳市南水北调办

【征迁验收】

濮阳市南水北调配套工程征迁安置县级自验全部完成。根据省水利厅《2020年河南省南水北调受水区供水配套工程政府验收计划》（豫水办调〔2020〕3号）文件要求，濮阳市南水北调办严格按照验收大纲和水利厅文件确定验收程序和内容，完成濮阳县、开

发区、示范区3个县区的县级自验。征迁安置专项验收前期准备工作基本完成，已具备专项验收条件。

【清丰县配套工程建设】

2021年，清丰县南水北调办加快推进工程收尾。完成工程变更处理，清丰配套工程变更26项，已审核批复25项，除监理延期外，工程变更全部处理完成。完成进口管理房新址红线测量、进口管理房设计变更方案调整初稿；完善实施方案施工图及预算，初稿完成；配合第三方组织监理及施工单位开展工程量核查；配合第三方组织监理及施工单位开展工程财政评审，工程财政评审初稿完成。

【安全生产月活动】

贯彻落实省市关于《关于开展2021年水利"安全生产月"活动的通知》要求，濮阳市南水北调办围绕"安全生产月"活动主题，制作条幅、LED显示屏、发送安全生产倡议书、召开《安全生产法》学习会议；组织开展消防安全设施、人员安全防护措施、避雷设施、电缆敷设及机电设备接地专项检查，排查整改安全隐患25项；对安全生产风险告知栏进行统一更换，进一步巩固安全生产风险隐患双重预防体系建设创建成果。

（杨宋涛　王道明）

鹤壁市南水北调办

【管理处所建设】

截至2021年底，鹤壁市配套工程"一处三所两个中心"工程建设基本完成，黄河北维护中心合建项目12月31日完成消防验收；黄河北物资仓储中心4月19日完成竣工备案；淇县管理所、浚县管理所完成竣工验收。

【工程验收】

截至2021年底，输水线路累计完成单元工程评定5922个，占单元工程总数的99.4%；分部工程验收累计完成121个，占分部工程总数的99.20%；单位工程验收累计完成14个，占单位工程总数的100%；合同项目完成验收累计12个，占合同项目总数的100%；泵站机组启动验收累计完成2个，占总数的66.6%；单项工程通水验收累计完成7个，占总数的87.5%。除金山支线外其余全部完成。

截至2021年底，管理处所分项工程验收累计完成110个，占分项工程总数的100%；分部工程验收累计完成25个，占分部工程总数的100%。黄河北合建项目和黄河北物资仓储中心完成竣工验收，其余2处均在开展各项专项验收。

（冯　飞　张素芳）

【档案验收】

根据职责分工，工程建设监督科负责本科室档案资料整理及配套工程28家、管理处所6家参建单位的档案资料整理归档工作。2021年鹤壁市档案验收资料通过省南水北调建管局档案预验收，资料完善后报鹤壁市水利局开展档案验收。

【水保专项验收】

2021年加快水土保持验收进程，12月22日，省南水北调建管局副处长赵南带队到鹤壁市调研水保专项验收工作。在专家指导下完善了鹤壁设计单元水土保持投资完成统计表，根据要求完善了鹤壁市南水北调配套工程的工程措施、植物措施、临时措施质量评定表、验收鉴定书等材料，结合工程实施情况和水土保持方案报告书中设计内容，完善了工程变更手续。

【安全生产月活动】

2021年定期对各泵站、现地管理站进行消防安全设施、人员安全防护措施、用电安全、线路及站内巡视，进行安全生产及运行管理专项检查，并印发通报，发现问题立整立改，及时消除安全隐患。全年共检查12次，印发通报12次，查出安全生产隐患43处，完成隐患整改43处。加强工作人员安全生产培训，开展贯彻落实习近平总书记关于安全生产重要论述主题宣讲活动，深化思想认识，提升政治站位。"安全生产月"活动与业务工作同谋划同部署同检查同落实。编制印发2021年"安全生产月"活动方案,确定"落实安全责任,推动安全发展"的活动主题。参加全国水利安全生产知识网络竞赛——《水安将军》"安全生产月20年"网上展览、"测测你的安全力"知识竞赛,开展安全生产宣传教育,悬挂安全生产警示标语条幅、张贴安全生产宣传海报,对沿线居民进行安全宣传、管道及阀井保护相关知识。

(王路洁 王志国)

安阳南水北调中心

【管理处所建设】

2021年,安阳南水北调中心完成安阳管理处办公楼、室外配套变更工程和滑县管理所室外配套变更工程的全部建设任务,6月4日,组织召开市区管理处所竣工验收会议,实地查看工程实体质量和档案资料并通过竣工验收,9月安阳管理处搬迁入驻。

【安全生产月活动】

2021年6月是全国第20个安全生产月,安阳南水北调中心开展学习、宣传和网上答题活动,提升素质和事故应急处置能力。召开安全生产会议,组织安全生产专题学习并观看《生命重于泰山——学习习近平总书记关于安全生产重要论述》电视专题片。组织人员参加《水安将军》网络知识竞赛和"回顾安全生产月20年"网上展览活动。开展安全生产宣传活动,组织南水北调运行管理人员在社区发放宣传资料,悬挂安全条幅,宣传安全生产知识。进行安全生产监管信息化工程基础数据确认。开展安全生产监督检查,推动安全生产培训和日常学习。

(孟志军 董世玉)

邓州南水北调中心

【征迁安置】

2021年,对南水北调内乡供水配套工程邓州沿线1096亩临时用地进行复垦返还,倒运、摊铺表层土4.26万 m^3,开挖排水沟1.95万 m^3,铺设砂砾石路基4700 m^2,浇筑混凝土路面4040 m^2,施用有机肥109 t、复合肥54 t,使复垦土地达到耕作层、灌溉设施、道路、地力四个恢复。及时为赵集、罗庄2个乡镇13个行政村的被征地群众办理退耕手续。

(司占录 王业涛)

滑县南水北调办

【城乡供水一体化建设】

2021年,滑县继续推进城乡供水一体化建设项目,服务范围为滑县22个乡镇。建设项目包括输水工程、净水厂工程、供水管网工程、供水站改造工程。输水工程:建设DN1200南水北调预留接口至新建四水厂输水管道,管材为球墨铸铁管,输水管线总长度0.8 km。净水厂工程:新建滑县第四水厂承接南水北调水,通过新建管网通往全县农村现有供水站。利用原供水站及管网送至全县农村用户。滑县第四水厂位于创业大道与祥光路交叉口西南角,占地面积180.97亩设计总规模为9.5万 m^3/d,一期规模为5.0万 m^3/d。供水管网工程:建设DN150-DN900供水管网总长378.2 km。供水站改造工程:合并退出规模较小的集中供水站27座,并对68座集中供水站进行升级改造。工程总投资为56047.06万元,由滑县水利局建设实施。城乡供水一体化的实施,将实现城乡供水同标准、同保障、同服务,满足城乡居民共享优质饮用水水源的迫切需求,促进乡村振兴、城乡融合发展。

(刘俊玲 董珊珊)

投 资 计 划 管 理

南阳南水北调中心

【新增供水工程】

内乡新增供水配套工程是民生工程也是南阳市督查的重点项目，工程自开工以来，南阳南水北调中心对工程建设情况进行动态管理、根据掌握的现场情况对未按计划完成的项目及时进行纠偏，并督促参建单位调整计划、分析原因、采取赶工措施。截至2021年底，管道安装工程基本完成；泵站机电设备安装完成，邻接段工程全部完工；定向钻工程全部完成；穿越沪陕高速完成；管理房主体工程完成，工程基本具备试运行条件。唐河县乡村振兴优质水通村入户项目源潭水厂主体完工，其他3座水厂正在建设。城乡一体化示范区南水北调供水工程完成项目可研报告编制工作；官庄工区城乡一体化供水工程已与中州水务控股有限公司签订框架合作协议；宛城区城乡一体化供水工程已确定设计单位，正在开展前期工作；新野县城乡供水工程正在申请专项债；淅川县城乡供水工程正在开展项目初步设计。

【穿跨越邻接工程】

2021年，南阳市污水处理厂三期及中水回用项目、镇平县客运汽车站项目、中心城区西环路项目穿（跨）越设计方案获省南水北调建管局的批复；唐河县优质水通村入户项目连接7号输水线路行政审批手续获水利厅批复，《专题设计报告》及《安全评价报告》已经省南水北调建管局审查待批；镇平县人民医院迁建项目、镇平县天然气项目跨越3-1号输水线路《专题设计报告》及《安全评价报告》已经省南水北调建管局审查待批；鸭河快速路项目跨越6号输水线路《专题设计报告》及《安全评价报告》已上报省南水北调建管局初审，正在修改完善。

（张软钦 宋 迪）

漯河南水北调中心

【监理延期服务费】

根据相关文件要求，2021年按照程序对监理1、2、3、4、5标段送审的监理延期服务费申报资料进行审核，并出具延期服务补偿费审定报告，最终经监理单位确认后与其签订补充协议。5个监理标段的监理延期服务费已按照合同支付至80%。

【变更联合审查】

2021年组织完成第十六批上报省南水北调建管局审查的变更联合审查会，2021年底全部完成合同变更审查台账工作内容，累计完成合同变更审批项目合计151项，目标台账142项。

【穿越邻接项目审批】

2021年办结漯河市通信管道建设项目（京港澳高速漯河立交桥—龙江东路东山北路）穿越和邻接漯河供水配套工程供水管线项目的相关手续；组织完成临颍恒达华泰·新筑项目穿越和邻接漯河供水配套工程供水管线项目的工程实施方案审查、监管协议签订及保证金的缴纳；组织完成漯河新区投资发展有限公司《河南省南水北调受水区漯河供水配套工程10号分水口门漯河市五水厂输水支线新增取水口可行性分析报告》审批；组织完成临颍县供热管道工程穿越漯河供水配套工程17号分水口供水管线的方案编制及评审；配合完成完工财务决算相关工作；持续推进舞阳县高速公路连接线（北三环—孟寨盐都路北400 m）工程、河南华电漯河源汇区热网项目穿越和邻接漯河供水配套工程10号分水口供水管线的后续工作。

（董志刚 张 洋）

许昌南水北调中心

【合同管理】

根据省南水北调建管局《关于许昌市南水北调配套工程16号口门任坡泵站运维管理合同延期有关事宜的复函》（豫调建投函〔2016〕9号），许昌市南水北调配套工程16号分水口任坡泵站2020-2021年度运行管理服务及维修养护服务合同期限延期至省南水北调建管局有关泵站运行管理政策确定之日，合同延期费用按照原合同核定执行。

（杜迪亚）

【自动化调试】

2021年，许昌南水北调中心加强与自动化运行维护单位协调沟通，开展对自动化通信线路断点修复，尽快解决部分现地管理站流量计故障问题，配合省南水北调建管局和自动化相关单位进行自动化决策系统调试。

（魏浩远）

周口市南水北调办

【合同管理】

周口市南水北调配套工程共有施工安装标12个。其中管理处所施工标1个，合同总额18982.08万元；管材、阀件、金结、机电设备采购标10个，合同总额30887.51万元；工程建设监理标5个，合同总额701.21万元。截至2021年累计完成结算工程价款50834.34万元（含合同变更新增款），占总合同额（50570.80万元）的101%。2021年完成监理2、3标监理延期附加服务费和施工13标价差调整变更审批，施工12标、13标室外工程、装饰工程、氟碳漆等28项变更审核。

（李晓辉　朱子奇）

郑州南水北调中心

【新增供水目标】

2021年新增供水目标3处。侯寨水厂通过改造提升密垌泵站设施增加向侯寨水厂供水

项目，项目经水利厅、省南水北调建管局批复，郑州市发展与改革委批复，资金已落实，设备、监理和施工招标完成即将开工建设；郑开同城东部供水工程，供水目标是开封用水和规划的九龙水厂用水。从港区小河流泵站取水方案已经中线建管局和水利厅批准，开封境内工程已开工，九龙水厂筹建处已经组建，郑州市发展与改革委已立项；巩义使用南水北调水项目，从蒋头泵站取水方案省南水北调建管局初步同意，用水指标已落实，巩义市水利局已委托黄河设计公司编制专项设计报告和安全评价报告，项目正在推进。

（刘素娟　周　健）

焦作南水北调中心

【概述】

2021年底完成博爱配套工程监理标、施工标的完工结算支付，完成府城设计变更项目监理标、施工标、采购标的完工结算支付。4月完成河南省南水北调受水区焦作供水配套工程、博爱供水配套工程投资控制分析报告，并上报省南水北调建管局。配合财政审计单位完成现场核查，配合配套工程结算工程量核查单位完成焦作及博爱配套工程工程量核查任务。

（焦凯）

【新增供水目标】

2021年，焦作市南水北调城乡供水一体化建设快速推进，沁阳市、孟州市、武陟县、修武县总计10个项目9条输水线路，已立项批复5个项目，其中，沁阳市、孟州市、修武县南水北调水厂基本建成，沁阳、孟州输水管线开工建设，武陟县黄沁河流域沁北南水北调水厂开工建设，温县、中站区城乡一体化供水工程设计任务基本完成。

沁阳、孟州市在建南水北调供水工程为焦作市城乡供水一体化管网项目（沁阳、孟州段），自南水北调干渠25号马庄分水口引

水，经新建泵站加压，通过沁阳、孟州两条输水管道分别向温县、沁阳市、孟州市供水。输水管道全长58.20 km，规划年供水量2722万 m^3，其中向孟州市城区年供水1500万 m^3，向沁阳市城区年供水1000万 m^3，向温县城乡一体化水厂预留年供水222万 m^3。沁阳市、孟州市南水北调水厂主体建设任务基本完成，管网项目由焦作市城投公司负责建设，2021年6月20日开工，计划完工时间2022年5月30日。

武陟县拟建三项南水北调配套工程，包括武陟县黄沁河流域沁北南水北调水厂、武陟县黄沁河流域沁南南水北调水厂、武陟县南水北调城北供水站升级改造项目，项目负责单位为武陟县水利局，其中沁北南水北调水厂项目规划新建一座2.0万 m^3/d 水厂，2021年7月开工，计划于2023年12月完成工程建设任务。沁南南水北调水厂与城北供水站升级改造项目正在进行设计工作。

修武县拟建两项南水北调配套工程，包括修武县农村饮水集中式供水工程（七贤镇中心水厂）、修武县城区供水管网延伸工程，项目负责单位为修武县水利局。其中七贤镇中心水厂项目，新增设计规模4万 m^3/d 的净水厂一座，工程于2020年9月开工，2021年水厂主体工程完成，正在进行管道及附属设施施工，计划于2022年10月完成。

温县城乡供水一体化工程（一期）供水范围覆盖包括99个村43146户居民，项目负责单位为温县水利局，采用工程总承包模式，2021年4月开工，完成岳村、牛洼村、裴昌庙村、韩郭作村、西郭作村、吕村、南韩村、白庄村等10个村15 km的给水和配水主管网施工，水厂及加压泵站正在筹备施工。

中站区城乡一体化供水及生态补水工程，拟建项目供水规模为10万 m^3/d，受益人口10万人。向沿线城乡居民及企业生活生产供水，并可对白马门河、涝琛河、田涧沟以及龙翔湖、白马门湖进行河湖生态补水。项目负责单位为中站区中财投资有限公司，2021年1月开始前期工作，项目建议书已批复，计划于2023年6月底完成。

马村区聩城寨城乡一体化供水工程，负责单位为马村区农业农村局，项目正在进行前期规划工作。

示范区提出城乡一体化供水工程意向，计划在宁郭附近新建加压泵站供水，负责单位为示范区农业农村局，2021年正在进行前期工程规划工作。

（李万明 董保军）

新乡南水北调中心

【概述】

2021年，新乡市快速推动"四县一区"配套工程建设，市政府连续组织召开专题推进会。完成东线项目PPP入库前期工作和南线项目建设；加快推进配套工程合同变更处理，161项合同变更累计完成审批158项，共增加投资3111.78万元，审减投资约832万元。指导完成调蓄工程管线及调蓄池工程环评检查审查，完成征迁资金梳理及验收前期准备，完成输水管线末端阀门更换及泵站启动、管线试通水实施规划及调整报告编制、审查工作。推进各项准备工作，为贾太湖置换工程的实施奠定基础。

【新增供水目标】

"四县一区"南水北调配套工程分为东线项目和南线项目，2021年完成东线项目前期的方案论证和南线项目实施阶段技术方案审核。主动对接有关单位制定进度计划推进各项工作开展。配合设计单位开展两个月的征迁安置专项调查，完成东线项目的征迁安置规划大纲和社会稳定风险评估、初步设计报告批复；完成征迁安置规划报告审查；开展东线项目市场调查，根据市场调查情况调整项目实施方案，完成市政府关于项目实施方案、市财政局关于项目物有所值、各受水县（市）关于项目财政承受能力的审批；协调设计单位完成项目水土保持方案、环境影响评价报告、干渠邻接报告的编制。南线项目初步设计批复后，新乡县、原阳县、平原示范区均提出线路变更，协调设计单位重新编制三个县区变更设计报告，并组织审查，重新批复，处理南线项目10余处局部工程调整。

【连接邻接穿越项目审核审批】

按照确保配套工程运行安全、方便群众、服务社会的原则，配合后连接邻接穿越项目收集配套工程有关资料。2021年共受理有关项目6项，市级审核回复权限1项，省级审批权限5项，市级审核权限1项完成，省级权限批复2项，需补充完善资料3项正在协调处理。

【变更索赔】

2021年，完成两项合同变更审批工作，共增加投资739.98万元，审减投资74.84万元。台账内66项合同变更全部处理完成。基本完成一期配套4个施工监理标段监理延期审核工作，分别与监理1标、2标、4标签订延期补偿协议，共增加投资297.51万元，较监理单位编报投资核减294.48万元；监理3标延期服务费省南水北调建管局组织审查并出具意见，待监理单位补充完善后签订补充协议。

【招标与合同谈判】

经请示省南水北调建管局，新乡南水北调中心组织31号线泵站代运行项目招标，2021年11月16日开标，11月底完成合同谈判及中标单位进场代运行工作，保障辉县市正常供水。与获嘉管理所、卫辉管理所及市区管理处（所）监理单位河南宏业建设管理股份有限公司进行合同谈判，在律师指导下重新修订《解除合同通知书》，监理公司复函同意解除市区管理处（所）监理合同，问题得以解决未引起纠纷。

【投资控制分析】

2021年，完成新乡供水配套工程投资控制分析报告编制；完成配套工程水质监测项目询价比选；完成配套工程获嘉管理房和七里营管理房专项维修审核；完成获嘉县管理所11项合同变更审批；完成卫辉市管理所7项合同变更审核；完成"四县一区"南水北调配套工程有关信息定期报送。

（郭小娟　周郎中）

鹤壁市南水北调办

【穿越项目审查审批】

2021年，完成《郑济铁路郑州至濮阳段滑县浚县站10 kV配电所电源线路上穿河南省南水北调供水配套工程35号供水管线项目》《郑济铁路郑州至濮阳段穿越河南省南水北调供水配套工程35号供水管线滑县支线（桩号kb3+177.5至kb3+252.5）项目》手续办理，并签订建设监管协议书。编写印发《关于上报河南省南水北调受水区鹤壁供水配套工程投资控制分析报告的报告》（鹤调建〔2021〕10号），并报送省南水北调建管局。编写印发《关于申请动用黄河北维护中心合建项目基本预备费的请示》（鹤调建〔2021〕25号），并报送省南水北调建管局。印发《关于对〈关于申请鹤壁市淇滨区钜桥南污水处理厂进厂主干管工程穿越河南省南水北调受水区鹤壁供水配套工程35号口门供水管线项目退还安全保证金〉的函》（鹤调办函〔2021〕6号）、《关于对〈关于申请退还滑县浚县站10 kV配电所电源线上穿南水北调管道施工安全保证金的函〉的复函》（鹤调办函〔2021〕20号），并完成保证金退还工作。对接协调国道107京港线鹤壁境段改线新建工程跨越鹤壁供水配套工程35号口门输水主管线工程，印发《关于上报国道107京港线鹤壁境段改线新建工程跨越河南省南水北调受水区鹤壁供水配套工程35号口门输水主管线专题设计报告和安全影响评价报告的请示》（鹤调办〔2021〕67号）报送省南水北调建管局。对接协调鹤壁市南水北调向老城区引水工程南水北调干渠36号口门取水工程，印发《关于上报鹤壁市南水北调向老城区引水工程南水北调干渠36号口门取水工程设计（含复合设计）和安全影响评价报告的请示》（鹤调办〔2021〕79号）报送省南水北调建管局。

【投资控制分析】

2021年根据省南水北调建管局印发的文件要求，对鹤壁市配套工程的建设、征迁、财务等资金进行梳理，基本完成鹤壁市配套工程投资控制报告的编制工作。鹤壁供水配套工程市控静态投资总计77492万元，市控指标项目投资完成总额74365.73万元，市控指标节余3224.16万元。另外，省控资金支出24.5万元。征迁市控资金节余5603.71万元。鹤壁供水配套工程完成投资不超市控指标，总体可控。

【变更索赔】

鹤壁市配套工程工程建设中共涉及工程变更索赔277个，包括配套管线变更、管理机构建设变更、监理延期服务，预计增加投资9014.27万元。其中批复销号266项（含已批复217项、合并销号49项），占总数的96%，增加投资6592.87万元；未批复的13项（含已审查未批复6项、未审查批复2项、监理延期服务5项），占总数的4%，增加投资2421.4万元。

【合同管理】

2021年按要求完成汽车租赁协议、劳务派遣协议、防汛物资物料采购协议、鹤壁市南水北调配套工程EPS应急电源蓄电池订货合同、鹤壁市南水北调配套工程UPS电源电池采购合同等的签订。

鹤壁市建管单位共签订各类合同71个，合同额66529.57万元，完成合同投资总计62091.5万元（部分合同清单项目发生变更，合同完成投资减少），其中施工合同16个，合同额25270.51万元，完成投资22819.08万元；采购合同12个，合同额38497.76万元，完成合同投资36494.2万元；监理合同7个，合同额933.76万元，完成合同投资933.76万元；跨越公路工程安全评价合同1个，合同额24.5万元，完成合同投资24.5万元；穿越铁路工程合同（包括林地及土地补偿款）11个，合同额1392.26万元，完成投资1392.26万元；技术服务合同18个及行政事业性收费项目，合同及费用额45.49万元，完成投资45.49万元；外部供电电源接引工程合同3个，合同额244.83万元，完成合同投资244.83万元；水保环保监测合同2个，合同额29万元，完成合同投资29万元；公路保通费及路政管理费合同5个，合同额91.47万元，完成合同投资91.47万元。

（冯 飞 赵一龙）

安阳南水北调中心

【穿越项目审查审批】

2021年，对光明路排水管穿越配套工程38号线路施工图进行审核和批复。会同省南水北调建管局对汤阴县东部水厂引水工程连接安阳供水配套工程37号线专题设计及安全影响评价报告进行审查和批复。对汤阴华能热电供热管道穿越配套工程37号线2处专题设计和影响评价复核后进行报批。批复后组织专家对项目施工图进行审查。对安罗高速、汤阴县S302汤阴境一级公路改建工程穿越配套工程37号线、榆济线对接工程穿越配套工程38号线、中州水务公司西部调水工程连接配套工程39号线专题设计和影响评价进行审核，并会同省南水北调建管局组织专家审查。配合城发公司与干渠安阳管理处对接沟通，开展引热入安管道穿越干渠项目的前期工作和审查。

【变更索赔】

2021年审查合同变更11项。其中施工8标1项，施工10标1项，施工14标滑县管理所1项，施工15标汤阴管理所1项，施工16标内黄管理所1项，施工17标安阳市管理处所办公楼3项，安阳监理2标、监理4标、濮阳监理4标延期监理费各1项。审批2项，施工10标末端土方回填单价和安阳监理2标延期费。

【结算工程量核查】

2021年按照省南水北调建管局安排，安

阳南水北调中心组织协调河南省诚信工程管理公司和配套工程19个施工标段开展工程量核查，组织提交招投标文件、合同、工程图纸，完成18个施工标段的专项核查报告。对合同的项目、单价、当月完成付款和累计付款进行核对计算。对于合同新增项目单价进行审核，全年共审核支付工程进度款9次。

【自动化决策系统调试】

2021年组织开展安阳市自动化培训班，对30名自动化值守和管理人员进行培训。组织大盛微电和株洲南方阀门公司的技术人员对管理处所站的阀门、流量计、压力表、自动化设备进行联调联试。对自动化值守和管理人员进行月度考核和不定期抽查，组织市区自动化值守人员进行南水北调配套工程知识和自动化设备消防知识的培训。按照省南水北调建管局《关于抓紧完成配套工程电气设备及泵阀调试有关事宜的通知》要求到现场核查，并将液位计、压力变动器存在的问题汇总后协调唐山汇中公司进行维修。协调联通公司开展汤阴管理所、37-4管理站水毁工程自动化设备的更换工作。

（孟志军　董世玉）

资金使用管理

南阳南水北调中心

【概述】

截至2021年12月底省南水北调建管局拨付工程建设资金共计1172293396.97元，其中管理费9174900元，奖金4370000元。截至2019年12月底，南阳市南水北调建管局累计拨付各参建单位共计1117030008.65元，其中拨付管材制造单位500190188.7元，拨付施工单位529415506.75元，拨付监理单位13213818元，拨付阀件单位74210495.2元。截至2021年12月底省南水北调建管局拨付征迁资金518608669.64元，其中其他费16348800元，征迁资金502259869.64元，南阳市南水北调建管局下拨494821155.94元给相关县市区。按照省南水北调建管局要求，配套工程完工财务决算征迁部分完成编制，待财政评审审定工程建设资金，编制工程建设部分财务决算并完成全市汇总编制工作。

【2021—2023年财政规划预算编制和执行】

2021年南阳南水北调中心财政项目全年预算146.9万元，全年执行146.82万元，执行率99.95%。2022年全年规划项目预算142.9万元，全年执行142.9万元，执行率100%。2023年全年规划项目预算142.9万元，全年执行142.9万元，执行率100%。

【财政固定资产系统合并】

2021年原南阳市南水北调办和原移民局固定资产系统合并为南阳市南水北调工程运行保障中心（南阳市移民服务中心）。系统合并的总资产额5944393.42元。

【水费收缴】

2021年推进南水北调水费收缴工作，收缴水费1亿元，上缴省南水北调建管局水费1.3亿元；截至2021年12月底，前7个供水年度累计应上缴水费7.7亿元，实际上缴水费5.78亿元，水费收缴率75%，位居全省前列。

（张轼钦　宋　迪）

平顶山南水北调中心

【水费收缴】

2021年克服各种困难推进水费收缴。根据省南水北调建管局水费收缴要求和平顶山市政府出台的《平顶山市南水北调供水水费收缴办法》，平顶山南水北调中心研究制定南水北调水费清缴办法，多次向相关县（区）

政府下发水费催缴函，安排专人负责现场催缴。截至 2021 年 12 月底，2019-2020 年度应缴纳水费 1.48 亿元，已收缴水费 7916 万元，其中有 5320.6 万元为 2021 年清缴。2020-2021 年度应缴纳水费 1.2 亿元，已收缴 6949.65 万元，全部上缴省南水北调建管局。

（王铁周　田　昊）

漯河南水北调中心

【财政评审】

2021 年财政评审工作完成。自 2020 年 9 月财政评审工作开展以来，多次与省财政评审中心、第三方评审机构、省南水北调建管局沟通漯河市配套工程评审工作，及时反馈财政评审提出的意见，督促相关科室和工程参建单位补充完善财政评审资料。

【完工财务决算编制】

2021 年 9 月，完成漯河供水配套工程完工财务决算招标工作，配合河南沙澧会计师事务所开展南水北调配套工程资金、征迁资金审核及完工财务决算。完工财务决算编制工作正在进行。

【日常账务管理】

配套工程建设资金、征迁资金、运管资金由省南水北调建管局向市维护中心拨款，漯河南水北调中心负责资金的催拨、管理、使用和基础监督检查。

2021 年，审核各项经济业务手续，严格把关，完成日常财务报销、工资以及各项补贴的发放；按时记账、结账、财务处理，编报财务月度报表、年度报表、年度预算与决算；及时与部门预算对比，对不合理的开支拒绝办理；每月按时进行各项税务申报，及时缴纳税金和职工的各项保险、住房公积金。编制 2021 年、2022 年财政资金和运行管理资金预算、2020 年度决算报告、2020 年度资产报表、2020 年政府财务报告、2020 年水利服务业基本情况及财务状况统计报表，申报在职人员养老保险参保基数，进行 2020 年绩效评价、2021 年预算公开、重点国有资产清查等工作。

【2021-2023 年财政规划预算编制和执行】

2021 年运行管理资金批复预算 8891604.56 元，实际支出 5970603.57 元。预算执行偏离的主要原因：一是舞阳、临颍管理所尚未建成，管理及生产人员未全部到位，人员经费结余；二是聘用人员未缴纳住房公积金、工会经费且福利费支出偏少；三是受疫情及汛期多次强降雨的影响，公务活动、业务培训及会议召开较少；四是自用和租赁车辆的数量尚未达到配置指标；五是上级视频会议增多，公务接待活动次数减少；六是巡检及进地影响补偿费实际支出不多；七是严格财务制度管理，厉行节约，严控日常开支。

【水费收缴】

与漯河市财政部门、水费缴纳单位沟通，第一时间开具水费发票，办理财务手续。2021 年 1 月 1 日～12 月 31 日，共收缴水费 3028.2316 万元，其中基本水费 1048.18 万元，计量水费 1980.0516 万元，向税务部门缴纳税款 161.51 万元。

（董志刚　张　洋）

许昌南水北调中心

【概述】

2021 年度，省南水北调建管局拨付许昌市配套工程运行管理资金 1805.74 万元，核销运行经费支出 1735.94 万元；未拨付许昌市配套工程建设资金，完成投资 29 万元。2021 年度支付项目资金及质保金 161.08 万元。财政厅对许昌市配套工程项目财政评审完成，配套工程建设完工财务决算编制单位进场工作。

【财政规划预算编制和执行】

按照省建管局运行管理部门有关要求，编制上报 2021 年运行管理支出预算及 2022、2023 年度滚动预算，2021 年度运行管理批复许昌市预算 2014.47 万元，拨付到位资金 1805.74 万元，实际完成支出 1735.94 万元。

【水费收缴】

2021年许昌南水北调中心建立水费收缴工作台账，联合许昌市委市政府督查局开展水费收缴工作，下发各县（市）南水北调部门水费催缴通知，函告各县（市）政府，领导成员分包各县（市）上门进行催缴、电话联络催缴，按照欠费额度，建立清缴机制及台账，防止累积过多。建议按照"谁用水谁负责"原则，尽快组织相关部门建立公平、合理的水价水费保障机制。2021年共收缴2018-2021三个供水年度水费11753万元。鄢陵县率先推进完成水价改革，建立将计量水费纳入居民用水价格，缓解以往政府财政大包大揽水费缴纳困难的压力。

（孔继星）

周口市南水北调办

【概述】

截至2021年12月底，省南水北调建管局拨入资金71247.70万元，其中基建资金53968.59万元，征迁资金17279.10万元。周口市配套工程基本建设支出中在建工程支出71627.18万元，其中建筑安装工程投资47524.17万元，设备投资3399.68万元，待摊投资支出20685.83万元，其他投资17.51万元。按照实施规划和省南水北调建管局要求，永久征地、临时征地、居民房屋、农副业房屋拆迁、专项迁建及其资金使用总体做到不突不破，程序合规，百姓满意。2021年加快南水北调配套工程财政评审工作，周口市南水北调建管局多次组织南水北调各参建单位召开财政评审会议，专人专职负责，收集整理并及时补充相关资料报送至财政评审中心。

【水费收缴】

2021年周口市南水北调办开展水费征缴工作，每月发送催缴函，督促各县市区及周口银龙、商水上善缴纳水费，每半年对各县市区，不定期对周口银龙水务和商水上善水务上门督导催缴，向市政府申请市财政代扣，不定期对周口银龙和商水上善进行约谈，发送律师函、电话与短信通知、在会议及活动中进行催缴。截至2021年底，周口市累计上缴水费2.38亿元，占应缴纳水费的69.40%。

（李晓辉　朱子奇）

焦作南水北调中心

【概述】

2021年，焦作南水北调中心按照《河南省南水北调配套工程建设资金管理办法》《河南省南水北调配套工程建设单位管理费管理办法》及《焦作市南水北调配套工程价款结算支付办法》和《河南省南水北调工程建设征地补偿和移民安置资金管理办法》（试行）的规定，规范支出程序，严格支出管理，开展配套工程资金的账务处理及日常核算工作，及时拨付工程和征迁资金；定期对工程往来款及工程欠款进行统计；全面完成配套征迁资金债权债务、合同、固定资产等专项清理工作。配合国家审计部门进行征迁安置资金的专项审计。

【建设与征迁资金】

配套一期工程概算投资32974.24万元，截至2021年底上级累计拨入36842.33万元，累计支出36011.94万元。2021年度上级未拨入资金，支出464.2万元。2021年度银行存款930.11万元。

配套一期征迁概算投资21203.59万元，截至2021年底上级累计拨入17144.7万元，累计支出1978.17万元。2021年度上级拨入2266.84万元，支出529.99万元。2021年度银行存款2432.31万元。

配套博爱线路工程概算投资11209.1万元，截至2021年底上级累计拨入9295.3万元，累计支出9336.02万元。2021年度上级拨入504.62万元，支出522.40万元。2021年银行存款136.76万元。

配套博爱线路征迁省概算投资 3315.9 万元，截至 2021 年累计上级拨入 1978.17 万元，累计支出 1772 万元。2021 年度上级未拨入资金，支出 39.32 万元。2021 年银行存款 219.39 万元。

【财政评审】

2021 年 5 月，财政厅下达《关于河南省南水北调供水配套工程结算的评审意见》（豫财建函〔2021〕18 号），财政厅评审中心委托龙达恒信工程咨询有限公司对焦作市配套工程资金进行审计。工程结算评审结论：焦作市供水配套工程输水线路总长 48.78 km，沿线共布置穿越工程 13 座；设置阀井 92 座，管理房 7 座，进水池 6 座，调流阀室 2 座，管理所 3 座；共 26 个标段，其中施工标段 11 个，采购标段 15 个；送审造价金额 49119.20 万元，审定造价金额 48315.99 万元，审减造价金额 803.22 万元。博爱县供水配套工程输水线路总长 13.88 km，沿线共布置穿越河渠工程 2 座；设置阀井 46 座，镇墩 47 座；共 8 个标段，其中施工标段 2 个，采购标段 6 个；送审造价金额 10385.81 万元，审定造价金额 10361.36 万元，审减造价金额 24.45 万元。

（韩 燕）

【2021 年预算批复及执行】

按照省南水北调建管局下发的《河南省南水北调建管局转发河南省水利厅关于下达南水北调配套工程 2021 年度水费支出预算的通知》（豫调建财〔2021〕44 号）要求，核定焦作南水北调中心 2021 年度运行管理费支出预算 1432.99 万元，截至 12 月 31 日实际支出 907.40 万元，预算执行率 63.32%。其中：2021 年批复人员预算 930.07 万元，实际支出 303.79 万元；2021 年预算批复办公等相关预算（含车辆运行费、培训费、中介服务费、公务接待费等）194.96 万元，实际支出 87.95 万元（含财务费用支出）；2021 年预算批复其他相关预算（含水质监测、燃料动力、备品备件、巡检进地、临时设施、河湖大典、国家

方志馆等）金额 307.95 万元，实际支出 515.67 万元（含预算外的维护养护费、大修理费、应急抢险费、其他管理费等支出）。

【水费收缴】

焦作市年分配水量 26900 万 m^3，2021 年度实际用水量 10805.97 万 m^3。其中居民用水 10046.13 万 m^3，生态补水 759.84 万 m^3。

2021 年焦作市应缴纳南水北调水费 15790.77 万元，实际缴纳南水北调水费 8563.79 万元。其中：焦作市本级共缴纳 7038.39 万元，修武县缴纳 155.00 万元，武陟县缴纳 500.00 万元，温县缴纳 317.00 万元，博爱县缴纳 506.03 万元，焦作市龙源湖服务中心缴纳 47.36 万元。

（崔美玲）

新乡南水北调中心

【概述】

新乡市 2021 年共收到上级拨入配套工程建设资金 1569.7 万元，完成项目投资 706.8072 万元。配合财政厅开展配套工程财政评审工作，推进配套工程财务决算编制。加强制度建设，制订《新乡市南水北调工程运行保障中心差旅费管理实施细则》《新乡市南水北调工程运行保障中心资产管理实施细则（试行）》，为加强内部管理提供依据。推进水费收缴工作，全年共收缴水费 14974.2673 万元。7 月财政厅关于南水北调配套工程财政评审动员会后，新乡南水北调中心及时分解任务，协调各参建单位收集评审材料，主动与财政厅和财政厅委托咨询公司对接，沟通协调，确保评审准确，各方的合法权益得到保障。

（郭小娟 周郎中）

濮阳市南水北调办

【概述】

2021 年，濮阳市南水北调办加强资金财务管理，确保各项资金安全高效使用。通过

省南水北调建管局组织的南水北调配套工程运行管理费第三方账务审计。高标椎编制濮阳市供水配套工程竣工财务决算报告。配合省南水北调受水区供水配套工程竣工、完工财务决算编制工作，濮阳市南水北调办按照《河南省南水北调受水区供水配套工程完工财务决算编制实施细则》要求，细化编制措施，于6月25日，委托北京泛华国金会计师事务所编制濮阳市供水配套工程竣工财务决算报告。12月，濮阳市供水配套工程竣工财务决算报告基本完成。

【水费收缴】

2021年，濮阳市南水北调办大力推进工程水费收缴工作，加强水费收缴力度。全年共下发水费催缴函21份，其中向各受水县（区）政府发行政函6份。2020-2021年度应缴水费9060.39万元，缴纳水费7935.926万元，年度收缴率87.59%，比去年同期增长38.59%，累计收缴率67%。1月31日，水利厅向濮阳市政府发函《河南省水利厅关于缴纳南水北调水费的函》（豫水调函〔2021〕9号），催缴截至2020年12月31日累计欠费11809.5万元，对于历史欠费提出三年缴纳计划，分期逐步缴纳。1月25日，濮阳市政府向水利厅复函，对2014-2017年度欠缴水费6071.47万元，制定三年交纳计划，明确交纳期限及金额：2021年10月31日前交纳20%，计1214.29万元；2022年10月31日前交纳20%，计1214.29万元；2023年10月31日前交纳60%，计3642.88万元。

（杨宋涛　王道明）

鹤壁市南水北调办

【概述】

截至2021年12月底，完成建安投资72060.88万元（占合同投资66175.25万元的108.89%）（含管理机构），完成征地和环境投资26137.91万元，管理处所完成建设投资4805.42万元（占合同投资3540.64万元的

135.72%）。

【建设资金】

截至2021年12月底，省南水北调建管局累计拨入建设资金6.91亿元，累计支付在建工程款6.93亿元。其中：建筑安装工程款5.87亿元，设备投资6628.71万元，待摊投资3918.96万元（建设单位管理费460.4万元、林木占地补偿102.12万元、临时设施费2360.08万元、监理费1052.33万元、存款利息收入55.96万元），工程建设账面资金余额1786.48万元，余额主要是工程款。

【征迁资金】

截至2021年12月底，累计收到省南水北调建管局拨入征迁资金2.96亿元，累计拨出移民征迁资金2.26亿元，征地移民资金支出3577.35万元，征地移民帐面资金余额858万元，余额主要是征迁资金。

【运行管理费】

2021年12月底，累计收到省南水北调建管局拨入运管费5161.14万元，累计支出运管费4876.96万元。其中：营业费用4356.6万元，管理费用517.56万元，财务费用2.8万元，账面资金余额481.98万元，余额主要是运行管理费。

【黄河北维护中心与仓储中心建设资金】

截至21年12月底，累计收到省南水北调建管局拨入1500万元征迁资金，支出1020.06万元；累计收到省南水北调建管局拨入2222.47万元两个中心工程款，支出2133.36万元；累计收到省南水北调建管局拨入290万元前期工作经费，支出290万元；累计收到省南水北调建管局拨入25.97万元建设管理费，支出25.88万元；其中利息收入14.15万元。账面资金余额627.32万元，余额主要是两个中心征迁资金。

【财政评审】

7月到财政厅参加"关于做好2021年工程结算评审购买第三方服务项目评审启动会"，会后及时传达会议精神，安排各参建单位资

料整理工作，要求各参建单位根据省南水北调建管局及财政厅提供的配套工程财政评审资料清单，按时保质保量上报。9月上旬，参建单位共27家完工结算书编制及评审所需资料收集全部完成，整理汇总后统一移交至财政厅，11月审计单位完成初审和各参建单位的复核工作，并对现场进行查看，财政评审工作处于争议问题解决阶段。

【水费收缴】

2021年推进南水北调配套工程水费征收，鹤壁市南水北调办多次赴县区与分管领导、主要领导及财政局对接催收水费，向各相关县区及相关财政部门解释南水北调工程水费构成及计费标准，帮助申请将南水北调工程水费列入本级财政预算。2020—2021年度共向各县区用水单位印发各类水费催缴文件29份，并完成水费收缴共计3539.75万元。其中，市财政局缴纳市本级水费800万元；淇县缴纳水费500万元；水务集团上缴2239.75万元。

（李　艳　郭雪婷　王路洁）

安阳南水北调中心

【财政评审】

配套工程建设时间跨度长，参建单位人员更换频繁，财政评审工作开始后先后历经郑州汛期水灾和新冠肺炎疫情防控的困难，协调配合财政厅、省南水北调建管局开展配套工程建设资金财政评审，到郑州与省财政评审中心、中鼎誉润公司对接沟通，达成政策上的理解和支持，协助参建单位确保决算项目应报尽报，按要求及时上报决算评审补充资料，并跟进中鼎誉润公司安排参建单位及时核对，工作正在向前推进。

【预算编制和执行】

严格执行2021年批复的财政预算，按要求完成2022年及未来三年财政预算编报。根据水利厅下达的配套工程运行管理预算定额标准，完成2021年运行管理资金预算执行和下达工作，组织汤阴、内黄县完成2022年及未来三年运行管理预算编报。对省南水北调建管局下发的2021年度配套工程运行管理预算进行分解，根据汤阴县和内黄县的配套工程运行管理线路核算各项预算资金，并对其支出合规性定期审核，按照支出进度拨款。

【水费收缴】

2021年按照安阳市政府关于南水北调水费工作专题会议要求，向市委主要领导汇报南水北调水费的资料准备工作。起草《关于南水北调水费预付费实施方案》，向有关县区和用水单位发送征求意见函。与市财政局沟通申请财政资金，2021年列入市财政预算1167.56万元，其中基本水费1000万元，生态补水水费167.56万元（2020年生态水费），10月底协调财政局拨付2021年财政预算计列的1000万水费。对县区和用水单位水费欠缴发送水费催缴函和主动上门服务。全年共收缴水费5359.48万元，其中2018—2019年度水费收缴任务全部完成。

（孟志军　董世玉）

柒 水源区保护

政 府 管 理

【完工财务决算】

2021年，配合开展完工财务决算有关工作。会同财务处督促有关市县全面完成南水北调征地移民完工财务决算问题整改，并通过水利部的核准；安排部署竣工财务决算准备工作，督促有关市县加快核销未核销资金，并对有关市县包干经费2020年至2021年10月使用情况进行审核汇总。召开南水北调中线干渠竣工财务决算资金清理工作会议、未核销资金整改工作会议，约谈安阳市、鹤壁市、平顶山市、南阳市，为编制竣工财务决算做准备。

【地质灾害防治】

为保障库区移民群众生命财产安全，向水利部申请先行实施两个受灾严重的移民村地灾防治项目，水利部批复同意并投资3242万元，2021年南阳市、淅川县继续组织实施。同时对干线征迁穿越干渠的专项设施进行全面排查统计，消除安全隐患，保障"三个安全"。

【移民后期帮扶】

2021年与省发展改革委、财政厅协调，筹措下达淅川县九重镇产业发展试点项目剩余1000万元资金，项目正在实施。组织开展丹江口库区移民建设用地和干线工程压矿手续办理，招标确定干渠后续征迁项目监理单位，为干渠征迁后续问题处理提供技术支撑。美好移民村建设为目标，推进南水北调丹江口库区移民工作高质量发展，实施旬报、通报和约谈、督办措施，督促各地尽快完工并发挥效益，大部分示范村成为当地乡村振兴的典范。

【信访稳定】

2021年开展信访稳定工作，按照"属地管理、分级负责""谁主管、谁负责"的原则，进行矛盾纠纷排查化解，及时协调解决征地移民有关问题。开展政策宣传和解释，并协同开展专项行动。2021年11月水利厅、公安厅、司法厅、省信访局联合印发《关于持续化解南水北调丹江口库区移民遗留问题维护社会稳定的实施方案》，计划采取9项措施，全省有关市县正在贯彻落实。疏通渠道，引导群众依法信访，通过司法途径解决问题。

（刘　斐）

受 水 区 水 源 保 护

南阳受水区

【南水北调移民后期扶持】

截至2021年完成移民后期扶持项目515个，完成资金支付4.6亿元。2021年核定移民人口28.9万人，通过惠民惠农财政补贴"一卡通"，及时足额发放每人每年600元的直补资金共计1.7亿元。按照"宜居、宜业、秀美"的标准，全市累计建设48个移民避险解困安置点，完成建房3434户，已经搬迁安置2850户11089人。全年培训移民10112人次。水库移民信息化管理规范，全市移民信息采集、整编、录入工作全部完成。对标乡村振兴目标和要求，整合移民安置结余资金、后期扶持资金、各类支农惠农和乡村振兴资金10186万元，建设28个南水北调美好移民村示范村。2021年建设产业发展项目28个7.85万 m²，实现移民在家门口务工就业。美好移民示范村建设，淅川县上集镇张营村获得"国家文明村镇"称号，邓州市北王营村、社旗县寇楼村获得"全国民主法治示范村（社区）"称号，卧龙区东岳庙村获得"省级卫生村""省级文明村"称号。淅川县九重镇产业发展试点项目2019年省级配套资金1000万元、市财政500万元，累计完成投资1.06亿元，实施项目19个，试点示范带动作用逐步显现。

丹江口库区移民地质灾害防治工作，对受灾严重的2个村25户111人实施临时避险安置，对14个地质灾害点进行监测预警。申请上级资金3242万元，先期启动淅川县老城镇穆山村、大石桥乡西岭村2个灾情较为严重的地质灾害点治理。按时完成河南天池抽水蓄能电站工程蓄水阶段建设征地移民安置县级自验、市级初验和省级终验工作，走在全省前列。

根据机构改革工作要求，及时对原市南水北调办和市移民局的财政、资产核算系统进行合并，资金收支严格按照预算批复进行，2021年度财政预算156.9万元，实收146.90万元，支出146.80万元。累计下拨县区南水北调配套工程征迁安置资金5.07亿元，兑付率、核销率分别达到98%和98.5%，拨付参建单位工程款11.19亿元；下拨南水北调丹江口库区移民安置资金117.80亿元；下拨南水北调干渠征迁安置资金42亿元，兑付率、核销率均达到100%。完成南水北调干渠、渠首及库区竣工财务决算的前期清理工作，并依据省移民办批复预留竣工决算尾工、预留费用。

持续开展矛盾纠纷排查化解和赴京上访专项整治活动，全年共处理南水北调和移民来信来访46起，12345政务服务便民热线满意率100%。开展"学党史见行动、我为群众办实事"活动，对移民反映比较集中的房屋渗水和基础设施维护问题，在全市范围开展专项治理，维修移民房屋8364户，正在维修的741户。

（张软钦　宋迪）

平顶山受水区

【概述】

2021年，平顶山南水北调中心在"世界

水日""中国水周"活动中宣传《河南省南水北调饮用水水源保护条例》，配合生态环境部门开展生态环境保护专项行动，加大巡查力度，对水源保护区内排污、畜禽养殖等风险隐患全面排查、搬迁、关停，严格控制沿线新建项目评估审核，配合林业部门推动生态廊道完善提升工程，委托具有专业资质的环境检测服务有限公司每月对配套工程供水水质进行检测，确保水质安全。

（王铁周　田昊）

漯河受水区

【地下水压采】

地下水压采　2021年，漯河市严格控制地下水开发利用总量，落实用水总量和用水强度"双控"方案，制定地下水井封闭计划，加大节水型社会建设力度，提高用水效益，地下水压采工作取得明显成效。

压采任务　2021-2022年度省定漯河市压采任务：压采非城区地下水量739万 m^3，其中浅层水压采58万 m^3，深层承压水压采681万 m^3。2021年全市共完成非城区地下水压采水量508.83万 m^3。其中压采浅层地下水量245.88万 m^3；关闭农灌井412眼，城乡一体化配套管网延伸工程关停地下水井43眼，压采深层地下水量262.95万 m^3。城市建成区内关停自备井46眼，压采地下水量55万 m^3。

压采效果　根据水利厅公布的2021年7月、10月、11月全省平原区地下水超采区水位变化情况，漯河市浅层地下水位呈连续上升趋势。11月浅层地下水位较2020年同期上升6.36 m，上升幅度在全省14个平原区浅层地下水超采区的省辖市中排名第一。

【征迁安置】

推进征迁安置验收　漯河市南水北调征迁安置验收于2020年开始实施，涉及5个县区的县级自验和市级初验。按照水利厅要求的时间节点，加强培训和邀请第三方参与验收，加快推进征迁验收工作。截至2021年6

月，漯河市南水北调征迁验收县级自验全部完成，市级初验正在进行，验收表格5月填写完毕。

完成征迁安置档案整理 9月开始整理市级征迁档案。11月全市（含5个县区在内）的南水北调征迁安置验收所需档案全部整理完成。合计综合管理类69卷（永久卷），征地拆迁类111卷（永久卷），资金管理类99卷（永久卷），专项迁建类23卷（永久卷）。

完成永久用地勘测定界 勘测定界机构于2020年6月进场作业，并协助勘测定界第三方完成野外作业工作。2021年5月勘测定界外业、内业工作全部完成，共涉及阀井302个，管理房9个，用地总面积39.64亩。6月经过多次和国土部门协调，勘测定界数据录入第三次土地调查数据库中。

配合水保环保验收 水保环保的验工作由省南水北调建管局主导。验收相关的各项表格10余个，数量多填写难度较大，漯河南水北调中心一边学习表格填报，一边收集表格填写所需资料，7月完成填写，并获得高度认可。

（董志刚　张　洋）

许昌受水区

【干渠保护区风险防控】

2021年继续推进南水北调跨渠桥梁安全保障工作。对许昌市南水北调工程跨渠桥梁存在安全隐患影响南水北调工程安全运行问题，3月和7月，两次提请许昌市政府召开跨渠桥梁安全管护工作推进会，明确跨渠桥梁管理和维护责任主体，督促管养维护单位履职尽责，开展维护和管理工作。配合生态环境部门开展干渠两侧饮用水水源保护区范围内水污染风险隐患排查整治，提请许昌市政府并与禹州市、长葛市政府签订目标责任书，建立问题台账。配合市自然资源和规划局开展干渠两侧生态廊道作业设计工作。

（程晓亚）

周口受水区

【概述】

周口市南水北调办水政监察大队贯彻落实水法、南水北调工程供用水管理条例及河南省南水北调配套工程供用水和设施管理办法法律法规，加大执法查处力度，提高执法水平，宣传南水北调知识和保护范围，在源头上杜绝恶性水事案件的发生。2021年共查处南水北调供水管道保护范围内穿越邻接工程39起，其中办理报备手续10起，制止惠济康复医院电缆线路改迁、交通路银龙水务供水管道扩建、杨脑干渠电力电缆铺设等8起管道穿越违法行为，其他21起各类施工经过现场督办协调移至管理范围外，有效保障中心城区和淮阳、商水县城104万市民用水安全。

（李晓辉　朱子奇）

焦作受水区

【概述】

2021年，学习贯彻习近平总书记关于环境保护和生态文明建设的重大战略思想，树牢绿色发展理念，贯彻习近平总书记在推进南水北调后续工程高质量发展座谈会上的重要讲话精神，全面落实党中央、国务院和省委、省政府决策部署，按照《河南省人民政府办公厅关于印发南水北调中线工程水源保护区生态环境保护专项行动方案的通知》（豫政办明电〔2021〕29号）要求，焦作市政府印发《关于印发焦作市南水北调中线工程水源保护区生态环境保护专项行动方案的通知》（焦政办明电〔2021〕37号），开展南水北调中线干渠生态环境保护工作。配合省南水北调建管局开展配套工程管理和保护范围划定工作，提供焦作设计单元、博爱设计单元工程完工竣工图，补充完善配套工程管理与保护范围划定项目所需材料。

（焦　凯）

【生态环境保护专项行动推进】

9月2日焦作市副市长孙起鹏主持召开全市南水北调中线工程水源地生态环境保护专项行动推进会，通报上级交办问题，印发《焦作市南水北调中线工程水源保护区生态环境保护专项行动方案》，部署全面排查整改工作。11月1日，市委市政府召开全市环保工作会议，市委书记葛巧红、市长李亦博再次强调南水北调工程水源保护区环境保护工作并安排推进。

9月2日，副市长孙起鹏对南水北调干渠进行全线调研督导，对上级交办问题进行全线督查。9月6日，市长李亦博督导检查南水北调中线工程焦作段周边生态环境建设工作，要求各级各部门要站在心怀"国之大者"的高度，勇担生态文明建设政治责任，加大生态环境保护力度，加强南水北调中线工程焦作段水资源保护。11月3日，副市长闫小杏督导检查中站区南水北调问题整治情况，现场协调解决整治中存在的难点问题。

9月9日，焦作市委书记葛巧红、市长李亦博、副市长孙起鹏到生态环境厅与厅长王仲田交流工作。焦作市建立排查工作模式，制定排查技术标准，提出工作要求，全面推进疑似问题图斑排查。依法依规，规范整治。

【率先完成疑似图斑排查】

焦作市排查过程中共出动578人，于2021年9月18日在全省率先完成2506个疑似图斑排查，占全省的8.39%，其中居民建筑类929个，农业面源类563个，服务业类307个，工业企业类145个，线状穿越类123个，排污口类35个，矿上开采类25个，固体废物类15个，规范化建设类4个，其他类型360个。

【率先高标准完成整治】

经省市县审核筛选，焦作市确定初核问题71个，11月初水利厅反馈需整改问题68个，合计86个（重复53个）。其中，农业面源类26个，线状穿越类22个，服务业类8

个，工业企业类8个，固态废物类7个，居民建筑类2个，排污口类1个，其他类型12个。

组织召开专题会议，严格对照水污染防治法法律法规、技术规范和专项行动工作要求，分类确定各类问题整治标准。存在问题全部完成整治并上报销号，在全省率先完成任务。焦作市政府于12月2～5日组成4个考核组，分别由相关市直部门分管局长担任组长，现场考核、听取汇报、查阅资料，对全市南水北调生态环境保护工作进行严格考核评分，推动专项行动进一步取得实效。

（王　惠）

焦作市南水北调城区办

【南水北调绿化带建设】

2021年，国家方志馆南水北调分馆建成试开馆，成为全国第三家建成开放国家方志专业馆；南水北调第一楼主体建筑共13层，总面积4.87万㎡，主体封顶；历史文化街区配套用房主体完成；水袖艺术长廊主体施工结束；跨群英河拉索桥基础施工完成；城市阳台主体完成；天河北路建成通车。

【防汛与应急】

城区段干渠安全度汛。汛前组织召开专题会议，提前对2021年城区段干渠防汛工作进行安排部署。会同南水北调干渠焦作管理处制定高填方和全填方防汛方案、应急预案，建立应急抢险专业队并开展防汛演练，配备防汛物资和机械设备。对南水北调干渠内外进行防汛隐患排查，建立台账，及时整改。协调南水北调干渠焦作管理处和解放、山阳两城区对城区段干渠左岸截流沟进行清淤疏浚，并协调配合普济河、群英河、翁涧河、李河河道治理工作。严格落实24小时防汛值班制度，确保汛情畅通，确保问题在第一时间得到处置。

（李新梅　彭　潜）

鹤壁受水区

【水源保护宣传】

南水北调中线工程在鹤壁市境内全长29.22 km，涉及淇县、淇滨区、开发区3个县（区），9个乡（镇、办事处），其中淇县23.74 km、淇滨区4.4 km、开发区1.08 km。2021年鹤壁市开展南水北调中线工程鹤壁段干渠两侧水源保护区管理工作，宣传南水北调中线工程水源保护管理的重大意义及相关法律、法规。为"世界水日""中国水周"提供宣传资料图片，制作展板、条幅，参加2021年世界水日、中国水周宣传活动，在电视广播、新闻报刊、微博微信开展南水北调水源保护法规、安全保卫等宣传。持续宣传贯彻《鹤壁市地下水保护条例》《河南省南水北调配套工程供用水和设施保护管理办法》。

【征迁安置】

根据省南水北调建管局配套工程征迁安置验收工作计划，鹤壁市南水北调办成立征迁验收督导组，对各县区征迁资金投资计划调整复核情况、征迁验收推进情况、征迁遗留问题整改情况、征迁安置档案验收准备情况现场督导审查，整改存在问题，规范整理支撑材料。2021年完成鹤壁市、淇县、浚县、淇滨区、开发区、示范区征迁安置资金梳理表及支撑材料，编制《河南省南水北调受水区供水配套工程鹤壁市征地拆迁安置资金调整报告（报批稿）》并上报省南水北调建管局。4月底，省南水北调建管局对上报的配套工程征迁投资计划进行批复，按照文件以及各县区报送的资金复核报告对县级征迁投资进行调整。6月初，鹤壁市南水北调办召开市南水北调配套工程征迁安置验收工作推进会，加快推进征迁验收进程。9月，对开发区、淇滨区、淇县配套工程征迁安置县级自验资料准备、验收表格填写、遗留问题处理等进展情况进行现场督导。10月中旬，组织各县区征迁负责人到平顶山、南阳开展南水北调配套工程征迁安置工作学习交流。11月中旬，淇县、示范区组织召开南水北调配套工程县级征迁安置验收工作会议，并通过县级自验。

（冯　飞　王志国　王路洁）

安阳受水区

【干渠保护区污染风险源整治专项行动】

2021年，按照省环境攻坚办紧急通知和市政府专题会议精神，安阳南水北调中心5月2日开始开展南水北调干渠两侧水源保护区环境问题排查整治专项行动。市政府召开专题会议安排部署，与相关县区政府签定目标责任书，并到南水北调干渠沿线现场调研。不定期召开专题推进会进行再安排再部署，落实县区政府责任，限期排查整治到位，实现动态清零。同步加大宣传力度，制作横幅、宣传页、宣传栏、宣传车开展宣传活动。与南水北调中线局现场管理单位对接，联合开展拉网式排查。以徒步排查方式为主，同时用南水北调中线局现地管理处的视频监控系统排查。组织相关部门和单位参与，定期对县区排查情况现场核实。排查出来的问题立行立改，边查边改，对无法立即整治到位的问题制定整治方案，明确具体措施、任务分工、完成时限、责任单位和责任人，建立领导督办制度，限期整治到位。成立联合督导组在南水北调干渠沿线现场督导，发现问题立即交办处理。对排查不全面、整改不彻底的县区由市环境攻坚办下达督办通知进行专项督办。建立日报告日通报和定期调度制度，实时掌握各县区排查整治情况。排查出的10个问题，在5月中旬全部整改到位。

2021年9月初，按照市政府印发的《安阳市南水北调中线工程水源保护区生态环境保护专项行动方案》（安政办明电〔2021〕59号）文件，安阳南水北调中心协调干渠沿线各县区南水北调办事机构配合市环境攻坚办执法人员对南水北调干渠两侧保护区内的环境风险隐患开展拉网式排查，现场排查点位1605个，经省级审核，全市共确定涉及工业企业、畜禽养殖、仓储物流、排污口、线状穿越的环境问题39个。干渠沿线各县区政府对认定的39个环境问题实施分类整治，并于12月中旬全面完成整治任务。

（孟志军　董世玉）

邓州受水区

【干渠保护区管理】

2021年邓州南水北调中心配合邓州市水利部门对中线干渠左岸排水防洪影响问题进行摸排，发现隐患24处，协同市水利部门和省水利勘测设计公司对影响中线干渠左岸排水防洪隐患进行规划设计，提高防洪能力，确保干渠安全。

（司占录　王业涛）

水 源 区 上 游 保 护

栾川县

【概述】

栾川是洛阳市唯一的南水北调中线工程水源区，水源区位于丹江口库区上游栾川县淯河流域，包括三川、冷水、叫河3个乡镇，流域面积320.3 km²，区域辖33个行政村，370个居民组，总人口6.6万人，耕地3.2万亩，森林覆盖率83.51%。

【淯河流域生态治理和高质量发展规划】

2021年，栾川县认真贯彻落实习近平总书记关于推进南水北调后续工程高质量发展座谈会上讲话精神，迅速行动部署，编制淯河流域生态保护和高质量发展战略规划、栾川县京豫对口协作"十四五"规划，建立栾川县淯河流域生态保护和高质量发展"十四五"规划项目库、丹江口库区及上游水污染防治和水土保持"十四五"规划项目库。

【流域水环境综合治理和可持续发展试点】

2021年，继续推进全国第二批流域水环境综合治理和可持续发展试点项目。栾川县作为南水北调水源地，同全省丹江口库区及上游5个县（市）代表全省申报创建全国第二批流域水环境综合治理和可持续发展试点。经过多次资料征集和征求意见，流域试点方案形成并申报成功，涉及栾川县项目14个，总投资6.3592亿元。其中城乡污水处理及配套管网建设工程2个、河道水环境综合治理工程4个，水土流失防治项目2个，农村环境整治项目1个，农业面源污染控制项目1个，生态产业集群培育工程4个。

（范毅君）

卢氏县

【水环境综合治理与可持续发展试点】

2021年，继续推进丹江口库区及上游流域水环境综合治理与可持续发展试点工作。卢氏县纳入河南省丹江口库区及上游流域水环境综合治理与可持续发展试点实施方案项目共27个，总投资33.26亿元，其中城乡污水处理及配套管网建设工程3个1.4亿元、绿色生态屏障带建设工程1个0.5亿元、河道水环境综合治理工程19个22.54亿元、生态产业集群培育工程1个5亿元、水资源集约节约保护利用工程3个3.82亿元。

项目完成后，可进一步完善水源区乡镇污水处理设施，提升污水处理能力0.7万t/d，新铺设污水管网34.72 km，新增31个垃圾收运站，提升19个乡村污水处理能力；新增3.4 km²水源涵养林，增加绿色生态屏障；通过对23条河道系统治理、水土流失治理146.74 km²、开展清洁小流域治理81.96 km²，进一步提高河道水环境综合治理水平；新建规模化水厂6座，新建农村供水水源工程35处，巩固提质农村供水工程95处，提高水源地水资源集约节约利用能力。

（崔杨馨）

京 豫 对 口 协 作

栾川县

【对口协作项目】

栾川县申请到2021年全省南水北调对口协作项目1个，总投资1200万元，使用协作资金1000万元。项目为栾川县叫河镇水源区京豫合作生态经济示范项目。主要建设内容：实施叫河村河道沿线2.5 km范围环境综合治理及40户居民环境提升改造，修缮修复叫河村至桦树坪村河道2.5 km堰坝，实施叫河村至桦树坪村5 km道路沿线两侧1.5m范围绿化提升，打造绿色生态景观廊道。2021年11月开工建设，2022年1月底实施完成。项目的实施将有力带动叫河村、桦树坪村及周边区域乡村旅游业的发展，促进当地农民的收入和生活、文化水平的提高，有利于叫河村、桦树坪村旅游业实现跨越式发展，对栾川"全域旅游示范区"建设起到促进作用，不仅改善所在区域的生态环境，而且通过景观设计还可有效提高区域的旅游价值。

【对口帮扶资金】

申请到2021年对口帮扶项目4个，总投资914.7万元，其中申请对口帮扶资金440万元，分别是昌平职业学校栾川班项目补贴学习费用114.7万元，栾川印象农产品供应链服务中心建设项目使用帮扶资金205.3万元，叫河镇乡村振兴生态环境整治提升项目使用帮扶资金100万元，康庄田园生态农业开发合作社乡村振兴调整种植结构农业产业补贴项目使用帮扶资金20万元。2021年项目全部实施完成。通过京豫对口协作和昌平区援助项目的实施，对持续改善水源区生态环境、保护水质、提升公共服务能力、促进当地经济社会发展具有重要意义。

【交流互访】

2021年3月3～4日，北京市驻南阳市副市长刘建华带队一行共4人到洛阳市（栾川县）考察对口协作工作。洛阳市政府副秘书长、洛阳市政府驻北京联络处副主任付涛到栾川县南水北调水源区调研南水北调水源地保护及对口协作工作。南阳市政府副秘书长邹顺华带领北京市挂职团队一行9人到栾川考察南水北调及对口协作工作。2020年以来，因新冠肺炎疫情影响，交流互访频次大幅下降。

（范毅君）

卢氏县

【对口协作项目实施】

2021年，下达卢氏县南水北调京豫对口协作项目5个，总投资9044万元，其中对口协作项目资金4287万元。总投资7960万元卢氏县高效优质蜂产业生产加工基地建设项目、总投资501万元的卢氏县瓦窑沟乡娑椤花生态养蜂示范园、总投资503万元卢氏县汤河乡小沟河小流域水生态综合治理项目开工建设，总投资30万元的河南省南水北调对口协作"十三五"工作评估项目全部完工，投资50万元的结对区县协作项目正在实施近期将实施完毕。

【结对区县合作交流】

2021年，卢氏县与北京开展交流互访20次，其中高层互访2次，经贸交流11次，教育交流活动5次，开展培训2次。

原国家卫生部部长、健康中国50人论坛

组委会主任张文康到卢氏县参加连翘花节调研指导，为卢氏大健康产业发展提出许多建设性意见。北京市怀柔区经济和信息化局副局长沈志欣带领商务考察团，到卢氏县考察产业发展前景、企业发展运营及投资环境，进一步加强两地联系。5月24～30日卢氏县开展京豫对口协作乡村振兴专题培训班，由县级领导带队，组织19个乡镇主管领导、30个乡村振兴示范村村党支部书记、17个县直单位主管领导及业务骨干共66人到怀柔学习乡村振兴、全域旅游、招商引资经验，学员反馈良好，及时更新基层管理理念，有力推进乡村振兴。10月10～13日，怀柔党校受邀组织北京市有关专家和优秀教师到卢氏县开展送课活动和生态文明建设及现场教学点指导调研活动，送教活动主题鲜明、重点突出，具有很强的理论性、指导性和实践性，为卢氏县巩固拓展脱贫攻坚成果、全面推进乡村振兴提供重要遵循，并为卢氏县捐赠价值5000元的书籍及价值15000元的中国知网会员卡。10月17～23日，卢氏县30名优秀特岗教师到北京怀柔区开展学科教学能力提升培训。10～12月，卢氏县发展与改革委与怀柔区发展与改革委克服疫情影响，就卢氏特色产品入驻怀柔双创中心进行多次沟通，怀柔区精心安排企业多次来对接，卢氏县筛选优质产品送往双创中心，为双方商贸交流创建良好的平台。

【蜂产业提质升级初见成效】

截至2021年，卢氏县委县政府把蜂产业列入全县五条产业链主导产业之一，在近三年南水北调对口协作资金的大力支持下，在中国农科院蜜蜂研究所的指导下，全县推动蜂产业提质升级增效，打造生态优势品牌见成效。

按照"一园一游两区四社"的蜂产业发展规划，计划总投资5亿元的蜂产业园占地200余亩，总建筑面积8万余 m^2，建设内容包括蜂产品加工厂房、集散交易中心、科研检测中心、电商展销中心、冷链物流仓储中心。2021年，一期2万余 m^2 的成品仓库、物流仓库、1号和2号标准化厂房、质检楼建成投用；160个标准化示范蜂场相继建成，100多个村3000余养蜂户得到蜂箱扶持，30多个重点村和养蜂合作社获得养蜂扶贫产业奖补，300名养蜂人员受到各级各类养蜂技术培训。良好的生产条件和完备的服务设施吸引西峡德森、河南多甜蜜、南阳草庐、福建百花4家蜂业企业在卢氏新成立合资公司，入驻蜂产业园区，"龙头企业+协会+合作社+养蜂基地"的发展模式逐步形成。经过近三年的发展全县蜂群数达5.3万箱，蜂业总产值1.2亿元，预计到2025年可达到5亿元。

（崔杨馨）

文 物 保 护

【概述】

2021年南水北调文物保护主要为报告出版、资料整理等续保护工作。

2021年根据受水区供水配套工程文物保护初步验收后专家意见整理完善备验资料，准备受水区文物保护项目的最终验收。协助南水北调干部学院、南阳市渠首博物馆、焦作市方志馆等单位完成开馆及展览工作，为其提供南水北调文物保护工作相关资料。完成《河南省南水北调工程区域古代居民饮食研究》等4项课题的验收结项工作并颁发结项证书。丹江口库区消落区文物保护项目裴岭墓地、李家山根墓地2个项目通过专家组验收；干渠文物保护项目安阳韩琦家族墓地搬迁复建主体工程基本完成。接收丹江口库区贾湾1号旧石器地点、马岭1号旧石器地点、

王庄 1 号旧石器地点等文物保护项目发掘资料。

新出版考古发掘报告《漯河临颍固厢墓地》1 部,《平顶山黑庙墓地(二)》考古发掘报告交出版社印制,《淅川沟湾遗址》《禹州崔张、酸枣杨墓地》等报告已完成校稿工作,《博爱西金城》签订出版协议。

(王蒙蒙)

捌 组织机构

河南省南水北调建管局

【郑州建管处党建工作】

2021年，在河南省水利厅党组的正确领导下，郑州南水北调建管处党支部以习近平新时代中国特色社会主义思想为指导，深入贯彻落实习近平总书记黄河流域生态保护和高质量发展重要讲话精神、推进南水北调后续工程高质量发展座谈会上的重要讲话精神，坚持党建工作与业务工作共抓同促，取得较好成效。

提升政治引领力 党支部把贯彻落实习近平总书记重要讲话和指示批示精神、落实党中央决策部署作为首要政治任务，坚持"第一议题"学习贯彻。严格执行民主集中制，确保"三重一大"事项由集体讨论决定。落实"三会一课"、组织生活会等制度。严格要求党员每月按时缴纳党费、党内会议活动戴党员徽章，树立起党内政治生活抓在经常、严在平常的导向。

提升思想带动力 编制印发《2021年度党建工作计划》《2021年度学习计划》，将学习党的十九届五中全会精神、习近平总书记在庆祝中国共产党成立100周年大会上的讲话精神、习近平总书记调研河南召开推进南水北调后续工程高质量发展座谈会上的重要讲话精神作为学习重点，坚持每周二、周五下午自学和集中学习制度。开展党史学习教育，印发《党史学习教育方案》，围绕"学党史、悟思想、办实事、开新局"的总体要求，落实党员个人自学、集中学习、研讨交流、实践活动等上级党组织要求的"规定动作"。结合庆祝建党100周年开展系列学习活动，七一当天组织党员职工观看庆祝中国共产党成立100周年大会盛况，组织开展"唱国歌升国旗"仪式、"四史"学习专题研讨、赴巩义市竹林镇开展党史学习教育主题党日活动、党史小故事分享会、七一慰问老党员、支部书记讲党课等形式多样的系列活动。完善党员培训制度，运用"五种学习方式"，联系实际学、笃信笃行学，把学习贯彻习近平新时代中国特色社会主义思想与党史学习教育结合起来。7月9日，组织党员干部参观"百年恰是风华正茂"党史党性主题教育展，7月12~18日，组织河南省南水北调系统处级干部赴信阳大别山干部学院开展学习贯彻党的十九届五中全会精神暨党史学习教育。组织党员干部参加干部学习、主题征文、主题党日等实践活动，用好"学习强国"、河南水利机关党建网、"水润中原微党建"微信公众号等新媒体学习平台，打造学习型机关建设。

提升组织执行力 党支部围绕学习教育、组织建设、严肃党内政治生活、党员队伍建设、党建责任落实等，找准党建工作着力点大力推进党支部规范化建设，不断强化政治功能、组织功能和服务功能。党支部书记坚持一手抓业务，一手抓党建，党支部委员抓好分管科室的党建工作，推动党建工作各项任务的落实。向水利厅机关党委推荐评选"优秀共产党员""优秀党务工作者"，并受到表彰。

提升政治影响力 党支部落实党管意识形态原则，支部书记是第一责任人，其他班子成员，坚持"谁主管、谁负责"的原则，将支部意识形态工作细化分解。党支部全年专题研究意识形态工作2次。组织河南日报等省内主流媒体对南水北调工程各项效益开展宣传报道，为南水北调工作营造良好舆论环境。加强网络信息监控，对苗头性倾向性问题及时引导纠偏，及时回应和解决人民群众关心的热点问题。建立网络信息审核制度，下发通知要求各全省南水北调机构、机关各处室明确1名信息员管理本单位（处室）的信息专区，规范信息发布流程和格式要求，严禁发布涉密信息、政治敏感信息等。2021年河南省南水北调建管局对官方网站进行改版升级。

提升纪律震慑力 党支部不断加强党员思想修养，努力提高党员干部对廉政建设的认识，持续保持反腐倡廉高压态势，贯彻落实党风廉政建设责任。年初组织召开党风廉政建设专题会，印发《2021年党风廉政建设工作计划》。6月4日，组织举办党风廉政教育专题讲座，邀请河南省纪委监委主任讲授《准确把握新阶段反腐败斗争形势与任务》。6月30日，组织党员干部赴省廉政文化教育中心开展警示教育活动，观看廉政教育影片。7月2日，组织召开全处职工会议，对《豫水清风》（第58期）曝光的四起典型问题深入开展以案促改工作，引导支部党员干部从中汲取深刻教训，切实举一反三，引以为戒。

（崔堃）

【平顶山建管处党建工作】

2021年，省南水北调建管局平顶山建管处党支部贯彻执行省委省政府重大决策和水利厅党组的有关规定，不断健全完善党建工作制度，全面提高党建工作质量。1月印发《中共平顶山南水北调工程建设管理处"党建+文明创建"工作机制》《中共平顶山南水北调工程建设管理处支部委员会"三会一课"学习制度》《平顶山南水北调工程建设管理处2021年度学习型单位建设考核办法》；2月制订《中共平顶山南水北调工程建设管理处支部委员会"第一议题"学习制度》；3月制订《中共平顶山南水北调工程建设管理处党支部2021年党建工作计划及要点》，并严格遵照实施，推动支部工作规范化长效化。

创新学习教育方式，加强思想政治建设 根据年初制定的《中共平顶山建管处党支部2021年度学习计划》，结合工作实际，采取集中研讨、专题讲座、读书交流会、知识竞答、现场教学等多种形式开展学习教育。

利用水润中原微党建公众号、学习强国APP平台，拓宽学习视野，增强学习实效。建立学习教育微信群安排专人负责，全体党员、发展对象和入党积极分子入群，及时将党史知识、系列讲话、廉政教育案例，以及党报、党刊和权威媒体刊发的新闻报道、评论、社论发至平台，建立"移动课堂"。在微信群讲党史故事、写学习感悟，促进沟通交流。开展"四史"专题学习，参观"百年恰是风华正茂"党史党性主题教育展，观看《水脉》《千顷澄碧的时代》《长津湖》，开展"全民阅读 共学党史""诵读红色家书"主题活动。学习贯彻党的十九届六中全会、省第十一次党代会和习近平总书记在推进南水北调后续工程高质量发展座谈会上的重要讲话精神与工作实际相结合，把学习成果转化为使命担当和具体行动，从维护生命线的政治高度，保证南水北调工程安全、供水安全、水质安全。

重视党员发展质量，突出支部三基建设 加强对非党人士和青年同志思想观和人生观的教育，把政治强、作风正、业务上表现突出的优秀人员吸收进来，作为党组织的新生力量和后备力量。2021年党支部有1名预备党员按期转正，2名积极分子转为预备党员。严格落实"三会一课"、组织生活会、民主生活会制度，每周至少组织集中学习和交流研讨1次。全年召开支部党员大会6次、支委会14次、主题党日活动14次、组织生活会2次。党支部书记以四渡赤水为主题讲党课。明确专人负责党费收缴，根据党员工资变化情况，及时核算每位党员党费收缴基数和比例，调整党费收缴额度。

发挥思想引领，加强意识形态引导和管理 平顶山建管处党支部制订《平顶山南水北调工程建设管理处意识形态及文明创建工作责任制实施方案》。党史学习教育与学习贯彻习近平新时代中国特色社会主义思想、习近平总书记对意识形态工作的重要论述相结合。全年谈心谈话30余人次，随时掌握干部职工思想动态，引导树立正确的国家观、民族观、历史观、文化观。加强对河南省南水北调网站中建设管理和运行管理板块的管理，严格落实信息发布审核制度。明确专人负责微信工作群的日常使用和及时维护，不允许群成员发布和讨论与工作无关的话题，严禁发布与国家法律法规、制度、政策相抵触的言论，禁止谈论敏感话题，把握正确的政治方向。

结合以案促改，推进党风廉政建设　开展廉政教育，学习领会《中国共产党章程》《中国共产党廉洁自律准则》《中国共产党纪律处分条例》，组织党员参观郑州好人馆、河南廉政文化教育馆，观看"七一勋章"颁授仪式，学习时代楷模肖文儒先进事迹。开展警示教育，及时组织学习"清风中原""豫水清风"发布的违反中央八项规定精神典型问题通报，节假日前重申纪律要求。以案说法，以案释纪，以"原省移民办某职工违规介绍引江济淮工程项目"为典型案例，剖析违纪违法行为的根源，深刻认识违纪违法问题的严重性和危害性，查摆个人在政治思想、组织纪律、工作作风等方面存在的问题，举一反三，警钟长鸣。

深化作风建设，筑牢党支部战斗堡垒　平顶山建管处领导班子成员把作风建设作为履行"一岗双责"的重大政治任务，持之以恒加强对党员思想作风、工作作风和生活作风教育，遏制"四风"反弹。聚焦"我为群众办实事"，多次到水毁工程项目修复现场协调解决问题，对配套工程现地管理站、泵站防汛备汛和安全隐患排查整改情况进行不定期抽查，对发现的问题督促限期整改。出差期间不接受接待单位宴请，用餐费用均自行解决。7月20日下午郑州特大暴雨期间，党员领导干部赶赴因雨水倒灌导致机组被淹的荥阳前蒋寨泵站，组织抢险维修；暴雨过后，第一时间到新乡、鹤壁等受灾较重地区，查看南水北调配套工程水毁情况，指挥应急抢险和恢复重建。履行社会责任，组织党员志愿服务队在单位驻地周边街区进行垃圾清理及防疫消杀。8月党支部8人次到社区核酸检测志愿服务。

（刘晓英）

【新乡建管处党建工作】
2021年新乡建管处党支部在水利厅党组的坚强领导下，贯彻落实党的十九届六中全会精神，认真学习习近平总书记在南水北调后续工程高质量发展座谈会上的重要讲话，围绕党史学习教育，推进党建工作高质量发展。

党史学习教育规定动作和自选动作　组织学习习近平总书记在2月20日党史学习教育动员大会和7月1日庆祝中国共产党成立100周年大会上的重要讲话精神，到郑州烈士陵园开展清明节"学党史、祭先烈"主题党日活动，到竹沟革命纪念馆和杨靖宇将军纪念馆举行"学党史、祭英烈、守初心、担使命"主题教育活动；到巩义市竹林镇看展党史学习教育活动；到省档案馆参观"百年恰是风华正茂"——党史党性主题教育展，加强党性修养，赓续红色血脉。

党史专题党课　党支部书记先后以《中国共产党的奋斗历程及基本经验》和《新中国史》、支部委员以《湘江战役》为题讲党课；领学"四个专题"党史学习，深化新民主主义革命时期、社会主义革命和建设时期、改革开放新时期、党的十八大以来的党史的认识。

"我为群众办实事"实践活动　制定活动方案、实践活动清单台账和实践活动责任分工表，联系肖庄村，引导村集体经济发展方向，拓宽村民增收渠道，巩固拓展脱贫攻坚成果，推动乡村振兴发展；协助南阳师范学院，开展南水北调中线工程助推河南受水区高质量发展课题研究；协助郑州南水北调中心，补充完善水保监测和环保监测工作，完成水保和环保验收任务。

新乡建管处党支部引领党员干部推动工作开展，开展党史学习教育，严格党员干部政治纪律，加强党性修养，把党建工作落实到作风的改进、体现在各项业务工作的高质量完成，发挥基层党建工作的保障和促进作用。

（马玉凤）

【郑州建管处精神文明建设】

2021年，郑州南水北调建管处精神文明建设围绕中心服务大局，持续完善工作机制，开展群众性精神文明建设活动，形成常态化的文明单位创建工作格局，提升全处干部职工的文明素质，推进河南省南水北调工程运行管理，助力水资源优化配置，助推郑州国家中心城市建设高质量发展。

完善机制建设　精神文明建设列入重要议事日程，与党务业务工作同部署同检查同考核同奖惩。党支部书记定期听取情况汇报，研究解决创建工作中遇到的困难和问题。成立党支部书记任组长的文明建设领导小组，配备1名专职人员和2名兼职人员，成立3个工作组，明确工作职责，加强创建工作的组织推动。年初制定创建工作方案，将创建工作细分为97个小项，每项工作任务明确主要责任人、工作要求和完成时限；建立月初提醒、月末通报制度，通过推进会、现场检查指导推动工作落实。

理想信念建设　学习型机关建设，年初研究制定理论学习计划，严格落实月学习制度，确保人员、时间、地点、内容"四落实"。开展党史学习教育，个人自学、专家辅导、集体研讨、撰写个人思想小结和网络答题、实地参观、观影相结合。开展党史学习教育30余次，组织到竹林镇博物馆、竹沟革命纪念馆、"百年风华正茂"党史馆和河南廉政文化教育基地参观学习。开设"文化大讲堂"，邀请专家讲授国际形势、政策法规、文化传统的知识。职业道德建设，按照《公民

道德建设实施纲要》，制定干部职工培训计划，组织参加《实施纲要》知识答题，身边好人宣传学习，郑州好人馆参观学习、大别山干部学院培训、水利精神宣贯会、职业道德教育实践活动和安全生产专题培训活动。2021年，郑州建管处获水利厅2020年精神文明建设工作"先进集体"称号，1人获精神文明建设"先进工作者"称号；获省南水北调建管局2020年"文明处室"称号，3名职工和2个家庭分别获"文明职工"和"文明家庭"荣誉称号；并对获奖的先进集体和个人进行表彰宣传。文明新风建设，开展生态文明、垃圾分类、节约用水专题讲座和学习交流会，组织生态环保实践、春季植树、"珍惜水、爱护水"中国水周志愿宣传活动，开展生态文明思想学习教育，培养干部职工简约适度、绿色低碳的生活和工作方式。开展文明交通、文明旅游、文明餐桌、文明观影宣传实践活动、文明行为促进条例学习答题活动和文明健康生活方式宣传教育活动。参加"诚信，让河南更加出彩"宣传教育活动，开展诚信践诺及自查行动，促使干部职工自觉践行《河南省文明诚信公约》，培养诚信理念、规则意识和契约精神。开展《民法典》核心要义及习近平法治思想学习教育讲座。

丰富文明单位创建载体　开展学雷锋志愿服务活动，参加省直义务植树、清除白色垃圾、"关爱山川河流　保护母亲河"、全城大清洁等以关爱自然为主题的志愿活动；组织开展青少年夏季防溺水宣传、关爱环卫工、春运暖程等以关爱他人为主题的志愿活动；组织开展义务献血、文明交通、地铁送福、普及疫情防控小知识等以关爱社会为主题的志愿活动；在"7·20"防汛救灾行动中，紧急采购一批饮用水援助受灾群众，志愿者到就近社区参加救灾物资搬运、受灾小区抢险及求援需求信息的转发和扩散行动；开展志愿河南网上注册及任务发布工作，在

职干部职工和在职党员注册率达双百，活动参与率达100%。

开展群众性文体活动，组织开展"我们的节日"主题活动：春节"写对联、送祝福"、清明节"网上云祭扫"、端午节"粽飘香、端午情"包粽食粽活动、中秋文化民俗活动、重阳慰问老干部活动。在妇女节、世界读书日和10月底组织参加趣味运动会、"读党史 品书香"好书品鉴会和全民健步走活动。组建乒乓球、羽毛球业余爱好者微信群，定期开展交流活动。营造浓厚文化氛围，在13楼党群活动室设计制作6面党史教育文化墙，营造学史明理、学史增信、学史崇德、学史力行的浓厚氛围；在一楼大厅安装大屏幕电子显示屏，在职工花园打造社会主义核心价值观宣传雕塑，开展习近平新时代中国特色社会主义思想宣传教育；在办公楼外设置12块固定宣传栏，用于创建工作和活动的宣传展示，定期更新；在官网、微博编发精神文明建设专栏简报、信息40余条，营造浓厚创建氛围。

疫情防控 按照通知要求开展各项行动，第一时间部署各项疫情防控工作，就各项活动进行明确责任分工，细化工作措施，成立疫情防控临时党支部，组建疫情防控党员突击队，建立党员志愿服务站。紧急采购600包口罩、500双橡胶手套、150kg84消毒液、150件矿泉水、10箱面包等防疫物资和慰问品，支援社区疫情防控工作。领导通过微信、电话和座谈会形式分别走访慰问社区工作人员、参与社区疫情防控的工作人员和有医护家属的干部职工，为他们送去慰问信和慰问品，及时关心他们的家庭生活和心理动态，缓解因疫情带来的焦躁不安情绪。参与普惠路社区第四、五轮全员核酸检测。10余名志愿者按照社区分工到3个小区、5个核酸检测点配合核酸检查过程中的信息注册、局部消毒、体温监测、秩序维护和疫情防控宣传，志愿者用实际行动彰显党员的先锋模范

作用，展示南水北调人的良好社会形象。

（岳玉民 龚丽莉）

【平顶山建管处文明单位创建】

平顶山建管处负责全省南水北调配套工程建设管理和运行管理工作。共有编制20人，实有在职人员19人。2021年，平顶山建管处以习近平新时代中国特色社会主义思想为指导，以社会主义核心价值观为引领，以思想道德建设为重点，推进精神文明建设。

健全工作机制 党支部书记对文明创建工作负总责，文明创建与党建、意识形态和业务工作同谋划同安排同推进同检查。年初召开文明创建专题会，研究活动经费预算，商定精神文明建设工作方案和创建计划；3月组织召开2021年度精神文明建设工作会；4月对文明建设先进单位和个人进行表彰；6月召开支委扩大会对文明单位创建工作再部署再动员。成立精神文明建设领导小组和办公室，制订《精神文明建设常态化工作措施》《精神文明考核评价机制》等10余项制度，建立精神文明建设工作提醒、通报机制。

提升文明创建成效 开展党史学习教育，制定2021年理论学习计划和党史学习教育细化方案，对学习内容、学习时间、学习笔记、学习心得作出明确要求。组织专题研讨、集中培训、现场教学，开展"学党史、忆初心"主题党日活动，参观"百年恰是风华正茂"党史党性主题教育展，观看《水脉》《千顷澄碧的时代》视频，开展"全民阅读 共学党史"世界读书日活动。加强思想道德建设，培育良好风尚，在学习强国平台、河南南水北调网站、水润中原微党建公众号、电子显示屏、宣传展板、微信群，宣传社会主义核心价值观的丰富内涵和实践要求。参观郑州好人馆，开展网上祭英烈、传家训立家规扬家风主题教育活动，开展文明交通、文明旅游、文明观影、拒食野味、光盘行动、静音广场舞等文明健康生活方式志愿宣传，开展"低碳环保 绿色出行"主题志愿服

务，共发放各类倡议书、宣传手袋2000余份。创建服务型机关，参加无偿献血、春季义务植树等社会公益活动，在"志愿河南"信息系统注册平顶山建管处服务队，全年共发起志愿活动7次，服务总时长607.6小时。全处现有19名员工，注册志愿者18名。配合商都路办事处开展感恩有您情暖环卫、献暖暖爱心、全城大清洁、春运暖程暨疫情防控志愿服务；以"落实安全责任，推动安全发展"为主题，联合郑东新区蒲公英小学开展暑期防溺水安全教育，向学生和家长讲解防溺水知识，在学校周边悬挂宣传标语，发放宣传单；开展新时代文明实践推动周、爱国卫生月、学雷锋活动月、我为群众办实事活动；开展端午节包粽食粽、春节"写对联 送祝福"、中秋节自制月饼和国学文化讲座，以及"我们的节日"主题活动，传承和弘扬民族优秀传统文化；开展"三八节"趣味比赛、春季健步走文体活动。开展诚信守法行动，制订《褒扬诚信 惩戒失信制度措施》，建立《河南省南水北调配套工程运行管理从业人员行为准则》，开展诚信让河南更出彩主题宣传教育，组织员工观看诚信教育视频、诵读《河南省文明单位诚信公约》，举行诚信签名活动。组织开展诚信主题教育、《河南省文明行为促进条例》进社区志愿宣传。开展习近平法治思想、《新时代爱国主义教育实施纲要》学习教育，邀请专家讲解《民法典》，组织《新时代公民道德建设实施纲要》《长江保护法》知识大赛知识竞答。在疫情防控的同时，举办两期配套工程运行管理培训班，对全省110余名运行管理人员进行岗位培训。

突出行业特色 推动增强全社会节水意识和生产生活方式绿色转型。举办节水知识专题讲座，开展《水利职工节约用水行为规范》宣讲，组织职工观看《每天节约一滴水》《我是一滴水》公益视频。开展"世界水日""中国水周"主题公益宣传，组织志愿者到附近社区张贴节水宣传海报，开展水情教育，提倡全社会爱水、护水、节水、惜水；到地铁5号线骨科医院站发放节水知识宣传册，现场讲解节水知识，宣传节水理念；到紫荆山公园开展"关爱山川河流"生态文明宣传志愿服务，布置宣传展板、派发宣传册和纪念品。开展站区环境卫生专项整治，制订《南水北调配套工程站区环境卫生专项整治活动方案》，明确工作措施和奖惩机制，规定站区卫生、工作环境、生活环境和设备运行标准。平顶山建管处每月对现地站区环境进行飞检和暗访，随机抽查站区环境卫生情况，对发现的问题通报批评并督促限期整改，对相关责任人进行处罚。以文明单位创建促业务发展，南水北调综合效益远超预期。加强运行管理规范化标准化建设，大数据、物联网、云技术技术手段提升工程管理现代化水平。南水北调水已由规划时沿线受水城市生活用水的补充水源转变为主要水源。2021年10月，省南水北调建管局组织开发的"南水北调供水配套工程全要素信息管理技术创新及应用"，获中国地理信息产业协会"地理信息科技进步壹等奖"。

（刘晓英）

省辖市省直管县市南水北调管理机构

南阳南水北调中心

【机构设置】

根据中共南阳市委机构编制委员会《关

于市委市政府机构改革中市直部分事业单位调整隶属关系的通知》（宛编〔2019〕4号）《关于调整市直部分处级事业单位的通知》（宛编〔2019〕9号）《关于南阳市南水北调工

程运行保障中心（南阳市移民服务中心）主要职责内设机构和人员编制规定的通知》（宛编〔2019〕87号）《关于划转南阳市南水北调工程运行保障中心部分人员编制的通知》（宛编办〔2020〕14号）《关于增加机关纪委书记职数的批复》（宛编办〔2021〕121号）文件，整合原南阳市南水北调中线工程领导小组办公室、原南阳市移民局、原南阳市南水北调配套工程建设管理中心3个事业单位的机构和人员编制，组建南阳市南水北调工程运行保障中心（南阳市移民服务中心），水利局所属事业单位，机构规格相当于正处级。核定事业编制62名，其中设主任1名，副主任3名；中层正科级领导职数15名（含总工程师1名、总会计师1名、机关纪委书记1名），副科级领导职数6名；经费实行财政全额拨款，为公益一类事业单位。

南阳南水北调中心现任党委书记、主任王兴华。内设综合科、人事科、党建办公室、财务科、规划计划科、工程管理科、运行保障科、安置科、扶持发展科、信访科、培训科、技术服务科12个科室。

【机构职责】

南阳南水北调中心承担全市南水北调配套工程建设和运行保障管理中的事务性工作，承担全市南水北调征迁安置中的事务性工作，承担全市水利水电工程移民具体工作，承担全市南水北调和库区移民资金管理任务，承办涉及全市南水北调和移民工作的信访事项，负责全市移民培训和新技术推广工作，开展移民经济技术合作与交流；完成市委、市政府、市水利局交办的其他任务。

【习近平总书记南阳视察】

2021年是南阳市南水北调和移民事业发展进程中极不平凡的一年。5月13日，习近平总书记亲临南阳视察指导，省委省政府支持南阳建设副中心城市，提供千载难逢的新机遇新契机；南阳市七次党代会确立"一二三五十"工作布局，明确主动融入的切入点发

力点。南阳南水北调中心深入贯彻习近平总书记视察南阳重要讲话指示精神，落实省市各项决策部署，巩固发展南水北调和移民事业的好态势好气势。习近平总书记走进南水北调移民村产业发展资金建立起来的丹江绿色果蔬园基地，实地察看猕猴桃长势，详细了解移民就业、增收情况。听说全村300余人从事果蔬产业，人均月收入2000元以上，习近平总书记给予充分肯定。

【党史学习教育】

加强组织建设　按照南阳南水北调中心党委统一部署，成立党史学习教育领导小组，领导小组下设办公室设在党建办。办公室统筹党史学习教育各项任务的部署落实。

强化学习制度　根据上级工作意见，及时制订《中心组学习计划》《党史学习教育学习计划》《党史学习教育工作台账》，执行学习考勤制度。规定动作与自选动作相结合，举办读书班、开展集中学习研讨会，2021年组织开展理论学习中心组集中学习17次。

健全学习保障　定制党史学习教育笔记本人手一本，集中学习和个人自学相结合。按要求购置学习材料，保障学原文、读原著、悟原理，并安排专人搜集整理党史学习教育材料，每周一定时发布在工作群，供大家参考学习，2021年发布学习材料110篇。

创新学习方法　多种形式多种方法创新学习载体，讲党史故事，用红色资源，创新教育形式。到方城县红二十五军独树镇战斗纪念地扫墓，参观河南省爱国主义教育基地——杜凤瑞烈士纪念馆，到桐柏革命纪念馆参观学习，观看电影《千顷澄碧的时代》《百炼成钢：中国共产党的100年》《长津湖》，参与人数700人次。

加大宣传力度　按照党史学习教育领导小组和巡回指导组要求，及时报送"我为群众办实事"、党史活动开展、志愿者讲党史的汇报和总结材料。机关电子屏滚动播放宣传标语，制作展板、悬挂横幅、编发简报、上

报信息，加大宣传力度。

【党建工作】

建设学习型机关 2021年每周组织全体人员集中学习，执行"第一议题"制度，学习习近平新时代中国特色社会主义思想，开展党史学习教育，处级干部讲党课15次，各党支部书记、委员开展讲"四个故事"活动10次，观看多集党史纪录片，组织机关全体人员集中学习44次。

提升党建质量 营造党建文化氛围，对机关院内外和楼道进行党建、廉政、南水北调、移民内容的规划设计，开展党支部标准化规范化建设深化年活动，每季度对党支部标准化规范化建设、"三会一课"制度落实、党员管理情况及党史学习教育工作进行监督检查，党支部标准化规范化建设提升到一个新的水平。

加强制度建设 机构改革后，南水北调工作和移民工作合并。以党建推动机构改革的融合。制定和健全党风廉政建设、纪检监察、工会、文明单位管理的各项制度。

【廉政建设】

南阳南水北调中心（市移民服务中心）机关纪委2021年1月22日成立。贯彻落实党风廉政建设责任制，成立党风廉政建设责任制领导小组，4月27日，组织召开南水北调和移民系统党风廉政建设专题会议，定期组织召开党委会专题研究党风廉政建设工作。

开展《党委（党组）落实全面从严治党主体责任规定》《落实中央八项规定正负面清单》专题学习。日常教育和专题教育相结合，组织观看《正风反腐就在身边》《百炼成钢：中国共产党的100年》系列专题纪录片，组织干部职工50余人观看《千顷澄碧的时代》，在清明、七一节前后，组织干部职工到方城县红十二军独树镇战斗纪念碑、杜凤瑞烈士纪念馆、桐柏英雄广场、桐柏革命纪念馆、新集乡磨沟村红军转战南阳展览馆参观

纪念学习，举行入党宣誓仪式，参加人员撰写学习心得体会文章40余篇。全年共开展警示教育30余次，其中实地警示教育4次。组织纪委书记、纪检委员、纪检专干6名同志在5月和6月参加市直纪检监察工委举办的培训班。严格落实《中国共产党党内监督条例》《中国共产党纪律检查监督执纪工作规则》，严格执行领导干部报告个人有关事项制度，对个人事项、家庭情况向组织报告说明。建立领导干部个人廉政档案，其中处级干部廉政档案14份，科级干部廉政档案30份。每月开展纪律作风抽查3次以上，全年下发通报30期。疫情防控和防汛期间，严格落实日报告、零报告制度和24小时带班值班制度。加强廉政风险点查找预警监督机制，对配套工程招投标、征迁资金、移民扶持资金管理等廉政风险点，排查各类风险点6处，明确风险等级和主要责任人，制订具体防控措施，全方位加强防控。及时邀请派驻纪检组领导参加党风廉政建设和反腐败工作。开展"一人多证"专项清理自查自纠工作，填写全市"一人多证"专项清理工作数据统计表，共向公安机关出入境管理部门登记备案70人。开展"以案促改"工作，组织全体党员干部职工学习《关于对四起违反中央八项规定精神典型案例的通报》《河南省纪委监委公开通报8起违反中央八项规定精神典型案例》《关于四起供销合作社系统腐败问题典型案例的通报》。对工作日饮酒问题每月至少排查一次。开展在职人员持证、挂证及从事营利情况自查工作，排查人数共计145人。完善制度建设，建立完善机关党建工作制度、意识形态工作实施方案、纪律检查工作制度、党风廉政建设制度及车辆管理、公务接待、谈心谈话制度。严格落实关于婚丧嫁娶"两报告承诺"报备制度。

【精神文明建设】

南阳市南水北调和移民总体工作连续三年在全省水利工作会和征地移民工作会上作

典型发言。南水北调配套工程运行管理、干渠服务保障、南水北调水费征缴、移民后期扶持、南水北调移民后续工作、移民信访稳定在全省前列。驻村帮扶工作受到市、县充分肯定；持续保持省级卫生先进单位、省级精神文明单位、全市综治平安建设先进单位称号。

2021年，按照省文明办要求制定文明单位创建工作方案，召开精神文明建设工作专题会议，开展文明创建活动，在全国文明城市、卫生城市复查中，开展"双报到双服务"工作，到分包路段（兴隆路）、分包社区（常庄社区、白河社区）开展文明创建志愿服务活动、"四送一助力"活动和"清洁家园"行动。组织30余名干部职工参加无偿献血活动，组织召开文明科室、文明家庭、文明个人、敬业奉献好人、助人为乐好人表彰大会。

【统战工作】

成立统一战线工作领导小组，办公室设在党建办。领导小组在中心党委领导下开展工作。全面贯彻落实统战工作"思想先行，理论为先"精神，团结和调动党外干部职工的积极性。2021年，领导干部带头学习《中国共产党统一战线工作条例》，并纳入中心组理论学习中。培养党外干部，贯彻尊重劳动，尊重知识，尊重人才，尊重创造的方针。从党外干部中选拔优秀干部，推荐年轻有为、具有发展潜力的党外人士参加上级部门的业务培训，2021年选送1名业务精干的非党干部参加学习培训，在党外干部任用和政治安排上探索新路。

深刻领会习近平总书记关于宗教工作形势的重要判断，深刻理解宗教工作在党和国家工作中的特殊重要性，进一步增强宗教工作的责任感、使命感、紧迫感。大力宣传党的民族政策、民族理论、民族法律法规，加强政策教育和法律法规宣传，进一步提高民族宗教界人士的政治意识、大局意识和法制意识。坚持保护合法、制止非法、遏制极端、抵御渗透、打击犯罪的原则，对涉及宗教因素的问题具体分析，抵御宗教渗透活动，维护民族宗教领域的和谐与稳定。坚持政治引领，把握正确导向，加强正面宣传，开展宣讲阐释。制作电子屏、展板、横幅、简报，加大宣传力度，达到有格局、广宣传、入人心的目的。

【宣传信息】

2021年在市级以上报纸发表20余篇文章，2次宣传专版，市级以上网络发布50余条专题信息，上报市委市政府信息60余条，上报省网站地市信息20余条。配合央视、北京等各大新闻媒体的拍摄、采访工作，与南阳日报、南阳广播电视台沟通合作，刊发日报专版、新闻频道播放公益字幕、微信转发电台专访，进一步扩大影响力。动态信息及时报、经验信息及时推，不断加大各类政务党务信息的编报力度。全年共编发报送简报及信息60余条。

（张软钦　宋　迪）

平顶山南水北调中心

【机构设置】

平顶山市南水北调工程运行保障中心为正处级参照公务员法管理事业单位，编制人数32人，2021年实有干部职工26人，其中县级领导干部4人，科级干部15人。河南省南水北调建管局核定平顶山市79 km输水线路运行管理人员137人，实有以劳务派遣形式招录现地运行管理人员103人。

平顶山市南水北调工程运行保障中心主任彭清旺，副主任王海超（2021年7月离任），二级调研员王铁周，四级调研员刘嘉淳、李志华。

【党建与廉政建设】

2021年，平顶山南水北调中心以党的政治建设为统领，不断提升党组织的向心力、组织力、战斗力、凝聚力。加强对党员干部教育引导，发挥民主评议党员的监督激励作用。开展党史学习教育，学党史、悟思想、办实事、开新局，把学习教育融入工作，领导干部领学、党员带学、轮流讲党史。组织党员干部理论学习32次、知识测试2次、推送"每日一题"六大专题193条、"每日党史故事"141期；开展"我为群众办实事"活动，为回流移民安平村新建移民活动广场5300 m²，为安康村安装太阳能路灯85盏；组织党员向社区捐赠防疫物资、为回流移民疫情防控卡点送爱心物资；在雷锋纪念日、七一、十一开展主题教育。组织歌咏比赛、观看《长津湖》、参观红色革命教育基地。贯彻落实《关于新形势下党内政治生活的若干准则》要求，加强和规范党内政治生活，加强党内监督，保证"三会一课"、组织生活会、民主评议党员等制度落实。6月，平顶山南水北调中心党总支被市直工委评为市直机关先进基层党组织。落实全面从严治党责任，年初召开党风廉政工作会议，签订党风廉政目标责任书；严格贯彻落实中央八项规定，坚持把纪律和规矩挺在前面，在重要节日时点、会议场合，开展经常性的廉政提醒，防止"四风"反弹。以案促改，用正反典型案例教育引导党员干部清白做人，廉洁干事。

落实意识形态工作责任制，弘扬主旋律，传播正能量，巩固马克思主义在意识形态领域的指导地位。教育引导全体党员干部职工严守政治纪律和政治规矩，严守组织纪律和宣传纪律，增强"四个意识"，坚定"四个自信"，做到"两个维护"，在思想上、行动上同党中央保持高度一致。加强对"南水北调中心党员活动群""移民信访维稳工作群""配套工程征迁、建设群"的管理，决不允许对中央大政方针和决策部署妄加评论、说三道四，决不允许散布违背党的理论和路线方针政策的言论，决不允许听信、编造、传播政治谣言，与破坏政治纪律和政治规矩的行为做坚决斗争。切实加强网络信息管控，保证网络宣传、思想文化阵地可管可控。

【文明单位创建】

2021年，平顶山南水北调中心以习近平系列讲话和十九大精神为指导，按照省市文明委关于文明单位创建的文件精神部署工作。结合南水北调及移民工作实际，创新思路、创新载体，创新方法，突出重点，注重实效，多方式开展省级文明单位创建活动取得显著效果。成立文明创建领导机构和办事机构，实行"一把手工程"，各科室分工负责、相互配合，机关党支部发挥战斗堡垒作用，党员发挥先锋模范作用。精神文明建设列入领导重要议事日程，文明单位创建目标是"在已获得省级文明单位的基础上，争取申报省级标兵文明单位成功"。

【疫情防控】

2021能平顶山南水北调中心引导全体干部职工提高文明素质和自我保护能力，进一步凝聚人心、鼓舞士气。加强疫情防控知识宣传教育，充分利用"学习强国"平台、微信群、宣传资料等多种形式开展公益宣传，开展增强自我防护意识、防疫知识普及、健康生活理念的宣传教育。及时宣传党和国家疫情防控政策规定和疫情动态。动员干部职工参与疫情防控阻击战，发挥精神文明创建活动的群众性优势，治理身边的脏乱差问题，打造干净整洁的生活和工作环境，截断病毒传播的途径。组织疫情防控志愿服务活动，引导全体党员干部主动有序参与疫情防控工作。组建志愿服务队，到街道社区参与防疫宣传普及、排查治理、防疫物资保障、社区志愿服务及人文关怀志愿服务。

（王铁周 田昊）

漯河南水北调中心

【机构设置】

漯河市南水北调中线工程维护中心，前身是2008年2月设立的漯河市移民安置局（挂漯河市南水北调中线工程建设领导小组办公室牌子），隶属水利局的副处级事业单位。2009年1月机构改革漯河市移民安置局整体划入水利局。2013年1月设立漯河市南水北调中线配套工程建设领导小组办公室（挂漯河市南水北调配套工程建设管理局牌子），隶属水利局副处级事业单位。内设综合科、计划财务科、建设管理科3个科室，事业编制15人，其中主任1名，副主任2名，副科级领导指数3名，2016年3月增加总工程师1名。

2019年1月更名为漯河市南水北调中线工程维护中心。除在编的15人外，90%以上为大专以上学历，具有高级职称人员1人，中级职称人员4人。雷卫华任漯河市南水北调中线工程维护中心主任，于晓冬、张全宏任副主任，张会芹任总工。通过劳务派遣聘用93人从事南水北调配套工程线路巡查、管理站值守、配套工程后续建设工作。聘用人员经费由省南水北调建管局全额拨付。

2021年优化运行管理结构，组建市区、舞阳县、临颍县三个管理所，下辖6支线路巡查班组，12个现地管理站值守班组，健全完善绩效考核、水质监测、职工培训、应急管理制度体系，规范工程巡查，日常监测、检查、维护等管理。

【党建与廉政建设】

2021年开展党建品牌创建，被市直工委全市第三批命名。建设学习型党支部，把《中国共产党简史》等书籍列为学习新教材，党支部委员担任"轮值讲师"25次，组织开展6次专题研讨；主题党日集中观看《百年百人》《党史百讲》《建党伟业》；党员干部业余开展党史学习不少于2.5小时，在每周水利局机关党委强国学习通报中始终排名靠前。汛期领导带班值守，"7·20"特大暴雨期间5处现地管理站遭遇险情，党员带头全体职工昼夜抽排积水；疫情期间党员干部参与值班350多人次，参与精神文明创建活动200余次。推进党支部标准化规范化建设和党建信息化建设，在"阳光漯河"平台开展党内组织生活记录与检查，在"全国党员管理信息系统"进行党员档案信息化管理。

贯彻落实《中国共产党支部工作条例（试行）》，严格党组织关系转接和党费收缴管理，完善党内激励、关怀和帮扶机制，增强党员身份认同感和组织归属感。开展党员干部思想状况调研，落实党员干部容错纠错机制。开展比忠诚、比学习、比担当、比作风、比实绩活动。开展优秀共产党员、优秀党务工作者和先进基层党组织评选活动。2021年发展积极分子2名、预备党员2名。开展"我是党员，岗位建功"履责行动，党员志愿服务队进社区进学校进乡村，宣传新政策。党支部在学习强国参与率100%。开展"学习强国知识竞答""漯河发布党史竞猜"。在水利局党组开展的"干部职工素质能力提升年"活动中组织开展工作大调研、专业知识大学习，科室长讲业务活动，运行管理、安全生产、公文写作培训。公开招聘10余名专业型人才。

开展形式主义、官僚主义集中整治，领导带头查找问题、认领问题、整改问题，持续推进机关作风转变。以案为鉴、以案示警，持续推进以案促改制度化常态化，经常性开展警示教育。廉政教育和党纪教育纳入干部培训计划和培训课程。

【党史学习教育】

4月16日，漯河南水北调中心成立党史学习教育领导小组。召开党史学习教育动员部署工作会议，对党史学习教育进行动员部署。全体干部职工开展党史学习教育，融入日常，以党建高质量推进南水北调后续工程高质量发展。增强政治功能和组织力，开展"强化基层组织、夯实基础工作、提高基本能力"专项活动，推进党支部标准化规范化建设，推动基层党组织全面进步、全面过硬。争创"基层先进党支部""过硬党支部"，创建"南水北调惠民生、水润沙澧党旗红"特色党建品牌。加强党员教育管理，动员和激励党员立足本职岗位，发挥先锋模范作用，创造一流业绩。

【文明单位创建】

2021年进一步巩固文明单位建设成果，实现市级文明单位的创建目标，促进南水北调事业与经济稳定协调发展。开展文明创建活动，参与"最美水利人""青年五四奖章"候选人评议及投票活动，推荐和宣传好人好事。开展学习型单位建设及各种文明礼仪活动，开展岗位培训、技术比赛、知识竞赛、演讲比赛。加强诚信建设及法制建设，开展道德讲堂活动，开展文体娱乐活动。制定志愿服务工作"双报到""双结对""双承诺"实施方案，与结对共建村党支部开展党建活动。成立网络文明传播小组和QQ群。精准开展疫情防控，全员新冠疫苗接种动态管理，定时定点对办公区、公共区消杀，主动与水利局家属院对接，开展社区"双报到"活动。组织干部职工到漯河市烈士陵园祭扫墓。参加水利局组织的世界水日宣传、义务植树、无偿献血、规范广场舞暴走团、分包路段、文明交通、社区清扫等志愿服务活动200余次。组织志愿者到小区开展城市清洁行动，受到居委会肯定和群众赞誉。筹集投入8600余元完善分包"三无小区"配套设施，更换破损版面近100幅。捐赠李集镇潘付刘村"三夏"慰问金1350元；组织开展"党员带头线上消费助农"活动，消费额2500元。绿化美化3处现地管理站。成功创建省级节水型单位。参加2021漯河龙舟公开赛，获全市机关事业组第三名。

【宣传信息】

2021年漯河南水北调中心组织制作3个专题宣传片在电视台循环播放，在各类新闻媒体、门户网站刊登宣传南水北调，保护南水北调设施法规、政策50余篇，印发工作简报56篇，推进《南水北调年鉴》和河湖大典南水北调篇编撰工作，在省南水北调网站发布信息30条、水利局门户网发布信息7条。5月21日漯河日报发布做好南水北调后续工程规划建设工作的文章，5月31日在漯河日报发布"十四五"期间全市南水北调受益人口将达102万人的文章，12月22日在漯河日报发布南水北调中线工程累计供水4.5亿㎥的文章。

（董志刚　张　洋）

许昌南水北调中心

【机构设置】

根据《中共许昌市委机构编制委员会关于调整规范部分处级事业单位名称的通知》（许编〔2019〕7号），许昌市南水北调中线工程领导小组办公室（许昌市南水北调配套工程管理局）更名为许昌市南水北调工程运行保障中心，机构规格仍相当于正处级。许昌市南水北调工程运行保障中心内设办公室、计划与财务科、运行管理科、移民安置科、工程保障科5个科室，下属单位许昌市南水北调配套工程管理处。

许昌市南水北调工程运行保障中心为参照公务员管理事业（财政全供）单位，正处级规格，编制人数共21人。根据《中共许昌市委机构编制委员会办公室关于调整许昌市南水北调工程运行保障中心及所属事业机构编制事项的通知》（许编办〔2019〕64号），核增副科级领导职数3名，调整后中心正科级领导职数5名，副科级领导职数3名。2021年，实有人数21人，其中主任1名、副主任3名、二级调研员3名、四级调研员2名，正科级4人，副科级1人，一级科员1人。现任主任张建民。

2021年4月，许昌市人民政府任命亢耀勋为许昌市南水北调工程运行保障中心副主任（许政任〔2021〕4号）。2021年2月，许昌市委组织部批复吴昊为中心办公室一级科员，任职级时间从军转分配之日起算（许组职函〔2021〕10号）。

【党建与廉政建设】

2021年贯彻落实习近平总书记在推进南水北调后续工程高质量发展座谈会上重要讲话和视察河南时的指示精神，召开专题会议组织研讨交流，两次印发贯彻落实工作台账。开展党史学习教育，党员每天学习不少于1小时，领导成员共开展专题研讨交流10次。共组织学习党史书籍7本，习近平总书记讲话精神300余篇，党规党纪3本。开展"党建+业务"深度融合，以党建"第一责任"引领和保障发展"第一要务"活动。组织参观党史党建馆等红色教育基地，开展"三问三增强"活动和专题组织生活会。加强党组织规范化建设。开展"我为群众办实事"活动，指导各县（市、区）移民服务部门为移民村安装太阳能路灯220套、栽种各类果树556棵。实施"我为群众办实事"项目27项。被市委党史学习教育领导小组评为"我为群众办实事"优秀帮扶单位。9月组织干部职工参加"春蕾计划在河南"活动，集体捐赠1788.0元，获得配资3600元。开展党性党风党纪教育和经常性普法教育，落实巡察集中督查反馈问题整改，严格落实中央八项规定及其实施细则精神，深刻汲取系统内部发生的违纪违法案件教训，以案促改，以案为鉴，以事为镜，对照检查，举一反三，引以为戒，以党章党纪约束自己。

【宣传信息】

2021年许昌市南水北调系统在"许昌南水北调"微信公众号和政务公开平台发布信息173条，宣传南水北调供水综合效益、移民服务、综合治理、疫情防控、安全稳定和意识形态取得的成效；高标准开展通水七周年宣传活动，在许昌主流媒体发布两个专版文章，在许昌时刻新媒体平台投放3条短视频宣传片。

（徐　展　吴　昊　程晓亚）

周口市南水北调办

【机构设置】

周口市南水北调办公室为周口市南水北调工程建设管理领导小组的常设办事机构，正处级财政全供事业单位，核定事业编制26名，内设综合科、财务审计科、计划建设环境与移民科、生产调度运行科、总工室5个科室。主任1名（水利局党组成员）、副主任2名，科长4名、总工程师1名、副科长1名、科员1名，专业技术人员7名，工勤人员10名。何东华任南水北调办主任。主要职责：贯彻落实省、市政府关于南水北调工作的有关方针政策，执行省、市南水北调工程建设管理领导小组的决定，负责辖区内主体工程征地搬迁、工程建设、质量监督、生态保护、移民安置及工程建设环境的协调和保障，负责南水北调工程周口段的工程建设和工程建成后的运行管理工作。

【党建与廉政建设】

2021年周口市南水北调办以学习型党支部建设为平台，持续开展党史学习教育，把党风廉政建设与意识形态工作、党史学习教育相结合，把学习贯彻习近平总书记系列重要讲话和指示批示精神作为"第一议题"，组织学习党的十九大以来历次全会精神、省市重大决策部署和重要会议精神，通读精读《中国共产党简史》《论中国共产党历史》《毛泽东邓小平江泽民胡锦涛关于中国北产党历史论述摘编》《习近平新时代中国特色社会主义思想学习问答》四本书，观看《党史故事100讲》《榜样6》纪录片，举办"学党史、讲党课"演讲比赛，重温入党誓词、开展"我为群众办实事"主题党日活动、到红色教育基地参观学习1次。全年组织集中学习40余次，观看纪录片20余次，研讨交流10次，领导干部带头撰写学习笔记和心得体会100余篇。

党支部不断完善规章制度和工作机制，推动意识形态工作和党风廉政建设落到实处。成立意识形态工作领导小组，每周例会在部署工作的同时，安排廉政教育集体学习，观看反腐倡廉典型案例，落实中央八项规定精神和省市细则。全年共召开廉政专题会议10次，组织廉政教育集体学习10余次，开展廉政教育谈话和谈心交流活动3次。严格执行公务接待、公务用车、办公用房管理制度，压缩"三公经费"。加强对关键环节、重点岗位和关键权力的制约和监督。

落实"三会一课"制度，严格按照《党章》要求和党费收缴规定，全年缴纳党费8448元。2021年党员23名，占在编干部职工总数的88.5%，新发展党员1名，全年共召开支部委员会10余次，支部书记讲党课4次，党员大会3次，"主题党日"活动12次，实现党支部组织生活常态化制度化长效化。

【疫情防控】

2021年成立由主任何东华任组长，副主任贺洪波、赵其峰任副组长的疫情防控领导小组，建立健全《周口市南水北调办公室疫情防控应急预案》，明确疫情防控重点任务，细化职责分工，严格工作纪律，保持24小时通讯畅通。落实疫情防控督导检查制度，组织人员督导检查防疫情况50余次，对督导中发现的问题进行通报，建立整改台账，明确整改时限，整改落实到位。最大限度减少或停止集体聚餐活动和大规模群体性活动，引导干部职工少出门、不聚集、戴口罩、勤洗手、保持社交距离，督促干部职工主动接种疫苗。投入防疫专项资金20000余元，保障口罩、体温计、消毒酒精防疫物资储备，配足车辆满足防疫出行需要。全年共组织测温登记500余次，环境消杀20余次。建立健全健康申报和台账管理制度，建立体温日报告群，每日统计干部职工流动情况及发热干咳咽痛症状。在工作群和学习强国群平台公布疫情权威信息，发布防疫知识和疫情信息50余条。20余名党员干部发挥先锋模范作用，主动到社区协助疫情防控工作。

【文明单位创建】

2021年，根据省文明办工作安排，完成建立组织、印发方案、传达部署的规定动作，创建任务细化到人，安排专人负责收集整理上报精神文明建设相关材料。围绕疫情防控、驻村扶贫、创建文明城市开展系列活动，参加市水利局组织的"我为群众办实事"主题党日活动40余人次，集中清理沙颍河岸坡杂草、垃圾、河面漂浮物。组织党员干部职工到七一路西段开展文明交通和义务劳动、卫生清理志愿服务活动1000余人次。张贴横幅、设置展板开展中国梦、法治教育宣传活动。开展结对帮扶活动，到驻村帮扶村沈丘县卞路口乡马楼村农户家中面对面了解家庭情况、生产就业、致贫原因，并在七一、春节到贫困户家中走访慰问。

【宣传信息】

2021年，周口市南水北调办共编发简报62期，向省南水北调建管局上传信息50余条，在市水利局门户网站发布信息20余条。开展"安全生产月"活动，组织运管人员参加河南省南水北调中线工程建设管理局《新安全生产法》培训视频会议。加大南水北调工程宣传保护力度，坚持"巡线到哪里，宣传到哪里"，共发放宣传册3000本、宣传纸杯50000个、宣传袋10000个，设置标志桩500个、宣传牌1000个、横幅50条，向管道沿线群众普及南水北调相关法律法规以及南水北调相关知识，标明管线位置和保护范围。同时制作宣传视频，展现周口市南水北调从开工建设到通水全过程。

（李晓辉　朱子奇）

郑州南水北调中心

【机构设置】

2021年，郑州南水北调中心编制61名，实际在编61人。内设机构6个处：综合处、财务处、建设管理处（环境保护处）、计划处、移民处、质量安全监督管理处。中层职数6正6副。2019年5月，政府机构改革时，名称变更为郑州市南水北调工程运行保障中心（郑州市水利工程移民服务中心），其他机构编制事项保持不变。

2003年12月25日经郑州市编制委员会

批准，成立郑州市南水北调工程建设管理领导小组办公室（郑州市移民局、郑州市南水北调配套工程建设管理局），批准文号郑编〔2003〕103号。规格正处级。2007年7月经省人事厅批准参照公务员法管理。2019年，郑州市机构编制委员会郑编〔2019〕41号文件批复单位主要承担配套工程的运行调度、维护管理，水利工程移民服务等职能，具体职责调整还未下文明确。2021年，南水北调干渠环境保护工作划归郑州市环保局。

【党建与廉政建设】

制订下发《2021年机关学习计划》《2021年中心党支部理论学习中心组学习制度》。每月召开支委会研究部署推进工作。修订《内部控制制度》，落实重大问题和重要事项集中决策，加强对党员干部的日常管理和监督。全体党员按季度足额交纳党费，全年共收缴党费17997元。"三会一课""主题党日"安排讲党课及组织党员学党史教材、看党史影片、听党史讲座。集中观看庆祝建党100周年大会、"七一勋章"颁授仪式、红色电影、参观红色主题作品展。专题党课学习党的十九届六中全会精神；集体学习河南省第十一次党代会精神；党支部书记讲党课；参加市水利局主办的庆祝中国共产党成立100周年暨"两优一先"表彰大会，18名职工参加情景舞蹈剧表演；召开慰问老干部座谈会；组织落实2020年度组织生活会和民主评议党员工作。工会组织职工开展"迎三八"健步走、洛阳春游踏青、端午送香囊活动等，丰富职工业余文化生活。

党风廉政建设与各项业务工作同部署、同落实、同检查、同考核，制定目标任务、工作计划和具体措施。全年共召开5次党支部会议专题研究部署党风廉政建设工作，制发《2021年党风廉政建设工作要点》《2021年度履行全面从严治党主体责任清单》《2021年党建工作计划》等有关文件9个。

【文明单位创建】

2021年郑州南水北调中心贯彻落实党的十九大精神和习近平新时代中国特色社会主义思想，围绕中心工作，以建设求真务实、开拓创新、勤政高效、清政廉洁的机关为宗旨，开展文明单位创建工作。党支部统一部署、统一计划、统一落实。成立精神文明建设工作领导小组，明确指导思想、目标、工作内容和要求，定岗定责。建立健全集体学习制度，聘请法律专家对《民法典》进行授课，从立法原理设计的角度，对工作中的热点难点问题深度讲解。邀请市委党校教授就十九届六中全会精神进行专题党课教育，学习《中共中央关于党的百年奋斗重大成就和历史经验的决议》，重温党的百年重大成就，在机关办公楼制作宣传展板、悬挂横幅，开展培训和宣传，加强学习型机关建设。

【疫情防控】

2021年经受防汛救灾与疫情防控双重考验，郑州南水北调中心党支部组织召开郑州配套工程运管和防汛工作会议，对全市配套工程防汛工作进行安排，落实岗位职责，成立协调、抢险、救护、运输、保障等应急处置队，全力保障城市供水安全。同时组织开展党员志愿活动，7月27日起，每天8名到10名志愿者报名到郑州市疾病预防控制中心参加转运防疫物资工作；到凯旋路与中原路交叉口参加"交通文明岗"志愿服务活动。为灾后重建捐款22200元，参加无偿献血志愿活动。

按照上级党组织要求，开展"双报到"活动，组织参与中原区莲湖路街道办事处疫情防控执勤。8月10～27日每天组织2名党员在凯旋路与兴国路西岗小区卡点进行防疫执勤。11月11日及15日各安排10名党员志愿者协助"双报到"所在街道社区阳光花苑开展核酸采集。联合社区进行"全城清洁行动"、"四送一助力"志愿服务和开展宪法宣传周活动。

（刘素娟　周　健）

焦作南水北调中心

【机构建设】

焦作市南水北调工程运行保障中心（焦作市南水北调工程建设中心），正处级，属参照公务员管理事业单位，内设综合科、财务科、供水运行科、工程科4个科室。截至2021年12月，核定编制数17名，领导职数3名，中层职数6名，在职在编人员12名，其中领导3名，中层领导4名。现任焦作南水北调中心主任刘少民。

2021年12月，焦作南水北调中心对工程运行管理工作进行岗位优化，包括运行管理岗位设置、岗位职责划定、工资制度及考核办法制定、人员竞聘上岗等方面。共设置管理岗位24个，出台《焦作市南水北调工程运行保障中心聘用人员运行管理岗位优化方案（试行稿）》《焦作市南水北调工程运行保障中心聘用人员工资管理暂行办法》《焦作市南水北调工程运行保障中心聘用人员绩效考核暂行办法》，通过竞聘上岗，24个岗位人员均到岗。

（张　琳）

【党建工作】

2021年，焦作市南水北调中心党支部以贯彻落实习近平新时代中国特色社会主义思想、习近平关于南水北调后续工程高质量发展座谈会讲话精神和党史学习教育活动为中心，对照焦作市直机关基层党支部标准化规范化工作手册，严格落实党支部工作各项工作制度。2021年共开展各类集中学习18次，召开支委会12次，党员大会10次，开展主题党日活动12次，组织党课教育4次；严格落实组织生活制度，开展党史学习教育专题组织生活会1次、"三评"组织生活会1次、领导成员民主生活会1次；发展预备党员1名，入党积极分子3名，并制发《焦作市南水北调中心聘用人员党员管理办法》，针对招聘人员中党员学习教育、监督管理工作作出具体规定；组织党员开展党史学习教育、庆祝建党百年、我为群众办实事专题活动。

（孙高阳）

【廉政建设】

2021年，焦作市南水北调中心以习近平中国特色社会主义思想为指导开展廉政建设。领导班子定期研究党风廉政建设，召开年度、半年度党风廉政建设会议，出台《焦作市南水北调工程运行保障中心2021年党风廉政建设工作实施意见》，制订《焦作市南水北调工程运行保障中心2021年党风廉政建设责任制清单》，签订《党风廉政建设责任书》。开展"以案促改"及"廉洁从家出发"活动，标本兼治，一体推进"三不"机制，推进"守规矩、懂业务、真落实"活动，解决"中梗阻"问题，加大党务政务公开，召开"三重一大"领导班子会议，开展谈心谈话，贯彻中央八项规定精神，营造风清气正的良好政治生态。

（王梦莉）

【文明单位创建】

2021年，焦作南水北调中心在文明单位创建中加强"重视职工生活、重视职工健康、重视职工精神文化需求、重视重要节日"活动内容，增设职工体育运动中心、健身中心、职工读书室、职工理发室、职工餐厅等。春节开展向退休职工送温暖活动；"三八"节组织全体女职工举办"三八"妇女节趣味体育活动；组织干部职工参加迎新年群众长跑健身活动；在焦作市直机关第二十届职工运动会上，首次组队参加体操、男女拔河、篮球、双升（扑克）四个项目的比赛，各单项均获得奖项，并获得团体总分三等奖、体育道德风尚奖。开展"把忠心献给祖国、把爱心献给社会、把关心献给他人"活动。组织志愿服务活动，成立文明使者志愿服务队，面向社会设立"文明使者"志愿服务站，先后组织志愿者开展文明交通、文明观赛、文明就餐、文明祭扫宣传活动，进一步发挥文明单位的示范引领作用。继续开展帮扶结对工作，驻村工作队会同帮扶村，先后完成外出务工返乡人员春节期间防疫、春节禁燃禁放、"五创三治"、"精准扶贫"的后续帮扶工作，制定乡村振兴规划，完成"三夏"抢收、秋种抗旱及秸秆禁烧等工作。

【宣传信息】

2021年，焦作日报登载6篇有关南水北调工作的文章，学习强国推送南水北调文章3篇，河南省南水北调建管局网站载文百余篇。由焦作电视台拍摄，全景展现焦作南水北调人风貌的微视频《唱支山歌给党听》，七一期间在焦作电视台播放20多次。焦作南水北调中心微信公众号明确专管人员，2021年发布各类新闻、政策等信息120余条。配合省南水北调建管局进一步修改《河南河湖大典》南水北调篇焦作市部分，补充完善配套工程及供水信息、现地管理照片资料、交叉道路桥梁信息、引用文献信息等内容。9月23～24日，《河南河湖大典》评审会在北京召开，大典通过评审。

（王　妍）

【获得荣誉】

2021年3月，焦作市南水北调工程运行保障中心被焦作市第二次全国污染源普查领导小组授予第二次全国污染源普查表现突出先进集体荣誉（焦污普〔2021〕1号）。

2021年6月，李万明被中共焦作市委市直机关工委授予优秀党务工作者荣誉称号。

（张　琳）

焦作市南水北调城区办

【机构设置】

2006年6月9日，焦作市人民政府成立南水北调中线工程焦作城区段建设领导小组办公室，领导班子成员6名，设综合组、项目开发组、拆迁安置组、工程协调组。2009年2月24日，焦作市委、市政府成立南水北调中线工程焦作城区段建设指挥部办公室，领导成员3名，设综合科、项目开发科、拆迁安置科、工程协调科。2009年6月26日，指挥部办公室内设科室调整为办公室、综合科、安置房建设科、征迁安置科、市政管线路桥科、财务科、土地储备科、绿化带道路建设科、企事业单位征迁科。2011年，领导成员7名（含兼职），内设科室调整为综合科、财务科、征迁科、安置房建设科、市政管线科、道路桥梁工程建设科、绿化带工程建设科。2012年，领导成员7名（含兼职），内设科室调整为综合科、财务科、征迁科、安置房建设科、市政管线科、工程协调科。2013年10月14日，领导成员6名（含兼职）。2014年领导成员5名。2015年领导成员4名。2016年领导成员7名。2017年领导成员7名，内设科室调整为综合科、计划财务科、征迁科、安置房建设科、市政管线与工程协调科。2018年，领导成员6名。2019年1～4月常务副主任吴玉岭；2019年4月常务副主任范杰；2019年9～12月负责人马雨生，领导成员3名。2020年领导成员3名，2021年领导成员3名，负责人马雨生。

【宣传报道】

2021年与焦作市摄影家协会、焦作市南水北调建设发展有限公司合作联合出版《凝望门前这条河——南水北调中线焦作城区段十年记忆》画册，在《焦作日报》刊发通版"一条玉带贯山阳　丹水北送美名扬"，同时在焦作电视台、焦作日报、焦作广播电视报报道南水北调绿化带建设成果。

【获得荣誉】

2022年5月25日，马雨生、黄红亮被焦作市政府授予"'十三五'全市污染防治攻坚战先进个人"（焦政〔2022〕9号）。

2022年5月25日，史升平被焦作市政府授予"2021年度全市污染防治攻坚战先进个人"（焦政〔2022〕8号）。

（李新梅　彭　潜）

新乡南水北调中心

【机构设置】

新乡市南水北调工程运行保障中心为正处级事业单位，编制31人，2021年实有31人，内设综合科、规划计划科、运行调度科、工程管理科、财务审计科5个科室。领导职数1正2副，内设机构领导职数10名（含正科级总工程师1名），其中正科级领导职数6名、副科级领导职数4名，经费实行财政全额拨款。现任机构负责人孙传勇。

【干部任免】

2021年，新乡南水北调中心职级晋升处级干2名，提任科级干部7名，职级晋升科级干部8名。根据市委组织部《关于杨晓飞、洪全成同志晋升职级的通知》（新组干〔2021〕22号），晋升三级调研员2名。根据市委组织部《关于孙婧等同志职务任免的批复》（新组干函〔2021〕10号），提任科长4名，副科长3名。根据市公务员局《关于江怡桦等同志晋升职级的批复》（新公局函〔2021〕30号）晋升二级主任科员1名，晋升四级主任科员5名。根据新乡市公务员局《关于侯延军等同志晋升职级的批复》（新公局函〔2021〕58号）晋升二级主任科员2名。

【党建工作】

新乡南水北调中心党组制订《2021年党建工作要点》，学习贯彻《中国共产党支部工作条例（试行）》，加强党支部建设的组织领导和基本保障。把党建工作同贯彻上级决策部署,完成重点任务结合起来。2021年度计划供水量1.4亿m³，实际用水量达1.55亿m³，完成年度供水任务107%；及时组织汛期抢险，定期对沿线阀井积水进行抽排526次；南水北调"四县一区"配套工程南线工程如期完工；东线项目初步设计报告已批复，PPP"两评一案"通过专家评审，正在推进项目入库；32号线向河南心连心化学工业集团股份有限公司进行试通水成功，解决企业用水难

题。在实施新冠疫情防控、防汛抢险救灾、创建全国文明城市等工作中发挥党支部的战斗堡垒作用和党员先锋模范作用。积极开展"送温暖献爱心"捐款活动，向卫辉市捐款16000余元；组织党员干部协助社区开展疫情防控工作，向社区防疫人员捐赠防疫物资和生活物品；对接帮扶村自购物资，走访慰问受灾贫困村民，为困难群众提供力所能及的帮助。严格党的纪律建设，落实党风廉政建设主体责任,专题研究制定2021年党风廉政建设和反腐败工作要点,党支部成员和相关党员干部签订党风廉政建设责任书。在春节、清明、五一、国庆、中秋假日前召开党风廉政纪律教育会。

开展"我为群众办实事"实践活动。精准聚焦"学史明理、学史增信、学史崇德、学史力行"，在"学党史、悟思想、办实事、开新局"上凝心聚力，精心谋划、细化措施、创新载体，开展"我为群众办实事"实践活动。把党史学习教育作为党性教育的基础课和干部学习必修课，邀请专家讲课、开展专题研讨、外出参观体验，开展8次专题学习。组织七一表彰大会，"重温百年党史、凝聚青年力量"主题演讲比赛、"奋斗百年路、启航新征程"书画摄影作品展，增强党史学习教育的实效性、感染力和影响力，引导党员干部树立正确的党史观。开展"我为群众办实事"活动，筹措资金整修帮扶贫困村道路，配置公用垃圾桶，更换群众活动广场路灯。把学习党史同总结经验、观照现实、推动工作相结合。

加强组织规范化建设，推进学习型党组织建设。组织党员与中心组成员一起学。严格执行"三会一课"制度，组织召开支委会11次，党员大会5次，党小组会11次，讲党课3次；严格落实党员领导干部双重组织生活制度,党员领导干部以普通党员身份,主动参加机关党支部的组织生活。开展党支部星级评定，全面加强党支部标准化规范化建设。选优

配强支部，组织开展"五比一争"创先争优活动。严格落实民主集中制，及时召开民主生活会。党组成员会前撰写发言提纲。意识形态工作履行"四种责任"。每季度以党组扩大会形式召开意识形态分析研判会议，半年进行一次意识形态工作报告。按照《新乡市南水北调工程运行保障中心微信公众号管理制度》，加强机关党员"学习强国"平台学习情况监督和通报，进一步提升参与度和活跃度。

推进党务工作公开，按照规定除涉及党内机密不宜公开或党员有较大异议暂缓公开外，其余党务一律向群众公开。公开内容包括：①党组织设置、人员分工、各级党组织的重大决策、决定、决议、新党员发展、后备干部推荐、党员各项义务及捐助、民主评议党员。②党组织年度工作目标、学习计划、年度党建主体活安排，精神文明创建活动的实施计划和落实情况。③党支部领导成员自身建设情况。④党内制度规定的各项办事程序和工作要求，党费收缴使用管理。

【廉政建设】

2021年3月17日新乡南水北调中心召开党风廉政建设专题会议，会议通过2021年度党风廉政建设工作要点，对年度目标和责任进行全面部署，逐级签订目标责任书，领导干部履行"一岗双责"，根据分工进行分管科室的廉政提醒、谈话和职责范围内的党风廉政建设及反腐败工作。

开展以案促改，加强风险点防控。传达学习领会上级纪委文件和通报精神，学习《中国共产党廉洁自律准则》《中国共产党纪律处分条例》，学习《招投标法》《安全生产法》，全年组织党员干部学习各级纪委印发的各类典型案例通报8次49例。"以案促改"警示教育结合个人岗位职责和特点，梳理出重大事项决策、合同变更处理、工程量审核、招投标、物品采购、财务报销、各类手续办理等廉政风险防控点，并明确具体的防控措施。

建设廉政文化长廊，在走廊设置廉政宣传画、格言警句、廉政古训。规范权力运行，根据南水北调工作特点，加强对重点环节、重要岗位、重点人员的监督管理。严格落实"五不直接分管""末位表态"制度和"三重一大"议事决策，对项目安排和大额资金使用等事项，党组扩大会集体讨论研究决定，同时严格按照市纪委监委派驻市水利局纪检监察组要求进行备案；严格依法依规处理合同变更，对施工单位报送的变更材料，严格按照程序办理；资金使用内审与外审并重，严肃审计整改。

建立"活页夹"管理模式，按照市委要求梳理主体责任问题清单7类12项，制定整改措施25项，明确责任领导，及时跟进，限期整改。定期统计整改完成情况，重点涉及政治学习、领导干部担当作为、"四县一区"工程建设、水费征缴领域。贯彻执行中央八项规定精神、省委若干意见、市委实施办法及廉洁自律各项规定精神。贯彻执行《中国共产党党内监督条例》和领导成员个人重大事项报告制度，维护广大职工知情权、参与权和监督权。

【文明单位创建】

2021年新乡南水北调中心文明单位创建工作加强领导、健全制度，文明单位创建与南水北调工程运行管理、行业管理工作同计划同部署同检查。年初召开文明创建动员会，制定文明创建实施方案，工作有目标、创建有特色。组织全体员工轮流到社区开展志愿帮扶，协助疫情防控、打扫卫生、宣传政策、捐赠物资。组织志愿者开展义务献血、义务植树、"四送一助力"抗疫专项志愿服务等活动。制度上墙，南水北调系统工作人员人人有章可循、事事有据可依，以制度约束人、以制度规范人。为帮扶责任村方台村建强基层组织、推动精准扶贫、落实基础制度，贫困人口"一户一策""脱真贫""真脱贫"，开展特色产业帮扶、技能培训帮扶、基础设施帮扶、互助资金帮扶、合作社带动帮扶、保障帮扶，实现人均可支配收入增长幅度高于全省平均水平。

【教育培训】

新乡南水北调中心学习贯彻落实党的十九届五中全会精神，组织全体工作人员实地考察、集中培训、参观调研，到南水北调中线穿黄工程、延津县烈士陵园、陈赓革命小道实地学习，集中观看《百年红印》《1921》及脱贫攻坚表彰大会，组织全体党员进行党小组、党支部集中学习，督促鼓励全体党员在"学习强国"APP、河南省干部网络学习平台自学。组织召开支委会11次、党员大会5次、党小组会20次、讲党课3次；组织运行管理人员开展2次专题业务培训140余人次。

(郭小娟 周郎中)

濮阳市南水北调办

【机构设置】

濮阳市南水北调中线工程建设领导小组办公室（濮阳市南水北调配套工程建设管理局），事业性质参照公务员管理单位，机构规格相当于副县级，隶属于市水利局领导。经费由财政全额拨款。事业编制14名，主任1名，副主任2名；内设机构正科级领导职数4名。人员编制结构为管理人员8名，专业技术人员1名，工勤人员（驾驶员）1名。现任濮阳市南水北调办主任韩秀成，副主任杨守涛、王晓勇。2021年12月，韩秀成任濮阳市水利局总工程师。

【党建与廉政建设】

2021年濮阳市南水北调办党支部严格落实"一岗双责"，业务工作和干部职工的思想工作及廉政建设共同推进，细化责任分解，严格责任考核和责任追究，明确责任范围、责任内容，做到责任到人；履行党风廉政建设主体责任和"第一责任人"责任，通过召开廉政专题会、节前廉政恳谈会、典型案例警示教育活动，增强党员廉洁意识，从思想

上筑牢防腐拒变防线，全年单位无违纪现象发生；组织党史学习教育活动，集中学和个人学相结合、线上学和线下学相结合、学理论和悟思想相结合，提升党性修养。党史教育开展以来，共学习篇目254篇，组织或参加市水利局党课11次，观看专题讲座6次，集中研讨10次，撰写心得体会106篇，引导党员学史明理、学史增信、学史崇德、学史力行。

【驻村帮扶】

濮阳市南水北调办落实"四个不摘"责任，开展脱贫攻坚与乡村振兴衔接工作，促进驻村帮扶见实效。在疫情、涝情等不利条件下，全村脱贫户稳定增收，无返贫现象发生。同时推进王英村生态农业循环产业园项目建设，实现村集体收入20万元。杨守涛同志被评为"河南省优秀驻村第一书记"。2021年12月22日，《人民日报》20版对王英村等黄河滩区驻村帮扶工作成效进行专题宣传报道。

【文明单位创建】

2021年濮阳市南水北调办推进省级文明（标兵）单位创建工作，高标准制定创建方案，将创建活动与日常工作相结合，形成共同促进的良性循环，将创建活动落实到实处，先后开展"党员进社区"志愿服务活动、文明交通执勤、社区防疫、"中国水周""世界水日"宣传等活动30余次，整理创建资料6本，进一步提升优良的单位形象，成功通过2021年省级文明单位复检。

【宣传信息】

2021年，濮阳市南水北调办配合主流媒体开展对濮阳县、范县、台前县供水项目专项报道。5月27日，濮阳日报社以"牢记嘱托、一泓清水润龙都"文章，宣传报道南水北调工程效益，介绍濮阳县城乡供水一体化工程项目进展情况，濮阳市南水北调配套工程在缓解水资源短缺矛盾、改善居民饮水质量、保障城市供水和促进经济社会可持续发

展做出的突出贡献。开展"中国水周""世界水日"宣传活动，设置咨询台，悬挂条幅，摆放展板，向过往市民发放宣传页和宣传品，宣传《河南省南水北调配套工程供用水和设施保护管理办法》以及濮阳市南水北调配套工程通水以来在工程效益发挥方面取得的可喜成绩，提高市民节水、爱水、护水意识。

（杨宋涛　王道明）

鹤壁市南水北调办

【机构设置】

2021年，鹤壁市南水北调办（鹤壁市南水北调建管局、鹤壁市南水北调移民办）内设综合科、投资计划科、工程建设监督科、财务审计科4个科室。事业编制15名，现有正式在编人员10名。其中主任1名、副主任2名；内设机构科级领导职数5名（正科级领导职数4名，副科级领导职数1名）。经费实行财政全额预算管理。

2021年现任鹤壁市南水北调办公室主任朱成，二级调研员常江林，副主任郑涛，副主任、三级调研员赵峰。人事工作由鹤壁市水利局管理。

【干部任免】

2021年，一级主任科员以上职级晋升1批次，一级主任科员以下职级晋升2批次，职级晋升干部5人，提拔科级干部5人。水利局党组决定冯飞任综合科科长（试用期一年）；王淑芬（女）任财务审计科科长（试用期一年）；李艳（女）任财务审计科副科长（试用期一年）；免去姚林海综合科科长职务。

2021年5月31日，水利局党组决定姚林海晋升为鹤壁市南水北调办四级调研员。9月18日，鹤壁市委组织部决定杜长明晋升为鹤壁市水利局一级调研员。11月18日，鹤壁市委决定朱成任鹤壁市南水北调办主任（局长）；免去杜长明的鹤壁市水利局党组成员、鹤壁市南水北调办主任（局长）职务。

【党建与廉政建设】

落实中央、省委和市委决策部署，学习贯彻落实习近平新时代中国特色社会主义思想和习近平总书记系列重要讲话精神，落实党建主体责任，推进党建高质量和党建引领作用。鹤壁市南水北调办党支部获2021年"先进基层党组织"称号。

2021年，水利局党组研究党建工作12次、研究全面从严治党和党风廉政建设8次、研究意识形态工作10次，谈心谈话12次。召开党建工作会议、党风廉政建设和反腐败工作会议，签订目标责任书，印发党建和党风廉政建设工作要点、全面从严治党主体责任清单，调整党建、党风廉政建设、意识形态工作领导小组，组织半年和年度考核，问题全部整改。召开党支部学习会议31次，组织主任办公会议学习16次，制定意识形态工作责任清单、7项意识形态工作制度，建立定期分析研判意识形态领域形势、风险隐患排查、宗教问题线索排查机制，共开展分析研判4次、3个"过一遍"风险隐患排查9次、宗教问题排查12次。组织开展"学党史、祭先烈""传承红色基因、重温红色记忆""重温入党誓词、坚定理想信念"主题党日活动，组织党员干部职工观看《光辉历程》《我和我的家乡》《党史故事100讲》《理想照耀中国》《悬崖之上》《红旗渠》《1921》《中国医生》。

制定并印发机关党建"三级四岗"责任清单、机关党委委员分工及主要职责，开展"星级争创"工作，实行党建任务派遣单制度和"学习强国"学习情况周通报制度，选派优秀科级党员干部参加市疫情防控工作，组织全体（7名）在职党员到所居住小区参与疫情防控30余人次，组织党员干部职工为困难老党员及贫困群众捐款1500元。开展"迎七一·庆祝建党100周年"活动，开展讲党课、重温入党誓词、观看"七一勋章"颁授仪式直播、庆祝中国共产党成立100周年大会直播、向困难老党员捐款、党史知识答题、主题党日、红色教育、参观党史学习教育系列展览活动。开展与张李甘寨村党支部结对共建"手拉手"活动，到张李甘寨村与"两委"座谈交流。组织机关党员30余人到山城区石林军事会议旧址参观学习。确定正式党员1名。2个月的政治监督结束后及时研究制定整改清单，组织开展1个月的集中整改。开展营商环境、扶贫领域专项以案促改，召开16次主任办公会议，进行典型案例通报79件。开展实地监督检查18次，在节假日前下发廉洁提醒通知7份。开展非法取用地下水、河湖"清四乱"和水利脱贫攻坚专题调研。

廉政建设和业务工作同安排同落实同检查，8次研究廉政建设工作，召开专题总结会和专题推进会，签订目标责任书10份，并进行半年和年终考核。加强公务用车、公务接待及办公用房管理，闲置办公用房封闭管理。加强监管地下水保护、水利扶贫、农村饮水、河湖管护，开展非法取用地下水、河湖"清四乱"专项整治行动和水利脱贫攻坚专题调研。开展"我为群众办实事"活动。县处级干部列出民生实事27项、瓶颈问题9个，科级以下党员干部列出问题36个、志愿服务活动计划72个。

（冯　飞　王淑芬）

【疫情防控】

2021年鹤壁市南水北调办按照鹤壁市疫情防控安排部署开展疫情防控保障工作。编制《鹤壁市南水北调配套工程2021年运行管理工作疫情防控应急预案的通知》《鹤壁市南水北调办公室关于切实做好配套工程"持续抓好疫情防控，庆祝建党百年"工作的通知》等疫情防控文件3份印发至配套工程各现地管理站、泵站。加强人员流动管理。非必要不外出，不得前往疫情中高风险地区及其周边地区，确需前往的，须按要求提前办理外出报批手续。向各管理站所分发防疫物品5次，累计分发口罩2500余个、酒精86000 mL、

消毒液80瓶、洗手液57瓶、体温枪10个、消毒喷壶22个等。定期对站区环境进行消毒消杀工作；各管理站所严禁无关人员进入办公场所，来访人员进出均要按规定佩戴口罩、测体温、进行人员登记；各管理机构每天按时上报疫情防控日报表。

【文明单位创建】

鹤壁市南水北调办与鹤壁市水利局同创文明单位，2021年加强组织领导，落实精神文明建设责任。召开精神文明建设专题会议1次，精神文明建设与业务工作同部署同落实同考核。

开展读书交流活动，举行读书演讲比赛，全面加强学习型机关建设。印发优质服务活动方案，在鹤壁市政府网站、水利局网站和办公楼大厅公布办事指南，制定法制宣传教育规划，印发主题实践活动方案，开展法制宣传教育和咨询服务活动，组织涉水法律法规知识测试，定期举办文明礼仪知识讲座，开展勤俭节约、文明用餐、移风易俗、文明祭祀、安全出行教育。严格执行公务活动、公车管理、公务接待的制度规定，推进节约型机关建设。

开展道德讲堂活动，举办"勤俭节约、弘扬传统文化""学习身边好人、先进典型，崇尚道德模范""爱岗敬业、无私奉献""传承好家风，弘扬孝老爱亲中华美德""弘扬爱国主义精神""诚实守信、明礼守法"6期道德讲堂。开展学雷锋志愿活动，向困难党员和特大暴雨受灾群众捐款4次，共捐助9418多元善款。开展疫情防控、关爱困难群众、无偿献血、社区共建"六到户"、建党100周年、宣传扫黑除恶、爱国卫生运动、文明交通、"路长制"清洁家园、周末卫生日志愿活动。开展文明服务、文明执法、文明交通、文明旅游、文明餐桌、文明祭祀宣传活动。开展精准帮扶，安排水利项目资金向帮扶村倾斜，对村内吃水管道、水泵进行维护和更新，修复蓄水池；12月1日为灾后重建帮扶

村（浚县张李甘寨村）接通南水北调水，帮助张李甘寨村进行农田排水、小麦抢种、房屋维修、街道环境卫生整治、群众回迁。

【宣传信息】

2021年，鹤壁市南水北调办及时组织对重要部署、重要节点、重大活动、先进经验、典型事迹进行宣传报道和信息交流。在省南水北调建管局网站刊发38篇、鹤壁市南水北调办微信公众号刊发43篇、河南电视台播发5篇、《河南法制报》刊发3篇、《鹤壁日报》刊发15篇、鹤壁电视台播发8篇。为"世界水日""中国水周"提供宣传资料图片，制作展板条幅。宣传南水北调工程向鹤壁市淇河和主城区水系生态补水、疫情防控，参加2021年国际档案日系列宣传活动，开展以"落实安全责任，推动安全发展"为主题的"安全生产月"宣传活动。配合鹤壁市委宣传部、市委网信办开展"弘扬南水北调精神"主题采风活动。5月21日，组织《河南日报》、河南广播电视台、《大河报》、映象网、《鹤壁日报》、鹤壁新闻网、鹤壁市广播电视台、鹤壁网对南水北调配套工程36号分水口门泵站、南水北调工程淇河倒虹吸、淇河退水闸及淇河生态补水情况进行采访报道。配合河南法制报社开展"牢记嘱托，沿着总书记指引的方向前进·用法呵护一渠碧水"大型融媒体报道活动。配合分包平安建设村淇滨区金山街道岔河村平安建设宣传工作。在单位院内及办公楼楼道走廊墙面制作文明单位建设、廉政建设、平安建设、思想道德建设、党的建设、南水北调业务宣传版面。在电视广播、新闻报刊、微博微信媒体平台开展南水北调法规、安全保卫、水质保护宣传，持续宣传贯彻《河南省南水北调配套工程供用水和设施保护管理办法》。编写完成《河南省南水北调年鉴2021》（鹤壁部分）篇目内容及图片(字数5.18万字、图片15幅)；编发鹤壁市南水北调工作简报34期；向省市有关部门编报工作信息70条；向市委

市政府报告重点事项工作进展情况。完成省委党校决策咨询课题关于鹤壁市南水北调水资源保护和综合利用情况约稿7000余字。配合调研组到南水北调鱼泉调蓄工程规划地址调研南水北调水资源保护和综合利用情况。完成市纪委监委派驻纪检监察组关于南水北调中线工程鹤壁段沿线生态保护约稿2500余字。按时回复省市有关部门征求意见或建议文件办理9次。按照省南水北调建管局《关于编纂〈河南河湖大典〉南水北调篇的通知》，鹤壁市南水北调办成立《河南河湖大典》南水北调篇编纂工作领导小组，制定实施方案，抽调专职人员负责编纂工作，2月22日完成《河南河湖大典》初稿，经多轮协调沟通、修改完善于9月初完成终稿。

（王志国　高小娟　王誉陪）

安阳南水北调中心

【机构设置】

安阳市南水北调工程运行保障中心为正县级规格的参公事业单位，隶属市水利局领导。编制20名，其中主任1名（水利局党组成员），副主任1名，二级调研员1名，三级调研员1名，科级干部15名，经费实行全额预算管理。现任安阳南水北调中心主任马荣洲。2021年完成4名干部的职级晋升和调整。

2021年实有76人，其中在职在编15人、借调10人，劳务派遣51人（受省南水北调建管局委托招聘的市区运行管理人员，代为省南水北调建管局管理，包括工资在内的所有费用，均由省南水北调建管局负责）。

【党建工作】

制订《2021年中心机关党的工作目标任务》，党建工作和业务工作同谋划同部署同推进同考核。执行"三会一课""支部主题党日"组织生活会制度，将交纳党费、重温入党誓词、讲党课、党员培训、帮扶困难党员、党史学习教育安排到"支部主题党日"活动中。2021年，安阳南水北调中心召开支

部委员会23次、党员大会5次、党小组会12次、讲党课5次，组织开展"支部主题党日"活动12次。按照党中央、省委、市委、水利局党组的通知要求，学习贯彻落实习近平总书记在党史学习教育动员大会上的重要讲话精神，制订《党史学习教育实施工作方案》，安排部署党史学习教育中心组学习计划和党员干部学习计划，在党史学习教育中组织"我为群众办实事"主题实践活动，为群众办实事好事18件。开展"党的历史大家讲"活动，观看《党史故事100讲》《百炼成钢》，到谷文昌纪念馆、扁担精神纪念馆开展"学党史崇英模当先锋"主题活动。意识形态工作纳入年度党建工作责任制。3月24日召开意识形态工作会议，2021年进行意识形态工作分析研判4次。集中学习习近平总书记在依法治国工作会议上的重要讲话精神以及《中华人民共和国水法》《中华人民共和国防洪法》《安全生产法》《中国共产党组织处理规定（试行）》。组织参加市委直属机关工委"先锋大讲堂"、水利局党史学习教育宣讲会、市水利系统干部综合素能提升培训班和党史学习教育专题读书班，组织党员干部听取省十一次党代会精神宣讲会。同时组织机关党员干部到南水北调现地管理站，切身体会基层环境，学习运管业务知识；到内黄红色沙区革命纪念馆和温邢固二一五农民暴动旧址开展"追寻先辈足迹，传承红色精神"活动；在红旗渠廉政教育学院举办干部职工素质提升培训班。贯彻党的十九届六中全会精神，领悟"两个确立"的深刻内涵，增强"四个意识"、坚定"四个自信"、做到"两个维护"，不断提高政治判断力、政治领悟力、政治执行力。习近平总书记召开南水北调后续工程高质量发展座谈会后，迅速召开全体会议，组织干部职工认真学习讲话精神，提高政治站位，强化责任担当，立足发展大局，确保南水北调工程安全、供水安全、水质安全。

【廉政建设】

加强廉政建设，严格落实"一岗双责"，反腐倡廉与业务工作同部署同落实。3月24日安阳南水北调中心党支部召开全面从严治党暨党风廉政建设工作会议，安排部署2021年党风廉政建设工作，各科负责人递交全面从严治党暨党风廉政建设目标责任书。组织党员观看四集电视专题片《正风反腐就在身边》，集中学习关于41起违反中央八项规定精神典型问题的通报和相关文件精神。发送廉政过节短信，严防"四风"问题反弹回潮。

【文明单位创建】

2021年安阳南水北调中心根据省市文明办工作安排开展各项文明创建活动，巩固和提升文明单位创建成果。文明单位创建工作列入党支部重要议事日程，成立领导小组，下设办公室负责日常组织协调。制订《安阳市南水北调办公室精神文明建设2021年度活动方案》《安阳市南水北调办公室学雷锋志愿服务工作相关制度》《安阳市南水北调办公室干部职工文明守则》。疫情期间与万科社区开展疫情联防联控活动，组织年轻干部职工到疫情防控点协助人员登记和体温测量。参加安阳市全国卫生城市创建，开展路长制、党员志愿者社区清洁家园、文明交通、"关爱山川河流·保护家乡河""迎七一"党员志愿者义务献血志愿服务活动。承办市水利局二季度道德讲堂，组织参加水利局迎新年经典诵读和"我们的节日"活动。

【宣传与培训】

2021年安阳南水北调中心组织参加市水利局主办的第29届世界水日和第34届"中国水周"宣传活动。全年印发简报信息25期。12月8~10日，安阳南水北调中心在林州红旗渠干部学院组织全市南水北调工程财务工作培训班。12月17~18日在红旗渠廉政教育学院举办干部职工素质提升培训班。12月13~16日分两期在汤阴县岳飞精忠报国培训基地举办南水北调配套工程运行管理知识培训班。

（孟志军　董世玉）

邓州南水北调中心

【机构设置】

邓州市南水北调和移民服务中心为邓州市水利局所属正科级事业单位，内设综合科、财务科、规划计划科、工程管理科、运行保障科、安置科、扶持发展科、技术服务科8个科室。核定全供事业编制33名，2021年在编人员27人，其中领导成员6人，分别为支部书记、主任陈秀善，支部委员、副主任司占录、刘银虎、李朝旭，支部委员辛泽安、门扬。邓州南水北调中心属公益一类事业单位，承担邓州市南水北调配套工程建设和运行保障管理、南水北调征迁安置及水利水电工程移民工作，南水北调和移民资金管理、信访事项，移民培训和新技术推广工作。

【党建与廉政建设】

2021年，完善南水北调和移民服务中心党员活动室、文体活动室和职工书屋，组建"学习强国""云上邓州"学习群，表扬先进、通报落后。巩固拓展脱贫攻坚成果与乡村振兴衔接，教育引导派出的第一书记、工作队员9人、帮扶责任人20人，到脱贫村及软弱涣散村持续开展帮扶工作。带领党员助力疫情防控，开展"四送一助力"专项活动，组织党员参加文明卫生城市创建、文明交通岗志愿服务活动。配合邓州市十四届市委第一轮巡察工作，对梳理查摆出的问题和不足，进行全面整改。实行领导干部联系分包南水北调和移民安置乡镇工作机制，开展南水北调干渠安全运行隐患排查、移民生产发展稳定调研，妥善解决移民房屋渗水、南水北调中线工程移民征地资金核销问题。建立周一工作例会、周五集中学习制度，修订《中心领导班子"三重一大"集体决策制度》，重大事项集体研究、民主决策、个别酝酿、会议决定。优秀党员推选、党费收缴、

党员发展严格按程序办理。开展党史学习教育，召开理论学习中心组集中学习12次、专题学习研讨4次，领导成员撰写心得体会24篇。开展领导讲党课、清明祭扫英烈、韩营引丹工程旧址研学、党史知识测试、重温入党誓词、慰问老党员系列活动。

【精神文明建设】

2021年对南水北调和移民服务中心院内进行美化亮化，健全制度，文明标语上墙、上宣传栏。开展每周五集中学习日，一名领导带学、两名科室人员领学，邀请市委党校高级讲师现场辅导，"线上线下同步学"，开展党史知识测试，开展"六个文明"系列活动、参与学雷锋志愿服务活动、扶贫帮困道德实践活动、开展移民矛盾纠纷排查化解活动，引导社会文明新风尚。

（司占录　王业涛）

滑县南水北调办

【机构设置】

根据《滑县县委机构编制委员会关于重新核定全县事业单位编制的通知》（滑编〔2021〕59号），重新核定滑县南水北工程建设领导小组办公室人员编制11人。2021增加新聘管理人员4人，厨师1人、食堂工作人员1人，保卫人员2人。安阳南水北调中心组织设计单位对滑县管理所室外工程进行设计变更，增加大门、围墙、路面硬化、绿化，2021年4月1日开工建设，5月30日完工。

【宣传信息】

2021年，滑县南水北调办进一步加强信息宣传工作，共编写印发各类简报信息20期。其中向河南省南水北调网发布信息6条，向县水利局网站投稿10条。6月28日河南日报农村版刊发《南水北调滋润了滑县，明年全县148万群众都将饮用丹江水》。3月22~28日在"世界水日""中国水周"宣传活动中设置咨询台，悬挂条幅、摆放展板，向过往群众发放宣传页和宣传品1000余份，讲解南

水北调配套工程知识。

【勇救溺水的10岁男孩】

2021年7月4日下午3时15分左右，正在大功河东岸橡胶坝（原狗市）附近施工的省水利一局南水北调维护维修人员刘有林等7人，忽然听到在河边钓鱼的人大声呼喊：有小孩落水了，快救人呀！刘有林听到呼喊声顺眼望去，只见一个孩子正在大功河4m深的水中挣扎。此时，河堤两岸热辣辣的阳光下空无一人。刘有林没顾得上从衣服里掏出钱包和卡证，穿着衣服跳入河中，向着挣扎的孩子游去，同时高喊岸上的同事下水帮忙。

刘有林游到孩子身边时，由于孩子挣扎时间过长，已经筋疲力尽了，如果再迟半分钟施救，孩子就有溺死的可能。刘有林没有丝毫迟疑，用尽全身力气托起百余斤重的孩子，奋力往河边游。这时，岸上的同事刘有生、李银生也穿着衣服下水帮助营救。由于河坡太滑，又没有阶梯，很难把孩子送上河岸。此时在岸上的同事刘全粮、刘世渠、刘卫星、刘云山等把施工用的绳子的一头扔向营救者，借助绳子和岸上人员的拉力才把孩子送上了岸。刘有林却因呛水、受凉和劳累过度，被送到附近诊所治疗观察，所幸无大碍。7月4日，《见义勇为，勇救落水少年》先后在滑县电视台、滑县佰事通网站报道省水利一局南水北调维护维修人员刘有林等7人，勇救溺水的10岁男孩的事迹。

（刘俊玲　董珊珊）

南水北调

玖 统计资料

供水配套工程运行管理月报

运行管理月报2021年第1期总第65期

【工程运行调度】

2021年1月1日8时，河南省陶岔渠首引水闸入干渠流量176.00 m³/s；穿黄隧洞节制闸过闸流量126.57 m³/s；漳河倒虹吸节制闸过闸流量106.68 m³/s。截至2020年12月31日，全省有39个口门及25个退水闸开闸分水，其中，37个口门正常供水，1个口门线路因受水水厂暂不具备接水条件而未供水（11-1），1个口门线路因地方不用水暂停供水（11）。

【各市县配套工程线路供水】

各市、县配套工程线路供水情况表

序号	市、县	口门编号	分水口门	供水目标	运行情况	备注
1	邓州市	1	肖楼	引丹灌区	正常供水	
2	邓州市	2	望城岗	邓州一水厂	正常供水	因线路检修，12月7日10：00至12日15：00暂停供水
				邓州二水厂	正常供水	
				邓州三水厂	正常供水	
	南阳市			新野二水厂	正常供水	
				新野三水厂	未供水	水厂已调试，管网未建好
3	赵集镇	3	彭家	赵集镇水厂	正常供水	
4	南阳市	3-1	谭寨	镇平县五里岗水厂	正常供水	
				镇平县规划水厂	正常供水	
5	南阳市	5	田洼	傅岗（麒麟）水厂	正常供水	
				兰营水库	未供水	泵站机组已调试
				龙升水厂	正常供水	
6	南阳市	6	大寨	南阳四水厂	正常供水	
7	南阳市	7	半坡店	唐河县水厂	正常供水	
				社旗水厂	正常供水	
8	方城县	9	十里庙	新裕水厂	正常供水	
				1#泵站和2#泵站	未供水	泵站机组已调试
9	漯河市	10	辛庄	舞阳水厂	正常供水	
				漯河二水厂	正常供水	
				漯河三水厂	正常供水	
				漯河四水厂	正常供水	
				漯河五水厂	正常供水	
				漯河八水厂	正常供水	
	周口市			商水水厂	正常供水	
				周口东区水厂	正常供水	
				周口二水厂	正常供水	
10	平顶山市	11	澎河	平顶山白龟山水厂	暂停供水	
				平顶山九里山水厂	暂停供水	
				平顶山平煤集团水厂	暂停供水	
				叶县水厂	正常供水	

续表

序号	市、县	口门编号	分水口门	供水目标	运行情况	备注
11	平顶山市	11-1	张庄	鲁山水厂	未供水	泵站已调试
12	平顶山市	12	马庄	平顶山焦庄水厂	正常供水	
13	平顶山市	13	高庄	平顶山王铁庄水厂	正常供水	
13	平顶山市	13	高庄	平顶山石龙区水厂	正常供水	
14	平顶山市	14	赵庄	郏县规划水厂	正常供水	
15	许昌市	15	宴窑	襄城县三水厂	正常供水	
16	许昌市	16	任坡	禹州市二水厂	正常供水	
16	许昌市	16	任坡	神垕镇二水厂	正常供水	
16	登封市	16	任坡	卢店水厂	正常供水	
17	许昌市	17	孟坡	许昌市周庄水厂	正常供水	
17	许昌市	17	孟坡	曹寨水厂	正常供水	
17	许昌市	17	孟坡	北海、石梁河、霸陵河	正常供水	
17	许昌市	17	孟坡	许昌市二水厂	正常供水	
17	鄢陵县	17	孟坡	鄢陵中心水厂	正常供水	
17	临颍县	17	孟坡	临颍县一水厂	正常供水	
17	临颍县	17	孟坡	临颍县二水厂（千亩湖）	正常供水	水厂未建
18	许昌市	18	洼李	长葛市规划三水厂	正常供水	
18	许昌市	18	洼李	清潩河	正常供水	
18	许昌市	18	洼李	增福湖	正常供水	
19	郑州市	19	李垌	新郑一水厂	暂停供水	备用
19	郑州市	19	李垌	新郑二水厂	正常供水	
19	郑州市	19	李垌	望京楼水库	暂停供水	
19	郑州市	19	李垌	老观寨水库	暂停供水	
20	郑州市	20	小河刘	郑州航空城一水厂	正常供水	
20	郑州市	20	小河刘	郑州航空城二水厂	正常供水	
20	郑州市	20	小河刘	中牟县三水厂	正常供水	
21	郑州市	21	刘湾	郑州市刘湾水厂	正常供水	因泵站检修，2020年12月15日至2021年1月5日期间每天14：00~16：00暂停供水
22	郑州市	22	密垌	尖岗水库	正常供水	本月充库244.19万 m³
22	郑州市	22	密垌	新密水厂	暂停供水	
23	郑州市	23	中原西路	郑州柿园水厂	正常供水	
23	郑州市	23	中原西路	郑州白庙水厂	正常供水	
23	郑州市	23	中原西路	郑州常庄水库	正常供水	本月充库170.5万 m³
24	郑州市	24	前蒋寨	荥阳市四水厂	正常供水	
25	郑州市	24-1	蒋头	上街区规划水厂	正常供水	
26	温县	25	北冷	温县三水厂	正常供水	
26	温县	25	北冷	环城水系	正常供水	
27	焦作市	26	北石涧	武陟县三水厂	正常供水	
27	焦作市	26	北石涧	博爱县水厂	正常供水	
28	焦作市	27	府城	府城水厂	正常供水	
29	焦作市	28	苏蔺	焦作市修武水厂	正常供水	
29	焦作市	28	苏蔺	焦作市苏蔺水厂	正常供水	

续表

序号	市、县	口门编号	分水口门	供水目标	运行情况	备注
30	新乡市	30	郭屯	获嘉县水厂	正常供水	
31	辉县市	31	路固	辉县三水厂	正常供水	
				百泉湖	正常供水	
32	新乡市	32	老道井	新乡高村水厂	正常供水	
				新乡新区水厂	正常供水	
				新乡孟营水厂	正常供水	
				新乡凤泉水厂	正常供水	
	新乡县			七里营水厂	正常供水	
33	新乡市	33	温寺门	卫辉规划水厂	正常供水	
34	鹤壁市	34	袁庄	淇县铁西区水厂	正常供水	
				赵家渠	暂停供水	
				淇县城北水厂	暂停供水	
35	濮阳市	35	三里屯	引黄调节池（濮阳一水厂）	暂停供水	
				濮阳二水厂	正常供水	
				濮阳三水厂	正常供水	
				清丰县固城水厂	正常供水	
	濮阳县			濮阳县水厂	正常供水	
	南乐县			南乐县水厂	正常供水	
	鹤壁市			浚县水厂	正常供水	
				鹤壁四水厂	正常供水	
	滑县			滑县三水厂	正常供水	因配套工程管道穿越施工，12月24日24：00至31日24：00暂停供水
				滑县四水厂（安阳中盈化肥有限公司、河南易凯针织有限责任公司）	正常供水	滑县四水厂未建。因环保管控，12月9日18：00至14日15：00暂停向河南易凯针织有限责任公司供水
36	鹤壁市	36	刘庄	鹤壁三水厂	正常供水	
37	安阳市	37	董庄	汤阴一水厂	正常供水	
				汤阴二水厂	正常供水	
				内黄县四水厂	正常供水	
38	安阳市	38	小营	安阳六水厂	正常供水	
				安阳八水厂	正常供水	
				安钢冷轧水厂	正常供水	
39	安阳市	39	南流寺	安阳四水厂	正常供水	
40	邓州市		刁河退水闸	刁河	已关闸	本月供水304.2万m³
41	邓州市		湍河退水闸	湍河	已关闸	本月供水304.2万m³
42	邓州市		严陵河退水闸	严陵河	已关闸	
43	南阳市		白河退水闸	白河	已关闸	
44	南阳市		清河退水闸	清河	正常供水	本月供水813.78万m³
45	南阳市		贾河退水闸	贾河	已关闸	
46	南阳市		潦河退水闸	潦河	已关闸	
47	平顶山市		澧河退水闸	澧河	已关闸	

续表

序号	市、县	口门编号	分水口门	供水目标	运行情况	备注
48	平顶山市		澎河退水闸	澎河	已关闸	
49	平顶山市		沙河退水闸	沙河、白龟山水库	已关闸	
50	平顶山市		北汝河退水闸	北汝河	已关闸	
51	郏县		兰河退水闸	兰河	已关闸	
52	漯河市		贾河退水闸	燕山水库	已关闸	
53	禹州市		颍河退水闸	颍河	已关闸	
54	新郑市		双洎河退水闸	双洎河	正常供水	本月供水465.93万 m³
55	新郑市		沂水河退水闸	唐寨水库	已关闸	
56	郑州市		十八里河退水闸	十八里河	已关闸	
57	郑州市		贾峪河退水闸	贾峪河、西流湖	已关闸	
58	郑州市		索河退水闸	索河	已关闸	
59	焦作市		闫河退水闸	闫河、龙源湖	已关闸	本月供水45万 m³
60	新乡市		香泉河退水闸	香泉河	已关闸	
61	辉县市		峪河退水闸	峪河南支	已关闸	
62	辉县市		黄水河支退水闸	黄水河、大沙河、共产主义渠	已关闸	
63	鹤壁市		淇河退水闸	淇河	已关闸	
64	汤阴县		汤河退水闸	汤河	已关闸	
65	安阳市		安阳河退水闸	安阳河	已关闸	

【水量调度计划执行】

区分	序号	市、县名称	年度用水计划（万 m³）	月用水计划（万 m³）	月实际供水量（万 m³）	年度累计供水量（万 m³）	年度计划执行情况（%）	累计供水量（万 m³）
农业用水	1	引丹灌区	60000	2680.0	2491.9	5672.1	9.5	325571.30
城市用水	1	邓州	3575	275.5	858.5	1360.8	38.1	20065.19
	2	南阳	10688	857.1	1627.9	2928.0	27.4	89750.83
	3	漯河	9774	807.6	748.5	1527.6	15.6	38520.13
	4	周口	5796	492.3	438.8	888.9	15.3	16418.79
	5	平顶山	6682	520.0	489.7	968.2	14.5	82191.12
	6	许昌	14563	1222.1	1330.0	2800.7	19.2	99960.41
	7	郑州	65788	748.1	936.2	11318.7	17.2	306735.38
	8	焦作	8816	1044.2	1257.1	1779.6	20.2	27351.16
	9	新乡	14485	345.8	351.1	2436.7	16.8	71865.14
	10	鹤壁	4354	688.8	661.2	654.3	15.0	33447.35
	11	濮阳	8784	664.8	751.8	1387.3	15.8	38974.59
	12	安阳	9796	188.6	186.0	1514.8	15.5	39388.69
	13	滑县	2413	748.1	936.2	365.8	15.2	7210.57
		小计	165516	8603.0	10573.0	29931.4	18.1	871879.35
合计			225516	11283.0	13064.9	35603.5	15.8	1197450.65

【水质信息】

序号	断面名称	断面位置（省、市）	采样时间	水温（℃）	pH值（无量纲）	溶解氧	高锰酸盐指数	化学需氧量（COD）	五日生化需氧量（BOD₅）	氨氮（NH₃-N）	总磷（以P计）
								mg/L			
1	沙河南	河南鲁山县	12月7日	12.5	7.7	9.5	1.8	<15	<0.5	0.03	<0.01
2	郑湾	河南郑州市	12月7日	12.2	8	9.5	1.7	<15	<0.5	0.038	0.01

序号	断面名称	总氮（以N计）	铜	锌	氟化物（以F计）	硒	砷	汞	镉	铬（六价）	铅
						mg/L					
1	沙河南	1.07	<0.01	<0.05	0.167	<0.0003	0.0012	<0.00001	<0.0005	<0.004	<0.0025
2	郑湾	0.93	<0.01	<0.05	0.163	<0.0003	0.0011	<0.00001	<0.0005	<0.004	<0.0025

序号	断面名称	氰化物	挥发酚	石油类	阴离子表面活性剂	硫化物	粪大肠菌群	水质类别	超标项目及超标倍数		
		mg/L					个/L				
1	沙河南	<0.002	<0.002	<0.01	<0.05	<0.01	70	I类			
2	郑湾	<0.002	<0.002	0.01	<0.05	<0.01	<10	I类			

说明：根据南水北调中线水质保护中心，1月7日提供数据。

运行管理月报2021年第2期总第66期

【工程运行调度】

2021年2月1日8时，河南省陶岔渠首引水闸入干渠流量173.43 m³/s；穿黄隧洞节制闸过闸流量126.15 m³/s；漳河倒虹吸节制闸过闸流量107.18 m³/s。截至2021年1月31日，全省有39个口门及25个退水闸开闸分水，其中，37个口门正常供水，1个口门线路因受水水厂暂不具备接水条件而未供水（11-1），1个口门线路因地方不用水暂停供水（11）。

【各市县配套工程线路供水】

序号	市、县	口门编号	分水口门	供水目标	运行情况	备注
1	邓州市	1	肖楼	引丹灌区	正常供水	
2	邓州市	2	望城岗	邓州一水厂	正常供水	
				邓州二水厂	正常供水	
				邓州三水厂	正常供水	
	南阳市			新野二水厂	正常供水	
				新野三水厂	未供水	水厂已调试，管网未建好
3	赵集镇	3	彭家	赵集镇水厂	正常供水	
4	南阳市	3-1	谭寨	镇平县五里岗水厂	正常供水	
				镇平县规划水厂	正常供水	
5	南阳市	5	田洼	傅岗（麒麟）水厂	正常供水	
				兰营水库	未供水	泵站机组已调试
				龙升水厂	正常供水	
6	南阳市	6	大寨	南阳四水厂	正常供水	
7	南阳市	7	半坡店	唐河县水厂	正常供水	
				社旗水厂	正常供水	

续表

序号	市、县	口门编号	分水口门	供水目标	运行情况	备注
8	方城县	9	十里庙	新裕水厂	正常供水	
				1号泵站和2号泵站	未供水	泵站已调试
9	漯河市	10	辛庄	舞阳水厂	正常供水	
				漯河二水厂	正常供水	
				漯河三水厂	正常供水	
				漯河四水厂	正常供水	
				漯河五水厂	正常供水	
				漯河八水厂	正常供水	
	周口市			商水水厂	正常供水	
				周口东区水厂	正常供水	
				周口二水厂	正常供水	
10	平顶山市	11	澎河	平顶山白龟山水厂	暂停供水	
				平顶山九里山水厂	暂停供水	
				平顶山平煤集团水厂	暂停供水	
				叶县水厂	正常供水	
11	平顶山市	11-1	张庄	鲁山水厂	未供水	泵站已调试
12	平顶山市	12	马庄	平顶山焦庄水厂	正常供水	
13	平顶山市	13	高庄	平顶山王铁庄水厂	正常供水	
				平顶山石龙区水厂	正常供水	
14	平顶山市	14	赵庄	郏县规划厂	正常供水	
15	许昌市	15	宴窑	襄城县三水厂	正常供水	
16	许昌市	16	任坡	禹州市二水厂	正常供水	因泵站检修，1月13日21：00至1月14日2：00口门暂停供水
				神垕镇二水厂	正常供水	
	登封市			卢店水厂	正常供水	
17	许昌市	17	孟坡	许昌市周庄水厂	正常供水	
				曹寨水厂	正常供水	
				北海、石梁河、霸陵河	正常供水	
				许昌市二水厂	正常供水	
	鄢陵县			鄢陵中心水厂	正常供水	
	临颍县			临颍县一水厂	正常供水	
				临颍县二水厂（千亩湖）	正常供水	水厂未建
18	许昌市	18	洼李	长葛市规划三水厂	正常供水	
				清潩河	正常供水	
				增福湖	正常供水	
19	郑州市	19	李垌	新郑一水厂	暂停供水	备用
				新郑二水厂	正常供水	
				望京楼水库	暂停供水	
				老观寨水库	暂停供水	
20	郑州市	20	小河刘	郑州航空城一水厂	正常供水	因管道穿越施工，1月22日0：00至28日24：00暂停供水
				郑州航空城二水厂	正常供水	
				中牟县三水厂	正常供水	

续表

序号	市、县	口门编号	分水口门	供水目标	运行情况	备注
21	郑州市	21	刘湾	郑州市刘湾水厂	正常供水	因泵站检修，2020年12月15日至2021年1月5日期间每天14：00～16：00暂停供水
22	郑州市	22	密垌	尖岗水库	正常供水	本月充库499.19万m³
				新密水厂	暂停供水	
23	郑州市	23	中原西路	郑州柿园水厂	正常供水	
				郑州白庙水厂	正常供水	
				郑州常庄水库	暂停供水	
24	郑州市	24	前蒋寨	荥阳市四水厂	正常供水	
25	郑州市	24-1	蒋头	上街区规划水厂	正常供水	
26	温县	25	北冷	温县三水厂	正常供水	
				环城水系	正常供水	
27	焦作市	26	北石涧	武陟县城三水厂	正常供水	
				博爱县水厂	正常供水	因电力维修，1月30日8：00～17：00暂停供水
28	焦作市	27	府城	府城水厂	正常供水	
29	焦作市	28	苏蔺	焦作市修武水厂	正常供水	
				焦作市苏蔺水厂	正常供水	
30	新乡市	30	郭屯	获嘉县水厂	正常供水	
31	辉县市	31	路固	辉县三水厂	正常供水	
				百泉湖	正常供水	
32	新乡市	32	老道井	新乡高村水厂	正常供水	
				新乡新区水厂	正常供水	
				新乡孟营水厂	正常供水	
				新乡凤泉水厂	正常供水	
	新乡县			七里营水厂	正常供水	
33	新乡市	33	温寺门	卫辉规划水厂	正常供水	
34	鹤壁市	34	袁庄	淇县铁西区水厂	正常供水	
				赵家渠	暂停供水	
				淇县城北水厂	暂停供水	
35	濮阳市	35	三里屯	引黄调节池（濮阳一水厂）	暂停供水	
				濮阳二水厂	正常供水	
				濮阳三水厂	正常供水	
				清丰县固城水厂	正常供水	
	濮阳县			濮阳县水厂	正常供水	
	南乐县			南乐县水厂	正常供水	
				浚县水厂	正常供水	
	鹤壁市			鹤壁四水厂	正常供水	
				滑县三水厂	正常供水	
	滑县			滑县四水厂（安阳中盈化肥有限公司、河南易凯针织有限责任公司）	正常供水	

序号	市、县	口门编号	分水口门	供水目标	运行情况	备注
36	鹤壁市	36	刘庄	鹤壁三水厂	正常供水	
37	安阳市	37	董庄	汤阴一水厂	正常供水	
				汤阴二水厂	正常供水	
				内黄县四水厂	正常供水	
38	安阳市	38	小营	安阳六水厂	正常供水	
				安阳八水厂	正常供水	
				安钢冷轧水厂	正常供水	
39	安阳市	39	南流寺	安阳四水厂	正常供水	
40	邓州市		刁河退水闸	刁河	已关闸	
41	邓州市		湍河退水闸	湍河	已关闸	
42	邓州市		严陵河退水闸	严陵河	已关闸	
43	南阳市		白河退水闸	白河	已关闸	
44	南阳市		清河退水闸	清河	正常供水	本月供水1339.2万m³
45	南阳市		贾河退水闸	贾河	已关闸	
46	南阳市		潦河退水闸	潦河	已关闸	
47	平顶山市		澧河退水闸	澧河	已关闸	
48	平顶山市		澎河退水闸	澎河	已关闸	
49	平顶山市		沙河退水闸	沙河、白龟山水库	已关闸	
50	平顶山市		北汝河退水闸	北汝河	已关闸	
51	郏县		兰河退水闸	兰河	已关闸	
52	漯河市		贾河退水闸	燕山水库	已关闸	
53	禹州市		颍河退水闸	颍河	已关闸	本月供水190.08万m³
54	新郑市		双洎退水闸	双洎河	正常供水	本月供水465.06万m³
55	新郑市		沂水河退水闸	唐寨水库	已关闸	
56	郑州市		十八里河退水闸	十八里河	已关闸	
57	郑州市		贾峪河退水闸	贾峪河、西流湖	已关闸	
58	郑州市		索河退水闸	索河	已关闸	
59	焦作市		闫河退水闸	闫河、龙源湖	已关闸	本月供水10万m³
60	新乡市		香泉河退水闸	香泉河	已关闸	
61	辉县市		峪河退水闸	峪河南支	已关闸	
62	辉县市		黄水河支退水闸	黄水河、大沙河、共产主义渠	已关闸	
63	鹤壁市		淇河退水闸	淇河	已关闸	
64	汤阴县		汤河退水闸	汤河	已关闸	
65	安阳市		安阳河退水闸	安阳河	已关闸	

【水量调度计划执行】

区分	序号	市、县名称	年度用水计划（万m³）	月用水计划（万m³）	月实际供水量（万m³）	年度累计供水量（万m³）	年度计划执行情况（%）	累计供水量（万m³）
农业用水	1	引丹灌区	60000	2680	2431.0	8103.2	13.5	328002.3
城市用水	1	邓州	3575	275	279.0	1639.8	45.9	20344.2
	2	南阳	10688	872	2259.1	5187.1	48.5	92010.0

续表

区分	序号	市、县名称	年度用水计划（万㎥）	月用水计划（万㎥）	月实际供水量（万㎥）	年度累计供水量（万㎥）	年度计划执行情况（%）	累计供水量（万㎥）
城市用水	3	漯河	9774	808	770.6	2298.3	23.5	39290.8
	4	周口	5796	492	493.7	1382.6	23.9	16912.5
	5	平顶山	6682	520	525.7	1493.9	22.4	82716.8
	6	许昌	14563	1231	1538.7	4339.4	29.8	101499.1
	7	郑州	65788	5805	5813.7	17132.3	26.0	312549.1
	8	焦作	8816	751	929.9	2709.5	30.7	28281.1
	9	新乡	14485	1060	1274.5	3711.3	25.6	73139.7
	10	鹤壁	4354	371	390.4	1044.8	24.0	33837.8
	11	濮阳	8784	697	761.9	2149.2	24.5	39736.5
	12	安阳	9796	721	773.7	2288.4	23.4	40162.3
	13	滑县	2413	186	190.5	556.4	23.1	7401.1
		小计	165516	13789	16001.4	45932.9	27.8	887880.8
合计			225516	16469	18432.5	54036.0	24.0	1215883.1

【水质信息】

序号	断面名称	断面位置（省、市）	采样时间	水温（℃）	pH值（无量纲）	溶解氧	高锰酸盐指数	化学需氧量（COD）	五日生化需氧量（BOD₅）	氨氮（NH₃-N）	总磷（以P计）
								mg/L			
1	沙河南	河南鲁山县	1月4日	7.6	8	11.1	1.8	<15	<1.8	0.033	<0.01
2	郑湾	河南郑州市	1月4日	7.9	7.7	10	1.9	<15	<1.3	0.025	<0.01

序号	断面名称	总氮（以N计）	铜	锌	氟化物（以F计）	硒	砷	汞	镉	铬（六价）	铅
						mg/L					
1	沙河南	1.13	<0.01	<0.05	0.163	<0.0003	0.0018	<0.00001	<0.0005	<0.004	<0.0025
2	郑湾	1.08	<0.01	<0.05	0.178	<0.0003	0.0018	<0.00001	<0.0005	<0.004	<0.0025

序号	断面名称	氰化物	挥发酚	石油类	阴离子表面活性剂	硫化物	粪大肠菌群	水质类别	超标项目及超标倍数
				mg/L			个/L		
1	沙河南	<0.002	<0.002	<0.01	<0.05	<0.01	30	I类	
2	郑湾	<0.002	<0.002	<0.01	<0.05	<0.01	<10	I类	

说明：根据南水北调中线水质保护中心2月2日提供数据。

运行管理月报2021年第3期总第67期

【工程运行调度】

2021年3月1日8时，河南省陶岔渠首引水闸入干渠流量257.01 ㎥/s；穿黄隧洞节制闸过闸流量196.64 ㎥/s；漳河倒虹吸节制闸过闸流量172.93 ㎥/s。截至2021年2月28日，全省有39个口门及25个退水闸开闸分水，其中，37个口门正常供水，1个口门线路因受水水厂暂不具备接水条件而未供水（11-1），1个口门线路因地方不用水暂停供水（11）。

【各市县配套工程线路供水】

序号	市、县	口门编号	分水口门	供水目标	运行情况	备注
1	邓州市	1	肖楼	引丹灌区	正常供水	
2	邓州市	2	望城岗	邓州一水厂	正常供水	
				邓州二水厂	正常供水	
				邓州三水厂	正常供水	
	南阳市			新野二水厂	正常供水	
				新野三水厂	未供水	水厂已调试，管网未建好
3	赵集镇	3	彭家	赵集镇水厂	正常供水	
4	南阳市	3-1	谭寨	镇平县五里岗水厂	正常供水	
				镇平县规划水厂	正常供水	
5	南阳市	5	田洼	傅岗（麒麟）水厂	正常供水	
				兰营水库	未供水	泵站已调试
				龙升水厂	正常供水	
6	南阳市	6	大寨	南阳四水厂	正常供水	
7	南阳市	7	半坡店	唐河县水厂	正常供水	
				社旗水厂	正常供水	
8	方城县	9	十里庙	新裕水厂	正常供水	
				1号泵站和2号泵站	未供水	泵站已调试
9	漯河市	10	辛庄	舞阳水厂	正常供水	
				漯河二水厂	正常供水	
				漯河三水厂	正常供水	
				漯河四水厂	正常供水	
				漯河五水厂	正常供水	
				漯河八水厂	正常供水	
	周口市			商水水厂	正常供水	
				周口东区水厂	正常供水	
				周口二水厂	正常供水	
10	平顶山市	11	澎河	平顶山白龟山水厂	暂停供水	
				平顶山九里山水厂	暂停供水	
				平顶山平煤集团水厂	暂停供水	
				叶县水厂	正常供水	
11	平顶山市	11-1	张庄	鲁山水厂	未供水	泵站已调试
12	平顶山市	12	马庄	平顶山焦庄水厂	正常供水	
13	平顶山市	13	高庄	平顶山王铁庄水厂	正常供水	
				平顶山石龙区水厂	正常供水	
14	平顶山市	14	赵庄	郏县规划水厂	正常供水	
15	许昌市	15	宴窑	襄城县三水厂	正常供水	
16	许昌市	16	任坡	禹州市二水厂	正常供水	
				神垕镇二水厂	正常供水	
	登封市			卢店水厂	正常供水	
17	许昌市	17	孟坡	许昌市周庄水厂	正常供水	
				曹寨水厂	正常供水	
				北海、石梁河、霸陵河	正常供水	
				许昌市二水厂	正常供水	
	鄢陵县			鄢陵中心水厂	正常供水	

续表

序号	市、县	口门编号	分水口门	供水目标	运行情况	备注
17	临颍县	17	孟坡	临颍县一水厂	正常供水	
				临颍县二水厂（千亩湖）	正常供水	水厂未建
18	许昌市	18	洼李	长葛市规划三水厂	正常供水	
				清潩河	正常供水	
				增福湖	正常供水	
19	郑州市	19	李垌	新郑一水厂	暂停供水	备用
				新郑二水厂	暂停供水	
				望京楼水库	暂停供水	
				老观寨水库	暂停供水	
20	郑州市	20	小河刘	郑州航空城一水厂	正常供水	
				郑州航空城二水厂	正常供水	
				中牟县三水厂	正常供水	
21	郑州市	21	刘湾	郑州市刘湾水厂	正常供水	
22	郑州市	22	密垌	尖岗水库	正常供水	本月充库450.46万 m³
				新密水厂	暂停供水	
23	郑州市	23	中原西路	郑州柿园水厂	正常供水	
				郑州白庙水厂	正常供水	
				郑州常庄水库	暂停供水	
24	郑州市	24	前蒋寨	荥阳市四水厂	正常供水	
25	郑州市	24-1	蒋头	上街区规划水厂	正常供水	
26	温县	25	北冷	温县三水厂	正常供水	
				环城水系	正常供水	
27	焦作市	26	北石涧	武陟县城三水厂	正常供水	
				博爱县水厂	正常供水	
28	焦作市	27	府城	府城水厂	正常供水	
29	焦作市	28	苏蔺	焦作市修武水厂	正常供水	
				焦作市苏蔺水厂	正常供水	
30	新乡市	30	郭屯	获嘉县水厂	正常供水	
31	辉县市	31	路固	辉县三水厂	正常供水	
				百泉湖	正常供水	
32	新乡市	32	老道井	新乡高村水厂	正常供水	
				新乡新区水厂	正常供水	
				新乡孟营水厂	正常供水	
				新乡凤泉水厂	正常供水	
	新乡县			七里营水厂	正常供水	
33	新乡市	33	温寺门	卫辉规划水厂	正常供水	
34	鹤壁市	34	袁庄	淇县铁西区水厂	正常供水	
				赵家渠	暂停供水	
				淇县城北水厂	暂停供水	
35	濮阳市	35	三里屯	引黄调节池（濮阳一水厂）	暂停供水	
				濮阳二水厂	正常供水	
				濮阳三水厂	正常供水	

续表

序号	市、县	口门编号	分水口门	供水目标	运行情况	备注
35	濮阳市	35	三里屯	清丰县固城水厂	正常供水	
	濮阳县			濮阳县水厂	正常供水	
	南乐县			南乐县水厂	正常供水	
	鹤壁市			浚县水厂	正常供水	
				鹤壁四水厂	正常供水	
	滑县			滑县三水厂	正常供水	
				滑县四水厂（安阳中盈化肥有限公司、河南易凯针织有限责任公司）	正常供水	因春节停工，2月3日14：00至21日10：00暂停向易凯针织有限责任公司供水
36	鹤壁市	36	刘庄	鹤壁三水厂	正常供水	
37	安阳市	37	董庄	汤阴一水厂	正常供水	
				汤阴二水厂	正常供水	
				内黄县四水厂	正常供水	
38	安阳市	38	小营	安阳六水厂	正常供水	
				安阳八水厂	正常供水	
				安钢冷轧水厂	正常供水	
39	安阳市	39	南流寺	安阳四水厂	正常供水	
40	邓州市		刁河退水闸	刁河	已关闸	
41	邓州市		湍河退水闸	湍河	已关闸	
42	邓州市		严陵河退水闸	严陵河	已关闸	
43	南阳市		白河退水闸	白河	已关闸	
44	南阳市		清河退水闸	清河	正常供水	本月供水 484.92 万 m³
45	南阳市		贾河退水闸	贾河	已关闸	
46	南阳市		潦河退水闸	潦河	已关闸	
47	平顶山市		澧河退水闸	澧河	已关闸	
48	平顶山市		澎河退水闸	澎河	已关闸	
49	平顶山市		沙河退水闸	沙河、白龟山水库	已关闸	
50	平顶山市		北汝河退水闸	北汝河	已关闸	
51	郏县		兰河退水闸	兰河	已关闸	
52	漯河市		贾河退水闸	燕山水库	已关闸	
53	禹州市		颍河退水闸	颍河	已关闸	本月供水 189.72 万 m³
54	新郑市		双洎河退水闸	双洎河	正常供水	本月供水 420.36 万 m³
55	新郑市		沂水河退水闸	唐寨水库	已关闸	
56	郑州市		十八里河退水闸	十八里河	已关闸	
57	郑州市		贾峪河退水闸	贾峪河、西流湖	已关闸	
58	郑州市		索河退水闸	索河	已关闸	
59	焦作市		闫河退水闸	闫河、龙源湖	已关闸	本月供水 50 万 m³
60	新乡市		香泉河退水闸	香泉河	已关闸	
61	辉县市		峪河退水闸	峪河南支	已关闸	
62	辉县市		黄水河支退水闸	黄水河、大沙河、共产主义渠	已关闸	
63	鹤壁市		淇河退水闸	淇河	已关闸	
64	汤阴县		汤河退水闸	汤河	已关闸	本月供水 172.8 万 m³
65	安阳市		安阳河退水闸	安阳河	已关闸	

【水量调度计划执行】

区分	序号	市、县名称	年度用水计划（万㎥）	月用水计划（万㎥）	月实际供水量（万㎥）	年度累计供水量（万㎥）	年度计划执行情况（%）	累计供水量（万㎥）
农业用水	1	引丹灌区	60000	3140	3393.84	11497.00	19.16	331396.17
城市用水	1	邓州	3575	271	258.72	1898.50	53.10	20602.91
	2	南阳	10688	791	1298.07	6485.20	60.68	93308.02
	3	漯河	9774	758	650.18	2948.44	30.17	39940.94
	4	周口	5796	445	424.22	1806.77	31.17	17336.71
	5	平顶山	6682	497	454.05	1947.92	29.15	83170.86
	6	许昌	14563	1117	1396.79	5736.23	39.39	102895.92
	7	郑州	65788	5060	4596.21	21728.55	33.03	317145.26
	8	焦作	8816	664	814.98	3524.49	39.98	29096.06
	9	新乡	14485	928	1065.71	4776.96	32.98	74205.38
	10	鹤壁	4354	358	371.38	1416.14	32.53	34209.14
	11	濮阳	8784	653	667.17	2816.38	32.06	40403.64
	12	安阳	9796	720	861.28	3149.71	32.15	41023.62
	13	滑县	2413	159	157.23	713.58	29.57	7558.31
		小计	165516	12421	13015.99	58948.87	35.62	900896.77
合计			225516	15561	16409.83	70445.87	31.24	1232292.94

【水质信息】

序号	断面名称	断面位置（省、市）	采样时间	水温（℃）	pH值（无量纲）	溶解氧	高锰酸盐指数	化学需氧量（COD）	五日生化需氧量（BOD$_5$）	氨氮（NH$_3$-N）	总磷（以P计）
								mg/L			
1	沙河南	河南鲁山县	2月7日	9.8	8	9.5	1.9	<15	<0.5	0.043	<0.01
2	郑湾	河南郑州市	2月7日	9.7	8.1	10.2	2	<15	0.8	0.029	<0.01

序号	断面名称	总氮（以N计）	铜	锌	氟化物（以F⁻计）	硒	砷	汞	镉	铬（六价）	铅
					mg/L						
1	沙河南	1.01	<0.01	<0.05	0.163	<0.0003	0.0012	<0.00001	<0.0005	<0.004	<0.0025
2	郑湾	0.94	<0.01	<0.05	0.159	<0.0003	0.0012	<0.00001	<0.0005	<0.004	<0.0025

序号	断面名称	氰化物	挥发酚	石油类	阴离子表面活性剂	硫化物	粪大肠菌群	水质类别	超标项目及超标倍数		
				mg/L			个/L				
1	沙河南	<0.002	<0.002	<0.01	<0.05	<0.01	<10	I 类			
2	郑湾	<0.002	<0.002	<0.01	<0.05	<0.01	10	I 类			

说明：根据南水北调中线水质保护中心3月8日提供数据。

运行管理月报2021年第4期总第68期

【工程运行调度】

2021年4月1日8时，河南省陶岔渠首引水闸入干渠流量300.61 ㎥/s；穿黄隧洞节制闸过闸流量241.71 ㎥/s；漳河倒虹吸节制闸过闸流量210.70 ㎥/s。截至2021年3月31日，全省有39个口门及25个退水闸开闸分水，其

中，37个口门正常供水，1个口门线路因受水水厂暂不具备接水条件而未供水（11-1），1 个口门线路因地方不用水暂停供水（11）。

【各市县配套工程线路供水】

序号	市、县	口门编号	分水口门	供水目标	运行情况	备注
1	邓州市	1	肖楼	引丹灌区	正常供水	
2	邓州市	2	望城岗	邓州一水厂	正常供水	
				邓州二水厂	正常供水	
				邓州三水厂	正常供水	
	南阳市			新野二水厂	正常供水	
				新野三水厂	未供水	水厂已调试，管网未建好
3	赵集镇	3	彭家	赵集镇水厂	正常供水	
4	南阳市	3-1	谭寨	镇平县五里岗水厂	正常供水	
				镇平县规划水厂	正常供水	
5	南阳市	5	田洼	傅岗（麒麟）水厂	正常供水	
				兰营水库	未供水	泵站已调试
				龙升水厂	正常供水	
6	南阳市	6	大寨	南阳四水厂	正常供水	
7	南阳市	7	半坡店	唐河县水厂	正常供水	
				社旗水厂	正常供水	
8	方城县	9	十里庙	新裕水厂	正常供水	
				东园区水厂	正常供水	
9	漯河市	10	辛庄	舞阳水厂	正常供水	
				漯河二水厂	正常供水	
				漯河三水厂	正常供水	
				漯河四水厂	正常供水	
				漯河五水厂	正常供水	
				漯河八水厂	正常供水	
	周口市			商水水厂	正常供水	
				周口东区水厂	正常供水	
				周口二水厂	正常供水	
10	平顶山市	11	澎河	平顶山白龟山水厂	暂停供水	
				平顶山九里山水厂	暂停供水	
				平顶山平煤集团水厂	暂停供水	
				叶县水厂	正常供水	
11	平顶山市	11-1	张庄	鲁山水厂	未供水	泵站已调试
12	平顶山市	12	马庄	平顶山焦庄水厂	正常供水	
13	平顶山市	13	高庄	平顶山王铁庄水厂	正常供水	
				平顶山石龙区水厂	正常供水	
14	平顶山市	14	赵庄	郏县规划水厂	正常供水	
15	许昌市	15	宴窑	襄城县三水厂	正常供水	
16	许昌市	16	任坡	禹州市二水厂	正常供水	
				神垕镇二水厂	正常供水	
	登封市			卢店水厂	正常供水	因泵站维修3月13日10:00~14日8:00暂停供水

续表

序号	市、县	口门编号	分水口门	供水目标	运行情况	备注
17	许昌市	17	孟坡	许昌市周庄水厂	正常供水	
				曹寨水厂	正常供水	
				北海、石梁河、霸陵河	正常供水	
				许昌市二水厂	正常供水	
	鄢陵县			鄢陵中心水厂	正常供水	
	临颍县			临颍县一水厂	正常供水	
				临颍县二水厂（千亩湖）	正常供水	水厂未建
18	许昌市	18	洼李	长葛市规划三水厂	正常供水	
				清潩河	正常供水	
				增福湖	正常供水	
19	郑州市	19	李垌	新郑一水厂	暂停供水	备用
				新郑二水厂	正常供水	
				望京楼水库	暂停供水	
				老观寨水库	暂停供水	
20	郑州市	20	小河刘	郑州航空城一水厂	正常供水	
				郑州航空城二水厂	正常供水	
				中牟县三水厂	正常供水	
21	郑州市	21	刘湾	郑州市刘湾水厂	正常供水	
22	郑州市	22	密垌	尖岗水库	暂停供水	本月充库155.73万m³
				新密水厂	暂停供水	
23	郑州市	23	中原西路	郑州柿园水厂	正常供水	因电力中断，3月19日7:00～19:00暂停供水
				郑州白庙水厂	正常供水	
				郑州常庄水库	暂停供水	
24	郑州市	24	前蒋寨	荥阳市四水厂	正常供水	
25	郑州市	24-1	蒋头	上街区规划水厂	正常供水	
26	温县	25	北冷	温县三水厂	正常供水	
27	焦作市	26	北石涧	武陟县城三水厂	正常供水	
				博爱县水厂	正常供水	
28	焦作市	27	府城	府城水厂	正常供水	
29	焦作市	28	苏蔺	焦作市修武水厂	正常供水	
				焦作市苏蔺水厂	正常供水	
30	新乡市	30	郭屯	获嘉县水厂	正常供水	
31	辉县市	31	路固	辉县三水厂	正常供水	
				百泉湖	正常供水	
32	新乡市	32	老道井	新乡高村水厂	正常供水	
				新乡新区水厂	正常供水	
				新乡孟营水厂	正常供水	
				新乡凤泉水厂	正常供水	
	新乡县			七里营水厂	暂停供水	因心连心化工集团承接南水北调水管道施工，3月16日8:00起暂停供水
33	新乡市	33	温寺门	卫辉规划水厂	正常供水	

续表

序号	市、县	口门编号	分水口门	供水目标	运行情况	备注
34	鹤壁市	34	袁庄	淇县铁西区水厂	正常供水	
				赵家渠	暂停供水	
				淇县城北水厂	暂停供水	
35	濮阳市	35	三里屯	引黄调节池（濮阳一水厂）	暂停供水	
				濮阳二水厂	正常供水	
				濮阳三水厂	正常供水	
				清丰县固城水厂	正常供水	
	濮阳县			濮阳县水厂	正常供水	
	南乐县			南乐县水厂	正常供水	
	鹤壁市			浚县水厂	正常供水	
				鹤壁四水厂	正常供水	
	滑县			滑县三水厂	正常供水	
				滑县四水厂（安阳中盈化肥有限公司、河南易凯针织有限责任公司）	正常供水	
36	鹤壁市	36	刘庄	鹤壁三水厂	正常供水	
37	安阳市	37	董庄	汤阴一水厂	正常供水	
				汤阴二水厂	正常供水	
				内黄县四水厂	正常供水	
38	安阳市	38	小营	安阳六水厂	正常供水	
				安阳八水厂	正常供水	因电力中断，3月17日15:00～17:00暂停供水
				安钢冷轧水厂	正常供水	
39	安阳市	39	南流寺	安阳四水厂	正常供水	
40	邓州市		刁河退水闸	刁河	已关闸	本月供水750万 m³
41	邓州市		湍河退水闸	湍河	已关闸	本月供水1000万 m³
42	邓州市		严陵河退水闸	严陵河	已关闸	
43	南阳市		白河退水闸	白河	已关闸	
44	南阳市		清河退水闸	清河	正常供水	本月供水535.68万 m³
45	南阳市		贾河退水闸	贾河	已关闸	
46	南阳市		潦河退水闸	潦河	已关闸	
47	平顶山市		澧河退水闸	澧河	已关闸	
48	平顶山市		澎河退水闸	澎河	已关闸	
49	平顶山市		沙河退水闸	沙河、白龟山水库	已关闸	
50	平顶山市		北汝河退水闸	北汝河	已关闸	
51	郏县		兰河退水闸	兰河	已关闸	
52	漯河市		贾河退水闸	燕山水库	已关闸	
53	禹州市		颍河退水闸	颍河	正常供水	本月供水267.84万 m³
54	新郑市		双洎河退水闸	双洎河	正常供水	本月供水333.27万 m³
55	新郑市		沂水河退水闸	唐寨水库	已关闸	
56	郑州市		十八里河退水闸	十八里河	已关闸	
57	郑州市		贾峪河退水闸	贾峪河、西流湖	已关闸	

续表

序号	市、县	口门编号	分水口门	供水目标	运行情况	备注
58	郑州市		索河退水闸	索河	已关闸	
59	焦作市		闫河退水闸	闫河、龙源湖	已关闸	本月供水10万m³
60	新乡市		香泉河退水闸	香泉河	已关闸	
61	辉县市		峪河退水闸	峪河南支	已关闸	
62	辉县市		黄水河支退水闸	黄水河、大沙河、共产主义渠	已关闸	
63	鹤壁市		淇河退水闸	淇河	已关闸	
64	汤阴县		汤河退水闸	汤河	已关闸	
65	安阳市		安阳河退水闸	安阳河	已关闸	

【水量调度计划执行】

区分	序号	市、县名称	年度用水计划（万m³）	月用水计划（万m³）	月实际供水量（万m³）	年度累计供水量（万m³）	年度计划执行情况（%）	累计供水量（万m³）
农业用水	1	引丹灌区	60000	5890.0	6331.3	17828.3	29.71	337727.48
城市用水	1	邓州	3575	275.5	2012.4	3910.9	109.39	22615.27
	2	南阳	10688	872.1	1437.9	7923.1	74.13	94745.93
	3	漯河	9774	778.6	763.1	3711.6	37.97	40704.06
	4	周口	5796	492.3	483.7	2290.4	39.52	17820.38
	5	平顶山	6682	540.0	490.2	2438.1	36.49	83661.07
	6	许昌	14563	1226.1	1705.3	7441.5	51.10	104601.20
	7	郑州	65788	5254.8	5141.5	26870.1	40.84	322286.77
	8	焦作	8816	746.1	857.3	4381.8	49.70	29953.33
	9	新乡	14485	1097.7	1225.8	6002.8	41.44	75431.21
	10	鹤壁	4354	360.8	402.8	1818.9	41.77	34611.95
	11	濮阳	8784	702.5	738.4	3554.8	40.47	41142.05
	12	安阳	9796	789.4	787.2	3937.0	40.19	41810.86
	13	滑县	2413	176.4	173.7	887.3	36.76	7732.00
		小计	165516	13312.3	16219.3	75168.3	45.42	917116.08
合计			225516	19202.0	22550.6	92996.5	41.24	1254843.56

【水质信息】

序号	断面名称	断面位置（省、市）	采样时间	水温（℃）	pH值（无量纲）	溶解氧	高锰酸盐指数	化学需氧量（COD）	五日生化需氧量（BOD₅）	氨氮（NH₃-N）	总磷（以P计）
								mg/L			
1	沙河南	河南鲁山县	3月8日	10.5	8	9.5	1.8	<15	<0.5	0.042	0.01
2	郑湾	河南郑州市	3月8日	9.5	8	9.9	2	<15	1	0.041	<0.01

序号	断面名称	总氮（以N计）	铜	锌	氟化物（以F计）	硒	砷	汞	镉	铬（六价）	铅
						mg/L					
1	沙河南	1.08	<0.01	<0.05	0.19	<0.0003	0.0012	<0.00001	<0.0005	<0.004	<0.0025

续表

序号	断面名称	总氮(以N计)	铜	锌	氟化物(以F计)	硒	砷	汞	镉	铬(六价)	铅
		mg/L									
2	郑湾	1.13	<0.01	<0.05	0.197	<0.0003	0.0012	<0.00001	<0.0005	<0.004	<0.0025

序号	断面名称	氰化物	挥发酚	石油类	阴离子表面活性剂	硫化物	粪大肠菌群	水质类别	超标项目及超标倍数	
		mg/L					个/L			
1	沙河南	<0.002	<0.002	<0.01	<0.05	<0.01	10	I 类		
2	郑湾	<0.002	<0.002	0.01	<0.05	<0.01	<10	I 类		

说明：根据南水北调中线水质保护中心4月16日提供数据。

运行管理月报2021年第5期总第69期

【工程运行调度】

2021年5月1日8时，河南省陶岔渠首引水闸入干渠流量351.23 m³/s；穿黄隧洞节制闸过闸流量276.77 m³/s；漳河倒虹吸节制闸过闸流量233.94 m³/s。截至2021年4月30日，全省有39个口门及25个退水闸开闸分水，其中，38个口门正常供水，1个口门线路因地方不用水暂停供水（11）。

【各市县配套工程线路供水】

序号	市、县	口门编号	分水口门	供水目标	运行情况	备注
1	邓州市	1	肖楼	引丹灌区	正常供水	
2	邓州市	2	望城岗	邓州一水厂	正常供水	因设备检修，4月8日8：00至4月16日17：00暂停供水
				邓州二水厂	正常供水	
				邓州三水厂	正常供水	
	南阳市			新野二水厂	正常供水	
				新野三水厂	未供水	水厂已调试，管网未建好
3	赵集镇	3	彭家	赵集镇水厂	正常供水	
4	南阳市	3-1	谭寨	镇平县五里岗水厂	正常供水	
				镇平县规划水厂	正常供水	
5	南阳市	5	田洼	傅岗（麒麟）水厂	正常供水	
				兰营水库	未供水	泵站机组已调试
				龙升水厂	正常供水	
6	南阳市	6	大寨	南阳四水厂	正常供水	
7	南阳市	7	半坡店	唐河县水厂	正常供水	
				社旗水厂	正常供水	
8	方城县	9	十里庙	新裕水厂	正常供水	
				东园区水厂	正常供水	
9	漯河市	10	辛庄	舞阳水厂	正常供水	
				漯河二水厂	正常供水	
				漯河三水厂	正常供水	
				漯河四水厂	正常供水	
				漯河五水厂	正常供水	

续表

序号	市、县	口门编号	分水口门	供水目标	运行情况	备注
9	漯河市	10	辛庄	漯河八水厂	正常供水	
				商水水厂	正常供水	
	周口市			周口东区水厂	正常供水	
				周口二水厂	正常供水	
10	平顶山市	11	澎河	平顶山白龟山水厂	暂停供水	
				平顶山九里山水厂	暂停供水	
				平顶山平煤集团水厂	暂停供水	
				叶县水厂	正常供水	
11	平顶山市	11-1	张村	鲁山水厂	正常供水	
12	平顶山市	12	马庄	平顶山焦庄水厂	正常供水	
13	平顶山市	13	高庄	平顶山王铁庄水厂	正常供水	
				平顶山石龙区水厂	正常供水	
14	平顶山市	14	赵庄	郏县规划水厂	正常供水	
15	许昌市	15	宴窑	襄城县三水厂	正常供水	
16	许昌市	16	任坡	禹州市二水厂	正常供水	
				神垕镇二水厂	正常供水	
	登封市			卢店水厂	正常供水	
17	许昌市	17	孟坡	许昌市周庄水厂	正常供水	
				曹寨水厂	正常供水	
				北海、石梁河、霸陵河	正常供水	
				许昌市二水厂	正常供水	
	鄢陵县			鄢陵中心水厂	正常供水	
	临颍县			临颍县一水厂	正常供水	
				临颍县二水厂（千亩湖）	正常供水	水厂未建
18	许昌市	18	洼李	长葛市规划三水厂	正常供水	
				清潩河	正常供水	
				增福湖	正常供水	
19	郑州市	19	李垌	新郑一水厂	暂停供水	备用
				新郑二水厂	正常供水	
				望京楼水库	暂停供水	
				老观寨水库	暂停供水	
20	郑州市	20	小河刘	郑州航空城一水厂	正常供水	
				郑州航空城二水厂	正常供水	
				中牟县三水厂	正常供水	
21	郑州市	21	刘湾	郑州市刘湾水厂	正常供水	
22	郑州市	22	密垌	尖岗水库	暂停供水	本月充库200.45万 m³
				新密水厂	暂停供水	
23	郑州市	23	中原西路	郑州柿园水厂	正常供水	因电力中断，4月28日7：00~ 21：00暂停供水
				郑州白庙水厂	正常供水	
				郑州常庄水库	暂停供水	
24	郑州市	24	前蒋寨	荥阳市四水厂	正常供水	
25	郑州市	24-1	蒋头	上街区规划水厂	正常供水	

序号	市、县	口门编号	分水口门	供水目标	运行情况	备注
26	温县	25	北冷	温县三水厂	正常供水	
27	焦作市	26	北石涧	武陟县城三水厂	正常供水	
				博爱县水厂	正常供水	
28	焦作市	27	府城	府城水厂	正常供水	4月30日13：00起向大沙河进行生态补水3.96万 m³
29	焦作市	28	苏蔺	焦作市修武水厂	正常供水	
				焦作市苏蔺水厂	正常供水	因设备检修，4月27日9：00~12：00暂停供水
30	新乡市	30	郭屯	获嘉县水厂	正常供水	
31	辉县市	31	路固	辉县三水厂	正常供水	
				百泉湖	正常供水	
32	新乡市	32	老道井	新乡高村水厂	正常供水	
	新乡市			新乡新区水厂	正常供水	
	新乡市			新乡孟营水厂	正常供水	
				新乡凤泉水厂	正常供水	
	新乡县			七里营水厂	暂停供水	
33	新乡市	33	温寺门	卫辉规划水厂	正常供水	
34	鹤壁市	34	袁庄	淇县铁西区水厂	正常供水	
				赵家渠	正常供水	
				淇县城北水厂	暂停供水	
35	濮阳市	35	三里屯	引黄调节池（濮阳一水厂）	暂停供水	
				濮阳二水厂	正常供水	
				濮阳三水厂	正常供水	
				清丰县固城水厂	正常供水	
	濮阳县			濮阳县水厂	正常供水	
	南乐县			南乐县水厂	正常供水	
				浚县水厂	正常供水	
	鹤壁市			鹤壁四水厂	正常供水	
				滑县三水厂	正常供水	
	滑县			滑县四水厂（安阳中盈化肥有限公司、河南易凯针织有限责任公司）	正常供水	
36	鹤壁市	36	刘庄	鹤壁三水厂	正常供水	
37	安阳市	37	董庄	汤阴一水厂	正常供水	
				汤阴二水厂	正常供水	
				内黄县四水厂	正常供水	
38	安阳市	38	小营	安阳六水厂	正常供水	
				安阳八水厂	正常供水	
				安钢冷轧水厂	正常供水	
39	安阳市	39	南流寺	安阳四水厂	正常供水	
40	邓州市		刁河退水闸	刁河	已关闸	
41	邓州市		湍河退水闸	湍河	已关闸	

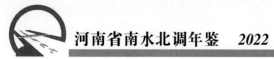

续表

序号	市、县	口门编号	分水口门	供水目标	运行情况	备注
42	邓州市		严陵河退水闸	严陵河	已关闸	
43	南阳市		白河退水闸	白河	已关闸	
44	南阳市		清河退水闸	清河	正常供水	本月供水518.4万m³
45	南阳市		贾河退水闸	贾河	已关闸	
46	南阳市		潦河退水闸	潦河	已关闸	
47	平顶山市		澧河退水闸	澧河	已关闸	
48	平顶山市		澎河退水闸	澎河	已关闸	
49	平顶山市		沙河退水闸	沙河、白龟山水库	已关闸	
50	平顶山市		北汝河退水闸	北汝河	已关闸	
51	郏县		兰河退水闸	兰河	已关闸	
52	漯河市		贾河退水闸	燕山水库	已关闸	
53	禹州市		颍河退水闸	颍河	正常供水	本月供水1002.71万m³
54	新郑市		双洎河退水闸	双洎河	正常供水	本月供水396.19万m³
55	新郑市		沂水河退水闸	唐寨水库	已关闸	
56	郑州市		十八里河退水闸	十八里河	已关闸	
57	郑州市		贾峪河退水闸	贾峪河、西流湖	已关闸	
58	郑州市		索河退水闸	索河	已关闸	
59	焦作市		闫河退水闸	闫河、龙源湖	正常供水	4月29日10：00起正常供水转为生态补水，本月供水36.28万m³
60	新乡市		香泉河退水闸	香泉河	正常供水	4月29日14：00起进行生态补水
61	辉县市		峪河退水闸	峪河南支	正常供水	4月29日14：00起进行生态补水
62	辉县市		黄水河支退水闸	黄水河、大沙河、共产主义渠	正常供水	4月29日14：00起进行生态补水
63	鹤壁市		淇河退水闸	淇河	已关闸	
64	汤阴县		汤河退水闸	汤河	正常供水	4月29日8：00~30日24：00正常供水转为生态补水，本月供水120.24万m³
65	安阳市		安阳河退水闸	安阳河	已关闸	

【水量调度计划执行】

区分	序号	市、县名称	年度用水计划（万m³）	月用水计划（万m³）	月实际供水量（万m³）	年度累计供水量（万m³）	年度计划执行情况（%）	累计供水量（万m³）
农业用水	1	引丹灌区	60000	5700.0	5440.5	23268.8	38.8	343167.95
城市用水	1	邓州	3575	314.0	239.8	4150.6	116.1	22855.06
	2	南阳	10688	836.9	1398.7	9321.8	87.2	96144.61
	3	漯河	9774	812.0	789.5	4501.1	46.1	41493.57
	4	周口	5796	476.4	474.6	2765.0	47.7	18294.94
	5	平顶山	6682	525.0	506.7	2944.9	44.1	84167.81
	6	许昌	14563	1194.4	2338.7	9780.2	67.2	106939.90
	7	郑州	65788	5543.5	5368.6	32240.9	49.0	327657.57
	8	焦作	8816	716.0	853.5	5248.5	59.5	30820.06
	9	新乡	14485	1096.7	1176.0	7332.1	50.6	76760.47
	10	鹤壁	4354	343.9	448.2	2267.2	52.1	35060.20

续表

区分	序号	市、县名称	年度用水计划（万 m³）	月用水计划（万 m³）	月实际供水量（万 m³）	年度累计供水量（万 m³）	年度计划执行情况（%）	累计供水量（万 m³）
城市用水	11	濮阳	8784	696.0	717.5	4272.3	48.6	41859.54
	12	安阳	9796	808.6	873.6	4827.9	49.3	42701.76
	13	滑县	2413	178.2	168.8	1056.0	43.8	7900.76
		小计	165516	13312.3	16219.3	75168.3	54.8	917116.08
合计			225516	19241.7	20794.7	113977.1	50.5	1275824.20

【水质信息】

序号	断面名称	断面位置（省、市）	采样时间	水温（℃）	pH值（无量纲）	溶解氧	高锰酸盐指数	化学需氧量（COD）	五日生化需氧量（BOD₅）	氨氮（NH₃-N）	总磷（以P计）
								mg/L			
1	沙河南	河南鲁山县	4月8日	15	8.2	10	1.8	<15	<0.5	0.034	<0.01
2	郑湾	河南郑州市	4月8日	15.1	8.3	10.1	1.9	<15	<0.5	<0.025	<0.01

序号	断面名称	总氮（以N计）	铜	锌	氟化物（以F计）	硒	砷	汞	镉	铬（六价）	铅
						mg/L					
1	沙河南	0.92	<0.01	<0.05	0.167	<0.0003	0.0009	<0.00001	<0.0005	<0.004	<0.0025
2	郑湾	0.88	<0.01	<0.05	0.162	<0.0003	0.0008	<0.00001	<0.0005	<0.004	<0.0025

序号	断面名称	氰化物	挥发酚	石油类	阴离子表面活性剂	硫化物	粪大肠菌群	水质类别	超标项目及超标倍数		
				mg/L			个/L				
1	沙河南	<0.002	<0.002	0.01	<0.05	<0.01	50	Ⅰ类			
2	郑湾	<0.002	<0.002	<0.01	<0.05	<0.01	30	Ⅰ类			

说明：根据南水北调中线水质保护中心4月28日提供数据。

运行管理月报2021年第6期总第70期

【工程运行调度】

2021年6月1日8时，河南省陶岔渠首引水闸入干渠流量354.17 m³/s；穿黄隧洞节制闸过闸流量279.41 m³/s；漳河倒虹吸节制闸过闸流量239.01 m³/s。截至2021年5月31日，全省有39个口门及25个退水闸开闸分水，其中，38个口门正常供水，1个口门线路因地方不用水暂停供水（11）。

【各市县配套工程线路供水】

序号	市、县	口门编号	分水口门	供水目标	运行情况	备注
1	邓州市	1	肖楼	引丹灌区	正常供水	
2	邓州市	2	望城岗	邓州一水厂	正常供水	因管道维修，5月12日15：00至5月24日15：00暂停供水
	邓州市			邓州二水厂	正常供水	
				邓州三水厂	正常供水	
	南阳市			新野二水厂	正常供水	

续表

序号	市、县	口门编号	分水口门	供水目标	运行情况	备注
2	南阳市	2	望城岗	新野三水厂	未供水	水厂已调试，管网未建好
3	赵集镇	3	彭家	赵集镇水厂	正常供水	
4	南阳市	3-1	谭寨	镇平县五里岗水厂	正常供水	
				镇平县规划水厂	正常供水	
5	南阳市	5	田洼	傅岗（麒麟）水厂	正常供水	
				兰营水库	未供水	泵站机组已调试
				龙升水厂	正常供水	
6	南阳市	6	大寨	南阳四水厂	正常供水	
7	南阳市	7	半坡店	唐河县水厂	正常供水	
				社旗水厂	正常供水	
8	方城县	9	十里庙	新裕水厂	正常供水	
				东园区水厂	正常供水	
9	漯河市	10	辛庄	舞阳水厂	正常供水	
				舞钢市引水工程	未供水	正在冲洗调试
				漯河二水厂	正常供水	
				漯河三水厂	正常供水	
	漯河市			漯河四水厂	正常供水	
				漯河五水厂	正常供水	
				漯河八水厂	正常供水	
	周口市			商水水厂	正常供水	
				周口东区水厂	正常供水	
				周口二水厂	正常供水	
10	平顶山市	11	澎河	平顶山白龟山水厂	暂停供水	
				平顶山九里山水厂	暂停供水	
				平顶山平煤集团水厂	暂停供水	
				叶县水厂	暂停供水	从白龟山水库取水
11	平顶山市	11-1	张村	鲁山水厂	正常供水	
12	平顶山市	12	马庄	平顶山焦庄水厂	正常供水	
13	平顶山市	13	高庄	平顶山王铁庄水厂	正常供水	
				平顶山石龙区水厂	正常供水	
14	平顶山市	14	赵庄	郏县规划水厂	正常供水	
15	许昌市	15	宴窑	襄城县三水厂	正常供水	
16	许昌市	16	任坡	禹州市二水厂	正常供水	
				神垕镇二水厂	正常供水	
	登封市			卢店水厂	正常供水	
17	许昌市	17	孟坡	许昌市周庄水厂	正常供水	
				曹寨水厂	正常供水	
				北海、石梁河、霸陵河	正常供水	
				许昌市二水厂	正常供水	
	鄢陵县			鄢陵中心水厂	正常供水	
	临颍县			临颍县一水厂	正常供水	
				临颍县二水厂（千亩湖）	正常供水	水厂未建

序号	市、县	口门编号	分水口门	供水目标	运行情况	备注
18	许昌市	18	洼李	长葛市规划三水厂	正常供水	因设备检修，5月19日9：30起暂停供水
				清潩河	正常供水	
				增福湖	正常供水	
19	郑州市	19	李垌	新郑一水厂	暂停供水	备用
				新郑二水厂	正常供水	
				望京楼水库	暂停供水	
				老观寨水库	暂停供水	
20	郑州市	20	小河刘	郑州航空城一水厂	正常供水	
				郑州航空城二水厂	正常供水	
				中牟县三水厂	正常供水	
21	郑州市	21	刘湾	郑州刘湾水厂	正常供水	
22	郑州市	22	密垌	尖岗水库	暂停供水	本月充库0.15万m^3
				新密水厂	暂停供水	
23	郑州市	23	中原西路	郑州柿园水厂	正常供水	
				郑州白庙水厂	正常供水	因设备维修，5月18日16：00至5月20日16：00暂停供水
				郑州常庄水库	暂停供水	
24	郑州市	24	前蒋寨	荥阳市四水厂	正常供水	
25	郑州市	24-1	蒋头	上街区规划水厂	正常供水	
26	温县	25	北冷	温县三水厂	正常供水	
27	焦作市	26	北石涧	武陟县城三水厂	正常供水	
				博爱县水厂	正常供水	
28	焦作市	27	府城	府城水厂	正常供水	
29	焦作市	28	苏蔺	焦作市修武水厂	正常供水	
				焦作市苏蔺水厂	正常供水	
30	新乡市	30	郭屯	获嘉县水厂	正常供水	
31	辉县市	31	路固	辉县三水厂	正常供水	
				百泉湖	正常供水	
32	新乡市	32	老道井	新乡高村水厂	正常供水	
				新乡新区水厂	正常供水	
				新乡孟营水厂	正常供水	
				新乡凤泉水厂	正常供水	
	新乡县			七里营水厂	正常供水	5月13日8：00起恢复供水
33	新乡市	33	温寺门	卫辉规划水厂	正常供水	
34	鹤壁市	34	袁庄	淇县铁西区水厂	正常供水	
				赵家渠	正常供水	
				淇县城北水厂	暂停供水	
35	濮阳市	35	三里屯	引黄调节池（濮阳一水厂）	暂停供水	
				濮阳二水厂	正常供水	
				濮阳三水厂	正常供水	
				清丰县固城水厂	正常供水	
	濮阳县			濮阳县水厂	正常供水	

续表

序号	市、县	口门编号	分水口门	供水目标	运行情况	备注
35	南乐县	35	三里屯	南乐县水厂	正常供水	
	鹤壁市			浚县水厂	正常供水	
				鹤壁四水厂	正常供水	
	滑县			滑县三水厂	正常供水	
				滑县四水厂（安阳中盈化肥有限公司、河南易凯针织有限责任公司）	正常供水	
36	鹤壁市	36	刘庄	鹤壁三水厂	正常供水	
37	安阳市	37	董庄	汤阴一水厂	正常供水	
				汤阴二水厂	正常供水	
				内黄县四水厂	正常供水	
38	安阳市	38	小营	安阳六水厂	正常供水	
				安阳八水厂	正常供水	
				安钢冷轧水厂	正常供水	
39	安阳市	39	南流寺	安阳四水厂	正常供水	
40	邓州市		刁河退水闸	刁河	已关闸	
41	邓州市		湍河退水闸	湍河	已关闸	
42	邓州市		严陵河退水闸	严陵河	已关闸	
43	南阳市		白河退水闸	白河	已关闸	
44	南阳市		清河退水闸	清河	生态补水	本月补水 535.68 万 m³
45	南阳市		贾河退水闸	贾河	已关闸	
46	南阳市		潦河退水闸	潦河	已关闸	
47	平顶山市		澧河退水闸	澧河	已关闸	
48	平顶山市		澎河退水闸	澎河	已关闸	
49	平顶山市		沙河退水闸	沙河、白龟山水库	已关闸	
50	平顶山市		北汝河退水闸	北汝河	已关闸	
51	郏县		兰河退水闸	兰河	已关闸	
52	漯河市		贾河退水闸	燕山水库	已关闸	
53	禹州市		颍河退水闸	颍河	生态补水	本月补水 1000.08 万 m³
54	新郑市		双洎河退水闸	双洎河	生态补水	本月补水 1336.43 万 m³
55	新郑市		沂水河退水闸	唐寨水库	已关闸	
56	郑州市		十八里河退水闸	十八里河	生态补水	本月补水 534.71 万 m³
57	郑州市		贾峪河退水闸	贾峪河、西流湖	生态补水	本月补水 469.44 万 m³
58	郑州市		索河退水闸	索河	生态补水	本月补水 168.06 万 m³
59	焦作市		闫河退水闸	闫河、龙源湖	暂停供水	
60	新乡市		香泉河退水闸	香泉河	生态补水	本月补水 798.96 万 m³
61	辉县市		峪河退水闸	峪河南支	生态补水	本月补水 1448.88 万 m³
62	辉县市		黄水河支退水闸	黄水河、大沙河、共产主义渠	生态补水	本月补水 1426.41 万 m³
63	鹤壁市		淇河退水闸	淇河	生态补水	本月补水 276.84 万 m³
64	汤阴县		汤河退水闸	汤河	生态补水	本月补水 267.84 万 m³
65	安阳市		安阳河退水闸	安阳河	已关闸	

【水量调度计划执行】

区分	序号	市、县名称	年度用水计划（万m³）	月用水计划（万m³）	月实际供水量（万m³）	年度累计供水量（万m³）	年度计划执行情况（%）	累计供水量（万m³）
农业用水	1	引丹灌区	60000	5890	5689.50	28958.28	48.26	348857.45
城市用水	1	邓州	3575	315	254.29	4404.94	123.22	23109.35
	2	南阳	10688	877	955.80	10277.59	96.16	97636.09
	3	漯河	9774	840	860.61	5361.67	54.86	42354.18
	4	周口	5796	492	511.20	3276.21	56.52	18806.14
	5	平顶山	6682	535	556.67	3501.54	52.40	84724.48
	6	许昌	14563	1239	1230.49	11010.69	75.61	109170.47
	7	郑州	65788	5652	5112.77	37351.41	56.78	335278.98
	8	焦作	8816	755	868.61	6103.87	69.24	31859.39
	9	新乡	14485	1335	1348.79	8527.60	58.87	81783.51
	10	鹤壁	4354	349	453.87	2721.06	62.49	35790.91
	11	濮阳	8784	728	779.16	5051.43	57.51	42638.69
	12	安阳	9796	867	889.15	5699.72	58.19	43858.75
	13	滑县	2413	209	201.15	1257.20	52.09	8101.92
		小计	165516	14193	14022.56	104544.93	63.16	955112.86
生态补水	1	南阳		518.4	535.68	535.68		535.68
	2	许昌		580	1000.08	1000.08		1000.08
	3	郑州		3110	2508.64	2510.86		2510.86
	4	焦作		200	170.72	183.95		183.95
	5	新乡		0	3674.25	3827.49		3827.49
	6	鹤壁		1814.4	276.84	276.84		276.84
	7	安阳		259.2	267.84	285.12		285.12
		小计		6482	8434.05	8620.02		8620.02
合计			225516	26565	28146.11	142123.23	59.20	1312590.33

【水质信息】

序号	断面名称	断面位置（省、市）	采样时间	水温（℃）	pH值（无量纲）	溶解氧	高锰酸盐指数	化学需氧量（COD）	五日生化需氧量（BOD₅）	氨氮（NH₃-N）	总磷（以P计）
									mg/L		
1	沙河南	河南鲁山县	5月12日	18	8.2	9.3	2	＜15	＜0.5	0.031	＜0.01
2	郑湾	河南郑州市	5月12日	20.1	8.3	9.2	2	＜15	1.2	0.031	＜0.01

序号	断面名称	总氮（以N计）	铜	锌	氟化物（以F计）	硒	砷	汞	镉	铬（六价）	铅
								mg/L			
1	沙河南	1.12	＜0.01	＜0.05	0.174	＜0.0003	0.0005	＜0.00001	＜0.0005	＜0.004	＜0.0025
2	郑湾	1.24	＜0.01	＜0.05	0.188	＜0.0003	0.0004	＜0.00001	＜0.0005	＜0.004	＜0.0025

序号	断面名称	氰化物	挥发酚	石油类	阴离子表面活性剂	硫化物	粪大肠菌群	水质类别	超标项目及超标倍数	
				mg/L			个/L			
1	沙河南	＜0.002	＜0.002	＜0.01	＜0.05	＜0.01	10	I类		

续表

序号	断面名称	氰化物	挥发酚	石油类	阴离子表面活性剂	硫化物	粪大肠菌群	水质类别	超标项目及超标倍数		
		mg/L					个/L				
2	郑湾	<0.002	<0.002	<0.01	<0.05	<0.01	<10	Ⅰ类			

说明：根据南水北调中线水质保护中心6月9日提供数据。

运行管理月报2021年第7期总第71期

【工程运行调度】

2021年7月1日8时，河南省陶岔渠首引水闸入干渠流量350.61 m³/s；穿黄隧洞节制闸过闸流量272.61 m³/s；漳河倒虹吸节制闸过闸流量241.76 m³/s。截至2021年6月30日，全省有39个口门及25个退水闸开闸分水，其中，38个口门正常供水，1个口门线路因地方不用水暂停供水（11号）。

【各市县配套工程线路供水】

序号	市、县	口门编号	分水口门	供水目标	运行情况	备注
1	邓州市	1	肖楼	引丹灌区	正常供水	
2	邓州市	2	望城岗	邓州市一水厂	正常供水	
				邓州市二水厂	正常供水	
				邓州市三水厂	正常供水	
	南阳市			新野县二水厂	正常供水	
				新野县三水厂	正常供水	
3	邓州市	3	彭家	赵集镇水厂	正常供水	
4	南阳市	3-1	谭寨	镇平县五里岗水厂	正常供水	
				镇平县规划水厂	正常供水	
5	南阳市	5	田洼	傅岗（麒麟）水厂	正常供水	
				兰营水库	未供水	泵站机组已调试
				龙升水厂	正常供水	
6	南阳市	6	大寨	南阳市四水厂	正常供水	
7	南阳市	7	半坡店	唐河县水厂	正常供水	
				社旗县水厂	正常供水	
8	方城县	9	十里庙	新裕水厂	正常供水	
				东园区水厂	暂停供水	
9	漯河市	10	辛庄	舞阳县水厂	正常供水	
				舞钢市水厂	正常供水	
				漯河市二水厂	正常供水	
				漯河市三水厂	正常供水	
				漯河市四水厂	正常供水	
				漯河市五水厂	正常供水	
				漯河市八水厂	正常供水	
	周口市			商水县水厂	正常供水	
				周口市东区水厂	正常供水	
				周口市淮阳区水厂	正常供水	通过东区水厂内部管网供水
				周口市二水厂	正常供水	

续表

序号	市、县	口门编号	分水口门	供水目标	运行情况	备注
10	平顶山市	11	澎河	平顶山市白龟山水厂	暂停供水	
				平顶山市九里山水厂	暂停供水	
				平顶山平煤集团水厂	暂停供水	
				叶县水厂	正常供水	从白龟山水库取水
11	平顶山市	11-1	张村	鲁山县水厂	正常供水	
12	平顶山市	12	马庄	平顶山焦庄水厂	正常供水	
13	平顶山市	13	高庄	平顶山王铁庄水厂	正常供水	
				平顶山石龙区水厂	正常供水	
14	平顶山市	14	赵庄	郏县规划水厂	正常供水	
15	许昌市	15	宴窑	襄城县三水厂	正常供水	
16	许昌市	16	任坡	禹州市二水厂	正常供水	
				神垕镇二水厂	正常供水	
	登封市			卢店水厂	正常供水	
17	许昌市	17	孟坡	许昌市周庄水厂	正常供水	
				曹寨水厂	正常供水	
				北海、石梁河、霸陵河	正常供水	
				许昌市二水厂	正常供水	
	鄢陵县			鄢陵县中心水厂	正常供水	
	临颍县			临颍县一水厂	正常供水	
				临颍县二水厂线路（千亩湖）	正常供水	水厂未建
18	许昌市	18	洼李	长葛市规划三水厂	正常供水	
				清潩河	正常供水	
				增福湖	正常供水	
19	郑州市	19	李垌	新郑市一水厂	暂停供水	备用
				新郑市二水厂	正常供水	
				望京楼水库	正常供水	
				老观寨水库	暂停供水	
20	郑州市	20	小河刘	郑州市航空城一水厂	正常供水	
				郑州市航空城二水厂	正常供水	
				中牟县三水厂	正常供水	
21	郑州市	21	刘湾	郑州市刘湾水厂	正常供水	
22	郑州市	22	密垌	尖岗水库	暂停供水	
				新密水厂	正常供水	从尖岗水库取水
23	郑州市	23	中原西路	郑州柿园水厂	正常供水	
				郑州白庙水厂	正常供水	
				郑州常庄水库	暂停供水	
24	郑州市	24	前蒋寨	荥阳市四水厂	正常供水	
25	郑州市	24-1	蒋头	上街区规划水厂	正常供水	
26	温县	25	北冷	温县三水厂	正常供水	
27	焦作市	26	北石涧	武陟县城三水厂	正常供水	
				博爱县水厂	正常供水	
28	焦作市	27	府城	府城水厂	正常供水	
29	焦作市	28	苏蔺	焦作市修武水厂	正常供水	

续表

序号	市、县	口门编号	分水口门	供水目标	运行情况	备注
29	焦作市	28	苏蔺	焦作市苏蔺水厂	正常供水	
30	新乡市	30	郭屯	获嘉县水厂	正常供水	
31	辉县市	31	路固	辉县市三水厂	正常供水	
				百泉湖	正常供水	
32	新乡市	32	老道井	新乡市高村水厂	正常供水	
				新乡市新区水厂	正常供水	
				新乡市孟营水厂	正常供水	
				新乡市凤泉水厂	正常供水	
	新乡县			七里营水厂	正常供水	
33	新乡市	33	温寺门	卫辉市规划水厂	正常供水	
34	鹤壁市	34	袁庄	淇县铁西区水厂	正常供水	
				赵家渠	正常供水	
35	濮阳市	35	三里屯	引黄调节池（濮阳市一水厂）	暂停供水	
				濮阳市二水厂	正常供水	
				濮阳市三水厂	正常供水	
				清丰县固城水厂	正常供水	
	濮阳县			濮阳县水厂	正常供水	
	南乐县			南乐县水厂	正常供水	
	鹤壁市			浚县水厂	正常供水	
				鹤壁市四水厂	正常供水	
				滑县三水厂	正常供水	
	滑县			滑县四水厂线路（安阳中盈化肥有限公司、河南易凯针织有限责任公司）	正常供水	因安阳中盈化肥有限公司例行检修，中盈公司线路6月1日22：00至4日8：00暂停供水
36	鹤壁市	36	刘庄	鹤壁三水厂	正常供水	
37	安阳市	37	董庄	汤阴一水厂	正常供水	
				汤阴二水厂	正常供水	
				内黄县四水厂	正常供水	
38	安阳市	38	小营	安阳六水厂	正常供水	
				安阳八水厂	正常供水	
				安钢冷轧水厂	正常供水	
39	安阳市	39	南流寺	安阳四水厂	正常供水	
40	邓州市		刁河退水闸	刁河	已关闸	
41	邓州市		湍河退水闸	湍河	已关闸	
42	邓州市		严陵河退水闸	严陵河	已关闸	
43	南阳市		白河退水闸	白河	已关闸	
44	南阳市		清河退水闸	清河	生态补水	
45	南阳市		贾河退水闸	贾河	已关闸	
46	南阳市		潦河退水闸	潦河	已关闸	
47	平顶山市		澧河退水闸	澧河	已关闸	
48	平顶山市		澎河退水闸	澎河	已关闸	
49	平顶山市		沙河退水闸	沙河、白龟山水库	已关闸	

序号	市、县	口门编号	分水口门	供水目标	运行情况	备注
50	平顶山市		北汝河退水闸	北汝河	已关闸	
51	郏县		兰河退水闸	兰河	已关闸	
52	漯河市		贾河退水闸	燕山水库	已关闸	
53	禹州市		颍河退水闸	颍河	生态补水	
54	新郑市		双洎河退水闸	双洎河	生态补水	
55	新郑市		沂水河退水闸	唐寨水库	已关闸	
56	郑州市		十八里退水闸	十八里河	生态补水	
57	郑州市		贾峪河退水闸	贾峪河、西流湖	生态补水	
58	郑州市		索河退水闸	索河	生态补水	
59	焦作市		闫河退水闸	闫河、龙源湖	暂停供水	
60	新乡市		香泉河退水闸	香泉河	暂停供水	
61	辉县市		峪河退水闸	峪河南支	暂停供水	
62	辉县市		黄水河支退水闸	黄水河、大沙河、共产主义渠	暂停供水	
63	鹤壁市		淇河退水闸	淇河	生态补水	
64	汤阴县		汤河退水闸	汤河	生态补水	
65	安阳市		安阳河退水闸	安阳河	已关闸	

【水量调度计划执行】

区分	序号	市、县名称	年度用水计划（万 m³）	月用水计划（万 m³）	月实际供水量（万 m³）	年度累计供水量（万 m³）	年度计划执行情况（%）	累计供水量（万 m³）
农业用水	1	引丹灌区	60000	7000	6778.6	35736.9	59.6	340518.70
城市用水	1	邓州	3575	314	316.5	4721.4	132.1	17496.69
	2	南阳	10688	862	967.3	11244.9	105.2	67345.46
	3	漯河	9774	829	882.4	6244.1	63.9	40633.77
	4	周口	5796	476	515.9	3792.1	65.4	19322.02
	5	平顶山	6682	545	581.9	4083.4	61.1	49959.37
	6	许昌	14563	1204	1249.8	12260.5	84.2	97503.20
	7	郑州	65788	5524	5236.2	42587.6	64.7	316671.05
	8	焦作	8816	723	882.0	6985.9	79.2	27022.48
	9	新乡	14485	1362	1425.8	9953.4	68.7	72481.36
	10	鹤壁	4354	382	414.0	3135.0	72.0	28753.25
	11	濮阳	8784	758	813.9	5865.3	66.8	41300.65
	12	安阳	9796	887	904.5	6604.2	67.4	34588.94
	13	滑县	2413	220	227.3	1484.5	61.5	8329.19
		小计	165516	14086	14417.5	118962.3	71.9	1161926.13
生态补水	1	邓州	0	0	0	0		21046.44
	2	南阳	1054.08	518	518.4	1054.1	100.00	31776.35
	3	漯河	0	0	0	0		2602.80
	4	平顶山	0	0	0	0		35346.97
	5	许昌	1580.00	580	580.5	1580.6	100.04	13497.60
	6	郑州	4984.88	3110	3102.5	5613.3	112.61	26946.59
	7	焦作	1182.97	200	169.3	353.3	29.86	5888.27
	8	新乡	3749.76	0	55.1	3882.6	103.54	10783.05

续表

区分	序号	市、县名称	年度用水计划（万m³）	月用水计划（万m³）	月实际供水量（万m³）	年度累计供水量（万m³）	年度计划执行情况（%）	累计供水量（万m³）
生态补水	9	鹤壁	1814.40	1814	1812.2	2089.1	115.14	9263.88
	10	濮阳	0	0	0	5807.6		2151.90
	11	安阳	345.60	259	259.2	544.3	157.50	10433.47
		小计	14711.69	6482	6497.3	15117.3	102.72	169737.33
合计			240227.66	27568	27693.4	169816.5	70.69	1331663.46

【水质信息】

序号	断面名称	断面位置（省、市）	采样时间	水温（℃）	pH值（无量纲）	溶解氧	高锰酸盐指数	化学需氧量（COD）	五日生化需氧量（BOD₅）	氨氮（NH₃-N）	总磷（以P计）
									mg/L		
1	沙河南	河南鲁山县	6月21日	24.8	8.3	8.7	1.9	<15	1.2	0.032	0.01
2	郑湾	河南郑州市	6月21日	25	8.35	8.55	2.0	<15	0.85	<0.025	0.01

序号	断面名称	总氮（以N计）	铜	锌	氟化物（以F计）	硒	砷	汞	镉	铬（六价）	铅
					mg/L						
1	沙河南	1.185	<0.01	<0.05	0.161	<0.0003	0.0005	<0.00001	<0.0005	<0.004	<0.0025
2	郑湾	1.205	<0.01	<0.05	0.163	<0.0003	0.00046	<0.00001	<0.0005	<0.004	<0.0025

序号	断面名称	氰化物	挥发酚	石油类	阴离子表面活性剂	硫化物	粪大肠菌群	水质类别	超标项目及超标倍数
		mg/L					个/L		
1	沙河南	<0.002	<0.002	<0.01	<0.05	<0.01	200	Ⅰ类	
2	郑湾	<0.002	<0.002	<0.01	<0.05	<0.01	70	Ⅰ类	

说明：根据南水北调中线水质保护中心7月8日提供数据。

运行管理月报2021年第8期总第72期

【工程运行调度】

2021年8月1日8时，河南省陶岔渠首引水闸入干渠流量260.56 m³/s；穿黄隧洞节制闸过闸流量184.89 m³/s；漳河倒虹吸节制闸过闸流量160.40 m³/s。截至2021年7月31日，全省有39个口门及26个退水闸开闸分水，其中，38个口门正常供水，1个口门线路因地方不用水暂停供水（11号）。

【各市县配套工程线路供水】

序号	市、县	口门编号	分水口门	供水目标	运行情况	备注
1	邓州市	1	肖楼	引丹灌区	正常供水	
2	邓州市	2	望城岗	邓州市一水厂	正常供水	
				邓州市二水厂	正常供水	
				邓州市三水厂	正常供水	
	南阳市			新野县二水厂	正常供水	
				新野县三水厂	正常供水	

续表

序号	市、县	口门编号	分水口门	供水目标	运行情况	备注
3	邓州市	3	彭家	赵集镇水厂	正常供水	
4	南阳市	3-1	谭寨	镇平县五里岗水厂	暂停供水	因泵站设备维护，7月26日
				镇平县规划水厂	暂停供水	14：00起暂停供水
5	南阳市	5	田洼	傅岗（麒麟）水厂	正常供水	
				兰营水库	未供水	泵站机组已调试
				南阳市龙升水厂	正常供水	
6	南阳市	6	大寨	南阳市四水厂	正常供水	
7	南阳市	7	半坡店	唐河县水厂	正常供水	
				社旗县水厂	正常供水	
8	方城县	9	十里庙	方城县新裕水厂	正常供水	
				方城县东园区水厂	正常供水	
9	漯河市	10	辛庄	舞阳县水厂	正常供水	
				舞钢市水厂	正常供水	
				漯河市二水厂	正常供水	
				漯河市三水厂	正常供水	
				漯河市四水厂	正常供水	
				漯河市五水厂	正常供水	
				漯河市八水厂	正常供水	
	周口市			商水县水厂	正常供水	
				周口市东区水厂	正常供水	
				周口市淮阳区水厂	正常供水	通过东区水厂内部管网供水
				周口市二水厂	正常供水	
10	平顶山市	11	澎河	平顶山市白龟山水厂	暂停供水	
				平顶山市九里山水厂	暂停供水	
				平顶山平煤集团水厂	暂停供水	
				叶县水厂	正常供水	从白龟山水库取水
11	平顶山市	11-1	张村	鲁山县水厂	正常供水	
12	平顶山市	12	马庄	平顶山焦庄水厂	正常供水	
13	平顶山市	13	高庄	平顶山王铁庄水厂	正常供水	
				平顶山石龙区水厂	正常供水	
14	平顶山市	14	赵庄	郏县规划水厂	正常供水	
15	许昌市	15	宴窑	襄城县三水厂	正常供水	
16	许昌市	16	任坡	禹州市二水厂	正常供水	
				神垕镇二水厂	正常供水	
	登封市			卢店水厂	正常供水	
17	许昌市	17	孟坡	许昌市周庄水厂	正常供水	
				曹寨水厂	正常供水	
				北海、石梁河、霸陵河	正常供水	
				许昌市二水厂	正常供水	
	鄢陵县			鄢陵县中心水厂	正常供水	
	临颍县			临颍县一水厂	正常供水	
				临颍县二水厂线路（千亩湖）	正常供水	水厂未建

续表

序号	市、县	口门编号	分水口门	供水目标	运行情况	备注
18	许昌市	18	洼李	长葛市规划三水厂	正常供水	
				清潩河	正常供水	
				增福湖	正常供水	
19	郑州市	19	李垌	新郑市一水厂	暂停供水	备用
				新郑市二水厂	正常供水	
				望京楼水库	正常供水	
				老观寨水库	暂停供水	
20	郑州市	20	小河刘	郑州市航空城一水厂	正常供水	
				郑州市航空城二水厂	正常供水	
				中牟县三水厂	正常供水	
21	郑州市	21	刘湾	郑州市刘湾水厂	正常供水	
22	郑州市	22	密垌	尖岗水库	暂停供水	
				新密水厂	正常供水	从尖岗水库取水
23	郑州市	23	中原西路	郑州柿园水厂	正常供水	
				郑州白庙水厂	暂停供水	
				郑州常庄水库	暂停供水	
24	郑州市	24	前蒋寨	荥阳市四水厂	正常供水	
25	郑州市	24-1	蒋头	上街区规划水厂	正常供水	
26	温县	25	北冷	温县三水厂	正常供水	
27	焦作市	26	北石涧	武陟县城三水厂	正常供水	
				博爱县水厂	正常供水	
28	焦作市	27	府城	府城水厂	正常供水	
29	焦作市	28	苏蔺	焦作市修武水厂	正常供水	
				焦作市苏蔺水厂	正常供水	
30	新乡市	30	郭屯	获嘉县水厂	正常供水	
31	辉县市	31	路固	辉县市三水厂	正常供水	
				百泉湖	正常供水	
32	新乡市	32	老道井	新乡市高村水厂	正常供水	
				新乡市新区水厂	正常供水	
				新乡市孟营水厂	正常供水	
				新乡市凤泉水厂	正常供水	
	新乡县			七里营水厂	正常供水	
33	新乡市	33	温寺门	卫辉市规划水厂	正常供水	
34	鹤壁市	34	袁庄	淇县铁西区水厂	正常供水	
				赵家渠	正常供水	
35	濮阳市	35	三里屯	引黄调节池 （濮阳市一水厂）	暂停供水	
				濮阳市二水厂	正常供水	
				濮阳市三水厂	正常供水	
				清丰县固城水厂	暂停供水	因线路连接施工，7月29日 8：00暂停供水
	濮阳县			濮阳县水厂	正常供水	
	南乐县			南乐县水厂	正常供水	

续表

序号	市、县	口门编号	分水口门	供水目标	运行情况	备注
35	鹤壁市	35	三里屯	浚县水厂	正常供水	
				鹤壁市四水厂	正常供水	
	滑县			滑县三水厂	正常供水	
				滑县四水厂线路（安阳中盈化肥有限公司、河南易凯针织有限责任公司）	正常供水	因河南易凯针织有限责任公司暂停生产，易凯公司线路7月24日12：00至26日18：00暂停供水
36	鹤壁市	36	刘庄	鹤壁三水厂	正常供水	
37	安阳市	37	董庄	汤阴一水厂	正常供水	
				汤阴二水厂	正常供水	因受强降雨影响，7月21日14：30至22日18：00暂停供水
				内黄县四水厂	正常供水	
38	安阳市	38	小营	安阳六水厂	正常供水	因电力故障，7月26日16：30~18：00暂停供水
				安阳八水厂	正常供水	
				安钢冷轧水厂	正常供水	因降雨导致电力中断，7月22日9：30至30日9：00暂停供水
39	安阳市	39	南流寺	安阳四水厂	正常供水	
40	邓州市		刁河退水闸	刁河	已关闸	
41	邓州市		湍河退水闸	湍河	已关闸	
42	邓州市		严陵河退水闸	严陵河	已关闸	
43	南阳市		白河退水闸	白河	已关闸	
44	南阳市		清河退水闸	清河	生态补水	
45	南阳市		贾河退水闸	贾河	已关闸	
46	南阳市		潦河退水闸	潦河	已关闸	
47	平顶山市		澧河退水闸	澧河	已关闸	
48	平顶山市		澎河退水闸	澎河	已关闸	
49	平顶山市		沙河退水闸	沙河、白龟山水库	已关闸	
50	平顶山市		北汝河退水闸	北汝河	已关闸	
51	郏县		兰河退水闸	兰河	已关闸	
52	漯河市		贾河退水闸	燕山水库	已关闸	
53	禹州市		颍河退水闸	颍河	已关闸	
54	新郑市		双洎河退水闸	双洎河	已关闸	
55	新郑市		沂水河退水闸	唐寨水库	已关闸	
56	郑州市		十八里河退水闸	十八里河	已关闸	
57	郑州市		贾峪河退水闸	贾峪河、西流湖	已关闸	
58	郑州市		索河退水闸	索河	已关闸	
59	郑州市		黄河退水闸	黄河	已关闸	
60	焦作市		闫河退水闸	闫河、龙源湖	已关闸	
61	新乡市		香泉河退水闸	香泉河	已关闸	
62	辉县市		峪河退水闸	峪河南支	已关闸	
63	辉县市		黄水河支退水闸	黄水河、大沙河、共产主义渠	已关闸	
64	鹤壁市		淇河退水闸	淇河	已关闸	
65	汤阴县		汤河退水闸	汤河	已关闸	
66	安阳市		安阳河退水闸	安阳河	已关闸	

【水量调度计划执行】

区分	序号	市、县名称	年度用水计划（万m³）	月用水计划（万m³）	月实际供水量（万m³）	年度累计供水量（万m³）	年度计划执行情况（%）	累计供水量（万m³）
农业用水	1	引丹灌区	60000	7230.0	8661.3	44398.1	74.0	349127.63
城市用水	1	邓州	3575	315.5	262.3	4983.7	139.4	17811.30
	2	南阳	10688	977.1	1027.5	12272.4	114.8	68372.96
	3	漯河	9774	852.6	880.9	7124.9	72.9	41514.67
	4	周口	5796	492.3	618.3	4410.4	76.1	19940.32
	5	平顶山	6682	645.0	589.8	4673.2	69.9	50549.17
	6	许昌	14563	1245.1	1215.7	13476.2	92.5	98718.90
	7	郑州	65788	5535.8	4984.5	47572.1	72.3	321655.55
	8	焦作	8816	756.1	847.7	7833.6	88.9	27870.18
	9	新乡	14485	1385.7	1365.8	11319.1	78.1	73847.16
	10	鹤壁	4354	362.8	389.7	3524.8	80.9	29142.95
	11	濮阳	8784	788.0	828.1	6693.4	76.2	42128.75
	12	安阳	9796	926.9	901.8	7506.0	76.6	35490.74
	13	滑县	2413	226.4	208.4	1692.9	70.1	8537.59
		小计	165516	14509.3	14120.5	133082.7	80.4	835580.24
生态补水	1	邓州	0	0	0	0		21046.44
	2	南阳	1589	535	535.7	1589.8	100.0	32312.03
	3	漯河	0	0	0	0		2602.80
	4	平顶山	0	0	753.1	753.1		36100.09
	5	许昌	1960	380	352.7	1933.3	98.6	13850.34
	6	郑州	8613	3628	3079.4	8692.7	100.9	30026.03
	7	焦作	1378	195	80.6	433.9	31.5	5968.84
	8	新乡	3750	0	0	3882.6	103.5	10783.05
	9	鹤壁	3689	1874.9	1219.4	3308.5	89.7	10483.29
	10	濮阳	0	0	0	5807.6		2151.90
	11	安阳	613	267.8	168.5	712.8	116.2	10601.95
		小计	21592	6880.7	6189.4	21306.7	98.7	175926.76
		合计	247108	28620.0	28971.2	198787.5	80.5	1360634.63

【水质信息】

序号	断面名称	断面位置（省、市）	采样时间	水温（℃）	pH值（无量纲）	溶解氧	高锰酸盐指数	化学需氧量（COD）	五日生化需氧量（BOD₅）	氨氮（NH₃-N）	总磷（以P计）
								mg/L			
1	沙河南	河南鲁山县	7月25日	26.5	8.3	8.2	2.0	<15	<0.5	<0.025	0.01
2	郑湾	河南郑州市	7月25日	27.0	8.4	8.1	1.9	<15	<0.5	0.035	<0.01

序号	断面名称	总氮（以N计）	铜	锌	氟化物（以F计）	硒	砷	汞	镉	铬（六价）	铅
						mg/L					
1	沙河南	1.19	<0.01	<0.05	0.146	<0.0003	0.0005	<0.00001	<0.0005	<0.004	<0.0025
2	郑湾	1.18	<0.01	<0.05	0.158	<0.0003	0.0004	<0.00001	<0.0005	<0.004	<0.0025

续表

序号	断面名称	氰化物	挥发酚	石油类	阴离子表面活性剂	硫化物	粪大肠菌群	水质类别	超标项目及超标倍数		
		mg/L					个/L				
1	沙河南	<0.002	<0.002	<0.01	<0.05	<0.01	325	Ⅰ类			
2	郑湾	<0.002	<0.002	<0.01	<0.05	<0.01	<10	Ⅰ类			

说明：根据南水北调中线水质保护中心8月12日提供数据。

【突发事件及处理】

7月17~21日，河南省多地遭遇强降雨，极端气候及洪涝灾害造成郑州及黄河北新乡、鹤壁、安阳等市部分配套工程设施进水、设备损毁。23号中原西路泵站因水厂受淹于7月20日23：50~22日9：40暂停供水；23号口门至白庙水厂线路因高新区贾鲁河段2处管道冲毁于7月21日凌晨2：47暂停供水至8月1日；24号前蒋寨泵站因泵房被淹于7月20日16：00暂停供水，经抽排抢修，7月22日11：00开始逐步恢复供水；37号董庄口门至汤阴县二水厂线路7月21日14：30至22日18：00暂停供水；38号小营口门至安阳市安钢冷轧水厂线路7月22日9：30~30日9：00暂停供水。8月1日配套工程恢复正常运行，水毁修复工作正在进行。

运行管理月报2021年第9期总第73期

【工程运行调度】

2021年9月1日8时，河南省陶岔渠首引水闸入干渠流量350.13 m³/s；穿黄隧洞节制闸过闸流量267.64 m³/s；漳河倒虹吸节制闸过闸流量254.73 m³/s。截至2021年8月31日，全省有39个口门及26个退水闸开闸分水，其中，37个口门正常供水，2个口门线路因地方不用水暂停供水（11号、22号）。

【各市县配套工程线路供水】

序号	市、县	口门编号	分水口门	供水目标	运行情况	备注
1	邓州市	1	肖楼	引丹灌区	正常供水	
2	邓州市	2	望城岗	邓州市一水厂	正常供水	因水厂管道维修，分别于8月5日18：00至8月10日15：00和8月12日10：00~8月20日15：00暂停供水
				邓州市二水厂	正常供水	
				邓州市三水厂	正常供水	
	南阳市			新野县二水厂	正常供水	
				新野县三水厂	正常供水	
3	邓州市	3	彭家	赵集镇水厂	正常供水	因泵站内部设备改造，8月7日8：00~8月10日8：00暂停供水
4	南阳市	3-1	谭寨	镇平县五里岗水厂	正常供水	
				镇平县规划水厂	正常供水	
5	南阳市	5	田洼	南阳市傅岗（麒麟）水厂	正常供水	
				兰营水库	未供水	泵站机组已调试
				南阳市龙升水厂	正常供水	
6	南阳市	6	大寨	南阳市四水厂	正常供水	
7	南阳市	7	半坡店	唐河县水厂	正常供水	
				社旗县水厂	正常供水	

续表

序号	市、县	口门编号	分水口门	供水目标	运行情况	备注
8	方城县	9	十里庙	方城县新裕水厂	正常供水	
				方城县东园区（华亭）水厂	正常供水	
9	漯河市	10	辛庄	舞阳县水厂	正常供水	
				舞钢市水厂	正常供水	
				漯河市二水厂	正常供水	
				漯河市三水厂	正常供水	
				漯河市四水厂	正常供水	
				漯河市五水厂	正常供水	
				漯河市八水厂	正常供水	
	周口市			商水县水厂	正常供水	
				周口市东区水厂	正常供水	
				周口市淮阳区水厂	正常供水	通过东区水厂内部管网供水
				周口市二水厂	正常供水	
10	平顶山市	11	澎河	平顶山市白龟山水厂	暂停供水	
				平顶山市九里山水厂	暂停供水	
				平顶山平煤集团水厂	正常供水	通过焦庄水厂内部管网供水
				叶县水厂	正常供水	从白龟山水库取水
11	平顶山市	11-1	张村	鲁山县水厂	正常供水	
12	平顶山市	12	马庄	平顶山焦庄水厂	正常供水	
13	平顶山市	13	高庄	平顶山王铁庄水厂	正常供水	
				平顶山石龙区水厂	正常供水	
14	平顶山市	14	赵庄	郏县规划水厂	正常供水	
15	许昌市	15	宴窑	襄城县三水厂	正常供水	
16	许昌市	16	任坡	禹州市二水厂	正常供水	
				神垕镇二水厂	正常供水	
	登封市			卢店水厂	正常供水	
17	许昌市	17	孟坡	许昌市周庄水厂	正常供水	
				曹寨水厂	正常供水	
				北海、石梁河、霸陵河	正常供水	
				许昌市二水厂	正常供水	
	鄢陵县			鄢陵县中心水厂	正常供水	
	临颍县			临颍县一水厂	正常供水	
				临颍县二水厂线路（千亩湖）	暂停供水	水厂未建
18	许昌市	18	洼李	长葛市规划三水厂	正常供水	
				清潩河	正常供水	
				增福湖	正常供水	
19	郑州市	19	李垌	新郑市一水厂	暂停供水	备用
				新郑市二水厂	正常供水	
				望京楼水库	暂停供水	
				老观寨水库	暂停供水	
20	郑州市	20	小河刘	郑州市航空城一水厂	正常供水	
				郑州市航空城二水厂	正常供水	
				中牟县三水厂	正常供水	

序号	市、县	口门编号	分水口门	供水目标	运行情况	备注
21	郑州市	21	刘湾	郑州市刘湾水厂	正常供水	
22	郑州市	22	密垌	尖岗水库	暂停供水	
				新密水厂	正常供水	从尖岗水库取水
23	郑州市	23	中原西路	郑州柿园水厂	正常供水	
				郑州白庙水厂	正常供水	因"7.21"特大暴雨造成管道损坏，7月21日3：00~8月20日18：00暂停供水
				郑州常庄水库	暂停供水	
24	郑州市	24	前蒋寨	荥阳市四水厂	正常供水	
25	郑州市	24-1	蒋头	上街区规划水厂	正常供水	
26	温县	25	北冷	温县三水厂	正常供水	
27	焦作市	26	北石涧	武陟县城三水厂	正常供水	
				博爱县水厂	正常供水	
28	焦作市	27	府城	府城水厂	正常供水	
29	焦作市	28	苏蔺	焦作市修武水厂	正常供水	
				焦作市苏蔺水厂	正常供水	
30	新乡市	30	郭屯	获嘉县水厂	正常供水	
31	辉县市	31	路固	辉县市三水厂	正常供水	
				百泉湖	正常供水	
32	新乡市	32	老道井	新乡市高村水厂	正常供水	
				新乡市新区水厂	正常供水	
				新乡市孟营水厂	正常供水	
				新乡市凤泉水厂	暂停供水	
				河南心连心化学工业集团股份有限公司	应急供水	
	新乡县			七里营水厂	正常供水	
33	新乡市	33	温寺门	卫辉市规划水厂	正常供水	
34	鹤壁市	34	袁庄	淇县铁西区水厂	正常供水	
				赵家渠	正常供水	
35	濮阳市	35	三里屯	引黄调节池（濮阳市一水厂）	暂停供水	
				濮阳市二水厂	正常供水	
				濮阳市三水厂	暂停供水	因新增范县、台前供水目标连接施工，8月11日10：00暂停供水
				清丰县固城水厂	正常供水	因新增范县、台前供水目标连接施工，8月11日10：00至8月24日20：00暂停供水
	濮阳县			濮阳县水厂	正常供水	
	南乐县			南乐县水厂	正常供水	因新增范县、台前供水目标连接施工，8月11日10：00~8月24日20：00暂停供水
	鹤壁市			浚县水厂	正常供水	
				鹤壁市四水厂	正常供水	

续表

序号	市、县	口门编号	分水口门	供水目标	运行情况	备注
35	滑县	35	三里屯	滑县三水厂	正常供水	
				滑县四水厂线路（安阳中盈化肥有限公司、河南易凯针织有限责任公司）	正常供水	
36	鹤壁市	36	刘庄	鹤壁三水厂	正常供水	
37	安阳市	37	董庄	汤阴一水厂	正常供水	
				汤阴二水厂	正常供水	
				内黄县四水厂	正常供水	
38	安阳市	38	小营	安阳六水厂	正常供水	
				安阳八水厂	正常供水	
				安钢冷轧水厂	正常供水	
39	安阳市	39	南流寺	安阳四水厂	正常供水	
40	邓州市		刁河退水闸	刁河	生态补水	
41	邓州市		湍河退水闸	湍河	生态补水	
42	邓州市		严陵河退水闸	严陵河	已关闸	
43	南阳市		白河退水闸	白河	生态补水	
44	南阳市		清河退水闸	清河	生态补水	
45	南阳市		贾河退水闸	贾河	已关闸	
46	南阳市		潦河退水闸	潦河	已关闸	
47	平顶山市		澧河退水闸	澧河	已关闸	
48	平顶山市		澎河退水闸	澎河	已关闸	
49	平顶山市		沙河退水闸	沙河、白龟山水库	已关闸	
50	平顶山市		北汝河退水闸	北汝河	已关闸	
51	郏县		兰河退水闸	兰河	已关闸	
52	漯河市		贾河退水闸	燕山水库	已关闸	
53	禹州市		颍河退水闸	颍河	已关闸	
54	新郑市		双洎河退水闸	双洎河	生态补水	
55	新郑市		沂水河退水闸	唐寨水库	已关闸	
56	郑州市		十八里河退水闸	十八里河	已关闸	
57	郑州市		贾峪河退水闸	贾峪河、西流湖	已关闸	
58	郑州市		索河退水闸	索河	已关闸	
59	郑州市		黄河退水闸	黄河	已关闸	
60	焦作市		闫河退水闸	闫河、龙源湖	已关闸	
61	新乡市		香泉河退水闸	香泉河	已关闸	
62	辉县市		峪河退水闸	峪河南支	已关闸	
63	辉县市		黄水河支退水闸	黄水河、大沙河、共产主义渠	已关闸	
64	鹤壁市		淇河退水闸	淇河	已关闸	
65	汤阴县		汤河退水闸	汤河	已关闸	
66	安阳市		安阳河退水闸	安阳河	已关闸	

【水量调度计划执行】

区分	序号	市、县名称	年度用水计划（万m³）	月用水计划（万m³）	月实际供水量（万m³）	年度累计供水量（万m³）	年度计划执行情况（%）	累计供水量（万m³）
农业用水	1	引丹灌区	60000	7230	7318.31	51716.41	86.19	356445.94
城市用水	1	邓州	3575	315	237.34	5221.03	146.04	18048.64
	2	南阳	10688	977	1033.37	13305.79	124.49	69406.33
	3	漯河	9774	848	903.35	8028.27	82.14	42418.02
	4	周口	5796	492	632.13	5042.53	87.00	20572.45
	5	平顶山	6682	645	568.62	5241.82	78.45	51117.79
	6	许昌	14563	1249	1165.27	14641.43	100.54	99884.17
	7	郑州	65788	5477	4530.41	52102.53	79.20	326185.96
	8	焦作	8816	757	862.13	8695.72	98.64	28732.31
	9	新乡	14485	1386	1475.22	12794.33	88.33	75322.38
	10	鹤壁	4354	383	424.17	3948.96	90.70	29567.12
	11	濮阳	8784	806	702.60	7395.98	84.20	42831.35
	12	安阳	9796	929	941.43	8447.40	86.23	36432.17
	13	滑县	2413	226	181.02	1873.90	77.66	8718.61
		小计	165516	14490	13657.06	146739.69	88.66	849237.30
生态补水	1	邓州	0	0	599.04	599.04		21645.48
	2	南阳	1589	2925	2960.64	4550.40	286.37	35272.67
	3	漯河	0	0	0	0		2602.80
	4	平顶山	0	0	0	753.12		36100.09
	5	许昌	1960	80	0	1933.34	98.64	13850.34
	6	郑州	8613	1339	1337.40	10030.16	116.45	31363.43
	7	焦作	1378	20.00	0	433.86	31.48	5968.84
	8	新乡	3750	0	0	3882.63	103.54	10783.05
	9	鹤壁	3689	0	0	3308.49	89.69	10483.29
	10	濮阳	0	0	0	0		2151.90
	11	安阳	613	0	0	712.80	116.28	10601.95
		小计	21592	4364	4897.08	26203.84	121.36	180823.84
合计			247108	26084	25872.45	224659.94	90.92	1386507.08

【水质信息】

序号	断面名称	断面位置（省、市）	采样时间	水温（℃）	pH值（无量纲）	溶解氧	高锰酸盐指数	化学需氧量（COD）	五日生化需氧量（BOD₅）	氨氮（NH₃-N）	总磷（以P计）
									mg/L		
1	沙河南	河南鲁山县	8月25日	26.3	8.2	7.8	1.9	<15	<0.5	<0.025	<0.01
2	郑湾	河南郑州市	8月25日	26.5	8.4	8.3	1.9	<15	0.8	0.045	0.01

序号	断面名称	总氮（以N计）	铜	锌	氟化物（以F计）	硒	砷	汞	镉	铬（六价）	铅
							mg/L				
1	沙河南	1.16	<0.01	<0.05	0.148	<0.0003	0.0008	<0.00001	<0.0005	<0.004	<0.0025
2	郑湾	1.11	<0.01	<0.05	0.167	<0.0003	0.0008	<0.00001	<0.0005	<0.004	<0.0025

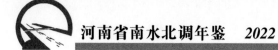
续表

序号	断面名称	氰化物	挥发酚	石油类	阴离子表面活性剂	硫化物	粪大肠菌群	水质类别	超标项目及超标倍数		
		mg/L					个/L				
1	沙河南	＜0.002	＜0.002	＜0.01	＜0.05	＜0.01	170	I类			
2	郑湾	＜0.002	＜0.002	＜0.01	＜0.05	＜0.01	200	I类			

说明：根据南水北调中线水质保护中心9月1日提供数据。

运行管理月报2021年第10期总第74期

【工程运行调度】

2021年10月1日8时，河南省陶岔渠首引水闸入干渠流量380.58 m³/s；穿黄隧洞节制闸过闸流量265.60 m³/s；漳河倒虹吸节制闸过闸流量248.98 m³/s。截至2021年9月30日，全省有39个口门及26个退水闸开闸分水，37条口门线路正常供水，2条口门线路因地方不用水暂停供水（11号、22号），5个退水闸生态补水。

【各市县配套工程线路供水】

序号	市、县	口门编号	分水口门	供水目标	运行情况	备注
1	邓州市	1	肖楼	引丹灌区	正常供水	
2	邓州市	2	望城岗	邓州市一水厂	正常供水	因水厂泵房故障，9月24日18：00~9月25日6：00暂停供水
				邓州市二水厂	正常供水	
				邓州市三水厂	正常供水	
	南阳市			新野县二水厂	正常供水	
				新野县三水厂	正常供水	
3	邓州市	3	彭家	赵集镇水厂	正常供水	
4	南阳市	3-1	谭寨	镇平县五里岗水厂	正常供水	
				镇平县规划水厂	正常供水	
5	南阳市	5	田洼	南阳市傅岗（麒麟）水厂	正常供水	
				兰营水库	未供水	泵站机组已调试
				南阳市龙升水厂	正常供水	
6	南阳市	6	大寨	南阳市四水厂	正常供水	
7	南阳市	7	半坡店	唐河县水厂	正常供水	
				社旗县水厂	正常供水	
8	方城县	9	十里庙	方城县新裕水厂	正常供水	
				方城县东园区（华亭）水厂	正常供水	
9	漯河市	10	辛庄	舞阳县水厂	正常供水	
				舞钢市水厂	正常供水	
				漯河市二水厂	正常供水	
				漯河市三水厂	正常供水	
				漯河市四水厂	正常供水	
				漯河市五水厂	正常供水	
				漯河市八水厂	正常供水	
	周口市			商水县水厂	正常供水	

续表

序号	市、县	口门编号	分水口门	供水目标	运行情况	备注
9	周口市	10	辛庄	周口市东区水厂	正常供水	
				周口市淮阳区水厂	正常供水	通过东区水厂内部管网供水
				周口市二水厂	正常供水	
10	平顶山市	11	澎河	平顶山市白龟山水厂	暂停供水	
				平顶山市九里山水厂	暂停供水	
				平顶山平煤集团水厂	正常供水	通过焦庄水厂内部管网供水
				叶县水厂	正常供水	从白龟山水库取水
11	平顶山市	11-1	张村	鲁山县水厂	正常供水	
12	平顶山市	12	马庄	平顶山焦庄水厂	正常供水	
13	平顶山市	13	高庄	平顶山王铁庄水厂	正常供水	
				平顶山石龙区水厂	正常供水	
14	平顶山市	14	赵庄	郏县规划水厂	正常供水	
15	许昌市	15	宴窑	襄城县三水厂	正常供水	
16	许昌市 登封市	16	任坡	禹州市二水厂	正常供水	
				神垕镇二水厂	正常供水	
				卢店水厂	正常供水	
17	许昌市 许昌市 鄢陵县 临颍县	17	孟坡	许昌市周庄水厂	正常供水	
				曹寨水厂	正常供水	
				北海、石梁河、霸陵河	正常供水	
				许昌市二水厂	正常供水	
				鄢陵县中心水厂	正常供水	
				临颍县一水厂	正常供水	
				临颍县二水厂线路（千亩湖）	暂停供水	水厂未建
18	许昌市	18	洼李	长葛市规划三水厂	正常供水	
				清潩河	正常供水	
				增福湖	正常供水	
19	郑州市	19	李垌	新郑市一水厂	暂停供水	备用
				新郑市二水厂	正常供水	
				望京楼水库	暂停供水	
				老观寨水库	暂停供水	
20	郑州市	20	小河刘	郑州市航空城一水厂	正常供水	
				郑州市航空城二水厂	正常供水	
				中牟县三水厂	正常供水	
21	郑州市	21	刘湾	郑州市刘湾水厂	正常供水	
22	郑州市	22	密垌	尖岗水库	暂停供水	
				新密水厂	正常供水	从尖岗水库取水
23	郑州市	23	中原西路	郑州柿园水厂	正常供水	因水厂泵站电力检修，9月30日8：30~17：30暂停供水
				郑州白庙水厂	正常供水	
				郑州常庄水库	暂停供水	
24	郑州市	24	前蒋寨	荥阳市四水厂	正常供水	
25	郑州市	24-1	蒋头	上街区规划水厂	正常供水	
26	温县	25	北冷	温县三水厂	正常供水	

续表

序号	市、县	口门编号	分水口门	供水目标	运行情况	备注
27	焦作市	26	北石涧	武陟县城三水厂	正常供水	
				博爱县水厂	正常供水	因电力中断，9月22日8：00~18：00暂停供水
28	焦作市	27	府城	府城水厂	正常供水	
29	焦作市	28	苏蔺	焦作市修武水厂	正常供水	
				焦作市苏蔺水厂	正常供水	
30	新乡市	30	郭屯	获嘉县水厂	正常供水	
31	辉县市	31	路固	辉县市三水厂	正常供水	
				百泉湖	正常供水	
32	新乡市	32	老道井	新乡市高村水厂	正常供水	
				新乡市新区水厂	正常供水	
				新乡市孟营水厂	正常供水	
				新乡市凤泉水厂	正常供水	
				河南心连心化学工业集团股份有限公司	应急供水	
	新乡县			七里营水厂	正常供水	
33	新乡市	33	温寺门	卫辉市规划水厂	正常供水	
34	鹤壁市	34	袁庄	淇县铁西区水厂	正常供水	
				赵家渠	正常供水	
35	濮阳市	35	三里屯	引黄调节池（濮阳市一水厂）	正常供水	
				濮阳市二水厂	正常供水	
				濮阳市三水厂	暂停供水	
				清丰县固城水厂	正常供水	
	濮阳县			濮阳县水厂	正常供水	
	南乐县			南乐县水厂	正常供水	
	鹤壁市			浚县水厂	正常供水	
				鹤壁市四水厂	正常供水	
				滑县三水厂	正常供水	
	滑县			滑县四水厂线路（安阳中盈化肥有限公司、河南易凯针织有限责任公司）	正常供水	
36	鹤壁市	36	刘庄	鹤壁三水厂	正常供水	
37	安阳市	37	董庄	汤阴一水厂	正常供水	
				汤阴二水厂	正常供水	
				内黄县四水厂	正常供水	
38	安阳市	38	小营	安阳六水厂	正常供水	
				安阳八水厂	正常供水	
				安钢冷轧水厂	正常供水	
39	安阳市	39	南流寺	安阳四水厂	正常供水	
40	邓州市		刁河退水闸	刁河	生态补水	
41	邓州市		湍河退水闸	湍河	生态补水	
42	邓州市		严陵河退水闸	严陵河	已关闸	

续表

序号	市、县	口门编号	分水口门	供水目标	运行情况	备注
43	南阳市		白河退水闸	白河	生态补水	
44	南阳市		清河退水闸	清河	生态补水	
45	南阳市		贾河退水闸	贾河	已关闸	
46	南阳市		潦河退水闸	潦河	已关闸	
47	平顶山市		澧河退水闸	澧河	已关闸	
48	平顶山市		澎河退水闸	澎河	已关闸	
49	平顶山市		沙河退水闸	沙河、白龟山水库	已关闸	
50	平顶山市		北汝河退水闸	北汝河	已关闸	
51	郏县		兰河退水闸	兰河	已关闸	
52	漯河市		贾河退水闸	燕山水库	已关闸	
53	禹州市		颍河退水闸	颍河	已关闸	
54	新郑市		双洎河退水闸	双洎河	生态补水	
55	新郑市		沂水河退水闸	唐寨水库	已关闸	
56	郑州市		十八里河退水闸	十八里河	已关闸	
57	郑州市		贾峪河退水闸	贾峪河、西流湖	已关闸	
58	郑州市		索河退水闸	索河	已关闸	
59	郑州市		黄河退水闸	黄河	已关闸	
60	焦作市		闫河退水闸	闫河、龙源湖	已关闸	
61	新乡市		香泉河退水闸	香泉河	已关闸	
62	辉县市		峪河退水闸	峪河南支	已关闸	
63	辉县市		黄水河支退水闸	黄水河、大沙河、共产主义渠	已关闸	
64	鹤壁市		淇河退水闸	淇河	已关闸	
65	汤阴县		汤河退水闸	汤河	已关闸	
66	安阳市		安阳河退水闸	安阳河	已关闸	

【水量调度计划执行】

区分	序号	市、县名称	年度用水计划（万m³）	月用水计划（万m³）	月实际供水量（万m³）	年度累计供水量（万m³）	年度计划执行情况（%）	累计供水量（万m³）
农业用水	1	引丹灌区	60000	5700	8283.59	60000.00	100.00	364729.53
城市用水	1	邓州	3575	314	273.99	5495.02	153.71	18322.63
	2	南阳	10688	952	987.10	14292.89	133.73	70393.43
	3	漯河	9774	821	831.22	8859.50	90.64	43249.24
	4	周口	5796	476	549.96	5592.49	96.49	21122.41
	5	平顶山	6682	610	625.29	5867.11	87.80	51743.08
	6	许昌	14563	1204	1151.49	15792.92	108.45	101035.66
	7	郑州	65788	5620	4596.62	56699.15	86.18	330782.58
	8	焦作	8816	724	861.25	9556.97	108.40	29593.56
	9	新乡	14485	1330	1380.75	14175.08	97.86	76703.13
	10	鹤壁	4354	383	502.78	4451.74	102.24	30069.90
	11	濮阳	8784	790	816.91	8212.89	93.50	43648.26
	12	安阳	9796	900	975.90	9423.30	96.20	37408.07
	13	滑县	2413	236	224.90	2098.80	86.98	8943.51
		小计	165516	14360	13778.16	160517.86	96.98	863015.46

续表

区分	序号	市、县名称	年度用水计划（万m³）	月用水计划（万m³）	月实际供水量（万m³）	年度累计供水量（万m³）	年度计划执行情况（%）	累计供水量（万m³）
生态补水	1	邓州	0	0	7139.27	7738.31		28784.75
	2	南阳	6330	1816	1818.18	6368.58	101.59	37090.85
	3	漯河	0	0	0	0		2602.80
	4	平顶山	0	0	0	753.12		36100.09
	5	许昌	2120	80	0	1933.34	90.48	13850.34
	6	郑州	11248	1296	1296.00	11326.16	100.89	32659.43
	7	焦作	1503	105	0.00	433.86	26.27	5968.84
	8	新乡	3750	0	0	3882.63	103.54	10783.05
	9	鹤壁	3689	0	0	3308.49	89.69	10483.29
	10	濮阳	0	0	0	0		2151.90
	11	安阳	613	0	0	712.80	116.28	10601.95
		小计	29253	3297	10253.45	36457.29	124.57	191077.29
合计			254769	23357	32315.20	256975.15	100.87	1418822.28

【水质信息】

序号	断面名称	断面位置（省、市）	采样时间	水温（℃）	pH值（无量纲）	溶解氧	高锰酸盐指数	化学需氧量（COD）	五日生化需氧量（BOD₅）	氨氮（NH₃-N）	总磷（以P计）
									mg/L		
1	沙河南	河南鲁山县	9月11日	25.9	8.2	7.9	1.9	<15	<0.5	<0.025	<0.01
2	郑湾	河南郑州市	9月11日	26.1	8.3	8.2	1.9	<15	<0.5	0.033	<0.01

序号	断面名称	总氮（以N计）	铜	锌	氟化物（以F计）	硒	砷	汞	镉	铬（六价）	铅
						mg/L					
1	沙河南	1.07	<0.01	<0.05	0.156	<0.0003	0.001	<0.00001	<0.0005	<0.004	<0.0025
2	郑湾	1.17	<0.01	<0.05	0.121	<0.0003	0.0009	<0.00001	<0.0005	<0.004	<0.0025

序号	断面名称	氰化物	挥发酚	石油类	阴离子表面活性剂	硫化物	粪大肠菌群	水质类别	超标项目及超标倍数
				mg/L			个/L		
1	沙河南	<0.002	<0.002	<0.01	<0.05	<0.01	420	Ⅰ类	
2	郑湾	<0.002	<0.002	<0.01	<0.05	<0.01	160	Ⅰ类	

说明：根据南水北调中线水质保护中心10月8日提供数据。

运行管理月报2021年第11期总第75期

【工程运行调度】

2021年11月1日8时，河南省陶岔渠首引水闸入干渠流量400.74 m³/s；穿黄隧洞节制闸过闸流量252.61 m³/s；漳河倒虹吸节制闸过闸流量230.24 m³/s。截至2021年10月31日，全省有39个口门及26个退水闸开闸分水，37条口门线路正常供水，2条口门线路因地方不用水暂停供水（11号、22号），7个退水闸和肖楼口门生态补水。

【各市县配套工程线路供水】

序号	市、县	口门编号	分水口门	供水目标	运行情况	备注
1	邓州市	1	肖楼	刁河	生态补水	
2	邓州市	2	望城岗	邓州市一水厂	正常供水	
				邓州市二水厂	正常供水	
				邓州市三水厂	正常供水	
	南阳市			新野县二水厂	正常供水	
				新野县三水厂	正常供水	
3	邓州市	3	彭家	赵集镇水厂	正常供水	
4	南阳市	3-1	谭寨	镇平县五里岗水厂	正常供水	
				镇平县规划水厂	正常供水	
5	南阳市	5	田洼	南阳市傅岗（麒麟）水厂	正常供水	
				兰营水库	未供水	泵站机组已调试
				南阳市龙升水厂	正常供水	
6	南阳市	6	大寨	南阳市四水厂	正常供水	
7	南阳市	7	半坡店	唐河县水厂	正常供水	
				社旗县水厂	正常供水	
8	方城县	9	十里庙	方城县新裕水厂	正常供水	
				方城县东园区（华亭）水厂	正常供水	
9	漯河市	10	辛庄	舞阳县水厂	正常供水	
				舞钢市水厂	正常供水	
				漯河市二水厂	正常供水	
				漯河市三水厂	正常供水	
				漯河市四水厂	正常供水	
				漯河市五水厂	正常供水	
				漯河市八水厂	正常供水	
	周口市			商水县水厂	正常供水	
				周口市东区水厂	正常供水	
				周口市淮阳区水厂	正常供水	通过东区水厂内部管网供水
				周口市二水厂	正常供水	
10	平顶山市	11	澎河	平顶山市白龟山水厂	暂停供水	
				平顶山市九里山水厂	暂停供水	
				平顶山平煤集团水厂	正常供水	通过焦庄水厂内部管网供水
				叶县水厂	正常供水	从白龟山水库取水
11	平顶山市	11-1	张村	鲁山县水厂	正常供水	
12	平顶山市	12	马庄	平顶山焦庄水厂	正常供水	
13	平顶山市	13	高庄	平顶山王铁庄水厂	正常供水	
				平顶山石龙区水厂	正常供水	
14	平顶山市	14	赵庄	郏县规划水厂	正常供水	
15	许昌市	15	宴窑	襄城县三水厂	正常供水	
16	许昌市	16	任坡	禹州市二水厂	正常供水	
				神垕镇二水厂	正常供水	
	登封市			卢店水厂	正常供水	
17	许昌市	17	孟坡	许昌市周庄水厂	正常供水	
				曹寨水厂	正常供水	

续表

序号	市、县	口门编号	分水口门	供水目标	运行情况	备注
17	许昌市	17	孟坡	北海、石梁河、霸陵河	正常供水	
	鄢陵县			许昌市二水厂	正常供水	
				鄢陵县中心水厂	正常供水	
	临颍县			临颍县一水厂	正常供水	
				临颍县二水厂线路（千亩湖）	暂停供水	水厂未建
18	许昌市	18	洼李	长葛市规划三水厂	正常供水	
				清潩河	正常供水	
				增福湖	正常供水	
19	郑州市	19	李垌	新郑市一水厂	暂停供水	备用
				新郑市二水厂	正常供水	
				望京楼水库	暂停供水	
				老观寨水库	暂停供水	
20	郑州市	20	小河刘	郑州市航空城一水厂	正常供水	
				郑州市航空城二水厂	正常供水	
				中牟县三水厂	正常供水	
21	郑州市	21	刘湾	郑州市刘湾水厂	正常供水	
22	郑州市	22	密垌	尖岗水库	暂停供水	
				新密水厂	正常供水	从尖岗水库取水
23	郑州市	23	中原西路	郑州柿园水厂	正常供水	因泵站设备检修，10月25日 11：00~18：00暂停供水
				郑州白庙水厂	正常供水	
				郑州常庄水库	暂停供水	
24	郑州市	24	前蒋寨	荥阳市四水厂	正常供水	
25	郑州市	24-1	蒋头	上街区规划水厂	正常供水	
26	温县	25	北冷	温县三水厂	正常供水	
27	焦作市	26	北石涧	武陟县城三水厂	正常供水	
				博爱县水厂	正常供水	
28	焦作市	27	府城	府城水厂	正常供水	
29	焦作市	28	苏蔺	焦作市修武水厂	正常供水	
				焦作市苏蔺水厂	正常供水	
30	新乡市	30	郭屯	获嘉县水厂	正常供水	
31	辉县市	31	路固	辉县市三水厂	正常供水	因泵站线路检修，10月21日 13：00~17：00暂停供水
				百泉湖	正常供水	
32	新乡市	32	老道井	新乡市高村水厂	正常供水	
				新乡市新区水厂	正常供水	
				新乡市孟营水厂	正常供水	
				新乡市凤泉水厂	正常供水	
				河南心连心化学工业集团股份 有限公司	应急供水	
	新乡县			七里营水厂	正常供水	
33	新乡市	33	温寺门	卫辉市规划水厂	正常供水	
34	鹤壁市	34	袁庄	淇县铁西区水厂	正常供水	

续表

序号	市、县	口门编号	分水口门	供水目标	运行情况	备注
34	鹤壁市	34	袁庄	赵家渠	正常供水	
35	濮阳市	35	三里屯	引黄调节池（濮阳市一水厂）	正常供水	
				濮阳市二水厂	正常供水	
				濮阳市三水厂	正常供水	
				清丰县固城水厂	正常供水	
	濮阳县			濮阳县水厂	正常供水	
	南乐县			南乐县水厂	正常供水	
	鹤壁市			浚县水厂	正常供水	
				鹤壁市四水厂	正常供水	
	滑县			滑县三水厂	正常供水	
				滑县四水厂线路（安阳中盈化肥有限公司、河南易凯针织有限责任公司）	正常供水	
36	鹤壁市	36	刘庄	鹤壁三水厂	正常供水	
37	安阳市	37	董庄	汤阴一水厂	正常供水	
				汤阴二水厂	正常供水	
				内黄县四水厂	正常供水	
38	安阳市	38	小营	安阳六水厂	正常供水	因电力中断，10月24日7：00~19：00暂停供水
				安阳八水厂	正常供水	
				安钢冷轧水厂	正常供水	
39	安阳市	39	南流寺	安阳四水厂	正常供水	
40	邓州市		刁河退水闸	刁河	生态补水	
41	邓州市		湍河退水闸	湍河	生态补水	
42	邓州市		严陵河退水闸	严陵河	已关闸	
43	南阳市		白河退水闸	白河	生态补水	
44	南阳市		清河退水闸	清河	生态补水	
45	南阳市		贾河退水闸	贾河	已关闸	
46	南阳市		潦河退水闸	潦河	生态补水	
47	平顶山市		澧河退水闸	澧河	生态补水	
48	平顶山市		澎河退水闸	澎河	已关闸	
49	平顶山市		沙河退水闸	沙河、白龟山水库	已关闸	
50	平顶山市		北汝河退水闸	北汝河	已关闸	
51	郏县		兰河退水闸	兰河	已关闸	
52	漯河市		贾河退水闸	燕山水库	已关闸	
53	禹州市		颍河退水闸	颍河	已关闸	
54	新郑市		双洎河退水闸	双洎河	生态补水	
55	新郑市		沂水河退水闸	唐寨水库	已关闸	
56	郑州市		十八里河退水闸	十八里河	已关闸	
57	郑州市		贾峪河退水闸	贾峪河、西流湖	已关闸	
58	郑州市		索河退水闸	索河	已关闸	
59	郑州市		黄河退水闸	黄河	已关闸	

河南省南水北调年鉴 **2022**

续表

序号	市、县	口门编号	分水口门	供水目标	运行情况	备注
60	焦作市		闫河退水闸	闫河、龙源湖	已关闸	
61	新乡市		香泉河退水闸	香泉河	已关闸	
62	辉县市		峪河退水闸	峪河南支	已关闸	
63	辉县市		黄水河支退水闸	黄水河、大沙河、共产主义渠	已关闸	
64	鹤壁市		淇河退水闸	淇河	已关闸	
65	汤阴县		汤河退水闸	汤河	已关闸	
66	安阳市		安阳河退水闸	安阳河	已关闸	

【水量调度计划执行】

区分	序号	市、县名称	年度用水计划（万m³）	月用水计划（万m³）	月实际供水量（万m³）	年度累计供水量（万m³）	年度计划执行情况（%）	累计供水量（万m³）
农业用水	1	引丹灌区	60000	4270	0.00	60000.00	100.00	364729.53
城市用水	1	邓州	3575	315	279.23	5774.25	161.52	18601.86
	2	南阳	10688	977	1042.75	15335.64	143.48	71436.19
	3	漯河	9774	824	832.07	9691.56	99.16	44081.26
	4	周口	5796	492	570.28	6162.77	106.33	21692.70
	5	平顶山	6682	620	648.11	6515.21	97.50	52391.18
	6	许昌	14563	1235	1183.12	16976.04	116.57	102218.73
	7	郑州	65788	5494	4260.40	60959.56	92.66	335043.00
	8	焦作	8816	754	888.55	10445.52	118.49	30482.11
	9	新乡	14485	1352	1407.36	15582.44	107.57	78110.44
	10	鹤壁	4354	374	301.44	4753.17	109.16	30371.38
	11	濮阳	8784	793	945.74	9158.63	104.26	44593.99
	12	安阳	9796	931	997.62	10420.92	106.38	38405.68
	13	滑县	2413	218	197.31	2296.11	95.14	9140.84
		小计	165516	14379	13553.98	174071.82	105.17	876569.36
生态补水	1	邓州	0	0	22261.88	30000.19		51046.63
	2	南阳	8204.68	1874.68	3130.71	9499.29	115.78	40221.56
	3	漯河	0	0	0	0		2602.80
	4	平顶山	0	0	2592.25	3345.37		38692.34
	5	许昌	2120	0.00	0.00	1933.34	91.20	13850.34
	6	郑州	12587	1339.00	1336.80	12662.96	100.60	33996.23
	7	焦作	1503	0.00	0	433.86	28.87	5968.84
	8	新乡	3750	0.00	0	3882.63	103.54	10783.05
	9	鹤壁	3689	0	0	3308.49	89.69	10483.29
	10	濮阳	0	0	0	0		2151.90
	11	安阳	613	0	0	712.80	116.28	10601.95
		小计	32466.68	3213.68	29321.64	65778.93	202.60	220398.94
合计			257982.68	21862.68	42875.62	299850.75	116.23	1461697.83

【水质信息】

序号	断面名称	断面位置（省、市）	采样时间	水温（℃）	pH值（无量纲）	溶解氧	高锰酸盐指数	化学需氧量（COD）	五日生化需氧量（BOD₅）	氨氮（NH₃-N）	总磷（以P计）
									mg/L		
1	沙河南	河南鲁山县	10月13日	22.5	8	8.9	2.4	＜15	0.5	＜0.025	0.01
2	郑湾	河南郑州市	10月13日	22.5	8.2	9	2.2	＜15	＜0.5	0.034	0.01

序号	断面名称	总氮（以N计）	铜	锌	氟化物（以F计）	硒	砷	汞	镉	铬（六价）	铅
					mg/L						
1	沙河南	1.48	＜0.01	＜0.05	0.178	＜0.0003	0.0011	＜0.00001	＜0.0005	＜0.004	＜0.0025
2	郑湾	1.39	＜0.01	＜0.05	0.186	＜0.0003	0.0009	＜0.00001	＜0.0005	＜0.004	＜0.0025

序号	断面名称	氰化物	挥发酚	石油类	阴离子表面活性剂	硫化物	粪大肠菌群	水质类别	超标项目及超标倍数		
			mg/L				个/L				
1	沙河南	＜0.002	＜0.002	＜0.01	＜0.05	＜0.01	290	Ⅱ类			
2	郑湾	＜0.002	＜0.002	＜0.01	＜0.05	＜0.01	210	Ⅱ类			

说明：根据南水北调中线水质保护中心11月2日提供数据。

运行管理月报2021年第12期总第76期

【工程运行调度】

2021年12月1日8时，河南省陶岔渠首引水闸入干渠流量300.40 m³/s；穿黄隧洞节制闸过闸流量231.83 m³/s；漳河倒虹吸节制闸过闸流量203.76 m³/s。截至2021年11月30日，全省有39个口门及26个退水闸开闸分水，37条口门线路正常供水，2条口门线路因地方不用水暂停供水（11号、22号），7个退水闸生态补水。

【各市县配套工程线路供水】

序号	市、县	口门编号	分水口门	供水目标	运行情况	备注
1	邓州市	1	肖楼	刁河	正常供水	
2	邓州市	2	望城岗	邓州市一水厂	正常供水	
				邓州市二水厂	正常供水	
				邓州市三水厂	正常供水	
	南阳市			新野县二水厂	正常供水	
				新野县三水厂	正常供水	
3	邓州市	3	彭家	赵集镇水厂	正常供水	
4	南阳市	3-1	谭寨	镇平县五里岗水厂	正常供水	
				镇平县规划水厂	正常供水	
5	南阳市	5	田洼	南阳市傅岗（麒麟）水厂	正常供水	
				兰营水库	未供水	泵站机组已调试
				南阳市龙升水厂	正常供水	
6	南阳市	6	大寨	南阳市四水厂	正常供水	
7	南阳市	7	半坡店	唐河县水厂	正常供水	
				社旗县水厂	正常供水	
8	方城县	9	十里庙	方城县新裕水厂	正常供水	
				方城县东园区（华亭）水厂	正常供水	

续表

序号	市、县	口门编号	分水口门	供水目标	运行情况	备注
9	漯河市	10	辛庄	舞阳县水厂	正常供水	
				舞钢市水厂	正常供水	
				漯河市二水厂	正常供水	
				漯河市三水厂	正常供水	
				漯河市四水厂	正常供水	
				漯河市五水厂	正常供水	
				漯河市八水厂	正常供水	
	周口市			商水县水厂	正常供水	
				周口市东区水厂	正常供水	
				周口市淮阳区水厂	正常供水	通过东区水厂内部管网供水
				周口市二水厂	正常供水	
10	平顶山市	11	澎河	平顶山市白龟山水厂	暂停供水	本月无充库计划
				平顶山市九里山水厂	暂停供水	
				平顶山中煤集团水厂	正常供水	通过焦庄水厂内部管网供水
				叶县水厂	正常供水	从白龟山水库取水
11	平顶山市	11-1	张村	鲁山县水厂	正常供水	
12	平顶山市	12	马庄	平顶山焦庄水厂	正常供水	
13	平顶山市	13	高庄	平顶山王铁庄水厂	正常供水	
				平顶山石龙区水厂	正常供水	
14	平顶山市	14	赵庄	郏县规划水厂	正常供水	
15	许昌市	15	宴窑	襄城县三水厂	正常供水	
16	许昌市	16	任坡	禹州市二水厂	正常供水	
				神垕镇二水厂	正常供水	
	登封市			卢店水厂	正常供水	
17	许昌市	17	孟坡	许昌市周庄水厂	正常供水	
				曹寨水厂	正常供水	
				北海、石梁河、霸陵河	正常供水	
				许昌市二水厂	正常供水	
	鄢陵县			鄢陵县中心水厂	正常供水	
	临颍县			临颍县一水厂	正常供水	
				临颍县二水厂线路（千亩湖）	正常供水	
18	许昌市	18	洼李	长葛市规划三水厂	正常供水	
				清潩河	暂停供水	因修复"7·20"水毁项目，11月
				增福湖	暂停供水	15日~1月15日暂停供水
19	郑州市	19	李垌	新郑市一水厂	暂停供水	备用
				新郑市二水厂	正常供水	
				望京楼水库	暂停供水	本月无充库计划
				老观寨水库	暂停供水	本月无充库计划
20	郑州市	20	小河刘	郑州市航空城一水厂	正常供水	因泵站电路施工，11月2日
				郑州市航空城二水厂	正常供水	0：00~8：00暂停供水
				中牟县三水厂	正常供水	
21	郑州市	21	刘湾	郑州市刘湾水厂	正常供水	
22	郑州市	22	密垌	尖岗水库	暂停供水	本月充库计划未执行
				新密水厂	正常供水	从尖岗水库取水

续表

序号	市、县	口门编号	分水口门	供水目标	运行情况	备注
23	郑州市	23	中原西路	郑州柿园水厂	正常供水	
				郑州白庙水厂	正常供水	
				郑州常庄水库	暂停供水	本月无充库计划
24	郑州市	24	前蒋寨	荥阳市四水厂	正常供水	
25	郑州市	24-1	蒋头	上街区规划水厂	正常供水	
26	温县	25	北冷	温县三水厂	正常供水	
27	焦作市	26	北石涧	武陟县城三水厂	正常供水	
				博爱县水厂	正常供水	
28	焦作市	27	府城	府城水厂	正常供水	
29	焦作市	28	苏蔺	焦作市修武水厂	正常供水	
				焦作市苏蔺水厂	正常供水	
30	新乡市	30	郭屯	获嘉县水厂	正常供水	
31	辉县市	31	路固	辉县市三水厂	正常供水	
				百泉湖	正常供水	
32	新乡市	32	老道井	新乡市高村水厂	正常供水	
				新乡市新区水厂	正常供水	
				新乡市孟营水厂	正常供水	
				新乡市凤泉水厂	正常供水	
	新乡市			河南心连心化学工业集团股份有限公司	应急供水	
	新乡县			七里营水厂	正常供水	
33	新乡市	33	温寺门	卫辉市规划水厂	正常供水	
34	鹤壁市	34	袁庄	淇县铁西区水厂	正常供水	
				赵家渠	正常供水	
35	濮阳市	35	三里屯	引黄调节池（濮阳市一水厂）	正常供水	
				濮阳市二水厂	正常供水	
				濮阳市三水厂	正常供水	
				清丰县固城水厂	正常供水	
	濮阳县			濮阳县水厂	正常供水	
				濮阳县城乡供水一体化水厂	正常供水	
	南乐县			南乐县水厂	正常供水	
	鹤壁市			浚县水厂	正常供水	
				鹤壁市四水厂	正常供水	
	滑县			滑县三水厂	正常供水	
				滑县四水厂线路（安阳中盈化肥有限公司、河南易凯针织有限责任公司）	正常供水	
36	鹤壁市	36	刘庄	鹤壁三水厂	正常供水	
37	安阳市	37	董庄	汤阴一水厂	正常供水	
				汤阴二水厂	正常供水	
				内黄县四水厂	正常供水	

续表

序号	市、县	口门编号	分水口门	供水目标	运行情况	备注
38	安阳市	38	小营	安阳六水厂	正常供水	
				安阳八水厂	正常供水	
				安钢冷轧水厂	正常供水	
39	安阳市	39	南流寺	安阳四水厂	正常供水	
40	邓州市		刁河退水闸	刁河	已关闸	11月2日暂停生态补水
41	邓州市		湍河退水闸	湍河	已关闸	11月2日暂停生态补水
42	邓州市		严陵河退水闸	严陵河	已关闸	
43	南阳市		白河退水闸	白河	生态补水	
44	南阳市		清河退水闸	清河	生态补水	
45	南阳市		贾河退水闸	贾河	已关闸	
46	南阳市		潦河退水闸	潦河	已关闸	11月2日暂停生态补水
47	平顶山市		澧河退水闸	澧河	已关闸	11月2日暂停生态补水
48	平顶山市		澎河退水闸	澎河	已关闸	
49	平顶山市		沙河退水闸	沙河、白龟山水库	已关闸	
50	平顶山市		北汝河退水闸	北汝河	已关闸	
51	郏县		兰河退水闸	兰河	已关闸	
52	漯河市		贾河退水闸	燕山水库	已关闸	
53	禹州市		颍河退水闸	颍河	已关闸	
54	新郑市		双洎河退水闸	双洎河	生态补水	
55	新郑市		沂水河退水闸	唐寨水库	已关闸	
56	郑州市		十八里河退水闸	十八里河	已关闸	
57	郑州市		贾峪河退水闸	贾峪河、西流湖	已关闸	
58	郑州市		索河退水闸	索河	已关闸	
59	郑州市		黄河退水闸	黄河	已关闸	
60	焦作市		闫河退水闸	闫河、龙源湖	已关闸	
61	新乡市		香泉河退水闸	香泉河	已关闸	
62	辉县市		峪河退水闸	峪河南支	已关闸	
63	辉县市		黄水河支退水闸	黄水河、大沙河、共产主义渠	已关闸	
64	鹤壁市		淇河退水闸	淇河	已关闸	
65	汤阴县		汤河退水闸	汤河	已关闸	
66	安阳市		安阳河退水闸	安阳河	已关闸	

【水量调度计划执行】

区分	序号	市、县名称	年度用水计划（万 m³）	月用水计划（万 m³）	月实际供水量（万 m³）	年度累计供水量（万 m³）	年度计划执行情况（%）	累计供水量（万 m³）
农业用水	1	引丹灌区	60000	2590	2916.05	2916.05	4.86	367645.58
城市用水	1	邓州	3245	269	275.04	275.04	8.48	18876.90
	2	南阳	12458	975	998.31	998.31	8.01	72434.50
	3	漯河	10075	802	836.97	836.97	8.31	44918.23
	4	周口	6983	555	560.64	560.64	8.03	22253.34
	5	平顶山	10288	677	634.72	634.72	6.17	53025.90
	6	许昌	13231	1072	1067.88	1067.88	8.07	103286.61
	7	郑州	65011	5560	4583.93	4583.93	7.05	339626.93
	8	焦作	11136	903	808.89	808.89	7.26	31291.00
	9	新乡	16829	1289	1420.51	1420.51	8.44	79530.95

区分	序号	市、县名称	年度用水计划（万m³）	月用水计划（万m³）	月实际供水量（万m³）	年度累计供水量（万m³）	年度计划执行情况（%）	累计供水量（万m³）
城市用水	10	鹤壁	4438	357	379.35	379.35	8.55	30750.73
	11	濮阳	9412	669	894.83	894.83	9.51	45488.82
	12	安阳	10177	768	933.63	933.63	9.17	39339.31
	13	滑县	2701	200	181.97	181.97	6.74	9322.81
	小计		175984	14096	13576.67	13576.67	7.71	890146.03
生态补水	1	邓州	0	0	234.94	234.94		51281.57
	2	南阳	1814.4	1814.4	2763.36	2763.36	152.30	42984.92
	3	漯河	0	0	0	0		2602.80
	4	平顶山	0	0	175.54	175.54		38867.88
	5	许昌	0	0	0	0		13850.34
	6	郑州	1296.00	1296.00	1296.00	1296.00	100.00	35292.23
	7	焦作	0	0	0	0		5968.84
	8	新乡	0	0	0	0		10783.05
	9	鹤壁	0	0	0	0		10483.29
	10	濮阳	0	0	0	0		2151.90
	11	安阳	0	0	0	0		10601.95
	小计		3110.4	3110.4	4469.84	4469.84	143.71	224868.78
合计			239094.4	19796.4	20962.56	20962.56	8.77	1482660.39

【水质信息】

序号	断面名称	断面位置（省、市）	采样时间	水温（℃）	pH值（无量纲）	溶解氧	高锰酸盐指数	化学需氧量（COD）	五日生化需氧量（BOD₅）	氨氮（NH₃-N）	总磷（以P计）
									mg/L		
1	沙河南	河南鲁山县	11月6日	18.7	8.2	8.7	2.4	<15	<0.5	0.048	0.01
2	郑湾	河南郑州市	11月6日	18.9	8.4	9.0	2.4	<15	<0.5	0.054	0.01

序号	断面名称	总氮（以N计）	铜	锌	氟化物（以F计）	硒	砷	汞	镉	铬（六价）	铅
							mg/L				
1	沙河南	1.66	<0.01	<0.05	0.189	<0.0003	0.0006	<0.00001	<0.0005	0.004	<0.0025
2	郑湾	1.41	<0.01	<0.05	0.177	<0.0003	0.0005	<0.00001	<0.0005	0.004	<0.0025

序号	断面名称	氰化物	挥发酚	石油类	阴离子表面活性剂	硫化物	粪大肠菌群	水质类别	超标项目及超标倍数		
		mg/L					个/L				
1	沙河南	<0.002	<0.002	<0.01	<0.05	<0.01	280	Ⅱ类			
2	郑湾	<0.002	<0.002	<0.01	<0.05	<0.01	160	Ⅱ类			

说明：根据南水北调中线水质保护中心12月2日提供数据。

（李光阳）

河南省2021年用水计划表

【1月用水计划】

口门编号	口门名称	所在市县	分水流量（m³/s）	分水量（万m³）	计划开始时间	备注
1	肖楼	淅川县	10.01	2680.00	正常	引丹灌区
2	望城岗	邓州市	1.38	370.00	正常	2号望城岗口门—邓州市一水厂（100万m³）、邓州市二水厂（110万m³）、邓州市三水厂（70万m³）、新野县二水厂（60万m³）和新野县三水厂（30万m³）
3	彭家	邓州市	0.19	50.00	正常	3号彭家口门—邓州市赵集水厂
4	谭寨	南阳市镇平县	0.44	118.00	正常	3-1号谭寨口门—镇平县五里岗水厂（32万m³）和镇平县规划水厂（86万m³）
6	田洼	南阳市	1.28	341.50	正常	5号田洼口门—南阳市傅岗水厂（325.5万m³）和南阳市龙升水厂（16万m³）
7	大寨	南阳市	0.56	150.00	正常	6号大寨口门—南阳市四水厂
8	半坡店	南阳市方城县	0.87	232.50	正常	7号半坡店口门—唐河县水厂（170.5万m³）和社旗县水厂（62万m³）
10	十里庙	南阳市方城县	0.34	90.00	正常	9号十里庙口门—方城县新裕水厂
清河退水闸		南阳市方城县	2.00	600.00	正常	清河
11	辛庄	平顶山市叶县	4.41	1181.00	正常	10号辛庄口门—舞阳县水厂（75万m³）、漯河市二水厂（175万m³）、漯河市三水厂（155万m³）、漯河市四水厂（191万m³）、漯河市五水厂（43.4万m³）、漯河市八水厂（27万m³）和周口市东区水厂（217万m³）、周口市西区水厂线路（二水厂217万m³）、商水县水厂（80.6万m³）
14	马庄	平顶山市新城区	0.97	260.00	正常	12号马庄口门—新城区焦庄水厂
15	高庄	平顶山市宝丰县	0.58	155.00	正常	13号高庄口门—宝丰县王铁庄水厂（135万m³）和石龙区水厂（20万m³）
16	赵庄	平顶山市郏县	0.28	75.00	正常	14号赵庄口门—郏县三水厂
17	宴窑	许昌市禹州市	0.30	80.00	正常	15号宴窑口门—襄城县三水厂
18	任坡	许昌市禹州市	1.23	329.00	正常	16号任坡口门—禹州市二水厂（175万m³）、神垕镇水厂（34万m³）和登封市卢店水厂（120万m³）
19	孟坡	许昌市禹州市	3.27	875.24	正常	17号孟坡口门—许昌市周庄水厂（210.8万m³）、许昌市二水厂（93万m³）、北海（121万m³）、石梁河及霸陵河（121万m³）、鄢陵县中心水厂（63.24万m³）、许昌市曹寨水厂（136万m³）和临颍县一水厂（120.9万m³）、临颍县二水厂（千亩湖9.3万m³）
20	洼李	许昌市长葛市	1.31	351.00	正常	18号洼李口门—长葛市三水厂（113万m³）、清潩河（105万m³）和增福湖（133万m³）

续表

口门编号	口门名称	所在市县	分水流量 (m³/s)	分水量 (万m³)	计划开始 时间	备注
21	李垌	郑州市 新郑市	1.62	379.00	正常	19号李垌口门—新郑市二水厂（279万m³）、望京楼水库（100万m³）
	双泊河退水闸	郑州市 新郑市	1.68	450.00	正常	双泊河
22	小河刘	郑州市 航空港区	3.57	955.00	正常	20号小河刘口门—航空港区一水厂（620万m³）、航空港区二水厂（150万m³）和中牟县新城水厂（185万m³）
23	刘湾	郑州市	4.40	1178.00	正常	21号刘湾口门—郑州市刘湾水厂
24	密垌	郑州市	1.87	500.00	正常	22号密垌口门—尖岗水库、新密市水厂
25	中原西路	郑州市	7.18	1922.00	正常	23号中原西路口门—郑州市柿园水厂（1116万m³）和白庙水厂（806万m³）
26	前蒋寨	郑州市 荥阳市	1.97	527.00	正常	24号前蒋寨口门—荥阳市四水厂
27	上街	郑州市 上街区	0.35	95.00	正常	24-1号蒋头口门—上街区水厂
28	北冷	焦作市 温县	0.39	104.00	正常	25号马庄口门—温县三水厂（59万m³）和温县荣蚰河（45万m³）
29	北石涧	焦作市 博爱县	0.65	173.00	正常	26号北石涧口门—武陟县水厂（90万m³）和博爱县水厂（83万m³）
30	府城	焦作市	1.39	372.00	正常	27号府城口门—焦作市府城水厂
31	苏蔺	焦作市	1.09	293.00	正常	28号苏蔺口门—焦作市苏蔺水厂（248万m³）和修武县水厂（45万m³）
	闫河退水闸	焦作市	1.00	5.00	12月10日 9：00 12月20日 9：00	闫河
33	郭屯	新乡市 获嘉县	0.17	46.50	正常	30号郭屯口门—获嘉县水厂
34	路固	新乡市 辉县市	1.12	149.86	正常	31号路固口门—辉县市三水厂（139.5万m³）、百泉湖引水工程（10.36万m³）
35	老道井	新乡市	3.04	813.00	正常	32号老道井口门—新乡市高村水厂（160万m³）、孟营水厂（230万m³）、新区水厂（330万m³）、凤泉水厂（68.2万m³）和新乡县七里营水厂线路（调蓄工程24.8万m³）
36	温寺门	新乡市 卫辉市	0.69	186.00	正常	33号温寺门口门—卫辉市水厂
37	袁庄	鹤壁市 淇县	0.49	132.00	正常	34号袁庄口门—淇县铁西水厂（82万m³）和淇县城北水厂线路（赵家渠50万m³）

续表

口门编号	口门名称	所在市县	分水流量 （m³/s）	分水量 （万 m³）	计划开始 时间	备注
38	三里屯	鹤壁市 淇县	3.63	971.36	正常	35号三里屯口门—鹤壁市四水厂（26万 m³）、浚县水厂（68.2万 m³）、濮阳市二水厂（255万 m³）、濮阳市三水厂（115万 m³）、清丰县水厂（155万 m³）、南乐县水厂（124万 m³）、濮阳县水厂（52.7万 m³）、滑县三水厂（120.9万 m³）和滑县四水厂线路（安阳中盈化肥有限公司44.64万 m³、河南易凯针织有限责任公司9.92万 m³）
39	刘庄	鹤壁市	0.67	180.00	正常	36号刘庄口门—鹤壁市三水厂
40	董庄	安阳市 汤阴县	0.75	201.50	正常	37号董庄口门—汤阴县一水厂（62万 m³）、汤阴二水厂（46.5万 m³）和内黄县四水厂（93万 m³）
41	小营	安阳市	1.01	271.50	正常	38号小营口门—安阳市六水厂（55.8万 m³）、安阳市八水厂（207.7万 m³）和安钢集团冷轧有限责任公司（8万 m³）
42	南流寺	安阳市	0.87	232.50	正常	39号南流寺口门—安阳市四水厂（二期）
	合计		70.00	18080.46		

说明：口门编号和口门名称按中线局纪要〔2015〕11号文要求填写。

【2月用水计划】

各地	实际调整 计划用水量 （万 m³）	年度计划 下达月用水量 （万 m³）	差额（计划量- 下达量） （万 m³）	差额比（计划量-下达量） /下达量 （%）	备注
引丹灌区	3140	3140	0	0	
邓州市	300	271	29	11	
南阳市	1591	791	800	101	清河退水闸计划外退水（500万 m³）
漯河市	690	758	−68	−9	
周口市	456	445	12	3	
平顶山市	494	497	−3	−1	
许昌市	1462	1117	345	31	颍河退水闸计划外退水（190.08万 m³）
郑州市	5629	5060	569	11	双洎河退水闸计划外退水（400万 m³）
焦作市	874	664	210	32	闫河退水闸计划外退水（10万 m³）
新乡市	1149	928	221	24	
鹤壁市	415	358	57	16	
濮阳市	640	653	−13	−2	
安阳市	687	720	−33	−5	
滑县	151	159	−8	−5	
合计	17679	15562	2117	14	"−"表示计划量较下达量少

【3月用水计划】

序号	口门编号	口门名称	实际调整计划用水量（万m³）	下达当月计划用水量（万m³）	差额（计划量-下达量）（万m³）	差额比（计划量-下达量）/下达量（%）	备注
1	1	肖楼	5890	5890	0	0	
2	2	望城岗	437	310	127	41	
3	3	彭家	40	20	20	100	
4	3-1	谭寨	135	115	20	17	
5	5	田洼	345	235	110	47	
6	6	大寨	180	134	46	34	
7	7	半坡店	241	243	−3	−1	
8	9	十里庙	90	90	0	0	
9	10	辛庄	1195	1182	13	1	
10	11	澎河	0	0	0	0	
11	11-1	张村	0	40	−40		
12	12	马庄	270	280	−10	−4	
13	13	高庄	163	135	28	21	
14	14	赵庄	80	85	−5	−6	
15	15	宴窑	82	68	14	21	
16	16	任坡	343	356	−13	−4	
17	17	孟坡	832	727	105	14	
18	18	洼李	358	334	24	7	
19	19	李垌	357	300	57	19	
20	20	小河刘	905	937	−32	−3	
21	21	刘湾	1036	1092	−56	−5	
22	22	密垌	500	300	200	67	
23	23	中原西路	1736	1911	−175	−9	
24	24	前蒋寨	476	440	36	8	
25	24-1	上街（蒋头）	100	106	−6	−5	
26	25	北冷（马庄）	105	53	52	99	
27	26	北石涧	187	175	12	7	
28	27	府城	372	260	112	43	
29	28	苏蔺	293	258	35	14	
30	30	郭屯	47	46	1	2	
31	31	路固	143	124	19	16	
32	32	老道井	813	740	73	10	
33	33	温寺门	189	188	1	1	
34	34	袁庄	129	77	52	68	
35	35	三里屯	1034	973	61	6	
36	36	刘庄	190	190	0	0	
37	37	董庄	208	266	−59	−22	
38	38	小营	307	313	−6	−2	
39	39	南流寺	248	210	38	18	
合计			20056	19202	853	4	"−"表示计划量较下达量少

【4月用水计划】

各地	实际调整计划用水量（万 m³）	年度计划下达月用水量（万 m³）	差额（计划量-下达量）（万 m³）	差额比（计划量-下达量）/下达量（%）	备注
引丹灌区	5700	5700	0	0	
邓州市	320	314	6	2	
南阳市	1635	837	798	95	清河退水闸计划外退水（500万 m³）
漯河市	809	812	−3	0	
周口市	489	476	13	3	
平顶山市	493	525	−32	−6	
许昌市	2410	1194	1216	102	颍河退水闸计划外退水（1000万 m³）
郑州市	5908	5544	364	7	双洎河退水闸计划外退水（400万 m³）
焦作市	931	716	215	30	闫河退水闸计划外退水（10万 m³）
新乡市	1246	1097	149	14	
鹤壁市	431	344	87	25	
濮阳市	747	696	51	7	
安阳市	673	809	−136	−17	
滑县	176	178	−3	−1	
合计	21967	19242	2725	14	"−"表示计划量较下达量少

【5月用水计划】

序号	口门编号	口门名称	实际调整计划用水量（万 m³）	下达当月计划用水量（万 m³）	差额（计划量-下达量）（万 m³）	差额比（计划量-下达量）/下达量（%）	备注
1	1	肖楼	5890	5890	0	0	
2	2	望城岗	435	310	125	40	
3	3	彭家	40	60	−20	−33	
4	3−1	谭寨	135	115	20	17	
5	5	田洼	347	235	112	48	
6	6	大寨	185	134	51	38	
7	7	半坡店	241	243	−3	−1	
8	9	十里庙	90	95	−5	−5	
9	10	辛庄	1212	1197	15	1	
10	11	澎河	0	0	0	0	
11	11−1	张村	20	40	−20		
12	12	马庄	250	280	−30	−11	
13	13	高庄	163	135	28	21	
14	14	赵庄	80	80	0	0	
15	15	宴窑	80	68	12	18	
16	16	任坡	377	376	1	0	
17	17	孟坡	852	773	79	10	
18	18	洼李	344	347	−3	−1	
19	19	李垌	372	460	−88	−19	
20	20	小河刘	990	1046	−56	−5	
21	21	刘湾	1180	1200	−20	−2	

续表

序号	口门编号	口门名称	实际调整计划用水量（万 m³）	下达当月计划用水量（万 m³）	差额（计划量-下达量）（万 m³）	差额比（计划量-下达量）/下达量（%）	备注
22	22	密垌	200	300	−100	−33	
23	23	中原西路	1920	1911	9	0	
24	24	前蒋寨	540	440	100	23	
25	24−1	上街（蒋头）	95	106	−11	−10	
26	25	北冷（马庄）	59	53	6	11	
27	26	北石涧	187	184	3	2	
28	27	府城	372	260	112	43	
29	28	苏蔺	308	258	50	19	
30	30	郭屯	47	46	1	2	
31	31	路固	143	124	19	16	
32	32	老道井	915	960	−45	−5	
33	33	温寺门	202	205	−4	−2	
34	34	袁庄	110	77	33	43	
35	35	三里屯	1094	1014	80	8	
36	36	刘庄	185	195	−10	−5	
37	37	董庄	202	286	−85	−30	
38	38	小营	295	361	−66	−18	
39	39	南流寺	248	220	28	13	
合计			20403	20083	320	2	"−"表示计划量较下达量少

【6月用水计划】

口门编号	口门名称	所在市县	分水流量（m³/s）	分水量（万 m³）	计划开始时间	备注
1	肖楼	淅川县	27.01	7000.00	正常	引丹灌区
2	望城岗	邓州市	1.66	430.00	正常	2号望城岗口门—邓州市一水厂（100万 m³）、邓州市二水厂（110万 m³）、邓州市三水厂（70万 m³）、新野县二水厂（60万 m³）和新野县三水厂（90万 m³）
3	彭家	邓州市	0.15	40.00	正常	3号彭家口门—邓州市赵集水厂（40万 m³）
4	谭寨	南阳市镇平县	0.52	135.00	正常	3-1号谭寨口门—镇平县五里岗水厂（25万 m³）和镇平县规划水厂（110万 m³）
6	田洼	南阳市	1.34	347.00	正常	5号田洼口门—南阳市傅岗水厂（330万 m³）和南阳市龙升水厂（17万 m³）
7	大寨	南阳市	0.73	190.00	正常	6号大寨口门—南阳市四水厂
8	半坡店	南阳市方城县	0.91	235.00	正常	7号半坡店口门—唐河县水厂（165万 m³）和社旗县水厂（70万 m³）
10	十里庙	南阳市方城县	0.35	90.00	正常	9号十里庙口门—方城县新裕水厂（80万 m³）和东园区水厂（10万 m³）
11	辛庄	平顶山市叶县	4.59	1190.00	正常	10号辛庄口门—舞阳县水厂（75万 m³）、漯河市二水厂（180万 m³）、漯河市三水厂（165万 m³）、漯河市四水厂（185万 m³）、漯河市五水厂（42万 m³）、漯河市八水厂（54万 m³）和周口市东区水厂（210万 m³）、周口市西区水厂线路（二水厂210万 m³）、商水县水厂（69万 m³）

续表

口门编号	口门名称	所在市县	分水流量 (m³/s)	分水量 (万m³)	计划开始 时间	备注
11-1	张村	平顶山市 鲁山县	0.00	0.00	正常	11-1号张村口门—鲁山县城南水厂
14	马庄	平顶山市 新城区	0.98	255.00	正常	12号马庄口门—新城区焦庄水厂
15	高庄	平顶山市 宝丰县	0.65	168.00	正常	13号高庄口门—宝丰县王铁庄水厂（130万m³）和石龙区水厂（38万m³）
16	赵庄	平顶山市 郏县	0.31	80.00	正常	14号赵庄口门—郏县三水厂
17	宴窑	许昌市 禹州市	0.29	75.00	正常	15号宴窑口门—襄城县三水厂
18	任坡	许昌市 禹州市	1.33	348.00	正常	16号任坡口门—禹州市二水厂（176万m³）、神垕镇水厂（32万m³）和登封市卢店水厂（140万m³）
19	孟坡	许昌市 禹州市	3.13	812.20	正常	17号孟坡口门—许昌市周庄水厂（204万m³）、许昌市二水厂（93万m³）、北海（117万m³）、石梁河及霸陵河（65万m³）、鄢陵县中心水厂（61.2万m³）、许昌市曹寨水厂（125万m³）和临颍县一水厂（117万m³）、临颍县二水厂线路（千亩湖30万m³）
20	洼李	许昌市 长葛市	1.30	336.20	正常	18号洼李口门—长葛市三水厂（110万m³）、清潩河（99.2万m³）和增福湖（127万m³）
21	李垌	郑州市 新郑市	1.97	410.00	正常/6月1日9：00至6月11日9：00（望京楼）	19号李垌口门—新郑市二水厂（360万m³）和望京楼水库（50万m³）
22	小河刘	郑州市 航空港区	4.05	1050.00	正常	20号小河刘口门—航空港区一水厂（650万m³）、航空港区二水厂（190万m³）和中牟县新城水厂（210万m³）
23	刘湾	郑州市	4.78	1240.00	正常	21号刘湾口门—郑州市刘湾水厂（高峰流量5m³/s）
25	中原西路	郑州市	7.87	2040.00	正常	23号中原西路口门—郑州市柿园水厂（1110万m³高峰流量4.3m³/s）和白庙水厂（930万m³高峰流量3.8m³/s）
26	前蒋寨	郑州市 荥阳市	2.15	558.00	正常	24号前蒋寨口门—荥阳市四水厂
27	上街	郑州市 上街区	0.39	100.00	正常	24-1号蒋头口门—上街区水厂
28	北冷	焦作市 温县	0.22	58.30	正常	25号马庄口门—温县三水厂
29	北石涧	焦作市 博爱县	0.71	184.00	正常	26号北石涧口门—武陟县水厂（100万m³）和博爱县水厂（84万m³）
30	府城	焦作市	1.39	360.00	正常	27号府城口门—焦作市府城水厂（360万m³）
31	苏蔺	焦作市	1.22	315.00	正常	28号苏蔺口门—焦作市苏蔺水厂（255万m³）和修武县水厂（60万m³）
33	郭屯	新乡市 获嘉县	0.17	45.00	正常	30号郭屯口门—获嘉县水厂

续表

口门编号	口门名称	所在市县	分水流量（m³/s）	分水量（万m³）	计划开始时间	备注
34	路固	新乡市辉县市	0.86	140.12	正常/6月1~8日每天9：00~15：00（百泉湖）	31号路固口门—辉县市三水厂（135万m³）、百泉湖引水工程（5.12万m³）
35	老道井	新乡市	3.62	939.00	正常	32号老道井口门—新乡市高村水厂（170万m³）、孟营水厂（280万m³）、新区水厂（390万m³）、凤泉水厂（72万m³）和新乡县七里营水厂线路（调蓄工程27万m³）
36	温寺门	新乡市卫辉市	0.76	198.00	正常	33号温寺门口门—卫辉市水厂
37	袁庄	鹤壁市淇县	0.43	112.00	正常	34号袁庄口门—淇县铁西水厂（72万m³）和淇县城北水厂线路（赵家渠40万m³）
38	三里屯	鹤壁市淇县	4.25	1100.60	正常	35号三里屯口门—鹤壁市四水厂（26万m³）、浚县水厂（70万m³）、濮阳市二水厂（280万m³）、濮阳市三水厂（124万m³）、清丰县水厂（176.7万m³）、南乐县水厂（148.8万m³）、濮阳县水厂（55.8万m³）、滑县三水厂（156万m³）和滑县四水厂线路（安阳中盈化肥有限公司43.2万m³、河南易凯针织有限责任公司20.1万m³）
39	刘庄	鹤壁市	0.87	225.00	正常	36号刘庄口门—鹤壁市三水厂
40	董庄	安阳市汤阴县	0.77	201.00	正常	37号董庄口门—汤阴县一水厂（60万m³）、汤阴二水厂（45万m³）和内黄县四水厂（96万m³）
41	小营	安阳市	1.28	334.00	正常	38号小营口门—安阳市六水厂（63万m³）、安阳市八水厂（255万m³）和安钢水厂（16万m³）
42	南流寺	安阳市	0.93	240.00	正常	39号南流寺口门—安阳市四水厂（二期）
	合计		83.95	21581.42		

说明：口门编号和口门名称按中线局纪要〔2015〕11号文要求填写。

【7月用水计划】

各地	实际调整计划用水量（万m³）	年度计划下达月用水量（万m³）	差额（计划量－下达量）（万m³）	差额比（计划量－下达量）/下达量（%）	备注
引丹灌区	7230	7230	0	0	
邓州市	320	315	5	1	
南阳市	1157	977	179	18	清河退水闸生态补水（535万m³）
漯河市	848	853	−5	−1	
周口市	586	492	94	19	
平顶山市	611	645	−34	−5	
许昌市	1307	1245	62	5	颍河退水闸生态补水（380万m³）
郑州市	5579	5536	43	1	双洎河退水闸生态补水（1296万m³）、贾峪河退水闸生态补水（1296万m³）、十八里河退水闸生态补水（518万m³）、索河退水闸生态补水（518万m³）

续表

各地	实际调整 计划用水量 （万 m³）	年度计划下达 月用水量 （万 m³）	差额（计划量- 下达量） （万 m³）	差额比（计划 量-下达量）/ 下达量（%）	备注
焦作市	944	756	188	25	闫河退水闸生态补水（15万 m³）
新乡市	1380	1386	−6	0	
鹤壁市	425	363	62	17	淇河退水闸生态补水（1874.88万 m³）
濮阳市	892	788	104	13	
安阳市	828	927	−99	−11	汤河退水闸生态补水（267.84万 m³）
滑县	224	226	−2	−1	
合计	22330	21739	591	3	"−"表示计划量较下达量少

【8月用水计划】

口门编号	口门名称	所在市县	供水目标	设计流量 （m³/s）	分水流量 （m³/s）	分水量 （万 m³）	备注	口门计算	
1	肖楼	南阳市 淅川县	引丹灌区		26.99	7230.00		26.99	7230.00
2	望城岗	邓州市	邓州一水厂	1	0.37	100.00			
			邓州二水厂	0.8	0.41	110.00			
			邓州三水厂	1.3	0.26	70.00		1.62	435.00
3	彭家	邓州市	邓州市赵集水厂		0.50	40.00	两台泵每天4个 时段间歇性供水	0.50	40.00
	邓州市合计				1.55	320.00			
2	望城岗	邓州市	新野二水厂	1.6	0.23	62.00			
			新野三水厂		0.35	93.00			
3-1	谭寨	南阳市 镇平县	镇平五里岗水厂	0.4	0.09	25.00	水泵流量0.12~ 0.2~0.24 m³/s	0.50	135.00
			镇平县规划水厂	0.6	0.41	110.00			
5	田洼	南阳市	南阳市傅岗水厂 （麒麟水厂）	3.3	1.01	270.00		1.09	291.20
		南阳市	南阳市龙升水厂	0.7	0.08	21.20	水泵流量0.26~ 0.37~0.45 m³/s		
6	大寨	南阳市	南阳市第四水厂	2	0.71	190.00		0.71	190.00
7	半坡店	南阳市 方城县	唐河县老水厂	0.7	0.64	170.50		0.90	240.50
		南阳市 社旗县	社旗水厂	1.3	0.26	70.00			
9	十里庙	南阳市 方城县	方城县新裕水厂	1	0.34	90.00	水泵流量0.30~ 0.43~0.51 m³/s	0.35	95.00
			方城县东园区水厂		0.02	5.00			
T6	清河退水 闸	南阳市 方城县	方城县		2.00	535.00	退水闸流量按照 实际报送填写	2.00	535.00
	白河退水 闸				6.00	2390.00	8月16日8:00 起分水流量调减 为12 m³/s	6.00	2390.00
	南阳市合计				12.13	4031.70			

口门编号	口门名称	所在市县	供水目标	设计流量（m³/s）	分水流量（m³/s）	分水量（万m³）	备注	口门计算	
10	辛庄	平顶山市叶县	舞阳水厂	0.5	0.31	82.00		5.29	1418.20
			漯河市二水厂	0.6	0.69	185.00			
			漯河市三水厂	0.6	0.64	170.50			
			漯河市四水厂	1.1	0.69	185.00			
			漯河市五水厂	0.9	0.17	46.50			
			漯河市八水厂	0.5	0.20	54.00			
漯河市合计					3.34	893.50			
10	辛庄	平顶山市叶县	周口市东区水厂	2	0.98	263.50			
			周口市二水厂（西区水厂）	1.8	0.93	248.00			
			商水县水厂	0.5	0.31	83.70			
周口市合计					2.22	595.20			
10	辛庄分水口	平顶山市叶县	舞钢市中州南水北调水厂		0.37	100.00			
11-1	张村	鲁山县	鲁山县城南水厂		0.50	20.00	每天5：00~8：00、13：00~18：00泵站间歇抽水	0.50	20.00
12	马庄	平顶山市新城区	焦庄水厂	3	1.03	275.00		1.03	275.00
13	高庄	平顶山市宝丰县	王铁庄水厂	0.6	0.60	135.00	间歇抽水	1.10	195.00
			石龙区水厂	0.5	0.50	60.00	间歇抽水		
14	赵庄	平顶山市郏县	郏县规划水厂	0.5	0.32	85.00		0.32	85.00
平顶山市合计					2.94	675.00			
15	宴窑	许昌市襄城县	襄城县三水厂	0.5	0.28	75.00		0.28	75.00
16	任坡	禹州市神垕镇	禹州市二水厂	1.5	0.66	178.00		1.37	366.00
			登封卢店水厂		0.57	152.00			
			纸坊水库	0.00	0.00				
			神垕镇水厂	0.5	0.13	36.00	水泵流量0.215~0.25~0.29 m³/s		
17	孟坡	许昌市	许昌市周庄水厂	1.5	0.84	225.00	760.02	3.47	930.52
			许昌市二水厂	1.5	0.35	93.00			
			许昌市北海		0.45	121.00			
			许昌市石梁河、霸陵河		0.40	107.00			
		鄢陵县	鄢陵县中心水厂	1	0.28	75.02			
		许昌市	许昌市曹寨水厂	1	0.52	139.00			
		漯河市临颍县	临颍县一水厂	0.8	0.46	124.00			
			临颍县二水厂线路	1.2	0.17	46.50			

续表

口门编号	口门名称	所在市县	供水目标	设计流量（m³/s）	分水流量（m³/s）	分水量（万m³）	备注	口门计算	
18	洼李	许昌市长葛市	长葛市增福湖		0.47	127.00		1.25	335.00
			长葛市清潩河		0.35	93.00			
			长葛市三水厂	2	0.43	115.00			
	颍河退水闸				1.00	80.00	8月1日8时~8日7时（许昌市水利局）退水闸按照实际报送流量、8月21日9时~31日15时（禹州市水利局）	1.00	80.00
	许昌市合计				6.17	1464.02			
19	李垌		新郑第二水厂	2	1.45	387.50		1.45	387.50
			望京楼水库		0.00	0.00			
T15	双泊河退水闸				5.00	1339.00		5.00	1339.00
	贾峪河退水闸								
	十八里河退水闸								
	索河退水闸				0.00	0.00		0.00	0.00
20	小河刘	郑州市航空港区	航空城一水厂	2.7	2.66	713.00	水泵流量0.59~0.85~1.02 m³/s	4.29	1149.00
			航空城二水厂	1.35	0.82	220.00	水泵流量0.33~0.48~0.57 m³/s		
		郑州市中牟县	中牟县新城水厂	1	0.81	216.00			
21	刘湾	郑州市	刘湾水厂	5	4.86	1302.00	水泵流量0.997~1.253~1.459 m³/s	4.86	1302.00
22	密垌		尖岗水库（新密市水厂）	6	0.75	200.00		0.75	200.00
23	中原西路	郑州市	郑州柿园水厂	4.4	4.23	1132.00	水泵流量0.88~1.11~1.29 m³/s	4.23	1132.00
			郑州白庙水厂	4	0.00	0.00			
24	前蒋寨	郑州市荥阳市	荥阳市四水厂	2.2	2.08	558.00	水泵流量0.39~0.56~0.67 m³/s	2.08	558.00
24-1	蒋头	郑州市上街区	上街区规划水厂	1	0.41	110.00	水泵流量0.39~0.56~0.67 m³/s	0.41	110.00

续表

口门编号	口门名称	所在市县	供水目标	设计流量 (m³/s)	分水流量 (m³/s)	分水量 (万m³)	备注	口门计算	
		郑州市合计			23.63	6329.50			
25	马庄	焦作市 温县	温县第三水厂	0.6	0.23	62.00		0.23	62.00
			温县荣蚰河		0.00	0.00			
26	北石涧	焦作市 博爱县	武陟县水厂	1	0.37	100.00		0.70	186.80
			博爱县水厂	0.7	0.32	86.80	水泵流量0.154~ 0.219~0.263 m³/s		
27	府城	焦作市	府城水厂	3.4	1.39	372.00		2.06	392.00
			大沙河		0.67	20.00			
28	苏蔺	焦作市	苏蔺水厂	4.25	0.98	263.00		1.21	323.00
			修武县水厂	0.75	0.22	60.00			
T20	闫河退水闸				0.00		7月10日8时		
					0.00		7月20日8时		
T20					0.00		7月31日8时		
		焦作市合计			4.20	963.80			
30	郭屯	新乡市 获嘉县	获嘉县水厂	1	0.19	49.60		0.19	49.60
31	路固	新乡市 辉县市	辉县市三水厂	2	0.52	139.50		0.83	159.28
			辉县百泉湖引水工程	0.3	0.31	19.78	8月1~23日每天 8：30~16：30		
32	老道井	新乡市	高村水厂	2.5	0.78	210.00			
			孟营水厂	1.7	1.01	270.00		3.58	958.80
			新区水厂	3.1	1.23	330.00		3.58	958.80
		新乡县	七里营水厂线路 （调蓄工程）	2.3	0.17	46.50			
			七里营水厂		0.17	46.50			
		新乡市	凤泉区水厂	3.1	0.38	102.30			
33	温寺门	新乡市 卫辉市	规划水厂	1.6	0.79	210.80		0.79	210.80
		新乡市合计			5.38	1378.48			
34	袁庄	鹤壁市 淇县	铁西区水厂	1.4	0.27	72.00	水泵设计流量 0.5 m³/s	0.42	112.00
			淇县城北水厂线路 （赵家渠）	0.6	0.15	40.00			
35	三里屯	鹤壁市 淇县	鹤壁市第四水厂	2	0.10	28.00			
			浚县水厂	2	0.29	78.00			
			濮阳市二水厂	1.67	1.16	310.00			
			濮阳市三水厂	1.67	0.46	124.00			
			清丰县中州水厂	1.85	0.81	217.00			
			南乐县三水厂		0.58	155.00			
			濮阳县水厂		0.22	58.90			
			滑县三水厂	1	0.60	161.20			

续表

口门编号	口门名称	所在市县	供水目标	设计流量（m³/s）	分水流量（m³/s）	分水量（万m³）	备注	口门计算	
35	三里屯	鹤壁市淇县	滑县四水厂线路（安阳中盈化肥有限公司）	2	0.17	44.64			
			滑县四水厂线路（河南易凯针织有限责任公司）		0.06	17.00		4.46	1193.74
淇河退水闸					0.00	0.00			
36	刘庄	鹤壁市	第三水厂	1.5	0.75	200.00	水泵设计流量0.53 m³/s	0.75	200.00
鹤壁市合计					1.56	418.00			
濮阳市合计					3.23	864.90			
滑县合计					0.83	222.84			
37	董庄	安阳市汤阴县	汤阴一水厂	0.4	0.23	62.00	手	0.79	210.80
		安阳市汤阴县	汤阴二水厂	0.6	0.17	46.50	动		
		安阳市内黄县	内黄四水厂	1.5	0.38	102.30	输		
38	小营	安阳市	安阳市第六水厂	4.5	0.32	86.80	入	1.38	369.80
			安阳市第八水厂		0.98	263.50	安		
			安钢集团冷轧有限责任公司		0.07	19.50	阳		
39	南流寺	安阳市	安阳市第四水厂（二期）	4	0.98	263.50	数	0.98	263.50
汤河退水闸		汤阴县	汤河		0.00	0.00			
安阳市合计					3.15	844.10	据		
合计					97.33	26231.04			
					统计复核	0			
					报送复核	0			
			城镇水厂			#REF!			
			退水闸补水			#REF!			
			充库调蓄			#REF!			
			引丹灌区			7230.00			
			城镇水厂日计划供水量		31.00	#REF!			

【9月用水计划】

各地	实际调整计划用水量（万m³）	年度计划下达月用水量（万m³）	差额（计划量－下达量）（万m³）	差额比（计划量－下达量）/下达量（%）	备注
引丹灌区	5700	5700	0	0	
邓州市	320	314	6	2	
南阳市	1053	952	101	11	清河退水闸生态补水（520万m³）、白河退水闸生态补水（1296万m³）
漯河市	889	821	68	8	
周口市	576	476	100	21	
平顶山市	655	610	45	7	
许昌市	1322	1204	118	10	颍河退水闸生态补水（80万m³）
郑州市	5672	5620	52	1	双洎河退水闸生态补水（1296万m³）
焦作市	922	724	198	27	闫河退水闸生态补水（5万m³）大沙河（100万m³）
新乡市	1484	1330	154	12	
鹤壁市	364	383	−19	−5	
濮阳市	793	790	3	0	
安阳市	811	900	−89	−10	
滑县	214	236	−22	−9	
合计	20775	20060	715	4	"−"表示计划量较下达量少

【10月用水计划】

口门编号	口门名称	所在市县	供水目标	设计流量（m³/s）	分水流量（m³/s）	分水量（万m³）	备注	口门计算	
1	肖楼	南阳市淅川县	引丹灌区		15.94	4270.00		15.94	4270.00
2	望城岗	邓州市	邓州一水厂	1	0.37	100.00			
			邓州二水厂	0.8	0.41	110.00			
			邓州三水厂	1.3	0.26	70.00		1.51	404.00
3	彭家	邓州市	邓州市赵集水厂		0.50	40.00	两台泵每天4个时段间歇性供水	0.50	40.00
	邓州市合计				1.55	320.00			
2	望城岗	邓州市	新野二水厂	1.6	0.23	62.00			
			新野三水厂		0.23	62.00			
3-1	谭寨	南阳市镇平县	镇平五里岗水厂	0.4	0.10	25.92	水泵流量0.12~0.2~0.24 m³/s	0.48	129.60
			镇平县规划水厂	0.6	0.39	103.68			
5	田洼	南阳市	南阳市傅岗水厂（麒麟水厂）	3.3	0.97	260.00		1.04	279.00
		南阳市	南阳市龙升水厂	0.7	0.07	19.00	水泵流量0.26~0.37~0.45 m³/s		
6	大寨	南阳市	南阳市第四水厂	2	0.56	150.00		0.56	150.00
7	半坡店	南阳市方城县	唐河县老水厂	0.7	0.64	170.50		0.90	240.50

续表

口门编号	口门名称	所在市县	供水目标	设计流量 （m³/s）	分水流量 （m³/s）	分水量 （万m³）	备注	口门计算	
7	半坡店	南阳市 社旗县	社旗水厂	1.3	0.26	70.00			
9	十里庙	南阳市 方城县	方城县新裕水厂	1	0.52	93.00	水泵流量0.30~0.43~ 0.51 m³/s、10月1~ 31日0：30~08：00 12：00~21：00	0.80	96.00
			方城县 东园区水厂		0.28	3.00	10月1~31日上下午 各半个小时		
T6	清河退水闸	南阳市 方城县	方城县	2.00		535.68	退水闸流量按照实 际报送填写	2.00	535.68
	白河退水闸				5.00	1339.00		5.00	1339.00
	南阳市合计				11.25	2893.78			
10	辛庄	平顶山市 叶县	舞阳水厂	0.5	0.32	85.00		5.30	1418.70
			漯河市二水厂	0.6	0.71	190.00			
			漯河市三水厂	0.6	0.58	155.00			
			漯河市四水厂	1.1	0.68	182.00			
			漯河市五水厂	0.9	0.17	46.50			
			漯河市八水厂	0.5	0.19	50.00			
	漯河市合计				3.28	878.00			
10	辛庄	平顶山市 叶县	周口市东区水厂	2	0.98	263.50			
			周口市二水厂 （西区水厂）	1.8	0.93	248.00			
			商水县水厂	0.5	0.31	83.70			
	周口市合计				2.22	595.20			
10	辛庄分水口	平顶山市 叶县	舞钢市中州 南水北调水厂		0.43	115.00			
11-1	张村	鲁山县	鲁山县城南水厂		0.50	15.00	每天5：00~8：00、 13：00~18：00泵站 间歇抽水	0.50	15.00
12	马庄	平顶山市 新城区	焦庄水厂	3	0.97	260.00		0.97	260.00
13	高庄	平顶山市 宝丰县	王铁庄水厂	0.6	0.60	125.00	间歇抽水	1.10	165.00
			石龙区水厂	0.5	0.50	40.00	间歇抽水		
14	赵庄	平顶山市 郏县	郏县规划水厂	0.5	0.30	80.00		0.30	80.00
	平顶山市合计				3.30	635.00			
15	宴窑	许昌市 襄城县	襄城县三水厂	0.5	0.27	72.00		0.27	72.00
16	任坡	禹州市 神垕镇	禹州市二水厂	1.5	0.66	178.00		1.28	343.00
			登封卢店水厂		0.49	130.00			
			纸坊水库		0.00	0.00			
			神垕镇水厂	0.5	0.13	35.00	水泵流量0.215~ 0.25~0.29 m³/s		

口门编号	口门名称	所在市县	供水目标	设计流量 (m³/s)	分水流量 (m³/s)	分水量 (万m³)	备注	口门计算	
17	孟坡	许昌市	许昌市周庄水厂	1.5	0.77	205.00	678.08		
			许昌市二水厂	1.5	0.31	84.00			
			许昌市北海		0.40	107.00			
			许昌市石梁河、霸陵河		0.30	80.00		3.16	847.58
		鄢陵县	鄢陵县中心水厂	1	0.19	52.08			
		许昌市	许昌市曹寨水厂	1	0.56	150.00			
		漯河市临颍县	临颍县一水厂	0.8	0.46	123.00			
			临颍县二水厂线路	1.2	0.17	46.50			
18	洼李	许昌市长葛市	长葛市增福湖		0.47	127.00		1.27	341.00
			长葛市清潩河		0.37	98.00			
			长葛市三水厂	2	0.43	116.00			
	颍河退水闸				0.00	0.00	8月1日8时至8日7时（许昌市水利局）退水闸按照实际报送流量、9月21日9时~30日15时（禹州市水利局）	0.00	0.00
	许昌市合计				4.87	1304.08			
19	李垌		新郑第二水厂	2	1.16	310.00		1.53	410.00
			望京楼水库		0.37	100.00			
T15	双洎河退水闸				5.00	1339.00		5.00	1339.00
	贾峪河退水闸					0.00			
	十八里河退水闸					0.00			
	索河退水闸				0.00	0.00		0.00	0.00
20	小河刘	郑州市航空港区	航空城一水厂	2.7	2.22	594.00	水泵流量0.59~0.85~1.02 m³/s	3.74	1001.00
			航空城二水厂	1.35	0.75	200.00	水泵流量0.33~0.48~0.57 m³/s		
		郑州市中牟县	中牟县新城水厂	1	0.77	207.00			
21	刘湾	郑州市	刘湾水厂	5	4.42	1185.00	水泵流量0.997~1.253~1.459 m³/s	4.42	1185.00
22	密垌		尖岗水库（新密市水厂）	6					
23	中原西路	郑州市	郑州柿园水厂	4.4	4.03	1080.00	水泵流量0.88~1.11~1.29 m³/s	7.39	1980.00
			郑州白庙水厂	4	3.36	900.00			
24	前蒋寨	郑州市荥阳市	荥阳市四水厂	2.2	1.90	510.00	水泵流量0.39~0.56~0.67 m³/s	1.90	510.00

续表

口门编号	口门名称	所在市县	供水目标	设计流量 （m³/s）	分水流量 （m³/s）	分水量 （万m³）	备注	口门计算	
24-1	蒋头	郑州市 上街区	上街区规划水厂	1	0.37	100.00	水泵流量0.39~0.56~ 0.67 m³/s	0.37	100.00
	郑州市合计				24.85	6655.00			
25	马庄	焦作市 温县	温县第三水厂	0.6	0.23	62.00		0.23	62.00
			温县荣蚰河		0.00	0.00			
26	北石涧	焦作市 博爱县	武陟县水厂	1	0.34	90.00		0.66	176.80
			博爱县水厂	0.7	0.32	86.80	水泵流量0.154~ 0.219~0.263 m³/s		
27	府城	焦作市	府城水厂	3.4	1.39	372.00		1.39	372.00
			大沙河		0.00		10月20日9时		
28	苏蔺	焦作市	苏蔺水厂	4.25	0.93	248.00		1.15	308.00
			修武县水厂	0.75	0.22	60.00			
T20					0.00		7月10日8时		
	闫河退水闸				0.00		7月20日8时		
T20					0.00	0.00	9月29日8时	0.00	0.00
	焦作市合计				3.43	918.80			
30	郭屯	新乡市 获嘉县	获嘉县水厂	1	0.19	49.60		0.19	49.60
31	路固	新乡市 辉县市	辉县市三水厂	2	0.52	139.50		0.82	141.42
			辉县百泉湖引水 工程	0.3	0.30	1.92	10月1~3日每日 8：30~14：30		
32	老道井	新乡市	高村水厂	2.5	0.63	170.00			
			孟营水厂	1.7	0.93	250.00		3.86	1033.00
			新区水厂	3.1	1.46	390.00		3.86	1033.00
		新乡县	七里营水厂线路 （调蓄工程）	2.3	0.17	46.50			
			七里营水厂		0.17	46.50			
			心连心		0.37	99.00			
		新乡市	凤泉区水厂	3.1	0.29	77.50			
33	温寺门	新乡市 卫辉市	规划水厂	1.6	0.76	204.60		0.76	204.60
	新乡市合计				5.62	1428.62			
34	袁庄	鹤壁市 淇县	铁西区水厂	1.4	0.31	82.00	水泵设计流量0.5 m³/s	0.38	102.00
			淇县城北水厂线 路 （赵家渠）	0.6	0.07	20.00			
35	三里屯	鹤壁市 淇县	鹤壁市第四水厂	2	0.11	29.00			
			浚县水厂	2	0.24	65.00			
			濮阳市二水厂	1.67	1.16	310.00			
			濮阳市三水厂	1.67	0.46	124.00			
			清丰县中州水厂	1.85	0.58	155.00			

口门编号	口门名称	所在市县	供水目标	设计流量（m³/s）	分水流量（m³/s）	分水量（万m³）	备注	口门计算	
35	三里屯	鹤壁市淇县	南乐县三水厂	1.85	0.54	145.70			
			濮阳县水厂		0.22	58.90			
			滑县三水厂	1	0.58	155.00			
			滑县四水厂线路（安阳中盈化肥有限公司）	2	0.17	44.64			
			滑县四水厂线路（河南易凯针织有限责任公司）		0.07	18.60		4.13	1105.84
	淇河退水闸				0.00	0.00			
36	刘庄	鹤壁市	第三水厂	1.5	0.71	190.00	水泵设计流量0.53 m³/s	0.71	190.00
	鹤壁市合计				1.44	386.00			
	濮阳市合计				2.96	793.60			
	滑县合计				0.81	218.24			
37	董庄	安阳市汤阴县	汤阴一水厂	0.4	0.23	62.00	手	0.78	207.70
		安阳市汤阴县	汤阴二水厂	0.6	0.17	46.50	动		
		安阳市内黄县	内黄四水厂	1.5	0.37	99.20	输		
38	小营	安阳市	安阳市第六水厂	4.5	0.27	71.30	入	1.22	325.50
			安阳市第八水厂		0.87	232.50	安		
			安钢集团冷轧有限责任公司		0.08	21.70	阳		
39	南流寺	安阳市	安阳市第四水厂（二期）	4	0.98	263.50	数	0.98	263.50
	汤河退水闸	汤阴县	汤河		0.00	0.00			
	安阳市合计				2.97	796.70	据		
	合计				84.50	22093.02			
			统计复核		0				
			报送复核		0				
			城镇水厂						
			退水闸补水						
			充库调蓄						
			引丹灌区		4270.00				
			城镇水厂日计划供水量	31.00					

【11月用水计划】

序号	口门编号	口门名称	实际调整计划用水量（万m³）	下达当月计划用水量（万m³）	差额（计划量-下达量）（万m³）	差额比（计划量-下达量）/下达量（%）	备注
1	1	肖楼	2590	2590	0	0	
2	2	望城岗	430	337	94	28	
3	3	彭家	40	30	10	33	
4	3-1	谭寨	130	130	0	0	
5	5	田洼	278	274	4	2	
6	6	大寨	150	150	0	0	
7	7	半坡店	235	231	4	2	
8	9	十里庙	88	93	−5	−5	
9	10	辛庄	1380	1300	80	6	
10	11	澎河	0	0	0	0	
11	11-1	张村	20	20	0		
12	12	马庄	255	250	5	2	
13	13	高庄	150	140	10	7	
14	14	赵庄	70	81	−11	−14	
15	15	宴窑	70	80	−10	−13	
16	16	任坡	310	329	−19	−6	
17	17	孟坡	740	690	50	7	
18	18	洼李	333	231	102	44	
19	19	李垌	315	456	−141	−31	
20	20	小河刘	1012	1024	−12	−1	
21	21	刘湾	1210	1200	10	1	
22	22	密垌	300	180	120	67	
23	23	中原西路	1980	1980	0	0	
24	24	前蒋寨	510	485	25	5	
25	24-1	上街（蒋头）	100	115	−15	−13	
26	25	北冷（马庄）	59	63	−5	−7	
27	26	北石涧	174	190	−16	−8	
28	27	府城	360	360	0	0	
29	28	苏蔺	290	290	0	0	
30	30	郭屯	48	54	−6	−11	
31	31	路固	137	120	17	14	
32	32	老道井	999	920	79	9	
33	33	温寺门	201	195	6	3	
34	34	袁庄	106	90	16	18	
35	35	三里屯	1208	956	252	26	
36	36	刘庄	190	180	10	6	
37	37	董庄	201	209	−8	−4	
38	38	小营	301	304	−3	−1	
39	39	南流寺	255	255	0	0	
合计			17224	16581	642	4	"−"表示计划量较下达量少

【12月用水计划】

口门编号	口门名称	所在市县	分水流量 (m³/s)	分水量 (万 m³)	计划开始时间	备注
1	肖楼	淅川县	9.97	2670.00	正常	引丹灌区
2	望城岗	邓州市	1.61	430.00	正常	2号望城岗口门—邓州市一水厂（100万m³）、邓州市二水厂（110万m³）、邓州市三水厂（100万m³）、新野县二水厂（67万m³）和新野县三水厂（53万m³）
3	彭家	邓州市	0.50	40.00	正常	3号彭家口门—邓州市赵集水厂（40万m³、两台泵每天间歇性供水）
4	谭寨	南阳市镇平县	0.48	129.60	正常	3-1号谭寨口门—镇平县五里岗水厂（25.92万m³）和镇平县规划水厂（103.68万m³）
6	田洼	南阳市	1.03	275.00	正常	5号田洼口门—南阳市傅岗水厂（260万m³）和南阳市龙升水厂（15万m³）
7	大寨	南阳市	0.56	150.00	正常	6号大寨口门—南阳市四水厂
8	半坡店	南阳市方城县	0.90	240.50	正常	7号半坡店口门—唐河县水厂（170.5万m³）和社旗县水厂（70万m³）
10	十里庙	南阳市方城县	0.79	94.00	正常	9号十里庙口门—方城县新裕水厂（91万m³、每天0：30~08：00及12：00~21：00泵站间歇抽水）和东园区水厂（3万m³、每天1小时泵站间歇抽水）
11	辛庄	平顶山市叶县	5.24	1403.70	正常	10号辛庄口门—舞阳县水厂（85万m³）、漯河市二水厂（192万m³）、漯河市三水厂（170万m³）、漯河市四水厂（168万m³）、漯河市五水厂（46.5万m³）、漯河市八水厂（42万m³）、周口市东区水厂（263.5万m³）、周口市西区水厂线路（二水厂248万m³）、商水县水厂（83.7万m³）、舞钢市中州南水北调水厂（105万m³）
13	张村	平顶山市鲁山县	0.50	15.00	正常	11-1号张村口门—鲁山县城南水厂（每天5：00~8：00、13：00~18：00泵站间歇抽水）
14	马庄	平顶山市新城区	0.97	260.00	正常	12号马庄口门—新城区焦庄水厂
15	高庄	平顶山市宝丰县	1.10	160.00	正常	13号高庄口门—宝丰县王铁庄水厂（120万m³）和石龙区水厂（40万m³）
16	赵庄	平顶山市郏县	0.30	80.00	正常	14号赵庄口门—郏县三水厂
17	宴窑	许昌市禹州市	0.23	62.00	正常	15号宴窑口门—襄城县三水厂
18	任坡	许昌市禹州市	1.21	323.00	正常	16号任坡口门—禹州市二水厂（160万m³）、神垕镇水厂（33万m³）和登封市卢店水厂（130万m³）
19	孟坡	许昌市禹州市	2.88	772.44	正常	17号孟坡口门—许昌市周庄水厂（190万m³）、许昌市二水厂（89万m³）、北海（121万m³）、鄢陵县中心水厂（63.24万m³）、许昌市曹寨水厂（148万m³）和临颍县一水厂（130.2万m³）、临颍县二水厂线路（千亩湖31万m³）
20	洼李	许昌市长葛市	1.27	340.00	正常	18号洼李口门—长葛市三水厂（115万m³）、清潩河（98万m³）和增福湖（127万m³）

续表

口门编号	口门名称	所在市县	分水流量 （m³/s）	分水量 （万 m³）	计划 开始时间	备注
21	李垌	郑州市 新郑市	1.27	341.00	正常	19号李垌口门—新郑市二水厂
22	小河刘	郑州市 航空港区	3.72	996.00	正常	20号小河刘口门—航空港区一水厂（590万 m³）、航空港区二水厂（220万 m³）和中牟县新城水厂（186万 m³）
23	刘湾	郑州市	4.26	1140.00	正常	21号刘湾口门—郑州市刘湾水厂（高峰流量5 m³/s）
24	密垌	郑州市	0.00	0.00	正常	22号密垌口门—尖岗水库和新密市水厂
25	中原 西路	郑州市	6.83	1830.00	正常	23号中原西路口门—郑州市柿园水厂（1050万 m³ 高峰流量4.3 m³/s）和白庙水厂（780万 m³）
26	前蒋寨	郑州市 荥阳市	1.79	480.00	正常	24号前蒋寨口门—荥阳市四水厂
27	上街	郑州市 上街区	0.37	100.00	正常	24-1号蒋头口门—上街区水厂
28	北冷	焦作市 温县	0.23	60.45	正常	25号马庄口门—温县三水厂
29	北石涧	焦作市 博爱县	0.66	176.80	正常	26号北石涧口门—武陟县水厂（90万 m³）和博爱县水厂（86.8万 m³）
30	府城	焦作市	1.39	372.00	正常	27号府城口门—焦作市府城水厂（372万 m³）
31	苏蔺	焦作市	1.11	298.00	正常	28号苏蔺口门—焦作市苏蔺水厂（248万 m³）和修武县水厂（50万 m³）
33	郭屯	新乡市 获嘉县	0.19	49.60	正常	30号郭屯口门—获嘉县水厂
34	路固	新乡市 辉县市	0.82	141.42	正常	31号路固口门—辉县市三水厂（139.5万 m³）、百泉湖引水工程（1.92万 m³、11月1~3日间歇供水）
35	老道井	新乡市	3.90	1045.30	正常	32号老道井口门—新乡市高村水厂（180万 m³）、孟营水厂（300万 m³）、新区水厂（370万 m³）、凤泉水厂（62万 m³）、河南心连心化学工业集团有限公司线路（102.3万 m³）和新乡县七里营水厂线路（调蓄工程31万 m³）
36	温寺门	新乡市 卫辉市	0.76	204.60	正常	33号温寺门口门—卫辉市水厂
37	袁庄	鹤壁市 淇县	0.39	104.00	正常	34号袁庄口门—淇县铁西水厂（84万 m³）和淇县城北水厂线路（赵家渠20万 m³）
38	三里屯	鹤壁市 淇县	4.56	1221.00	正常	35号三里屯口门—鹤壁市四水厂（32万 m³）、浚县水厂（65万 m³）、濮阳市二水厂（505万 m³）、濮阳市三水厂（108万 m³）、清丰县水厂（155万 m³）、南乐县水厂（120.9万 m³）、濮阳县水厂（55.8万 m³）、滑县三水厂（127.1万 m³）和滑县四水厂线路（安阳中盈化肥有限公司37.2万 m³、河南易凯针织有限责任公司15万 m³）
39	刘庄	鹤壁市	0.67	180.00	正常	36号刘庄口门—鹤壁市三水厂

续表

口门编号	口门名称	所在市县	分水流量 （m³/s）	分水量 （万 m³）	计划 开始时间	备注
40	董庄	安阳市 汤阴县	0.78	207.70	正常	37号董庄口门—汤阴县一水厂（62万 m³）、汤阴二水厂（46.5万 m³）和内黄县四水厂（99.2万 m³）
41	小营	安阳市	1.24	332.30	正常	38号小营口门—安阳市六水厂（77.5万 m³）、安阳市八水厂（232.5万 m³）和安钢水厂线路（安钢水厂22.3万 m³）
42	南流寺	安阳市	0.90	241.80	正常	39号南流寺口门—安阳市四水厂（二期）
合计			65.37	16967.21		

说明：口门编号和口门名称按中线局纪要〔2015〕11号文要求填写。

（李光阳）

拾 传媒信息

传 媒 信 息 选 录

法治日报

河南因地制宜
聚力打造南水北调法治文化带

2021-12-31

"愚公移山，改造中国，南水北调，引汉济黄，汉水不北流，誓死不回头……"在河南省南阳市下辖的邓州市杏山旅游管理区韩营村，一提起南水北调工程，不少村民就会脱口而出这句口号。

韩营村是邓州市南水北调引丹会战指挥部旧址所在地。指挥部于1968年成立，至1977年工程结束时撤销。虽然已过去半个世纪，但老一辈勇于担当、无私奉献的精神已深深地铭刻在人们心中。

与邓州市相邻的淅川县是南水北调中线工程渠首所在地和核心水源区。身临渠首大地，放眼望去，清澈的丹江水穿过水闸，一路北上。2014年12月12日，南水北调中线一期工程全面建成通水，作为世界上规模最大、距离最长、受益人口最多、受益范围最广的调水工程，7年来，已累计向北方调水494亿立方米，相当于黄河一年的水量，惠及1.4亿人，沿线群众获得感、幸福感、安全感持续增强。

"一渠清水永续北送，离不开法治作保障。近年来，河南省因地制宜打造南水北调法治文化带，普及依法护水知识，满足沿线群众法治需求，加强移民村依法治理，为推动南水北调后续工程高质量发展贡献法治力量。"河南省司法厅相关负责人说。

做好渠首精神的传承者

"渠首精神薪火相传，永放光芒。"当年参加三山会战的韩营村村民韩庆海如今已是75岁的老人，说起当年的情景依然心潮澎湃。

1967年上半年，邓县(后改名为邓州市)派人参加由水利部长江水利委员会办公室组织的引水线路勘察。勘察结束后，工作人员立即向上级汇报，提出急国家所需，力争由邓县来完成渠首和引丹灌区工程的建议。1968年12月，国务院批准邓县承担南水北调渠首和引丹灌区工程的建设任务。

当时，中央财政只给河南省划拨500万元，每名民工每天只能得到补助一毛二分钱。"为了抢工期、赶进度，工程指挥部于1969年1月26日在陶岔石盘岗举行开工典礼。"韩庆海回忆道。

在引丹会战中，邓县21个公社一半以上的干部轮流参加工程建设，556个大队的党支部书记、大队长、民兵连长全部奋战在建设一线。县直各单位均抽调干部为工地服务，与民工同吃同住同劳动，两万多人从开工一直干到工程结束。当时，邓县累计动员组织10万名民工，连续奋战10年，开展南水北调中线工程引丹大会战，开挖4.4公里引渠，建成渠首闸及刁河灌区的配套工程，直接投资9860万元。整个工程开挖的土石方，若筑成一米高一米宽的墙，可绕地球一周半。会战中，邓县有141名民工牺牲、2287人因公伤残，造就了"勇于担当、无私奉献、艰苦创业、不怕牺牲"的"渠首精神"。1974年8月16日，渠首闸和引丹灌溉一期工程建成通水。

岁月穿梭，时光荏苒。如今，新渠首在老渠首的基础上拔地而起，新老渠首交相辉映，在原来老渠首4公里的基础上向北延伸1000余公里，一渠清水抵达北京。

历史文化见证时代变迁

从南阳市方城县东南方向，沿着一条平整的水泥路走3公里，就是来券桥乡西八里沟自然村。南北走向的深沟两边栽满了杨树，这条沟就是襄汉漕渠，是古代南水北调工程的早期尝试。

据《宋史》记载，太平兴国三年，京西南路转运使程能上疏，建议在今南阳新店镇夏响铺筑堰，引白河水入石塘、沙河汇入蔡河，通京师汴梁，以通湘潭之漕。朝廷批准后，征调十万余名丁夫和州兵，两度开挖白河至沙河的运河达方城垭口。由于地势渐高，水虽到达，难通漕运，又赶上河水暴涨，石堰被冲，遂使工程搁浅，但当年开挖的运河遗址至今犹存。

襄汉漕渠为新世纪的南水北调工程提供了极为宝贵的经验借鉴。水利部长江水利委员会的相关专家曾多次到方城县考察，最终确定南水北调中线工程方城段的走向与宋代襄汉漕渠的走向基本一致，两者最近处仅相距100米。为保护襄汉漕渠遗迹，1985年10月，方城县政府将襄汉漕渠沙山段、二龙山段、东八里沟段列为县级重点文物保护单位。

"方城垭口是南水北调中线工程必经之地，与陶岔渠首、郑州穿黄工程、进京水道一起，并称为中线工程4个关键工程环节。"方城县南水北调工程运行保障中心负责人说。方城县境内南水北调中线总干渠渠线长60.794公里，是中线工程过境最长的县域。

为保障南水北调水质安全，方城县成立由县委政法委牵头，以县公安局、检察院、法院、司法局为成员单位的法治领导小组，组建460人的县级巡查员、乡级检查员、村级管理员、组级信息员"四员"队伍，充分发挥联动联治作用，确保南水北调中线总干渠方城段水质安全。

法治护航群众幸福生活

步入平顶山市宝丰县周庄镇马川新村，只见一座座小楼典雅别致、建筑考究、亮丽抢眼，村旁的一排排大棚排列整齐。

马川新村是南水北调中线工程南阳市淅川县移民安置试点村。2009年8月，该村256户1040人从丹江口水库南岸的盛湾镇整体搬迁至此，村民带着对故土的眷恋来到异乡生活。

据宝丰县司法局局长牛志刚介绍，今年以来，县司法局委派律师，联合辖区司法所，共排查化解移民群众矛盾纠纷78起，为维护社会稳定大局提供了有力支撑。如今，马川新村已经成为全县远近闻名的民主法治村。

生活越过越好的村民，在宝丰县政府支持下，启动美好移民村建设，筹资420余万元，加强村居基础设施建设，不断改善居住环境。高标准的文化广场、百姓大舞台、党群服务站、卫生室、学校、超市、公厕布局合理，运动广场上的彩色跑道、篮球场、乒乓球台和健身器材一应俱全。丹江水通到了家里面，公交车开到了家门口。

平顶山市郏县白庙乡马湾新村是国家3A级景区。走进马湾新村，首先映入眼帘的是刻在巨石上的一行大字——"丹江缘·马湾移民小镇"。绕过巨石，只见条条大路干净整洁，小洋房鳞次栉比，温室大棚、亲子农场里一派繁忙景象，前来游玩和采摘的游客络绎不绝。

2010年8月，南水北调中线工程丹江口库区淅川县盛湾镇马湾村、王沟村、马沟村388户1672人来到马湾新村扎根。10余年来，马湾新村发生巨大变化。2020年，全村人均年收入超过1.7万元。

幸福生活离不开法治护航。早在2012年，马湾新村就获得省级"民主法治村"荣誉称号。郏县司法局为保障移民群众尽快适应当地工作和生活，建立了马湾移民新村法律顾问工作室。便捷的法律服务大大增强了群众的获得感、幸福感、安全感。

村部二楼的"说理堂"是说事、听事、办事的评理堂、顺气堂，与村法律顾问工作室紧密联系、相互促进，也是郏县司法局设在村里的普法阵地，是村民们学习法律的地方。小事不出村、大事不出乡、矛盾不上交，既是郏县司法局和"说理堂"的工作目标，也是马湾新村群众幸福生活的根本保障。

集思广益建设法治文化带

南水北调法治文化带建设被列为河南省"八五"普法规划的一项重要内容。如何以法治文化为基调，谱写好南水北调沿线的法治乐章？近日，河南省司法厅召开"建设南水北调法治文化带为推动南水北调中线后续工程高质量发展贡献法治力量"专题研讨会，省委宣传部、省财政厅、省生态环境厅、省水利厅、河南黄河河务局等部门有关负责人与法律、传媒专家学者齐聚一堂，为制定南水北调法治文化带建设规划和实施方案提出意见建议。

研讨会上，与会专家学者围绕主题，从不同侧面、不同视角、不同专业领域，提出了许多富有建设性的意见建议。

河南省委宣传部宣教处四级调研员张玉坤认为，应当加强顶层设计，沿线地市都要提高政治站位，主动融入国家发展大局，抓好南水北调法治文化带建设。

河南黄河河务局水政与河湖处二级调研员王庆伟介绍了河南黄河法治文化带的建设经验。他建议，南水北调法治文化带应以基地建设为支撑打造亮点，开展群众喜闻乐见的法治文化活动，吸引公众参与，让法治理念更加深入人心。

河南省生态环境厅法规处副处长董小全从立法方面提出建议。他表示，目前，《河南省南水北调饮用水水源保护条例(草案)》已提请省人大常委会审议，应加快推进相关立法及普法工作，为南水北调中线后续工程高质量发展提供法治保障。

河南省水利厅政法处一级主任科员张献民表示，南水北调法治文化带的建设要注重特色，将移民文化、生态保护、文物保护等特点凸显出来。

焦作市司法局二级调研员刘晓战说，南水北调法治文化带建设战线长，从省级层面制定规划很有必要，可以避免重复投入、内容雷同等问题。

河南工业大学法学院院长张道许建议在南水北调沿线设置场馆、基地等作为载体，进一步弘扬法治文化。

会上，郑州、平顶山、南阳、安阳、鹤壁等地介绍了目前在南北水调法治文化带建设中所做的一些探索。

河南省司法厅党委委员、副厅长鲁建学认为，建设南水北调法治文化带，是发挥法治固根本、稳预期、利长远的保障作用，服务南水北调后续工程高质量发展的重要举措，也是河南省认真贯彻落实"八五"普法规划，构筑全国法治文化新高地的实际行动，意义重大、十分必要。在建设过程中，要注意借鉴黄河法治文化带建设的成功经验，坚持高标准定位、高起点谋划，主动对接南水北调后续工程高质量发展战略，在深入调查研究的基础上，科学编制《南水北调法治文化带建设规划》，加强顶层设计，明确任务书、时间表、路线图。

鲁建学表示，要立足各地实际，优化项目举措，统筹协调推进环保、生态、法治建设，不断完善"连点成线、以点带面、全面发展"的空间布局，壮大规模效应。要坚持共商规划、共建设施、共享成效的原则，加强司法行政与水利部门、南水北调主管部门、沿线党委政府之间的联系配合，调动各地各部门的主观能动性，建立长效合作机制，形成协调联动、各展所长、齐头并进的良好发展态势，打造法治建设全国知名品牌。要深入挖掘南水北调沿线的红色法治文化、传统法律文化丰富资源，推动法治文化与红色文化、传统文化、地方文化融合发展，因地制宜打造各具特色的法治文化风景线，更好服务群众。

（作者：王展　编辑：李东君）

郑州日报

"南水"入郑满七年

调水逾36亿立方米

2021-12-14

本报讯　（记者　武建玲　通讯员　刘素娟）15日，丹江水流进郑州将整整七年。记者从郑州市南水北调工程运行保障中心获悉，郑州市南水北调配套工程自2014年12月15日通水以来，七年间已经向郑州市累计供水36.26亿立方米。

南水北调中线工程途经郑州市新郑、航空港区、中牟、管城区、二七区、中原区、高新区、荥阳3县（市）5区，郑州境内干渠全长129公里，占中线干渠总长的1/10、河南境内总长的1/5。南水北调中线一期工程郑州段工程2014年12月正式通水，郑州市南水北调配套工程同步通水、达效。南水北调中线工程通水后，郑州市城市供水实现了真正意义的双水源，南水已经成为郑州中心城区自来水的主要水源。截至2021年11月30日，郑州市已累计实现南水北调总供水量36.26亿立方米，其中生活供水31.18亿立方米，生态补水5.08亿立方米。

在改变沿线供水格局的同时，南水也改善了受水区的水质。中线源头丹江口水库水质95%达到Ⅰ类水，干线水质连续多年优于Ⅱ类标准。南水入郑后，郑州群众的饮水质量显著改善，幸福感和获得感随之增强。

南水入郑七年，生态效益愈加明显。郑州的地下水主要供水层位是地面以下埋深100米到400米的中深层地下水，占郑州市地下水供水总量的70%以上。南水北调中线工程通水后，郑州市受水区地下水超采现象得以遏制，中深层地下水年平均水位由2014年的54.16米回升到2020年的44.7米，6年回升了9.46米，地下水水源得到涵养。

南水北调工程通水后，用水矛盾缓解，郑州生态用水相应增加，河湖水量增加、水质改善，河湖生态得到有效恢复。其实，南水北调总干渠"输水"的过程也在直接助力郑州生态建设。干渠在郑州市境内129公里，渠道水面达1.5万亩，相当于百亩水面的湖泊150个，对改善郑州居民的生活环境发挥了积极作用。

（郑州南水北调中心提供）

中国南水北调集团有限公司网
南水北调：全面通水七周年
筑牢"四条生命线"

2021-12-12

本站讯 因为一项史无前例的水利工程——南水北调工程，1.4亿人的生活得到改变、40多座大中城市的经济发展格局得到优化。"古有京杭运河，今有南水北调"，纵贯中国大地的两条人间"天河"，扮靓了新时代的中国，如母亲河长江、黄河一样滋养着华夏儿女生生不息，承载着实现中华民族伟大复兴的中国梦奋勇向前！

2014年12月12日南水北调东、中线一期工程全面建成通水，习近平总书记作出重要批示，强调"南水北调工程功在当代，利在千秋。希望继续坚持先节水后调水、先治污后通水、先环保后用水的原则，加强运行管理，深化水质保护，强抓节约用水，保障移民发展，做好后续工程筹划，使之不断造福民族、造福人民。"2020年11月13日，习近平总书记视察南水北调东线工程源头江都水利枢纽，强调"南水北调，我很关心。这是国之大事、世纪工程、民心工程""确保南水北调东线工程成为优化水资源配置、保障群众饮水安全、复苏河湖生态环境、畅通南北经济循环的生命线。"2021年5月13日—14日，习近平总书记视察南水北调中线工程源头陶岔渠首和丹江口水库，并在南阳主持召开推进南水北调后续工程高质量发展座谈会，强调"南水北调工程事关战略全局、事关长远发展、事关人民福祉"，充分肯定了南水北调工程的重大意义，科学分析了南水北调工程面临的新形势新任务，深刻总结了实施重大跨流域调水工程的宝贵经验，系统阐释了继续科学推进实施调水工程的一系列重大理论和实践问题，为推进南水北调后续工程高质量发展指明了方向、提供了根本遵循。

水利部认真学习贯彻习近平总书记关于南水北调的重要讲话和指示批示精神，全面贯彻落实党中央、国务院决策部署，科学管理、精准调度，充分发挥南水北调工程综合效益；统筹协调、全面谋划推进南水北调后续工程各项工作，加快建设"四条生命线"，持续深入推进南水北调后续工程高质量发展，为全面建设社会主义现代化国家提供有力的水安全保障。南水北调东、中线一期工程全面通水7年来，累计调水494亿立方米，发挥了巨大的经济、社会、生态效益，沿线人民群众获得感、幸福感、安全感持续增强，为全面建成小康社会、落实国家"江河战略"、支撑重大国家战略实施、建设美丽中国等作出了巨大贡献。

改变广大北方地区供水格局，水资源配置格局持续优化

南水北调东、中线一期工程全面建成通水，沟通了长、黄、淮、海四大流域，初步构筑了我国南北调配、东西互济的水网格局。全面通水7年来，工程运行管理者遵循工程运行管理规律，通过实施科学调度，实现了年调水量从20多亿立方米持续攀升至近100亿立方米的突破性进展。在做好精准精确调度的基础上，充分利用汛前腾库容的有利时机，充分利用工程输水能力，向北方多调水、增供水，2020年、2021年中线一期工程连续两年超过规划多年平均供水规模。特别是2021年，面对特大暴雨袭击、新冠疫情反弹等多重挑战，工程管理单位通过强化预警、预报、预演、预案措施，科学精准调度工程，实现中线工程年度调水突破90亿立方米，完成年度计划的121%。南水北调水已成为不少北方城市供水新的生命线：北京城区7成以上供水为南水北调水；天津市主城区供水几乎全部为南水。随着南水北调东线北延应急供水工程正式通水，天津、河北等地的水安全保障能力进一步增强，我国北方地区水资源短缺局面从根本上得到缓解。

改善供水水质，人民群众获得感、幸福感和安全感显著增强

南水北调工程已成为奔涌不息的绿色生命线，守护着工程沿线亿万人民群众的饮用水安全。全面通水7年来，近500亿立方米的优质水源源源不断地流入北方千家万户。据统计，截至2021年12月12日，东、中线一期工程已累计调水494亿立方米，其中中线一期工程累计调水超441亿立方米，东线一期工程累计调水入山东52.88亿立方米。通过推进铁腕治污和持续强化监督管理，南水北调工程水质长期持续稳定达标，东线一期工程输水干线水质全部达标，并持续稳定保持在地表水水质Ⅲ类以上；丹江口水库和中线干线供水水质稳定在地表水水质Ⅱ类以上。由于水质优良、供水保障率高，受水区对南水北调水依赖度越来越高。在北京，自来水硬度由过去的380毫克每升降至120毫克每升；在河南，十余座省辖市用上南水，其中郑州中心城区90%以上居民生活用水为南水北调水，基本告别饮用黄河水的历史；河北省黑龙港流域500多万人彻底告别了世代饮用高氟水、苦咸水的历史；东线工程在齐鲁大地上形成了"T"字形"动脉"，不仅为沿线居民提供了生活保障水和生产必需水，也成为了应对旱灾等极端天气的"救命水"，2017年、2018年山东大旱，东线一度成为保障青岛、烟台等城市供水安全的主力军。

推动复苏河湖生态环境，有力促进沿线生态文明建设

绿色始终是南水北调工程的底色。《南水北调工程总体规划》提出，南水北调的根本目标是改善和修复黄淮海平原和胶东地区的生态环境。全面通水7年来，通过水源置换、生态补水等综合措施，有效保障了沿线河湖生态安全。东线沿线受水区各湖泊，利用抽江水及时补充蒸发渗漏水量，湖泊蓄水保持稳定，生态环境持续向好，济南"泉城"再现四季泉水喷涌景象；中线已累计向北方50余条河流进行生态补水70多亿立方米，推动了滹沱河、瀑河、南拒马河、大清河、白洋淀等一大批河湖重现生机，河湖生态环境显著改善；2020年华北地区浅层地下水水位较上年总体回升 0.23 米，持续多年下降后首次实现止跌回升；北京市平原地区地下水位连续 6 年回升，2020 年末较 2014 年末，北京市浅层地下水水位回升 2.37 米；密云水库蓄水量于 2021 年 8 月 23 日突破历史最高纪录的 33.58 亿立方米。2021 年 8~9 月，首次通过北京段大宁调压池退水闸向永定河生态补水，助力永定河实现了 1996 年以来 865 公里河道首次全线通水。工程沿线曾经干涸的洼、淀、河、渠、湿地重现生机，初步形成了河畅、水清、岸绿、景美的靓丽风景线。

倒逼产业结构优化调整，推动受水区高质量发展

水资源格局影响和决定着经济社会发展格局，作为人类生产活动不可或缺的重要生产资料，水资源的有效配置在保障其他要素市场化配置、畅通经济循环中发挥着不可或缺的重要作用。南水北调工程在加快培育国内完整的内需体系中充分发挥水资源保障供给作用，打通水资源调配互济的堵点，解决北方地区水资源短缺的痛点，通过构建国家水网将南方地区的水资源优势转化为北方地区的经济优势，北方重要经济发展区、粮食主产区、能源基地生产的商品、粮食、能源等产品再通过交通网、电网等运输到全国各地，畅通南北经济大循环，促进各类生产要素在南北方更加优化配置，实现生产效率效益最大化。全面通水 7 年来，累计向北方调水近 500 亿立方米，以 2016-2019 年全国万元 GDP 平均用水量 70.4 立方米计算，有效支撑了受水区 7 万亿元 GDP 的增长，切实增强了北方地区经济发展后劲，为京津冀协同发展、雄安新区建设、黄河流域生态保护和高质量发展等区域协调发展战略实施提供了强有力的水资源保障。

南水北调工程实现了丰水的长江流域与缺水的黄淮海流域联通互补，提高了我国水资源综合利用效率，优化了我国经济社会发展布局，改善了我国生态环境质量，有力保障和推进了经济社会高质量发展，书写了中华民族伟大复兴进程中的辉煌篇章，开创了人类水利史的奇迹，是当之无愧的"大国重器"。

进入全面建设社会主义现代化强国新征程，党的十九大提出要加快水利基础设施网络建设，五中全会对实施国家水网重大工程作出战略部署。习近平总书记在推进南水北调后续工程高质量发展座谈会上强调，"水网建设起来，会是中华民族在治水历程中又一个世纪画卷，会载入千秋史册。"广大水利工作者将认真贯彻落实习近平总书记关于治水系列重要讲话和指示批示精神，胸怀"国之大者"，赓续红色基因，弘扬伟大建党精神，以舍我其谁的勇气和魄力，以只争朝夕的责任和担当，为实现这一世纪梦想奋勇前行，在新时代新征程中赢得更大的胜利和荣光！

责编：瑶薇

河南新闻广播

河南南水北调直接受益人口 2400 万 非受水区有望用上"南水"

2021-12-12　13：42：40

大象新闻·河南新闻广播记者　朱圣宇

12 月 12 日，据河南广播电视台新闻广播《河南新闻联播》报道，截至 12 月 12 日，南水北调中线工程正式通水 7 周年，累计调水超 441 亿立方米。河南省作为南水北调最大的受水区，供水覆盖全省 11 个省辖市和 41 个县（市、区），直接受益人口 2400 万。未来一些非受水区如开封、商丘等地也有望用上"南水"。

河南省平顶山市是首个受益于南水北调中线工程的城市，曾因干旱在工程通水前就紧急用上了"南水"。如今当地又有好消息，平顶山市南水北调工程运行保障中心四级调研员刘嘉淳介绍，今年年底平顶山市城区南水北调供水配套工程将完成主体工程建设，当地120万人很快就能喝上纯正的"南水"。"现在我们吃的是'两掺水'，城区配套工程建成后将直接供应南水北调水，一部分是平顶山城区约100万人口，叶县约20万人口，到那时候就能让市民吃上甘甜的、真正的丹江水。"

据统计，通水至今，中线工程共向沿线131个县市供水，直接受益人口达7900多万。目前河南南水北调供水覆盖南阳、平顶山等11个省辖市和41个县（市、区），多个城市主城区100%使用"南水"，受益人口达2400万，成为多个城市供水的"生命线"。

"我们沿线11个市，过去都是水资源相对短缺的地区，曾经大量取用地下水。南水北调通水以后，提高了保障率，长期稳定供给Ⅱ类以上优质水。"河南省水利厅副厅长王国栋向记者表示。

截至目前，中线全线累计调水超441亿立方米。河南省分水超149亿立方米，其中生态补水超22亿立方米。得益于南水北调生态补水，河南安阳市汤河水面就明显扩大，地下水位逐步回升。附近居民王先生告诉记者，以前这里是老汤河，像是一个臭水沟。经过现在生态补水和提升改造，水清岸绿，成了居民休闲的好去处。

据了解，河南省正着力推进南水北调后续工程高质量发展，要求中线受水区城镇公共供水水源为地下水的，应于2022年年底前置换为南水北调水源。扩大南水北调规划供水范围，规划新建观音寺等9座调蓄工程和一批供水、配套、生态补水工程，包含沈丘、开封市区等26个县（市、区）。未来一些非受水区如开封、商丘等地也有望用上"南水"。

河南发布
南水北调中线工程七年来累计调水超441亿立方米

2021-12-12

每天，家住郑州市金水区的任海平都用南水烧水做饭。从小在郑州长大的他，目前负责南水北调中线工程河南分局辖区段的水质检测工作，对用上南水后自来水水质的变化印象深刻："以前的水口感不好，水垢较多，现在甘甜得多，水垢也少了。"

今年5月13日下午，习近平总书记来到陶岔渠首枢纽工程，实地察看引水闸运行情况，随后乘船考察丹江口水库，听取有关情况汇报，并察看现场取水水样。习近平总书记强调，要从守护生命线的政治高度，切实维护南水北调工程安全、供水安全、水质安全。

12月12日，南水北调中线工程正式通水7周年。省水利厅传来消息，河南段持续保持Ⅱ类以上水质。

河南是南水北调中线工程的核心水源地和渠首所在地。"确保一泓清水永续北送"，是河南的责任，更是河南的担当。

早在设计之初，中线工程采取了全封闭、全立交加水源保护区的多道防线，成立水质保护中心，全线设立4个实验室、13个自动监测站和30个监测断面，由点到线，由线及面，形成了网络化、立体化的水质监测体系，有效保证了"从丹江口到家门口，从源头到水龙头"的水质安全。

"不断完善工程运行、维护、应急管理制度机制，持续提升工程自动化调度、巡查、监管智慧化水平，加大水源地和总干渠沿线水源、水质、生态保护，全力保障水源地及总干渠水质持续稳定达标。"作为一名老水利，省水利厅党组书记刘正才是切实维护南水北调工程安全、供水安全、水质安全的见证者和实践者。

河南作为南水北调最大受水区，如今，郑州中心城区自来水八成以上为南水，全省11个省辖市41个县（市、区）64个乡镇全部通上南水，直接受益人口2400万人。

出河南，经河北，一渠清水送京津。在北京，南水占城区日供水量的75%左右，全市人均水资源量由原来的100立方米提升至150立方米。在天津，一横一纵、引滦引江双水源保障的新供水格局已经形成。

据南水北调中线建管局数据显示，截至12月11日，中线工程已安全平稳运行2556天，7年来累计调水超441亿立方米，累计向北方50余条河流进行生态补水70多亿立方米，工程沿线河畅、水清、岸绿、景美。

牢记嘱托，河南着力推进南水北调后续工程高质量发展——规划观音寺等9座调蓄工程，总库容约29亿立方米，估算总投资896亿元；规划南水北调新建供水工程、水厂及配套管网工程、生态补水工程，估算投资510亿元。随着"城乡供水一体化"让南水北调受水区版图不断扩大，一些非受水区如开封、商丘等地也有望用上南水。

来源：河南日报

河南新闻广播

河南南水北调水源地开展水土保持综合治理 保障"一库清水"永续北送

2021-12-05 17：23：00

大象新闻·河南新闻广播记者 朱圣宇
通讯员 李乐乐

12月5日，记者从河南水利部门了解到，近年来，河南持续开展丹江口水源区水土流失综合防治，助推南水北调中线后续工程高质量发展。截至目前，各治理区水土流失治理程度达到100%，水源区水土保持综合防护体系初步形成，保障"一库清水"永续北送。

当前已是初冬时节，在紧邻南水北调中线工程渠首的河南省南阳市淅川县汤山湿地公园，仍有绿树红叶点缀山间。湖光山色融为一体，青山梯田相映成趣，呈现出美丽和谐的生态画卷。

作为南水北调中线渠首所在地，河南南阳市守着"大水缸"，握着"水龙头"，也存在着土地承载压力大、坡耕地开垦多、水土流失严重的现状。

据了解，南阳市地跨长江、淮河、黄河三大流域，山丘区面积约占土地总面积的三分之二，水土流失面积12043平方公里，是河南省水土流失最严重的区域之一。

为防治水土流失，保障调水源头水质，南阳市在水源区的淅川、西峡和内乡县开展了丹江口库区及上游水土保持重点防治工程一期项

目（2007—2010）和二期项目（2012—2015）建设工作，并在"十三五"期间持续进行巩固提升。自2007年以来，共治理水土流失面积2702平方公里，丹江口库区及上游水土流失得到有效防控。一期工程涉及淅川、西峡两县，治理水土流失面积2126平方公里，通过实施坡改梯、水保林、经果林、封禁治理和小型水保工程等，水源区水土流失状况和面源污染得到有效控制。二期项目涉及淅川、西峡、内乡三县，除了实施坡改梯、水保林、封禁治理和小型水保工程外，还建设了排灌沟渠、谷坊等，治理水土流失面积408平方公里。在水利部对丹江口水库库区及上游区域的湖北、河南、陕西3省8市43个县的抽查考评中，南阳市内乡县、淅川县分别获得了第一、第二名。

据南阳市水利局一位负责人介绍，截至目前，水源区水土保持综合防护体系初步形成，水土资源的利用率显著提高。各治理区水土流失治理程度达到100%，平均每年减少土壤侵蚀230万吨。

治理后，新增水保林26978公顷，人工种草1166公顷，林草覆盖率由47.3%提高到62.5%。实现生态修复面积159236公顷，林草植被增加，生物多样性效益显著。建设高产基本农田4765公顷，新修建蓄水池等小型水利水保工程11968处，田间道路380公里，增强了农业生产可持续发展能力。积极培育生态产业，培育出西峡县猕猴桃、内乡县核桃、淅川县金银花生态特色产业基地。水保支柱产业初步形成，成为当地群众稳定增收致富的保障。

"下一步，要坚持把水源区的生态环境保护作为重中之重，构建渠、湖、山、林等有机融合的生态绿廊。始终铭记'一泓清水北上'的政治责任，加快丹江口库区和水源区水土流失治理步伐，保持水土资源，提高水源涵养能力，为生态文明建设做出贡献。"河南省水利厅党组书记刘正才说。

河南新闻广播
"守好一库碧水"
南水北调中线水源地开展专项整治行动

2021—12—03　17：50：00

大象新闻·河南新闻广播记者　朱圣宇
通讯员　李大伟

12月3日，记者从南阳市丹江口水库"守好一库碧水"专项整治行动誓师大会上了解到，接下来的半年时间里，当地将开展南水北调中线工程水源地——丹江口水库"守好一库碧水"专项整治行动，全面排查和整治涉及丹江口水库管理保护突出问题，推进建立水库管理保护长效机制，守好一库碧水。

据了解，南水北调中线工程是"国之重器"，自2014年12月正式通水至今，润泽河南、河北、北京、天津已有七年，直接受益人口超过7900万人。近年来，围绕确保"一泓清水安全北送"的重大政治任务，南阳市持续在丹江口水库水源地和涵养区组织开展河湖"清四乱"专项行动、打击非法采砂"零点行动"等，清理整治了一大批违法违规问题。但由于历史遗留、移民安置等因素，丹江口库区仍然存在非法占用岸线、非法侵占水域、非法养殖等问题。

水利部决定用半年时间，以丹江口水库库区管理范围为重点，开展丹江口水库"守好一库碧水"专项整治行动，通过全面排查丹江口水库管理保护突出问题，清理整治涉嫌违法违规问题，推进建立水库管理保护长效机制，保障工程安全、防洪安全、供水安全和水质安全，确保"一库碧水"永续北送。

此次专项行动明确，要把水源区的生态环境保护工作作为重中之重，对存在的问题明确整治计划、完成时限、依法依规、从严从快推进违法违规问题的清理整治，确保所有问题按

时高质整改清零。

按照专项行动要求，南阳市将进一步发挥"智慧河长"管理平台作用，逐步实现库区水域岸线的动态监控和涉河建设项目的全过程监管。同时，加强水系综合治理，遏制河湖"末梢"污染，实现生态保护与经济发展共生双赢，全力守好一库碧水。

人民网

河南省政府与南水北调集团签署战略合作协议

2021-10-21

10月20日，河南省人民政府与中国南水北调集团有限公司在郑州签署战略合作协议，省长王凯见证签约，并与南水北调集团董事长蒋旭光举行会谈。

王凯向蒋旭光一行到河南考察交流表示欢迎，感谢南水北调集团对河南发展的关心支持。他说，今年7月以来，面对特大暴雨灾害的严峻考验，河南坚决贯彻习近平总书记对防

汛救灾工作的重要指示，全力打好防汛救灾和疫情防控两场硬仗，灾后重建全面展开，重大项目、重大工程积极推进，经济形势恢复向好。当前，河南牢记习近平总书记"奋勇争先、更加出彩"殷殷嘱托，按照省委提出的锚定"两个确保"奋斗目标、全面实施"十大战略"、推动新发展格局下县域经济高质量发展的重大部署，在全面建成社会主义现代化强国的伟大征程中作出河南贡献。

王凯表示，南水北调是跨流域跨区域配置水资源的骨干工程，事关战略全局、事关长远发展、事关人民福祉。河南愿与南水北调集团一道，认真落实习近平总书记在推进南水北调后续工程高质量发展座谈会上的重要讲话精神，积极推进后续工程建设，全面强化沿线环境治理，确保一泓清水北上，不断造福沿线人民，更好服务构建国家水网主骨架和大动脉。希望南水北调集团充分发挥人才、融资等优势，进一步深化双方合作交流，在水资源、水生态、水环境保护利用，以及水利工程建设、管理、运行等方面给予更多支持，河南将尽力提供优质服务、创造良好条件。

蒋旭光说，河南是南水北调中线工程的核心水源区、主要建设地和移民迁出地，为南水北调事业作出了重大贡献、巨大奉献。南水北调集团将立足自身优势，聚焦水生态保护、水环境治理、水利工程建设等领域，围绕推动绿色发展、实现碳达峰碳中和等进一步加强双方合作，助推河南高质量发展。

武国定代表省政府签约。

河南日报客户端
河南推行南水北调河长制

2021-09-29

河南日报客户端记者　谭勇　通讯员　彭可　于娇燕

推行南水北调河长制，设立南水北调中线水源地及干线工程省、市、县、乡、村五级河长；积极争取成立河南省南水北调工程管理局（或运行保障中心），对全省配套工程进行统一管理；推进18个市、县（区）新增配套供水工程建设，进一步扩大供水范围；督促加快郑开同城东部等10个市、县（区）南水北调供水配套工程前期工作，力争工程早日开工建设……

记者9月29日获悉，省水利厅日前印发的《贯彻落实习近平总书记在推进南水北调后续工程高质量发展座谈会上重要讲话精神实施方案》（以下简称《方案》）确定了上述的工作任务。

《方案》从工程安全、供水安全、水质安全、后续工程、水资源节约集约利用、移民后

期帮扶等六个方面进行安排部署。

据了解，工程安全方面包括干线工程红线内、外以及配套工程风险隐患排查和下穿越干线工程专项迁建项目排查。供水安全方面包括加强维修养护，确保配套工程良好运行；强化调度管理，实现精确精准调水；推动体制改革，形成"全省一盘棋"。水质安全方面包括干线工程保护范围违建设施及污染源排查，力争更多项目纳入国家《丹江口库区及上游水污染防治和水土保持"十四五"规划》，设立南水北调中线工程河长制。

后续工程方面，我省协调推进新增配套供水工程建设，做好后续工程规划编报工作，积极向水利部、国家发改委汇报沟通，争取将鱼泉调蓄工程等项目纳入国家相关规划，并组织完成《四水同治规划》中《河南省南水北调水资源利用专项规划》和《河南省"十四五"水安全保障规划》，将南水北调中线的相关工程纳入规划。

水资源节约集约利用方面，积极争取黄河、南水北调水量指标，积极向国家发改委、水利部反映我省水资源需求情况，争取黄河和南水北调水量指标，为进一步强化受水区高质量发展提供水安全保障；推进地下水资源信息系统建设，尽快健全地下水监测网，实现地下水资源的动态管理，为合理布局开采、防止水质污染提供科学依据；健全节约用水考核机制，进一步加大节水工作考核力度，将节水作为约束性指标纳入当地党政领导班子和领导干

部政绩考核范围。

移民后期帮扶方面，组织编制实施方案，加快推进实施美好移民村建设，丹江口库区移民村示范村49个，及早发挥效益；开展"学党史见行动，我为移民办实事"活动，深入基层，进村入户，全面排查处理移民村存在的房屋质量、生产安置、补偿补助等问题，为移民后续帮扶发展和工程持续稳定发挥效益创造条件。

编辑：彭长香

人民网

南水北调后续工程咋高质量发展？

河南省这样规划！

人民网郑州9月29日电 （时岩）未来，南水北调后续工程如何高质量发展？近日，河南省水利厅结合本省南水北调工作实际，从工程安全、供水安全、水质安全、后续工程建设、水资源节约集约利用和移民后期帮扶等方面制订落实方案，深入贯彻坚持节水优先、空间均衡、系统治理、两手发力的治水思路，统筹推进南水北调后续工程不断实现高质量发展。

根据落实方案，2021年6月底前，工程安全方面要注重干线工程红线内、外风险隐患排查和配套工程风险隐患排查。红线内排查要注重左岸排水倒虹吸、总干渠退水闸、工程缺陷处理、安全度汛风险点等风险，责任单位为南

水北调中线干线工程建设管理局河南分局、渠首分局，配合单位为南阳、平顶山、郑州、新乡、安阳南水北调建管处等。

干线工程红线外风险隐患排查重点为干线工程红线外左岸排水通道、退水通道、交叉河道非法采砂、安全度汛风险点和配套工程安全度汛风险点等排查。责任单位为沿线市、县水利局，配合单位为沿线市、县南水北调办（中心）。

配套工程风险隐患重点排查占压配套工程输水管线、阀井，以及泵站和管理设施用电、消防等。责任单位为受水区市、县南水北调办（中心），配合单位为南阳、平顶山、郑州、新乡、安阳南水北调建管处。

下穿越干线工程专项迁建项目排查重点为输油、天然气等管道排查。责任单位为水利厅移民安置处，配合单位为沿线市、县南水北调办（中心），时限要求为2021年7月底前。

供水安全方面，方案提出要加强维修养护，确保配套工程良好运行；强化调度管理，实现精确精准调水；推动体制改革，形成"全省一盘棋"，要积极争取成立河南省南水北调工程管理局（或运行保障中心），对全省配套工程进行统一管理；时限要求为2021年底前。

水质安全方面，首先要做好干线工程保护范围内违建设施及污染源排查，排查干线工程两侧保护范围内的村庄污水、工业企业、畜禽养殖、违建设施等；其次要加强丹江口库区及上游水土流失防治，积极对接长江委和省发改委，争取更多项目纳入《丹江口库区及上游水污染防治和水土保持"十四五"规划》。同时，方案建议设立南水北调中线工程河长制，推行南水北调河长制，设立南水北调中线水源地及干线工程省、市、县、乡、村五级河长。

后续工程方面，方案提出将协调推进新增配套供水工程建设，推进18个市、县（区）新增配套供水工程建设，进一步扩大供水范围；督促加快郑开同城东部等10个市、县（区）南水北调供水配套工程前期工作，力争

工程早日开工建设；此外，将积极向水利部、国家发改委汇报沟通，争取将鱼泉调蓄工程等项目纳入国家相关规划；组织完成《四水同治规划》中《河南省南水北调水资源利用专项规划》和《河南省"十四五"水安全保障规划》，将南水北调中线的相关工程纳入规划，以上时限要求要在2021年底前。

水资源节约集约利用方面，方案提出要争取黄河、南水北调水量指标，积极向国家发改委、水利部反映河南水资源需求情况，争取黄河和南水北调水量指标，为进一步强化受水区高质量发展提供水安全保障；其次将推进地下水资源信息系统建设，尽快健全地下水监测网，实现地下水资源的动态管理，为合理布局开采、防止水质污染提供科学依据；最后健全节约用水考核机制，进一步加大节水工作考核力度，将节水作为约束性指标纳入当地党政领导班子和领导干部政绩考核范围。

移民后期帮扶方面，方案提出要积极推进美好移民村示范村建设，在丹江口库区移民村示范村49个。通过组织编制实施方案，加快推进实施美好移民村建设，及早发挥效益；同时积极开展"学党史见行动，我为移民办实事"活动，深入基层，进村入户，全面排查处理移民村存在的房屋质量、生产安置、补偿补助等问题，为移民后续帮扶发展和工程持续稳定发挥效益创造条件。

方案还要求，要提高政治站位，统一思想认识，明确工作责任，抓好贯彻落实；强化督促检查，确保落实见效。方案显示，河南省水利厅推进南水北调后续工程高质量发展工作领导小组将定期检查工作目标任务落实情况，河南省纪委监委驻省水利厅纪检监察组也将进行全过程监督，对重视不够、作风不实、行动不力、推诿扯皮、纪律松散等不作为、懒政、庸政行为要实施问责。

大河报

浚县全域将用上南水北调水
河南农村逐渐改喝"地表水"

2021-09-21

大河报记者　刘瑞朝

7月下旬的暴雨洪涝灾害，让浚县启动了多个蓄滞洪区，农村生活用水受到直接影响。9月18日，大河报记者采访河南省水利厅相关处室了解到，为了避免农村生活用水再度受到暴雨洪涝灾害的影响，彻底解决农村用水的安全问题，下一步浚县全域将全部用上南水北调水。

这是河南省农村用水地表化的其中一个工程。"十四五"期间，河南省将启动60个县的农村用水地表化工程，水源从地下水切换成地表水，让农村居民享受到和城市居民一样的水质和服务。

【计划】通过扩建新建水厂　浚县全域将"喝上"南水北调水

7月下旬的持续高强度降雨，导致鹤壁境内卫河、淇河等河流水位暴涨。在多方会商之下，当地决定启用良相坡、共渠西、长虹渠、白寺坡多个蓄滞洪区。

当地群众舍小家、为大家，为河南省的抗洪救灾做出了很大的贡献。水退去，人回归，能否喝上干净水、安全水成为了问题。

河南省水利厅农村水利水电处处长魏振峰在接受大河报记者采访时说，浚县农村供水受到了较大影响，246处供水工程受损，影响257个村的供水问题。

此次暴雨洪水主要对浅层地下水有影响，但是浅层地下水渗进水井后，又影响了农村饮用水的水质。他说，所以，一方面，他们对受损供水工程进行抢修，另一方面安排200台送水车执行应急送水人任务。

目前，已经恢复供水103处，正在抢修143处。魏振峰说，对已经抢修完的供水工

程，他们将对水井水质进行不间断检测，发现水质异常，立即采取消毒措施。如果水质出现反复，他们将立即停止供水，采取紧急送水的措施。

"南水北调中线干渠为浚县县城提供生活用水，这次受到的影响并不算太大。"上述负责人说，为了避免暴雨洪水对农村供水再度造成损害，河南省决定新建扩建水厂，让浚县全县也就是城乡都用上南水北调干渠内的水源，从根本上解决群众生活生产用水的水质、安全等问题。

【工程】从地下水切换成地表水　农村也能享受到城市一样的供水服务

让浚县全域都用上丹江水，是河南省农村用水地表化的又一个工程。

魏振峰说，深层地下水的总量是一定的，且是不可恢复的。长期开采，会导致地下水位下降，生态环境恶化。所以，深层地下水将被作为战略资源来使用。

而通过引用南水北调水、黄河水、引江济淮水、水库水，推进农村供水的规模化、市场化、水源地表化、城乡一体化等，可以很好的解决深层地下水过度开采的问题，同时还能让农村居民享受到和城市居民一样的水质和服务，水价还比城市生活用水水价要低。

大河报记者了解到，2020年11月，国务院办公厅发布了通报，对国务院第七次大督查发现的43项典型经验做法给予表扬。其中，河南省水利厅、濮阳市探索供水"四化"新路径保障农村饮水安全便受到表扬。

上述人士说，为满足城乡居民共享优质饮用水水源的新期待，河南省水利厅选取平顶山、濮阳2个省辖市21个县作为试点，开展饮用水地表化工作。

魏振峰说，去年河南省启动了32个县的饮用水地表化工作，今年又启动了18个县，明年还要再启动10个县的饮用水地表化工作。

这其中，就包括巩义利用黄河水，洛宁利用故县水库，商丘、周口部分区域利用引江济淮工程等。

来源：大河报豫视频　编辑：侯效勇

中国水利报

南水北调中线配套工程
助力河南高质量发展

2021-09-07

本报通讯员　王旭辉　许安强

南水北调中线工程通水六年多来，河南省遵循"大水源、大水网、大水务"规划建设方针，不断完善南水北调配套工程建设，发挥配套工程作用，推进城乡供水一体化进程，实现城乡供水同源、同网、同质、同服务，让更多群众共享南水北调建设成果。

科学构建南水配套工程体系

河南地处中原，跨长江、淮河、黄河、海

河四大流域，境内河流纵横，水事复杂，水资源总量不足全国的1.42%，人均水资源量不及全国平均水平的1/5，郑州、濮阳等地人均水资源量还不足全国平均水平的1/10。

为改善水资源供需关系，依托南水北调中线工程，河南省全力构建配套工程体系，保障沿线城市供水、推进乡村振兴战略、提升农村群众饮水安全。10多年来，南水北调中线河南省配套工程与干线工程同时规划实施，并不断延伸、完善；配套工程规划建设概算总投资达150.2亿元，资金除国家财政补助支持外，由省市财政、南水北调基金（资金）及银行贷款按4:4:2的比例筹措。

为了用足、用好南水，河南省遵循以城镇生活、工业供水为主，适当兼顾生态用水的原则，推进中线配套工程建设。配套工程规划建设始终贯穿资源节约、环境友好、人水和谐、科学发展的新时期治水理念，并实施统筹规划、近远期结合，先易后难、先通后畅，重点推进、逐步完善的分步建设计划。同时，河南省制定了政府主导、分级管理的建设管理总体思路，充分调动和发挥各级政府积极性，采取政府主导、多方筹措的集资方案，共同构建安全优质、畅通高效的水网体系。

中线工程综合效益充分发挥

中线工程通水以前，河南省受水区城镇供水水源主要来自黄河水、境内周边的径流或水库和地下水，水质普遍较差。

中线工程通水后，依托南水北调干线这条纵贯南北的主动脉，借助配套工程，极大改善了河南省受水城市水资源紧缺状况，对全省经济社会发展，特别是为中原城市群经济社会可持续发展提供了水安全保障。

中线一期工程规划每年向河南省分配水量37.69亿立方米，扣除引丹灌区分水量6亿立方米和总干渠输水损失，至分水口门的水量为29.94亿立方米，由南水北调总干渠39座分水口门，通过配套网络向南阳、平顶山、周口、漯河、许昌、郑州、焦作、新乡、鹤壁、濮阳、安阳等11个省辖市的34个市县的83座水厂供水。由于水质稳定优良，南水受到更多人的青睐。截至今年8月18日，河南省累计受水137.41亿立方米，供水范围覆盖河南省11个省辖市市区、41个县（市）城区和64个乡镇的87座水厂、引丹灌区、6座调蓄水库及20条河流，农业有效灌溉面积115.4万亩，受益人口2400万人。

南水北调中线工程已累计向河南生态补水24.66亿立方米，明显改善了沿线城市生态环境，促进了地下水源涵养和回升。

"输水水质优良，优于地表水Ⅱ类标准"已成为南水北调中线工程水质的代名词。南水明显改善了河南省受水区居民用水水质，彻底改变了一些地区长期饮用高氟水、苦咸水的状况。

为确保水质安全，中线干渠两侧水源保护区内的污染企业被关停，工业企业逐步改造、外迁，促进了产业优化布局和转型升级。在农业发展方面，中线工程促进了传统农业提质增效增收和都市生态农业健康快速发展。在工业发展方面，优质的水源助力提高企业的产品质量和市场竞争力。

完善供配水体系

随着工程效益的显著提升，更多人对南水的渴望也越来越强。为此，河南省在"十四五"规划中提出，优化南水北调水资源配置，合理扩大供水范围，科学布局调蓄工程，完善供配水体系，让中线工程综合效益得到有效发挥。按照节水优先、优水优用、先近后远、先易后难的水源配置思路，河南省要向省内水资源紧缺、水源单一的城市和无其它替代水源的深层地下水开采区扩大供水，范围将涵盖13座省辖市的76座城市及城乡一体化供水涉及的乡镇，扩大范围包含沈丘、项城、孟州、沁阳、林州、开封市区等26座市（县）。到2025年河南省将从南水北调配套体系就近引水，向中东部地区城市和工业供水，增加改善125万人用水问题，最终受益人口将达到2525万人。

河南省规划新建供水管道2742公里，新建观音寺、沙陀湖、鱼泉、马村等4座调蓄工程，形成以总干渠为纽带，以供水线路、生态补水河道为脉络，以调蓄水库为保障，辐射水厂及配套管网、河湖库网的供配水体系，并藉此提升南水北调水资源在河南省的利用能力，增强南水北调来水丰枯变化下的调节能力，提高南水北调受水区城乡供水保障能力。

未来引江补汉工程实施后，南水北调中线工程年输水能力扩大至117.4亿立方米，可以更好地满足用水需求，服务中原大地，助力黄河流域生态保护高质量发展。

人民政协报

只为大江济大河——全国政协"南水北调西线工程中的生态环境保护问题"专题调研综述

2021-08-19

调研组在四川省甘孜县雅砻江干流流域结合西线工程规划线路图实地调研

2002年，国务院批复了《南水北调工程总体规划》，明确东、中、西三条调水线路，分别从长江下、中、上游调水，沟通长江、淮河、黄河、海河4大江河水系，构成我国"四横三纵、南北调配、东西互济"的水资源配置格局。如今，东、中线一期工程已累计将400多亿立方米的长江水调到了北方缺水地区，1.2亿人直接受益，西线工程却仍处于前期论证和方案比选阶段。

今年的5月14日，习近平总书记在推进南水北调后续工程高质量发展座谈会上强调，南

水北调是我国跨流域跨区域配置水资源的骨干工程，要审时度势、科学布局，准确把握东线、中线、西线三条线路的各自特点，加强顶层设计，优化战略安排，统筹指导和推进后续工程建设。"十四五"规划纲要也明确提出，推动南水北调东中线后续工程建设，深化南水北调西线工程方案比选论证。这些都为西线工程的推进指明了方向，按下了加速键。

西线工程是南水北调工程中问题最复杂的调水线路，各相关方在工程建设必要性、生态环境影响、地质条件、民族宗教影响、水力发电损失、经济可行性和水价承受能力等方面存在分歧，导致西线工程迟迟没有开工建设。为进一步听取各方诉求，优选最佳方案，7月14~22日，全国政协副主席、农工党中央常务副主席何维率全国政协人口资源环境委员会"南水北调西线工程中的生态环境保护问题"专题调研组驱车近3000公里，深入四川、青海、甘肃3省成都、德阳、阿坝、甘孜、果洛、甘南、定西、兰州等地20余个县（市、区）实地调研，并召开座谈会广泛听取川青甘三省地方政府及相关部门的意见建议，组织委员和专家进行研讨交流。

调研组认为，南水北调西线工程是从根本上解决黄河流域及西部地区水资源短缺的战略工程，要站在"保护好青藏高原生态就是对中华民族生存和发展的最大贡献"的政治高度，坚持生态保护第一，尽最大可能减少工程对生态环境的扰动影响，把供水区的损失降到最低、把受水区的效益发挥到最大。

西线不是"夕"线，而是"希"线

自1952年秋毛泽东主席提出"南方水多，北方水少，如有可能，借点水来也是可以的"的宏伟构想以来，黄河水利委员会已牵头开展南水北调西线工程论证近70年。先后经历初步研究阶段（1952-1985年）、超前期研究阶段（1987-1996年）、规划阶段（1996-2001年）、项目建议书阶段（2002年以来）四个阶段。2012年起，黄河水利委员会组织开展南水

北调工程与黄河流域水资源配置的关系研究、一期工程若干重要专题补充研究。2018年5月，又组织开展了西线工程规划方案比选论证工作。

70年来，先后有3万余名工程技术人员，组织500余批次西线调水勘察，涉及调水河流有怒江、澜沧江、通天河、金沙江、雅砻江、大渡河等，涉及国土面积115万平方公里，先后形成200余个方案。

70年来的"埋头苦干"让有关西线工程的数据研究和资料储备越来越丰富厚实，70年来的"议而不决"也让不少人对西线工程的未来产生了怀疑，"争议太大、工程难度太高，可能不会有下文了""现在的问题根本不在怎么调，而是应不应该调都没有达成共识""即使调也必须缩小规模，少调一点的可行性更大"等说法不绝于耳，但黄河水利委员会一直没有停下前期论证的脚步。

西线工程真的是可有可无吗？面对西线工程方案设计过程中出现的犹豫与动摇，全国政协委员、水利部水利水电规划设计总院副院长李原园斩钉截铁："西线工程事关黄河的死活，事关西部地区、民族地区的安全和发展。虽然不能只靠长江来救黄河，但必须先把通道打通，必须调足够量的水！"

资料显示，黄河多年平均径流量约为580亿立方米，近些年降到535亿立方米，第三次水资源调查，黄河的径流量已经低至490亿立方米，相较八七分水方案减幅达到15.5%，径流量仅为长江的5%，但却承担着全国15%的耕地面积、12%的人口及50多座大中城市的供水任务。缺水已经成为黄河流域和相关地区经济社会可持续发展的一大瓶颈。

"按照我们的设计，西线一期工程可向黄河流域补充水资源80亿立方米，考虑退还挤占河流生态用水以及城镇生活退水，可增加头道拐断面生态水量30亿~40亿立方米、利津断面生态水量约20亿立方米。对保护和修复河流生态系统、维持河流廊道生态功能有积极

作用，对于改善黄河上中游河段生态环境状况、保障我国西北华北地区的生态安全也具有重要意义。"黄河勘测规划设计研究院有限公司副总经理兼总工程师、南水北调西线项目设计副总工程师景来红表示。

在全国政协人口资源环境委员会副主任、内蒙古自治区政协原主席任亚平看来，少数民族聚集的西北地区由于自然地理环境限制和水资源短缺，经济社会发展水平严重滞后，人民生活水平较低，与东部地区经济社会发展水平差距较大，东西部发展不协调、不平衡的问题十分突出。"南水北调西线工程的建设实施，可为西部地区有效补充生产生活战略水资源，促进西部地区经济社会可持续发展，为实现国家东西部、南北方区域协调发展提供重要战略支撑。"

"西线工程建设还可以进一步统筹国家水资源优化配置，实现水资源南北互济，构建国家战略水网体系。"全国政协常委、民盟中央副主席、清华大学土木水利学院教授、青海大学校长王光谦表示。

他提出，西线一期工程主要解决的是黄河上中游及河西石羊河的缺水问题，远期可根据发展需要，实现两头延伸，调水区线路向西南延伸，从雅鲁藏布江、怒江、澜沧江等西南诸河调水，受水区供水线路从河西走廊向西北延伸，解决河西走廊、新疆吐哈盆地和南疆缺水问题，进一步构建和完善我国水安全保障体系。

目前，西线工程经过多年各方共同研讨论证，拟采取上线40亿m^3+下线130亿m^3的调水方案，其中上线分别在雅砻江干流、雅砻江支流达曲、泥曲和大渡河支流杜柯河、玛柯河、阿柯河兴建6座水源水库，联合自流调水40亿m^3，在贾曲河口入黄河；下线利用金沙江规划叶巴滩水电站库区调水50亿m^3、利用雅砻江干流两河口在建水电站库区调水40亿m^3、利用大渡河干流双江口在建水电站库区调水40亿m^3，在岷县入黄河支流洮河。

该方案已于 2020 年 12 月由水利部上报国家发改委，这一阶段性成效，为西线工程尽早实现开工建设奠定了坚实基础。

最小的自然扰动，最大的生态价值

在充分认识西线工程对我国生态文明建设和中西部地区发展重大战略意义的同时，也要深刻认识到，西线工程作为超大规模的国家战略工程，与三峡工程、南水北调东中线工程、川藏铁路等重大工程一样，不可避免会对生态环境、社会民生带来一定的影响。

"西线工程地处川青高原，区域生物多样性丰富，分布有众多环境敏感区及珍稀保护动植物，生态环境问题敏感复杂。从 2000 年起，水利部持续开展西线工程生态环境影响论证工作，目前上报的方案存在的主要生态环境影响问题是占压（穿越）自然保护区、对调水河流生态水量影响、对珍稀保护物种影响等方面。"水利部规划计划司副司长李明介绍说。

从大渡河流域上游丹巴河段的岷江柏木集中区到马柯河川陕哲罗鲑栖息生境，委员们一路上边看边听边思考边交流，将西线工程对生态环境可能产生的影响逐一列出：

西线工程显著提高了调水区河流开发利用率，削减了调水河流坝址下游约三至四成水资源量，对河流下游生态环境造成一定影响。

工程区域生物多样性丰富，工程建设将对沿线分布的大熊猫、川陕哲罗鲑、白唇鹿、云杉、岷江柏木等国家珍稀濒危保护动植物生存栖息造成一定影响。

工程区域分布有三江源等国家级自然保护区，水源水库和输水隧洞不同程度地淹没和穿越了部分自然保护区和生态保护红线，存在一定的环境制约性因素。

工程建设面临高地应力、地震带等复杂地质因素影响，隧道施工面临岩爆、大变形、塌方乃至突泥涌水等灾害风险，施工条件复杂、难度较高。

工程隧洞穿越距离长，工程量大，施工期竖井、支洞等临时辅助工程建设将产生大量弃渣，对区域森林、草地、河湖等生态系统造成一定影响。

此外，工程建设周期长达 10 年，涉及移民搬迁、工程建设、生态补偿、电力补偿等多个方面，投入较大。

对于这些不利方面，委员们的共识是：西线工程对生态环境的影响总体可控，面临的困难有条件解决，不存在对生态环境的重大影响或不可抗力的制约因素，但必须对存在问题进行逐一研究、深入论证，寻求有效解决方案，力争把工程对生态的扰动影响降到最低。

"新建水源工程对自然保护区主要是淹没影响，可以通过优化工程方案和布置，尽可能减少淹没面积，避免淹没核心区，不可避免的，按照规定和要求采取相关保护措施，尽可能减低生态环境影响。"全国政协委员、成都理工大学副校长、地质灾害防治与地质环境保护国家重点实验室常务副主任许强表示。

"西线一期工程规划输水线路 740 公里，隧洞长度 731 公里，占线路总长的 98.8%，输水线路均以地下隧洞方式穿越自然保护区、穿越大熊猫栖息地，对生态环境影响不大，但要高度重视生态环境修复和弃渣妥善处置，采取措施尽可能减轻对生态环境的不利影响。"全国政协常委、民盟中央副主席、自然资源部原副部长曹卫星说。

"下线输水线路穿越白唇鹿栖息生境，但施工高程均在海拔 3100 米以下，低于其 3500 米以上主要栖息生境；下线双江口水电站库区淹没范围涉及岷江柏木和红豆杉集中生长的区域，可采取移栽方式缓解影响；川陕哲罗鲑栖息地位于上线的霍那水库坝址下游 28 公里处，调水后径流可恢复至调水前的 70% 左右，对鱼类及栖息地影响程度可控。"中国地质调查局水资源调查监测中心首席科学家李文鹏表示。

"西线工程是个生态工程，一定要坚持山水林田湖草沙一体化保护和系统治理，严守生态安全的底线。'惹不起'的地方，我们就

'躲一躲'，要用最小的自然扰动，实现最大的生态价值。"全国政协人口资源环境委员会副主任、原国土资源部部长、国家土地总督察姜大明总结道。

充分论证基础上的科学规划

在调研组看来，西线工程虽然还没有具体的开工时间表，但其实需求迫切，需要进一步加快规划方案比选论证工作，用两年左右时间开展重大问题研究，两年左右时间进行立项决策论证，力争在"十四五"期末实现开工建设。

"这里面还有很多工作要做，但总的基调应该是：坚持节水优先、空间均衡、系统治理、两手发力的治水思路，遵循确有需要、生态安全、可以持续的重大水利工程论证原则，切实满足西部地区最紧迫和最必要的用水需求，构建科学合理的生态补偿机制和水资源利益分配机制，实现流域整体和水资源空间均衡配置。"全国政协人口资源环境委员会原驻会副主任凌振国表示。

全国政协委员、民革河北省委会副主委、北京2022年冬奥会和冬残奥会组织委员会规划建设发展部副部长沈瑾认为，建立西线工程的高层次议事协调机制非常必要。"建议成立南水北调西线工程规划建设领导小组，由国务院相关负责同志任组长，国家发展改革委、水利部、生态环境部、自然资源部以及调水区、受水区省（区）政府共同参与，协调推进西线工程方案比选论证和规划建设工作。"

"重大问题的研究论证也不是单由一个部门就能完成的，要在领导小组的领导下分工合作。"全国政协委员、九三学社中央常委、水利部调水管理司司长朱程清提出，由国家发改委牵头开展规划方案总体论证，水利部牵头开展工程调水规模论证，生态环境部牵头开展工程环境影响评价，自然资源部牵头开展环境地质调查和影响分析，国家林草局牵头开展工程建设对自然保护区和陆地生态系统影响论证，国家能源局牵头开展调水区水电开发影响评价，为西线工程立项决策提供官方权威的科学依据。

虽然西线工程具有自己的特殊性，并没有现成的经验可以借鉴，但充分汲取南水北调东中线和其他调水工程的经验教训十分必要。"一定要尊重客观规律，重视生态环境保护，科学审慎论证方案，使西线工程的论证更加科学、环保，确保拿出来的规划设计方案经得起历史和实践检验，实现经济、社会、生态效益相统一。"李原园表示。

"建议从中央层面通盘优化水资源配置，统筹兼顾长江和黄河的生态保护、环境治理和水量调度，科学研判气候变化对长期供水的影响，合理确定工程调水规模和总体布局，调水规模宜大不宜小，取水水库宜少不宜多。"王光谦说。

调水与节水的关系也是委员们关注的重点。大家认为，应坚持先节水后调水，在全面加强节水、强化水资源刚性约束的前提下，统筹加强水资源需求和供给管理，精确精准调水，优化水量省际配置，加强从水源到用户的精准调度，最大程度满足受水区合理用水需求，坚决避免敞口用水、过度调水。

姜大明提到了生态补偿机制的建立问题。他认为，应加大中央财政生态补偿转移支付力度，研究受水区对调水区的补偿方案，加大调水区生态保护支持力度，确保调水区生态安全，保障经济社会稳定和可持续发展。"同时，还应参照国家重大水利工程建设基金模式建立南水北调西线工程规划建设基金，鼓励吸引社会资本投入工程规划建设。"姜大明说。

跨流域调水工程是优化水资源配置、解决缺水问题的重要手段，是实现"空间均衡"的根本措施，而西线工程是解决黄河流域缺水问题的根本之策。虽然工程建设不是一朝一夕就能完成的，但有了伟大设想和科学规划，黄河治理未来可期。

文章来源：吕巍

河南新闻广播

河南：南水北调沿线城镇供水明年全部置换为"南水"

2021-08-25 21：48：46

大象新闻·河南新闻广播记者 朱圣宇

8月24日，河南省水利厅公开了"关于河南省委污染防治攻坚战实施情况暨黄河流域生态保护专项督察反馈意见"的整改落实情况，各项工作取得了阶段性成效。

围绕水生态保护开展专题研究

从落实情况来看，河南水利部门围绕水生态保护、防洪减灾、水资源节约集约利用、滩区综合提升治理等重大问题，及时开展专题研究，河南省形成了1个专项规划、2项实施方案、7项调研报告和1个重大项目库的黄河流域生态保护和高质量发展"1+2+7+1"成果体系。针对水资源、水生态、水环境、水灾害制约高质量发展的重大问题，编制了"1+10"《河南省四水同治规划》规划体系，指导构建兴利除害现代水网建设。

年底黄河"四乱"中所有临时居住设施全部拆除、复耕

河南省河长办及时将专项督察发现的黄河"四乱"问题转交郑州、洛阳、开封、焦作、新乡、鹤壁等市相关成员单位和河长办进行整改，并对整改情况逐一复核。除郑州市中牟县雁鸣湖镇西村滩区部分居民在房屋拆迁后返回滩区，建造砖混彩钢瓦房居住，滩区内部分畜

禽养殖大棚未拆除到位之外，其余问题已全部整改到位。西村滩区彩钢房为拆迁户临时居住，目前，西村社区主体建设已经完工，预计2021年底所有临时居住设施全部拆除、复耕。

扩大南水北调供水范围加快用水指标消纳

针对南水北调水资源利用问题，组织编制了南水北调水资源优化配置方案，推进开展了南水北调后续工程研究与调蓄水库建设，通过水权交易解决开封、驻马店、濮阳、周口等地新增用水指标问题，逐步扩大南水北调供水范围，加快用水指标消纳。目前，新增淮阳、舞钢供水工程已建成通水，驻马店四县、内乡县、平顶山市城区、新乡市"四县一区"、安阳西部等供水工程正在施工建设，郑开同城东部、项城、沈丘等供水工程正在开展前期工作。

充分运用黄河水资源助力区域发展

针对黄河水资源利用问题，河南省水利厅加快推进了小浪底南岸、小浪底北岸、西霞院、赵口二期等新建引黄工程建设，深入开展了黄河"八七"分水方案调整河南需水专题研究，及时向国家发改委、水利部反映了河南黄河用水需求，组织编制了引黄调蓄工程建设方

案，加大了黄河年度用水计划日常调度。

明年年底前南水北调沿线城镇供水全用"南水"

据了解，2021年初，河南省水利厅等四部门联合印发了《关于严格限制南水北调受水区和地下水超采区取用地下水的通知》，明确要求南水北调中线工程受水区城镇公共供水水源为地下水的，应于2022年底前置换为南水北调水源。目前，南水北调供水区已建成通水89座水厂，其中47座地下水水厂实现了水源置换，年供水能力6.3亿立方米，其他城乡集中供水地下水水源置换工作正在按计划加快推进。

此外，专项督察现场检查发现问题清单中，属于水利部门职责范围的22项，河南省水利厅已督导各地按期完成整改。

工人日报

南水北调中线工程应对暴雨下的大考

2021-07-29

南水北调中线河南河北段工程迎来通水后最大的考验。

暴雨、大暴雨、特大暴雨……7月17日以来，南水北调中线工程河南段沿线大部分地区及河北段部分地区遭遇入汛以来范围最广、强度最大的极端强降雨。7月20日，郑州地区降水量突破历史极值。

危急时刻，"中线人"坚守在工程的急难险重处，筑起防线，全力保障南水北调中线工程安全、供水安全和水质安全。

提早预警

本轮强降雨开始前，中线建管局就持续关注天气预报变化，及时与中央气象台和水利部信息中心沟通情况。经会商研判，7月16日12时，中线建管局发布了汛期预警通知。他们在河南河北段强降雨影响区域范围提前预置抢险资源，共布设了52个驻守点，投入备防人员304人，机械设备107台。

7月20日18时，中线建管局启动河南段Ⅱ级防汛应急响应。7月21日2时，因郑州段金水河倒虹吸上游郭家嘴水库漫坝险情，Ⅱ级防汛应急响应提升至Ⅰ级。

极端强降雨过程中，他们加强了防汛值班力量，24小时紧盯雨水情况，还安排人员分责任渠段、分时段持续开展雨中和雨后巡查，保证一旦出现险情能够立即发现、立即处置。

在极端强降雨中，总调度中心临危不惧、科学调度，全力应对暴雨导致的渠道水位暴涨和险情威胁；开展应急调度，累计下达调度指令调整4300多次；实时会商研判，适时调度沿线控制闸门，全面保障沿线各分水口门的正常供水。

风雨坚守

荥阳管理处位于此次暴雨中心地带，管理处及时安排人员重点巡查左右岸排水倒虹吸过流情况，调配大型抢险设备，发现淤堵及时清理，保障洪水畅通。7月20日，巡查人员第一时间发现前蒋寨分水口门边坡有滑塌迹象，管理处调动40多人，迅速铺设彩条布，利用沙袋压重，仅用了3个小时就排除了险情。

穿黄工程是中线工程的关键控制性工程，防汛形势十分严峻。汛情就是命令，穿黄管理处全体员工到岗值守，巡查工程重点部位，处置风险隐患问题，和维护单位一起处理险情。

7月21日上午，河北邯郸地区降雨达到大暴雨级别。邯钢路桥上游截流沟衬砌板底部被雨水掏刷，需要紧急处理！邯郸管理处立即组织附近巡查人员、土建维护和绿化队伍人员赶赴现场，调来了编织袋、反滤料等防汛物资。装沙袋、扛沙袋、码沙袋，很快雨水按照规划的路线汇流，一条条冲沟被堵住，险情得到控制。

保障到位

极端强降雨是对河南河北段工程的考验，更是对中线工程保障能力的全方位考验。

网络安全是中线自动化调度系统的"心脏"，支撑着视频监控系统和安防监控系统的实时监控巡查。面对强降雨，信息科技公司抽调技术骨干组成汛期重点保障小组，24小时驻守在网络安全部，保障全线自动化系统在强降雨的情况下平稳运行。

中线工程渠道两侧的摄像头不间断监控着渠道实时降雨情况。降雨量突破极值，雨情更加复杂，网络安全部视频监控小组特别增加了对郑州段工程的监控轮巡频次。通过视频监控这个"千里眼"，将整个渠道的雨情、水情收集汇总，从而给调度部门提供了第一手资料。

同时，中线建管局还加强安全监测工作。河南、河北、渠首3个分局做好移动应急监测准备，自动监测站监测频次由原来的每6小时1次加密为每4小时1次。监测数据显示，总干

渠沿线输水水质满足要求。

作者：蒋菡　编辑：张小俊

中国网·国内

暴雨下的大考——南水北调中线工程有效应对极端强降雨纪实

July 24，2021

截至目前，中线工程汛情和险情可控，防汛抢险各项工作正紧张有序开展，工程总体运行安全平稳，供水总体有序，水质稳定达标。

暴雨、大暴雨、特大暴雨……2021年7月17日以来，中线工程河南段沿线大部分地区及河北段部分地区遭遇入汛以来范围最广、强度最大的极端强降雨。20日，郑州地区降水量突破历史极值。

郑州告急！河南、河北告急！汛情告急！南水北调中线河南河北段工程迎来了通水后最大的考验。在危险来临的一刻，没有一个人退缩。在工程沿线，他们涉激流、过泥洼，第一时间奔赴防汛一线、坚守在工程的急难险重部位，筑起了一道钢铁防线，有效应对了极端强降雨影响。

截至目前，中线工程汛情和险情可控，防汛抢险各项工作正紧张有序开展，工程总体运行安全平稳，供水总体有序，水质稳定达标。

提早预警　主动布防

本轮强降雨开始前，中线建管局就持续关注天气预报变化，及时与中央气象台和水利部信息中心沟通情况。经会商研判，7月16日12时，中线建管局发布了汛期预警通知，全面部署强降雨备防工作，并专门制定了迎战暴雨洪水防汛指挥部工作方案，保证前方和后方指挥协同联动，全力做好防汛抢险工作。

7月20日18时，中线建管局启动河南段Ⅱ级防汛应急响应。21日2时，因郑州段金水河倒虹吸上游郭家嘴水库漫坝险情，Ⅱ级防汛应

急响应提升至 I 级。

"领导干部要冲在一线，发挥主心骨作用！"在接到暴雨预警前，中线建管局党组展开全面部署，主要领导带头督战、靠前指挥、明确分工，带领广大党员干部与职工共同奋战一线，全力保障南水北调中线工程安全、供水安全、水质安全。

为做好本次强降雨应对工作，中线建管局在河南河北段强降雨影响区域范围提前预置抢险资源，共布设了 52 个驻守点，投入备防人员 304 人，机械设备 107 台。同时，安排日常维护队伍做好先期处置准备工作，发现险情后立即参与先期处置。

极端强降雨过程中，加强了防汛值班力量，24 小时紧盯雨水情，安排人员及时与河南省、河北省水利厅、上游水库管理单位了解水库和河道过流情况，与地方政府水利部门、左排建筑物河道下游村镇建立联系，有情况及时告知。各现地管理处安排人员分责任渠段、分时段持续开展雨中和雨后巡查，保证一旦出现险情能够立即发现、立即处置。

山雨欲来风满楼。暴雨来临前，河南、河北分局部署全员到岗，防汛抢险设备、物资到位，现场管理处人员全面排查现场情况，将足迹走遍防汛风险项目每个角落，将视线覆盖责任段每一公里。现场沿线各管理处巡人员对横向、纵向、坡面排水沟、截流沟进行排查，有风险的地方及时疏通、清理。中控室增加预警值班人员，随时关注雨情信息，摄像头不间断巡视各风险点情况。做好施工人员的安全交底，与安保人员结合，随时关注围网、钢大门情况，增加后勤保障力量，保障园区工作正常运行。

风雨坚守　责任担当

在极端强降雨中，总调度中心临危不惧、科学调度，全力应对暴雨导致的渠道水位暴涨和险情威胁，开展应急调度，累计下达调度指令调整 4300 多门次。总调度中心党员干部冲锋在前，主动请缨，充分发挥党员先锋模范作用，在调度一线连续奋战两天两夜，实时会商研判，时刻盯守各种调度信息，及时调整调度策略，适时调度沿线控制闸门，全面保障沿线各分水口门的正常供水。

7 月 20 日，暴雨已在郑州肆虐了整日，大雨对郑州段工程的考验持续着。当晚雨势还在不断加大，此时，郑州管理处全体职工在渠道上，顶着疾风骤雨紧张地巡查，与应急抢险队伍一起，100 余人在现场争分夺秒地与汛情赛跑。大家分组边走边查看，暴雨倾泻下来，渠道内的水快速上涨，巡渠路上有的地方雨水已经齐腰，大家只能牵手前行。尽管穿着雨衣，但雨水仍打湿衣服，风吹过来，禁不住打着寒颤，可没有一个人退缩，合力排查处置每一处可能发生的险情。21 日，大雨收敛，险情得到缓解，历经连续 2 个昼夜的抢险，不眠不休的牵挂，郑州段工程总体安全。

荥阳管理处位于此次暴雨中心地带，管理处及时安排人员重点巡查左右岸排水倒虹吸过流情况，调配大型抢险设备，发现淤堵及时清理，保障洪水畅通。7 月 20 日，巡查人员第一时间发现前蒋寨分水口门边坡有滑塌迹象，管理处调动 40 多人，迅速铺设彩条布，利用沙袋压重，仅用了 3 小时就排除了险情，保证了荥阳供水安全。

穿黄工程是中线工程的关键控制性工程，防汛形势十分严峻。汛情就是命令，穿黄管理处全体员工到岗值守，巡查工程重点部位，处置风险隐患问题，和维护单位一起处理险情。南岸的边坡上，一个个身着雨衣的绿色荧光身影在雨中闪动，北岸的填方渠段，大雨也阻挡不了巡查人坚定的脚步。

20 日，焦作上空的暴雨也连绵不断。位于深挖方渠段的山门河暗渠，从上游广阔坡面汇聚的雨水，在暗渠进口蜂拥而入，悄无声息地淹没了排水沟。在现场值守的运管人员王伟伟迅速反应："赶紧联系应急抢险队伍做好准备，及时待命！"作为老水利人，王伟伟俯下身检查排水口集水井的淤堵情况，徒手清理井篦子上的杂物，仔细检查衬砌板防护情况，疏通多处纵向排水沟，确保排水通畅。

7月21日，紧邻河南段的河北磁县段也受到了强降雨的影响。滂沱大雨中，各巡查小组到达现场，结伴在责任段展开巡视。此时，雨衣雨鞋是"武器"，走过的每一步都是征途。大雨瓢泼，眼睛无法睁开，截流沟的水已经齐腰深，水马上就要满溢，巡查人员毫不犹豫跳进泥水中开始处理。淤积被疏通后，截流沟终于恢复排水！

21日上午，河北邯郸地区降雨达到大暴雨级别。邯钢路桥上游截流沟衬砌板底部被雨水掏刷，需要紧急处理！邯郸管理处立即组织附近巡查人员、土建维护和绿化队伍人员赶赴现场，调来了编织袋、反滤料等防汛物资。装沙袋，扛沙袋，码沙袋，很快雨水按照规划的路线汇流，一条条冲沟被堵住，险情得到控制。

多措并举 保障到位

极端强降雨是对河南河北段工程的考验，更是对中线工程保障能力的全方位考验。

网络安全是中线自动化调度系统的"心脏"，支撑着视频监控系统和安防监控系统的实时监控巡查。面对强降雨，信息科技公司抽调技术骨干组成汛期重点保障小组，24小时驻守在网络安全部，保障全线自动化系统在强降雨的情况下平稳运行。

中线工程渠道两侧的摄像头不间断监控着渠道实时降雨情况。降雨量突破极值，雨情更加复杂，网络安全部视频监控小组特别增加了对郑州段工程的监控轮巡频次。通过视频监控这个"千里眼"，将整个渠道的雨情、水情收集汇总，从而给调度部门提供了第一手资料。

同时，中线建管局还加强安全监测工作，提高内观自动化采集频次，按最高级别关注监测数据变化，特别是渗压、内部变形。关注防汛重点部位附近监测数据变化，以及监测设施完好性。

河南分局采样车在现场附近待命，水质监测人员暴雨中冲锋在前。河南、河北、渠首3个分局做好移动应急监测准备，自动监测站加密监测，监测频次为由原来的每6小时1次加密为每4小时1次。河南、河北水质监测中心分别组织现场管理处随时采集水质样品，集中精锐力量监测分析水质变化情况。中线建管局水质中心及时与相关渠段分水口下游水厂沟通，掌握供水水厂水质变化情况。监测数据显示，总干渠沿线输水水质满足要求。

河南日报

从守护"生命线"的政治高度
确保南水北调工程"三个安全"

2021-07-08

本报讯（记者谭勇）7月6日上午，省政府召开南水北调中线工程防汛安全工作座谈会，专题研究部署河南段防汛工作。

副省长武国定出席会议并讲话。会上，省水利厅通报了风险隐患排查情况，交办了"三个清单"，南水北调中线建管局河南分局作了发言。武国定指出，南水北调工程事关战略全局、事关长远发展、事关人民福祉，要从守护"生命线"的政治高度，切实维护南水北调工程安全、供水安全、水质安全。

武国定强调，确保南水北调工程"三个安全"是我省的重大政治责任。要深入贯彻落实习近平总书记在推进南水北调后续工程高质量发展座谈会上的重要讲话精神，从落实"两个维护"的高度确保"三个安全"。要清醒认识风险隐患，切实增强紧迫感、责任感、使命感。要全面排查整治风险隐患，建立台账，逐一落实防汛预案。要严格落实属地安全责任，把确保"三个安全"作为重中之重，细化实化责任单位、责任人，确保"一渠清水永续北送"。

河南新闻广播

对话民生 | 南水北调中线工程移民搬迁中，这些故事感人至深……

2021-06-28　20：08

2021年6月28日，河南省水利厅副厅长、河南省移民办公室主任吕国范，河南省水利厅移民安置处处长朱明献，河南省水利厅移民后期扶持处处长焦振峰一行做客FM95.5、AM657、FM102.3《对话民生》节目，本期的话题是"吃水不忘'掘井人'"。

节目中干货多多

"小新"帮你梳理

河南省水利厅副厅长、河南省移民办公室主任　吕国范

问

主持人：什么是水利工程移民？我省水利工程移民有多少人，在全国是什么水平？

答

吕国范：水利工程移民，顾名思义，是因国家、地方政府或工程业主兴建水利水电工程而征用土地、房屋及其他土地附着物，这些被迫迁移的被征用土地和财产的所有者或使用者被称为水利工程移民。我们通常称之为水库移民。

河南省是全国水利工程移民大省，建国以来已修建大中型水库153座，其中大型水库28座（含出山店水库和前坪水库），中型水库125座。全省共有水库移民208万余人，其中列入国家后期扶持的大中型水库移民172万余人，小型水库移民36万人，分布在全省18个省辖市181个县（市、区）。河南移民居全国第五位。

问

主持人：河南省搬迁的基本情况是怎样的？

答

吕国范：河南省南水北调中线工程总征地62万亩，共搬迁群众21万人，其中丹江口水库移民16.5万人，总干渠沿线征迁4.7万人。

按照批准的移民安置实施规划，我省丹江口库区农村移民规划搬迁涉及168个村，安置在省内郑州、平顶山、新乡、许昌、漯河、南阳6个省辖市的25个县（市、区）；规划修建208个移民新村，调整土地23.24万亩。移民搬迁安置分试点、库区第一批、库区第二批共三期实施。农村外项目涉及淅川县3个集镇迁建、178家单位及36家工业企业淹没处理、大量的专业项目恢复改建，以及库底清理、地质灾害处理等。

移民搬迁后，为使移民尽快适应新的环境，恢复正常生产生活，实现平稳过渡，我省及时跟进移民人口公示复核、过渡期生活费发放、各种手续接转、生产用地划拨、整理和分地到户等后续工作，实行县乡干部"一对一"结对帮扶，安排解决移民搬迁后的生产生活问题。加大移民培训力度，举办了种植、养殖、务工等生产技能培训班，采取多种措施，促进移民就业。与此同时，河南省也完成了农村外项目淹没处理、库底清理等工作。2019年12月通过完工阶段移民安置国家验收。

河南省水利厅移民后期扶持处处长　焦振峰
问

主持人：针对移民在"稳得住、能发展、可致富"上存在的一些困难，都采取了哪些帮扶措施呢？

答

焦振峰：河南省移民办先后开展了移民村社会治理创新，实施了"强村富民"战略，推出了移民企业挂牌上市、移民村乡村旅游、金融扶贫"移民贷"等创新举措，取得了较好成效。

据不完全统计，自南水北调丹江口库区移民搬迁后至2020年，河南省移民系统已累计投入帮扶发展等各类帮扶资金17亿多元，连同各类支农惠农资金、招商引资、自筹资金等资金，社会各界集中投入移民村的帮扶资金已超过30亿元。目前，南水北调丹江口库区移民美好移民村建设已取得初步成效。2021年5月13日，习近平总书记在考察淅川县九重镇邹庄村时，对南水北调移民的经济社会发展给予了充分肯定。

河南省水利厅移民安置处处长　朱明献
问

主持人：在移民搬迁中，有哪些让人动容的故事？又有哪些典型的人物？

答

朱明献：我省广大移民群众为国家工程建设付出了巨大牺牲，他们舍小家、为国家，眼含热泪，远走他乡，其中还有很多曾是丹江口水库初期工程的移民，他们历经数次搬迁、长期待迁，但仍无怨无悔，非常伟大，非常感人。比如，淅川县仓房镇沿江村移民何兆胜，为了南水北调，几次辗转，毫无怨言。23岁远迁青海，后返迁淅川；30岁再迁湖北荆门，后返迁老家；2011年6月27日，他又带着儿孙，搬到黄河以北太行山下的新乡辉县常村镇沿江村。

南水北调移民安置工作时间紧、任务重、难度大，全省各级各部门和广大干部群众面临着前所未有的考验。广大党员干部热血奋战，负重拼搏，在700多个日夜里，动用搬迁车辆3万辆，总行程80多万公里，有600多名党员干部累倒在工作岗位上，搬迁期间先后有13位同志牺牲在征地移民工作第一线，换来了"四年任务两年完成"目标的顺利实现和移民"不伤、不亡、不漏、不掉"一人，创造了水利移民的奇迹。

中国水利报
南水北调中线工程助力
优化河南水资源配置

2021-06-23

本报讯（记者　李乐乐　国立杰）　近日，南水北调中线工程向河南省部分河湖实施生态补水，截至6月21日，累计生态补水量26亿立方米，助力河南省水生态修复，实现汛期洪水资源化。"通过生态补水，清澈透绿的丹江水流进我省城市、乡村，水脉流畅、鱼翔浅底，水质明显提升，水环境明显改善，有利于打造水清、岸绿、景美的宜居环境，助力我省百城提质、乡村振兴和美丽河南建设，人民群众的幸福感、获得感得以进一步提升。"河南省水利厅南水北调工程管理处处长雷淮平说。

据悉，生态补水是通过调度水资源保障生态环境用水的重要实践，通过对因最小生态需水量无法满足而受损的生态系统进行补水，补给区域生态系统的水资源短缺量，遏制生态系统结构的破坏和功能的丧失，保护区域生态系统生境的动态平衡。通过25个退水闸、4个分水口门，南水北调中线工程向河南省境内的24条河流、8个湖库进行生态补水。目前，生态补水流量22.54立方米每秒。

河南省水利厅资料显示，实施生态补水为地下水源涵养和压采创造了条件，遏制了地下水水位下降，地下水水位不同程度回升，其中郑州中深层地下水平均回升6.46米，许昌平均回升6.76米，促进了河南省森林、湿地、流域、农田、城市五大生态系统建设，水生态得以逐渐修复。

为确保水库度汛安全，作为南水北调中线工程水源地的丹江口水库汛前要进行弃水腾库，汛期水库蓄水位必须控制在汛限水位以下。南水北调中线工程建成前，上游来水量大的年份将有大量弃水经长江流入大海，造成水资源的浪费。南水北调中线工程通水后，在保证正常供水的前提下，大量弃水可通过总干渠向河南、河北、北京、天津4省市输送。

南水北调中线工程实施生态补水，不仅降低了丹江口水库甚至长江的防洪风险，实现了洪水资源化，而且有效缓解了城市用水挤占农业用水的矛盾，改善了受水区农业生产条件，增强了农业抵御干旱灾害的能力。同时，生态补水稳定了受水河流生态流量，使山水林田湖得到有效涵养。

中国水利报
南水北调中线行之五
江河"揖让"动天地

2021-06-11

巨龙飞渡，清泉北流。

麦浪翻滚的田野上，这座一眼望不到头的"水上立交桥"，令人震撼。

5月27日，记者来到距离陶岔渠首240多公里外的南水北调中线关键性工程——沙河渡槽。

站在观虹台上放眼望去，清澈的丹江水正通过节制闸，从4个巨大的"U"形槽中奔涌北上。

借助无人机的视角俯瞰，位于河南省平顶山市鲁山县的沙河渡槽犹如一条"巨龙"盘踞在中原大地。

全国乃至世界，渡槽工程众多，沙河渡槽何以赢得"世界第一渡槽"的美誉？

南水北调中线干线工程建设管理局河南分局鲁山管理处处长董志斌介绍，沙河渡槽是世界最重的吊装渡槽，单槽起吊重量1200吨；是世界首座实现"槽上运槽"的渡槽，实施大吨位提、运、架机械一体化施工；是世界最大的涵洞式渡槽，单槽最宽的落地渡槽，以及长度最长的渡槽……

成就"世界之最"的亮眼成绩，必须化解诸多"史无前例"的困难挑战——线路最长，技术含量最高，施工最复杂、挑战最大……

逢山开路，遇河架桥，大国重器就是这样势无可挡，成就传奇。汉江清流顺势而下，至此遭遇三条河流拦阻——沙河、大郎河、将相河，南水北调想要继续北流，必须架设大型渡槽，"空运"清水跨过"拦路河"。

"这个工程的建设，填补了国内外水利行业大流量渡槽设计及施工的技术空白。"董志斌说，沙河渡槽在建设时期，集中了各方力量，攻克了多项技术难题。

工程刚刚完工便迎来"大考"。

2014年，平顶山遭遇建市以来最大旱情，城市用水频频告急。"当时南水北调中线一期主体工程基本完工，尚未通水。关键时刻，工程启动应急调水，解决了百万人口的吃水难题。"当年的往事，董志斌记忆犹新。

应急补水让平顶山成为了首个喝上南水北调中线水的城市，平顶山人明白了南水北调这个超级工程背后的意义，南水北调人感受到了身上的责任。

从工程建设，到运行管理，"安全"始终是核心关键词。

"我们从细节入手，充分利用信息化手段，做好安全、调度等各项工作，保障沿线人民用水安全顺畅。"董志斌边走边说。

地面上，沉降测点保护盒引起记者的注意。鲁山管理处工程安全监测科工作人员王佳猛说："我们对关键建筑物、重点渠段进行安全监测。监测内容包括变形、应力应变、渗流、土压力等。"目前，在沙河渡槽段共布置内观仪器4911支，外观测点866个，接入自动化内观仪器2486支。

在运用信息化、数字化、智慧化手段保障工程安全的同时，管理处严格执行"两个所有"工作机制，即所有人查辖区内的所有问题。从各专业"分摊干"，到跨专业"一盘棋"，只为确保工程处于良好状态运行。

鲁山管理处安全科科长张承祖说，管理处通过"人防、物防、技防"，做好安全保卫工作。"管理处设有警务室，成立了专门的安保队伍，每天都沿渠巡逻。渠道沿线设置封闭隔离网，顶部安装滚轮刺丝，有效防止入侵。此外，沿线布设129个安防高清摄像头，便于发现问题，保证设备设施安全。"

南水北调中线工程是个"直肠子"，尚无调蓄水库。这种情况下，做好调度工作至关重要，考验着运行管理者的智慧与担当。

走进沙河渡槽的闸站室，管理处调度科科长宁志超用手机登录"中线巡查维护实时监管系统"，通过扫描启闭机控制柜上的二维码，查看巡查目标。

"目前沙河渡槽的闸门开度是5米多，过水流量是315立方米每秒。如果哪一个闸门调度不合理，后果不堪设想。"宁志超说，"这对调度精准性和设备可靠性、准确性要求非常高。"

宁志超介绍，沙河渡槽节制闸执行24小时值守模式，每班2人。"我们对闸门的控制精度为毫米级，对于因温度变化等引起开度误差超20毫米的闸门，经中控室值班人员允许后，现场手动纠偏，确保精准的闸门开度。"

离开沙河渡槽，记者来到鲁山管理处中控室，这里是南水北调中线鲁山段的"大脑中枢"。墙壁上，"精准、规范、高效、安全" 8个蓝色大字十分醒目。调度值班长吕冰正目不转睛地盯着电脑屏幕，进行水情数据复核。"我们中控室调度主要负责日常水情数据上报，调度指令执行及反馈，防汛及应急值班和闸站室内外视频巡视等工作。"吕冰说。

"鲁山段指挥调度主要通过闸站监控系统、闸站视频监控系统、日常调度管理系统等自动化系统，实现了远程调度、实时监控、信息采集等。"宁志超说，"值班人员无论白天夜晚，都要做到每半小时复核1次水位，每2个小时转一遍全部摄像头。"

从"一条渠救活一座城"，到如今一渠清水润泽沿线城乡，"供水成绩单"更加亮眼：中线工程通水以来，沙河渡槽安全护送"南水"北上，优质的丹江水已惠及沿线20多个大中城市及130多个县，直接受益人口达7900万人。

"习近平总书记主持召开推进南水北调后续工程高质量发展座谈会后，管理处的同志们认真学习，深受鼓舞。我们将扛起责任，维护好工程安全、供水安全、水质安全，确保一渠清水北送。"董志斌说。

巨龙飞渡传佳话，碧水长驱过大关。沙河渡槽，世界第一，6年运行未见渗水等任何问题，已属见证奇迹，同时科学、严谨、规范的管理正在延续传奇。南水北调千里长渠，每一段都是关口，每一处都是担当，每一节都有守候。沙河渡槽空中输水，更是提心吊胆，更要精益求精，更需分秒值守、默默奉献……

（本报采访组成员：李先明 杨晶 陈萌 吴涛）

河南日报客户端

国家方志馆南水北调分馆即将开馆迎宾
同饮一渠水 共谋新发展

2021-06-09

6月9日上午，"同饮一渠水 共谋新发展"主题采访团来到南水北调中线工程唯一穿主城区的焦作。

一渠清水穿城过。站在焦作市人民路南水北调立交桥上，循着渠水流向望去，一座造型奇特的白色建筑拔地而起，吸睛十足。

从高处看，这座建筑外观以水为形、以渠为意，取意"水到渠成"。俯视建筑恰似"如意"形态的设计造型。

"这座建筑是国家方志馆南水北调分馆，占地面积300亩。"焦作市南水北调建设发展有限公司董事长王东介绍，截至目前，主体建筑外部装修基本结束，内部施工已经启动，实物史料正加紧收集，馆外陈设的穿黄工程盾构机等大型施工机械已组装到位。

2018年11月，为更好展示南水北调建设历程、弘扬南水北调精神，加强水利科普教育，发展水利公益事业，纪念为南水北调建设付出辛勤和智慧的建设者，在焦作开工建设了国家方志馆南水北调分馆。

国家方志馆南水北调分馆是国家方志馆在焦作市设立的第5家国家分馆，以方志资料为基础，融入演艺、交互、体验等现代展陈手段，对南水北调工程进行"全景式记录和表达"，是集方志馆、纪念馆、博物馆、科普馆于一体的国家级综合型展馆。

在国家方志馆南水北调分馆主体建筑的北侧，一个直径9米、全长约80米、总重量约1166吨的大型"钢铁侠"，东西横卧在地上，蔚为壮观。

这个"钢铁侠"是曾在南水北调穿黄工程中立下汗马功劳的大国重器"黄河号"盾

构机。这座盾构机由中铁十六局在穿黄工程施工时使用，有12000多个零部件，是当时世界上直径最大的盾构机，号称"工程机械之王"。

目前，经过施工人员的粉饰，盾构机焕然一新，成了国家方志馆南水北调分馆的点睛之作。

王东说，为弘扬南水北调精神，深入学习习近平总书记在推进南水北调后续工程高质量发展座谈会上的重要讲话和视察时的重要指示精神，国家方志馆南水北调分馆计划今年"七一"开馆迎宾，着力打造南水北调水生态示范园和南水北调精神文化新高地，为建党100周年献礼。

（记者：谭勇　成安林　编辑：王向前）

中国水利报
南水北调中线行之三　滴水涌泉总有痕

2021-06-09

本报采访组

回忆起5月13日的情景，邹新曾还是难掩激动。

这一天，他的家里来了一位重要"客人"。

"总书记太平易近人了！特别关心移民群众，亲切地询问我身体情况。"邹新曾一边笑着介绍，一边摆弄桌上的花生、水果，"快尝尝，这都是我们自己产的。"

5月26日下午，从内邓高速渠首站出发，沿渠首快速通道行驶约20分钟，一个干净整洁、绿树成荫的村庄呈现在眼前。这里是邹新曾所在的村子——河南省南阳市淅川县九重镇邹庄村，也是南水北调中线工程移民村。

160多平方米的双层小楼，电视机、洗衣机、电热水器等家电一应俱全，孙子邹子辰的"三好学生""学习标兵"奖状几乎贴满了一侧墙面……走进邹新曾的家，处处流露出生活的崭新气象。

客厅桌子上，邹新曾"最美保洁员"的奖牌前摆放着两张照片，一张是总书记和他们一家三代围坐在一起聊家常的场景，一张是总书记在家里厨房询问用水情况的场景。

"总书记首先来的是厨房，问了用水、用燃气情况，还拿起锅盖，打开冰箱，再到卫生间、卧室。"邹新曾说，"总书记每一句询问都表达出深深的关心，我们感到格外温暖。"

看望邹新曾，也是看望几十万为南水北调工程作出突出贡献的移民群众。

"为了沿线人民能够喝上好水，大家舍小家为大家，搬出来了。这是一种伟大的奉献精神。沿线人民、全国人民都应该感谢你们，滴水之恩涌泉相报，吃水不忘挖井人呐，你们就是挖井人。"在离开邹庄村前，习近平总书记曾动情地说。

"滴水之恩涌泉相报。这哪是滴水之恩？是涌泉之恩啊。"在推进南水北调后续工程高质量发展座谈会上，习近平总书记的一番话引人深省。

南水北调中线丹江口库区移民搬迁是世界水利移民史上最大强度的移民搬迁，涉及搬迁移民34.5万人，时间紧，任务重，难度超乎寻常。面对这道极具考验的难题，我国实现了"四年任务、两年基本完成"，做到了"不伤、不亡、不漏、不掉"一人，创造了世界工程建设移民安置奇迹。

奇迹的背后，是党中央的坚强领导，是集中力量办大事的制度保障，是河南、湖北两省举全省之力的组织推进，是科学规划、政策集成下的妥善安置，更离不开广大移民群众的奉献和牺牲。这是南水北调大型跨流域重大调水工程精神的重要组成部分。

从九重镇油坊岗村搬迁至邹庄村，邹新曾等移民群众已经来这里整整10年了。他们适应新生活了吗？

"很满意。以前住的地方都是土路，哪像现在？而且收入也不如现在，我家18亩地，流转出去的地每亩收入 800 多块。"邹新曾说,加上务农、就近打工等,一家人年收入近 10 万元。

真正实现"搬得出、稳得住、能发展、可致富",并不容易。河南省建设移民集中安置点 208 个,搬迁安置移民 4.1 万户 165471 人,集中建设房屋 550.5 万平方米。同时,聚力做好移民安置后续帮扶工作,建设美丽移民村,全面推进乡村振兴。

"总书记当时详细了解村里产业发展,他十分关心移民就业、增收情况。"邹庄村驻村第一书记凌行说,总书记在丹江绿色果蔬园基地内,察看猕猴桃长势,询问果蔬园生产销售情况。目前,邹庄村有 300 余人从事果蔬产业,每月人均收入 2000 元以上。

作为全国移民大县,浙川县按照"短、中、长"三线产业发展模式,把移民后期扶持和可持续发展紧密结合起来,优化调整产业结构,大力发展特色产业,既巩固传统产业,也注重发展生态高效农业,兴办节能环保产业。产业的发展、项目的实施,不仅改善了农业生产条件,提高了土地产出率和农业生产效率,还能有效减少面源污染,使以肥促产、以药保收的传统农业向绿色发展、生态高效的有机农业转变,筑起保护南水北调水源的一道绿色屏障。

移民生客岂无路,滴水涌泉总有痕。记者看到,邹庄村一排排两层小楼林立,家家户户门前绿意盎然,村中学校、卫生所、便民服务大厅样样齐全。邹庄村党群服务中心小楼外墙正中印着巨大的党徽,楼前一面国旗高高飘扬。健身广场上,"人民对美好生活的向往就是我们的奋斗目标"的标语赫然入目。

宽敞的街道上偶尔有汽车驶过。树阴下有村民三五成群纳凉,看孩子、择菜、聊天。"日子越来越兴旺,芝麻开花节节高"的殷切希望言犹在耳。

邹新曾告诉记者,儿媳郭春玲快从服装店下班了,晚上,她还将利用电商平台直播卖货

……

（本报采访组成员：李先明　陈萌　吴涛　杨晶）

河南日报客户端
新乡：2023 年实现丹江水市域全覆盖

2021-06-08

6 月 8 日,"同饮一渠水　共谋新发展"主题采访团来到新乡市采访。

为进一步扩大供水,提高南水北调水资源利用率,新乡市新增"四县一区"配套工程南线项目和东线项目供水工程,工程建成后将实现南水北调水源市域全覆盖。

南线项目经新乡县调蓄池分别向原阳县、平原示范区 2 座受水水厂供水。年分配水量 3285 万 m³,工程全线长 43.3 公里,概算投资 4.8 亿元,受益人口约 34 万。目前工程已全面开工,完成管道铺设总长度的 84.82%,计划年内建成通水。

东线项目向经开区、延津县、封丘县、长垣市县区 4 座受水水厂供水,年分配水量 8040 万 m³,工程全线长约 98.26 公里,概算投资 16.5 亿元,受益人口约 50 万。目前可研报告已批复,正在开展初步设计、水土保持、环境影响评价、防洪影响评价等工作,计划于 2021 年 7 月底前完成初步设计编制工作,2021 年底具备开工条件,2023 年底前建成通水。

（记者：谭勇　袁楠　编辑：王向前）

大河报

甘甜水永续北送　生态果带富渠首

在线投稿记者博客联系记者

丹江"小三峡"

南水北调中线工程渠首

淅川县软籽石榴丰收（资料图片）

开栏的话

南水北调工程事关战略全局，事关长远发展，事关人民福祉。为了学习贯彻落实习近平总书记在推进南水北调后续工程高质量发展座谈会上的重要讲话精神，6月7日上午，河南省委宣传部组织开展的"同饮一渠水共谋新发展"主题采访活动启动，记者将采取"行进式采访＋蹲点调研式采访"的方式，走进南水北调中线工程河南段的市县，选取典型代表，挖掘鲜活事例，介绍宝贵经验，全面反映南水北调工程给城市发展和人民生活带来的发展变化。

□顶端新闻·大河报记者李春文图

站在渠首大坝上举目远眺，碧绿的丹江水风平浪静，主干渠像一条玉带从这里铺向北方，安静而祥和。

来自南水北调中线管理局渠首分局分调度中心的实时水情信息显示：今日8时，陶岔渠首引水闸闸前水位157.62 m（85高程），闸后水位147.53 m，水位差为10.09 m，入渠流量3533.34 m/s（目标流量350 m^3/s），草墩河节制闸过闸瞬时流量为324.66 m^3/s。闸前渠道水深7.34 m至8.75 m，流速0.99 m/s至1.19 m/s。本调水年度累计入渠水量为46.96亿m^3，自2014年12月12日通水以来累计入渠总量387.65亿m^3。

通俗地说，丹江口水库通过渠首大坝这个水龙头正平稳有序地向北方送水，并且水质超乎想象的好。

在香花镇的宋岗码头，水上的清洁人员驾着小船正在打捞水面上的垃圾和漂浮物，相比较早些年每天打捞的数吨水面垃圾，现在的打捞量少之又少，但是他们的工作时间和打捞频率一点也没少。好水质也得益于2020年4月正式成立的淅川县库区综合执法大队，淅川县将交通运输、农业农村、水利、生态环境、林业等7个职能部门144项行政处罚权和行政强制权委托于县库区综合执法大队实施水质保护工作。

执法船行驶到水库的宽阔位置时，水质监测工作人员用专业取样设备在水面5米以下取了水样。工作人员告诉记者，取的水质已经达到国家饮用水Ⅱ类以上标准，可以直接饮用。记者端起杯子品尝："水质透明，味道甘甜清洌，比买的矿泉水好喝。"

如果说一渠清水是淅川的政治担当，那么富民强县则是淅川的责任担当。

在九重镇的邹庄村，村民们正在丹江—京都果园里忙碌着。村民把村里的652亩土地流转给河南丹江源农业有限公司，公司以绿色果蔬产业为主线，把旅游观光、采摘、餐饮、住宿和电子商务一体发展。村民不仅能在家门口就业，还能年年从公司拿到分红。

同样，在附近的张河村，村民在全国人大代表、村支书张家祥的带领下，走上了致富的康庄大道。在南水北调通水之前，张河村的支柱产业是辣椒。

然而，随着南水北调中线工程的启动，辣椒种植过程中用到大量化肥和农药，引发土壤污染、水质氨氮成分超标等一系列问题，产业面临倒闭。张河村转变发展思路，引进河南省仁和康源农业发展有限公司，将全村土地全部流转，栽植软籽石榴，使用生物有机肥，有效避免了农业面源污染，保护了丹江口水库水质。因为种植软籽石榴，群众收入直线上涨，软籽石榴成了村民的"摇钱树"。

甘甜的丹江水浩浩北上，润泽了华夏大地。请记住，这里是渠首，这里是淅川，这里水清民富县强。

河南日报

确保南水北调
工程安全供水安全水质安全

2021-05-27

本报讯（记者刘晓阳）5月26日，副省长武国定到省水利厅调研南水北调工作，并主持召开座谈会，深入学习习近平总书记在推进南水北调后续工程高质量发展座谈会上的重要讲话和视察时的重要指示精神，研究部署贯彻落实工作。

武国定指出，习近平总书记重要讲话和指示精神，充分体现了以习近平同志为核心的党中央对河南的关心支持和殷切期望、对治水兴水的高度重视和远见卓识、对南水北调工程的充分肯定和对后续工程的战略谋划、对南水北调移民的关心关爱和深情厚谊。

武国定强调，要在学懂弄通做实上下功夫，联系工作实际抓好贯彻落实；要在确保"三个安全"上下功夫，切实维护工程安全、供水安全和水质安全；要在后续工程的谋划上下功夫，加快构建现代水网体系；要在持续推进"四水同治"上下功夫，着力建设幸福河湖；要在推进移民安置后续帮扶上下功夫，确保搬迁群众稳得住、能发展、可致富；要在协调对接上下功夫，抢抓重大发展机遇，主动对接国家重大战略。

人民日报

"四水同治"在行动
城乡同饮丹江水　濮阳打造安全饮水新范本

2021-05-26

鸟瞰清丰县中州水厂　　　　彭可摄

"告别苦咸水，日子甜如蜜。"河南清丰县固城镇刘张庄村村民张凤江说，2020年最意外的收获是没想到咱老百姓也能喝到700多公里外的丹江水。

清丰县农民的幸福生活，得益于该县从2017年开始探索的"规模化、市场化、水源地表化、城乡一体化"供水模式。

农村供水是民生工程，民生就是最大的政治。清丰县委副书记、县长刘兵介绍，清丰县通过实施"丹江水润清丰"城乡供水一体化工程，形成了"农村供水城市化、城乡供水一体化"的发展战略和"规模化发展、标准化建设、市场化运作、企业化经营、专业化管理"的运作思路，群众的获得感、幸福感和满意度大幅提升，在全省率先实现丹江水全域通。

鸟瞰清丰县中州水厂　　　　　　彭可摄

濮阳 120 万人民也即将喝上甘甜的丹江水。濮阳市水利局党组书记、局长孙文标介绍，2017 年濮阳市以采用地下水为主解决了农村饮水安全问题。但是，水质不优、管理松散、服务不周的问题逐步显现。并且，濮阳市地处华北最大的地下水漏斗区域，地下水超采区面积达 3675 平方公里，占全市总面积的 88%。为了彻底解决农村饮水水质不优和管理不集中、不规范的问题，2018 年濮阳市政府实施以南水北调水为主水源，黄河水为辅助水源，以县区为建设和运营单元，对全市农村饮

智慧水务控制大厅　　　　　　张毅力摄

清水通过泵站送到千家万户　　张毅力摄

建在村门口的服务中心　　　　张毅力摄

水进行地表水全置换。今年 6 月底，濮阳市全市区域也将实现丹江水贯通，成为全国唯一地级市。届时，濮阳市每年节约深层地下水开采量 1.6 亿立方米。

（来源：人民网河南频道　张毅力）

顶端新闻

四水同治在行动

大沙河"喝"上丹江水

2021-05-25

顶端新闻·河南日报记者　谭勇

浩荡北上的丹江水，不仅滋养了沿线人民，也滋养了沿线江河湖库。

4 月 25 日上午，"四水同治"集中采访团来到位于焦作境内的大沙河。历史上，大沙河

曾是古运河主要组成部分。焦作市以"四水同治"为抓手，对大沙河进行生态治理，加上南水北调中线工程生态补水，这个昔日的"臭水沟"蝶变成"幸福河"。

南水北调中线工程同时兼顾生态修复和环境改善。南水北调中线工程生态补水是在满足正常输水计划的基础上，充分考虑渠道运行安全的情况下，在丹江口水库超汛限水位时，为腾空水库防洪库容，通过总干渠向沿线下泄洪水，以补充中原地区河湖生态用水，从而实现了洪水资源化，一举两得。

焦作市是南水北调中线工程唯一穿城而过的城市。自 2017 年南水北调总干渠通过闫河退水闸向修武县郇封岭漏斗区进行直接补水、向市区龙源湖多次置换生态水、向焦作市景观河道群英河逐月补水、向新河、大沙河等河流水系注入清澈的丹江水，至今焦作市境内生态补水累计 6005.53 万立方米，水质明显改善，扮靓城市美景。

南水北调水注入后，改善了大沙河水体质量，沿线生态环境得到进一步提升，河里的鱼多了，垂钓的人多了，与人和谐相处的各种鸟类也多了，以前干涸的河道变成了现在的景观河，成为焦作市民休闲娱乐的好去处。

（编辑：马亮亮）

河南日报
"四水同治"在行动
濮阳：上半年率先实现丹江水全域覆盖

2021-05-24

河南日报客户端记者 谭勇

5月24日下午6点半，清丰县固城镇刘张庄村笼罩在夕阳的余晖中，燕子从坑塘的水面掠过，叽叽喳喳叫个不停，村里亭台长廊美如画。

"……"72岁的张凤江打开自来水开始做晚饭。他所用的水，是来自淅川县丹江口水

库的水。

"以前吃的是地下水，有时候咸，有时候苦，而且还是定时供水，经常要用水缸来储备水，时间长了，水都变酸了。"张凤江说，自从去年用上了南水北调的丹江水，24小时供应，水质也好，喝起来比较甘甜，熬粥也特别香。

在距离刘庄村数里之外的清丰中州农村供水有限公司里，从淅川县远道而来的"丹江水"在这里经过过滤处理，然后通过泵房加压输送到全县17个乡镇，惠及72万人。清丰县县长刘兵介绍，该县探索农村供水"规模化、市场化、水源地表化、城乡一体化"（以下简称"四化"）供水模式，大力实施城乡供水一体化工程，在全省率先实现丹江水全域通。

从2018年开始，濮阳创新探索"政府主导、市场运作、多方投入、社会参与"的建设与管理机制，谋划实施了农村供水"四化"。经过近三年的努力，全市120多万农村居民吃上了丹江水。

濮阳市水利局党组书记、局长孙文标介绍，2021年，该市计划投资24.9亿元扩建农村供水"四化"工程，在今年6月底前实现全市丹江水全域覆盖，让全市农民全部吃上优质安全的丹江水，在全国率先实现省辖市"一个水源覆盖城乡、一张水网集中供水、一个主体运营管理、一个标准服务群众"。

"届时，濮阳市南水北调规划供水量消纳比例将达到100%，每年节约深层地下水开采量1.6亿立方米。"孙文标说。

河南日报
习近平总书记在推进南水北调后续工程高质量发展座谈会上的重要讲话在我省引起强烈反响"完整、准确、全面贯彻新发展理念"

2021-05-16

本报讯（记者谭勇　李运海　赵一帆　刘晓波　李若凡）连日来，习近平总书记在推进南水北调后续工程高质量发展座谈会上的重要讲话和视察时的重要指示精神，在我省水利、环保、自然资源、农业、粮食等相关领域引起强烈反响。广大干部职工纷纷表示，一定牢记总书记殷殷嘱托，完整、准确、全面贯彻新发展理念，努力交出高质量发展的河南答卷。

省水利厅党组书记刘正才表示，全省水利系统将完整、准确、全面贯彻新发展理念，统筹经济社会高质量发展和水安全，践行"节水优先、空间均衡、系统治理、两手发力"的治水思路，优化提升水资源空间均衡配置水平，科学推进后续工程规划建设，构建兴利除害的现代水网体系，强化水资源节约集约利用，推动河南水利事业高质量发展。

我省是南水北调中线工程的核心水源地和渠首所在地，既是"大水缸"，也是"水龙头"。南水北调中线工程总干渠在我省境内全长731公里，占总干渠全长的51%，位置重要、作用突出。南水北调中线工程的建成运行重塑了河南水格局，有力支撑了河南经济社会高质量发展。目前，我省又初步规划了观音寺、鱼泉、马村、沙坨湖等9座调蓄工程，总库容约28.29亿立方米，估算总投资896.2亿元。

"南水北调工程是造福人民的'国之重器'，我们将深刻认识其经济价值、社会价值、生态价值和精神价值，从守护生命线的政治高度，切实维护南水北调工程安全、供水安全、水质安全。"刘正才说，通过加强工程运行管理，深化水源地水质保护，强抓节约用水，保障移民发展，做好后续工程筹划，力争后续工程早日开工，把水源区的生态环境保护工作作为重中之重，确保一泓清水永续北送，使之不断造福人民。

人民日报
扎实推进南水北调后续工程高质量发展——习近平总书记在推进南水北调后续工程高质量发展座谈会上的重要讲话引发热烈反响

2021-05-16

5月14日上午，习近平总书记在河南省南阳市主持召开推进南水北调后续工程高质量发展座谈会并发表重要讲话，在广大干部群众中引发热烈反响。大家表示，将认真学习贯彻习近平总书记重要讲话精神，深入分析南水北调工程面临的新形势新任务，完整、准确、全面贯彻新发展理念，按照高质量发展要求，统筹发展和安全，坚持节水优先、空间均衡、系统治理、两手发力的治水思路，遵循确有需要、生态安全、可以持续的重大水利工程论证原则，立足流域整体和水资源空间均衡配置，科学推进工程规划建设，提高水资源集约节约利用水平。

积极推进后续工程高质量发展

"习近平总书记的重要讲话，为推进南水北调后续工程高质量发展指明了方向，提供了根本遵循。"水利部部长李国英表示，将认真学习贯彻落实习近平总书记重要讲话精神，按照总书记推进南水北调后续工程的总体要求，准确把握东线、中线、西线三条线路的各自特点，抓紧做好后续工程规划设计，积极推进后续工程高质量发展。李国英表示，在推进南水北调后续工程规划建设过程中，我们将时刻牢记"国之大者"，以高度的政治责任感和历史使命感，全力以赴、扎扎实实做好有关工作，确保拿出来的规划设计方案经得起历史和实践检验。

"总书记强调，要坚持遵循规律，研判把握水资源长远供求趋势、区域分布、结构特征，科学确定工程规模和总体布局，处理好发展和保护、利用和修复的关系，决不能逾越生态安全的底线。"水利部长江水利委员会总工程师仲志余说，我们要科学评估《南水北调工程总体规划》实施情况，在坚持节水优先、以水定需、遏制不合理用水需求的基础上，按照"确有需要、生态安全、可以持续"的原则，加强重大问题研究，科学谋划南水北调后续工程的总体布局。

"总书记强调，要坚持经济合理，统筹工程投资和效益，加强多方案比选论证，尽可能减少征地移民数量。"江苏省水利厅厅长陈杰表示，江苏将统筹长江、淮河、沂沭泗水资源情势，充分利用江苏水网体系，挖掘工程潜力，优化洪泽湖、骆马湖、微山湖三湖调度，科学比选工程布局和建设方案，减少移民征迁和工程用地，降低南水北调后续工程建设投资和运行成本，为加快构建国家水网主骨架和大动脉作出江苏贡献。

截至目前，南水北调中线工程累计向北京调水约65亿立方米。"为了让更多市民喝上南水，北京市正在积极加快输水管线和自来水厂的建设。"北京市水务局副局长杨进怀介绍，下一步，北京市南水北调配套工程后续规划以做足节水、用足中水、立足客水补充为前提，以保重点、强安全、优生态、促宜居为目标，逐步建设形成"四条外部水源通道、两道输水水源环线、七处战略保障水源地、分级调蓄联动共保、水系湖库互联互通"的城乡供水格局。

采取更严格的措施抓好节水工作

习近平总书记强调，要坚持节水优先，把节水作为受水区的根本出路，长期深入做好节水工作，根据水资源承载能力优化城市空间布局、产业结构、人口规模。各地干部群众表示，一定认真贯彻落实总书记重要指示，全面落实节水优先方针，采取更严格的措施抓好节水工作，坚决避免敞口用水、过度调水。

"北京坚决落实'以水定城、以水定地、以水定人、以水定产'的要求，大力推进节水型城市建设。近年来，北京市万元地区生产总值用水量由15.4立方米下降至11.3立方米。"北京市节约用水办公室主任赵潭表示，北京将继续实行用水总量强度双控制度，科学制定全市年度用水计划，并逐级分解下达到区、乡镇（街道）、村庄（社区），深入做好节水工作。

"坚持让南水北调的每滴水都用在关键处。"天津市水务局局长张志颇表示，天津将强化最严格水资源管理，实行用水总量和强度双控，大力推进农业、工业、城镇等重点领域节水，科学合理配置外调水、地表水、再生水、淡化海水等多种水资源，用好来之不易的每一滴水，进一步提高水资源利用效率和效益。

"我们将在建立水资源刚性约束制度上下更大功夫，严格用水总量控制。"河南省水利厅党组书记刘正才表示，河南将全面落实节水评价制度，将节水作为约束性指标纳入地方党政领导班子和领导干部政绩考核内容。同时，提高工业用水超定额水价，倒逼高耗水项目和产业有序退出；推进农业水价综合改革，推进农业灌溉定额内优惠水价、超定额累进加价制度。

河南省农业农村厅党组成员谢长伟说，河南将持续推广高效节水灌溉技术，创新集成适合粮食作物和经济作物应用的水肥一体化技术模式，力争到2025年水肥一体化技术模式应用面积超过1000万亩。

"作为南水北调工程受水区，枣庄市近年来已累计调用长江水约2亿立方米，切身体会到了南水北调重大工程的显著效益。"山东省枣庄市委副秘书长、市城乡水务局局长张德忠表示，枣庄市将坚决落实节水优先原则，长期深入做好节水工作，保障经济社会高质量发展。

加强生态环境保护

习近平总书记强调，要加强生态环境保护，坚持山水林田湖草沙一体化保护和系统治理，加强长江、黄河等大江大河的水源涵养，加大生态保护力度，加强南水北调工程沿线水资源保护，持续抓好输水沿线区和受水区的污染防治和生态环境保护工作。

"总书记的重要讲话为南阳今后更好地肩负起'一渠清水永续北送'的政治责任指明了方向、提供了遵循。"河南省南阳市委书记张文深说，南阳将从守护生命线的政治高度，持续加强水源地生态建设和环境保护，坚决打好污染防治攻坚战，统筹推进水资源集约节约利用工作，坚决守护好一渠清水。

"加强南水北调工程生态环境保护，守好水源地一库碧水，事关战略全局、事关长远发展、事关人民福祉，是全省生态环境系统肩负的重大政治任务。"河南省生态环境厅厅长王仲田表示，河南将强化源头防控，编制实施丹江口库区及上游水污染防治规划，建立水源区产业准入负面清单，严格禁止高耗能、高污染、高排放项目建设；强化治污减排，完善跨区域、跨部门生态环境保护协调联动机制，建立重点风险源防控清单，抓好水源地和总干渠（河南段）两侧饮用水水源保护区环境问题排查整治。

湖北省十堰市委书记胡亚波说，作为南水北调中线工程的水源区，我们将认真学习贯彻落实习近平总书记重要讲话精神，把水源区的生态环境保护工作作为重中之重，以更高目标、更大力度、更实举措，忠实履行"守井人"责任，确保一库碧水永续北送，用实际行动更好践行绿水青山就是金山银山理念。

"总书记的重要指示为江苏南水北调东线段的生态环境保护、系统治理指明了方向，明确了目标。"江苏省生态环境厅厅长王天琦说，江苏是南水北调东线一期工程源头，近年来我们不断加强长江大保护力度，守护好一江碧水；不断加大输水通道污染防治，保证一泓清水安全北送。下一步，我们将以维护输水干线及流域健康、实现沿线河湖功能永续利用为总目标，以防治水污染、改善水环境、保护水资源、修复水生态、管护水域岸线、提升河湖综合功能为主要任务，推进南水北调东线水环境治理和质量全面提升。

早上8点，北京密云水库综合执法大队水上执法分队队长崔小军和同事们乘上快艇开始巡护任务。"密云水库既是首都战略水源地，又是南水北调来水调蓄库。"崔小军说，"要像保护眼睛一样保护密云水库"，是队员们说得最多的一句话。近年来，北京市以密云水库周边小流域为单位，以水源保护为中心，构筑了"生态修复、生态治理、生态保护"三道防线，确保"清水下山、净水入库"。

"总书记的重要讲话，让我们备感振奋、

倍增干劲。"天津市生态环境局水环境管理处处长赵文喜说，将以南水北调输水沿线为重点，对工业、城镇、农业农村等各类污染源，实行控源（源头预防）、治污（末端治理）两手抓，"一河一策"系统治理。

"去年我市科学调度南水北调引江水等，开展河道生态补水，全市水环境质量达到近20年来最好水平。"河北省保定市水利局负责同志张海波说，我们将坚持节水优先、空间均衡、系统治理、两手发力的治水思路，加大生态保护修复力度，加强南水北调工程沿线水资源节约，持续抓好受水区的污染防治，全力推进白洋淀流域水环境治理。

"我们始终把南水北调东线聊城段水污染防治工作摆在突出位置，努力保障邱屯闸、石槽两个南水北调国控断面稳定达标。"山东省聊城市生态环境局局长张建军表示，下一步，将结合目前正在开展的入河排污口溯源整治和汛前重点河湖水质隐患排查整治工作，做好雨污分流改造、汛期生活污水直排防控、农业面源污染防治、涉水工业企业监管、饮用水源地保护等水生态环境保护重点工作，研究确定一批水污染防治重点项目，在确保省控以上考核断面水质稳定达标的基础上，推动南水北调沿线水质持续改善。

继续做好移民安置后续帮扶工作

5月13日下午，习近平总书记深入南阳市淅川县的水利设施、移民新村等，实地了解南水北调中线工程建设管理运行和库区移民安置等情况。

"总书记强调，吃水不忘挖井人，要继续加大对库区的支持帮扶。我们将按照总书记的要求，坚持生态优先、产业为重，继续做好库区移民安置后续帮扶工作。"河南省发展和改革委员会副主任李迎伟表示，河南将深入实施汉江生态经济带战略，支持水源区发展特色产业和现代农业，保障移民群众持续致富。

"总书记指出，人民就是江山，共产党打江山、守江山，守的是人民的心，为的是让人民过上好日子。"张文深表示，南阳将奋力做好"民富"文章，加大投入力度，创新扶持方式，多措并举畅通增收渠道，让作出巨大牺牲和奉献的移民群众稳得住、能发展、可致富；加快转型发展，着力培育科技含量高、市场前景好、经济效益优、节能环保型的项目和企业，努力走出一条生态优先、创新引领、水清民富的高质量发展之路。

湖北省丹江口水库移民工程共搬迁安置18.2万人。"总书记强调，要继续做好移民安置后续帮扶工作，全面推进乡村振兴，种田务农、外出务工、发展新业态一起抓，多措并举畅通增收渠道，确保搬迁群众稳得住、能发展、可致富。总书记的重要指示，让我们进一步明确了努力方向、更有信心干好工作。"湖北省水利厅移民处处长曹德权说，我们将着力扩大移民的就业渠道，开展移民创业就业和技能培训等，增强移民发展内生动力。

（本报记者龚金星　马跃峰　王浩　贺勇　富子梅　张志锋　肖家鑫　朱佩娴　尹晓宇　范昊天　吴君　强郁文　毕京津　高炳）

河南日报

丹水浩荡润民心

2021-05-16

河南日报南水北调报道组

在推进南水北调后续工程高质量发展座谈会上，习近平强调继续科学推进实施调水工程，要在全面加强节水、强化水资源刚性约束的前提下，统筹加强需求和供给管理。

1. 坚持系统观念
2. 坚持遵循规律
3. 坚持节水优先
4. 坚持经济合理
5. 加强生态环境保护
6. 加快构建国家水网

5月13日，习近平总书记来到南阳市淅川县，考察南水北调中线工程。

丹江口水库，烟波浩渺，气象万千。这座亚洲最大的人工淡水湖，就是举世瞩目的南水北调中线工程源头。一渠清水由此北上，纵贯千里，润泽华北，造福中华。

这不是总书记第一次考察南水北调工程。工程、水质、生态、移民……他深邃的目光，始终牵系着这一令他念兹在兹的"国之大者"。在2015年新年贺词中，总书记还专门向南水北调移民致敬。5月13日下午，在移民户邹新曾家中，总书记同一家三代围坐在一起聊家常，一番深情的话语让无数人动容：人民就是江山，共产党打江山、守江山，守的是人民的心，为的是让人民过上好日子。

一渠出，人心安，华北稳。南水北调中线工程，就是这样一项牢牢守住了民心的世纪伟业——这条绵延千里的人工天河，是解渴广袤北方的输水线，是保障亿万民众饮水的安全线，是复苏万千河湖的生态线，是畅通南北经济的生命线，为破解制约中华民族未来发展大局的水资源短缺问题奠定了坚实基础。

一部南水北调史，也是新中国的发展史与奋斗史，是人民至上理念的忠实记录和出色答卷。这种光辉历程和精神力量，将随着时光的流逝日益丰满和丰富，根深叶茂，历久弥新。

这条人工天河涌动着伟大复兴的梦想

南水北调工程事关战略全局、事关长远发展、事关人民福祉。 ——习近平

南水北调穿黄工程　　河南省水利厅供图

5月14日，一组关于南水北调中线工程的统计数字新鲜出炉：截至当日8时，南水北调中线工程全线累计供水364.22亿立方米，相当于调出超过8个太湖、约2600个西湖的水量。

东、中两线，南水行经的版图日益扩大，成为沿线40多个城市、300多个县（市、区）的重要水源，受益群众超过1.2亿，其中中线超过7900万人受益，我省受益人口达2400万。

这些南来之水，连通长江与黄河，跨越崇峻的高山、广袤的平原，经过众多的城市和乡村，最终到达"喊渴"的北京、天津，逶迤曲折，跌宕起伏，就像工程本身从设想到规划、从规划到实施的漫漫征途。

这条千里清渠，贯穿了新中国的历史，凸显了中国人突破生存困境、谋求未来发展的卓越智慧。

1952年深秋，59岁的毛泽东乘专列离开北京，开始了他新中国成立后的第一次外出视察。他此行的第一站，选在了位于开封的黄河岸边。面对眼前的滔滔大河，他并没有过多地谈论如何治理黄河的问题，却出人意料地提出了一个更为宏大的战略构想：

"南方水多，北方水少，如有可能，借点水来也是可以的。"

彼时，"南涝北旱"为时已久。此后年间发生的旱情，一再凸显着这种资源失衡的困局。三年自然灾害、1986-1988年大面积旱灾，为害之烈，令人刻骨铭心。2009年，全国冬小麦近半受旱，受旱面积之大、持续时间之长、影响程度之重，均为新中国成立以来少有。近在眼前的2014年，河南遭遇63年来最严重旱情，河湖干涸，土地龟裂，旱魃之威，触目惊心。

省防汛抗旱指挥部负责人介绍，产量占全国粮食总产量一半以上的黄淮海平原，正是水资源短缺矛盾最为突出的地区。从历史经验看，我省5~6年就有一次大旱。由于多年超采地下水，辽阔的华北平原已经成为世界上最大的"漏斗区"。首都北京城区地下水位一度下降了近40米，相当于十几层楼的高度。

南水北调中线一期工程通水前，有经济学家曾做过测算，在理想的用水环境下，北京水

资源能够承载的人口数量，大约是800万，而当时北京的人口数量，已经突破2000万，远远超过了这个数字。这不仅是北京一个城市面临的用水困局，水资源的供需矛盾，已成为北方地区经济社会发展的瓶颈。

一个不争的事实是：水危机对人类的影响远远超过其他危机，因为它会直接导致能源危机、环境危机、粮食危机、健康危机乃至生存危机，关系到经济安全、生态安全、国家安全。

水资源格局决定着发展格局。南水北调，不仅将为沿线各地输送生命之源，也将为中华民族的复兴之路奠定生态之基、插上腾飞之翼。

平顶山市居民张海青至今对2014年的那场大旱记忆犹新。那一年，持续蔓延的旱情让平顶山市的143座水库干涸了69座，49条河道断流了39条，"水缸"白龟山水库也见了底，这座人口达百万的城市供水告急。洗浴中心、洗车行全部关闭。用水最紧张时，市里动用了消防车为市民送水，一家只限一桶。"当时家里差不多一个月没拖地，地板都黑乎乎的。"张海青说。

关键时刻，南水北调应急调水，丹江水400里驰援，为这座城市的百万市民解了燃眉之急。

那时，南水北调中线工程还没有正式通水。由于大旱，平顶山市有幸成为喝上南水北调中线工程第一口水的城市。"一渠清水救了一座城"的佳话，至今仍在当地流传。

张海青说，直到那时，他才明白他的先辈们为何对南水北调翘首企盼，也明白了这个人类历史上从未有过的、大规模跨流域调水工程，从源头来到他的家乡，走过了一条多么漫长而曲折的路途。

那一渠南来之水，涌动的是一个民族的梦想。

为了从长江调水这个世纪构想，几代水利工程技术人员艰难的南水北调线踏勘工作整整

持续了半个多世纪，最终形成了现在的引水方案：修建东、中、西三条输水线路，将南方的水输送到干渴的北方。

完成南水北调这个空前绝后、改变地球水系的水利壮举，不仅需要解决一系列难以克服的世界性技术难题，更需要有足够强大的国力支撑。上世纪80年代初，中国国民生产总值不过2500多亿美元，人均290美元，只相当于中等收入国家平均水平的20%。就当时的国力而言，还不足以完成这个宏大工程。

在经历了近30年的改革开放之后，中国国民生产总值已突破1万亿美元，成为世界第六大经济体，积累了雄厚的国力。建造这一"国之重器"，万事俱备，只待号令。

2003年12月30日，走完漫长而艰难的论证过程，中线一期工程正式开工建设。

数十万名建设者铺展在中国大地的工程现场，他们或许想不到，他们引来的浩荡清流，将助力沿线各地跃入发展新阶段、构建发展新格局，在高质量发展的时代大潮中千帆竞发。

郑州航空港区，中国首个国家级航空港经济综合实验区，是实施"一带一路"国际合作的重要枢纽之一。国际货运航班在这里中转，以它为中心，2小时航程为半径的辐射圈，足以覆盖中国90%的人口聚集区域。

越来越多的企业发现了这个优势，纷纷在此跑马圈地。昔日的一片荒芜之地，如今已成为国内国际双循环的交汇点，深居内陆的郑州，也由此一跃成为航空大都市。

然而，许多人不知道的是，航空港区的规划，与南水北调工程密不可分。没有南水北调工程，郑州现有的水资源承载能力根本满足不了航空港区雄心勃勃的规划。富士康入驻这里，南水北调工程同样是不可缺少的先决条件。

这片被中线工程环绕的区域，后来被规划成了今天的航空港区。一个脱胎换骨的大都市，从这里崛起。一个充满希望的大中原，从这里起飞。

这条人工天河，见证了世界的沧桑巨变，迎来了古老东方大国的崛起，如一条腾飞的巨龙，润泽华夏，腾跃东方。

这渠南来之水写满了感天动地的故事

为了沿线人民能够喝上好水，大家舍小家为大家，搬出来了。这是一种伟大的奉献精神。

——习近平

淅川县盛湾镇鱼关村，天刚蒙蒙亮，王建青、王焕珍夫妇就起床了。王焕珍习惯性地走进厨房做早饭，丈夫拿着扫帚和铁锹，走进56座移民丰碑中间，拭去碑身上的尘土和落叶，把碑四周垫平。以这样的方式开始新的一天，他们夫妻已经过了10年。

这些因河南日报倡议而树立的移民丰碑，上面工工整整地镌刻着河南省南水北调丹江口库区16.54万移民的名字。碑身上的每一个名字，背后都是一个有血有肉的人。他们的名字留在了这里，人却像一粒粒种子，散落在遥远的异乡。

这里，已成为淅川移民回乡探亲时的追思地。他们的故乡，已经永沉水底，回乡探亲时再也找不到寻根问祖之地。他们的名字刻在碑上，便如漂泊的心灵融入了故乡山川。

丰碑无言，是故乡对游子不能忘却的纪念，是国家对大爱报国的移民无声的礼赞。

5月12日，李国仁来到一块石碑前，很快就在上面找到了自己的名字。尽管已经离开故土多年，但他站在碑前，用颤抖的手抚摸着自己的名字时，依然觉得自己是土生土长在故乡田间的一棵庄稼，是游进丹江口库区里的一条小鱼。

他这次回到老家观沟村，是带着女儿李淅燕看望年过八旬的爷爷奶奶。女儿的名字是爷爷起的，淅川县的淅，小燕子的燕。爷爷希望她能像小燕子一样，迁徙再远也能记得回家。

李淅燕的新家在新郑市薛店镇，村名也叫观沟村。虽然新家不再依偎着碧波荡漾的丹江水，但故乡的名字依然保留在这块新的土地上。

大多数移民新村，都保留着故乡的名字。他们以这样朴素的方式怀念着故乡。

数里之隔的郭店镇新李营村，2010年8月21日由淅川县上集镇新李营村搬迁至此。除了延续原来的村名，村民们还会用另一种方式回味那种割不断的乡愁——每年的8月21日，傍晚一到，音乐一响，大家不约而同地奔向村广场，一起观看当年录制的搬迁视频。

这样的集会，仿佛已经成了新李营村村民怀念故乡的新民俗。

故土难离。从这些故事里，我们不难想象移民们背井离乡时的情感损失和心理创伤。更何况自上世纪50年代兴建丹江口水库以来，淅川百姓历经大大小小7次移民，前后近40万人搬离故土。他们失去的，是难以割舍的亲缘与地缘，是赖以生存的生活方式以及刻入骨血的乡土记忆。在遥远而陌生的异乡，他们的生命轨迹将被重新规划。

几十万这一庞大的数字，意味着数不清的离合悲欢。但为了国家，他们眼含热泪却义无反顾。他们的付出，换来的是南水北调世纪梦想的顺利推进。

他们值得每一个中国人敬佩和尊重。

当移民们挥泪告别家乡时，移民干部们却经历着另一番考验。

不久前，曾任河南省南水北调办公室主任、省移民办主任的王树山来到平顶山，为当地一所大学的学生上了一堂精彩的思想政治课。他演讲的主题，就是南水北调工程及移民。类似的主题，他已经讲了很多次。

他用一组数字来说明当时移民搬迁的难度与强度。

三峡工程实际搬迁农村移民55万人，历时17年，平均每年搬迁3万多人。

黄河小浪底水库搬迁农村移民近15万人，历时11年，平均每年搬迁1万多人。

而我省丹江口库区的16万多人要在两年内完成搬迁，每年要迁移、安置8万多人。

我省原定的目标是在四年时间内完成搬迁

任务。为了满足移民早搬迁、早稳定、早发展的迫切愿望，我省审时度势，科学决策，主动将搬迁时间压缩为两年。"四年任务，两年完成"，而且要做到不伤、不亡、不漏一人，沉重的压力落在了移民干部头上。

他们面临的，是史无前例的大搬迁。摆在面前的，是前所未有的大挑战。

面对背井离乡的移民，他们需要顾全大局、忍辱负重，直面苦与痛、泪与汗，甚至生与死。

王树山很熟悉的淅川县上集镇司法所副所长王玉敏，患有严重肺气肿，从移民工作开始，他骑着自行车跑遍了全镇13个移民村，行程1万多公里。2011年6月20日，当人们打开他的房间时，发现他已经浑身僵硬，没有人能说清他去世的时间。

在两年的移民搬迁过程中，共有13位基层干部倒在移民搬迁一线。这13人中，有6人在工作时猝然倒下，没能给家人留下一句话。

空前压力下，移民干部们最大的愿望，竟然是在任务结束后，痛快地大哭一场，大喝一场，大睡一场。

面对困难重重的搬迁，他们需要攻坚克难、勠力同心，在每一个细小环节上睁大眼睛、绷紧神经。

王树山的书柜里，至今还保留着一册厚厚的移民搬迁方案。

他介绍，在搬迁时，各地移民指挥部把搬迁预案和操作流程分解为46个"关键环节"和"规定动作"，每一个年老体弱、临产孕妇、高危病人等特殊移民群体，都有医护人员全程照顾；每一个搬迁车队，都有警车全程护送；每一个移民家庭到达移民新村后，都有当地干部定点联系，帮助解决实际困难。

"每一次都是一场浩大战役。"王树山说，搬迁高峰时一天搬迁7个批次，搬迁人数5000多人，各种搬迁车辆2000辆以上。他清楚地记得，2011年8月14日这一天，中暑的移民干部有130多人。

移民干部，一个永远值得铭记的群体。

5月11日上午，11岁的周荥生正在荥阳市王村镇第三小学宽敞明亮的教室里上课。他是村里最小的移民，他的出生日，就是全家从淅川县搬往荥阳市的那一天：2010年8月10日。

"荥生，取在荥阳出生之意。"小荥生的妈妈李娜说。

李娜回忆，那天，在随搬迁车队前往荥阳的路上，她突然感觉身体"不对劲"。"幸亏当时每辆车里都有医疗人员，否则俺娘俩儿就危险了。"她说。

荥生，这个名字意味深长。

这项千秋伟业彰显了中国之治的力量

要继续做好移民安置后续帮扶工作，全面推进乡村振兴，种田务农、外出务工、发展新业态一起抓，多措并举畅通增收渠道，确保搬迁群众稳得住、能发展、可致富。

——习近平

尽管已经过去了11年，李国仁还清楚地记得他刚搬迁到新郑市观沟村时的情景。那天他刚走进新家，移民帮扶干部就送上一袋大米、一提面条、一部电话、一捆青菜。电话加送有20元话费，每捆青菜都有一把葱和一块姜。他当时并不知道，下车伊始，迎接他们的这些物品，只不过是整个移民安置计划的一部分。

焦作精心打造南水北调绿化带，提升城市品位，同时为市民休闲、健身提供了好去处。

资料图片

迁入不是尾声，而是移民安置新的一幕的

开场。

李国仁搬迁到新郑市的第一年，他就体会到了新家的好处：在家门口就能上班。当时，村里经过土地流转引入农业科技公司，建立了现代生态农业示范园，每年直接为村里带来60多万元收入。村民在示范园里务工，每月能挣三四千元工资。村子周围企业众多，村里有劳动能力的人都能找到工作。

短短两三年时间，村里200多户人家，与当地"结亲家"的就有20多户。他们渐渐地融入了当地生活。无论外来的搬迁户，还是这里土生土长的居民，都在共同生活中开始融为一体。

这两天，李国仁回淅川老家看望父母时，默默地把当初后靠安置留在老家的乡亲和现在的自己做了一个对比，发现自己"混"得竟然比大多数人都好。在他回到新郑市那个也叫观沟村的村庄，看到新村入口处自家小楼时，他感觉家乡真的已经成了老家，而眼前的这个新家，已成为自己赖以生存的家园。

现在李国仁再打量自己的新村，发现了很多习以为常但跟过去大不一样的地方。不知从什么时候起，村子里停满了小轿车，墙上贴满了招聘广告。街道上好像突然出现了很多陌生人，原来都是在村里租房的外地人。这让他恍然有了自己已是城里人的感觉。这是他在老家无论如何也找不到的。

这种心境的改变，也同样发生在被称为"移民标本"的何兆胜老人身上。

何兆胜一生中，曾经历了三次移民，最终落户在辉县市的常村镇。

上世纪50年代，他第一次告别故乡、远去青海，领到的是一件大衣、一套棉衣、一床被褥。

上世纪60年代，他再次离开家乡、迁居湖北荆门，得到的是400多块钱补助和半间土坯房。

2011年，当他第三次告别家园，拥有的是通水通电、宽敞明亮的新居。

这变迁，折射着时代的发展与进步，也彰显出中国之治的智慧和力量。

河南日报

治"地下漏斗"郑州有方
深层地下水水位回升幅度全国领先

2021-03-14

去年第二季度
郑州深层地下水水位与上年同比上升4.25米名列全国第一
去年第三季度
同比上升4.61米名列全国第一
去年第四季度
郑州深层地下水水位同比上升3.64米名列全国第二

本报讯（记者高长岭 通讯员黄雅馨）"在全国37个地下水超采城市排名中，郑州市地下水水位回升幅度接连两个季度全国第一。"3月11日，省水利厅水文水资源处处长郭贵明说。

去年第二季度，郑州深层地下水水位与上年同比上升4.25米，去年第三季度，同比上升4.61米，均名列全国第一；去年第四季度郑州深层地下水水位同比上升3.64米，名列全国第二。

"这眼井深300米，现在的水位埋深为34.54米，2月11日埋深为35.5米，埋深就是水面低于地面的距离，这个月水位又提高了0.96米。"3月11日16时许，在郑州市黄河南路与商都路交叉口东南角一眼水井旁，郑州市节约用水中心高级工程师王建华说，像这样的地下水水位远程监测井在郑州市区有190多眼，可以通过手机APP实时查看地下水水位变化。

"南水北调中线工程建成通水，为郑州市封停自备井、压减地下水开采提供了良好外部环境。"王建华说，丹江水水质更优，加上地下水开采综合成本高，大家再也不愿开采地下水了。

郑州市水利局水资源管理处的李雪丽介绍，截至目前，郑州市累计消纳"南水"21.7亿立方米，"十三五"期间郑州市区累计封停处置3225眼水井，压采地下水9648万立方米。郑州市近年来大力建设生态水系，为浅层地下水补给提供了丰富水源。郑州市近郊有1.3万眼水井，近些年随着建成区不断扩大，村庄搬迁，也大幅减少了地下水开采。

"地下水超采，严重者会造成地面沉降，导致地下管网断裂、地面建筑倾斜开裂，也会危及农业生产。"王建华介绍，上世纪八九十年代，随着郑州市快速发展，地下水水位开始逐渐下降，形成了巨大的地下漏斗，漏斗中心位于航海路大学路附近，地下水水位距离地面110米，现在已经回升60多米。

"郑州市深层地下水水位回升幅度之大，鼓舞人心，不仅给其他地方治理地下水超采提供了经验，也增强了我省治理地下水超采的信心。"郭贵明说。

媒体报道篇目摘要

河南因地制宜聚力打造南水北调法治文化带 2021-12-31 法治日报

河南南水北调直接受益人口2400万 非受水区有望用上"南水" 2021-12-13 河南新闻广播

南水北调中线工程七年来累计调水超441亿立方米 2021-12-13 河南发布

南水北调中线工程七年来累计调水超441亿立方米 2021-12-13 河南发布

打造中原水网"主骨架"——写在南水北调中线工程通水七周年之际 2021-12-13 河南日报

南水北调中线工程 七年来累计调水超441亿立方米 2021-12-13 河南日报

河南由"用水大省"向"节水大省"转变 2021-12-13 河南新闻广播

综合治理 清水北送——河南南阳市推进水土流失综合治理 2021-12-09 中国水利报

河南南水北调水源地开展水土保持综合治理 保障"一库清水"永续北送 2021-12-06 河南新闻广播

"守好一库碧水" 南水北调中线水源地开展专项整治行动 2021-12-06 河南新闻广播

"守好一库碧水" 丹江口水库开展专项整治行动 2021-12-06 人民网

解码新阶段黄河流域水利高质量发展 2021-12-06 黄河黄土黄种人

河南359个重大水利项目集中开工 2021-12-06 中国水利报

共护中原碧水长流 2021-12-06 中国水利

河南省水利厅党组书记署名文章：提高政治站位 主动担当作为——全力助推... 2021-11-01 黄委会"为水代言"网

河南省政府与南水北调集团签署战略合作协议 2021-10-21 人民网

河南推行南水北调河长制 2021-09-30 河南日报

南水北调后续工程咋高质量发展？河南省这样规划！ 2021-09-30 人民网

河南南召特大暴雨致主城区供水中断 抢修持续进行 2021-09-30 央视

补齐水利工程短板 建立完善防洪体系——访省水利厅厅长孙运锋 2021-09-23 河南日报

浚县全域将用上南水北调水 河南农村逐渐改喝"地表水" 2021-09-23 大河报

河南将规划实施多个项目 建立系统完善的防洪工程体系 2021-09-23 大河报

河南省水利厅"2021全国科普日"系列活动——水利科普讲座在郑州举办 2021-09-18 中原经济网

河南：移民新村的幸福生活 2021-09-09 中国水利报

南水北调中线配套工程助力河南高质量发展 2021-09-09 中国水利报

以人民为中心抓好民生水利——河南省水利系统开展党史学习教育侧记 2021-09-09 学习强国

12月15日前发放到户！河南公布蓄滞洪区运用补偿方案 2021-09-08 河南日报

河南：南水北调沿线城镇供水明年全部置换为"南水" 2021-08-26 河南新闻广播

部长查岗记 2021-08-26 中国水利报

河南全力再战强降雨 2021-08-26 中国水利报

河南将水旱灾害防御应急响应提升至Ⅱ级 2021-08-26 央视

只为大江济大河——全国政协"南水北调西线工程中的生态环境保护问题"专题调研综

配置 2021-05-21 中国水利网

建设海绵乡村 全面贯彻节水优先 2021-05-19 中国水利报

河南综合节水水平在全国处于中等级别，下一步，如何采取更严格的措施 2021-05-18 河南商报

习近平总书记在推进南水北调后续工程高质量发展座谈会上的重要讲话在我省引起强烈反响... 2021-05-17 河南日报

扎实推进南水北调后续工程高质量发展 ——习近平总书记在推进南水北调后续工程高质量... 2021-05-17 人民日报

丹水浩荡润民心 2021-05-17 河南日报

切实维护南水北调工程安全、供水安全、水质安全 ——习近平总书记在推进南水北调后... 2021-05-17 河南电视台

【牢记嘱托 沿着总书记指引的方向前进】沿线接力保护 一渠清水永续北送 2021-05-17 河南电视台

【在习近平新时代中国特色社会主义思想指引下】南水北调移民 你在他乡还好吗？ 2021-05-17 河南电视台

南水北调 跨世纪的不变初心 2021-04-26 河南日报

治"地下漏斗"郑州有方 深层地下水水位回升幅度全国领先 2021-03-15 河南日报

2021年河南省水利工作会议召开 2021-02-01 人民网

2020年河南省四水同治成效显著 2021-02-01 新华网

【委员通道】戴艳萍委员：一纵三横写"丰"字 2021-01-18 河南电视台

河南南水北调中线第一座调蓄水库观音寺调蓄工程开工建设 2021-01-06 中国水利报

学术研究篇目摘要

水泥土换填在南水北调中线基础处理中的应用 郭腾飞 人民黄河 2021-12-30 期刊

南水北调中线一期穿河倒虹吸管身段基坑降排水技术 刘博阳；周小军 水利水电快报 2021-12-28 期刊

排洪渡槽灌注桩施工技术——以南水北调中线一期牛尾中支工程为例 张广辉 人民长江 2021-12-28 期刊

南水北调中线石渠段渠坡混凝土施工技术研究 陈雷 水利水电快报 2021-12-28 期刊

南水北调中线河南省受水区浅层地下水水位演化规律 景兆凯；燕青；肖航；王盼盼；王欢 煤田地质与勘探 2021-12-25 期刊

南水北调中线安全监测自动化系统设计及应用 管世珍 水利建设与管理 2021-12-23 期刊

南水北调中线突发水污染应急调控策略研究 梁建奎；龙岩；郭爽 海河水利 2021-12-20 期刊

南水北调中线工程运行对汉江丹-襄区间水文情势变化的影响研究 黄朝君；王栋；秦赫 水利水电快报 2021-12-15 期刊

南水北调中线唐县渠段植物及病虫害种类调查 张晓飞；刘程；徐金涛；李子楠；刘志佳 中国森林病虫 2021-11-30 期刊

南水北调中线年度调水超90亿立方米连续两年超工程规划供水量 中国环境监察 2021-11-25 期刊

复壁管定向钻穿越南水北调中线干渠技术及评价 李孟然；孟江 工程技术研究 2021-11-25 期刊

关于南水北调中线工程边坡稳定综合治理

研究　常志兵；黄斌；石兆英；张爱静；刘洋洋　珠江水运　2021-11-15　期刊

梅洁报告文学的情怀书写——以"南水北调中线移民三部曲"为观测点　龚举善；龚道臻　东吴学术　2021-11-15　期刊

关于穿跨邻接南水北调中线干线工程项目监管工作的思考　王彤彤；王文丰；陆旭　四川水利　2021-10-15　期刊

基于主成分-聚类分析的南水北调中线干渠水质时空分异规律研究　网络首发　陈浩；靖争；倪智伟；罗慧萍；罗平安　长江科学院院报　2021-10-09　10:47　期刊

基于人水和谐的南水北调中线运行效果评价——以河南典型受水区为例　李红艳；付景保；褚钰；翟鹏辉　南水北调与水利科技（中英文）　2021-10-07　07:49　期刊

基于IPO的水利工程建管国企员工绩效考核指标体系构建研究——以南水北调中线水源公司为例　季丹勇；樊传浩　今日财富（中国知识产权）　2021-09-29　期刊

河南省水利厅党组专题研究推进南水北调后续工程高质量发展工作　河南水利与南水北调　2021-09-26　期刊

神经网络在南水北调中线冬季水温预测中的应用　韦耀国；赵海镜；杨国华；杨金波　水利水电技术（中英文）　2021-09-20　期刊

略论南水北调中线渠首精神及其时代价值　孟尧尧；赵善庆　信阳农林学院学报　2021-09-15　期刊

南水北调中线建设成效对规划西线的启示　王福生　开发研究　2021-08-20　期刊

时序InSAR在南水北调中线形变监测中的应用　张永光；田凡；李迎春；刘豪杰　长江科学院院报　2021-08-11　期刊

输水状态下挖方渠道衬砌干地修复渗控方案　崔皓东；张伟；盛小涛；饶锡保；吴德绪　长江科学院院报　2021-08-10　期刊

河南省南水北调配套工程运行管理数据可视化平台设计与实现　庄春意；王子民　河南水利与南水北调　2021-07-26　期刊

南水北调中线水源地产业生态化转型的路径研究　冉净斐；曹静；刘清峰　区域经济评论　2021-07-09　期刊

南水北调中线干渠两个水工构筑物对着生藻类群落的影响　朱宇轩；米武娟；李波；梁建奎；宋高飞　水生生物学报　2021-07-01　期刊

基于FMEA的南水北调中线输水干渠运行风险预警研究　吉莉　华北水利水电大学　2021-06-30　硕士

水平定向钻穿越南水北调中线总干渠变形特征分析　余天智　华北水利水电大学　2021-06-30　硕士

推进南水北调中线事业高质量发展　王鹏翔　中国水利报　2021-06-16　报纸

推进南水北调中线事业高质量发展　于合群　中国水利　2021-06-12　期刊

南水北调中线干渠抗生素污染分布特征及环境行为研究　于婉柔　北京交通大学　2021-06-04　硕士

南水北调来水硅藻沉积规律及水环境影响研究　罗拉　北京交通大学　2021-06-02　硕士

南水北调中线湖北水源区生态清洁小流域生态修复模式与技术研究　王婧　华中农业大学　2021-06-01　硕士

基于数据挖掘技术的南水北调中线工程水力要素分析　谢可可　华北水利水电大学　2021-06-01　硕士

顶管下穿南水北调中线总干渠影响及控制变形参数研究　任禹鑫　华北水利水电大学　2021-06-01　硕士

南水北调中线渠首水源地移民安置点人居环境评价及优化策略研究　朱一鸣　西北大学　2021-06-01　硕士

基于模糊FMEA的南水北调中线交叉建筑物运行期风险管理研究　马莹　华北水利水电大学　2021-06-01　硕士

南水北调中线工程突发事件应急预案决策研究　姚德胜　华北水利水电大学　2021-06-01　硕士

南水北调中线工程生态补水机制研究　王峰；刘梅　中国水利　2021-05-30　期刊

南水北调中线冬季水温分布规律数值模拟研究　戴盼伟；郝泽嘉；黄明海；段文刚　水利科学与寒区工程　2021-05-30　期刊

南水北调中线工程水源地水源保护生态补偿研究　郭晶　武汉科技大学　2021-05-19　硕士

南水北调中线总干渠浮游植物群落特征及水环境评价　张春梅；米武娟；许元钊；宋高飞；朱宇轩　水生态学杂志　2021-05-15　期刊

南水北调中线核心水源区土地利用转型及其生态环境效应研究　谭力　中国地质大学　2021-05-01　博士

南水北调中线干渠浮油拦截设备设计与研究　刘易博　华北水利水电大学　2021-05-01　硕士

调水工程可持续供应链利益相关者协同管理研究　刘蒙　河南农业大学　2021-05-01　硕士

南水北调中线安全监测应用系统提升改造实践　何军；马啸　中国水利　2021-04-30　期刊

南水北调中线干线PCCP换管项目钢管焊接工艺试验　石菊　中国水利　2021-04-30　期刊

南水北调中线补给湖库浮游植物群落结构特征与环境因子研究　贾世琪　贵州师范大学　2021-04-21　硕士

南水北调中线水源涵养区旅游生态文明建设研究——基于汉江安康段的调查　李萌；韩喜红　长江技术经济　2021-04-15　期刊

南水北调中线高碱水成因及其应急处置技术研究　王一桐；刘俊良；张铁坚　给水排水　2021-04-10　期刊

南水北调中线水源区生态补偿问题与对策研究——以陕西省为例　李亚菲　西安财经大学学报　2021-03-31　期刊

南水北调中线水源区土地利用变化的生态服务价值研究　申怀飞；陈亮；郭重阳　许昌学院学报　2021-03-30　期刊

南水北调中线全断面智能拦藻系统控制方案的设计与应用　耿志彪；张智勇；于鹏辉；胡畔　技术与市场　2021-03-15　期刊

南水北调中线干渠浮油拦截装置安放位置研究　吴林峰；刘易博；王文；范宇帆　机械　2021-03-15　期刊

南水北调中线小庄沟倒虹吸流态优化和冲刷试验　李松平；赵玉良；何芳婵；赵雪萍；王建华　人民黄河　2021-03-11　期刊

南水北调中线核心水源区土壤氟空间变异特征与污染风险评价　谭力；王占岐；薛志斌；杨斌　资源科学　2021-02-25　期刊

南水北调中线干渠浮游植物群落时空格局及其决定因子　张春梅；朱宇轩；宋高飞；米武娟；毕永红　湖泊科学　2021-02-22　期刊

张坊供水系统与南水北调中线联合调度方案分析　李五勤；南秋菊；李鑫　北京水务　2021-02-15　期刊

不同神经网络模型评估南水北调中线高填方渠道边坡稳定性　叶午旋；苏霞；王媛；沈丹萍；任杰　河南科学　2021-02-15　期刊

基于Shapley值法的水资源利益补偿实证研究——以南水北调中线水源地丹江口库区为例　张竹叶；刘中兰　人民长江　2021-01-28　期刊

河南首个南水北调调蓄工程开工建设　河南水利与南水北调　2021-01-26　期刊

南水北调中线典型输水渡槽进出口流态优化研究项目顺利通过验收　长江科学院院报　2021-01-15　期刊

南水北调中线工程水质监测站点布设研究　金思凡；初京刚；李昱；王国利；杨甜甜　中国农村水利水电　2021-01-15　期刊

拾壹 大事记

1 月

1月6日，中国南水北调集团有限公司党组书记、董事长蒋旭光主持召开专题会，听取中线工程冰期输水工作情况汇报，总经理张宗言、副总经理于合群、孙志禹、纪检监察组组长张凯出席会议，中线建管局党组书记李开杰、副局长戴占强、曹洪波参加会议。

1月6日，滑县召开南水北调配套工程征迁验收会议，副县长赵继芳、市南水北调办副主任马明福及有关单位负责人32人参加会议。

1月19日，武汉大学教授团队到渠首分局调研安全监测新技术在南水北调中线工程中的应用情况。调研组一行到陶岔渠首大坝、膨胀土深挖方渠道、刁河渡槽和高填方渠道现场调研，参观测量机器人、大坝激光准直系统、柔性测斜仪、北斗/GNSS等自动化安全监测设备，并与渠首分局开展座谈交流。

1月19日，平顶山市城区南水北调供水配套工程建设指挥部办公室组织召开城区南水北调供水配套工程建设推进会。

1月20日，鹤壁市南水北调办"腊八节"问候环卫工、快递小哥、出租车司机送医用口罩、保暖手套等防疫和保暖物品。

1月24日，南水北调中线干线工程淡水壳菜侵蚀影响及防治研究项目双洎河渡槽生产性涂覆试验现场各项施工任务完工，项目进入生产试验期。

1月27日，省南水北调建管局组织召开《河南河湖大典》南水北调篇编纂工作推进会。水利厅《河南河湖大典》编纂办公室主任蔡传运，《河南河湖大典》南水北调篇编纂办公室主任余洋、副主任谢道华，中线建管局河南分局、渠首分局，省南水北调建管局各处主要编纂人员参加会议。

1月27日，干线郑州管理处刘湾水质自动监测站被授予四星级"优秀水质自动监测站"。水质监测指标显示水温、pH、氨氮等9

项数据，2020年总项目数据有效运行率99.19%，数据在线率100%。4台设备24小时连接采集获得在线监测水质数据，每6个小时一次。2020年，监测站房硬件+软件实现达标升级，3大项23小项全部改造完成升级。

1月28日，水利厅印发《河南省南水北调配套工程运行管理预算定额（试行）》。

1月28日，水利厅水利行业节水机关建设项目验收工作组到省南水北调建管局开展节水机关建设项目验收。工作组一行6人，现场查看污水处理系统、雨水收集系统、小型气象站、土壤墒情仪、智能管理系统以及节水器具改造等建设项目，对节水机关建设给予肯定。

1月29日，河南分局土建绿化维护暨首届"工匠杯"技能竞赛表彰153名"一星技术工人"、42名"一星班组长"。大赛设割灌机除草、树穴水圈维护、浆砌石勾缝、混凝土拆除浇筑、聚硫密封胶更换、路缘石更换6个项目。

2 月

2月1日，水利厅副厅长（正厅级）王国栋主持召开郑州市高新区南水北调配套工程线路专题研讨会，郑州市副市长李喜安出席。

2月3日，水利厅厅长孙运锋调研省南水北调配套工程调度中心并主持召开座谈会，厅党组副书记、副厅长王国栋及有关处室负责人一同调研。孙运锋指出，南水北调配中线工程通水以来，工程安全平稳运行，供水超百亿m³，经济社会生态效益十分显著。

2月4日，中线信息科技公司在2020年成功防御互联网攻击9万余次，封禁恶意网络地址5000余条，成为南水北调中线的网络安全后盾。

2月5日，许昌市南水北调配套工程管理处按照许昌南水北调中心要求，完成中层正职述职考评，选择7名中层副职和各部门成员。

2月5~6日，省南水北调建管局巡查大队对平顶山市南水北调配套工程12号、13号输水线路运行管理工作进行专项巡查。

2月8日，中线建管局稽察大队使用河南分局研发的2 m/s 600 m缆高精度水下机器人，历时一个月为南水北调干渠焦作城区高填方段工程全方位体检。

2月20日，新乡南水北调中心组织召开新乡市"四县一区"南水北调配套工程南线项目建设推进会。

3 月

3月1日，水利部办公厅《穿跨邻接南水北调中线干线工程项目管理和监督检查办法（试行）》正式施行。

3月1~5日，水利厅组织完成南水北调中线南阳市段、方城段设计单元工程完工验收技术性初验。

3月2日，干线焦作管理处首次使用国家电网激光异物清除仪烧融异物的处理方式清理架空线飘挂物。

3月3日，干线邓州管理处开启湍河退水闸向湍河河道补水，流量控制在4 m³/s。

3月5日，南阳市委召开南水北调展览馆布展建设及干部学院东区绿化工作推进会。

3月5日，干线镇平管理处联合警务室开展35千伏线路通道及线路防护区内超高树木整治行动。辖区有22棵围网外树木距35千伏线路安全距离不符合要求，其中2棵树木距离35 kV线路仅80 cm。

3月9日，南水北调中线信息科技公司平顶山事业部牵头，郑州网安部、干线宝丰管理处联合对宝丰段马庄分水口自动化机房内通信设备进行深度维护。

3月12日，水利厅副厅长（正厅级）王国栋组织召开南水北调中线观音寺调蓄工程征迁安置专题会。

3月12日，省南水北调建管局联合地铁五号线福塔东站到南水北调黄河南仓储中心院内开展"绿色家园 你我共建"春季义务植树活动，22名志愿者栽种30颗山植树、杏树、桂花树。

3月14日，干线叶县管理处组织自有员工开展自动体外除颤仪（AED）急救培训。自动体外除颤仪(AED)具有智能性和便携性的特点，是可供非专业医务人员使用的III类医疗器械，主要用于抢救因室颤、无脉性室速导致的心脏骤停。

3月15~17日，水利厅组织完成南水北调中线新乡卫辉段设计单元工程完工验收技术性初验。

3月16日，中线信息科技公司南阳事业部电力运行维护班组开展南水北调干渠南阳段35 kV线路杆塔鸟窝清理，一周时间清除190个。

3月17日，南水北调中线建管局副局长曹洪波调研河南分局水质保护工作，了解淡水壳菜采样和观测、辖区边坡清淤以及水生态调控试验开展情况。

3月17日，省南水北调建管局召开河南省南水北调受水区南阳市、平顶山市供水配套工程部分合同变更专家审查会。

3月18日，省南水北调建管局组织23名志愿者，安阳建管处处长胡国领率队冒着小雨到登封市陈家门开展全民义务植树活动。

3月18~22日，省南水北调建管局组织濮阳市南水北调办、自动化代建部、监理部进行远程调节控制调流调压阀测试，并完成联调联试。

3月19日，干线穿黄管理处组织员工及运行维护单位人员进行12类52项违规行为知识考试。

3月21日，"焦作市黄河流域生态保护和高质量发展——2021年'世界水日''中国水周'法制宣传启动仪式"在焦作市龙源湖广场举行。

3月22日，河南省首个"南水北调法治宣传教育基地"在焦作市建成。4月21日，焦作市南水北调天河公园获"河南省科普教育基地"称号。

3月22~27日，省南水北调建管局委托河南华北水电工程监理中心在郑州举办2021年度自动化运行管理培训班。特邀河南分局、黄河勘测规划设计研究院、华北水利水电大学的专家授课，90人参加培训。

3月25日，许昌南水北调中心主任张建民带队到许昌市瑞贝卡水业有限公司专题调研南水北调供水普查情况。

3月26~28日，水利部部长李国英调研南水北调中线工程。李国英一行先后到湖北、河南、河北、北京沿线考察丹江口水库、引江补汉工程、陶岔渠首、膨胀土渠段、沙河渡槽、穿黄工程、滹沱河、西黑山枢纽、雄安调蓄水库、惠南庄泵站、团城湖调节池和中线干线总调度中心，对中线工程建设运行管理、后续工程建设和华北地区地下水超采综合治理情况等进行调研并召开座谈会。

3月29~31日，水利部水资源司副司长郭孟卓带领国家发展改革委、水利部、自然资源部、长江委相关负责人到南阳市对丹江口水源区绿色发展工作进行专题调研，并召开座谈会。调研组一行到淅川县、西峡县对丹江口水库水质现状、河道治理与水生态修复状况、农业面源污染治理、农业农村现代化建设实地查看。

3月30日，许昌市政府召开南水北调水费清缴及干渠跨渠桥梁安全工作推进会议。

4 月

4月6日，副省长、南水北调中线观音寺调蓄工程建设领导小组组长武国定主持召开领导小组会议。

4月6~9日，水利厅主持完成南水北调中线南阳市段、方城段设计单元工程完工验收。

4月7日，水利厅副厅长（正厅级）王国栋组织召开观音寺调蓄工程协调会，重点研究项目"停建令"事项。

4月8日，中国南水北调集团有限公司副总经理于合群一行调研河南省南水北调鱼泉调蓄工程。调研组听取调蓄工程、抽水蓄能工程规划设计方案，实地查看调蓄水库坝址及周边环境，了解水文地质情况。省水利厅党组书记刘正才一同调研。

4月12~16日，干线镇平管理处联合中线建管局稽察大队用水下机器人对辖区典型渠道断面水下设施运行情况进行检测。排查桥梁水下设施密封情况、墩柱水下部分有无剥蚀裂纹等安全隐患问题、大型左排倒虹吸水下部分是否存在沉降错台、滑塌破裂等相关问题。同时用水下机器人收集水下藻类、壳菜等水下生物的生长情况数据。

4月15日，河南省2021年南水北调工作会议在郑州召开，水利厅党组副书记、副厅长（正厅级）王国栋出席会议并讲话。会议传达水利部部长李国英考察南水北调中线工程座谈会上的讲话精神，总结2020年南水北调工作，安排部署2021年和"十四五"时期河南省南水北调重点工作。

4月15日，鹤壁市南水北调办组织召开配套工程第三十次运行管理例会，通报"一处三所两个中心"工程建设基本完成，黄河北维护中心合建项目正在进行海绵城市及室外配套工程施工，黄河北物资仓储中心办理完成规划验收、档案验收、消防验收，正在办理竣工验收备案和不动产证书，淇县管理所、浚县管理所完成竣工验收并正式入驻。

4月21日，省南水北调建管局召开2021年度精神文明建设工作会议。精神文明建设工作领导小组副组长余洋主持会议并讲话，全体干部职工参加会议。

4月21日，许昌市委党史学习教育第九巡回指导组到许昌市南水北调配套工程管理处党支部、长葛市新张营南水北调移民村，调研党史学习教育、"我为群众办实事"活动。

4月22日，中国南水北调集团有限公司董事长蒋旭光到南水北调焦作城区段绿化带调研，市领导王小平、牛炎平、武磊、闫小杏陪同调研。

4月23日，省南水北调建管局召开南水北调供水配套工程7号分水口门新增唐河县乡村供水项目可行性分析报告咨询会。

4月25日，受副省长武国定委托，省政府副秘书长陈治胜主持召开观音寺调蓄工程前期工作协调会，研究工程占地范围涉及森林公园、工程设计方案审查、抽水蓄能电站选点规划问题，提出针对性措施。

4月26日，水利厅印发2021年南水北调生态补水需求计划的通知。

4月26~27日，省南水北调建管局到平顶山市调研配套工程泵站精细化管理工作。

4月26~28日，水利厅主持完成南水北调中线新乡卫辉段设计单元工程完工验收。

4月27日，水利厅印发《河南省南水北调配套工程维修养护预算定额（试行）》。

4月27~29日，河南省南水北调受水区供水配套工程竣工完工财务决算编制培训班在郑州举办，67人参加培训。

4月30日，河南省第九届轩辕龙舟大赛（漯河站）暨"贾湖酒业杯"2021漯河龙舟公开赛在沙澧河交汇处举行，来自全省的72支代表队1500多人进行7个组别14个项目比赛，南水北调龙舟队获机关事业男子组竞速赛第三名。

5 月

5月6日，安阳市政府副秘书长赵世辉、水利局局长郑国宏到南水北调干渠水源保护区督导环境问题排查整治工作。

5月11~12日，省南水北调建管局巡查大队对2021年2月平顶山市南水北调配套工程运行管理巡查发现问题整改情况进行复查。

5月12日，平顶山南水北调中心组织配套工程厂家对配套工程现地管理站电动碟阀、LCU柜远程控制进行联合调试。

5月13日下午，习近平总书记到淅川县考察陶岔渠首枢纽工程、丹江口水库和九重镇邹庄村，听取南水北调中线工程建设管理运行和水源地生态保护等情况介绍，了解南水北调移民安置、发展特色产业、促进移民增收等情况。

5月13~14日，水利厅检查南水北调干线工程平顶山叶县沿渠生态廊道建设整改及禹州长葛段防汛准备工作。

5月14日，水利厅南水北调处副处长李申亭一行到许昌开展南水北调工程防汛准备工作检查。李申亭一行到禹州市煤矿采空区渠段、矿务局东沟、采空区南段事故闸、长葛市小洪河倒虹吸和长葛运行管理处防汛物资储备仓库实地察看。

5月18日，南阳市政府办召开研究习近平总书记考察南阳重要讲话指示精神贯彻落实措施，建立政策信息收集报送机制。

5月18日，省南水北调建管局郑州建管处党支部召开专题会议学习习近平总书记在推进南水北调后续工程高质量发展座谈会上的重要讲话和在南阳视察调研时的重要指示精神，党支部书记、处长余洋主持会议并安排学习宣传贯彻工作。

5月18日，鹤壁市南水北调办协调干线鹤壁管理处向淇河生态补水，淇河退水闸闸开度140 mm，过闸流量4 m³/s，申请补水量480.96万 m³。

5月20日，水利厅召开2021年精神文明建设工作视频会，党组书记刘正才出席会议并讲话，党组成员、副厅长、一级巡视员武建新代表厅文明委作精神文明建设工作报告，在郑厅级领导出席会议。

5月21日，鹤壁市委宣传部、市委网信办开展"弘扬南水北调精神"主题采风活动，推动学习贯彻习近平总书记在推进南水北调后续工程高质量发展座谈会上的重要讲话和到河南视察时的重要指示精神，宣传南水北调对鹤壁的重要作用，对南水北调配套工程36号分水口泵站、淇河倒虹吸、淇河退水闸及淇河生态补水情况进行现场采访报道。

5月21日，鹤壁市人大常委会主任史全新调研全国文明城市创建暨"四级路长"巡查，在南水北调配套工程36号分水口了解南水北调向老城区引水工程建设。

5月24~28日，水利厅组织完成南水北调中线新郑南段、郑州2段设计单元工程完工验收技术性初验。

5月26日，中国地方志指导小组办公室党组书记高京斋一行到焦作考察国家方志馆南水北调分馆建设情况，并召开国家方志馆南水北调分馆展览大纲专家评审会。省地方史志办主任管仁富、中线建管局原党组书记刘春生及相关专家一同考察并出席评审会，市委书记王小平陪同考察，市领导路红卫、牛炎平、王付举陪同考察或出席评审会。

5月26日，水利厅印发河南省南水北调2021年防汛责任人及防汛重点部位的通知。

5月27日，中国南水北调集团有限公司党组书记、董事长、集团党组推进南水北调后续工程高质量发展工作领导小组组长蒋旭光主持召开领导小组第一次全体会议，传达学习习近平总书记在推进南水北调后续工程高质量发展座谈会上的重要讲话精神，研究部署近期重点工作任务。集团党组副书记、总经理、领导小组组长张宗言，党组副书记、副总经理、领导小组副组长于合群，党组成员、副总经理、领导小组副组长孙志禹、耿六成出席会议。

5月27日，南阳市政府办公室召开首届京宛协同创新发展座谈会暨京宛合作项目签约仪式。

5月27日，省南水北调建管局处长秦鸿飞带队到鹤壁市调研检查南水北调配套工程35号线路阀井安全提升改造，河南省水利勘测设计研究有限公司规划院院长苗红昌参加，鹤壁市南水北调办主任杜长明、副主任郑涛随同调研。

5月28日，省委常委省纪委书记、省监委主任曲孝丽到南水北调焦作城区段绿化带调研，市委书记王小平，市委常委、市纪委书记、市监委主任牛书军陪同调研。

5月29日，水利厅副厅长（正厅级）王国栋带队到新郑市组织召开南水北调中线观音寺调蓄工程前期工作专题会议，研究工程征地边线、占地数以及林地问题。

5月31日，副省长、南水北调中线观音寺调蓄工程建设领导小组组长武国定主持召开观音寺调蓄工程建设专题协调会，研究占压生态红线、扶贫人口安置、设计方案审查问题。

6 月

6月2日，许昌市委书记胡五岳一行到襄城县调研南水北调移民村群众生产生活情况。

6月3日，平顶山市委书记周斌调研贯彻落实习近平总书记在推进南水北调后续工程高质量发展座谈会上的重要讲话和视察河南时的重要指示精神情况，市委副书记葛巧红、副市长张庆一参加调研。

6月4日，水利厅党组书记刘正才主持召开座谈会，专题研究部署水利宣传工作。刘正才指出，习近平总书记主持召开推进南水北调后续工程高质量发展座谈会并发表重要讲话，为推进南水北调后续工程高质量发展指明方向、提供根本遵循，为新时代治水擘画宏伟蓝图，在全省水利系统引起强烈的反响。要把握水利宣传机遇，贯彻落实习近平总书记两次来河南考察工作时有关治水兴水重要讲话指示精神，积极融入、主动发声，用好新媒体，讲好南水北调故事、讲好黄河故事。

6月4日，许昌市市长史根治一行实地调

研南水北调工程和颍河生态补水情况。

6月9日，省委宣传部组织"同饮一渠水 共谋新发展"主题采访团到许昌市对南水北调工程水质保护、运行管理、移民安置和生产发展进行集中采访。

6月9日，水利厅在紫荆山公园开展以"关爱山川河流保护母亲河"为主题的志愿宣传活动，省南水北调建管局5个项目建管处参加活动。

6月10日，南阳师范学院举办南水北调后续工程高质量发展论坛——南水北调中线工程水生态学术研讨会。

6月10日，河南省委宣传部组织的"同饮一渠水 共谋新发展"集中采访团到郑州采访南水北调工程通水以来的综合效益和丹江口库区移民在郑州的新生活。

6月11日，新乡南水北调中心召开2021年防汛工作会议，中线建管局河南分局辉县管理处、卫辉管理处，各县区水利局，配套工程养护单位、受水水厂和配套工程现地管理站站长参加会议。

6月11~17日，鹤壁市开展南水北调防污防汛"大排查、大整治、大提升"专项行动。

6月16日，省南水北调建管局按照"安全生产月"活动安排，在郑州组织召开全省安全生产教育培训视频会议。副处长秦水朝就消防安全"四个能力"、安全生产"四懂四会""八安八险""十杜绝"等内容宣讲，120人参会。

6月16日，受河南省人大常委会委托，鹤壁市人大常委会副主任尚欣带队到鹤壁市南水北调配套工程泵站和干线鹤壁段调研河南省南水北调饮用水水源保护立法工作开展并召开座谈会。

6月17日，省南水北调建管局联合郑东新区新时代文明实践中心组织党员干部开展"学党史固初心"文明实践主题活动。活动在郑州地铁1号线会展中心站庆祝建党100周年主题车站内举行。党史学习活动结束后，志愿者进入站厅开展文明交通志愿活动。

6月17日，鹤壁市南水北调建管局组织对黄河北维护中心合建项目进行消防复验并通过复验。

6月21日，焦作市为龙源湖靓装迎七一生态补水开始，6月21日13时56分起至24日12时结束，补水量50万m³。

6月21~24日，水利厅主持完成南水北调中线新郑南段、郑州2段设计单元工程完工验收。

6月22日，省南水北调建管局召开南水北调受水区南阳供水配套工程11标合同争议专家评审会。

6月22日，平顶山南水北调中心组织召开全市南水北调暨移民系统安全生产大排查大整治和信访稳定工作会议。

6月28~30日，南水北调中线工程禹州和长葛段设计单元工程通过完工验收技术性初验。

7 月

7月1日，省南水北调建管局5个项目建管处全体干部职工收听收看庆祝中国共产党成立100周年大会盛况。7时30分举行"不忘初心使命 永远跟党走"升国旗仪式，7时50分，提前十分钟入场，着正装、戴口罩，党员佩戴党徽。

7月1日，中国地方志指导小组办公室党组书记高京斋，省史志办主任管仁富，省水利厅党组副书记、副厅长（正厅级）王国栋，市委书记王小平，市领导杨娅辉、路红卫、牛炎平、葛探宇、武磊、闫小杏、王付举出席国家方志馆南水北调分馆试馆仪式。

7月2日，干线新郑管理处联合新郑市新村镇派出所，组织自有职工、警务室、安保公司新郑驻点40余人，联合开展反恐怖袭击突发事件应急演练，部分闸站值守和重点部位值守人员观摩演练。

7月4日，正在滑县大功河东岸橡胶坝附近施工的省水利一局南水北调维护维修人员刘有林等7人在大功河救出一名落水儿童。

7月6日，新乡市南水北调配套工程维修养护项目部经理给见义勇为的维护维修人员刘有林等人赠送锦旗和慰问金。

7月7日，国务院发展研究中心、中国南水北调集团公司一行到河南省调研征求"中国南水北调集团公司未来发展"意见，水利厅党组副书记、副厅长（正厅级）王国栋主持召开座谈会，南水北调处参加。

7月7日，副省长、南水北调中线观音寺调蓄工程建设领导小组组长武国定主持召开领导小组会议，研究项目公司组建、设计方案完善问题。

7月7日，鹤壁市市长郭浩到南水北调中线工程鹤壁段检查督导安全度汛工作。郭浩一行到淇河渠道倒虹吸、淇县高村镇新乡屯倒虹吸、淇县北阳镇刘庄沟倒虹吸实地检查督导河床中违规建筑及树木种植、被填埋沟道、河道侵占等整改工作进展情况，了解配套工程建设、应急预案制定、渠沟道畅通措施情况。

7月7日，鹤壁市副市长孙栋调研南水北调安全度汛工作。孙栋一行到淇县北阳镇上庄沟、淇县卫都街道袁庄沟和杨庄沟、淇县桥盟街道赵家渠、淇滨区盖族沟等处，检查沟道被侵占、沟道淤积、河道乱丢垃圾、沟道变窄情况。

7月9日，焦作市政府召开南水北调防汛工作专题会议，听取河南分局穿黄、温博、焦作管理处及全市南水北调防汛工作情况汇报，安排部署南水北调防汛工作。

7月9日，濮阳市纪委驻应急管理局纪检监察组调研濮阳市南水北调配套工程运行管理工作。

7月11日，鹤壁市遭受特大暴雨袭击防汛形势异常严峻，配套工程35-1现地管理站累计降水量783.8 mm。鹤壁市南水北调办迅速进入主汛期应急状态，组建党员突击队，全体工作人员及各管理所站运行人员一律取消休假全员到岗，抽调技术人员7人驻守现场。投入水泵32台、大型柴油发电机3台、发电机照明车2台、小型发电机5台、防汛沙袋1700个、编织袋700个、雨靴50双、手电筒、头灯等防汛抢险物品。

7月11日，焦作普降暴雨，闫河节制闸1时降雨量22.1 mm，24时降雨量107.8 mm，聍城寨节制闸1时降雨量13.9 mm，24时降雨量64.2 mm。干线焦作管理处按照预案，党支部书记带队、党员带头组成应急队经过18小时抢险取得安全度汛阶段性胜利。

7月12~14日，南水北调中线河南段消防联网系统升级改造在干线叶县管理处正式启动。

7月13日，平顶山南水北调中心组织各县区运行管理人员配合河南省水利勘测公司对平顶山市南水北调配套工程保护区划定范围进行复核认定。

7月14~22日，全国政协副主席、农工党中央常务副主席何维率全国政协人口资源环境委员会"南水北调西线工程中的生态环境保护问题"专题调研组到四川、青海、甘肃3省成都、德阳、阿坝、甘孜、果洛、甘南、定西、兰州等地20余个县（市、区）实地调研。调研组认为，南水北调西线工程是从根本上解决黄河流域及西部地区水资源短缺的战略工程，要站在"保护好青藏高原生态就是对中华民族生存和发展的最大贡献"的政治高度，坚持生态保护第一，尽最大可能减少工程对生态环境的扰动影响，把供水区的损失降到最低、把受水区的效益发挥到最大。

7月15日，水利部南水北调司司长李鹏程一行到长葛市调研，实地查看南水北调中线长葛段工程，在干线长葛管理处召开保障工程安全工作座谈会。

7月16日，焦作市纪委监委防汛专项监督检查第四工作组对南水北调防汛安全工作进行监督检查。工作组一行到大沙河倒虹吸、李河倒虹吸、小官庄排水渡槽、纸坊河倒虹吸现场查看。

7月16日，焦作南水北调中心下发《焦作市南水北调中心应对18~19日强降雨过程的紧急通知》。

7月16日，干线鹤壁管理处召开水下衬砌面板修复处理项目安全技术交底会议暨进场会。水下衬砌面板修复处理项目是中线建管局、河南分局重点督办项目，初步探明鹤壁段共81块衬砌板需修复，占河南分局2021年水下衬砌面板修复处理项目施工2标合同工程量的54.7%。

7月16日，南水北调实业发展公司在京召开2021年第一次董事会会议。南水北调中线建管局党组书记、实业发展公司董事长李开杰主持会议并讲话，南水北调中线建管局副局长、实业发展公司总经理孙卫军参加会议。孙卫军通报公司经营总体情况、调蓄库前期和建设工作推进情况、后续工程关键技术研究、水环境科创中心、综合监管中心、调蓄库周边多元化综合开发等情况和进展。

7月16日、21日，许昌南水北调中心组织召开南水北调工程防汛工作紧急会议。

7月17日，焦作南水北调中心派出5个防汛应急工作组，对防汛责任、防汛值守、物料准备、队伍状况、险工险段、防抢措施督导督查。

7月17日，鹤壁市南水北调配套工程各管理所站遭受极大考验，暴雨倾泻、道路淹没、交通瘫痪、信号中断，配套工程各管理所站全体工作人员全员到岗冒雨对管理所站内积水进行抽排、检查房屋建筑物安全情况，实时观测阀井流量综合判断管线运行情况。

7月17~21日，降雨期间渠首分局辖区南水北调工程上游15座水库中，开闸放水10座，其中白河上游鸭河口水库下泄流量最大达到600 m³/s。辖区27座大型河渠交叉建筑物均发生过流，湍河渡槽河道过流预计7月21日晚8时达716 m³/s。辖区72座左排建筑物虽均未超警戒水位，但其中3座距警戒水位不到1 m，最小的只有0.72 m。通过提前预报研判和抢先预防处置，河渠交叉部位均未受到洪水破坏。

7月18日8时~21日12时，郑州共有76个站点降雨超过500 mm，14个站点降雨超过700 mm，3个站点降雨超过800 mm（尖岗站降雨855 mm、翡翠峪站降雨854 mm、樱桃沟站降雨807 mm）。郑州多站降水量超过有气象记录以来的极值，20日16~17时郑州1小时降雨量201.9 mm，超过我国陆地小时降雨量极值。总调度中心每半小时分析一次水情工情，分8次对陶岔渠首入渠流量调减至50 m³/s，调减约140 m³/s，开展全线1400多 km上下游联合调度，全力控制全线水位，应对暴雨威胁。

7月18日，鹤壁市南水北调办到淇县检查刘庄沟、杨庄沟、袁庄沟防汛隐患排查整改情况。刘庄沟临时设置挡土坝，防止上游泥沙进入南水北调干渠倒虹吸。

7月19日，鹤壁市南水北调办主任杜长明带队到南水北调经开区新乡屯沟倒虹吸下游（三孔桥）检查整改情况。

7月19日20时~22日19时，安阳全市平均降水量341.8 mm。

7月21日，河南省、安阳市防汛抗旱指挥部相继启动防汛I级应急响应。

7月20日，郏县降雨量达到特大暴雨级别，干线郏县管理处在巡查至兰河渡槽时发现左岸裹头处存在险情立即上报，管理处决定先行铺设土工膜阻止坡面水下流，随后抢险人员到现场铺设土工膜、彩条布，对险情部位进行覆盖，阻止降水与坡面水下渗，有效缓解兰河左岸裹头的险情。

7月20~22日，河南郑州、焦作、新乡、鹤壁、安阳部分地区出现特大暴雨，共有10个国家级气象观测站日雨量突破有气象记录以来历史极值。

7月20~22日，水利厅副厅长（正厅级）王国栋检查指导南水北调中线工程新乡段防汛工作。王国栋冒雨实地查看小官庄排水渡槽、潞王坟试验段、梁家园沟排水渡槽、石门河倒虹吸、香泉河倒虹吸、十里河倒虹吸、山庄河倒虹吸以及干线辉县管理处和卫辉管理处中控室，与中线建管局负责人一同分析研判雨情水情工情。要求工程沿线各级党委政府和工程管理单位密切配合加强工程防护，实施精准调度。水利厅南水北调处和新乡南水北调中心负责人随同检查指导。

7月21日，总调度中心快速恢复陶岔入渠流量，22日8时陶岔入渠流量270 m³/s，上游渠道过流基本恢复，与下游渠道的分水有序衔接，基本恢复正常调度。应急调过程中远程下达执行调度指令4300余门次，相当于正常调度时1个多月的操作量，沿线各分水口门的正常供水未受影响。

7月21日，干线卫辉管理处辖区出现特大暴雨，管理处负责人立即召集全体人员在中控室开会，安排人员现场查看辖区内山庄河、十里河、香泉河、沧河4条河渠交叉建筑物和9条左排倒虹吸过流情况。中控室按照调度相关规定在视频监控系统和安防系统即时查看水位和流量并上报。

7月21日，鹤壁市南水北调办主任杜长明带队到淇滨区盖族沟渡槽下游、刘庄沟倒虹吸上游、杨庄沟下游、袁庄沟下游、新乡屯沟倒虹吸下游（三孔桥）检查排水情况。

7月21日晚，焦作南水北调中心主任刘少民主持召开防汛紧急会议，对南水北调系统防汛工作进行再安排再布署，科级以上干部及防汛值守人员参加会议。

7月21~22日，新乡市普降强暴雨。7月23日上午发现配套工程32号线新乡县支线大兴村段40 m处pccp管道被冲刷裸露至管底。23日下午组织维修养护单位应急抢险，24日22时30分完成抢险任务。

7月22日，受持续强降雨影响，南水北调辉县辖区内出现工程险情。当晚6时干线叶县管理处火速抽调有抢险经验的2名党员（积极分子）和2名司机组成设备应急支援小队，连夜冒雨驱车350 km，于23日凌晨0时30分到达抢险地，现场交接支援设备后连夜返回叶县管理处。

7月22日，南水北调干渠鹤壁淇县段袁庄生产桥西出现险情，鹤壁市南水北调办现场与淇县水利局、干线鹤壁管理处共同抢险，组成60余人的抢险突击队。淇县县委县政府委托淇县政法委书记、人大副主任、检察长现场督导，卫都街道办、淇县水利局、鹤壁管理处现场指挥抢险。7月22日晚11时55分缺口合拢，险情得到控制，并于7月25日完成应急修复加固工程。

7月22日，鹤壁市南水北调办副主任郑涛与技术人员一行在道路被洪水淹没情况下到配套工程汛情最严重的35-1现地管理站现场督导指挥防汛工作，并为现场工作人员送去生活物资。

7月22日，安阳市副市长、市南水北调工程防汛分指挥部指挥长王新亭主持召开全市南水北调工程防汛工作调度会。

7月23日，鹤壁市南水北调办主任杜长明带队到淇县武庄沟倒虹吸、淇县袁庄西生产桥下游、开发区盖族沟渡槽下游检查水毁修复情况。

7月24日9时，南水北调中线白马门河节制闸正式参与调度，共收到调度指令13条52门次，闸前水位在加大水位以上运行，有效化解温博段高地下水位的风险。

7月24日，水利厅纪检组、省南水北调建管局到鹤壁实地查看南水北调工程袁庄西生产桥左岸水毁情况，对下步工作提出要求。

7月26日，干线郑州管理处辖区段暴雨造成较严重的险情，需要对受灾线缆进行大面积重新敷设。为保障应急抢修的时效性，南阳事业部及平顶山事业部共抽调10人支援。

7月26日，鹤壁市南水北调办主任杜长明

带队检查鹤壁市淇滨区刘庄沟倒虹吸淤泥清理情况、淇县武庄沟倒虹吸水毁修复情况，督促加快工程修复。

7月28日，省南水北调建管局按照省直文明办有关通知要求向全体干部职工发出紧急倡议，参与社区防汛救灾志愿行动。向东四环外部分村庄紧急准备一批价值6000多元的饮用水和防汛救灾物资，组织志愿者搬运至指定集散地。

7月29日，水利厅副厅长（正厅级）王国栋组织召开郑州南水北调配套工程23号口门向白庙水厂供水管道（穿越贾鲁河段）水毁抢修专题会，确定抢修方案、明确组织领导及任务分工。郑州市副市长李喜安出席。

7月29日，省南水北调建管局处长余洋一行到禹州查看汛期排查出的防汛隐患和整改工作并给予肯定。

7月29日，渠首分局分调度中心和邓州管理处开展湍河退水闸建筑物破坏应急调度处置桌面推演。

7月30日，省南水北调建管局处长胡国领一行查看滑县南水北调配套工程水毁情况。

7月31日，安阳市南水北调工程分防指副指挥长马荣洲、分防指办公室主任郭松昌，带领干线安阳管理处、汤阴管理处有关负责同志到参加南水北调工程防汛抢险的66188部队，向部队官兵致以节日慰问并赠送锦旗。

7月31日，中线信息科技公司郑州事业部召开焦作高填方外观监测成果初步分析讨论会。信息科技公司安全监测部、中国电建集团北京勘测设计研究有限公司、长江空间信息技术工程有限公司的主要负责人及相关技术负责人参加会议，对"7·20"特大暴雨高填方外观监测成果开展研讨交流。

8 月

8月1日9时，渠首分局南阳管理处白河退水闸，以6 m³/s流量，向白河实施生态补水。

8月1日，干线南阳管理处在十二里河附近开展防洪应急拉练活动。拉练以连日降雨造成十二里河西支排水涵洞附近高填方渠道外坡突发渗水险情为背景，共集结专业防汛应急抢险队、机动抢险小队、维护单位70余人，现场组织编织袋500个、砂石料15 m³、铁锹20把，各类机械设备4台（套）。拉练指令发出后，专业防汛应急抢险队在规定时间内到达指定位置开展应急处置，按照预定方案完成应急抢险拉练任务。

8月2日，许昌南水北调中心主任张建民一行到禹州调研强降雨后南水北调工程防汛风险点和跨渠桥梁安全工作。

8月3日，南阳市市长王智慧检查指导渠首分局防汛工作。王智慧一行到干线南阳管理处白河倒虹吸，听取渠首分局防汛工作开展情况，查看白河退水闸生态补水情况，并对后续防汛工作提出具体要求。

8月8日，南水北调中线工程流态优化试验项目叶县澧河渡槽导流墩安装工作平台历时5个多月出水完成。

8月10日，新乡南水北调中心举行向卫辉受灾群众捐款捐赠仪式30余人参加，捐款16000余元。

8月11日，省南水北调建管局郑州建管处12名职工到郑东新区普惠路社区参加物资搬运志愿者行动。省南水北调建管局捐送的600包口罩、500双橡胶手套、150kg84消毒液、150件矿泉水、10箱面包全部入库。

8月11~13日，南阳南水北调中心开展全市配套工程汛期专项督导检查。

8月13日，南水北调中线工程水源区水生态环境保护联席会议第一次会议日前在湖北省丹江口市召开，水源区水生态环境保护联席会议制度正式建立。联席会议制度由陕西省汉中、安康、商洛市政府，河南省南阳市政府、湖北省十堰市政府，陕西省、河南省、湖北省生态环境厅和生态环境部长江流域生态环境监督管理局共同协商建立。

8月19日，渠首分局分调度中心和镇平管理处开展南水北调淇河节制闸1号闸门意外下滑应急调度桌面推演，全体调度值班人员参加。

8月21日，省委书记楼阳生主持召开全省防汛工作视频会议，深入贯彻习近平总书记关于防汛救灾工作重要指示，落实李克强总理在河南考察时讲话精神，对雨情水情再分析再研判，对防汛工作再部署再落实。

8月21日下午，南阳南水北调中心主任靳铁拴部署防汛值班，要求分包县区防汛工作的领导到分包县区，22～23日要现场督导。

8月21～25日，平顶山南水北调中心及各县（区）南水北调管理机构干部职工全部在岗在位加强巡查值守，落实防汛Ⅱ级应急响应。

8月22日，焦作市委书记葛巧红调研南水北调城区段防汛工作。

8月22日，焦作南水北调中心主任刘少民率领干线防汛专班人员，冒雨到南水北调穿黄段和温博段查看应对"8·22"暴雨防汛准备情况。

8月23日，35 kV郝渠线应急处置工作接近尾声。7月中旬的连续暴雨，尤其是7月20日夜间至21日，卫辉地区经历超标准降雨，郝渠线位于十里河河道下游400 m处的电缆保护套管及浆砌石保护廊道被洪水冲毁。为避免反复冲毁，修复方案采取7%水泥土回填、砌筑C25钢筋混凝土U型电缆保护槽、新增排水沟护砌、新增砌筑C25钢筋混凝土护坡

等。郝渠线停电将影响辉县、卫辉、鹤壁、汤阴共30座降压站正常运行。

8月25日，全国人大检察和司法委员会副主任委员车俊调研焦作市南水北调干渠、南水北调天河公园、国家方志馆南水北调分馆。市长李亦博，组织部长路红卫，市委秘书长牛炎平陪同。

8月25日，鹤壁市南水北调办响应市委市政府号召，组织全体干部职工到灾后重建"双百"结对帮扶村浚县王庄镇张李甘寨村帮助受灾群众开展清洁家园、消毒消杀活动。当天共动用消杀消毒设备2台、水泵3台、铁锹30余把、大扫帚20把、洋镐5把，排除积水、消除道路淤泥、清运垃圾、消杀消毒、抢修供水，累计完成消杀面积1万多 m²、清理杂草垃圾15车、排除积水6000余 m³。

8月28日，汉江流域出现大到暴雨，面雨量45 mm，累积最大点雨量河南南阳南牛庄327 mm。汉江上游任河、黄洋河、坝河发生超警洪水，其中坝河、任河上游发生超保洪水，任河重庆城口河段发生2005年有实测资料以来最大洪水。

8月29日，河南省召开南水北调中线工程水源保护区生态环境保护专项行动动员会。

9 月

9月1日，省人大常委会副主任李公乐带领调研组到平顶山市调研南水北调饮用水源保护立法工作。平顶山市人大常委会主任李萍、市南水北调中心主任彭清旺陪同调研。

9月2日，省南水北调建管局召开南阳、平顶山供水配套工程管理与保护范围划定成果评审会。

9月2日，省南水北调建管局调研滑县南水北调水毁工程。

9月3日，滑县南水北调办与河南衡中律师事务所签订合同聘请南水北调法律顾问。

9月6日，省南水北调建管局按照省直文

明办的统一安排,组织志愿者到普惠路社区开展第四、五轮核酸检测志愿行动,20余名志愿者按照社区分工分到7个小区11个核酸检测点协助信息注册、局部消毒、体温监测和秩序维护。成立5个临时党支部到社区慰问工作人员,并向社区捐赠疫情防控物品。

9月7日,省南水北调建管局召开唐河县乡村振兴优质水通村入户工程连接配套工程7号口门线路专题设计报告及安全影响评价报告审查会。

9月7日,鹤壁市南水北调办组队到灾后重建帮扶村王庄镇张李甘寨村现场指导灾后重建,给帮扶村运送捐赠物资大米120袋(10斤/袋)、面粉120袋(5kg/袋)、食用油120桶(5升/桶)、帐篷2顶、铁锹20把、体恤衫200件。

9月8~10日,水利厅在许昌市组织南水北调禹州和长葛段工程设计单元工程完工验收并通过完工验收。

9月10日,水利厅党组书记刘正才主持召开厅党组(扩大)会议,研究《关于深入贯彻落实习近平总书记在推进南水北调后续工程高质量发展座谈会上重要讲话和视察河南重要指示的实施方案》任务分工及贯彻措施。厅长孙运锋、在郑厅领导出席会议。

9月15日,许昌市南水北调中心联合许昌市中级人民法院、长葛市人民法院在南水北调干线长葛管理处设立的"水资源司法保护示范基地"和"水环境保护巡回审判基地"正式揭牌上线。揭牌仪式由河南分局副局长李钊主持。

9月16~17日,中国南水北调集团有限公司总经理张宗言、副总经理耿六成和集团公司有关部门负责人到南水北调中线水源地调研。张宗言一行到丹江口水利枢纽,调研丹江口大坝和安全监测中心站,乘船考察库区水质保护情况,查看现场取水水样,到南水北调中线陶岔渠首枢纽了解引水闸和电站运行情况。

9月17~18日,水利厅党组书记刘正才率领厅规划计划处主要负责人到水利部、国家南水北调集团汇报对接河南省水利灾后恢复重建和南水北调后续工程高质量发展工作。

9月23日,全国政协常委、省政协副主席高体健带队,部分住豫全国政协委员到平顶山市视察调研南水北调工程运行保障情况。平顶山市政协主席黄庚倜,副主席李建华、孙建豪,市南水北调中心主任彭清旺陪同调研。

9月23日,中国南水北调集团有限公司党组书记、董事长蒋旭光到河南段工程调研汛后水毁修复及安全生产工作。蒋旭光到郑州十八里河倒虹吸、金水河上游郭家嘴水库、嵩山路桥、淮河路桥、密垌分水口、贾鲁河倒虹吸、荥阳马金岭左排渡槽进口、左岸绕城高速桥下游和陇海铁路桥上游、穿黄李村北干渠渡槽上游左岸、司马路跨渠桥右岸、温博大沙河倒虹吸进口等汛期出险现场,查看水毁修复项目施工进展,了解永久处理方案及计划工期,询问汛期雨水情和险情信息,分析险情发生的原因,勉励大家要充分发扬南水北调人的过硬作风,发挥建设期项目管理经验优势,高质量完成水毁修复工作。

9月23日,平顶山南水北调中心组织对正在施工的城区南水北调供水配套工程穿越澎河河道现场作业人员和物资强行撤离,澎河河道流量高出"75·8"洪水峰值35%。

9月27日,省南水北调建管局召开鸭河工区至南阳市中心城区快速通道城区段跨越供水配套工程6号口门线路专题设计报告及安全影响评价报告审查会。

9月28日,省南水北调建管局召开南水北调配套工程南阳管理处院内雨污排放及对外连接路排水工程变更设计报告审查会。

10 月

10月7日22时4分,南水北调中线工程水源地丹江口水库入总干渠流量调增到400.47 m³/s。

10月10日14时，丹江口水库首次蓄至正常蓄水位170 m满蓄目标。

10月10日，许昌市市长刘涛到禹州市调研南水北调干线工程河湖长制工作，巡查干渠禹州段、颍河倒虹吸及退水闸，听取许昌南水北调中心主任张建民汇报水资源保障和沙陀湖调蓄工程前期工作情况。

10月18~22日，水利厅举办2021年南水北调工程运行管理培训班。

10月18~27日，水利厅组织举办京豫南水北调对口协作项目赴北京市学习培训班。

10月22日，鹤壁市南水北调办驻村帮扶队协调各类大小水泵20台次，抽排村东村南60余亩地积水，整修农业生产道路158 m；通过腾讯"99公益日"活动募集善款8000多元，并协调企事业单位和个人捐赠各类生产生活物资助力灾后恢复重建；协调电信部门修复线杆30多根、线路1000 m，修复电力设备变压器1台、电线800 m，750余亩农田完成冬小麦播种。

10月29日，驻水利厅纪检监察组党支部、南水北调处党支部、信息中心党支部组织党员干部到南水北调穿黄工程联合开展"弘扬南水北调精神　牢记使命强化担当"主题党日活动，观看《中线印象》《中线穿黄工程》宣传片。

11 月

11月1日，水利厅党组书记刘正才到北京市水务局对接南水北调对口协作工作并看望挂职干部，与有关负责同志座谈。北京市水务局副局长、一级巡视员刘光明，河南省水利厅二级巡视员、京豫对口协作河南赴京挂职干部领队郭伟参加座谈。

11月1日8时，焦作市南水北调配套工程2021年度实际居民供水10046.13万 m³，为年度水量调度计划8816万 m³ 的113.95%。焦作市连续两年超额完成水利部下达的年度水量调度计划。

11月1~20日，滑县南水北调办委托安阳市云帆信息科技有限公司对配套南水北调文书档案和科技档案进行分类及整理，并从公司购买一套档案管理系统。

11月15日，水利部在武汉召开启动会，依托河湖长制，部署开展丹江口"守好一库碧水"专项整治行动，全面清理整治侵占破坏水域岸线的违法违规问题。水利部水利部副部长魏山忠出席会议并讲话，长江委主任马建华参加会议。

11月16日，南阳市委召开贯彻落实习近平总书记视察南阳重要讲话和指示精神工作推进会。

11月18日，焦作市市长李亦博调研南水北调焦作城区段绿化带城市阳台项目建设进展情况。

11月18日，鹤壁市淇县和示范区组织召开南水北调配套工程县级征迁安置验收并通过验收。

11月19日、25日，水利部部长李国英主持召开水利系统内和水利系统外院士专家座谈会，中国科学院院士王光谦、倪晋仁就黄河流域生态保护和高质量发展和南水北调西线工程、水资源效率倍增提出意见建议，中国工程院院士邓铭江就统筹生产生活生态用水调度和推进南水北调后续工程高质量发展提出意见建议。

11月22日，新乡南水北调中心召开作风纪律大整顿活动暨以案促改警示教育和优化营商环境动员会。

11月25日，全省重点水利项目暨贾鲁河综合治理工程集中开工动员会召开。省委书记楼阳生在开封主会场下达集中开工令，省长王凯出席并讲话。王凯指出，这次集中开工是深入学习贯彻党的十九届六中全会精神，落实黄河流域生态保护和高质量发展战略、推进南水北调后续工程高质量发展的重大举措。

11月25日，中国南水北调集团副总经理耿六成调研南水北调焦作城区段绿化带，市委常委副市长闫小杏陪同。

11月26日，南阳市政府召开气象发展大会，南阳南水北调中心党委书记、主任王兴华参会。

11月，焦作市南水北调第一楼主体封顶，建筑共13层总面积4.87万 m^2。

12 月

12月1日，省南水北调建管局召开南阳市南水北调供水配套工程部分合同变更项目专家审查会。

12月3日，南阳市丹江口水库"守好一库碧水"专项整治行动誓师大会召开。省河长办副主任、水利厅副厅长任强，南阳市市委常委、市委秘书长、副市长、市副总河长李鹏出席誓师大会并讲话。会议播放丹江口库区（淅川县）水域岸线典型问题警示片，通报专项整治方案，并向淅川县下发"三个清单"，淅川县提交整治承诺书，乡村湖长和执法部门代表分别作表态发言。

12月9~13日，南水北调中线一期穿黄工程档案专项验收在河南省温县举行。验收组专家认为穿黄工程档案符合《南水北调东中线第一期工程档案管理规定》要求，同意通过验收。

12月14日，渠首分局11+700~11+800渠段右岸变形体处置施工项目通过合同完工验收。

12月15日，河南省政协副主席谢玉安调研南水北调焦作城区段绿化带建设，焦作市委书记葛巧红陪同。

12月14~16日，滑县向农村供水的第四水厂输水管道与南水北调管道预留管道口连接，通过探伤和充水试压检测。

12月16日，汤阴管理处组织全员参与南

水北调安全生产问题实例辨识技能竞赛。

12月17日，中国南水北调集团水务投资公司、新能源投资公司共同与新乡市政府签署战略合作协议。集团副总经理孙志禹，新乡市市长魏建平参加签约仪式。协议进一步拓宽合作领域，在南水北调配套工程、城乡供水一体化、城镇水务、调蓄水库、抽水蓄能电站等项目上深入合作。

12月17日，许昌市八届市委常委会第14次会议专题听取禹州沙陀湖调蓄工程专班工作开展情况。许昌市委书记史根治主持会议并强调按照"四清单一台账"节点倒排工期，确保项目早开工早建成早达效。

12月17日，2021年输水调度技术交流与创新微论坛召开，总调度中心主办、河南分局承办，以视频会议的形式召开。微论坛活动以"统筹南水北调中线输水调度安全和发展，全面提升输水调度生产和管理水平"为主题，收集文稿43篇，选取20篇，分专题进行汇报交流。

12月17~22日，中国南水北调集团有限公司党组副书记、副总经理，中线建管局局长于合群到南水北调中线工程沿线检查指导汛期水毁项目修复和冰期输水等工作。于合群先后检查河南分局焦作九里山深挖方高地下水位渠段，渠首分局调度生产用房项目施工现场，河北分局蒲阳河倒虹吸和岗头隧洞节制闸，天津分局西黑山管理处和北京分局涞涿管理处汛期水毁渠段等，并与相关管理单位进行座谈。

12月20日，南水北调中线干渠河南荥阳索河渡槽进口再次放流试验鱼苗。鱼苗在荥阳水生态试验基地种鱼孵化车间分级培育自主繁育1年，主要是鲤鱼、三角鲂、黄颡鱼，占比分别为60%、25%、15%，体长均15 cm，放流鱼苗850 kg。

12月20日，渠首分局在刁河渡槽节制闸开展首次ADCP流速仪培训。分调度中心和现地管理处共14名调度人员参加培训。培训内容不仅包含ADCP流速仪的设备组成、工作原理、操作系统等理论讲解，还结合刁河渡槽配合检修单孔过流试验，演示流速仪进行流量测验的操作流程和注意事项。SP650型ADCP流速仪具有精度高、速度快特点，核心设备在国内领先，被称为"测流神器"。

12月21日，水利厅副厅长（正厅级）王国栋组织召开南水北调防洪影响处理后续工程前期工作推进会，明确责任分工及时间节点。

12月21日，省南水北调建管局召开镇平县人民医院迁建项目跨越南水北调南阳供水配套工程3-1号口门输水线路专题设计报告及安全影响评价报告审查会。

12月21日，省南水北调建管局召开南阳市麒麟路-中州路道路工程跨越供水配套工程4号口门线路专题设计报告及安全影响评价报告审查会。

12月21日，渠首分局在南阳召开典型节制闸水流波动及闸门振动现场观测分析项目验收会并通过验收。项目研究成果为节制闸水流波动及闸门振动研究提供参考，提出的消除弧形工作闸门异常响声的调度运行措施和设备检修措施，为输水调度安全提供技术支撑。

12月21日，中线信息科技公司郑州网安部开展DLP拼接屏机芯拆解的实操培训。参训人员学习机芯内各重要部件的工作原理，掌握箱体内7个散热风扇的分布位置，了解常见的故障易发点。并按照先后顺序将电源模块、控制模块、光源和镜头等依次拆解下来，然后逐一进行安装复原，接着学习如何操作六轴调整装置，对光源进行机械位置定位。

12月22日，南水北调中线叶县段无人机巡检试点研发项目开启阶段性试飞工作。两种固定翼无人机都具备悬停功能。在白天与夜间两种场景下，对比飞机的续航、拍摄清晰度、信号接受以及稳定性，选出适合叶县段工程巡查需求的机型。

12月22日，省南水北调建管局到鹤壁市调研南水北调配套工程水保专项验收工作并召开座谈会。

12月22日，焦作市市长、市总河长、南水北调中线干渠市级河长李亦博带队到南水北调中线工程焦作段开展巡河。

12月22日，范县中州水厂开闸放水，濮阳市实现南水北调工程供水全覆盖，全域实现农村供水规模化、市场化、水源地表化、城乡一体化的"四化"目标。

12月23日，水利厅副厅长（正厅级）王国栋组织召开商丘市新增南水北调配套工程研讨会。讨论取水方案、工程规模、投资事项，为工程下步实施明确方向。

12月23日，南水北调中线建管局副局长曹洪波在郑州主持召开水生态调控后续方案研讨会，听取河南分局和生态环境部长江局监测科研中心对水生态调控试验项目工作开展情况以及项目成果的汇报并进行充分讨论。曹洪波对后续方案中提出的试验标本捕集、鱼类适应性评价、生态控制点表示关切。

12月29日，航空港区管理处所辖南水北调小河刘分水口累计向郑州航空港经济综合实验区和中牟县供水超5亿m³。

12月31日，新郑市市长马宏伟带领相关部门负责人，调研新郑市南水北调中线工程水源保护区生态环境保护专项行动工作。

2021年河南省完成水利部下达的南水北调中线6个设计单元工程完工验收任务。

简称全称原称对照表

简　称	全　称	原　称
水利部南水北调司	水利部南水北调工程管理司	
水利部调水局	水利部南水北调规划设计管理局	
水利厅南水北调处	河南省水利厅南水北调工程管理处	
省南水北调中心	河南省南水北调运行保障中心	河南省南水北调建管局
省南水北调调度中心	河南省南水北调配套工程调度中心	
河南分局	中国南水北调集团中线建管局河南分局	
渠首分局	中国南水北调集团中线建管局渠首分局	
南阳南水北调中心	南阳市南水北调工程运行保障中心（南阳市移民服务中心）	南阳市南水北调办
平顶山南水北调中心	平顶山市南水北调工程运行保障中心	平顶山市南水北调办
漯河南水北调中心	漯河市南水北调中线工程维护中心	漯河市南水北调办
周口市南水北调办	周口市南水北调工程建设管理领导小组办公室	
许昌南水北调中心	许昌市南水北调工程运行保障中心	许昌市南水北调办
郑州南水北调中心	郑州市南水北调工程运行保障中心（郑州市水利工程移民服务中心）	郑州市南水北调办
焦作南水北调中心	焦作市南水北调工程运行保障中心（焦作市南水北调工程建设中心）	焦作市南水北调办
焦作市南水北调城区办	南水北调中线工程焦作城区段建设领导小组办公室（南水北调中线工程焦作城区段建设指挥部办公室）	
新乡南水北调中心	新乡市南水北调工程运行保障中心	新乡市南水北调办

续表

简　称	全　称	原　称
濮阳市南水北调办	濮阳市南水北调中线工程建设领导小组办公室（濮阳市南水北调配套工程建设管理局）	
鹤壁市南水北调办	鹤壁市南水北调中线工程建设领导小组办公室	
安阳南水北调中心	安阳市南水北调工程运行保障中心	安阳市南水北调办
邓州南水北调中心	邓州市南水北调和移民服务中心	邓州市南水北调办
滑县南水北调办		
栾川县南水北调办		
卢氏县南水北调办		
黄河委	黄河水利委员会	
长江委	长江水利委员会	
淮河委	淮河水利委员会	
海河委	海河水利委员会